1 章　方程式・式と証明

1 (1) $(x+2)^3=x^3+3\cdot x^2\cdot 2+3\cdot x\cdot 2^2+2^3$

$=x^3+6x^2+12x+8$

(2) $(a-3)^3=a^3-3\cdot a^2\cdot 3+3\cdot a\cdot 3^2-3^3$

$=a^3-9a^2+27a-27$

(3) $(2x+y)^3=(2x)^3+3\cdot(2x)^2\cdot y+3\cdot(2x)\cdot y^2+y^3$

$=8x^3+12x^2y+6xy^2+y^3$

(4) $(3a-4b)^3$

$=(3a)^3-3\cdot(3a)^2\cdot(4b)+3\cdot(3a)\cdot(4b)^2-(4b)^3$

$=27a^3-108a^2b+144ab^2-64b^3$

(5) $(5x+2y)^3$

$=(5x)^3+3\cdot(5x)^2\cdot(2y)+3\cdot(5x)\cdot(2y)^2+(2y)^3$

$=125x^3+150x^2y+60xy^2+8y^3$

(6) $(-a+4b)^3$

$=(-a)^3+3\cdot(-a)^2\cdot(4b)+3\cdot(-a)\cdot(4b)^2+(4b)^3$

$=-a^3+12a^2b-48ab^2+64b^3$

乗法公式

$(a+b)^3=a^3+3a^2b+3ab^2+b^3$

$(a-b)^3=a^3-3a^2b+3ab^2-b^3$

⬅ はじめのうちは，公式に代入した式をきちんとかいてから展開するとよい。慣れてきたら暗算でもよいが，ミスも出やすいのでくれぐれも慎重に。

2 (1) $(a+2)(a^2-2a+4)=a^3+8$

(2) $(3x-1)(9x^2+3x+1)=27x^3-1$

(3) $(4a+3b)(16a^2-12ab+9b^2)=64a^3+27b^3$

(4) $(3x-5y)(9x^2+15xy+25y^2)=27x^3-125y^3$

⬅ この公式は暗記していなくても

$(a+2)(a^2-2a+4)$

$=a^3-\cancel{2a^2}+\cancel{4a}+\cancel{2a^2}-\cancel{4a}+8$

と展開すればできる。

3 (1) $a^3+27=a^3+3^3$

$=(a+3)(a^2-3a+9)$

(2) $a^3-8b^3=a^3-(2b)^3$

$=(a-2b)(a^2+2ab+4b^2)$

(3) $8a^3+27b^3=(2a)^3+(3b)^3$

$=(2a+3b)(4a^2-6ab+9b^2)$

(4) $27x^3-125y^3=(3x)^3-(5y)^3$

$=(3x-5y)(9x^2+15xy+25y^2)$

(5) $8x^3+64y^3=8(x^3+8y^3)$

$=8\{x^3+(2y)^3\}$

$=8(x+2y)(x^2-2xy+4y^2)$

(6) $54x^3-16y^3=2(27x^3-8y^3)$

$=2\{(3x)^3-(2y)^3\}$

$=2(3x-2y)(9x^2+6xy+4y^2)$

因数分解の公式

$a^3+b^3=(a+b)(a^2-ab+b^2)$

$a^3-b^3=(a-b)(a^2+ab+b^2)$

⬅ $(\ \ )^3\pm(\ \ )^3$ の形にしてから，因数分解の公式にあてはめる。

⬅ 共通因数の 8 をくくり出すと $(\ \ )^3+(\ \ )^3$ の形になる。

⬅ 共通因数の 2 をくくり出すと $(\ \ )^3-(\ \ )^3$ の形になる。

4 (1) x^3+3x^2+3x+1

$=x^3+3\cdot x^2\cdot 1+3\cdot x\cdot 1^2+1^3=\boldsymbol{(x+1)^3}$

(2) $x^3+6x^2+12x+8$

$=x^3+3\cdot x^2\cdot 2+3\cdot x\cdot 2^2+2^3=\boldsymbol{(x+2)^3}$

(3) $x^3-12x^2y+48xy^2-64y^3$

$=x^3-3\cdot x^2\cdot(4y)+3\cdot x\cdot(4y)^2-(4y)^3=\boldsymbol{(x-4y)^3}$

(4) $8x^3-36x^2y+54xy^2-27y^3$

$=(2x)^3-3\cdot(2x)^2\cdot(3y)+3\cdot(2x)\cdot(3y)^2-(3y)^3$

$=\boldsymbol{(2x-3y)^3}$

因数分解の公式

$a^3+3a^2b+3ab^2+b^3=(a+b)^3$

$a^3-3a^2b+3ab^2-b^3=(a-b)^3$

⬅ この公式を使わずに

$x^3+6x^2+12x+8$

$=x^3+8+6x^2+12x$

$=(x+2)(x^2-2x+4)+6x(x+2)$

$=(x+2)(x^2-2x+4+6x)$

$=(x+2)(x^2+4x+4)$

$=(x+2)^3$

と解いてもよい。

5 (1) x^6-64y^6

$=(x^3)^2-(8y^3)^2$

$=(x^3+8y^3)(x^3-8y^3)$

$=\{x^3+(2y)^3\}\{x^3-(2y)^3\}$

$=(x+2y)(x^2-2xy+4y^2)(x-2y)(x^2+2xy+4y^2)$

$=\boldsymbol{(x+2y)(x-2y)(x^2+2xy+4y^2)(x^2-2xy+4y^2)}$

⬅ $X=x^3$, $Y=8y^3$ とおくと

$(X+Y)(X-Y)$

$=X^2-Y^2$

(別)(解) x^6-64y^6

$=(x^2)^3-(4y^2)^3$

$=(x^2-4y^2)(x^4+4x^2y^2+16y^4)$

$=(x+2y)(x-2y)\{(x^4+8x^2y^2+16y^4)-4x^2y^2\}$

$=(x+2y)(x-2y)\{(x^2+4y^2)^2-(2xy)^2\}$

$=\boldsymbol{(x+2y)(x-2y)(x^2+2xy+4y^2)(x^2-2xy+4y^2)}$

(2) x^6+26x^3-27

$=(x^3)^2+26x^3-27$

$=(x^3-1)(x^3+27)$

$=(x-1)(x^2+x+1)(x+3)(x^2-3x+9)$

$=\boldsymbol{(x+3)(x-1)(x^2+x+1)(x^2-3x+9)}$

⬅ $X=x^3$ とおくと

$X^2+26X-27$

$=(X-1)(X+27)$

(3) $a^3+(b+c)^3$

$=\{a+(b+c)\}\{a^2-a\cdot(b+c)+(b+c)^2\}$

$=(a+b+c)(a^2-ab-ac+b^2+2bc+c^2)$

$=\boldsymbol{(a+b+c)(a^2+b^2+c^2-ab+2bc-ca)}$

⬅ $X=b+c$ とおくと

a^3+X^3

$=(a+X)(a^2-aX+X^2)$

6 (1) $(a+2)^3(a-2)^3=\{(a+2)(a-2)\}^3$

$=(a^2-4)^3$

$=(a^2)^3-3(a^2)^2\cdot 4+3a^2\cdot 4^2-4^3$

$=\boldsymbol{a^6-12a^4+48a^2-64}$

⬅ 計算の順序を工夫する。

指数法則

$a^ma^n=a^{m+n}$

$(a^m)^n=a^{mn}$

$(ab)^n=a^nb^n$

(2) $(x+y)(x-y)(x^2+xy+y^2)(x^2-xy+y^2)$

$=(x+y)(x^2-xy+y^2)(x-y)(x^2+xy+y^2)$

$=(x^3+y^3)(x^3-y^3)=\boldsymbol{x^6-y^6}$

⬅ 組合せを工夫する。

(3) $(a+b+c)^3$

$=\{(a+b)+c\}^3$

$=(a+b)^3+3(a+b)^2c+3(a+b)c^2+c^3$

$=a^3+3a^2b+3ab^2+b^3+3(a^2+2ab+b^2)c$
$\quad+3ac^2+3bc^2+c^3$

$=a^3+3a^2b+3ab^2+b^3+3a^2c+6abc+3b^2c$
$\quad+3ac^2+3bc^2+c^3$

$=\boldsymbol{a^3+b^3+c^3+3a^2b+3ab^2+3b^2c+3bc^2}$
$\quad\boldsymbol{+3c^2a+3ca^2+6abc}$

⬅ $X=a+b$ とおくと
$(X+c)^3$
$=X^3+3X^2c+3Xc^2+c^3$

7 (1) $xy=\dfrac{\sqrt{7}+\sqrt{3}}{2}\cdot\dfrac{\sqrt{7}-\sqrt{3}}{2}$

$=\dfrac{(\sqrt{7})^2-(\sqrt{3})^2}{4}=\dfrac{7-3}{4}=\boldsymbol{1}$

(2) $x+y=\dfrac{\sqrt{7}+\sqrt{3}}{2}+\dfrac{\sqrt{7}-\sqrt{3}}{2}=\boldsymbol{\sqrt{7}}$

(3) $x^2+y^2=(x+y)^2-2xy=(\sqrt{7})^2-2\cdot1=\boldsymbol{5}$

(4) $x^3+y^3=(x+y)^3-3xy(x+y)$

$=(\sqrt{7})^3-3\cdot1\cdot\sqrt{7}=\boldsymbol{4\sqrt{7}}$

(5) $x^4+y^4=(x^2+y^2)^2-2x^2y^2$

$=5^2-2\cdot1^2=\boldsymbol{23}$

⬅ $x^2y^2=(xy)^2$

(6) $x^5+y^5=(x^2+y^2)(x^3+y^3)-x^3y^2-x^2y^3$

$=(x^2+y^2)(x^3+y^3)-x^2y^2(x+y)$

$=5\cdot4\sqrt{7}-1^2\cdot\sqrt{7}=\boldsymbol{19\sqrt{7}}$

8 (1) $x^3+y^3+z^3-3xyz$

$=(x+y)^3-3xy(x+y)+z^3-3xyz$

⬅ $x^3+y^3=(x+y)^3-3xy(x+y)$ を利用する。

$=(x+y)^3+z^3-3xy\{(x+y)+z\}$

⬅ $A=x+y$ とおくと
$A^3+z^3=(A+z)(A^2-Az+z^2)$

$=\{(x+y)+z\}\{(x+y)^2-(x+y)z+z^2\}$
$\qquad-3xy(x+y+z)$

⬅ $(x+y+z)$ が共通因数

$=(x+y+z)\{(x+y)^2-(x+y)z+z^2-3xy\}$

$=\boldsymbol{(x+y+z)(x^2+y^2+z^2-xy-yz-zx)}$

因数分解の公式

$x^3+y^3+z^3-3xyz$
$=(x+y+z)$
$\times(x^2+y^2+z^2-xy-yz-zx)$

(2)　$a-b=x,\ b-c=y,\ c-a=z$ とおくと

$$(a-b)^3+(b-c)^3+(c-a)^3$$
$$=x^3+y^3+z^3$$
$$=(x^3+y^3+z^3-3xyz)+3xyz$$
$$=(x+y+z)(x^2+y^2+z^2-xy-yz-zx)+3xyz$$
$$=\{(a-b)+(b-c)+(c-a)\}$$
$$\times\{(a-b)^2+(b-c)^2+(c-a)^2-(a-b)(b-c)-(b-c)(c-a)-(c-a)(a-b)\}$$
$$+3(a-b)(b-c)(c-a)$$
$$=\mathbf{3(a-b)(b-c)(c-a)}$$

⬅(1)の結果を利用できる形に変形する。

⬅ $\{(a-b)+(b-c)+(c-a)\}=0$

9　(1)　$(x+1)^6$

$$={}_6C_0x^6+{}_6C_1x^5+{}_6C_2x^4+{}_6C_3x^3+{}_6C_4x^2+{}_6C_5x+{}_6C_6$$
$$=\boldsymbol{x^6+6x^5+15x^4+20x^3+15x^2+6x+1}$$

二項定理

$(a+b)^n={}_nC_0a^n+{}_nC_1a^{n-1}b+{}_nC_2a^{n-2}b^2+\cdots\cdots+{}_nC_ra^{n-r}b^r+\cdots+{}_nC_nb^n$

(2)　$(a+3b)^4$

$$={}_4C_0a^4+{}_4C_1a^3\cdot3b+{}_4C_2a^2\cdot(3b)^2+{}_4C_3a\cdot(3b)^3+{}_4C_4(3b)^4$$
$$=\boldsymbol{a^4+12a^3b+54a^2b^2+108ab^3+81b^4}$$

(3)　$(2x-y)^5$

$$={}_5C_0(2x)^5+{}_5C_1(2x)^4\cdot(-y)+{}_5C_2(2x)^3\cdot(-y)^2+{}_5C_3(2x)^2\cdot(-y)^3+{}_5C_4(2x)\cdot(-y)^4+{}_5C_5(-y)^5$$
$$=\boldsymbol{32x^5-80x^4y+80x^3y^2-40x^2y^3+10xy^4-y^5}$$

⬅ $(2x-y)^5=\{2x+(-y)\}^5$

10　(1)　$(3x^2-2)^4$

$$={}_4C_0(3x^2)^4+{}_4C_1(3x^2)^3\cdot(-2)+{}_4C_2(3x^2)^2\cdot(-2)^2+{}_4C_3(3x^2)\cdot(-2)^3+{}_4C_4(-2)^4$$
$$=\boldsymbol{81x^8-216x^6+216x^4-96x^2+16}$$

⬅ $(3x^2-2)^4=\{3x^2+(-2)\}^4$

(2)　$\left(x-\dfrac{1}{2}\right)^4$

$$={}_4C_0x^4+{}_4C_1x^3\cdot\left(-\frac{1}{2}\right)+{}_4C_2x^2\cdot\left(-\frac{1}{2}\right)^2+{}_4C_3x\cdot\left(-\frac{1}{2}\right)^3+{}_4C_4\cdot\left(-\frac{1}{2}\right)^4$$
$$=\boldsymbol{x^4-2x^3+\frac{3}{2}x^2-\frac{1}{2}x+\frac{1}{16}}$$

⬅ $\left(x-\dfrac{1}{2}\right)^4=\left\{x+\left(-\dfrac{1}{2}\right)\right\}^4$

(3) $\left(x+\dfrac{1}{x}\right)^5$

$$={}_5C_0x^5+{}_5C_1x^4\cdot\left(\frac{1}{x}\right)+{}_5C_2x^3\cdot\left(\frac{1}{x}\right)^2+{}_5C_3x^2\cdot\left(\frac{1}{x}\right)^3+{}_5C_4x\cdot\left(\frac{1}{x}\right)^4+{}_5C_5\cdot\left(\frac{1}{x}\right)^5$$

$$=\boldsymbol{x^5+5x^3+10x+\frac{10}{x}+\frac{5}{x^3}+\frac{1}{x^5}}$$

11 (1) $(x+3)^8$ の展開式の一般項は ${}_8C_rx^{8-r}\cdot3^r$

$r=3$ のとき，これは x^5 の項を表すから，

求める係数は ${}_8C_3\cdot3^3=56\times27=\mathbf{1512}$

二項定理と一般項

$(a+b)^n$ の展開式の一般項は ${}_nC_ra^{n-r}b^r$

(2) $(3x-2)^6$ の展開式の一般項は

$${}_6C_r(3x)^{6-r}\cdot(-2)^r={}_6C_r3^{6-r}\cdot(-2)^r\cdot x^{6-r}$$

⬅ 係数と文字は分けておく。

$r=4$ のとき，これは x^2 の項を表すから，

求める係数は ${}_6C_4\cdot3^2(-2)^4=15\times9\times16=\mathbf{2160}$

(3) $(a+3b)^5$ の展開式の一般項は ${}_5C_ra^{5-r}\cdot(3b)^r$

$r=3$ のとき，これは a^2b^3 の項を表すから，

求める係数は ${}_5C_3\cdot3^3=10\times27=\mathbf{270}$

(4) $(2a-3b)^7$ の展開式の一般項は

$${}_7C_r(2a)^{7-r}(-3b)^r={}_7C_r\cdot2^{7-r}(-3)^ra^{7-r}b^r$$

$r=3$ のとき，これは a^4b^3 の項を表すから，

求める係数は

$${}_7C_3\cdot2^4(-3)^3=35\times16\times(-27)=\mathbf{-15120}$$

12 (1) $(x+y+z)^5$ の展開式の一般項は

$$\frac{5!}{p!q!r!}x^py^qz^r \quad ただし，p+q+r=5$$

多項定理

$(a+b+c)^n$ の展開式の一般項は

$\dfrac{n!}{p!q!r!}a^pb^qc^r \ (p+q+r=n)$

$p=2$，$q=1$，$r=2$ のとき，これは x^2yz^2 の項を表すから，求める係数は

$$\frac{5!}{2!1!2!}=\mathbf{30}$$

(2) $(x+2y+3z)^6$ の展開式の一般項は

$$\frac{6!}{p!q!r!}x^p(2y)^q(3z)^r=\frac{6!}{p!q!r!}\cdot2^q\cdot3^rx^py^qz^r$$

ただし，$p+q+r=6$

$p=3$，$q=2$，$r=1$ のとき，これは x^3y^2z の項を表すから，求める係数は

$$\frac{6!}{3!2!1!}\cdot2^2\cdot3^1=60\cdot12=\mathbf{720}$$

13 (1)　$(3x^2+2y)^5$ の展開式の一般項は

$${}_5\mathrm{C}_r\cdot(3x^2)^{5-r}\cdot(2y)^r={}_5\mathrm{C}_r\cdot3^{5-r}\cdot2^r\cdot x^{10-2r}\cdot y^r$$

$r=3$ のとき，これは x^4y^3 の項を表すから，
求める係数は　${}_5\mathrm{C}_3\cdot3^2\cdot2^3=\mathbf{720}$

指数法則

$a^m\times a^n=a^{m+n}$
$(a^m)^n=a^{mn}$
$(ab)^n=a^nb^n$

(2)　$(x^3-2x)^8$ の展開式の一般項は

$$\begin{aligned}{}_8\mathrm{C}_r(x^3)^{8-r}\cdot(-2x)^r&={}_8\mathrm{C}_r(-2)^r\cdot x^{24-3r}\cdot x^r\\&={}_8\mathrm{C}_r(-2)^r\cdot x^{24-2r}\end{aligned}$$

$r=3$ のとき，これは x^{18} の項を表すから，
求める係数は ${}_8\mathrm{C}_3(-2)^3=\mathbf{-448}$

(3)　$\left(x^2-\dfrac{2}{x}\right)^5$ の展開式の一般項は

$${}_5\mathrm{C}_r\cdot(x^2)^{5-r}\cdot\left(-\frac{2}{x}\right)^r={}_5\mathrm{C}_r\cdot(-2)^r\cdot\frac{x^{10-2r}}{x^r}$$

⬅ $(x^2)^{5-r}\cdot\left(-\dfrac{2}{x}\right)^r$
$=x^{10-2r}\cdot(-2)^r\cdot\left(\dfrac{1}{x}\right)^r$
$=(-2)^r\cdot\dfrac{x^{10-2r}}{x^r}$

$\dfrac{x^{10-2r}}{x^r}=x$ となるとき　$x^{10-2r}=x^{r+1}$
すなわち　$10-2r=r+1$
よって，$r=3$のとき，上の一般項は x の項を表す。
ゆえに，求める係数は
${}_5\mathrm{C}_3\cdot(-2)^3=10\times(-8)=\mathbf{-80}$

(4)　$\left(x-\dfrac{1}{2x^2}\right)^{12}$ の展開式の一般項は

$${}_{12}\mathrm{C}_r\cdot x^{12-r}\cdot\left(-\frac{1}{2x^2}\right)^r={}_{12}\mathrm{C}_r\cdot\left(-\frac{1}{2}\right)^r\cdot\frac{x^{12-r}}{x^{2r}}$$

⬅ $x^{12-r}\cdot\left(-\dfrac{1}{2x^2}\right)^r$
$=x^{12-r}\cdot\left(-\dfrac{1}{2}\right)^r\cdot\left(\dfrac{1}{x^2}\right)^r$
$=\left(-\dfrac{1}{2}\right)^r\cdot\dfrac{x^{12-r}}{x^{2r}}$

$\dfrac{x^{12-r}}{x^{2r}}=1$ となるとき　$x^{12-r}=x^{2r}$
すなわち　$12-r=2r$
よって，$r=4$のとき，上の一般項は定数項を表す。
ゆえに，定数項は
${}_{12}\mathrm{C}_4\cdot\left(-\dfrac{1}{2}\right)^4=495\times\dfrac{1}{16}=\mathbf{\dfrac{495}{16}}$

$\left(ax^p+\dfrac{b}{x^q}\right)^n$ の展開式の係数 ➡ 一般項 ${}_n\mathrm{C}_r(ax^p)^{n-r}\left(\dfrac{b}{x^q}\right)^r$ で x の累乗をまとめる

14 (1)　$(x^3+x+1)^7$ の展開式の一般項は

$$\frac{7!}{p!q!r!}(x^3)^p\cdot x^q\cdot1^r=\frac{7!}{p!q!r!}x^{3p+q}$$

ただし，$p+q+r=7$ ($p\geqq0$，$q\geqq0$，$r\geqq0$)
$3p+q=8$ のとき，これは x^8 の項を表すから，
$(p,\ q,\ r)=(1,\ 5,\ 1)$，$(2,\ 2,\ 3)$

多項定理

$(a+b+c)^n$ の展開式の一般項は
$\dfrac{n!}{p!q!r!}a^pb^qc^r$ $(p+q+r=n)$

よって，求める係数は

$$\frac{7!}{1!5!1!}+\frac{7!}{2!2!3!}=42+210=\mathbf{252}$$

(2)　$(x^2-x+2)^6$ の展開式における一般項は

$$\frac{6!}{p!q!r!}(x^2)^p(-x)^q2^r=\frac{6!}{p!q!r!}(-1)^q\cdot2^r\cdot x^{2p+q}$$

⬅ 係数と文字は分けておく。

ただし，$p+q+r=6$ ($p\geqq0$，$q\geqq0$，$r\geqq0$)

$2p+q=7$ のとき，これは x^7 の項を表すから，

$(p,\ q,\ r)=(1,\ 5,\ 0)$，$(2,\ 3,\ 1)$，$(3,\ 1,\ 2)$

⬅ $p=0$，1，2，3，4，5，6 を代入して，0〜6 までの p，q，r の組を見つける。

p	0	1	2	3	4	5	6
q	7	5	3	1	−1	−3	−5
r	−1	0	1	2	3	4	5

よって，求める係数は

$$\frac{6!}{1!5!0!}\cdot(-1)^5\cdot2^0+\frac{6!}{2!3!1!}\cdot(-1)^3\cdot2^1+\frac{6!}{3!1!2!}\cdot(-1)^1\cdot2^2$$

$$=-6-120-240=\mathbf{-366}$$

15　$11^5=(2+9)^5$ として，二項定理で展開すると

$${}_5C_02^5+{}_5C_12^4\cdot9^1+{}_5C_22^3\cdot9^2+{}_5C_32^2\cdot9^3+{}_5C_42^1\cdot9^4+{}_5C_59^5$$

〰〰の部分は 9 で割り切れるから，11^5 を 9 で割った余りは，${}_5C_02^5=32$ を 9 で割った余りに等しい。

よって　$32=9\times3+5$　より　**5**

16　二項定理より

$$(1+x)^n={}_nC_0+{}_nC_1x+{}_nC_2x^2+\cdots+{}_nC_nx^n\quad\cdots①$$

⬅ $(a+b)^n={}_nC_0a^n+{}_nC_1a^{n-1}b+{}_nC_2a^{n-2}b^2+\cdots+{}_nC_nb^n$ において $a=1$，$b=x$ とする。

(1)　①において，$x=-2$，$n=10$ とおくと

$$(1-2)^{10}={}_{10}C_0+{}_{10}C_1(-2)+{}_{10}C_2(-2)^2+{}_{10}C_3(-2)^3+\cdots+{}_{10}C_{10}(-2)^{10}$$

よって

$${}_{10}C_0-2{}_{10}C_1+2^2{}_{10}C_2-2^3{}_{10}C_3+\cdots+2^{10}{}_{10}C_{10}=1$$ 終

(2)　①において，$x=-\frac{1}{2}$ とおくと

$$\left(1-\frac{1}{2}\right)^n={}_nC_0+{}_nC_1\left(-\frac{1}{2}\right)+{}_nC_2\left(-\frac{1}{2}\right)^2+{}_nC_3\left(-\frac{1}{2}\right)^3+\cdots+{}_nC_n\left(-\frac{1}{2}\right)^n$$

よって

$${}_nC_0-\frac{{}_nC_1}{2}+\frac{{}_nC_2}{2^2}-\frac{{}_nC_3}{2^3}+\cdots+(-1)^n\frac{{}_nC_n}{2^n}=\left(\frac{1}{2}\right)^n$$ 終

17 (1)

$$\begin{array}{r}
2x-1 \\
x-1\overline{)2x^2-3x+5} \\
\underline{2x^2-2x} \\
-x+5 \\
\underline{-x+1} \\
4
\end{array}$$

商 $2x-1$，余り 4

(2)

$$\begin{array}{r}
x+1 \\
3x+1\overline{)3x^2+4x-6} \\
\underline{3x^2+x} \\
3x-6 \\
\underline{3x+1} \\
-7
\end{array}$$

商 $x+1$，余り -7

(3)

$$\begin{array}{r}
2x^2+x+1 \\
2x-1\overline{)4x^3+x-1} \\
\underline{4x^3-2x^2} \\
2x^2+x \\
\underline{2x^2-x} \\
2x-1 \\
\underline{2x-1} \\
0
\end{array}$$

商 $2x^2+x+1$，余り 0

⬅ 係数が 0 の項は空白にする。

18 (1)

$$\begin{array}{r}
x-5 \\
x^2+x+2\overline{)x^3-4x^2-12} \\
\underline{x^3+x^2+2x} \\
-5x^2-2x-12 \\
\underline{-5x^2-5x-10} \\
3x-2
\end{array}$$

よって　$x^3-4x^2-12=(x^2+x+2)(x-5)+3x-2$

⬅ $\begin{array}{l} Q \\ B\overline{)A} \\ R \end{array} \Longrightarrow A=BQ+R$

(2)

$$\begin{array}{r}
3x-1 \\
2x^2+5\overline{)6x^3-2x^2+5x-5} \\
\underline{6x^3+15x} \\
-2x^2-10x-5 \\
\underline{-2x^2-5} \\
-10x
\end{array}$$

よって　$6x^3-2x^2+5x-5=(2x^2+5)(3x-1)-10x$

⬅ $B=2x^2+5$ は
x の項の係数が 0

(3)

$$\begin{array}{r}
x^2+2x+2 \\
x^2-2x+2\overline{)x^4+4} \\
\underline{x^4-2x^3+2x^2} \\
2x^3-2x^2 \\
\underline{2x^3-4x^2+4x} \\
2x^2-4x+4 \\
\underline{2x^2-4x+4} \\
0
\end{array}$$

よって　$x^4+4=(x^2-2x+2)(x^2+2x+2)$

19 (1) $A=(3x-1)(-x^2+x-2)+2$

$=-3x^3+4x^2-7x+4$

(2) 条件から

$x^3+5x^2+4x-7=A(x+3)+x+2$ と表せるから

$A=\{(x^3+5x^2+4x-7)-(x+2)\}\div(x+3)$

$=(x^3+5x^2+3x-9)\div(x+3)$

右の計算から　$A=\boldsymbol{x^2+2x-3}$

$$\begin{array}{r} x^2+2x\ -3 \\ x+3\overline{)x^3+5x^2+3x-9} \\ \underline{x^3+3x^2\qquad\quad} \\ 2x^2+3x\quad \\ \underline{2x^2+6x\quad} \\ -3x-9 \\ \underline{-3x-9} \\ 0 \end{array}$$

(3) 条件から

$x^3+x^2+7=A(x^2-x+2)+3$ と表せるから

$A=\{(x^3+x^2+7)-3\}\div(x^2-x+2)$

$=(x^3+x^2+4)\div(x^2-x+2)$

右の計算から　$A=\boldsymbol{x+2}$

$$\begin{array}{r} x+2\qquad\qquad \\ x^2-x+2\overline{)x^3+x^2\qquad+4} \\ \underline{x^3-x^2+2x\quad} \\ 2x^2-2x+4 \\ \underline{2x^2-2x+4} \\ 0 \end{array}$$

A を B で割ったときの商 Q，余り R ➡ $A=BQ+R$（R の次数は B の次数より低い）

20 (1)

$$\begin{array}{r} x\ -3a\qquad \\ x+a\overline{)x^2-2ax-3a^2} \\ \underline{x^2+\ ax\qquad} \\ -3ax-3a^2 \\ \underline{-3ax-3a^2} \\ 0 \end{array}$$

商 $\boldsymbol{x-3a}$

余り **0**

(2)

$$\begin{array}{r} x^2+ax\ +a^2+1\qquad\quad \\ x-a\overline{)x^3\qquad\ +x\quad -a^3\qquad} \\ \underline{x^3-ax^2\qquad\qquad\qquad\qquad} \\ ax^2+x\qquad\qquad\qquad \\ \underline{ax^2-a^2x\qquad\qquad\qquad} \\ (a^2+1)x-a^3\qquad\quad \\ \underline{(a^2+1)x-a(a^2+1)} \\ a \end{array}$$

商 $\boldsymbol{x^2+ax+a^2+1}$

余り $\boldsymbol{a}$

(3)

$$\begin{array}{r} x+5a\qquad\qquad \\ x^2-ax+a^2\overline{)x^3+4ax^2-4a^2x+7a^3} \\ \underline{x^3-\ ax^2+\ a^2x\qquad} \\ 5ax^2-5a^2x+7a^3 \\ \underline{5ax^2-5a^2x+5a^3} \\ 2a^3 \end{array}$$

商 $\boldsymbol{x+5a}$

余り $\boldsymbol{2a^3}$

(4)

$$\begin{array}{r} x^3+x^2y+xy^2\ +y^3 \\ x-y\overline{)x^4\qquad\qquad\qquad\qquad -y^4} \\ \underline{x^4-x^3y\qquad\qquad\qquad\quad} \\ x^3y\qquad\qquad\qquad \\ \underline{x^3y-x^2y^2\qquad\qquad} \\ x^2y^2\qquad\qquad \\ \underline{x^2y^2-xy^3\qquad} \\ xy^3-y^4 \\ \underline{xy^3-y^4} \\ 0 \end{array}$$

商 $\boldsymbol{x^3+x^2y+xy^2+y^3}$

余り **0**

21

$$
\begin{array}{rl}
 & x^2-(y+z)x+(y^2-yz+z^2) \\ \hline
x+y+z\,\big) & x^3 \qquad -3xyz \qquad +y^3+z^3 \\
 & x^3+(y+z)x^2 \\ \hline
 & -(y+z)x^2-3xyz \\
 & -(y+z)x^2-(y+z)^2x \\ \hline
 & (y^2-yz+z^2)x+y^3+z^3 \\
 & (y^2-yz+z^2)x+(y+z)(y^2-yz+z^2) \\ \hline
 & 0
\end{array}
$$

← $-3yz+(y+z)^2=y^2-yz+z^2$

← $(y+z)(y^2-yz+z^2)$
$=y^3+z^3$

$x^2-(y+z)x+(y^2-yz+z^2)$
$=x^2+y^2+z^2-xy-yz-zx$

より，商は $x^2+y^2+z^2-xy-yz-zx$，余り 0

← 一般には，どの文字に注目して割るかで余りは異なるが，この問題では，割り切れるので，どの文字でも余りは変わらない。

（補足）　この計算から因数分解の公式を導くことができる。

$x^3+y^3+z^3-3xyz$
$=(x+y+z)(x^2+y^2+z^2-xy-yz-zx)$

22

$$
\begin{array}{rl}
 & x \;+3 \\ \hline
x^2-3x+1\,\big) & x^3 \qquad -8x+a \\
 & x^3-3x^2+\;x \\ \hline
 & 3x^2-9x+a \\
 & 3x^2-9x+3 \\ \hline
 & a-3
\end{array}
$$

割り切れるので余りが 0,
すなわち $a-3=0$ となる。
これを解いて　$a=3$

23　$P=(x-1)Q+1$　　　…①
$Q=(x^2+1)(x+1)+x-2$　…②
②を①に代入して
$P=(x-1)\{(x^2+1)(x+1)+x-2\}+1$
$=(x-1)(x^2+1)(x+1)+(x-1)(x-2)+1$
$=(x^2-1)(x^2+1)+x^2-3x+2+1$
$=x^4+x^2-3x+2$

$$
\begin{array}{rl}
 & Q \\ \hline
\leftarrow\; x-1\,\big) & P \\
 & \vdots \\ \hline
 & 1
\end{array}
$$

$P=(x-1)Q+1$

$$
\begin{array}{rl}
 & x+1 \\ \hline
x^2+1\,\big) & Q \\
 & \vdots \\ \hline
 & x-2
\end{array}
$$

$Q=(x^2+1)(x+1)+(x-2)$

24　(1)　$\dfrac{24x^3y^2z}{60xy^2z^3}=\dfrac{2x^2}{5z^2}$

(2)　$\dfrac{2x^2+2x-12}{x^2-5x+6}=\dfrac{2(x-2)(x+3)}{(x-2)(x-3)}=\dfrac{2(x+3)}{x-3}$

← $\dfrac{2x+6}{x-3}$ と分子を展開した形でもよい。

(3)　$\dfrac{x^2-3x-4}{x^3+1}=\dfrac{(x+1)(x-4)}{(x+1)(x^2-x+1)}=\dfrac{x-4}{x^2-x+1}$

25 (1) $\dfrac{x-1}{x+2}\times\dfrac{x^2+2x}{x^2+2x-3}$

$=\dfrac{x-1}{x+2}\times\dfrac{x(x+2)}{(x+3)(x-1)}=\dfrac{x}{x+3}$

(2) $\dfrac{(-2xy)^3}{a^2b^3}\div\dfrac{(xy)^2}{(-ab)^2}$

$=\dfrac{-8x^3y^3}{a^2b^3}\times\dfrac{a^2b^2}{x^2y^2}=-\dfrac{8xy}{b}$

(3) $\dfrac{x^2-4}{x^2-3x+2}\times\dfrac{x^2-1}{x^2+3x+2}$

$=\dfrac{(x+2)(x-2)}{(x-1)(x-2)}\times\dfrac{(x+1)(x-1)}{(x+1)(x+2)}=1$

(4) $\dfrac{x^2-3x}{x^2+6x+5}\div\dfrac{x^2-6x+9}{x+5}$

$=\dfrac{x(x-3)}{(x+1)(x+5)}\times\dfrac{x+5}{(x-3)^2}$

$=\dfrac{x}{(x+1)(x-3)}$

← $\dfrac{x}{x^2-2x-3}$ と分母を展開した形でもよい。

26 (1) $\dfrac{x^2+3x}{x+1}+\dfrac{2}{x+1}=\dfrac{x^2+3x+2}{x+1}$

$=\dfrac{(x+1)(x+2)}{x+1}=x+2$

(2) $\dfrac{3}{x-1}-\dfrac{x-4}{1-x}=\dfrac{3}{x-1}+\dfrac{x-4}{x-1}=\dfrac{x-1}{x-1}=1$

← $-\dfrac{x-4}{1-x}=\dfrac{x-4}{x-1}$

(3) $\dfrac{x}{x+3}+\dfrac{2}{x-1}=\dfrac{x(x-1)}{(x+3)(x-1)}+\dfrac{2(x+3)}{(x+3)(x-1)}$

$=\dfrac{x^2-x+2x+6}{(x+3)(x-1)}$

$=\dfrac{x^2+x+6}{(x+3)(x-1)}$

← $\dfrac{x^2+x+6}{x^2+2x-3}$ と分母を展開した形でもよい。

(4) $\dfrac{x+8}{x^2+x-2}+\dfrac{x+4}{x^2+3x+2}$

$=\dfrac{x+8}{(x+2)(x-1)}+\dfrac{x+4}{(x+1)(x+2)}$

$=\dfrac{(x+8)(x+1)}{(x+2)(x-1)(x+1)}+\dfrac{(x+4)(x-1)}{(x+1)(x+2)(x-1)}$

$=\dfrac{x^2+9x+8+x^2+3x-4}{(x+1)(x+2)(x-1)}$

$=\dfrac{2(x^2+6x+2)}{(x+1)(x+2)(x-1)}$

← $\dfrac{2x^2+12x+4}{(x+1)(x+2)(x-1)}$ と分子を展開した形でもよい。

(5) $\dfrac{a-2b}{ab-b^2}-\dfrac{b}{ab-a^2}=\dfrac{a-2b}{b(a-b)}-\dfrac{b}{a(b-a)}$

$=\dfrac{a(a-2b)+b^2}{ab(a-b)}=\dfrac{(a-b)^2}{ab(a-b)}=\boldsymbol{\dfrac{a-b}{ab}}$

← $-\dfrac{b}{a(b-a)}=\dfrac{b}{a(a-b)}$

分数式の加法・減法 ➡ 分母を因数分解して，分母の最小公倍数で通分

27 (1) $\dfrac{1}{2x^2+3x+1}-\dfrac{2x-3}{4x^2-1}+\dfrac{x-2}{2x^2+x-1}$

$=\dfrac{1}{(x+1)(2x+1)}-\dfrac{2x-3}{(2x+1)(2x-1)}$

$+\dfrac{x-2}{(x+1)(2x-1)}$

$=\dfrac{(2x-1)-(2x-3)(x+1)+(x-2)(2x+1)}{(x+1)(2x+1)(2x-1)}$

$=\dfrac{2x-1-(2x^2-x-3)+(2x^2-3x-2)}{(x+1)(2x+1)(2x-1)}=\mathbf{0}$

(2) $\dfrac{a}{(c-a)(a-b)}+\dfrac{b}{(a-b)(b-c)}+\dfrac{c}{(b-c)(c-a)}$

$=\dfrac{a(b-c)}{(c-a)(a-b)(b-c)}+\dfrac{b(c-a)}{(a-b)(b-c)(c-a)}$

$+\dfrac{c(a-b)}{(b-c)(c-a)(a-b)}$

$=\dfrac{ab-ac+bc-ab+ac-bc}{(a-b)(b-c)(c-a)}=\mathbf{0}$

← 分母の最小公倍数で通分する。

(3) $\left(\dfrac{a+b}{a-b}+\dfrac{a-b}{a+b}\right)\div\left(\dfrac{b}{a}+\dfrac{a}{b}\right)$

$=\dfrac{(a+b)^2+(a-b)^2}{(a-b)(a+b)}\div\dfrac{b^2+a^2}{ab}$

$=\dfrac{2(a^2+b^2)}{(a-b)(a+b)}\times\dfrac{ab}{a^2+b^2}=\boldsymbol{\dfrac{2ab}{(a-b)(a+b)}}$

← $\dfrac{2ab}{a^2-b^2}$ の形でもよい。

(4) $\dfrac{1}{a-1}-\dfrac{1}{a+1}-\dfrac{2}{a^2+1}-\dfrac{4}{a^4+1}$

$=\dfrac{a+1-(a-1)}{(a-1)(a+1)}-\dfrac{2}{a^2+1}-\dfrac{4}{a^4+1}$

$=\dfrac{2}{a^2-1}-\dfrac{2}{a^2+1}-\dfrac{4}{a^4+1}$

$=\dfrac{2(a^2+1)-2(a^2-1)}{(a^2-1)(a^2+1)}-\dfrac{4}{a^4+1}$

$=\dfrac{4}{a^4-1}-\dfrac{4}{a^4+1}$

$=\dfrac{4(a^4+1)-4(a^4-1)}{(a^4-1)(a^4+1)}=\boldsymbol{\dfrac{8}{a^8-1}}$

28

$$\frac{1}{x(x-2)}+\frac{1}{x(x+2)}+\frac{1}{(x+2)(x+4)}$$

$$=\frac{1}{2}\left(\frac{1}{x-2}-\frac{1}{x}\right)+\frac{1}{2}\left(\frac{1}{x}-\frac{1}{x+2}\right)+\frac{1}{2}\left(\frac{1}{x+2}-\frac{1}{x+4}\right)$$

← 部分分数に分解する。

$$\frac{1}{(x+a)(x+b)}=\frac{1}{b-a}\left(\frac{1}{x+a}-\frac{1}{x+b}\right)$$

$$=\frac{1}{2}\left(\frac{1}{x-2}-\frac{1}{x+4}\right)=\frac{1}{2}\cdot\frac{(x+4)-(x-2)}{(x-2)(x+4)}$$

$$=\frac{6}{2(x-2)(x+4)}=\boldsymbol{\frac{3}{(x-2)(x+4)}}$$

← $\frac{3}{x^2+2x-8}$ の形でもよい。

29 (1)

$$\frac{1}{1-\frac{x}{x+1}}=\frac{1}{\frac{x+1-x}{x+1}}=\frac{1}{\frac{1}{x+1}}=\boldsymbol{x+1}$$

← 分母から順序よく計算していく。

別解

$$\frac{1}{1-\frac{x}{x+1}}=\frac{1\times(x+1)}{\left(1-\frac{x}{x+1}\right)\times(x+1)}$$

$$=\frac{x+1}{x+1-x}=\boldsymbol{x+1}$$

← 分母，分子に $(x+1)$ を掛けて，分母の $x+1$ を払う方法も有効である。

(2)

$$\frac{1-\frac{1}{x}}{x-\frac{1}{x}}=\frac{\frac{x-1}{x}}{\frac{x^2-1}{x}}=\frac{x-1}{x}\times\frac{x}{x^2-1}$$

← 分母と分子を別々に計算する。

$$=\frac{x-1}{x^2-1}=\frac{x-1}{(x+1)(x-1)}=\boldsymbol{\frac{1}{x+1}}$$

別解

$$\frac{1-\frac{1}{x}}{x-\frac{1}{x}}=\frac{\left(1-\frac{1}{x}\right)\times x}{\left(x-\frac{1}{x}\right)\times x}=\frac{x-1}{x^2-1}$$

← 分母，分子に x を掛けて，分母の x を払う方法も有効である。

$$=\frac{x-1}{(x+1)(x-1)}=\boldsymbol{\frac{1}{x+1}}$$

(3)

$$\frac{1+\frac{1}{x-1}}{x-\frac{x}{1-\frac{1}{x}}}=\frac{1+\frac{1}{x-1}}{x-\frac{x\times x}{\left(1-\frac{1}{x}\right)\times x}}=\frac{1+\frac{1}{x-1}}{x-\frac{x^2}{x-1}}$$

← まず，複雑な分母を簡単にする。

$$=\frac{\left(1+\frac{1}{x-1}\right)\times(x-1)}{\left(x-\frac{x^2}{x-1}\right)\times(x-1)}$$

$$=\frac{x-1+1}{x(x-1)-x^2}$$

$$=\frac{x}{-x}=\boldsymbol{-1}$$

30 (1)　実部 6，虚部 2，共役な複素数 $6-2i$

(2)　実部 $-\dfrac{3}{2}$，虚部 $-\dfrac{1}{2}$，共役な複素数 $\dfrac{-3+i}{2}$

(3)　実部 4，虚部 0，共役な複素数 4

(4)　実部 0，虚部 $\sqrt{3}$，共役な複素数 $-\sqrt{3}\,i$

← $a+bi$（a ↑ 実部，b ↑ 虚部）

31 (1)　$(x-3)+(2y+4)i=0$

$x-3$，$2y+4$ は実数であるから

$x-3=0$，$2y+4=0$

よって　$\boldsymbol{x=3}$，$\boldsymbol{y=-2}$

(2)　$(x+2y)-xi=3+i$

$x+2y$，x は実数であるから

$x+2y=3$，$-x=1$

よって　$\boldsymbol{x=-1}$，$\boldsymbol{y=2}$

複素数の相等

a，b，c，d が実数のとき

$a+bi=c+di \iff a=c,\ b=d$

$a+bi=0 \iff a=0,\ b=0$

2 つの複素数が等しい ➡ 実部と虚部がそれぞれ等しい

32 (1)　$(1+4i)+(5-2i)=\boldsymbol{6+2i}$

(2)　$(2-5i)-(3-i)=\boldsymbol{-1-4i}$

(3)　$(2-3i)-(-7-6i)=\boldsymbol{9+3i}$

(4)　$(3+2i)^2=9+12i+4i^2=\boldsymbol{5+12i}$

(5)　$(3+5i)(3-5i)=3^2-(5i)^2=9-25i^2=\boldsymbol{34}$

(6)　$(1+3i)(2i-3)=(1+3i)(-3+2i)$

$=-3-7i+6i^2=\boldsymbol{-9-7i}$

i の計算 ➡ 文字の計算と同様におこない，i^2 は -1 にする

33 (1)　$\dfrac{3+i}{3-i}=\dfrac{(3+i)^2}{(3-i)(3+i)}$

$=\dfrac{9+6i+i^2}{9-i^2}$

$=\dfrac{8+6i}{10}=\boldsymbol{\dfrac{4}{5}+\dfrac{3}{5}i}$

← 分母を実数にするために $a-bi$ に対して $a+bi$ を分母，分子に掛ける。

(2)　$\dfrac{2-\sqrt{3}\,i}{2+\sqrt{3}\,i}=\dfrac{(2-\sqrt{3}\,i)^2}{(2+\sqrt{3}\,i)(2-\sqrt{3}\,i)}$

$=\dfrac{4-4\sqrt{3}\,i+3i^2}{4-3i^2}$

$=\dfrac{1-4\sqrt{3}\,i}{7}=\boldsymbol{\dfrac{1}{7}-\dfrac{4\sqrt{3}}{7}i}$

(3) $\dfrac{2+\sqrt{6}\,i}{-3+\sqrt{6}\,i}=\dfrac{(2+\sqrt{6}\,i)(-3-\sqrt{6}\,i)}{(-3+\sqrt{6}\,i)(-3-\sqrt{6}\,i)}$

$=\dfrac{-6-5\sqrt{6}\,i-6i^2}{9-6i^2}$

$=\dfrac{-5\sqrt{6}\,i}{15}=-\dfrac{\sqrt{6}}{3}i$

(4) $\dfrac{1}{1+\sqrt{2}\,i}+\dfrac{1}{1-\sqrt{2}\,i}=\dfrac{(1-\sqrt{2}\,i)+(1+\sqrt{2}\,i)}{(1+\sqrt{2}\,i)(1-\sqrt{2}\,i)}$

$=\dfrac{2}{1-2i^2}=\dfrac{2}{3}$

(5) $\dfrac{1-i}{5i}-\dfrac{i}{2-i}=\dfrac{(1-i)(-i)}{5i(-i)}-\dfrac{i(2+i)}{(2-i)(2+i)}$

$=\dfrac{-i+i^2}{-5i^2}-\dfrac{2i+i^2}{4-i^2}=\dfrac{-i-1}{5}-\dfrac{2i-1}{5}$

$=\dfrac{-i-1-2i+1}{5}=-\dfrac{3}{5}i$

(6) $\dfrac{1+3i}{1-2i}+\dfrac{1-2i}{1+3i}$

$=\dfrac{(1+3i)(1+2i)}{(1-2i)(1+2i)}+\dfrac{(1-2i)(1-3i)}{(1+3i)(1-3i)}$

$=\dfrac{1+5i+6i^2}{1-4i^2}+\dfrac{1-5i+6i^2}{1-9i^2}$

$=\dfrac{-5+5i}{5}+\dfrac{-5-5i}{10}$

$=-1+i-\dfrac{1}{2}-\dfrac{1}{2}i=-\dfrac{3}{2}+\dfrac{1}{2}i$

34 (1) $\sqrt{-9}\sqrt{-27}=\sqrt{9}\,i\times\sqrt{27}i$

$=3i\times3\sqrt{3}\,i$

$=9\sqrt{3}\,i^2=-9\sqrt{3}$

(2) $(\sqrt{-6}-\sqrt{-24})\times\sqrt{-9}$

$=(\sqrt{6}\,i-\sqrt{24}i)\times\sqrt{9}\,i$

$=(\sqrt{6}\,i-2\sqrt{6}\,i)\times3i$

$=-\sqrt{6}\,i\times3i=-3\sqrt{6}\,i^2=3\sqrt{6}$

(3) $\dfrac{\sqrt{-125}}{\sqrt{-5}}=\dfrac{\sqrt{125}\cancel{i}}{\sqrt{5}\cancel{i}}=\dfrac{5\sqrt{5}}{\sqrt{5}}=5$

(4) $\dfrac{\sqrt{-72}}{\sqrt{12}}=\dfrac{\sqrt{72}i}{\sqrt{12}}=\dfrac{6\sqrt{2}\,i}{2\sqrt{3}}=\sqrt{6}\,i$

負の数の平方根

$a>0$ のとき
$\sqrt{-a}=\sqrt{a}\,i$

根号内が負のとき ➡ 虚数単位 i を用いて表す

35 (1) $i^3+i^{25}+i^{50}+i^{100}$

$=i\cdot i^2+(i^4)^6\cdot i+(i^4)^{12}\cdot i^2+(i^4)^{25}$

$=-i+i-1+1=\mathbf{0}$

⬅ $i^2=-1$ なので
$i^4=(i^2)^2=(-1)^2=1$
となる。

(2) $(2-i)^3+(2+i)^3$

$=(8-12i+6i^2-i^3)+(8+12i+6i^2+i^3)$

$=2(8+6i^2)=2(8-6)=\mathbf{4}$

⬅ $(a+b)^3=a^3+3a^2b+3ab^2+b^3$
$(a-b)^3=a^3-3a^2b+3ab^2-b^3$

(3) $\left(\dfrac{1}{i}+i\right)\left(\dfrac{1}{i}-i\right)=\dfrac{1}{i^2}-i^2=-1+1=\mathbf{0}$

(4) $\left(\dfrac{2+i}{1+i}\right)^2+\dfrac{2+i}{1-i}$

$=\left\{\dfrac{(2+i)(1-i)}{(1+i)(1-i)}\right\}^2+\dfrac{(2+i)(1+i)}{(1-i)(1+i)}$

$=\left(\dfrac{2-i-i^2}{1-i^2}\right)^2+\dfrac{2+3i+i^2}{1-i^2}$

$=\left(\dfrac{3-i}{2}\right)^2+\dfrac{1+3i}{2}$

$=\dfrac{9-6i+i^2}{4}+\dfrac{1+3i}{2}=\dfrac{4-3i}{2}+\dfrac{1+3i}{2}=\mathbf{\dfrac{5}{2}}$

36 (1) $(2+3i)x-(3-2i)y=-4+7i$

$(2x-3y)+(3x+2y)i=-4+7i$

$2x-3y$, $3x+2y$ は実数であるから

$2x-3y=-4$ …①, $3x+2y=7$ …②

①, ②を解いて $\boldsymbol{x=1}$, $\boldsymbol{y=2}$

⬅ ①×2+②×3 より

$$\begin{array}{rrl} & 4x-6y=-8 & \cdots①\times2 \\ +) & 9x+6y=21 & \cdots②\times3 \\ \hline & 13x\quad\ \ =13 & \end{array}$$

よって $x=1$
①に代入して $y=2$

(2) $(x-2i)(2-i)=4+yi$

$2x-(x+4)i+2i^2=4+yi$

$(2x-2)-(x+4)i=4+yi$

$2x-2$, $x+4$ は実数であるから

$2x-2=4$, $-(x+4)=y$

よって $\boldsymbol{x=3}$, $\boldsymbol{y=-7}$

(3) $(x+i)^2+(1-yi)^2=1+2i$

$x^2+2xi+i^2+1-2yi+y^2i^2=1+2i$

$x^2+2xi-1+1-2yi-y^2=1+2i$

$x^2-y^2+(2x-2y)i=1+2i$

x^2-y^2, $2x-2y$は実数であるから

$x^2-y^2=1$ …①, $2x-2y=2$ …②

①, ②を解いて $\boldsymbol{x=1}$, $\boldsymbol{y=0}$

⬅ ①より $(x+y)(x-y)=1$
②より $x-y=1$
よって $x+y=1$

複素数の相等 ➡ i を含む項と含まない項に分ける

37 $(x+yi)^2=3+4i$

$x^2+2xyi+y^2i^2=3+4i$

$x^2-y^2+2xyi=3+4i$

x^2-y^2, xy は実数であるから

$x^2-y^2=3$ …①, $2xy=4$ …②

②より $y=\dfrac{2}{x}$

①に代入して $x^2-\left(\dfrac{2}{x}\right)^2=3$

$x^4-3x^2-4=0$

$(x^2+1)(x^2-4)=0$

x は実数であるから $x^2-4=0$

⬅ x が実数のとき $x^2+1\neq 0$

よって $x=\pm 2$

$x=2$ のとき $y=1$, $x=-2$ のとき $y=-1$

ゆえに **$2+i$, $-2-i$**

38 $(a+bi)+(3+2i)=a+3+(b+2)i$

$(a+bi)(3+2i)=3a-2b+(2a+3b)i$

和が純虚数となるから

$a+3=0$, $b+2\neq 0$

⬅ 純虚数は, 複素数 $a+bi$ のうち, $a=0$, $b\neq 0$ のもの。

積が実数となるから $2a+3b=0$

よって **$a=-3$, $b=2$**

(これは $b+2\neq 0$ を満たす)

39 (1) $x^2-x-3=0$

$$x=\frac{-(-1)\pm\sqrt{(-1)^2-4\cdot 1\cdot(-3)}}{2}=\frac{1\pm\sqrt{13}}{2}$$

(2) $2x^2+3x-1=0$

$$x=\frac{-3\pm\sqrt{3^2-4\cdot 2\cdot(-1)}}{2\cdot 2}=\frac{-3\pm\sqrt{17}}{4}$$

(3) $5x^2-7x+3=0$

$$x=\frac{-(-7)\pm\sqrt{(-7)^2-4\cdot 5\cdot 3}}{2\cdot 5}=\frac{7\pm\sqrt{11}i}{10}$$

(4) $x^2-2x+5=0$

$$x=-(-1)\pm\sqrt{(-1)^2-1\cdot 5}=1\pm 2i$$

(5) $4x^2+8x+1=0$

$$x=\frac{-4\pm\sqrt{4^2-4\cdot 1}}{4}=\frac{-4\pm\sqrt{12}}{4}=\frac{-2\pm\sqrt{3}}{2}$$

2次方程式の解の公式

$ax^2+bx+c=0$ の解は

$$x=\frac{-b\pm\sqrt{b^2-4ac}}{2a}$$

$ax^2+2b'x+c=0$ の解は

$$x=\frac{-b'\pm\sqrt{b'^2-ac}}{a}$$

(6) $3x^2-4\sqrt{3}x+4=0$

$$x=\frac{-(-2\sqrt{3})\pm\sqrt{(-2\sqrt{3})^2-3\cdot 4}}{3}$$

$$=\frac{2\sqrt{3}\pm\sqrt{12-12}}{3}=\frac{2\sqrt{3}}{3}$$

判別式 D と解

2 次方程式 $ax^2+bx+c=0$ の判別式を $D=b^2-4ac$ とすると
$D>0$ のとき異なる 2 つの実数解
$D=0$ のとき重解
$D<0$ のとき異なる 2 つの虚数解

40 (1) $x^2-3x+5=0$

$D=(-3)^2-4\cdot 1\cdot 5=-11<0$

よって，異なる 2 つの虚数解

(2) $2x^2+6x+7=0$

$\dfrac{D}{4}=3^2-2\cdot 7=-5<0$

よって，異なる 2 つの虚数解

⬅ $ax^2+2b'x+c=0$ のときの判別式 D は

$D=(2b')^2-4ac$
$=4b'^2-4ac$

この両辺を 4 で割って

$\dfrac{D}{4}=b'^2-ac$

を使う方が計算が楽にできる。

(3) $4x^2-4\sqrt{3}x+3=0$

$\dfrac{D}{4}=(-2\sqrt{3})^2-4\cdot 3=0$

よって，重解

(4) $-x^2-\dfrac{1}{2}x+2=0$

$2x^2+x-4=0$

$D=1^2-4\cdot 2\cdot(-4)=33>0$

よって，異なる 2 つの実数解

⬅ x^2 の係数が負，x の係数が分数で，そのまま判別式を考えると計算が複雑になる。

41 (1) $x^2+2x+k-1=0$

$\dfrac{D}{4}=1^2-1\cdot(k-1)=2-k$

よって

$D>0$　すなわち　$k<2$ のとき，
異なる 2 つの実数解
$D=0$　すなわち　$k=2$ のとき，重解
$D<0$　すなわち　$k>2$ のとき，
異なる 2 つの虚数解

(2) $x^2-kx-k+3=0$

$D=(-k)^2-4\cdot 1\cdot(-k+3)$
$=k^2+4k-12=(k+6)(k-2)$

よって

$D>0$　すなわち　$k<-6$，$2<k$ のとき，
異なる 2 つの実数解

$D=0$ すなわち $k=-6,\ 2$ のとき，重解

$D<0$ すなわち $-6<k<2$ のとき，

異なる2つの虚数解

2次方程式の解の判別 ➡ $D>0$，$D=0$，$D<0$ に場合分け

42 $x^2-3x-2=0$ より

(1) $\alpha+\beta=3$

(2) $\alpha\beta=-2$

(3) $\alpha^2+\beta^2=(\alpha+\beta)^2-2\alpha\beta=3^2-2\cdot(-2)=13$

(4) $\alpha^3+\beta^3=(\alpha+\beta)^3-3\alpha\beta(\alpha+\beta)$

$=3^3-3\cdot(-2)\cdot3=27+18=45$

解と係数の関係

$ax^2+bx+c=0$ の2つの解を α，β とすると

和：$\alpha+\beta=-\dfrac{b}{a}$

積：$\alpha\beta=\dfrac{c}{a}$

43 $x^2-ax+1=0$ …①，$x^2+x+a=0$ …②

とし，①の判別式を D_1，②の判別式を D_2 とする。

$D_1=(-a)^2-4=(a+2)(a-2)$

$D_2=1^2-4a=1-4a$

⬅2つの方程式の判別式をとって考える。

(1) どちらも虚数解をもつのは $D_1<0$ かつ $D_2<0$ の場合であるから

$D_1<0$ より $-2<a<2$

$D_2<0$ より $a>\dfrac{1}{4}$

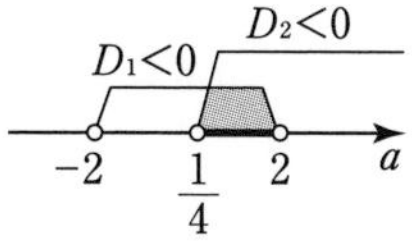

よって $\dfrac{1}{4}<a<2$

(2) $D_1<0$ かつ $D_2\geqq0$

または

$D_1\geqq0$ かつ $D_2<0$

の場合である。

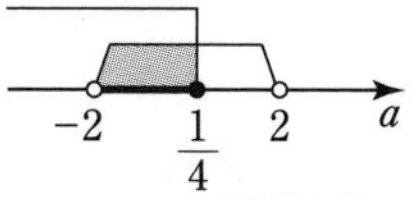

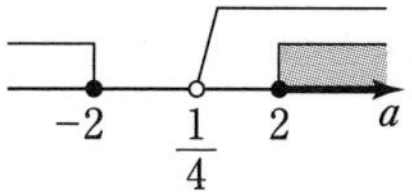

$-2<a\leqq\dfrac{1}{4}$，$2\leqq a$

⬅$a=\dfrac{1}{4}$，$a=2$ に等号が入るので注意する。

44 $2x^2-4x+3=0$ において，解と係数の関係より

$\alpha+\beta=2,\quad \alpha\beta=\dfrac{3}{2}$

(1) $\alpha^2+\beta^2=(\alpha+\beta)^2-2\alpha\beta=2^2-2\cdot\dfrac{3}{2}=4-3=1$

(2) $\alpha^3+\beta^3=(\alpha+\beta)^3-3\alpha\beta(\alpha+\beta)$

$=2^3-3\cdot\dfrac{3}{2}\cdot2=8-9=-1$

解と係数の関係

$ax^2+bx+c=0$ の2つの解を α，β とすると

$\alpha+\beta=-\dfrac{b}{a}$，$\alpha\beta=\dfrac{c}{a}$

(3)　$\alpha^2\beta+\alpha\beta^2=\alpha\beta(\alpha+\beta)=\dfrac{3}{2}\cdot 2=3$

(4)　$(\alpha-\beta)^2=\alpha^2-2\alpha\beta+\beta^2=(\alpha+\beta)^2-4\alpha\beta$

$=2^2-4\cdot\dfrac{3}{2}=4-6=-2$

⬅(1)を利用して $(\alpha^2+\beta^2)-2\alpha\beta$ と考えてもよい。

(5)　$(1+\alpha)(1+\beta)=1+(\alpha+\beta)+\alpha\beta$

$=1+2+\dfrac{3}{2}=\dfrac{9}{2}$

(6)　$\dfrac{\beta^2}{\alpha}+\dfrac{\alpha^2}{\beta}=\dfrac{\beta^3+\alpha^3}{\alpha\beta}=\dfrac{-1}{\frac{3}{2}}=-\dfrac{2}{3}$

⬅分子は(2)を利用する。

45 (1)　$x^2+x+a^2+1=0$

$D=1^2-4(a^2+1)=-4a^2-3<0$

よって，**異なる 2 つの虚数解**

⬅a は実数であるから つねに $a^2>0$

(2)　$x^2-(2a-3)x+a(a-3)=0$

$D=\{-(2a-3)\}^2-4a(a-3)$

$=4a^2-12a+9-4a^2+12a=9>0$

よって，**異なる 2 つの実数解**

46　$kx^2-4x+k-3=0$

$k\neq0$ のとき

⬅$k=0$ のときは，2 次方程式にならない。

$\dfrac{D}{4}=(-2)^2-k(k-3)=-k^2+3k+4$

$=-(k+1)(k-4)$

$D>0$ のとき

$(k+1)(k-4)<0$ より　$-1<k<4$

$k\neq0$ であるから　$-1<k<0$，$0<k<4$

⬅$k\neq0$ の条件を忘れない。ここでは　$-1<k<4$ $(k\neq0)$ と表すこともできる。

(参考)

2 次方程式 $kx^2-4x+k-3=0$ ならば，$k\neq0$ ということは保証されるが，方程式 $kx^2-4x+k-3=0$ という場合は，1 次方程式のときもあるので，$k=0$ のときも考えなくてはならない。

$D=0$ のとき　$k=-1$，4

$D<0$ のとき　$k<-1$，$4<k$

$k=0$ のとき

方程式は $-4x-3=0$ より $x=-\dfrac{3}{4}$ を解にもつ。

これより

$-1<k<0$，$0<k<4$ のとき，異なる 2 つの実数解

$k=-1$，4 のとき，重解

$k=0$ のとき，1 つの実数解

$k<-1$，$4<k$ のとき，異なる 2 つの虚数解

47 (1) 2つの解を 2α, 3α とおくと，解と係数の関係から

$$\begin{cases} 2\alpha+3\alpha=-(k+1) & \cdots① \\ 2\alpha\cdot 3\alpha=-k & \cdots② \end{cases}$$

②−①より　$6\alpha^2-5\alpha-1=0$

$(6\alpha+1)(\alpha-1)=0$　　よって　$\alpha=-\dfrac{1}{6},\ 1$

②に代入して　$\alpha=-\dfrac{1}{6}$ のとき　$k=-\dfrac{1}{6}$

$\alpha=1$ のとき　$k=-6$

ゆえに　$\boldsymbol{k=-\dfrac{1}{6}}$ **のとき，2つの解は** $\boldsymbol{x=-\dfrac{1}{3},\ -\dfrac{1}{2}}$

$\boldsymbol{k=-6}$ **のとき，2つの解は** $\boldsymbol{x=2,\ 3}$

← 解の比が 2：3 であるから，2つの解を 2α, 3α とおく。$x=2$, 3 を解として考えてしまうのは誤り。

(2) 2つの解を α, $\alpha+2$ とおくと，解と係数の関係から

$$\begin{cases} \alpha+(\alpha+2)=k & \cdots① \\ \alpha(\alpha+2)=24 & \cdots② \end{cases}$$

②より　$\alpha^2+2\alpha-24=0$

$(\alpha+6)(\alpha-4)=0$　よって　$\alpha=-6,\ 4$

①に代入して　$\alpha=-6$ のとき　$k=-10$

$\alpha=4$ のとき　$k=10$

ゆえに　$\boldsymbol{k=-10}$ **のとき，2つの解は** $\boldsymbol{x=-6,\ -4}$

$\boldsymbol{k=10}$ **のとき，2つの解は** $\boldsymbol{x=4,\ 6}$

← 2つの解を α, $\alpha-2$ とおいてもよい。

$$\begin{cases} \alpha+(\alpha-2)=k & \cdots① \\ \alpha(\alpha-2)=24 & \cdots② \end{cases}$$

②より　$\alpha^2-2\alpha-24=0$

$(\alpha-6)(\alpha+4)=0$

ゆえに　$\alpha=6,\ -4$

$\alpha=6$ のとき　$k=10$

$\alpha=-4$ のとき　$k=-10$

(3) 2つの解を α, α^2 とおくと，解と係数の関係から

$$\begin{cases} \alpha+\alpha^2=6 & \cdots① \\ \alpha\cdot\alpha^2=k & \cdots② \end{cases}$$

①より　$(\alpha-2)(\alpha+3)=0$　よって　$\alpha=2,\ -3$

②に代入して　$\alpha=2$ のとき　$k=8$

$\alpha=-3$ のとき　$k=-27$

ゆえに　$\boldsymbol{k=8}$ **のとき，2つの解は** $\boldsymbol{x=2,\ 4}$

$\boldsymbol{k=-27}$ **のとき，2つの解は** $\boldsymbol{x=-3,\ 9}$

48 (1) 和：$3-6=-3$，積：$3\times(-6)=-18$

よって　$\boldsymbol{x^2+3x-18=0}$

(2) 和：$(2+\sqrt{2})+(2-\sqrt{2})=4$

積：$(2+\sqrt{2})(2-\sqrt{2})=2$

よって　$\boldsymbol{x^2-4x+2=0}$

2数の和・積と2次方程式

2数 p, q を解にもつ2次方程式

$$x^2-(p+q)x+pq=0$$

2数の和　2数の積

(3)　和：$(3-2i)+(3+2i)=6$

積：$(3-2i)(3+2i)=9-4i^2=13$

よって　$x^2-6x+13=0$

49 (1)　求める 2 数は　$x^2-2x-2=0$

の解であるから　$x=1\pm\sqrt{3}$

よって　$1+\sqrt{3}$，$1-\sqrt{3}$

⬅ 2 数 α，β の和と積がわかれば

$x^2-(\alpha+\beta)x+\alpha\beta=0$

より，α，β が求められる。

(2)　求める 2 数は　$x^2+x+1=0$

の解であるから　$x=\dfrac{-1\pm\sqrt{1-4}}{2}=\dfrac{-1\pm\sqrt{3}\,i}{2}$

よって　$\dfrac{-1+\sqrt{3}\,i}{2}$，$\dfrac{-1-\sqrt{3}\,i}{2}$

(3)　求める 2 数は　$x^2+10x+34=0$

の解であるから　$x=-5\pm\sqrt{5^2-34}=-5\pm3i$

よって　$-5+3i$，$-5-3i$

50 解と係数の関係から　$\alpha+\beta=3$，$\alpha\beta=5$

(1)　和：$(\alpha-1)+(\beta-1)=\alpha+\beta-2=3-2=1$

積：$(\alpha-1)(\beta-1)=\alpha\beta-(\alpha+\beta)+1=5-3+1=3$

よって　$x^2-x+3=0$

(2)　和：$2\alpha+2\beta=2(\alpha+\beta)=2\cdot3=6$

積：$2\alpha\cdot2\beta=4\alpha\beta=4\cdot5=20$

よって　$x^2-6x+20=0$

(3)　和：$\alpha^2+\beta^2=(\alpha+\beta)^2-2\alpha\beta=9-10=-1$

積：$\alpha^2\beta^2=(\alpha\beta)^2=25$

よって　$x^2+x+25=0$

解と係数の関係

$ax^2+bx+c=0$ の 2 つの解を α，β とすると

$$\alpha+\beta=-\frac{b}{a},\quad \alpha\beta=\frac{c}{a}$$

51 (1)　$x^2+1=0$ を解くと $x=\pm i$

よって　$x^2+1=(x+i)(x-i)$

(2)　$x^2-6x+3=0$ を解くと $x=3\pm\sqrt{6}$

よって　$x^2-6x+3=(x-3+\sqrt{6})(x-3-\sqrt{6})$

(3)　$3x^2+2x+1=0$ を解くと $x=\dfrac{-1\pm\sqrt{2}\,i}{3}$

よって

$$3x^2+2x+1=3\left(x-\frac{-1+\sqrt{2}\,i}{3}\right)\left(x-\frac{-1-\sqrt{2}\,i}{3}\right)$$

$$=3\left(x+\frac{1-\sqrt{2}\,i}{3}\right)\left(x+\frac{1+\sqrt{2}\,i}{3}\right)$$

⬅ x^2 の係数 3 を忘れない。

2 次方程式の解と 2 次式の因数分解

$ax^2+bx+c=0$ の 2 つの解が α，β のとき

$ax^2+bx+c=a(x-\alpha)(x-\beta)$

(4) $2x^2-\sqrt{6}\,x+1=0$ を解くと $x=\dfrac{\sqrt{6}\pm\sqrt{2}\,i}{4}$

よって $2x^2-\sqrt{6}\,x+1$

$$=2\left(x-\frac{\sqrt{6}+\sqrt{2}\,i}{4}\right)\left(x-\frac{\sqrt{6}-\sqrt{2}\,i}{4}\right)$$

← x^2 の係数 2 を忘れない。

52 解と係数の関係から，$x^2+ax+b=0$ の 2 つの解が α，β であるから

$\alpha+\beta=-a$，$\alpha\beta=b$ …①

$\alpha+1$，$\beta+1$ が $x^2+bx+a=0$ の解であるから

$(\alpha+1)+(\beta+1)=\alpha+\beta+2=-b$ …②

$(\alpha+1)(\beta+1)=\alpha\beta+\alpha+\beta+1=a$ …③

②，③に①を代入すると

← a，b，α，β の 4 つの文字が出てくるので，α，β を消去して a，b だけの式にする。

$-a+2=-b$ より $a-b=2$ …②′

$b-a+1=a$ より $2a-b=1$ …③′

②′，③′を解いて $a=-1$，$b=-3$

53 (1)(ア) $x^4-25=(x^2-5)(x^2+5)$

(イ) $x^4-25=(x+\sqrt{5})(x-\sqrt{5})(x^2+5)$

(ウ) x^4-25

$=(x+\sqrt{5})(x-\sqrt{5})(x+\sqrt{5}\,i)(x-\sqrt{5}\,i)$

(2)(ア) $2x^4-5x^2-3=(x^2-3)(2x^2+1)$

(イ) $2x^4-5x^2-3=(x+\sqrt{3})(x-\sqrt{3})(2x^2+1)$

(ウ) $2x^4-5x^2-3$

$=(x+\sqrt{3})(x-\sqrt{3})(\sqrt{2}\,x+i)(\sqrt{2}\,x-i)$

54 (1) $x^2-xy+3x-y+2=0$ を解く。

$x^2-(y-3)x-y+2=0$

解の公式より

$$x=\frac{y-3\pm\sqrt{(y-3)^2-4(-y+2)}}{2}$$

$$=\frac{y-3\pm\sqrt{(y-1)^2}}{2}=\frac{y-3\pm(y-1)}{2}$$

← $\sqrt{(y-1)^2}=|y-1|=\pm(y-1)$

よって $x=y-2$，-1

← $y-3+(y-1)=2y-4$
$y-3-(y-1)=-2$

ゆえに (与式)$=(x+1)\{x-(y-2)\}$

$=(x+1)(x-y+2)$

(2)　$2x^2-3xy+y^2+x-1=0$ を解く。

$2x^2-(3y-1)x+y^2-1=0$

解の公式より

$$x=\frac{3y-1\pm\sqrt{(3y-1)^2-8(y^2-1)}}{4}$$

$$=\frac{3y-1\pm\sqrt{(y-3)^2}}{4}=\frac{3y-1\pm(y-3)}{4}$$

← $\sqrt{(y-3)^2}=|y-3|=\pm(y-3)$

よって　$x=y-1,\ \dfrac{y+1}{2}$

← $3y-1+(y-3)=4y-4$
$3y-1-(y-3)=2y+2$

ゆえに　(与式)$=2\{x-(y-1)\}\left(x-\dfrac{y+1}{2}\right)$

$=\boldsymbol{(x-y+1)(2x-y-1)}$

55 (1)　係数が実数であるから，$1-2i$ が解ならば $1+2i$ も解である。解と係数の関係から

$(1-2i)+(1+2i)=-m$　…①

$(1-2i)(1+2i)=n$　…②

①より　$\boldsymbol{m=-2}$

②より　$\boldsymbol{n=5}$

(別解)　$x=1-2i$ が解であるから $x^2+mx+n=0$ に代入して

← 解を代入すれば，方程式は成り立つ。

$(1-2i)^2+m(1-2i)+n=0$

$1-4i+4i^2+m-2mi+n=0$

$(m+n-3)-(2m+4)i=0$

← $a+bi=0 \iff a=0,\ b=0$

$m+n-3,\ 2m+4$ は実数であるから

$m+n-3=0$　かつ　$2m+4=0$

これより　$\boldsymbol{m=-2,\ n=5}$

(2)　係数が実数であるから，$2+\sqrt{3}i$ が解ならば $2-\sqrt{3}i$ も解である。解と係数の関係から

$(2+\sqrt{3}i)+(2-\sqrt{3}i)=-m$　…①

$(2+\sqrt{3}i)(2-\sqrt{3}i)=n$　…②

①より　$\boldsymbol{m=-4}$

②より　$\boldsymbol{n=7}$

(別解)　$x=2+\sqrt{3}i$ が解であるから $x^2+mx+n=0$ に代入して

← 解を代入すれば，方程式は成り立つ。

$(2+\sqrt{3}i)^2+m(2+\sqrt{3}i)+n=0$

$4+4\sqrt{3}i+3i^2+2m+\sqrt{3}mi+n=0$

$(2m+n+1)+(\sqrt{3}m+4\sqrt{3})i=0$

$2m+n+1$, $\sqrt{3}m+4\sqrt{3}$ は実数であるから

$2m+n+1=0$, $\sqrt{3}m+4\sqrt{3}=0$

これを解いて　$\boldsymbol{m=-4}$, $\boldsymbol{n=7}$

← $a+bi=0 \iff a=0,\ b=0$

56 (1) $(1+i)x^2+(3-i)x+2(1-i)=0$

$(x^2+3x+2)+(x^2-x-2)i=0$

x^2+3x+2, x^2-x-2 は実数であるから

$$\begin{cases} x^2+3x+2=0 & \cdots ① \\ x^2-x-2=0 & \cdots ② \end{cases}$$

①より　$(x+1)(x+2)=0$　　よって　$x=-1,\ -2$

②より　$(x+1)(x-2)=0$　　よって　$x=-1,\ 2$

ゆえに　$\boldsymbol{x=-1}$

← 実部と虚部に分けて $a+bi=0 \iff a=0,\ b=0$ であることを利用する。

← ①, ②を同時に満たす x の値を求める。

(2) $(1+i)x^2-(5+4i)x+(6+3i)=0$

$(x^2-5x+6)+(x^2-4x+3)i=0$

x^2-5x+6, x^2-4x+3 は実数であるから

$$\begin{cases} x^2-5x+6=0 & \cdots ① \\ x^2-4x+3=0 & \cdots ② \end{cases}$$

①より　$(x-3)(x-2)=0$　　よって　$x=3,\ 2$

②より　$(x-3)(x-1)=0$　　よって　$x=3,\ 1$

ゆえに　$\boldsymbol{x=3}$

← ①, ②を同時に満たす x の値を求める。

係数に虚数を含む2次方程式の実数解 ➡ $A+Bi=0$ の形に変形 $A=0$ かつ $B=0$ を解く

57 $x^2-(m-3)x+m=0$ の2つの解を α, β とすると

解と係数の関係から

$\alpha+\beta=m-3$, $\alpha\beta=m$

(1) 異なる2つの正の解をもつ条件は

$D=(m-3)^2-4m=m^2-10m+9$

$=(m-1)(m-9)>0$

よって　$m<1,\ 9<m$　$\cdots①$

$\alpha+\beta=m-3>0$　より　$m>3$　$\cdots②$

$\alpha\beta=m>0$　$\cdots③$

①, ②, ③の

共通範囲だから

$\boldsymbol{m>9}$

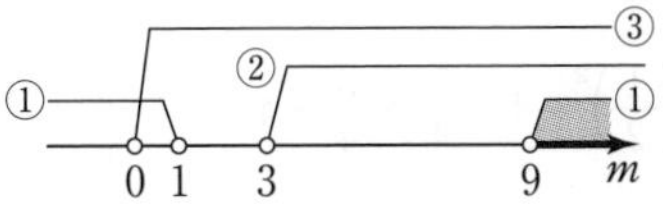

← 異なる2つの正の解をもつ $\iff \begin{cases} D>0 \\ \alpha+\beta>0 \\ \alpha\beta>0 \end{cases}$

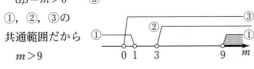

(2) 異なる 2 つの負の解をもつ条件は

$D>0$ より $m<1,\ 9<m$ …①

$\alpha+\beta=m-3<0$ より $m<3$ …②

$\alpha\beta=m>0$ …③

①, ②, ③の共通範囲だから

$0<m<1$

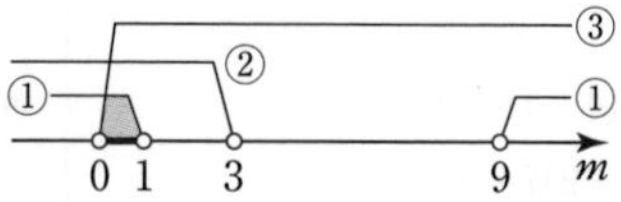

(3) 正の解と負の解をもつ条件は $\alpha\beta<0$

$m<0$

⬅ $\alpha\beta<0$ のとき，解と係数の関係より $\alpha\beta=\dfrac{c}{a}=\dfrac{ac}{a^2}<0$ であるから $ac<0$ よって $D=b^2-4ac>0$

(4) 2 より大きな異なる解をもつ条件は

$D>0$ より $m<1,\ 9<m$ …①

条件から $\alpha-2>0,\ \beta-2>0$ となるから

$(\alpha-2)+(\beta-2)>0$ …②

$(\alpha-2)(\beta-2)>0$ …③

⬅ $\alpha-2>0,\ \beta-2>0$ として，和と積が正となる条件をとる

②より $\alpha+\beta-4=m-3-4>0$

ゆえに $m>7$ …②′

③より $\alpha\beta-2(\alpha+\beta)+4=m-2(m-3)+4$

$=-m+10>0$

ゆえに $m<10$ …③′

①, ②′, ③′の共通範囲だから

$9<m<10$

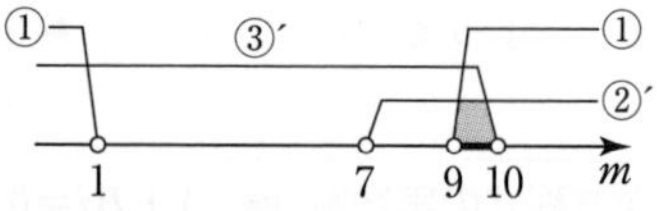

58 (1) $P(x)=x^2+3x+5$ とおいて $x=1$ を代入すると

$P(1)=1+3+5=9$

(2) $P(x)=x^3-3x-2$ とおいて $x=2$ を代入すると

$P(2)=2^3-3\cdot2-2=0$

(3) $P(x)=x^3+2x^2-3x+1$ とおいて

$x=-1$ を代入すると

$P(-1)=(-1)^3+2(-1)^2-3(-1)+1$

$=-1+2+3+1=5$

(4) $P(x)=2x^3+3x^2-4$ とおいて

$x=\dfrac{1}{2}$ を代入すると

$P\left(\dfrac{1}{2}\right)=2\cdot\left(\dfrac{1}{2}\right)^3+3\cdot\left(\dfrac{1}{2}\right)^2-4=\dfrac{1}{4}+\dfrac{3}{4}-4$

$=-3$

剰余の定理

整式 $P(x)$ を

$x-\alpha$ で割った余り R は

$R=P(\alpha)$

$ax-b$ で割った余り R は

$R=P\left(\dfrac{b}{a}\right)$

59 (1) $P(-1)=0$ が成り立てばよいから

$$4(-1)^3-a\cdot(-1)-2=0$$
$$-4+a-2=0$$

よって　$a=6$

← 割り切れるから，余りは0

(2) $P\left(\dfrac{3}{2}\right)=7$ が成り立てばよいから

$$4\left(\frac{3}{2}\right)^3-a\left(\frac{3}{2}\right)-2=7$$
$$\frac{27}{2}-\frac{3}{2}a-2=7$$

よって　$a=3$

60 $P(x)$ を $(x+1)(x-2)$ で割ったときの商を $Q(x)$ とすると

$$P(x)=(x+1)(x-2)Q(x)+2x+5$$

$x+1$ で割ったときの余りは

$$P(-1)=(-1+1)(-1-2)Q(-1)+2\cdot(-1)+5$$
$$=3$$

$x-2$ で割ったときの余りは

$$P(2)=(2+1)(2-2)Q(2)+2\cdot2+5=9$$

61 (1) $P(x)=x^3-2x+1$　とおく。

$P(1)=1-2+1=0$

より，$P(x)$ は $x-1$ を因数にもつ。

よって　$P(x)=(x-1)(x^2+x-1)$

$$\begin{array}{r|l}
 & x^2+x-1 \\ \hline
x-1 & x^3-2x+1 \\
 & x^3-x^2 \\ \hline
 & x^2-2x \\
 & x^2-x \\ \hline
 & -x+1 \\
 & -x+1 \\ \hline
 & 0
\end{array}$$

$$\begin{array}{r|rrrr}
1 & 1 & 0 & -2 & 1 \\
+) & & 1 & 1 & -1 \\ \hline
 & 1 & 1 & -1 & \boxed{0}
\end{array}$$

(2) $P(x)=x^3+4x^2+x-6$　とおく。

$P(1)=1+4+1-6=0$

より，$P(x)$ は $x-1$ を因数にもつ。

よって　$P(x)=(x-1)(x^2+5x+6)$

$=(x-1)(x+2)(x+3)$

$$\begin{array}{r|l}
 & x^2+5x+6 \\ \hline
x-1 & x^3+4x^2+x-6 \\
 & x^3-x^2 \\ \hline
 & 5x^2+x \\
 & 5x^2-5x \\ \hline
 & 6x-6 \\
 & 6x-6 \\ \hline
 & 0
\end{array}$$

$$\begin{array}{r|rrrr}
1 & 1 & 4 & 1 & -6 \\
+) & & 1 & 5 & 6 \\ \hline
 & 1 & 5 & 6 & \boxed{0}
\end{array}$$

(3) $P(x)=x^3+6x^2+11x+6$　とおく。

$P(-1)=-1+6-11+6=0$

より，$P(x)$ は $x+1$ を因数にもつ。

よって　$P(x)=(x+1)(x^2+5x+6)$

$=(x+1)(x+2)(x+3)$

$$\begin{array}{r|l}
 & x^2+5x+6 \\ \hline
x+1 & x^3+6x^2+11x+6 \\
 & x^3+x^2 \\ \hline
 & 5x^2+11x \\
 & 5x^2+5x \\ \hline
 & 6x+6 \\
 & 6x+6 \\ \hline
 & 0
\end{array}$$

$$\begin{array}{r|rrrr}
-1 & 1 & 6 & 11 & 6 \\
+) & & -1 & -5 & -6 \\ \hline
 & 1 & 5 & 6 & \boxed{0}
\end{array}$$

(4)　$P(x)=4x^3+x+1$　とおく。

$$P\left(-\frac{1}{2}\right)=4\cdot\left(-\frac{1}{2}\right)^3-\frac{1}{2}+1=0$$

より，$P(x)$ は $2x+1$ を因数にもつ。

よって　$\boldsymbol{P(x)=(2x+1)(2x^2-x+1)}$

$$\begin{array}{r} 2x^2-x+1 \\ 2x+1\overline{)\,4x^3\qquad\quad +x+1} \\ \underline{4x^3+2x^2\qquad\qquad} \\ -2x^2+x\qquad \\ \underline{-2x^2-x\qquad} \\ 2x+1 \\ \underline{2x+1} \\ 0 \end{array}$$

$$\begin{array}{r|rrrr} -\frac{1}{2} & 4 & 0 & 1 & 1 \\ +) & & -2 & 1 & -1 \\ \hline & 4 & -2 & 2 & \boxed{0} \end{array}$$

$$P(x)=\left(x+\frac{1}{2}\right)(4x^2-2x+2)$$
$$=(2x+1)(2x^2-x+1)$$

整式 $P(x)$ について，$P(\alpha)=0$ ➡ $P(x)$ は $x-\alpha$ を因数にもつ

62 $P(x)=x^3+2ax^2+bx-2$

条件より　$P(2)=2^3+2a\cdot 2^2+2b-2$

$=8a+2b+6=0$　…①

$P(1)=1+2a+b-2$

$=2a+b-1=6$　…②

①，②を解いて　$\boldsymbol{a=-5,\ b=17}$

⬅ 整式 $P(x)$ を
$x-2$ で割った余りは $P(2)$
$x-1$ で割った余りは $P(1)$
を計算した値である。

63 $P(x)$ は $x^2-x-2=(x-2)(x+1)$ で割り切れるから，$P(x)$ は $x-2$，$x+1$ で割り切れる。

よって

$P(2)=8+4m+2+n=0$

すなわち　$4m+n+10=0$　…①

$P(-1)=-1+m-1+n=0$

すなわち　$m+n-2=0$　…②

①，②を解いて　$\boldsymbol{m=-4,\ n=6}$

⬅ 整式 $P(x)$ が $(x-\alpha)(x-\beta)$ で割り切れれば，$P(x)$ は $x-\alpha$，$x-\beta$ で割り切れる。

64 $P(x)$ を $(x-1)(x+3)$ で割ったときの商を $Q(x)$，余りを $ax+b$ とおくと

$P(x)=(x-1)(x+3)Q(x)+ax+b$

$x-1$ で割った余りが 3 であるから

$P(1)=(1-1)(1+3)Q(1)+1\cdot a+b$

$=a+b=3$　…①

$x+3$ で割った余りが 11 であるから

$P(-3)=(-3-1)(-3+3)Q(-3)-3a+b$

$=-3a+b=11$　…②

①，②を解いて　$a=-2$，$b=5$

よって，余りは　$\boldsymbol{-2x+5}$

⬅ 2 次式 $(x-1)(x+3)$ で割ったときの余りは 1 次以下の整式 $ax+b$ とおける。

整式 $P(x)$ を $(x-\alpha)(x-\beta)$ で割ったときの余りは
➡ $P(x)=(x-\alpha)(x-\beta)Q(x)+ax+b$ とおく

65 $P(x)$ を $(x-1)(x-2)(x-3)$ で割ったときの商を $Q(x)$，余りを ax^2+bx+c とおくと

$$P(x)=(x-1)(x-2)(x-3)Q(x)+ax^2+bx+c$$

条件より　$P(1)=a+b+c=4$　…①

$P(2)=4a+2b+c=3$　…②

$P(3)=9a+3b+c=0$　…③

②−①より　$3a+b=-1$　…④

③−②より　$5a+b=-3$　…⑤

④，⑤より　$a=-1$，$b=2$

①に代入して　$c=3$

よって，余りは　**$-x^2+2x+3$**

⬅ $(x-1)(x-2)(x-3)$ は 3 次式。3 次式で割った余りは 2 次以下であるから　ax^2+bx+c とおける。

⬅ $x-1$ で割った余り $P(1)$

⬅ $x-2$ で割った余り $P(2)$

⬅ $x-3$ で割った余り $P(3)$

66 $P(x)$ を x^2+3x+2，すなわち $(x+1)(x+2)$ で割ったときの商を $Q(x)$，余りを $ax+b$ とおくと

$$P(x)=(x+1)(x+2)Q(x)+ax+b \quad \cdots①$$

$P(x)$ を x^2-1，すなわち $(x+1)(x-1)$ で割ったときの商を $Q_1(x)$ とおくと

$$P(x)=(x+1)(x-1)Q_1(x)+2x+3 \quad \cdots②$$

$P(x)$ を x^2-4，すなわち $(x+2)(x-2)$ で割ったときの商を $Q_2(x)$ とおくと

$$P(x)=(x+2)(x-2)Q_2(x)+3x-2 \quad \cdots③$$

②より　$P(-1)=1$

③より　$P(-2)=-8$

また，①より

$P(-1)=-a+b$，$P(-2)=-2a+b$

したがって　$-a+b=1$，$-2a+b=-8$

これを解いて　$a=9$，$b=10$

よって，余りは　**$9x+10$**

⬅ $(x+1)(x+2)$ は 2 次式。2 次式で割った余りは 1 次以下であるから $ax+b$ とおける。

67 (1)　$(x-1)(x-2)(x-3)=0$

よって　**$x=1, 2, 3$**

(2)　$(x+1)(x^2-2x+2)=0$

$x+1=0$，$x^2-2x+2=0$

よって　**$x=-1, 1\pm i$**

(3)　$(x^2+5x+6)(x^2-5x+6)=0$

$(x+2)(x+3)(x-2)(x-3)=0$

よって　**$x=-2, -3, 2, 3$**

(4) $(x^2+4)(2x^2-x+1)=0$

$x^2+4=0$, $2x^2-x+1=0$

よって　$x=\pm 2i$, $\dfrac{1\pm\sqrt{7}\,i}{4}$

68 (1) $x^3+1=0$　より　$(x+1)(x^2-x+1)=0$

⬅ $a^3+b^3=(a+b)(a^2-ab+b^2)$

すなわち　$x+1=0$, $x^2-x+1=0$

よって　$x=-1$, $\dfrac{1\pm\sqrt{3}\,i}{2}$

(2) $2x^3=54$　より　$x^3-27=0$

$x^3-3^3=0$　より　$(x-3)(x^2+3x+9)=0$

⬅ $a^3-b^3=(a-b)(a^2+ab+b^2)$

すなわち　$x-3=0$, $x^2+3x+9=0$

よって　$x=3$, $\dfrac{-3\pm 3\sqrt{3}\,i}{2}$

(3) $x^3-3x^2+3x-1=0$　より　$(x-1)^3=0$

⬅ $a^3-3a^2b+3ab^2-b^3=(a-b)^3$

よって　$x=1$

⬅ $x=1$ は3重解

(4) $x^4-4x^2=0$　より　$x^2(x^2-4)=0$

すなわち　$x^2(x+2)(x-2)=0$

よって　$x=0$, 2, -2

⬅ $x=0$ は重解

(5) $x^4-13x^2+36=0$

$(x^2-4)(x^2-9)=0$

$(x+2)(x-2)(x+3)(x-3)=0$

よって　$x=2$, -2, 3, -3

(6) $x^4+x^2+1=0$

$(x^2+1)^2-x^2=0$

$(x^2+x+1)(x^2-x+1)=0$

$x^2+x+1=0$, $x^2-x+1=0$

よって　$x=\dfrac{-1\pm\sqrt{3}\,i}{2}$, $\dfrac{1\pm\sqrt{3}\,i}{2}$

⬅ $x^2=t$ とおいて
$t^2+t+1=0$
としても因数分解できない。
$A^2-X^2=0$ の形に変形する。

69 (1) $P(x)=x^3-7x+6$　とおくと

$P(1)=1-7+6=0$

より，$P(x)$ は $x-1$ を因数にもつから

$P(x)=(x-1)(x^2+x-6)=0$

すなわち　$(x-1)(x-2)(x+3)=0$

よって　$x=1$, 2, -3

$$\begin{array}{r} x^2+x-6 \\ x-1\,\overline{)\,x^3 \qquad -7x+6} \\ \underline{x^3-x^2 \qquad\quad} \\ x^2-7x \quad \\ \underline{x^2-\ x \quad} \\ -6x+6 \\ \underline{-6x+6} \\ 0 \end{array}$$

1	1	0	−7	6
+)		1	1	−6
	1	1	−6	0

(2) $P(x)=x^3-x^2-4$ とおくと

$P(2)=8-4-4=0$

より，$P(x)$ は $x-2$ を因数にもつから

$P(x)=(x-2)(x^2+x+2)=0$

よって　$x=2,\ \dfrac{-1\pm\sqrt{7}i}{2}$

$$\begin{array}{r} x^2+x+2 \\ x-2\,\overline{)\,x^3-x^2-4} \\ \underline{x^3-2x^2} \\ x^2 \\ \underline{x^2-2x} \\ 2x-4 \\ \underline{2x-4} \\ 0 \end{array}$$

$$\begin{array}{r|rrrr} 2 & 1 & -1 & 0 & -4 \\ +) & & 2 & 2 & 4 \\ \hline & 1 & 1 & 2 & \boxed{0} \end{array}$$

(3) $P(x)=x^3-8x+3$ とおくと

$P(-3)=-27+24+3=0$

より，$P(x)$ は $x+3$ を因数にもつから

$P(x)=(x+3)(x^2-3x+1)=0$

よって　$x=-3,\ \dfrac{3\pm\sqrt{5}}{2}$

$$\begin{array}{r} x^2-3x+1 \\ x+3\,\overline{)\,x^3-8x+3} \\ \underline{x^3+3x^2} \\ -3x^2-8x \\ \underline{-3x^2-9x} \\ x+3 \\ \underline{x+3} \\ 0 \end{array}$$

$$\begin{array}{r|rrrr} -3 & 1 & 0 & -8 & 3 \\ +) & & -3 & 9 & -3 \\ \hline & 1 & -3 & 1 & \boxed{0} \end{array}$$

(4) $P(x)=2x^3-x^2-4x-1$ とおくと

$P(-1)=-2-1+4-1=0$

より，$P(x)$ は $x+1$ を因数にもつから

$P(x)=(x+1)(2x^2-3x-1)=0$

よって　$x=-1,\ \dfrac{3\pm\sqrt{17}}{4}$

$$\begin{array}{r} 2x^2-3x-1 \\ x+1\,\overline{)\,2x^3-x^2-4x-1} \\ \underline{2x^3+2x^2} \\ -3x^2-4x \\ \underline{-3x^2-3x} \\ -x-1 \\ \underline{-x-1} \\ 0 \end{array}$$

$$\begin{array}{r|rrrr} -1 & 2 & -1 & -4 & -1 \\ +) & & -2 & 3 & 1 \\ \hline & 2 & -3 & -1 & \boxed{0} \end{array}$$

(5) $P(x)=4x^3+x+1$ とおくと

$P\left(-\dfrac{1}{2}\right)=-\dfrac{1}{2}-\dfrac{1}{2}+1=0$

より，$P(x)$ は $2x+1$ を因数に

もつから

$P(x)=(2x+1)(2x^2-x+1)=0$

よって　$x=-\dfrac{1}{2},\ \dfrac{1\pm\sqrt{7}i}{4}$

$$\begin{array}{r} 2x^2-x+1 \\ 2x+1\,\overline{)\,4x^3+x+1} \\ \underline{4x^3+2x^2} \\ -2x^2+x \\ \underline{-2x^2-x} \\ 2x+1 \\ \underline{2x+1} \\ 0 \end{array}$$

$$\begin{array}{r|rrrr} -\frac{1}{2} & 4 & 0 & 1 & 1 \\ +) & & -2 & 1 & -1 \\ \hline & 4 & -2 & 2 & \boxed{0} \end{array}$$

$P(x)=\left(x+\dfrac{1}{2}\right)(4x^2-2x+2)$

$=(2x+1)(2x^2-x+1)$

(6) $P(x)=2x^3+x^2+3x-2$

とおくと

$P\left(\dfrac{1}{2}\right)=\dfrac{1}{4}+\dfrac{1}{4}+\dfrac{3}{2}-2=0$

より，$P(x)$ は $2x-1$ を因数に

もつから

$P(x)=(2x-1)(x^2+x+2)=0$

よって　$x=\dfrac{1}{2},\ \dfrac{-1\pm\sqrt{7}i}{2}$

$$\begin{array}{r} x^2+x+2 \\ 2x-1\,\overline{)\,2x^3+x^2+3x-2} \\ \underline{2x^3-x^2} \\ 2x^2+3x \\ \underline{2x^2-x} \\ 4x-2 \\ \underline{4x-2} \\ 0 \end{array}$$

$$\begin{array}{r|rrrr} \frac{1}{2} & 2 & 1 & 3 & -2 \\ +) & & 1 & 1 & 2 \\ \hline & 2 & 2 & 4 & \boxed{0} \end{array}$$

$P(x)=\left(x-\dfrac{1}{2}\right)(2x^2+2x+4)$

$=(2x-1)(x^2+x+2)$

$P(\alpha)=0$ のとき　➡ $P(x)$ は $x-\alpha$ を因数にもつ

$P\left(-\dfrac{b}{a}\right)=0$ のとき ➡ $P(x)$ は $ax+b$ を因数にもつ

70 $x=2$ を方程式に代入して

$8+8+2m-6=0$ より $m=-5$

このとき

$x^3+2x^2-5x-6=0$

$(x-2)(x^2+4x+3)=0$

$(x-2)(x+1)(x+3)=0$

よって，他の解は $x=-1,\ -3$

$$\begin{array}{r|rrrr} 2 & 1 & 2 & -5 & -6 \\ +) & & 2 & 8 & 6 \\ \hline & 1 & 4 & 3 & \boxed{0} \end{array}$$

⬅ $x=2$ が解であるから，方程式に代入すれば成り立つ。

⬅ $x=2$ を解にもつから $(x-2)(\quad)$ と因数分解できる。

71 (1) $P(x)=x^4-4x^3+4x^2+x-2$

とおくと

$P(1)=1-4+4+1-2=0$

$P(x)$ は $x-1$ を因数にもつから

$P(x)=(x-1)(x^3-3x^2+x+2)$

$Q(x)=x^3-3x^2+x+2$ とおくと

$Q(2)=8-12+2+2=0$

$Q(x)$ は $x-2$ を因数にもつから

$Q(x)=(x-2)(x^2-x-1)$

よって

$P(x)=(x-1)(x-2)(x^2-x-1)=0$

ゆえに $x=1,\ 2,\ \dfrac{1\pm\sqrt{5}}{2}$

$$\begin{array}{r} x^3-3x^2+x+2 \\ x-1\,\big)\overline{x^4-4x^3+4x^2+x-2} \\ \underline{x^4-x^3\qquad\qquad\qquad} \\ -3x^3+4x^2\qquad\qquad \\ \underline{-3x^3+3x^2\qquad\qquad} \\ x^2+x\qquad \\ \underline{x^2-x\qquad} \\ 2x-2 \\ \underline{2x-2} \\ 0 \end{array}$$

$$\begin{array}{r|rrrrr} 1 & 1 & -4 & 4 & 1 & -2 \\ +) & & 1 & -3 & 1 & 2 \\ \hline & 1 & -3 & 1 & 2 & \boxed{0} \end{array}$$

$$\begin{array}{r} x^2-x-1 \\ x-2\,\big)\overline{x^3-3x^2+x+2} \\ \underline{x^3-2x^2\qquad\qquad} \\ -x^2+x\qquad \\ \underline{-x^2+2x\qquad} \\ -x+2 \\ \underline{-x+2} \\ 0 \end{array}$$

$$\begin{array}{r|rrrr} 2 & 1 & -3 & 1 & 2 \\ +) & & 2 & -2 & -2 \\ \hline & 1 & -1 & -1 & \boxed{0} \end{array}$$

(2) $P(x)=4x^4-4x^3+3x^2+x-1$

とおくと

$P\left(\dfrac{1}{2}\right)=\dfrac{1}{4}-\dfrac{1}{2}+\dfrac{3}{4}+\dfrac{1}{2}-1=0$

$P(x)$ は $2x-1$ を因数にもつから

$P(x)=(2x-1)(2x^3-x^2+x+1)$

$Q(x)=2x^3-x^2+x+1$ とおくと

$Q\left(-\dfrac{1}{2}\right)=-\dfrac{1}{4}-\dfrac{1}{4}-\dfrac{1}{2}+1=0$

$Q(x)$ は $2x+1$ を因数にもつから

$Q(x)=(2x+1)(x^2-x+1)$

よって

$P(x)=(2x-1)(2x+1)(x^2-x+1)=0$

ゆえに $x=\pm\dfrac{1}{2},\ \dfrac{1\pm\sqrt{3}\,i}{2}$

$$\begin{array}{r} 2x^3-x^2+x+1 \\ 2x-1\,\big)\overline{4x^4-4x^3+3x^2+x-1} \\ \underline{4x^4-2x^3\qquad\qquad\qquad} \\ -2x^3+3x^2\qquad\qquad \\ \underline{-2x^3+x^2\qquad\qquad} \\ 2x^2+x\qquad \\ \underline{2x^2-x\qquad} \\ 2x-1 \\ \underline{2x-1} \\ 0 \end{array}$$

$$\begin{array}{r} x^2-x+1 \\ 2x+1\,\big)\overline{2x^3-x^2+x+1} \\ \underline{2x^3+x^2\qquad\qquad} \\ -2x^2+x\qquad \\ \underline{-2x^2-x\qquad} \\ 2x+1 \\ \underline{2x+1} \\ 0 \end{array}$$

72 (1) $x^2+2x=t$ とおくと

$t^2-t-6=0$

$(t-3)(t+2)=0$ より $t=3,\ -2$

$t=3$ のとき

$x^2+2x-3=0$

$(x+3)(x-1)=0$

よって $x=-3,\ 1$

$t=-2$ のとき

$x^2+2x+2=0$ より $x=-1\pm i$

ゆえに $\boldsymbol{x=-3,\ 1,\ -1\pm i}$

(2) $x^2+2x=t$ とおくと

← $(\underline{x^2+2x}-4)(\underline{x^2+2x}-7)$ → $(t-4)$ $(t-7)$

$(t-4)(t-7)-4=0$

$t^2-11t+24=0$

$(t-8)(t-3)=0$ より $t=8,\ 3$

$t=8$ のとき

$x^2+2x-8=0$

$(x+4)(x-2)=0$

よって $x=-4,\ 2$

$t=3$ のとき

$x^2+2x-3=0$

$(x+3)(x-1)=0$

よって $x=-3,\ 1$

ゆえに $\boldsymbol{x=-4,\ -3,\ 1,\ 2}$

(3) $x(x-1)(x+2)(x+3)+2=0$

← $x(x-1)(x+2)(x+3)+2=0$

x^2+2x が出てくるように組み合わせて展開する。

$\{x(x+2)\}\{(x-1)(x+3)\}+2=0$

$(x^2+2x)(x^2+2x-3)+2=0$

$x^2+2x=t$ とおくと

$t(t-3)+2=0$

$t^2-3t+2=0$

$(t-1)(t-2)=0$ より $t=1,\ 2$

$t=1$ のとき

$x^2+2x-1=0$ より $x=-1\pm\sqrt{2}$

$t=2$ のとき

$x^2+2x-2=0$ より $x=-1\pm\sqrt{3}$

よって $\boldsymbol{x=-1\pm\sqrt{2},\ -1\pm\sqrt{3}}$

73 $x=1$ と $x=-2$ を方程式に代入して

$1-1+a+b-6=0$ より $a+b=6$ …①

$16+8+4a-2b-6=0$ より $2a-b=-9$ …②

①，②を解いて **$a=-1$，$b=7$**

このとき $x^4-x^3-x^2+7x-6=0$

$(x-1)(x+2)(x^2-2x+3)=0$

これより $x=1$，-2，$1\pm\sqrt{2}\,i$

よって，他の解は **$x=1\pm\sqrt{2}\,i$**

⬅解を代入すれば方程式は成り立つ。

⬅$x=1$，-2 を解にもつから，$(x-1)(x+2)$ を因数にもつ。

$$\begin{array}{r} x^2-2x+3 \\ x^2+x-2\,\overline{)\,x^4-x^3-x^2+7x-6} \\ \underline{x^4+x^3-2x^2} \\ -2x^3+x^2+7x \\ \underline{-2x^3-2x^2+4x} \\ 3x^2+3x-6 \\ \underline{3x^2+3x-6} \\ 0 \end{array}$$

74 $x=1+2i$ を方程式に代入して

$(1+2i)^3+a(1+2i)^2+b(1+2i)+5=0$

これを整理して

$(-3a+b-6)+(4a+2b-2)i=0$

$-3a+b-6$，$4a+2b-2$ は実数であるから

$-3a+b-6=0$ …①

$4a+2b-2=0$ …②

①，②を解いて **$a=-1$，$b=3$**

このとき $x^3-x^2+3x+5=0$

$(x+1)(x^2-2x+5)=0$ より $x=-1$，$1\pm2i$

よって，他の解は **$x=-1$，$1-2i$**

⬅i を含んだ項と含まない項に分ける。

$(A)+(B)i=0$ のとき

⇓

$A=0$，$B=0$

(別解) **1)** $1+2i$ が解のとき $1-2i$ も解であるから，他の解を α とおくと，3 次方程式の解と係数の関係から

$$\begin{cases} (1+2i)+(1-2i)+\alpha=-a & \cdots① \\ (1+2i)(1-2i)+\alpha(1+2i)+\alpha(1-2i)=b & \cdots② \\ (1+2i)(1-2i)\alpha=-5 & \cdots③ \end{cases}$$

③より $5\alpha=-5$ よって $\alpha=-1$

①，②に代入して **$a=-1$，$b=3$**

(以下同様)

3 次方程式の解と係数の関係

$ax^3+bx^2+cx+d=0$

の 3 つの解を α，β，γ とすると

$\alpha+\beta+\gamma=-\dfrac{b}{a}$

$\alpha\beta+\beta\gamma+\gamma\alpha=\dfrac{c}{a}$

$\alpha\beta\gamma=-\dfrac{d}{a}$

(別解) **2)** $1+2i$，$1-2i$ が解であるから

和：$(1+2i)+(1-2i)=2$

積：$(1+2i)(1-2i)=5$

よって，方程式の左辺は x^2-2x+5 を因数にもつから右の割り算は割り切れる。

右の割り算の余りが 0 であるから

$2a+b-1=0$，$5a+5=0$ より **$a=-1$，$b=3$**

(以下同様)

$$\begin{array}{r} x+(a+2) \\ x^2-2x+5\,\overline{)\,x^3+ax^2+bx+5} \\ \underline{x^3-2x^2+5x} \\ (a+2)x^2+(b-5)x+5 \\ \underline{(a+2)x^2-2(a+2)x+5(a+2)} \\ (2a+b-1)x-(5a+5) \end{array}$$

75 (1) $P(x)=x^3+(1-a^2)x-a$ より

$P(a)=a^3+(1-a^2)a-a=0$ であるから

$P(x)$ は $x-a$ を因数にもつ。

よって $\boldsymbol{P(x)=(x-a)(x^2+ax+1)}$

$$\begin{array}{r} x^2+ax\ +\ 1 \\ x-a\,\overline{)\,x^3 \qquad +(1-a^2)x-a} \\ x^3-ax^2 \qquad\qquad\qquad \\ \hline ax^2+(1-a^2)x \qquad \\ ax^2 \quad -a^2\,x \qquad \\ \hline x-a \\ x-a \\ \hline 0 \end{array}$$

(2) $x^2+ax+1=0$ が虚数解をもつとき $D<0$

$D=a^2-4=(a+2)(a-2)<0$

よって $\boldsymbol{-2<a<2}$

76 $P(x)=x^3+(k-1)x^2-(k-4)x-4$ とおくと

$P(1)=1+k-1-k+4-4=0$ であるから

与式は $(x-1)(x^2+kx+4)=0$ と因数分解できる。

よって $x-1=0,$

$x^2+kx+4=0$ …①

⬅ 因数定理を利用するか，次数の低い k で整理して因数分解をする。
$x^3+(k-1)x^2-(k-4)x-4$
$=(x^2-x)k+x^3-x^2+4x-4$
$=x(x-1)k+x^2(x-1)+4(x-1)$
$=(x-1)(x^2+kx+4)$

(1) 虚数解をもつのは，①で $D<0$ のときである。

$D=k^2-4\cdot1\cdot4<0$

$(k+4)(k-4)<0$

ゆえに $\boldsymbol{-4<k<4}$

(2) 異なる 3 つの実数解をもつのは，

①で $D>0$ かつ $x=1$ が解でないときである。

$x=1$ が解のとき $1+k+4=0$ より $k=-5$

よって $\boldsymbol{k<-5,\ -5<k<-4,\ 4<k}$

⬅ ①が $x=1$ を解にもつとき
$(x-1)\underbrace{(x-1)(\qquad)}_{\text{①}}=0$
$x=1$ が重解になってしまう。

(3) 重解をもつのは，

(i) ①が重解をもつとき

$D=0$ より $k=-4,\ 4$

(ii) ①が $x=1$ を解にもつとき

$k=-5$

⬅ $k=-5$ のとき
$(x-1)^2(x-4)=0$ となる。

よって $\boldsymbol{k=-5,\ \pm4}$

77 ω が $x^3=1$ の解であるとき

$\omega^3=1,\ \omega^2+\omega+1=0$

(1) $1+\omega^5+\omega^{10}=1+\omega^3\cdot\omega^2+(\omega^3)^3\omega$

⬅ $\omega^3=1$ を代入する。

$=1+\omega^2+\omega=0$

⬅ $\omega^2+\omega+1=0$ を代入する。

(2) $\omega^3+\omega^4+\omega^5=\omega^3(1+\omega+\omega^2)=1\cdot0=0$

(3) $\dfrac{1}{\omega}+\dfrac{1}{\omega^2}=\dfrac{\omega^3}{\omega}+\dfrac{\omega^3}{\omega^2}=\omega^2+\omega=-1$

⬅ $\omega^2+\omega+1=0$ より
$\omega^2+\omega=-1$ となる。

別解 $\dfrac{1}{\omega}+\dfrac{1}{\omega^2}=\dfrac{\omega+1}{\omega^2}=\dfrac{-\omega^2}{\omega^2}=-1$

⬅ $\omega^2+\omega+1=0$ より
$\omega+1=-\omega^2$ となる。

78 解と係数の関係から

$\alpha+\beta+\gamma=1$, $\alpha\beta+\beta\gamma+\gamma\alpha=3$, $\alpha\beta\gamma=-2$

⬅ 3 次方程式の解と係数の関係
3 次方程式 $ax^3+bx^2+cx+d=0$ の 3 つの解を α, β, γ とすると

ax^3+bx^2+cx+d
$=a(x-\alpha)(x-\beta)(x-\gamma)$

とおける。右辺を展開すると

$a\{x^3-(\alpha+\beta+\gamma)x^2$
$+(\alpha\beta+\beta\gamma+\gamma\alpha)x-\alpha\beta\gamma\}$

係数を比較して

$\begin{cases} b=-a(\alpha+\beta+\gamma) \\ c=a(\alpha\beta+\beta\gamma+\gamma\alpha) \\ d=-a\alpha\beta\gamma \end{cases}$

よって $\begin{cases} \alpha+\beta+\gamma=-\dfrac{b}{a} \\ \alpha\beta+\beta\gamma+\gamma\alpha=\dfrac{c}{a} \\ \alpha\beta\gamma=-\dfrac{d}{a} \end{cases}$

(1) $\alpha^2+\beta^2+\gamma^2=(\alpha+\beta+\gamma)^2-2(\alpha\beta+\beta\gamma+\gamma\alpha)$
$=1^2-2\cdot3=-5$

(2) α, β, γ は $x^3-x^2+3x+2=0$ の解であるから

$\alpha^3-\alpha^2+3\alpha+2=0$ より $\alpha^3=\alpha^2-3\alpha-2$

同様に, $\beta^3=\beta^2-3\beta-2$, $\gamma^3=\gamma^2-3\gamma-2$

これらを辺々加えて

$\alpha^3+\beta^3+\gamma^3=(\alpha^2+\beta^2+\gamma^2)-3(\alpha+\beta+\gamma)-6$
$=-5-3\cdot1-6=\mathbf{-14}$

(別解) $\alpha^3+\beta^3+\gamma^3-3\alpha\beta\gamma$
$=(\alpha+\beta+\gamma)(\alpha^2+\beta^2+\gamma^2-\alpha\beta-\beta\gamma-\gamma\alpha)$

であるから

$\alpha^3+\beta^3+\gamma^3-3\cdot(-2)=1\cdot(-5-3)$

よって $\alpha^3+\beta^3+\gamma^3=\mathbf{-14}$

(3) $(\alpha^2+\beta^2+\gamma^2)^2=\alpha^4+\beta^4+\gamma^4+2(\alpha^2\beta^2+\beta^2\gamma^2+\gamma^2\alpha^2)$

ここで

$\alpha^2\beta^2+\beta^2\gamma^2+\gamma^2\alpha^2$
$=(\alpha\beta+\beta\gamma+\gamma\alpha)^2-2\alpha\beta\gamma(\alpha+\beta+\gamma)$
$=3^2-2\cdot(-2)\cdot1=13$

⬅ $\alpha^2\beta^2+\beta^2\gamma^2+\gamma^2\alpha^2$
$=(\alpha\beta+\beta\gamma+\gamma\alpha)^2$
$-2\alpha\beta\cdot\beta\gamma-2\beta\gamma\cdot\gamma\alpha-2\gamma\alpha\cdot\alpha\beta$
$=(\alpha\beta+\beta\gamma+\gamma\alpha)^2$
$-2\alpha\beta\gamma(\alpha+\beta+\gamma)$

よって $(-5)^2=\alpha^4+\beta^4+\gamma^4+2\cdot13$

ゆえに $\alpha^4+\beta^4+\gamma^4=\mathbf{-1}$

79 (1) $x^2+y^2=(x+y)^2-2xy$ より

$14=(x+y)^2-2\cdot1$

$(x+y)^2=16$ よって $x+y=\pm4$

$x+y=u$, $xy=v$ とおくと

$u=4$, $v=1$ または $u=-4$, $v=1$

x, y は $t^2-4t+1=0$ または $t^2+4t+1=0$ の解であるから

⬅ 2 数 x, y の和と積がわかれば, x, y は $t^2-(x+y)t+xy=0$ の 2 つの解である。

$t=2\pm\sqrt{3}$ または $t=-2\pm\sqrt{3}$

ゆえに $\mathbf{(x,\ y)=(2+\sqrt{3},\ 2-\sqrt{3})}$,
$\mathbf{(2-\sqrt{3},\ 2+\sqrt{3})}$,
$\mathbf{(-2+\sqrt{3},\ -2-\sqrt{3})}$,
$\mathbf{(-2-\sqrt{3},\ -2+\sqrt{3})}$

(2) $x^2+y^2=5$ より $(x+y)^2-2xy=5$

$x+y=u$, $xy=v$ とおいて

$u^2-2v=5$ …①

$u-v=1$ …② とする。

②より $v=u-1$

これを①に代入すると

$u^2-2(u-1)=5$

$u^2-2u-3=0$

$(u-3)(u+1)=0$ よって $u=3,\ -1$

$u=3$ のとき $v=2$

$u=-1$ のとき $v=-2$

$x,\ y$ は $t^2-3t+2=0$ または $t^2+t-2=0$ の解であるから

⬅ 2数 $x,\ y$ の和と積がわかれば，$x,\ y$ は $t^2-(x+y)t+xy=0$ の2つの解である。

$(t-1)(t-2)=0$ から $t=1,\ 2$

$(t+2)(t-1)=0$ から $t=-2,\ 1$

ゆえに

$\boldsymbol{(x,\ y)=(1,\ 2),\ (2,\ 1),\ (-2,\ 1),\ (1,\ -2)}$

80 恒等式は，①，④，⑥

⬅ ③は $\sqrt{x^2}=|x|=\begin{cases} x & (x \geqq 0) \\ -x & (x<0) \end{cases}$

81 (1) $(x-1)a+(x+1)b+2=0$

$(a+b)x+(-a+b+2)=0$

x についての恒等式であるから

$a+b=0$ …①

$-a+b+2=0$ …②

①，②を解いて $\boldsymbol{a=1,\ b=-1}$

(2) $2x^2-2=(a+b)x^2+(2b-c)x+c$

x についての恒等式であるから

$a+b=2$ …①

$2b-c=0$ …②

$c=-2$ …③

①，②，③を解いて $\boldsymbol{a=3,\ b=-1,\ c=-2}$

係数比較法

$ax^2+bx+c=a'x^2+b'x+c'$

$\Downarrow$

$a=a',\ b=b',\ c=c'$

(3) $a(x+1)^2+b(x+1)+c=x^2-x$

$ax^2+(2a+b)x+a+b+c=x^2-x$

x についての恒等式であるから

$a=1$ …①

$2a+b=-1$ …②

$a+b+c=0$ …③

①，②，③を解いて $\boldsymbol{a=1,\ b=-3,\ c=2}$

別解　$x=-1,\ 0,\ 1$ を代入する。

$x=-1$ のとき　$c=2$　…①

$x=0$ のとき　$a+b+c=0$　…②

$x=1$ のとき　$4a+2b+c=0$　…③

①，②，③を解いて　$\boldsymbol{a=1,\ b=-3,\ c=2}$

(このとき与式は恒等式となる。)

← [数値代入法の十分条件]
数値代入法では，代入した数については成り立つという「必要条件」しか確かめていないため，最後に「十分条件」を確認する。

(4)　$a(x+1)^2-b(x+1)(x+3)+c(x+3)^2=4x^2$

$a(x^2+2x+1)-b(x^2+4x+3)$

$+c(x^2+6x+9)=4x^2$

$(a-b+c)x^2+(2a-4b+6c)x+a-3b+9c=4x^2$

x についての恒等式であるから

$a-b+c=4$　…①

$2a-4b+6c=0$　すなわち

$a-2b+3c=0$　…②

$a-3b+9c=0$　…③

①，②，③を解いて　$\boldsymbol{a=9,\ b=6,\ c=1}$

← ①−②より　$b-2c=4$　…④
②−③より　$b-6c=0$　…⑤
④−⑤より　$4c=4$ から $c=1$
これより　$b=6,\ a=9$

別解　$x=-1,\ -3,\ 0$ を代入する。

← 同じ因数がある式では，数値代入法が簡単である。

$x=-1$ のとき　$4c=4$　より　$c=1$

$x=-3$ のとき　$4a=36$　より　$a=9$

$x=0$ のとき　$a-3b+9c=0$

$c=1,\ a=9$ を代入して　$3b=18$　より　$b=6$

よって　$\boldsymbol{a=9,\ b=6,\ c=1}$

(このとき与式は恒等式となる。)

(5)　$x^3+1=(x-1)(x-2)(x-3)+a(x-1)(x-2)$

$+b(x-1)+c$

← 右辺を展開して係数を比較してもよいが，手間がかかる。

$x=1,\ 2,\ 3$ を代入する。

$x=1$ のとき　$c=2$　…①

$x=2$ のとき　$b+c=9$　…②

$x=3$ のとき　$2a+2b+c=28$　…③

①，②，③を解いて　$\boldsymbol{a=6,\ b=7,\ c=2}$

(このとき与式は恒等式となる。)

82 (1)　$\dfrac{3x-4}{(x+1)(x+2)}=\dfrac{a}{x+1}+\dfrac{b}{x+2}$

両辺に $(x+1)(x+2)$ を掛けて分母を払うと

← 分母の最小公倍数を両辺に掛けて分母を払い整式にする。

$3x-4=a(x+2)+b(x+1)$

$3x-4=(a+b)x+2a+b$

これが x についての恒等式であるから

$a+b=3$ …①，$2a+b=-4$ …②

①，②を解いて **$a=-7$，$b=10$**

(2) $\dfrac{1}{3x^2-5x+2}=\dfrac{1}{(x-1)(3x-2)}=\dfrac{a}{x-1}-\dfrac{b}{3x-2}$

⬅ 左辺の分母を因数分解する。

両辺に $(x-1)(3x-2)$ を掛けて分母を払うと

$1=a(3x-2)-b(x-1)$

$1=(3a-b)x-2a+b$

これが x についての恒等式であるから

$3a-b=0$ …①，$-2a+b=1$ …②

①，②を解いて **$a=1$，$b=3$**

83 (1) $(2k-1)x-(k-2)y-3=0$

⬅ k の値にかかわらず成り立つ式は，k についての恒等式になる。

$(2x-y)k-(x-2y+3)=0$

k についての恒等式と考えて

$2x-y=0$ …①，$x-2y+3=0$ …②

①，②を解いて **$x=1$，$y=2$**

(2) $(k+2)x+(k+1)y-(k+3)=0$

$(x+y-1)k+(2x+y-3)=0$

k についての恒等式と考えて

$x+y-1=0$ …①，$2x+y-3=0$ …②

①，②を解いて **$x=2$，$y=-1$**

k がどんな値でも成り立つ ➡ k についての恒等式

84 (1) $x^3=(x-1)^3+a(x-1)^2+b(x-1)+c$

任意の x について成り立つから，両辺に $x=1$，2，0 を代入する。

$x=1$ のとき $1=c$ …①

$x=2$ のとき $8=1+a+b+c$ …②

$x=0$ のとき $0=-1+a-b+c$ …③

①，②，③を解いて **$a=3$，$b=3$，$c=1$**

(このとき与式は恒等式となる。)

別解 $x-1=t$ すなわち $x=t+1$ を代入する。

⬅ 与式に 3 回出てくる $x-1$ を t とおく。左辺は $(t+1)^3$ の展開だけなので，計算が楽になる。

$(t+1)^3=t^3+at^2+bt+c$

$t^3+3t^2+3t+1=t^3+at^2+bt+c$

よって **$a=3$，$b=3$，$c=1$**

(2)　$ax^3+bx^2+6x-20=(x-1)(x+5)(cx+d)$

(右辺)$=(x^2+4x-5)(cx+d)$

$=cx^3+(4c+d)x^2-(5c-4d)x-5d$

x についての恒等式であるから

$a=c$　…①

$b=4c+d$　…②

$6=-5c+4d$　…③

$-20=-5d$　…④

④より　$d=4$

③に代入して　$c=2$

$c=2$，$d=4$ を①，②に代入して

$a=2$，$b=12$

よって　$\boldsymbol{a=2}$，$\boldsymbol{b=12}$，$\boldsymbol{c=2}$，$\boldsymbol{d=4}$

(3)　$\dfrac{a}{x-1}+\dfrac{bx+c}{x^2+x+1}=\dfrac{1}{x^3-1}$

両辺に x^3-1 を掛けて分母を払うと

⬅ $x^3-1=(x-1)(x^2+x+1)$

$a(x^2+x+1)+(bx+c)(x-1)=1$

$(a+b)x^2+(a-b+c)x+a-c=1$

これが x についての恒等式であるから

$a+b=0$　…①

$a-b+c=0$　…②

$a-c=1$　…③

⬅ ①+②より　$2a+c=0$　…④
③+④より　$3a=1$
よって　$a=\dfrac{1}{3}$
①，④に代入して
$b=-\dfrac{1}{3}$，$c=-\dfrac{2}{3}$

①，②，③を解いて

$\boldsymbol{a=\dfrac{1}{3}}$，$\boldsymbol{b=-\dfrac{1}{3}}$，$\boldsymbol{c=-\dfrac{2}{3}}$

(4)　$\dfrac{a}{x}+\dfrac{b}{x+1}+\dfrac{c}{x-1}=\dfrac{2x^2+5x-1}{x^3-x}$

両辺に x^3-x を掛けて分母を払うと

⬅ $x^3-x=x(x+1)(x-1)$

$a(x+1)(x-1)+bx(x-1)+cx(x+1)$

$=2x^2+5x-1$

$(a+b+c)x^2-(b-c)x-a=2x^2+5x-1$

これが x についての恒等式であるから

$a+b+c=2$　…①

$-b+c=5$　…②

$-a=-1$　…③

①，②，③を解いて　$\boldsymbol{a=1}$，$\boldsymbol{b=-2}$，$\boldsymbol{c=3}$

85 (1)

$$
\begin{array}{rl}
 & x-1 \\
x^2+2x+b\,\big) & \overline{x^3+\ x^2+\qquad ax+1} \\
 & x^3+2x^2+\qquad bx \\ \hline
 & -\ x^2+(a-b)x+1 \\
 & -\ x^2-\qquad 2x-b \\ \hline
 & \qquad (a-b+2)x+1+b
\end{array}
$$

上の割り算より，余りが $3x+5$ となるためには

← 実際に割り算して，余りが等しくなるようにおく。

$(a-b+2)x+1+b=3x+5$

x についての恒等式であるから

$a-b+2=3$ …①

$1+b=5$ …②

①，②を解いて **$a=5$，$b=4$**

(2) x^3+ax^2-5x+b が $(x-1)^2$ で割り切れ，

← 恒等式の考え方である。

かつ x^3 の係数が1であるから

$x^3+ax^2-5x+b=(x-1)^2(x+c)$ とおける。

移項して整理すると

$(a-c+2)x^2+(2c-6)x+b-c=0$

x についての恒等式であるから

$a-c+2=0$ …①

$2c-6=0$ …②

$b-c=0$ …③

①，②，③を解いて $a=1$，$b=3$，$c=3$

よって **$a=1$，$b=3$**

別解

← 実際に割り算する考え方である。

$$
\begin{array}{rl}
 & x+(a+2) \\
x^2-2x+1\,\big) & \overline{x^3+ax^2\qquad -5x+b} \\
 & x^3-2x^2\qquad +\ x \\ \hline
 & (a+2)x^2\qquad -6x+b \\
 & (a+2)x^2-2(a+2)x+a+2 \\ \hline
 & \qquad (2a-2)x+b-a-2
\end{array}
$$

上の割り算より，x^3+ax^2-5x+b は $(x-1)^2$ で割り切れるから

$(2a-2)x+b-a-2=0$

x についての恒等式であるから

$2a-2=0$，$b-a-2=0$

これを解いて **$a=1$，$b=3$**

86 $(x+y)a^2+(x-y)b=3x+5y$ より

$$(a^2+b-3)x+(a^2-b-5)y=0$$

任意の実数 x, y について成り立つためには

$$a^2+b-3=0 \quad \cdots①$$

$$a^2-b-5=0 \quad \cdots②$$

①，②を解いて　$\boldsymbol{a=\pm 2}$，$\boldsymbol{b=-1}$

⬅ x と y の 2 文字についての恒等式であるから，x と y で別々に式をまとめる。

⬅ ①－②より

$$\begin{array}{rr} & a^2+b-3=0 \\ -) & a^2-b-5=0 \\ \hline & 2b+2=0 \end{array}$$

ゆえに $b=-1$

87 $\begin{cases} x-y-z=1 & \cdots① \\ x-2y-3z=0 & \cdots② \end{cases}$

①－②より　$y=1-2z$

①に代入して　$x=2-z$

$ayz+bzx+cxy=12$　に代入して

$$a(1-2z)z+bz(2-z)+c(2-z)(1-2z)=12$$

展開して整理すると

$$(-2a-b+2c)z^2+(a+2b-5c)z+2c-12=0$$

任意の実数 z について成り立つとき

$$\begin{cases} -2a-b+2c=0 \\ a+2b-5c=0 \\ 2c-12=0 \end{cases}$$

これらを解いて　$\boldsymbol{a=-2}$，$\boldsymbol{b=16}$，$\boldsymbol{c=6}$

⬅ ①－②より

$$\begin{array}{rr} & x-\ \ y-\ \ z=1 \ \cdots① \\ -) & x-2y-3z=0 \ \cdots② \\ \hline & y+2z=1 \end{array}$$

⬅ ①，②の式から x, y, z のうちの 2 文字を消去して，1 つの文字(ここでは z)の整式をつくる。

88 (1)　(左辺)$=a^2+4ab+4b^2+a^2-4ab+4b^2$

$=2(a^2+4b^2)=$(右辺)

よって，成り立つ。 終

(2)　(右辺)$=(x^4+x^3+x^2+x)-(x^3+x^2+x+1)$

$=x^4-1=$(左辺)

よって，成り立つ。 終

(3)　(左辺)$=(x^4-1)-(2x^2-2)$

$=x^4-2x^2+1$

(右辺)$=x^4-2x^2+1$

よって，(左辺)＝(右辺) となり，成り立つ。 終

別解　(左辺)$=(x^2+1-2)(x^2-1)$

$=(x^2-1)^2=$(右辺)

よって，成り立つ。 終

等式 $A=B$ の証明

① A または B を変形して，他方(B または A)を導く。
② A, B をそれぞれ変形して同じ式 C を導く。
③ $A-B=0$ を示す。

89 (1) $(\text{右辺})=(1-x)^2-(1-x)$

$=1-2x+x^2-1+x$

$=x^2-x=(\text{左辺})$

よって，成り立つ。 終

⬅ $x+y=1$ より $y=1-x$ を代入する。

別解 $(\text{左辺})-(\text{右辺})=(x^2-x)-(y^2-y)$

$=(x^2-y^2)-(x-y)$

$=(x-y)(x+y-1)$

$=(x-y)(1-1)=0$

⬅ $x+y=1$ を代入する。

よって，成り立つ。 終

(2) $(\text{左辺})=x^2+(1-x)^2+1=2x^2-2x+2$

$(\text{右辺})=2\{x+(1-x)-x(1-x)\}$

$=2(x^2-x+1)=2x^2-2x+2$

⬅ $x+y=1$ より $y=1-x$ を代入する。

よって，(左辺)=(右辺) となり，成り立つ。 終

条件つきの証明 ➡ 条件式を用いて，1つの文字を消去する

90 $\dfrac{a}{b}=\dfrac{c}{d}=k$ とおくと　$a=bk$，$c=dk$

⬅ (比例式)$=k$ とおく。

(1) $(\text{左辺})=\dfrac{a+2b}{a-b}=\dfrac{bk+2b}{bk-b}=\dfrac{b(k+2)}{b(k-1)}=\dfrac{k+2}{k-1}$

$(\text{右辺})=\dfrac{c+2d}{c-d}=\dfrac{dk+2d}{dk-d}=\dfrac{d(k+2)}{d(k-1)}=\dfrac{k+2}{k-1}$

よって，(左辺)=(右辺) となり，成り立つ。 終

(2) $(\text{左辺})=\dfrac{ac}{a^2-c^2}=\dfrac{bk\cdot dk}{b^2k^2-d^2k^2}=\dfrac{k^2bd}{k^2(b^2-d^2)}$

$=\dfrac{bd}{b^2-d^2}=(\text{右辺})$

よって，(左辺)=(右辺) となり，成り立つ。 終

条件式が比例式 ➡ $\dfrac{a}{b}=\dfrac{c}{d}=k$ とおき，$a=bk$，$c=dk$ として代入

91 $x:y:z=a:b:c$　であるから

$x=ak$，$y=bk$，$z=ck$　とおく。

(1) $\dfrac{x+y}{a+b}=\dfrac{ak+bk}{a+b}=\dfrac{k(a+b)}{a+b}=k$

$\dfrac{y+z}{b+c}=\dfrac{bk+ck}{b+c}=\dfrac{k(b+c)}{b+c}=k$

$\dfrac{z+x}{c+a}=\dfrac{ck+ak}{c+a}=\dfrac{k(c+a)}{c+a}=k$

よって，3式とも等しいから成り立つ。 終

比例式

$x:y:z=a:b:c$

⇕

$\dfrac{x}{a}=\dfrac{y}{b}=\dfrac{z}{c}$

(2)　$(\text{左辺})=\dfrac{x^2+y^2+z^2}{a^2+b^2+c^2}=\dfrac{a^2k^2+b^2k^2+c^2k^2}{a^2+b^2+c^2}$

$$=\frac{k^2(a^2+b^2+c^2)}{a^2+b^2+c^2}=k^2$$

$(\text{右辺})=\dfrac{xy+yz+zx}{ab+bc+ca}=\dfrac{ak\cdot bk+bk\cdot ck+ck\cdot ak}{ab+bc+ca}$

$$=\frac{k^2(ab+bc+ca)}{ab+bc+ca}=k^2$$

よって，(左辺)＝(右辺) となり，成り立つ。 終

92 (1)　$a+b+c=0$　より

$a+b=-c$，$b+c=-a$，$c+a=-b$　として

与式に代入すると

$(\text{左辺})=ab(a+b)+bc(b+c)+ca(c+a)$

$=ab(-c)+bc(-a)+ca(-b)$

$=-3abc=(\text{右辺})$

よって，(左辺)＝(右辺) となり，成り立つ。 終

別解　$c=-a-b$ を代入すると

$(\text{左辺})=ab(a+b)+b(-a-b)(b-a-b)$

$+(-a-b)a(-a-b+a)$

$=ab(a+b)+ab(a+b)+ab(a+b)$

$=3ab(a+b)$

$(\text{右辺})=-3ab(-a-b)=3ab(a+b)$

よって，(左辺)＝(右辺) となり，成り立つ。 終

(2)　$a+b+c=0$　より

$c=-a-b$　を代入すると

$(\text{左辺})=a^3+b^3+(-a-b)^3=-3a^2b-3ab^2$

$(\text{右辺})=-3(a+b)(-a)(-b)=-3a^2b-3ab^2$

よって，(左辺)＝(右辺) となり，成り立つ。 終

別解　$a+b=-c$，$b+c=-a$，$c+a=-b$

を代入すると

(左辺)－(右辺)

$=a^3+b^3+c^3-3abc$

$=(a+b+c)(a^2+b^2+c^2-ab-bc-ca)=0$

よって，(左辺)＝(右辺) となり，成り立つ。 終

⬅ $a+b+c=0$ の条件は
$c=-a-b$ として1文字消去か
$a+b=-c$，$b+c=-a$，
$c+a=-b$ として，式の特性を
利用して変形する。

⬅ $b+c=b+(-a-b)=-a$
$c+a=(-a-b)+a=-b$

(3) $(\text{左辺})=a\left(\dfrac{1}{b}+\dfrac{1}{c}\right)+b\left(\dfrac{1}{c}+\dfrac{1}{a}\right)+c\left(\dfrac{1}{a}+\dfrac{1}{b}\right)$

$$=\left(\frac{a}{b}+\frac{a}{c}\right)+\left(\frac{b}{c}+\frac{b}{a}\right)+\left(\frac{c}{a}+\frac{c}{b}\right)$$

$$=\frac{b+c}{a}+\frac{c+a}{b}+\frac{a+b}{c}\quad\cdots①$$

$a+b=-c,\ b+c=-a,\ c+a=-b$ を代入すると

$$\frac{-a}{a}+\frac{-b}{b}+\frac{-c}{c}=-3$$

よって，成り立つ。 終

別解 ①に $c=-a-b$ を代入すると

⬅1文字を消去して計算してもよい。

$$\frac{b+c}{a}+\frac{c+a}{b}+\frac{a+b}{c}$$

$$=\frac{b-a-b}{a}+\frac{-a-b+a}{b}+\frac{a+b}{-a-b}$$

$$=\frac{-a}{a}+\frac{-b}{b}+\frac{a+b}{-(a+b)}=-3$$

よって，成り立つ。 終

条件つきの等式の証明 ➡ 条件式を用いて，1つの文字を消去する

93 $3x+y-3z=0\ \cdots①,\quad x-3y+z=0\ \cdots②$

⬅①，②の式から $x,\ y,\ z$ のうち2文字を消去して，1つの文字（ここでは z）の整式をつくる。

①より $y=3z-3x$

これを②に代入して

$x-3(3z-3x)+z=0$ より $x=\dfrac{4}{5}z\quad\cdots③$

①に代入して

$3\cdot\dfrac{4}{5}z+y-3z=0$ より $y=\dfrac{3}{5}z\quad\cdots④$

③，④を $x^2+y^2=z^2$ の左辺に代入すると

$$(\text{左辺})=x^2+y^2=\left(\frac{4}{5}z\right)^2+\left(\frac{3}{5}z\right)^2=z^2=(\text{右辺})$$

よって，成り立つ。 終

94 $2x=3y=4z$ より $\dfrac{x}{6}=\dfrac{y}{4}=\dfrac{z}{3}=k$ とおくと

⬅$2x=3y=4z$ を2，3，4の最小公倍数の12で割る。

$$x=6k,\ y=4k,\ z=3k$$

$$\frac{xy+yz+zx}{x^2+y^2+z^2}=\frac{6k\cdot4k+4k\cdot3k+3k\cdot6k}{(6k)^2+(4k)^2+(3k)^2}$$

$$=\frac{54k^2}{61k^2}=\mathbf{\frac{54}{61}}$$

95 (1)　$abc=1$　より　$c=\dfrac{1}{ab}$　として代入すると

⬅ 1 文字を消去する方針

(左辺)

$$=\frac{a}{ab+a+1}+\frac{b}{b\cdot\frac{1}{ab}+b+1}+\frac{\frac{1}{ab}}{\frac{1}{ab}\cdot a+\frac{1}{ab}+1}$$

$$=\frac{a}{ab+a+1}+\frac{ab}{1+ab+a}+\frac{1}{a+1+ab}$$

$$=\frac{ab+a+1}{ab+a+1}=1=(右辺)$$

よって，成り立つ。 終

(2)　$x+\dfrac{1}{y}=1$ より　$x=1-\dfrac{1}{y}$　ゆえに　$x=\dfrac{y-1}{y}$

$y+\dfrac{1}{z}=1$ より　$yz+1=z$　ゆえに　$z=\dfrac{-1}{y-1}$

⬅ $\dfrac{1}{z}\neq 0$ より　$y\neq 1$

これらを代入すると

$$(左辺)=z+\frac{1}{x}=\frac{-1}{y-1}+\frac{y}{y-1}=\frac{y-1}{y-1}$$

$$=1=(右辺)$$

⬅ 1 つの文字 y だけで表す。

よって，成り立つ。 終

96 (1)　$x^2-2x+3=(x-1)^2+2>0$

よって，成り立つ。 終

⬅ (2 次式)$\geqq 0$ の証明では，平方完成して考えるのが基本。

(2)　$x^2-6xy+9y^2=(x-3y)^2\geqq 0$

よって，成り立つ。

(等号成立は　$x=3y$　のとき)　終

(3)　$x^2-4xy+5y^2=x^2-4xy+4y^2+y^2$

$$=(x-2y)^2+y^2\geqq 0$$

⬅ xy の項がある場合は，x または y についての 2 次式とみる。

よって，成り立つ。

(等号成立は　$x=y=0$　のとき)　終

⬅ 等号成立は $(x-2y)^2=0$ かつ $y^2=0$ のとき

(4)　$x^2+y^2-4x+2y+5=x^2-4x+4+y^2+2y+1$

$$=(x-2)^2+(y+1)^2\geqq 0$$

⬅ x についてと y について別々に平方完成する。

よって，成り立つ。

(等号成立は　$x=2$，$y=-1$　のとき)　終

⬅ 等号成立は $(x-2)^2=0$ かつ $(y+1)^2=0$ のとき

$A\geqq B$ の証明 ➡ $A-B$ が 2 次式ならば (　　　　)$^2\geqq 0$ を考える

平方完成

97 (1) $\dfrac{3x-y}{2}-\dfrac{4x-y}{3}=\dfrac{9x-3y}{6}-\dfrac{8x-2y}{6}=\dfrac{x-y}{6}>0$

($x>y$ より)

← (大きい方)−(小さい方)>0 を示す。

よって　$\dfrac{3x-y}{2}>\dfrac{4x-y}{3}$ 終

(2) (i) $a-\dfrac{a+2b}{3}=\dfrac{2a-2b}{3}=\dfrac{2}{3}(a-b)>0$

($a>b$ より)

← $A<B<C$ は $A<B$ と $B<C$ を示す。

よって　$a>\dfrac{a+2b}{3}$

(ii) $\dfrac{a+2b}{3}-b=\dfrac{a-b}{3}>0$　($a>b$ より)

よって　$\dfrac{a+2b}{3}>b$

(i), (ii)より　$b<\dfrac{a+2b}{3}<a$ 終

(3) $ab+2-(2a+b)=ab+2-2a-b$

$=a(b-2)-(b-2)$

$=(a-1)(b-2)$

$a>1$, $b>2$ であるから　$(a-1)(b-2)>0$

よって，$ab+2>2a+b$ 終

98 (1) 両辺の平方の差を考えると

$(1+a)^2-(\sqrt{1+2a})^2=1+2a+a^2-(1+2a)$

$=a^2>0$　($a>0$ より)

よって　$(1+a)^2>(\sqrt{1+2a})^2$

$1+a>0$, $\sqrt{1+2a}>0$ であるから

$1+a>\sqrt{1+2a}$ 終

← $\sqrt{\ }$ のある式では，両辺が正であることを確認して，両辺を2乗して差をとる。

(2) 両辺の平方の差を考えると

$(2\sqrt{a}+3\sqrt{b})^2-(\sqrt{4a+9b})^2$

$=4a+12\sqrt{ab}+9b-(4a+9b)$

$=12\sqrt{ab}>0$　($a>0$, $b>0$ より)

よって　$(2\sqrt{a}+3\sqrt{b})^2>(\sqrt{4a+9b})^2$

$2\sqrt{a}+3\sqrt{b}>0$, $\sqrt{4a+9b}>0$ であるから

$2\sqrt{a}+3\sqrt{b}>\sqrt{4a+9b}$ 終

根号のついた不等式の証明 ➡ 平方の差を考える

99 (1) $a>0,\ \dfrac{3}{a}>0$ であるから，

相加平均と相乗平均の関係より

$$a+\frac{3}{a} \geqq 2\sqrt{a\cdot\frac{3}{a}}$$

よって $a+\dfrac{3}{a} \geqq 2\sqrt{3}$

(相加平均)≧(相乗平均)

> $a>0,\ b>0$ のとき
> $\dfrac{a+b}{2} \geqq \sqrt{ab}$
> (等号成立は $a=b$ のとき)

等号が成り立つのは $a=\dfrac{3}{a}$ より $a^2=3$

すなわち $a=\sqrt{3}$ のとき ($a>0$ より) 終

← $a=\dfrac{3}{a}$ は $a^2=3$ より
$a=\sqrt{3}$ または $a=-\sqrt{3}$
$a>0$ であるから
$a=-\sqrt{3}$ は不適。

別解 $a+\dfrac{3}{a}-2\sqrt{3}=\dfrac{a^2-2\sqrt{3}a+3}{a}=\dfrac{(a-\sqrt{3})^2}{a}$

$\geqq 0$ ($a>0$ より)

(等号成立は $a=\sqrt{3}$ のとき) 終

← (相加平均)≧(相乗平均)
の関係を使わなくても
(大きい方)−(小さい方)≧0
を示すことができる。

(2) $\dfrac{b}{a}>0,\ \dfrac{a}{b}>0$ であるから，

相加平均と相乗平均の関係より

$$\frac{b}{a}+\frac{a}{b} \geqq 2\sqrt{\frac{b}{a}\cdot\frac{a}{b}}$$

よって $\dfrac{b}{a}+\dfrac{a}{b} \geqq 2$

等号が成り立つのは $\dfrac{b}{a}=\dfrac{a}{b}$

すなわち $a=b$ のとき ($a>0,\ b>0$ より) 終

← $\dfrac{b}{a}=\dfrac{a}{b}$ は $a^2=b^2$ より
$a=b$ または $a=-b$
$a>0,\ b>0$ であるから
$a=-b$ はない。

別解

$$\frac{b}{a}+\frac{a}{b}-2=\frac{b^2+a^2}{ab}-2=\frac{a^2-2ab+b^2}{ab}=\frac{(a-b)^2}{ab}$$

$\geqq 0$ ($a>0,\ b>0$ より)

(等号成立は $a=b$ のとき) 終

100 (1) $a^3-b^3-2ab(a-b)$

$=(a-b)(a^2+ab+b^2)-2ab(a-b)$

$=(a-b)(a^2-ab+b^2)$

$=(a-b)\left\{\left(a-\dfrac{1}{2}b\right)^2+\dfrac{3}{4}b^2\right\}>0$ ($a>b$ より)

よって $a^3-b^3>2ab(a-b)$ 終

← 不等式 $A \geqq B$ の証明では
$A-B \geqq 0$ を示すことが多い。

← $\left(a-\dfrac{1}{2}b\right)^2 \geqq 0,\ \dfrac{3}{4}b^2 \geqq 0$ を同時
に満たすのは $a=b=0$ だが，
$a>b$ より等号は成立しない。

(2) $x^4+y^4-(x^3y+xy^3)$

$=x^3(x-y)+y^3(y-x)=(x-y)(x^3-y^3)$

$=(x-y)(x-y)(x^2+xy+y^2)$

$=(x-y)^2\left\{\left(x+\dfrac{1}{2}y\right)^2+\dfrac{3}{4}y^2\right\} \geqq 0$

← まずは，因数分解をするように
計算を進めていく。

よって　$x^4+y^4 \geqq x^3y+xy^3$

等号が成り立つのは　$x=y$　のとき　終

101　$3(a^2+b^2+c^2)-(a+b+c)^2$

$=2a^2+2b^2+2c^2-2ab-2bc-2ca$

$=(a^2-2ab+b^2)+(b^2-2bc+c^2)+(c^2-2ca+a^2)$

$=(a-b)^2+(b-c)^2+(c-a)^2 \geqq 0$

← $a^2+b^2+c^2-ab-bc-ca$
$=\frac{1}{2}\{(a-b)^2+(b-c)^2+(c-a)^2\}$
の変形は覚えておきたい。

よって　$3(a^2+b^2+c^2) \geqq (a+b+c)^2$

等号が成り立つのは　$a=b=c$　のとき　終

別解　(左辺)−(右辺)

$=2a^2+2b^2+2c^2-2ab-2bc-2ac$

$=2a^2-(2b+2c)a+2b^2-2bc+2c^2$

← a の 2 次式とみて，平方完成する。

$=2\left(a-\frac{b+c}{2}\right)^2-\frac{(b+c)^2}{2}+2b^2-2bc+2c^2$

$=2\left(a-\frac{b+c}{2}\right)^2+\frac{1}{2}(3b^2-6bc+3c^2)$

← b の 2 次式とみて，平方完成する。

$=2\left(a-\frac{b+c}{2}\right)^2+\frac{3}{2}(b-c)^2 \geqq 0$

← (2 次式)$\geqq 0$ を示すには
平方完成するとよい。

等号が成り立つのは　$a=\frac{b+c}{2}$，$b=c$

すなわち　$a=b=c$　のとき　終

← $A^2+B^2=0 \iff A=0$ かつ $B=0$

102　(1)　$a>0$，$\frac{1}{a}>0$，$b>0$，$\frac{1}{b}>0$　であるから，

相加平均と相乗平均の関係より

$$a+\frac{1}{a} \geqq 2\sqrt{a\cdot\frac{1}{a}}=2 \quad \cdots①$$

$$b+\frac{1}{b} \geqq 2\sqrt{b\cdot\frac{1}{b}}=2 \quad \cdots②$$

①＋②より

← ①，②の辺々を加える。

$$a+b+\frac{1}{a}+\frac{1}{b} \geqq 4$$

等号が成り立つのは，

①が　$a=\frac{1}{a}$，②が　$b=\frac{1}{b}$

のとき。

すなわち　$a=1$，$b=1$　のとき　($a>0$，$b>0$ より)　終

(2) $a+\dfrac{1}{a+2}=(a+2)+\dfrac{1}{a+2}-2$

ここで，$a+2>0$，$\dfrac{1}{a+2}>0$ であるから

相加平均と相乗平均の関係より

$$(a+2)+\frac{1}{a+2} \geqq 2\sqrt{(a+2)\cdot\frac{1}{a+2}}=2$$

したがって　$(a+2)+\dfrac{1}{a+2} \geqq 2$

$$a+\frac{1}{a+2} \geqq 0$$

等号が成り立つのは

$a+2=\dfrac{1}{a+2}$　より　$(a+2)^2=1$

すなわち　$a=-1$ のとき　($a>-2$ より)　終

← 相加平均と相乗平均の関係を使える形に整理する。

103 各辺はすべて正であるから，2乗して差をとる。

$$\left(\sqrt{\frac{a^2+b^2}{2}}\right)^2-\left(\frac{a+b}{2}\right)^2=\frac{a^2+b^2}{2}-\frac{a^2+2ab+b^2}{4}$$

$$=\frac{a^2-2ab+b^2}{4}$$

$$=\frac{(a-b)^2}{4} \geqq 0$$

ゆえに　$\left(\dfrac{a+b}{2}\right)^2 \leqq \left(\sqrt{\dfrac{a^2+b^2}{2}}\right)^2$ より

$\dfrac{a+b}{2} \leqq \sqrt{\dfrac{a^2+b^2}{2}}$　…①

(等号成立は $a=b$ のとき)

$$\left(\frac{a+b}{2}\right)^2-(\sqrt{ab})^2=\frac{a^2+2ab+b^2}{4}-ab$$

$$=\frac{a^2-2ab+b^2}{4}=\frac{(a-b)^2}{4} \geqq 0$$

ゆえに　$(\sqrt{ab})^2 \leqq \left(\dfrac{a+b}{2}\right)^2$ より

$\sqrt{ab} \leqq \dfrac{a+b}{2}$　…②

(等号成立は $a=b$ のとき)

$$(\sqrt{ab})^2-\left(\frac{2ab}{a+b}\right)^2=ab-\frac{4a^2b^2}{(a+b)^2}$$

$$=ab\left\{1-\frac{4ab}{(a+b)^2}\right\}$$

← 大きい方から小さい方を引いて，順々に証明していく。

$$=ab\cdot\frac{(a+b)^2-4ab}{(a+b)^2}$$

$$=\frac{ab(a-b)^2}{(a+b)^2}\geqq 0$$

($a>0$, $b>0$ より)

ゆえに $\left(\dfrac{2ab}{a+b}\right)^2\leqq(\sqrt{ab})^2$ より

$\dfrac{2ab}{a+b}\leqq\sqrt{ab}$ …③

(等号成立は $a=b$ のとき)

①, ②, ③より

$$\frac{2ab}{a+b}\leqq\sqrt{ab}\leqq\frac{a+b}{2}\leqq\sqrt{\frac{a^2+b^2}{2}}$$

等号が成り立つのは $a=b$ のとき 終

104 $(3a+2b)\left(\dfrac{2}{a}+\dfrac{3}{b}\right)=\dfrac{9a}{b}+\dfrac{4b}{a}+12$

ここで, $\dfrac{9a}{b}>0$, $\dfrac{4b}{a}>0$ であるから

相加平均と相乗平均の関係より

$$\frac{9a}{b}+\frac{4b}{a}\geqq 2\sqrt{\frac{9a}{b}\cdot\frac{4b}{a}}=12$$

よって

$$(3a+2b)\left(\frac{2}{a}+\frac{3}{b}\right)=\frac{9a}{b}+\frac{4b}{a}+12\geqq 12+12$$

$$(3a+2b)\left(\frac{2}{a}+\frac{3}{b}\right)\geqq 24$$

等号が成り立つのは $\dfrac{9a}{b}=\dfrac{4b}{a}$ より $9a^2=4b^2$

$a>0$, $b>0$ から $3a=2b$ のとき 終

別解 $(3a+2b)\left(\dfrac{2}{a}+\dfrac{3}{b}\right)-24=\dfrac{9a}{b}+\dfrac{4b}{a}-12$

$$=\frac{9a^2-12ab+4b^2}{ab}=\frac{(3a-2b)^2}{ab}\geqq 0$$

($a>0$, $b>0$ より)

(等号成立は $3a=2b$ のとき) 終

105 $x-1+\dfrac{4}{x+1}=(x+1)+\dfrac{4}{x+1}-2$

← 相加平均と相乗平均の関係を使える形に整理する。

ここで，$x+1>0$，$\dfrac{4}{x+1}>0$ であるから

相加平均と相乗平均の関係より

$$(x+1)+\frac{4}{x+1}\geqq 2\sqrt{(x+1)\cdot\frac{4}{x+1}}=4$$

よって

$$x-1+\frac{4}{x+1}=(x+1)+\frac{4}{x+1}-2\geqq 4-2=2$$

等号が成り立つのは $x+1=\dfrac{4}{x+1}$ より

$(x+1)^2=4$ すなわち $x=1$ のとき （$x>-1$ より）

したがって $x-1+\dfrac{4}{x+1}$ は

$x=1$ のとき，最小値 2

106 (1) $x>0$，$y>0$ より $x>0$，$3y>0$

相加平均と相乗平均の関係より

$$x+3y\geqq 2\sqrt{x\cdot 3y}=2\sqrt{3xy}=2\sqrt{36}=12$$

等号が成り立つのは

$x+3y=12$ かつ $x=3y$

すなわち $x=6$，$y=2$ のとき

よって，**最小値は 12**

(2) $x>0$，$y>0$ より $5x>0$，$2y>0$

相加平均と相乗平均の関係より

$$5x+2y\geqq 2\sqrt{5x\cdot 2y}=2\sqrt{10xy}$$

$$20\geqq 2\sqrt{10xy}$$

$$10\geqq\sqrt{10xy}$$

$$\sqrt{10}\geqq\sqrt{xy}$$

$$xy\leqq 10$$

等号が成り立つのは

$5x+2y=20$ かつ $5x=2y$

すなわち $x=2$，$y=5$ のとき

よって，**最大値は 10**

107 $a=\dfrac{1}{2}$，$b=\dfrac{3}{2}$ とすると

← 適当な値を代入して，予想を立てる。

$$ab=\frac{1}{2}\cdot\frac{3}{2}=\frac{3}{4},\quad \frac{a^2+b^2}{2}=\frac{1}{2}\left(\frac{1}{4}+\frac{9}{4}\right)=\frac{5}{4}$$

したがって，$a<ab<1<\dfrac{a^2+b^2}{2}<b$ と予想される。

(i) $b-\dfrac{a^2+b^2}{2}=b-\dfrac{(2-b)^2+b^2}{2}=b-\dfrac{4-4b+2b^2}{2}$

$=-b^2+3b-2=-(b-1)(b-2)$

⬅ $a=2-b$ を代入する。

$0<a<b$，$a+b=2$ より　$1<b<2$ であるから

$-(b-1)(b-2)>0$

⬅ $2=a+b<b+b=2b$ より
$1<b$
$a=2-b>0$ より
$b<2$

よって　$\dfrac{a^2+b^2}{2}<b$　…①

(ii) $\dfrac{a^2+b^2}{2}-1=\dfrac{(2-b)^2+b^2}{2}-1=b^2-2b+1$

$=(b-1)^2>0$　($1<b<2$ より)

よって　$1<\dfrac{a^2+b^2}{2}$　…②

(iii) $1-ab=1-(2-b)b=b^2-2b+1$

$=(b-1)^2>0$　($1<b<2$ より)

よって　$ab<1$　…③

(iv) $ab-a=a(b-1)>0$　($0<a$，$1<b<2$ より)

よって　$a<ab$　…④

①～④より　$\boldsymbol{a<ab<1<\dfrac{a^2+b^2}{2}<b}$

108 (1) 両辺の平方の差を考えると

$(|a|+|2b|)^2-|a+2b|^2$

$=(a^2+4|a||b|+4b^2)-(a^2+4ab+4b^2)$

$=4(|ab|-ab)$

$|ab|\geqq ab$ であるから　$4(|ab|-ab)\geqq 0$

よって　$|a+2b|^2\leqq(|a|+|2b|)^2$

$|a+2b|\geqq 0$，$|a|+|2b|\geqq 0$ であるから

$|a+2b|\leqq|a|+|2b|$　終

(2) (1)の不等式で a の代わりに $a+2c$ とおくと

$|a+2c+2b|\leqq|a+2c|+|2b|$

ここで，(1)より　$|a+2b|\leqq|a|+|2b|$

であるから　$|a+2c|\leqq|a|+|2c|$ も成り立つ。

よって

$|a+2c+2b|\leqq|a+2c|+|2b|\leqq|a|+|2c|+|2b|$

ゆえに　$|a+2b+2c|\leqq|a|+|2b|+|2c|$　終

2章 図形と方程式

109 (1) $\sqrt{(6-2)^2+(4-1)^2}$

$=\sqrt{16+9}=\sqrt{25}=5$

(2) $\sqrt{(5-0)^2+(-12-0)^2}$

$=\sqrt{25+144}=\sqrt{169}=13$

(3) $\sqrt{\{3-(-3)\}^2+(-2-6)^2}$

$=\sqrt{36+64}=\sqrt{100}=10$

(4) $\sqrt{(-2-3)^2+(2-3)^2}$

$=\sqrt{25+1}=\sqrt{26}$

2点間の距離

$A(x_1,\ y_1)$, $B(x_2,\ y_2)$ 間の距離は

$AB=\sqrt{(x_2-x_1)^2+(y_2-y_1)^2}$

110 (1) $P(x,\ 0)$ とおくと $AP=BP$ であるから

$AP^2=BP^2$

$(x-1)^2+(0-2)^2=(x-3)^2+(0-4)^2$

$x^2-2x+1+4=x^2-6x+9+16$

$4x=20$

よって $x=5$

ゆえに $\mathbf{P(5,\ 0)}$

(2) $Q(0,\ y)$ とおくと $AQ=BQ$ であるから

$AQ^2=BQ^2$

$(0-3)^2+(y-5)^2=(0-7)^2+(y-1)^2$

$9+y^2-10y+25=49+y^2-2y+1$

$-8y=16$

よって $y=-2$

ゆえに $\mathbf{Q(0,\ -2)}$

⬅ x 軸上の点は $(x,\ 0)$ とおける。

⬅ 2乗すると $\sqrt{(x_2-x_1)^2+(y_2-y_1)^2}$ の $\sqrt{\ }$ がはずせる。

⬅ y 軸上の点は $(0,\ y)$ とおける。

x 軸上の点 ➡ $(x,\ 0)$ とおく　y 軸上の点 ➡ $(0,\ y)$ とおく

111 $R(t,\ t)$ とおくと $AR=BR$ であるから

$AR^2=BR^2$

$(t-2)^2+t^2=t^2+(t-3)^2$

$t^2-4t+4+t^2=t^2+t^2-6t+9$

$2t=5$

よって $t=\dfrac{5}{2}$

ゆえに $\mathbf{R\left(\dfrac{5}{2},\ \dfrac{5}{2}\right)}$

⬅ 直線 $y=x$ 上の点は x 座標と y 座標が等しい点であるから，$(t,\ t)$ とおける。

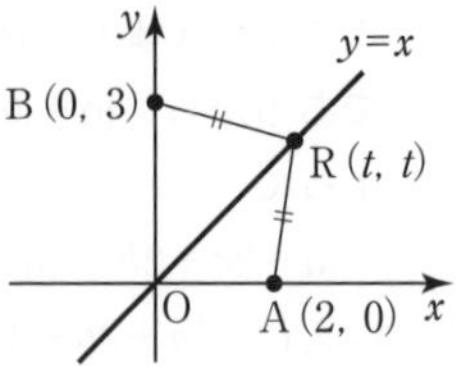

直線 $y=x$ 上の点 ➡ $(t,\ t)$ とおく

112 P$(x,\ y)$ とおくと　AP＝BP＝CP

$AP^2=BP^2$　より

$x^2+y^2=(x-2)^2+(y-4)^2$

$x^2+y^2=x^2-4x+4+y^2-8y+16$

$x+2y=5$　…①

$BP^2=CP^2$　より

$(x-2)^2+(y-4)^2=(x-4)^2+(y+2)^2$

$x^2-4x+4+y^2-8y+16=x^2-8x+16+y^2+4y+4$

$x-3y=0$　…②

①，②を解いて　$x=3,\ y=1$

よって　**P(3，1)**

⬅ Pは3点A，B，Cから等距離にある。

113 A$(x,\ y)$ とおくと　AB＝AC であるから

$AB^2=AC^2$

$(x-2)^2+(y-1)^2=(x-4)^2+(y-5)^2$

整理すると　$x=-2y+9$　…①

また，$AB^2=25$ であるから

$(x-2)^2+(y-1)^2=25$　…②

①を②に代入すると

$(-2y+7)^2+(y-1)^2=25$

整理すると　$y^2-6y+5=0$

$(y-1)(y-5)=0$　より　$y=1,\ 5$

①に代入して x を求めると

$y=1$ のとき　$x=7$，　$y=5$ のとき　$x=-1$

よって　**A(7，1)，A(−1，5)**

⬅ AB＝5

⬅ ②は展開しないで①を代入するとよい。

114 O(0，0)，A$(a,\ b)$，B$(-a,\ b)$，C$(-a,\ -b)$，D$(a,\ -b)$，P$(x,\ y)$ とすると

$$AP^2+BP^2+CP^2+DP^2$$
$$=(x-a)^2+(y-b)^2+(x+a)^2+(y-b)^2$$
$$+(x+a)^2+(y+b)^2+(x-a)^2+(y+b)^2$$
$$=4x^2+4a^2+4y^2+4b^2$$
$$=4\{(x^2+y^2)+(a^2+b^2)\}$$
$$=4(OP^2+OA^2)$$

よって

$$AP^2+BP^2+CP^2+DP^2=4(OP^2+OA^2)$$ 終

⬅ 長方形の中心を原点にとり，対称性を利用する。

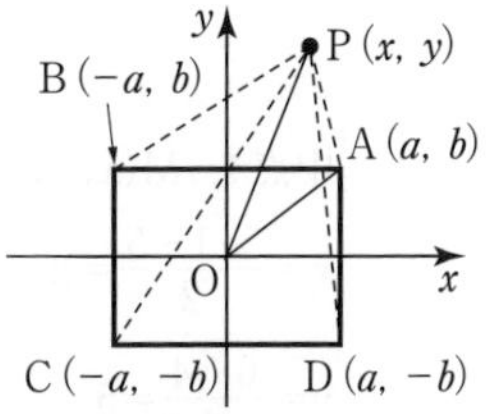

Pは長方形の外部や線分上にあってもかまわない。

座標を使って図形の証明 ➡ 原点，座標軸を活用（0を多くする）

115 A(a, b), B($-c$, 0), C(c, 0) とすると

D(x, 0) とおけるから

$AB^2+AC^2=2AD^2+BD^2+CD^2$ より

$$(a+c)^2+b^2+(a-c)^2+b^2$$
$$=2\{(x-a)^2+b^2\}+(x+c)^2+(x-c)^2$$
$$2a^2+2b^2+2c^2=4x^2-4ax+2a^2+2b^2+2c^2$$
$$4x^2-4ax=0$$
$$4x(x-a)=0$$

よって　$x=0,\ a$

$x=0$ のとき

点 D は (0, 0)　すなわち　BC の中点

$x=a$ のとき

点 D は (a, 0)

すなわち　点 A から直線 BC に引いた垂線の足

以上から，点 D は　**BC の中点，**

または，点 A から直線 BC に引いた垂線の足

⬅ 辺B, C を x 軸上において 0 を多くする。また，B, C を y 軸に対して対称において，対称性も利用する。

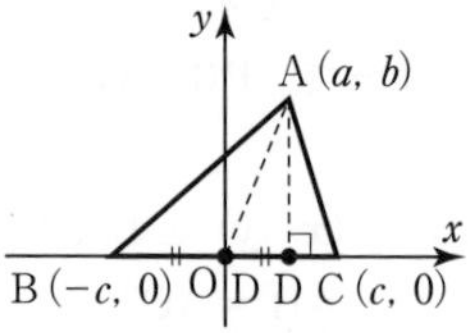

116 (1)　$\dfrac{1\cdot(-7)+3\cdot5}{3+1}=2$

よって　**C(2)**

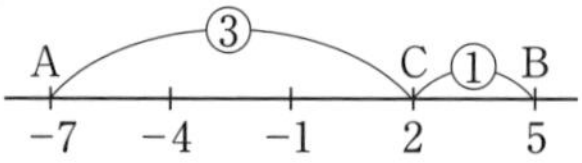

(2)　$\dfrac{-3\cdot(-7)+1\cdot5}{1-3}=-13$

よって　**D(−13)**

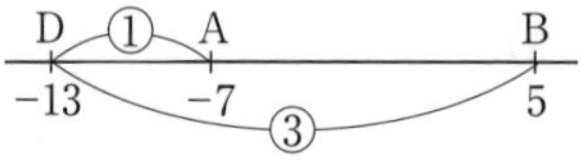

⬅ 直線上の内分

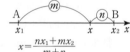

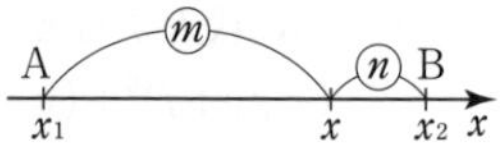

$x=\dfrac{nx_1+mx_2}{m+n}$

⬅ 直線上の外分

$m>n$ のとき

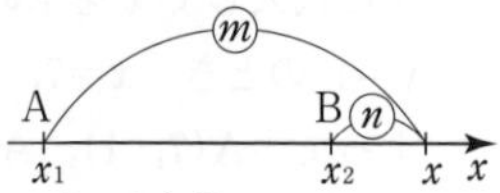

$m<n$ のとき

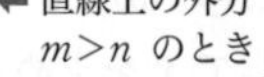

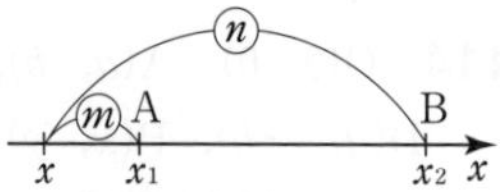

$x=\dfrac{-nx_1+mx_2}{m-n}$

117 (1)　中点を M(x, y) とすると

$$x=\frac{-1+5}{2}=2$$
$$y=\frac{6+4}{2}=5$$

よって　**M(2, 5)**

平面上の内分点

A(x_1, y_1), B(x_2, y_2) のとき，

線分 AB の中点

$$\left(\frac{x_1+x_2}{2},\ \frac{y_1+y_2}{2}\right)$$

$m:n$ の内分点

$$\left(\frac{nx_1+mx_2}{m+n},\ \frac{ny_1+my_2}{m+n}\right)$$

(2) 内分点を P$(x,\ y)$ とすると

$$x=\frac{3\cdot2+2\cdot7}{2+3}=\frac{20}{5}=4$$

$$y=\frac{3\cdot(-6)+2\cdot4}{2+3}=\frac{-10}{5}=-2$$

よって **P(4, −2)**

(3) 外分点を Q$(x,\ y)$ とすると

$$x=\frac{-3\cdot5+5\cdot3}{5-3}=0$$

$$y=\frac{-3\cdot8+5\cdot2}{5-3}=\frac{-14}{2}=-7$$

よって **Q(0, −7)**

平面上の外分点

$m:n$ の外分点

$$\left(\frac{-nx_1+mx_2}{m-n},\ \frac{-ny_1+my_2}{m-n}\right)$$

118 点 A は線分 PQ の中点であるから，Q$(x,\ y)$ とすると

$$\frac{3+x}{2}=-2 \quad より \quad x=-7$$

$$\frac{-4+y}{2}=1 \quad より \quad y=6$$

よって **Q(−7, 6)**

別解 点 Q は線分 AP を 1：2 に外分する点であるから，Q$(x,\ y)$ とすると

$$x=\frac{-2\cdot(-2)+1\cdot3}{1-2}=-7$$

$$y=\frac{-2\cdot1+1\cdot(-4)}{1-2}=6$$

よって **Q(−7, 6)**

⬅ 点 A に関して
点 P と点 Q は対称
⇕
点 A は
線分 PQ の中点

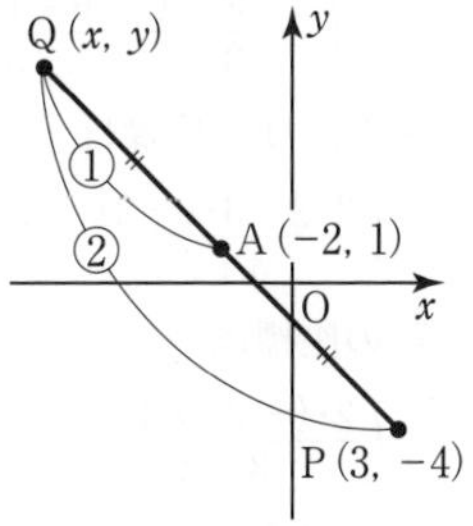

119
$$AB=\sqrt{(3-1)^2+(6-3)^2}=\sqrt{13}$$
$$BC=\sqrt{(4-3)^2+(1-6)^2}=\sqrt{26}$$
$$CA=\sqrt{(1-4)^2+(3-1)^2}=\sqrt{13}$$

AB=CA，$BC^2=AB^2+CA^2$ より

∠A=90° の直角二等辺三角形

また，△ABC の重心 G の座標を $(x,\ y)$ とおくと

$$x=\frac{1+3+4}{3}=\frac{8}{3},\quad y=\frac{3+6+1}{3}=\frac{10}{3}$$

よって $\mathbf{G}\left(\frac{8}{3},\ \frac{10}{3}\right)$

⬅ まず 3 辺の長さを求める。
直角三角形
直角二等辺三角形
二等辺三角形
正三角形
について考える。

三角形の重心

A$(x_1,\ y_1)$，B$(x_2,\ y_2)$，C$(x_3,\ y_3)$ のとき
△ABC の重心の座標は

$$\left(\frac{x_1+x_2+x_3}{3},\ \frac{y_1+y_2+y_3}{3}\right)$$

三角形の形状 ➡ 辺の長さで，直角三角形，正三角形，二等辺三角形を考える

120 頂点 C の座標を $(x,\ y)$ とおく。

△ABC の重心の座標が $(1,\ -1)$ であるから

$$\frac{-4+6+x}{3}=1,\quad \frac{3+(-1)+y}{3}=-1$$

よって　$x=1,\ y=-5$

ゆえに　$\mathbf{C(1,\ -5)}$

121 (1) $P\left(\frac{1+6}{2},\ \frac{3+0}{2}\right)$ より　$\mathbf{P\left(\frac{7}{2},\ \frac{3}{2}\right)}$

(2) $D(x,\ y)$ とおくと，BD の中点が P となるから

$$\frac{-2+x}{2}=\frac{7}{2} \quad より \quad x=9$$

$$\frac{-2+y}{2}=\frac{3}{2} \quad より \quad y=5$$

よって　$\mathbf{D(9,\ 5)}$

⬅ 平行四辺形の 2 つの対角線は，それぞれの中点で交わる。

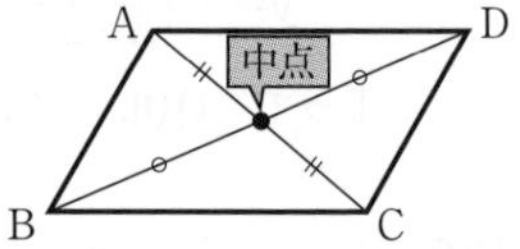

122 △ABC の重心は

$$\left(\frac{3+8-2}{3},\ \frac{6+1-4}{3}\right) \quad より \quad (3,\ 1) \quad \cdots①$$

また，D の座標は

$$\left(\frac{2\cdot8+3\cdot(-2)}{3+2},\ \frac{2\cdot1+3\cdot(-4)}{3+2}\right) \quad より \quad (2,\ -2)$$

E の座標は

$$\left(\frac{2\cdot(-2)+3\cdot3}{3+2},\ \frac{2\cdot(-4)+3\cdot6}{3+2}\right) \quad より \quad (1,\ 2)$$

F の座標は

$$\left(\frac{2\cdot3+3\cdot8}{3+2},\ \frac{2\cdot6+3\cdot1}{3+2}\right) \quad より \quad (6,\ 3)$$

よって，△DEF の重心の座標は

$$\left(\frac{2+1+6}{3},\ \frac{-2+2+3}{3}\right) \quad より \quad (3,\ 1) \quad \cdots②$$

①，②より，△ABC の重心と △DEF の重心は一致する。 終

⬅ 2 点 A(○，△)，B(●，▲)のとき線分 AB を $m:n$ に内分する点

$$\left(\frac{n\times○+m\times●}{m+n},\ \frac{n\times△+m\times▲}{m+n}\right)$$

123 (1) $\boldsymbol{y=3x+5}$

(2) $y-4=-2(x-1)$　より　$\boldsymbol{y=-2x+6}$

(3) $\boldsymbol{y=-1}$

(4) $\boldsymbol{x=2}$

直線の方程式

傾き m，y 切片 n のとき

$y=mx+n$

点 $(x_1,\ y_1)$ を通り，傾き m のとき

$y-y_1=m(x-x_1)$

x 軸に平行（y 軸に垂直）のとき

$y=y_1$

x 軸に垂直（y 軸に平行）のとき

$x=x_1$

2 点 $(x_1,\ y_1)$，$(x_2,\ y_2)$ を通り，

$x_1 \neq x_2$ のとき

$y-y_1=\frac{y_2-y_1}{x_2-x_1}(x-x_1)$

$x_1=x_2$ のとき　$x=x_1$

124 (1) $y-4=\dfrac{1-4}{6-(-3)}\{x-(-3)\}$ より

$\boldsymbol{y=-\dfrac{1}{3}x+3}$

(2) $y-(-1)=\dfrac{8-(-1)}{2-1}(x-1)$ より

$\boldsymbol{y=9x-10}$

(3) $\boldsymbol{y=6}$

(4) $\boldsymbol{x=5}$

(5) $y-0=\dfrac{2-0}{0-3}(x-3)$ より $\boldsymbol{y=-\dfrac{2}{3}x+2}$

⬅ (3, 0), (0, 2) を通る直線

別解 $\dfrac{x}{3}+\dfrac{y}{2}=1$ より $\boldsymbol{2x+3y=6}$

$\left(y=-\dfrac{2}{3}x+2\right)$

⬅ x 切片 a, y 切片 b の直線

$\dfrac{x}{a}+\dfrac{y}{b}=1$

125 (1) 平行な直線は傾きが 3 であるから

$y-3=3(x-1)$ より $\boldsymbol{y=3x}$

垂直な直線は, 傾きを m とすると

$m\cdot 3=-1$ より $m=-\dfrac{1}{3}$ であるから

$y-3=-\dfrac{1}{3}(x-1)$ より $\boldsymbol{y=-\dfrac{1}{3}x+\dfrac{10}{3}}$

2直線の平行・垂直

$l_1 : y=mx+n$

$l_2 : y=m'x+n'$ において

$l_1 /\!/ l_2 \iff m=m'$

$l_1 \perp l_2 \iff mm'=-1$

(2) $5x-3y+1=0$ より $y=\dfrac{5}{3}x+\dfrac{1}{3}$

平行な直線は傾きが $\dfrac{5}{3}$ であるから

$y-2=\dfrac{5}{3}(x-3)$ より $\boldsymbol{y=\dfrac{5}{3}x-3}$

垂直な直線は, 傾きを m とすると

$m\cdot\dfrac{5}{3}=-1$ より $m=-\dfrac{3}{5}$ であるから

$y-2=-\dfrac{3}{5}(x-3)$ より $\boldsymbol{y=-\dfrac{3}{5}x+\dfrac{19}{5}}$

別解 $5x-3y+1=0$ に平行であるから

$5(x-3)-3(y-2)=0$

$\boldsymbol{5x-3y-9=0}$

⬅ $ax+by+c=0$ に平行で点 (x_1, y_1) を通る直線

$a(x-x_1)+b(y-y_1)=0$

$5x-3y+1=0$ に垂直であるから

$-3(x-3)-5(y-2)=0$

$\boldsymbol{3x+5y-19=0}$

⬅ $ax+by+c=0$ に垂直で点 (x_1, y_1) を通る直線

$b(x-x_1)-a(y-y_1)=0$

(3) 2 点 (4, 0), (0, 2) の中点は

$$\left(\frac{4+0}{2},\ \frac{0+2}{2}\right) \quad \text{より} \quad (2,\ 1)$$

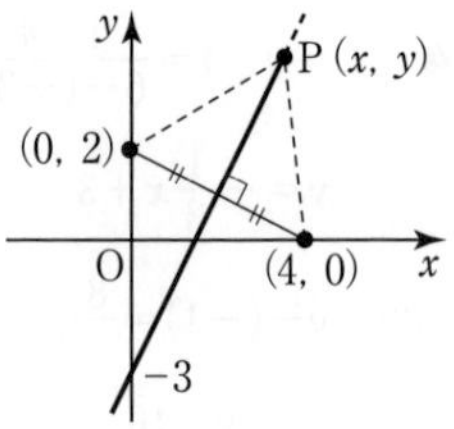

2 点 (4, 0), (0, 2) を通る直線の傾きは

$$\frac{0-2}{4-0}=-\frac{1}{2}$$

求める直線の傾きを m とすると

$$m\cdot\left(-\frac{1}{2}\right)=-1 \quad \text{より} \quad m=2$$

であり，(2, 1) を通るから

$$y-1=2(x-2)$$

⬅ $y-y_1=m(x-x_1)$

よって　$\boldsymbol{y=2x-3}$

(別解) 2 点 (4, 0), (0, 2) から等距離にある点の集合であるから，垂直二等分線上の点を $\mathrm{P}(x,\ y)$ とすると

$$\sqrt{(x-4)^2+(y-0)^2}=\sqrt{(x-0)^2+(y-2)^2}$$

$$(x-4)^2+y^2=x^2+(y-2)^2$$

$$x^2-8x+16+y^2=x^2+y^2-4y+4$$

$$-8x+4y+12=0$$

よって　$\boldsymbol{2x-y-3=0}$

126 (1) $\dfrac{|3\cdot0-4\cdot0+20|}{\sqrt{3^2+(-4)^2}}=\dfrac{20}{\sqrt{25}}=\boldsymbol{4}$

(2) $\dfrac{|1\cdot3+2\cdot2+3|}{\sqrt{1^2+2^2}}=\dfrac{10}{\sqrt{5}}=\boldsymbol{2\sqrt{5}}$

(3) $y=-3x+2$ は

$$3x+y-2=0$$

と変形できるから

$$\frac{|3\cdot3+1\cdot1-2|}{\sqrt{3^2+1^2}}=\frac{8}{\sqrt{10}}=\boldsymbol{\frac{4\sqrt{10}}{5}}$$

点 $(x_1,\ y_1)$ と直線 $ax+by+c=0$ との距離 ➡ $\dfrac{\lvert ax_1+by_1+c\rvert}{\sqrt{a^2+b^2}}$
とくに，原点と直線 $ax+by+c=0$ との距離 ➡ $\dfrac{\lvert c\rvert}{\sqrt{a^2+b^2}}$

127 (1) $y-1=\dfrac{3-1}{5-1}(x-1)$　より

⬅ $y-y_1=\dfrac{y_2-y_1}{x_2-x_1}(x-x_1)$

$$y-1=\frac{1}{2}(x-1)$$

よって　$\boldsymbol{x-2y+1=0}$

(2) 頂点 C(4, 5) と直線 AB の距離は

$$\frac{|1\cdot4-2\cdot5+1|}{\sqrt{1^2+(-2)^2}}=\frac{5}{\sqrt{5}}=\sqrt{5}$$

← △ABC の高さ

$$AB=\sqrt{(5-1)^2+(3-1)^2}=2\sqrt{5}$$

← △ABC の底辺

よって　$\triangle ABC=\frac{1}{2}\times2\sqrt{5}\times\sqrt{5}=5$

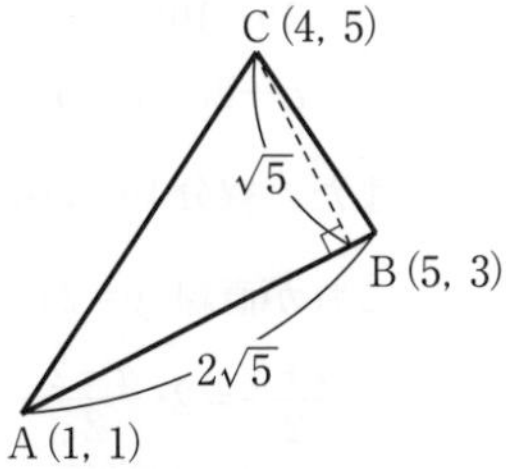

128 (1) $k(k+1)-3\cdot2=0$　より

$k^2+k-6=0$

$(k+3)(k-2)=0$

よって　$\boldsymbol{k=-3,\ 2}$

(2) $k(k+2)+2\cdot(-4)=0$　より

$k^2+2k-8=0$

$(k+4)(k-2)=0$

よって　$\boldsymbol{k=-4,\ 2}$

2直線の平行・垂直

2直線　$ax+by+c=0$
　　　$a'x+b'y+c'=0$
について
平行：$ab'-a'b=0$
垂直：$aa'+bb'=0$
一致：$\frac{a}{a'}=\frac{b}{b'}=\frac{c}{c'}$

別解　$kx+2y+3k=0$ は $y=-\frac{k}{2}x-\frac{3}{2}k$ より，

傾きは $-\frac{k}{2}$ であることを利用する。

← 実際に直線の傾きを求めて考える方法。

(1) $3x+(k+1)y-1=0$　…①　の傾きは

$k\neq-1$ のとき　$-\frac{3}{k+1}$　であるから

← 分母を 0 にする $k=-1$ のときは別扱いすることが大切。

平行になるのは　$-\frac{k}{2}=-\frac{3}{k+1}$　のとき

$k(k+1)=6$　より　$(k+3)(k-2)=0$

よって　$\boldsymbol{k=-3,\ 2}$

$k=-1$ のとき，①は $x=\frac{1}{3}$（y 軸と平行）だが，

$kx+2y+3k=0$ の傾きは $\frac{1}{2}$ となり不適。

(2) $(k+2)x-4y+2=0$ の傾きは　$\frac{k+2}{4}$

垂直になるのは $-\frac{k}{2}\cdot\frac{k+2}{4}=-1$

$k(k+2)=8$　より　$(k+4)(k-2)=0$

よって　$\boldsymbol{k=-4,\ 2}$

129 (1) Q$(a,\ b)$ とおくと，

直線PQと直線 $y=2x-1$ は垂直であるから

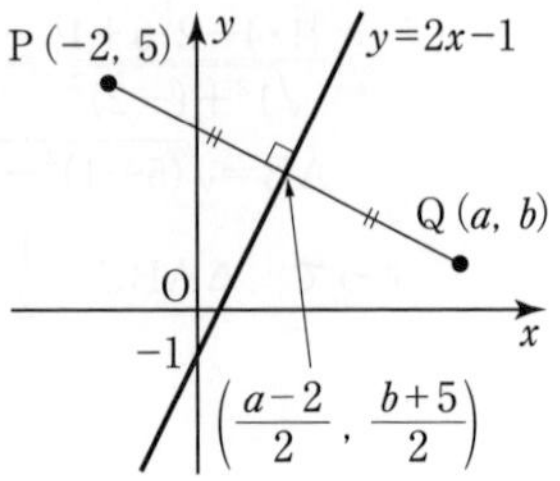

$\frac{b-5}{a-(-2)}\cdot 2=-1$ より

$2b-10=-a-2$

$a+2b-8=0$ …①

また，線分PQの中点は $\left(\frac{a-2}{2},\ \frac{b+5}{2}\right)$

これが直線 $y=2x-1$ 上にあるから

$\frac{b+5}{2}=2\cdot\frac{a-2}{2}-1$

$b+5=2a-4-2$

$2a-b-11=0$ …②

①，②を解いて

$a=6,\ b=1$

よって　Q(6, 1)

⬅ ①+②×2 より

$$\begin{array}{rl} a+2b-\ \ 8=0 & \cdots① \\ +)\ \ 4a-2b-22=0 & \cdots②\times 2 \\ \hline 5a\qquad -30=0 & \end{array}$$

よって　$a=6$

②に代入して　$b=1$

(2) $x-2y+2=0$ より　$y=\frac{1}{2}x+1$

Q$(a,\ b)$ とおくと，

直線PQと直線 $y=\frac{1}{2}x+1$ は垂直であるから

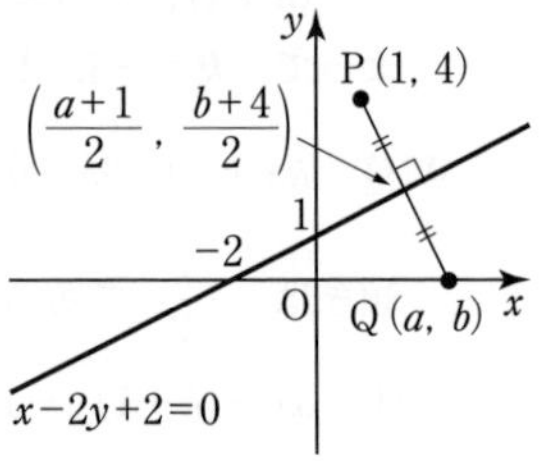

$\frac{b-4}{a-1}\cdot\frac{1}{2}=-1$ より

$b-4=-2a+2$

$2a+b-6=0$ …①

また，線分PQの中点は $\left(\frac{a+1}{2},\ \frac{b+4}{2}\right)$

これが直線 $x-2y+2=0$ 上にあるから

$\frac{a+1}{2}-2\cdot\frac{b+4}{2}+2=0$

$a+1-2b-8+4=0$

$a-2b-3=0$ …②

①，②を解いて

$a=3,\ b=0$

よって　Q(3, 0)

⬅ ①×2+② より

$$\begin{array}{rl} 4a+2b-12=0 & \cdots①\times 2 \\ +)\ \ a-2b-\ \ 3=0 & \cdots② \\ \hline 5a\qquad -15=0 & \end{array}$$

よって　$a=3$

②に代入して　$b=0$

点P，Qが直線 l に関して対称 ➡ PQ⊥l，PQの中点が l 上

130 (1) 対称な点を $(a,\ b)$ とおくと，

点 $(3,\ 0)$ と点 $(a,\ b)$ を結んだ直線は，

$y=-2x+1$ と垂直であるから

$\dfrac{b}{a-3}\times(-2)=-1$ より

$a-2b=3$ …①

また，点 $(3,\ 0)$ と点 $(a,\ b)$ の中点は $\left(\dfrac{a+3}{2},\ \dfrac{b}{2}\right)$

これが直線 $y=-2x+1$ 上にあるから

$\dfrac{b}{2}=-2\times\dfrac{a+3}{2}+1$ より

$2a+b=-4$ …②

①+②×2 より $5a=-5$ すなわち $a=-1$

これを①に代入すると $b=-2$

よって，対称な点は $\mathbf{(-1,\ -2)}$

(2) 直線 $y=-2x+1$ と直線 $x+y=3$ の交点は，連立方程式

$$\begin{cases} y=-2x+1 \\ x+y=3 \end{cases}$$

を解いて $(-2,\ 5)$

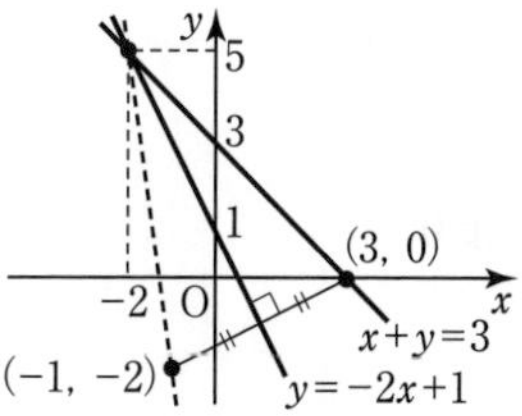

右の図より，求める直線は，$(-1,\ -2)$ と $(-2,\ 5)$ を通る直線である。

⬅ $x+y=3$ は $(3,\ 0)$ を通るから，(1)で求めた $(-1,\ -2)$ を通る。

$$y-(-2)=\frac{5-(-2)}{-2-(-1)}\{x-(-1)\}$$

より $\boldsymbol{y=-7x-9}$

131 (1) 2 点 $(1,\ 2)$，$(0,\ a)$ を通る直線の方程式は

$$y-2=\frac{a-2}{0-1}(x-1)$$

より $y=(2-a)(x-1)+2$

点 $(2a,\ -3)$ がこの直線上にあればよいから

⬅ $x=2a$，$y=-3$ を $y=(2-a)(x-1)+2$ に代入。

$-3=(2-a)(2a-1)+2$

$2a^2-5a-3=0$ より $(2a+1)(a-3)=0$

よって $\boldsymbol{a=-\dfrac{1}{2},\ 3}$

3 点が一直線上にある ➡ 2 点を通る直線が，第 3 の点を通る

(2) 2 直線 $2x-y-4=0$, $3x+2y+1=0$

の交点は $(1,\ -2)$ であるから

直線 $x+ay+3=0$ が $(1,\ -2)$ を通ればよい。

$1-2a+3=0$ より $\boldsymbol{a=2}$

このとき，3 直線はどの 2 本も平行でない。

⬅ $x=1$, $y=-2$ を $x+ay+3=0$ に代入。

(3) $x+3y=5$ より $y=-\dfrac{1}{3}x+\dfrac{5}{3}$ …①

$2x-y=3$ より $y=2x-3$ …②

$ax+y=0$ より $y=-ax$ …③

3 直線が三角形をつくらないのは

⬅ 3 直線が三角形をつくらない
⇕
[1] 少なくとも 2 直線が平行
[2] 3 直線が 1 点で交わる

(i) ①と③が平行のとき

$-a=-\dfrac{1}{3}$ より $a=\dfrac{1}{3}$

(ii) ②と③が平行のとき

$-a=2$ より $a=-2$

(iii) ①，②，③が 1 点で交わるとき

①，②の交点は

$-\dfrac{1}{3}x+\dfrac{5}{3}=2x-3$ より

$-x+5=6x-9$

よって $x=2$

②に代入して $y=1$ ゆえに $(2,\ 1)$

③がこの点を通ればよいから

$1=-2a$ より $a=-\dfrac{1}{2}$

(i)，(ii)，(iii)より $\boldsymbol{a=-2,\ -\dfrac{1}{2},\ \dfrac{1}{3}}$

132 (1) $(-2,\ 1)$ を通り，傾き k の直線の方程式は

$y-1=k(x+2)$ より $\boldsymbol{y=k(x+2)+1}$

⬅ 点 $(x_1,\ y_1)$ を通り，傾き m の直線の方程式は
$y-y_1=m(x-x_1)$

(2) $y=k(x+2)+1$ より $kx-y+2k+1=0$

点 $(3,\ 1)$ と l の距離が 1 であるから

$\dfrac{|3k-1+2k+1|}{\sqrt{k^2+1}}=1$ より $|5k|=\sqrt{k^2+1}$

両辺を 2 乗して

⬅ 両辺 0 以上。

$25k^2=k^2+1$

$k^2=\dfrac{1}{24}$

よって $k=\pm\dfrac{1}{2\sqrt{6}}=\pm\dfrac{\sqrt{6}}{12}$

133 (1) $y=kx-2k+3$ より

$y=k(x-2)+3$

これは点 (2, 3) を通り，傾き k の直線であるから，求める定点は **(2, 3)**

別解 $y=kx-2k+3$ より

$k(x-2)-y+3=0$

← k について整理する。

k の値にかかわらず，等式が成り立つのは

← k についての恒等式とみる。

$x-2=0$, $-y+3=0$ のとき

よって $x=2$, $y=3$

ゆえに，求める定点は **(2, 3)**

(2) $(x-y+1)+k(2x-y)=0$

k の値にかかわらず，等式が成り立つのは

← k についての恒等式とみる。

$$\begin{cases} x-y+1=0 & \cdots① \\ 2x-y=0 & \cdots② \end{cases}$$

①−②より $-x+1=0$

よって $x=1$, $y=2$

ゆえに，求める定点は **(1, 2)**

(3) $(1+2k)x+(2-k)y=k+1$ より

$k(2x-y-1)+(x+2y-1)=0$

k の値にかかわらず，等式が成り立つのは

← k についての恒等式とみる。

$$\begin{cases} 2x-y-1=0 & \cdots① \\ x+2y-1=0 & \cdots② \end{cases}$$

← ①×2+②

$$\begin{array}{rl} 4x-2y-2=0 & \cdots①\times2 \\ +)\ \ x+2y-1=0 & \cdots② \\ \hline 5x\qquad -3=0 & \end{array}$$

よって $x=\dfrac{3}{5}$

①に代入して $y=\dfrac{1}{5}$

①，②を解いて $x=\dfrac{3}{5}$, $y=\dfrac{1}{5}$

よって，求める定点は $\left(\dfrac{3}{5},\ \dfrac{1}{5}\right)$

134 (1) 2 直線の交点を通る直線は

$(3x-y+3)+k(x+2y-3)=0$ …①

と表せる。

点 (−4, 1) を通るから

$3(-4)-1+3+k(-4+2-3)=0$

$-10-5k=0$ より $k=-2$

①に代入して

$3x-y+3-2(x+2y-3)=0$

よって $\boldsymbol{x-5y+9=0}$

(2) ①より

$$(k+3)x+(2k-1)y-3k+3=0 \quad \cdots②$$

$y=x$ すなわち $x-y=0$ に平行であるから

$$(k+3)\times(-1)-1\times(2k-1)=0$$

$$-3k-2=0 \quad より \quad k=-\frac{2}{3}$$

②に代入して

$$\left(-\frac{2}{3}+3\right)x+\left(-\frac{4}{3}-1\right)y-3\left(-\frac{2}{3}\right)+3=0$$

よって　$\boldsymbol{7x-7y+15=0}$

2直線の平行・垂直

2直線　$ax+by+c=0$

　　　　$a'x+b'y+c'=0$

について

平行　$\dfrac{a}{b}=\dfrac{a'}{b'}$

　　$\Longrightarrow ab'-a'b=0$

垂直　$\dfrac{a}{b}=-\dfrac{b'}{a'}$

　　$\Longrightarrow aa'+bb'=0$

別解　$k \fallingdotseq \dfrac{1}{2}$ のとき，②の傾きは　$-\dfrac{k+3}{2k-1}$

⬅ 分母を0にする $k=\dfrac{1}{2}$ は別扱いになる。

$y=x$ に平行であるから

$$-\frac{k+3}{2k-1}=1 \quad より \quad k=-\frac{2}{3}$$

②に代入して　$\boldsymbol{7x-7y+15=0}$

$k=\dfrac{1}{2}$ のとき，②は y 軸に平行になるから不適。

(3) 直線 $2x+y+3=0$ と②が垂直のとき

⬅ 垂直：$aa'+bb'=0$

$$(k+3)\times2+(2k-1)\times1=0$$

$$4k+5=0 \quad より \quad k=-\frac{5}{4}$$

②に代入して整理すると　$\boldsymbol{7x-14y+27=0}$

別解　$2x+y+3=0$ に垂直であるから

$k \fallingdotseq \dfrac{1}{2}$ のとき　$-\dfrac{k+3}{2k-1}\times(-2)=-1$

⬅ 分母を0にする $k=\dfrac{1}{2}$ は別扱いになる。

よって　$k=-\dfrac{5}{4}$

②に代入して整理すると　$\boldsymbol{7x-14y+27=0}$

$k=\dfrac{1}{2}$ のとき，②は y 軸に平行になるから不適。

> **2直線 $ax+by+c=0$，$a'x+b'y+c'=0$ の交点を通る直線**
>
> **➡ $(ax+by+c)+k(a'x+b'y+c')=0$**

135 (1) 直線 $y=ax$ と線分ABの交点をCとすると

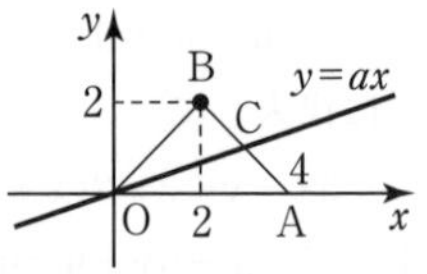

$$\triangle OAC=\frac{1}{2}\triangle OAB$$

となるのは，CがABの中点のときである。

ABの中点は　$\left(\dfrac{4+2}{2},\ \dfrac{0+2}{2}\right)$　より　$(3,\ 1)$

この点を $y=ax$ が通るから　$1=3a$

よって　$a=\frac{1}{3}$

(2)　直線 $y=x-b$ と線分 AB の交点を D，x 軸との交点を E とすると

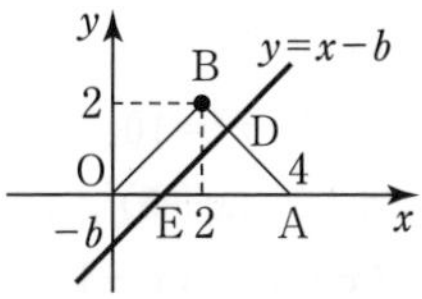

$$\triangle\mathrm{EAD}=\frac{1}{2}\triangle\mathrm{OAB}$$

であればよい。

2 点 A，B を通る直線は

$$y-2=\frac{0-2}{4-2}(x-2)\quad より\quad y=-x+4$$

D の x 座標を求めると

$$x-b=-x+4\quad より\quad x=\frac{4+b}{2}$$

このとき　$y=-\frac{4+b}{2}+4=\frac{4-b}{2}$

よって　$\mathrm{D}\left(\frac{4+b}{2},\ \frac{4-b}{2}\right)$

E は x 軸上の点であるから

$0=x-b$　　すなわち　$\mathrm{E}(b,\ 0)$

これらより，$0<b<4$ として

$$\triangle\mathrm{EAD}=\frac{1}{2}(4-b)\cdot\frac{4-b}{2}=\frac{(4-b)^2}{4}$$

⬅ 底辺は $\mathrm{EA}=4-b$
高さは点 D の y 座標より
$\frac{4-b}{2}$

$\triangle\mathrm{OAB}=\frac{1}{2}\cdot4\cdot2=4$ であるから

$$\frac{(4-b)^2}{4}=2\quad より\quad (4-b)^2=8$$

⬅ $\triangle\mathrm{EAD}=\frac{1}{2}\triangle\mathrm{OAB}$

$4-b=\pm2\sqrt{2}$　　ゆえに　$b=4\pm2\sqrt{2}$

$0<b<4$　より　$\boldsymbol{b=4-2\sqrt{2}}$

⬅ $b=4+2\sqrt{2}$ は不適。

(別解)　直線 $y=x-b$ と線分 AB の交点を D，x 軸との交点を E とすると，E の x 座標は

$0=x-b$　より　$x=b$

直線 OB の傾きは 1 であるから　OB∥ED

$\triangle\mathrm{OAB}:\triangle\mathrm{EAD}=2:1$

であればよいから

⬅ $\triangle\mathrm{OAB}\backsim\triangle\mathrm{EAD}$ で
相似比が $\sqrt{2}:1$ であれば面積比が $2:1$ になる。
相似比　$a:b$
⇓
面積比　$a^2:b^2$

$\mathrm{OA}:\mathrm{EA}=\sqrt{2}:1$　より

$4:(4-b)=\sqrt{2}:1$

ゆえに　$\sqrt{2}(4-b)=4$　より　$4-b=2\sqrt{2}$

$\boldsymbol{b=4-2\sqrt{2}}$

136 (1) $(x-2)^2+(y+1)^2=4$

(2) 半径を r とすると　$(x-5)^2+(y-2)^2=r^2$

これが点 $(4,\ -1)$ を通るから

$(4-5)^2+(-1-2)^2=r^2$

よって　$r^2=10$

ゆえに　$(x-5)^2+(y-2)^2=10$

(3) $(x+3)^2+(y-4)^2=16$

(4) 円の中心は AB の中点 C であるから

$\left(\dfrac{4-2}{2},\ \dfrac{-2+6}{2}\right)$　より　$(1,\ 2)$

半径は

$\mathrm{CA}=\sqrt{(4-1)^2+(-2-2)^2}=\sqrt{25}=5$

よって　$(x-1)^2+(y-2)^2=25$

137 (1) $x^2+y^2+2x=0$

$(x+1)^2-1+y^2=0$

$(x+1)^2+y^2=1$

よって　**中心 $(-1,\ 0)$，半径 1**

(2) $x^2+y^2+8x-6y=0$

$(x+4)^2-16+(y-3)^2-9=0$

$(x+4)^2+(y-3)^2=5^2$

よって　**中心 $(-4,\ 3)$，半径 5**

(3) $x^2+y^2-3x+5y+4=0$

$\left(x-\dfrac{3}{2}\right)^2+\left(y+\dfrac{5}{2}\right)^2=-4+\dfrac{9}{4}+\dfrac{25}{4}$

$\left(x-\dfrac{3}{2}\right)^2+\left(y+\dfrac{5}{2}\right)^2=\dfrac{9}{2}$

よって　**中心 $\left(\dfrac{3}{2},\ -\dfrac{5}{2}\right)$，半径 $\dfrac{3\sqrt{2}}{2}$**

(4) $4x^2+4y^2-24x+8y+15=0$

$x^2+y^2-6x+2y=-\dfrac{15}{4}$

$(x-3)^2+(y+1)^2=-\dfrac{15}{4}+9+1$

$(x-3)^2+(y+1)^2=\dfrac{25}{4}$

よって　**中心 $(3,\ -1)$，半径 $\dfrac{5}{2}$**

⬅円が x 軸や y 軸に接する場合は図をかけば半径がみえる。

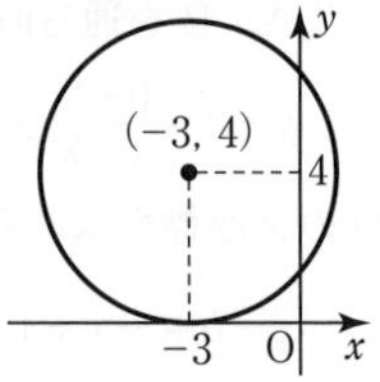

円の方程式

中心 $(a,\ b)$，半径 r

$(x-a)^2+(y-b)^2=r^2$

円の一般形

$x^2+y^2+lx+my+n=0$

⇓

$l=-2a,\ m=-2b$

$n=a^2+b^2-r^2$

138 (1) $x^2+y^2+lx+my+n=0$ とおくと

点 $(-2,\ 0)$, $(8,\ 0)$, $(0,\ 4)$ を通るから

$$\begin{cases} -2l+n=-4 & \cdots① \\ 8l+n=-64 & \cdots② \\ 4m+n=-16 & \cdots③ \end{cases}$$

①, ②, ③を解いて

$l=-6$, $m=0$, $n=-16$

よって $\boldsymbol{x^2+y^2-6x-16=0}$

(2) $x^2+y^2+lx+my+n=0$ とおくと

点 $(-5,\ -1)$, $(3,\ 5)$, $(-1,\ -3)$ を通るから

$25+1-5l-m+n=0$ より

$5l+m-n=26$ $\cdots①$

$9+25+3l+5m+n=0$ より

$3l+5m+n=-34$ $\cdots②$

$1+9-l-3m+n=0$ より

$l+3m-n=10$ $\cdots③$

①, ②, ③を解いて

$l=2$, $m=-4$, $n=-20$

よって $\boldsymbol{x^2+y^2+2x-4y-20=0}$

⬅ 3点を通る円を求めるには

$x^2+y^2+lx+my+n=0$

とおく。

⬅ ②−①

$$\begin{array}{rrrl} & 8l+n= & -64 & \cdots② \\ -) & -2l+n= & -\ 4 & \cdots① \\ \hline & 10l\quad = & -60 & \end{array}$$

よって $l=-6$

①に代入して $n=-16$

③に代入して $m=0$

⬅ ①+②

$$\begin{array}{rrrl} & 5l+\ m-n= & 26 & \cdots① \\ +) & 3l+5m+n= & -34 & \cdots② \\ \hline & 8l+6m\quad = & -\ 8 & \cdots④ \end{array}$$

②+③

$$\begin{array}{rrrl} & 3l+5m+n= & -34 & \cdots② \\ +) & l+3m-n= & 10 & \cdots③ \\ \hline & 4l+8m\quad = & -24 & \cdots⑤ \end{array}$$

④, ⑤を解いて $l=2$, $m=-4$

①に代入して $n=-20$

139 (1) 中心が直線 $y=-x-1$ 上にあるから

中心は $(a,\ -a-1)$ とおける。

半径を r とすると, 円の方程式は

$(x-a)^2+(y+a+1)^2=r^2$

これが2点 $(1,\ 1)$, $(2,\ 4)$ を通るから

$(1-a)^2+(1+a+1)^2=r^2$ より

$2a^2+2a+5=r^2$ $\cdots①$

$(2-a)^2+(4+a+1)^2=r^2$ より

$2a^2+6a+29=r^2$ $\cdots②$

①−②より $-4a-24=0$

よって $a=-6$

①に代入して $r^2=72-12+5=65$

ゆえに $\boldsymbol{(x+6)^2+(y-5)^2=65}$

(2) $x^2+y^2-4x+2y+4=0$ より

$(x-2)^2+(y+1)^2=1$

であるから，この円は

中心 $(2,\ -1)$，半径 1

である。

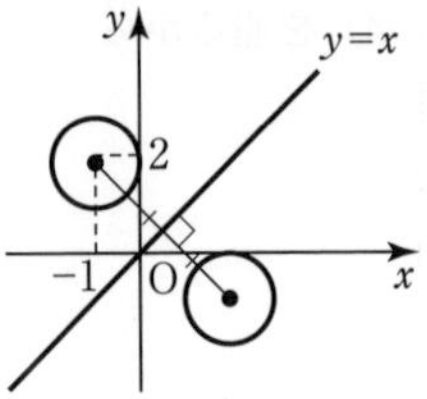

$y=x$ に関して，$(2,\ -1)$

と対称な点は右の図より

$(-1,\ 2)$ であるから，

求める円は，中心 $(-1,\ 2)$ 半径 1 の円である。

$\boldsymbol{(x+1)^2+(y-2)^2=1}$

⬅ 直線 $y=x$ に関して対称な 2 点の関係

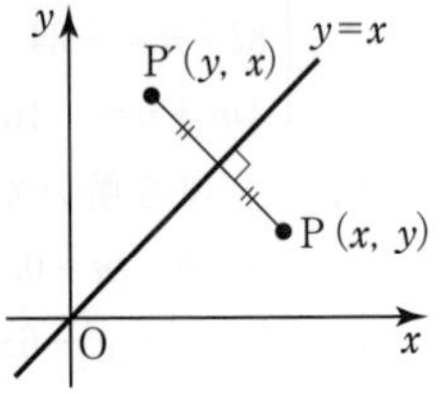

(3) 点 $(-2,\ 4)$ は第 2 象限の点であるから，

求める円の中心も第 2 象限にある。

求める円の半径を r とすると，円の方程式は

$(x+r)^2+(y-r)^2=r^2$ $(r>0)$

これが点 $(-2,\ 4)$ を通るから

$(-2+r)^2+(4-r)^2=r^2$

$2r^2-12r+20=r^2$

$r^2-12r+20=0$

$(r-2)(r-10)=0$

よって　$r=2,\ 10$ ($r>0$ を満たす)

ゆえに　$\boldsymbol{(x+2)^2+(y-2)^2=4}$,

$\boldsymbol{(x+10)^2+(y-10)^2=100}$

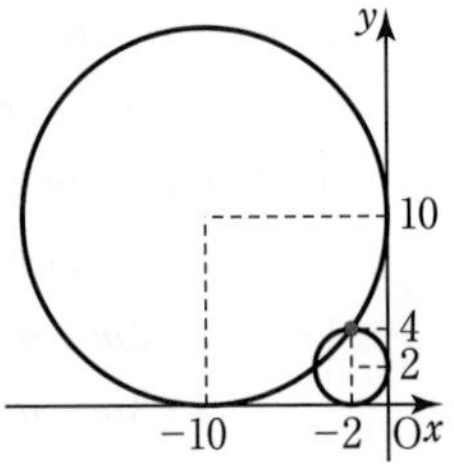

(4) 円 $(x-3)^2+(y-3)^2=2$ は第 1 象限にあるから，

求める円の半径を r とすると

$(x-r)^2+(y-r)^2=r^2$ $(r>0)$ とおける。

中心 $(r,\ r)$ が円 $(x-3)^2+(y-3)^2=2$ 上にあるから

$(r-3)^2+(r-3)^2=2$

$(r-3)^2=1$

$r-3=\pm1$　　よって　$r=4,\ 2$

ゆえに　$\boldsymbol{(x-2)^2+(y-2)^2=4}$,

$\boldsymbol{(x-4)^2+(y-4)^2=16}$

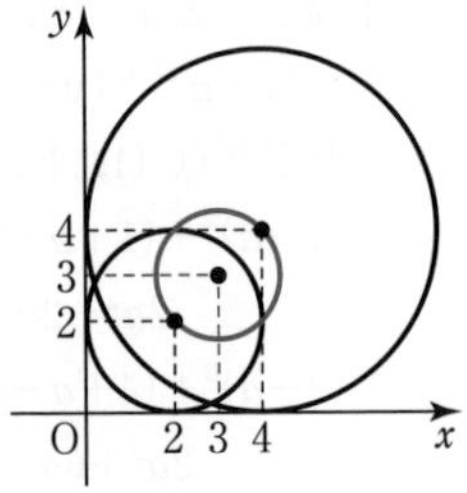

⬅ $r-3=1$ より $r=4$

$r-3=-1$ より $r=2$

(5) 中心 $(4,\ -1)$ と直線 $x+2y+3=0$ との距離は

$$\frac{|4+2\cdot(-1)+3|}{\sqrt{1+2^2}}=\frac{5}{\sqrt{5}}=\sqrt{5}$$

よって，半径が $\sqrt{5}$ であれば直線と接する。

ゆえに　$\boldsymbol{(x-4)^2+(y+1)^2=5}$

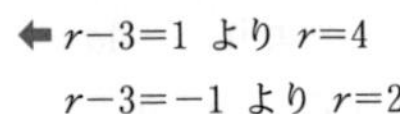

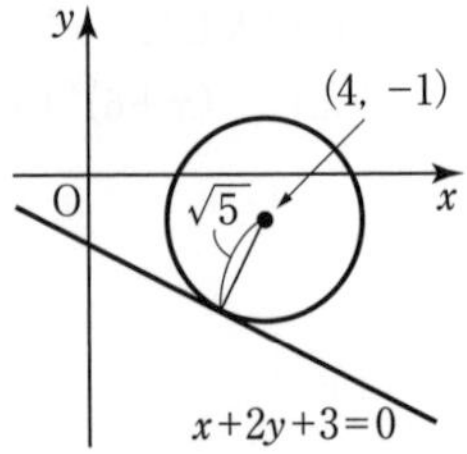

140 $\begin{cases} x-7y+31=0 & \cdots ① \\ 7x+y+17=0 & \cdots ② \\ 4x-3y-1=0 & \cdots ③ \end{cases}$

とおいて，①と②，②と③，①と③の交点を求める。

①＋②×7 より　$50x+150=0$

よって　$x=-3$

①に代入して　$y=4$

ゆえに，①と②の交点は　$(-3,\ 4)$

②×3＋③より　$25x+50=0$

よって　$x=-2$

②に代入して　$y=-3$

ゆえに，②と③の交点は　$(-2,\ -3)$

①×4−③より　$-25y+125=0$

よって　$y=5$

①に代入して　$x=4$

ゆえに，①と③の交点は　$(4,\ 5)$

以上より，3 点 $(-3,\ 4)$，$(-2,\ -3)$，$(4,\ 5)$ を通る円が求める外接円であるから

$$x^2+y^2+lx+my+n=0$$

とおくと

$9+16-3l+4m+n=0$　より

$3l-4m-n=25$　$\cdots ④$

$4+9-2l-3m+n=0$　より

$2l+3m-n=13$　$\cdots ⑤$

$16+25+4l+5m+n=0$　より

$4l+5m+n=-41$　$\cdots ⑥$

④＋⑥より　$7l+m=-16$　$\cdots ⑦$

⑤＋⑥より　$6l+8m=-28$

$3l+4m=-14$　$\cdots ⑧$

⑦，⑧を解いて

$l=-2,\ m=-2$

④に代入して

$-6+8-n=25$　より　$n=-23$

ゆえに　$x^2+y^2-2x-2y-23=0$

$$(x-1)^2+(y-1)^2=5^2$$

したがって　**中心 (1，1)，半径 5**

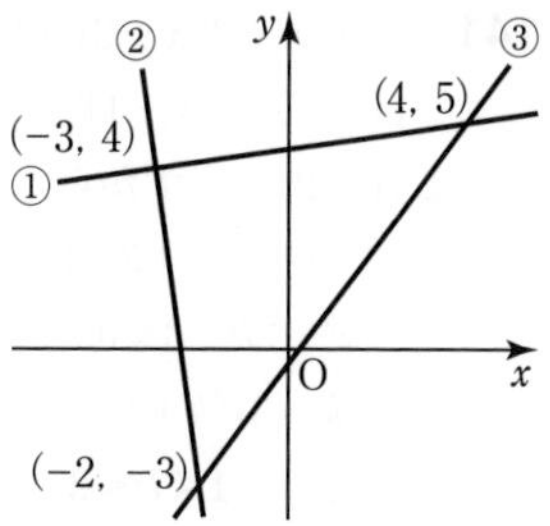

⬅ ⑦×4−⑧

$$\begin{array}{rrl} & 28l+4m=-64 & \cdots ⑦×4 \\ -) & 3l+4m=-14 & \cdots ⑧ \\ \hline & 25l\qquad =-50 & \end{array}$$

ゆえに　$l=-2$

⑦に代入して　$m=-2$

141 $x^2+y^2-2kx-2y+2k^2-2k-2=0$ より

$(x-k)^2+(y-1)^2=-k^2+2k+3$

これが円を表すから

$-k^2+2k+3>0$

$k^2-2k-3<0$

$(k-3)(k+1)<0$

よって　$\boldsymbol{-1<k<3}$

このとき，円の半径を r とすると

$r^2=-k^2+2k+3$

$=-(k-1)^2+4$

$k=1$ のとき　r^2 の最大値は 4

ゆえに，半径の最大値は　2

⬅ $k=1$ は $-1<k<3$ を満たす。

142 (1) $\begin{cases} x^2+y^2=1 & \cdots① \\ x+y=1 & \cdots② \end{cases}$

②より　$y=1-x$　…③

③を①に代入して

$x^2+(1-x)^2=1$

$2x^2-2x=0$

$x(x-1)=0$　より　$x=0,\ 1$

⬅ 円の方程式に直線の方程式を代入して得られる 2 次方程式を解けばよい。

③に代入して

$x=0$ のとき $y=1$，$x=1$ のとき $y=0$

よって，**共有点 (0，1)，(1，0)**

(2) $\begin{cases} x^2+y^2-2y-1=0 & \cdots① \\ x-2y+3=0 & \cdots② \end{cases}$

②より　$x=2y-3$　…③

⬅ $y=\frac{1}{2}x+\frac{3}{2}$ として①に代入すると計算が大変になる。

③を①に代入して

$(2y-3)^2+y^2-2y-1=0$

$5y^2-14y+8=0$

$(5y-4)(y-2)=0$　より　$y=\frac{4}{5},\ 2$

③に代入して

$y=\frac{4}{5}$ のとき $x=-\frac{7}{5}$，$y=2$ のとき $x=1$

よって，**共有点 $\left(-\frac{7}{5},\ \frac{4}{5}\right)$，(1，2)**

(3) $\begin{cases} x^2+y^2=5 & \cdots① \\ 2x-y-5=0 & \cdots② \end{cases}$

②より　$y=2x-5$　…③

③を①に代入して

$x^2+(2x-5)^2=5$

$5x^2-20x+20=0$

$(x-2)^2=0$　より　$x=2$（重解）

⬅ 重解をもつときは接点となる。このとき，②は①の接線。

③に代入して　$y=-1$

よって，共有点 **(2, −1)**

(4) $\begin{cases} (x-1)^2+(y+2)^2=1 & \cdots① \\ y=2x+1 & \cdots② \end{cases}$

②を①に代入して

$(x-1)^2+(2x+3)^2=1$

$5x^2+10x+9=0$

判別式　$\dfrac{D}{4}=25-45=-20<0$

⬅ $5x^2+10x+9=0$ が実数解をもたないので，共有点はない。

よって，**共有点なし**

143 $x^2+y^2=2$ に $y=x+a$ を代入すると

$x^2+(x+a)^2=2$

$2x^2+2ax+a^2-2=0$

この判別式を D とすると

$\dfrac{D}{4}=a^2-2(a^2-2)\geqq 0$

となるとき，円と直線は共有点をもつ。

$a^2-2(a^2-2)\geqq 0$

$-a^2+4\geqq 0$

$(a+2)(a-2)\leqq 0$

よって，求める範囲は　$\boldsymbol{-2\leqq a\leqq 2}$

円と直線の共有点の個数

円と直線の方程式から y を消去して得られる 2 次方程式の判別式 D について
$D>0$…共有点は 2 個
$D=0$…共有点は 1 個
$D<0$…共有点はない

別解　円 $x^2+y^2=2$ の中心 (0, 0) から直線 $y=x+a$ すなわち $x-y+a=0$ までの距離は

$\dfrac{|a|}{\sqrt{1^2+(-1)^2}}=\dfrac{|a|}{\sqrt{2}}$

⬅ 点 $(x_1,\ y_1)$ と直線 $ax+by+c=0$ の距離 $\dfrac{|ax_1+by_1+c|}{\sqrt{a^2+b^2}}$

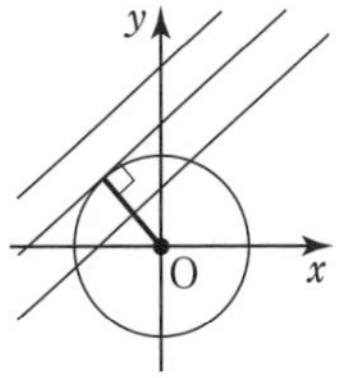

これと円の半径から

$\dfrac{|a|}{\sqrt{2}}\leqq\sqrt{2}$

よって，求める範囲は　$\boldsymbol{-2\leqq a\leqq 2}$

144 $(x-2)^2+y^2=1$ に $y=ax+1$ を代入すると

$$(x-2)^2+(ax+1)^2=1$$

$$(a^2+1)x^2+2(a-2)x+4=0$$

この判別式を D とすると

$$\frac{D}{4}=(a-2)^2-4(a^2+1)$$

$$=-3a^2-4a$$

$$=-a(3a+4)$$

よって，共有点の個数は

$D>0$　すなわち　$-\frac{4}{3}<a<0$ のとき，2 個

$D=0$　すなわち　$a=0,\ -\frac{4}{3}$ のとき，1 個

$D<0$　すなわち　$a<-\frac{4}{3},\ 0<a$ のとき，0 個

(別解)　円 $(x-2)^2+y^2=1$ の中心 $(2,\ 0)$ から直線 $y=ax+1$ すなわち $ax-y+1=0$ までの距離は

$$\frac{|2a+1|}{\sqrt{a^2+(-1)^2}}=\frac{|2a+1|}{\sqrt{a^2+1}}$$

$\frac{|2a+1|}{\sqrt{a^2+1}}<1$ のとき，共有点の個数は 2 個。

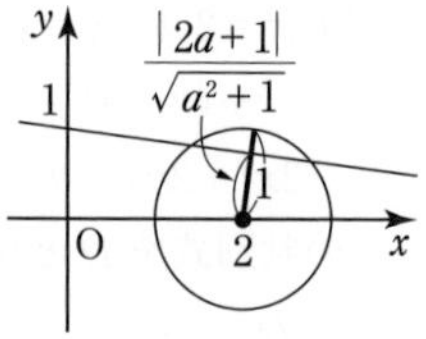

$$|2a+1|<\sqrt{a^2+1}$$

両辺を 2 乗して整理すると

$$3a^2+4a<0$$

$a(3a+4)<0$　より　$-\frac{4}{3}<a<0$

$\frac{|2a+1|}{\sqrt{a^2+1}}=1$ のとき，共有点の個数は 1 個。

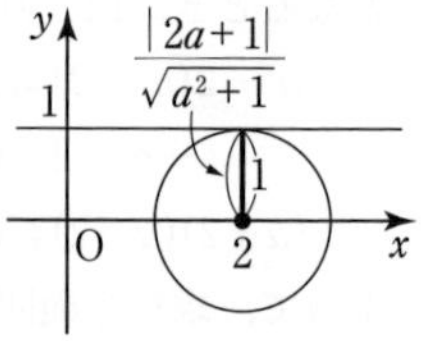

同様に計算して

$a(3a+4)=0$　より　$a=0,\ -\frac{4}{3}$

$\frac{|2a+1|}{\sqrt{a^2+1}}>1$ のとき，共有点はない。

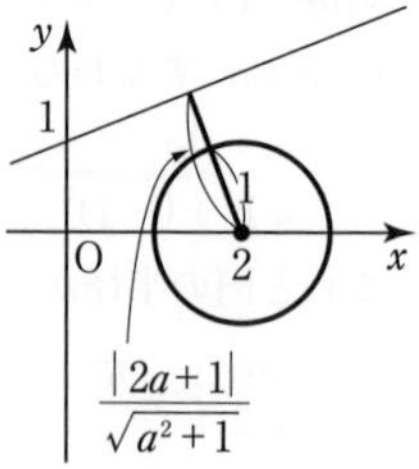

同様に計算して

$a(3a+4)>0$　より　$a<-\frac{4}{3},\ 0<a$

以上より

$-\frac{4}{3}<a<0$ のとき，共有点の個数は 2 個

$a=0,\ -\frac{4}{3}$ のとき，共有点の個数は 1 個

$a<-\frac{4}{3},\ 0<a$ のとき，共有点なし

円と直線の共有点の個数 ➡ 判別式 D の符号で分類する
または，点と直線の距離を利用する

145 (1) $y=x^2$，$y=-2x+3$ より

$x^2=-2x+3$

$x^2+2x-3=0$

$(x-1)(x+3)=0$ よって $x=1,\ -3$

$x=1$ のとき $y=-2\cdot1+3=1$

$x=-3$ のとき $y=-2\cdot(-3)+3=9$

ゆえに $(1,\ 1)$，$(-3,\ 9)$

(2) $y=4x^2-x+2$，$y=3x+1$ より

$4x^2-x+2=3x+1$

$4x^2-4x+1=0$

$(2x-1)^2=0$ よって $x=\dfrac{1}{2}$ ⬅ 接する。

このとき $y=3\cdot\dfrac{1}{2}+1=\dfrac{5}{2}$

ゆえに $\left(\dfrac{1}{2},\ \dfrac{5}{2}\right)$ ⬅ 接点

放物線と直線の共有点の座標

$\begin{cases} 放物線：y=ax^2+bx+c \\ 直線\ \ \ ：y=mx+n \end{cases}$

から y を消去して

$Ax^2+Bx+C=0$

の2次方程式の形にする。

146 (1) $y=x^2-2ax+1$，$y=2x-3$ より

$x^2-2ax+1=2x-3$

$x^2-2(a+1)x+4=0$

この判別式を D とすると

$$\frac{D}{4}=(a+1)^2-4=a^2+2a-3=(a+3)(a-1)$$

よって，共有点の個数は

$D>0$ すなわち $a<-3,\ 1<a$ のとき，2個

$D=0$ すなわち $a=-3,\ 1$ のとき，1個

$D<0$ すなわち $-3<a<1$ のとき，0個

放物線と直線の共有点の個数

$\begin{cases} 放物線：y=ax^2+bx+c \\ 直線\ \ \ ：y=mx+n \end{cases}$

から y を消去して

$Ax^2+Bx+C=0$

の2次方程式の形にする。

$D>0$…共有点は2個

$D=0$…共有点は1個(接する)

$D<0$…共有点は0個

(2) $y=x^2-2x-3$，$y=a(x-3)+1$ より

$x^2-2x-3=a(x-3)+1$

$x^2-(a+2)x+3a-4=0$

この判別式を D とすると

$D=(a+2)^2-4(3a-4)$

$=a^2-8a+20=(a-4)^2+4>0$

よって

a の値にかかわらず共有点の個数は2個

⬅ $y=a(x-3)+1$ の傾き a がどんな値でも，2点で交わる。

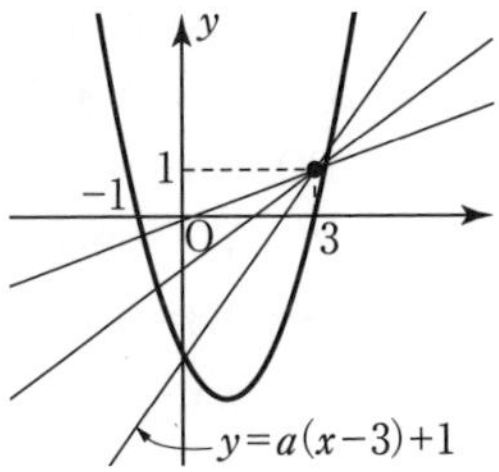

147 円の中心 (2, 0) と直線 $y=x$ の距離は

$$\frac{|2-0|}{\sqrt{1+1}}=\sqrt{2}$$

よって，右の図のようにC，Hをおくと，

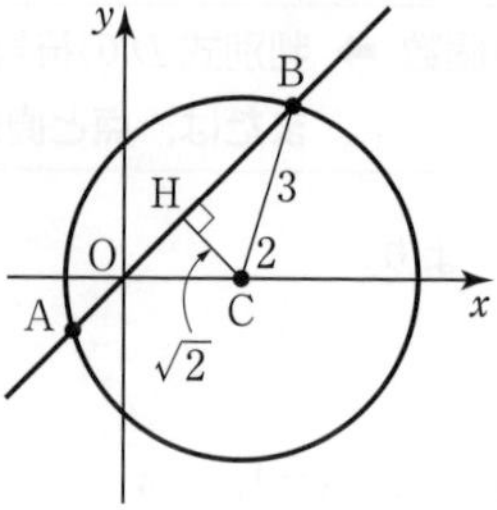

三平方の定理より

$$\mathrm{BH}=\sqrt{3^2-(\sqrt{2})^2}$$
$$=\sqrt{7}$$

ゆえに　$\mathrm{AB}=2\mathrm{BH}=\mathbf{2\sqrt{7}}$

円が切り取る弦の長さ ➡ 三平方の定理を使う

148 右下の図の直角三角形 AOH において

$$\mathrm{OH}^2+\mathrm{HA}^2=\mathrm{AO}^2 \quad \cdots①$$

⬅ 三平方の定理

中心 (0, 0) と直線 $x-y+m=0$ の距離は

$$\mathrm{OH}=\frac{|0-0+m|}{\sqrt{1^2+(-1)^2}}=\frac{|m|}{\sqrt{2}} \quad \cdots②$$

弦の長さが 2 より

$$\mathrm{HA}=1 \quad \cdots③$$

⬅ $\mathrm{HA}=\frac{1}{2}\mathrm{AB}$

円の半径が $\sqrt{3}$ より

$$\mathrm{OA}=\sqrt{3} \quad \cdots④$$

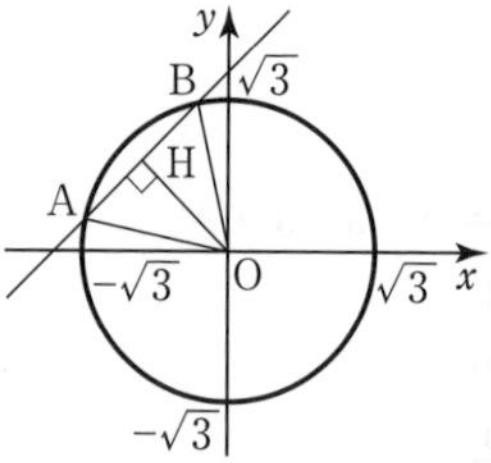

②，③，④を①に代入して

$$\frac{m^2}{2}+1=3$$

より　$m^2=4$

よって　$\boldsymbol{m=\pm 2}$

149 求める直線を $y=mx$ とし

$$y=-x^2+3 \quad \cdots①$$
$$y=mx \quad \cdots②$$

とおく。

①，②の交点を P，Q とし，その x 座標をそれぞれ α，β $(\alpha<\beta)$ とすると

$\mathrm{PQ}=\sqrt{1+m^2}(\beta-\alpha)$　と表せる。

ここで，①，②から

$$-x^2+3=mx$$
$$x^2+mx-3=0$$

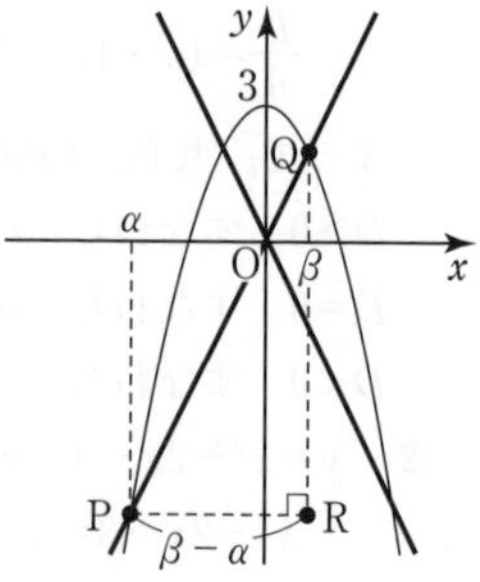

上の図の △PQR は，直線 PQ の傾きが m であるから，

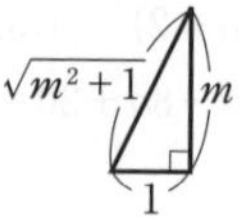

と相似である。

よって，$\mathrm{PQ}=\sqrt{m^2+1}(\beta-\alpha)$

解の公式より

$$x=\frac{-m\pm\sqrt{m^2+12}}{2}$$

であるから

$$\alpha=\frac{-m-\sqrt{m^2+12}}{2},\ \beta=\frac{-m+\sqrt{m^2+12}}{2}$$

これより，$\beta-\alpha=\sqrt{m^2+12}$ であるから

$$PQ=\sqrt{1+m^2}\sqrt{m^2+12}$$

$PQ=4\sqrt{5}$ であるから

$$\sqrt{1+m^2}\sqrt{m^2+12}=4\sqrt{5}$$

両辺を 2 乗して

$$(1+m^2)(m^2+12)=80$$

$$m^4+13m^2-68=0$$

$$(m^2-4)(m^2+17)=0$$

よって　$m^2=4$　より　$m=\pm 2$

ゆえに　$\boldsymbol{y=2x,\ y=-2x}$

別解　$P(\alpha,\ m\alpha)$，$Q(\beta,\ m\beta)$ とすると

$$PQ^2=(\beta-\alpha)^2+(m\beta-m\alpha)^2$$

$$=(\beta-\alpha)^2+m^2(\beta-\alpha)^2=(1+m^2)(\beta-\alpha)^2$$

$x^2+mx-3=0$ に解と係数の関係を利用して

$$\alpha+\beta=-m,\ \alpha\beta=-3$$

$$(\beta-\alpha)^2=(\beta+\alpha)^2-4\alpha\beta$$

$$=(-m)^2-4\cdot(-3)=m^2+12$$

← $(\beta-\alpha)^2=\beta^2-2\alpha\beta+\alpha^2$
$=\beta^2+2\alpha\beta+\alpha^2-4\alpha\beta$
$=(\beta+\alpha)^2-4\alpha\beta$

よって　$\beta-\alpha=\sqrt{m^2+12}$

ゆえに　$PQ=\sqrt{1+m^2}\sqrt{m^2+12}$

として求める方法もある。

150　$(1+k)y=x^2+kx+2k$ より

$$k(y-x-2)+y-x^2=0$$

← k について整理する。
k の恒等式とみる。

k の値にかかわらず等式が成り立つのは

$$\begin{cases} y-x-2=0 & \cdots① \\ y-x^2=0 & \cdots② \end{cases}$$

のときである。

①−②より　$x^2-x-2=0$　より　$x=-1,\ 2$

②へ代入して　$x=-1$ のとき　$y=1$

$x=2$ のとき　$y=4$

よって，求める定点の座標は　$\boldsymbol{(-1,\ 1),\ (2,\ 4)}$

151 求める放物線の方程式は

$(x^2-y-2x)+k(x-y+1)=0$

とおける。点 $(4,\ 2)$ を通るから

$(16-2-8)+k(4-2+1)=0$

$3k=-6$ より $k=-2$

ゆえに $(x^2-y-2x)-2(x-y+1)=0$

よって $\boldsymbol{y=-x^2+4x+2}$

⬅ $f(x,\ y)+k\cdot g(x,\ y)=0$ の表す曲線は，2 つの曲線 $f(x,\ y)=0$，$g(x,\ y)=0$ の交点を通る。

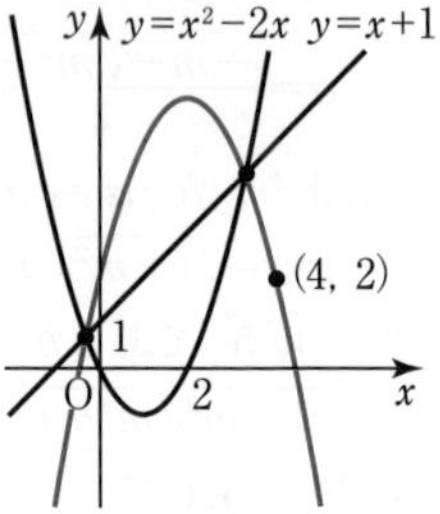

152 (1) 求める接線の傾きを m とすると，

接線の方程式は

$y+3=m(x-1)$ より $y=mx-m-3$

これを $y=x^2$ に代入して

$x^2=mx-m-3$

$x^2-mx+m+3=0$ …①

①が重解をもつから

$D=m^2-4(m+3)=m^2-4m-12=0$

よって $(m-6)(m+2)=0$ より $m=-2,\ 6$

⬅ ①より $D=0$ のとき，解の公式より

$x=\dfrac{m\pm\sqrt{D}}{2}=\dfrac{m}{2}$

$m=-2$ のとき $x=\dfrac{-2}{2}=-1$

$m=6$ のとき $x=\dfrac{6}{2}=3$

と計算してもよい。

(i) $m=-2$ のとき

接線は $y=-2x-(-2)-3$ より $y=-2x-1$

①は $x^2-(-2)x-2+3=0$

$x^2+2x+1=0$

$(x+1)^2=0$

ゆえに $x=-1$

このとき $y=-2\cdot(-1)-1=1$

したがって，接点は $(-1,\ 1)$

(ii) $m=6$ のとき

接線は $y=6x-6-3$ より $y=6x-9$

①は $x^2-6x+6+3=0$

$x^2-6x+9=0$

$(x-3)^2=0$

ゆえに $x=3$

このとき $y=6\cdot3-9=9$

したがって，接点は $(3,\ 9)$

(i)，(ii)より

接線 $\boldsymbol{y=-2x-1}$ のとき，接点 $\boldsymbol{(-1,\ 1)}$

接線 $\boldsymbol{y=6x-9}$ のとき，接点 $\boldsymbol{(3,\ 9)}$

(2) (1)より　B$(-1,\ 1)$，C$(3,\ 9)$

線分 AB の長さは

$$\sqrt{(1+1)^2+(-3-1)^2}=\sqrt{20}=2\sqrt{5}$$

直線 AB の方程式は

$$y=-2x-1$$

すなわち　$2x+y+1=0$

であるから，点 C から直線 AB までの距離は

$$\frac{|2\cdot3+9+1|}{\sqrt{2^2+1^2}}=\frac{16}{\sqrt{5}}$$

よって，△ABC の面積 S は

$$S=\frac{1}{2}\cdot2\sqrt{5}\cdot\frac{16}{\sqrt{5}}=16$$

⬅ B，C の位置は問題の図から判断しているが，逆でも求まる面積は変わらない。

153 (1)　$\boldsymbol{2x-y=5}$

(2)　$\boldsymbol{2x-\sqrt{5}\,y=9}$

(3)　$0\cdot x+2y=4$　より　$\boldsymbol{y=2}$

(4)　$5x+0\cdot y=25$　より　$\boldsymbol{x=5}$

円の接線

円　$x^2+y^2=r^2$　上の
点 $(x_1,\ y_1)$ における接線は
$x_1x+y_1y=r^2$

円の接線は接点を通る半径に垂直である
中心が原点のとき ➡ 公式 $\boldsymbol{x_1x+y_1y=r^2}$ を利用する

154 $y=-2x+k$　を　$x^2+y^2=1$　に代入して

$$x^2+(-2x+k)^2=1$$

$$5x^2-4kx+k^2-1=0$$

この判別式が $D=0$ であればよい。

$$\frac{D}{4}=(2k)^2-5(k^2-1)$$

$$=-k^2+5=0$$

よって　$\boldsymbol{k=\pm\sqrt{5}}$

(別解)　$x^2+y^2=1$ の中心 $(0,\ 0)$ と直線 $2x+y-k=0$ の距離が 1 であるから

$$\frac{|-k|}{\sqrt{2^2+1^2}}=1$$

よって　$|k|=\sqrt{5}$

ゆえに　$\boldsymbol{k=\pm\sqrt{5}}$

155 (1) 求める接線の方程式を　$y=x+n$　とおく。

$y=x+n$ を $x^2+y^2=4$ に代入して

$$x^2+(x+n)^2=4$$

$$2x^2+2nx+n^2-4=0$$

接するとき，判別式 $D=0$ であるから

$$\frac{D}{4}=n^2-2(n^2-4)=0$$

$n^2=8$　　よって　$n=\pm2\sqrt{2}$

ゆえに　$\boldsymbol{y=x\pm2\sqrt{2}}$

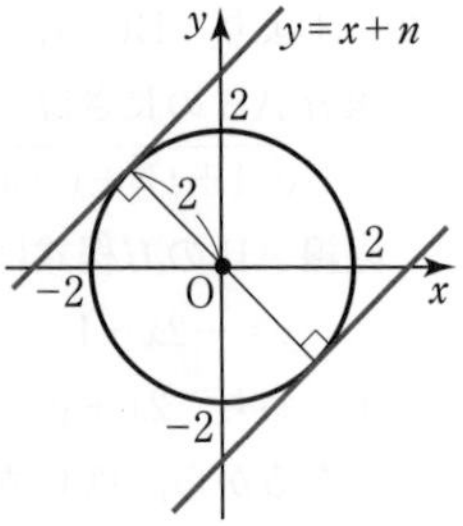

(別解)　接線の方程式を $y=x+n$ とおく。

$x-y+n=0$ と円の中心の距離が (半径)$=2$ に等しいから

$$\frac{|0-0+n|}{\sqrt{1^2+(-1)^2}}=2$$

$$|n|=2\sqrt{2}$$

よって　$n=\pm2\sqrt{2}$

ゆえに　$\boldsymbol{y=x\pm2\sqrt{2}}$

(2) 求める接線の方程式を　$y=mx+2$　とおく。

$y=mx+2$ を $x^2+y^2=1$ に代入して

$$x^2+(mx+2)^2=1$$

$$(m^2+1)x^2+4mx+3=0$$

接するとき，判別式 $D=0$ であるから

$$\frac{D}{4}=4m^2-3(m^2+1)=0$$

$m^2=3$　　よって　$m=\pm\sqrt{3}$

ゆえに　$\boldsymbol{y=\pm\sqrt{3}x+2}$

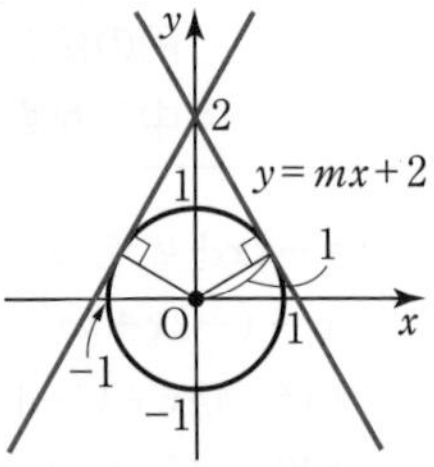

(別解)　接線の方程式を $y=mx+2$ とおく。

$mx-y+2=0$ と円の中心の距離が (半径)$=1$ に等しいから

$$\frac{|0-0+2|}{\sqrt{m^2+(-1)^2}}=1$$

$$2=\sqrt{m^2+1}$$

両辺を 2 乗して

$4=m^2+1$　より　$m=\pm\sqrt{3}$

よって　$\boldsymbol{y=\pm\sqrt{3}x+2}$

円の接線の方程式 ➡ 「判別式 $\boldsymbol{D=0}$」や公式 $\boldsymbol{x_1x+y_1y=r^2}$ または「点と直線の距離」の公式を利用する

156 (1) 接点を $(x_1,\ y_1)$ とすると，接線の方程式は

$x_1x+y_1y=25$ …①

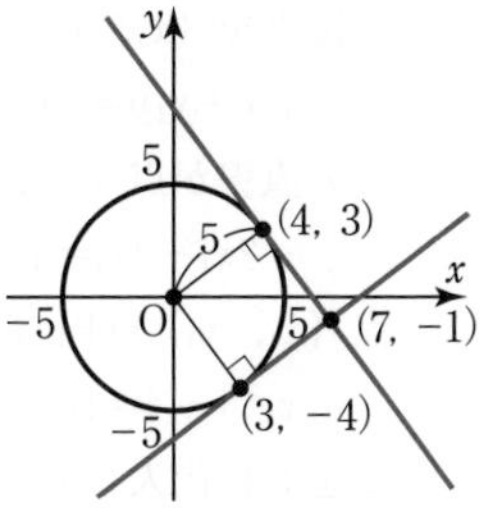

この直線が点 $(7,\ -1)$ を通るから

$7x_1-y_1=25$

より　$y_1=7x_1-25$　…②

点 $(x_1,\ y_1)$ は円 $x^2+y^2=25$ 上の点であるから

$x_1{}^2+y_1{}^2=25$　…③

②を③に代入して

$x_1{}^2+(7x_1-25)^2=25$

$50x_1{}^2-350x_1+600=0$

$x_1{}^2-7x_1+12=0$

$(x_1-3)(x_1-4)=0$

より　$x_1=3,\ 4$

②から

$x_1=3$ のとき　$y_1=21-25=-4$

$x_1=4$ のとき　$y_1=28-25=3$

これらを①に代入して

$\boldsymbol{3x-4y=25}$,　　$\boldsymbol{4x+3y=25}$

(別解) 求める接線の方程式を

$y-(-1)=m(x-7)$ とおく。

← この式で表せない直線 $x=7$ も点 $(7,\ -1)$ を通るが，接線にはならない。

$mx-y-7m-1=0$ と円の中心の距離が

(半径)$=5$ に等しいから

$$\frac{|0-0-7m-1|}{\sqrt{m^2+(-1)^2}}=5$$

$|-7m-1|=5\sqrt{m^2+1}$

両辺を 2 乗して

$49m^2+14m+1=25(m^2+1)$

$24m^2+14m-24=0$

$12m^2+7m-12=0$

$(3m+4)(4m-3)=0$

より　$m=-\dfrac{4}{3},\ \dfrac{3}{4}$

よって

$y=-\dfrac{4}{3}(x-7)-1$　より　$\boldsymbol{y=-\dfrac{4}{3}x+\dfrac{25}{3}}$

$y=\dfrac{3}{4}(x-7)-1$　より　$\boldsymbol{y=\dfrac{3}{4}x-\dfrac{25}{4}}$

(2) 接点を $(x_1,\ y_1)$ とすると，接線の方程式は

$$x_1x+y_1y=10 \quad \cdots①$$

この直線が点 $(-2,\ 4)$ を通るから

$$-2x_1+4y_1=10 \quad \text{より} \quad x_1=2y_1-5 \quad \cdots②$$

点 $(x_1,\ y_1)$ は円 $x^2+y^2=10$ 上の点であるから

$$x_1{}^2+y_1{}^2=10 \quad \cdots③$$

②を③に代入して

$$(2y_1-5)^2+y_1{}^2=10$$

$$5y_1{}^2-20y_1+15=0$$

$$y_1{}^2-4y_1+3=0$$

$$(y_1-1)(y_1-3)=0 \quad \text{より} \quad y_1=1,\ 3$$

②から　$y_1=1$ のとき　$x_1=2-5=-3$

　　　　$y_1=3$ のとき　$x_1=6-5=1$

これらを①に代入して

$$\boldsymbol{-3x+y=10,\quad x+3y=10}$$

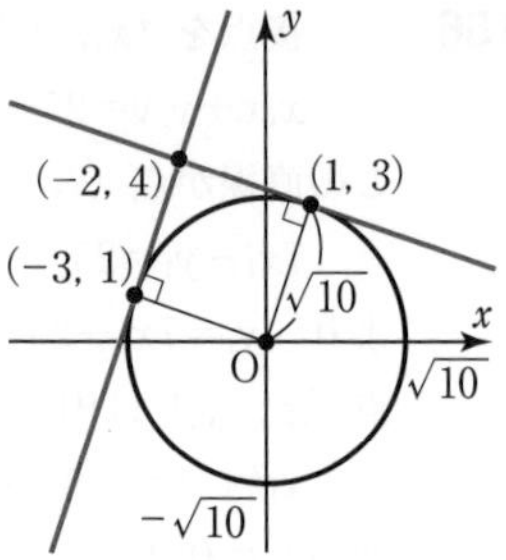

別解　接線の方程式を $y-4=m(x+2)$ とおく。
$mx-y+2m+4=0$ と円の中心までの距離が
(半径)$=\sqrt{10}$ に等しいから

$$\frac{|0-0+2m+4|}{\sqrt{m^2+(-1)^2}}=\sqrt{10}$$

$$|2m+4|=\sqrt{10}\sqrt{m^2+1}$$

← この式で表せない直線
$x=-2$
は点 $(-2,\ 4)$ を通るが，
接線にはならない。

両辺を 2 乗して

$$4m^2+16m+16=10m^2+10$$

$$3m^2-8m-3=0$$

$$(3m+1)(m-3)=0 \quad \text{より} \quad m=-\frac{1}{3},\ 3$$

よって

$$y=-\frac{1}{3}(x+2)+4 \quad \text{より} \quad \boldsymbol{y=-\frac{1}{3}x+\frac{10}{3}}$$

$$y=3(x+2)+4 \quad \text{より} \quad \boldsymbol{y=3x+10}$$

157 $(-1,\ \sqrt{3})$ における接線は　$-x+\sqrt{3}\,y=4 \quad \cdots①$

$(\sqrt{3},\ -1)$ における接線は　$\sqrt{3}\,x-y=4 \quad \cdots②$

①$+$②$\times\sqrt{3}$　より

$$2x=4+4\sqrt{3} \quad \text{すなわち} \quad x=2+2\sqrt{3}$$

②に代入して

$$\sqrt{3}(2+2\sqrt{3})-y=4 \quad \text{より} \quad y=2+2\sqrt{3}$$

よって　$(2+2\sqrt{3},\ 2+2\sqrt{3})$

← ①$+$②$\times\sqrt{3}$

$$\begin{array}{rll} & -x+\sqrt{3}\,y=4 & \cdots① \\ +) & 3x-\sqrt{3}\,y=4\sqrt{3} & \cdots②\times\sqrt{3} \\ \hline & 2x\qquad\ =4+4\sqrt{3} & \end{array}$$

よって　$x=2+2\sqrt{3}$

②に代入して　$y=2+2\sqrt{3}$

158 (1) 円 $(x-2)^2+(y+1)^2=25$ の中心 $(2,\ -1)$ と接点 $(-1,\ 3)$ を通る直線と接線は垂直であるから，接線の傾きを m とすると

$$m\cdot\frac{3-(-1)}{-1-2}=-1 \quad より \quad m=\frac{3}{4}$$

よって，$y-3=\frac{3}{4}(x+1)$ より

$$\boldsymbol{y=\frac{3}{4}x+\frac{15}{4}}$$

別解 $(-1-2)(x-2)+(3+1)(y+1)=25$ より

$-3x+6+4y+4=25$

$4y=3x+15$

$$\boldsymbol{y=\frac{3}{4}x+\frac{15}{4}}$$

(2) $x^2+y^2+6x-4y-12=0$ より

$(x+3)^2+(y-2)^2=12+9+4$

$(x+3)^2+(y-2)^2=25$

接線の傾きを m とすると

$y-1=m(x-4)$

$mx-y-4m+1=0$

円の中心 $(-3,\ 2)$ から接線までの距離は半径 5 に等しいから

$$\frac{|-3m-2-4m+1|}{\sqrt{m^2+(-1)^2}}=5 \quad より \quad \frac{|-7m-1|}{\sqrt{m^2+1}}=5$$

$$|-7m-1|=5\sqrt{m^2+1}$$

両辺を 2 乗して

$(-7m-1)^2=25(m^2+1)$

$24m^2+14m-24=0$

$12m^2+7m-12=0$

$(4m-3)(3m+4)=0$ より $m=\frac{3}{4},\ -\frac{4}{3}$

よって，$y-1=\frac{3}{4}(x-4)$ より

$$\boldsymbol{y=\frac{3}{4}x-2}$$

また，$y-1=-\frac{4}{3}(x-4)$ より

$$\boldsymbol{y=-\frac{4}{3}x+\frac{19}{3}}$$

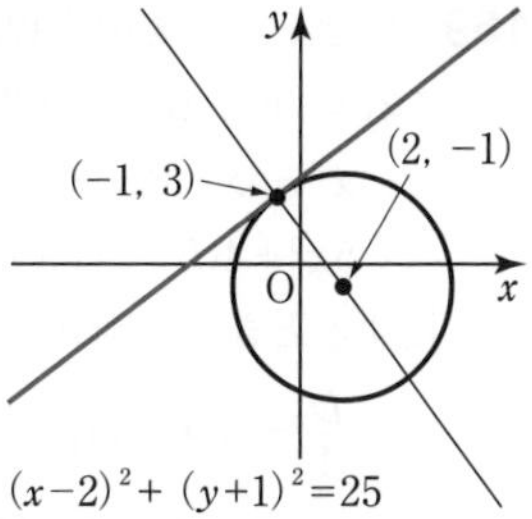

円の接線

円 $(x-a)^2+(y-b)^2=r^2$ 上の点 $(x_1,\ y_1)$ における接線は

$(x_1-a)(x-a)+(y_1-b)(y-b)=r^2$

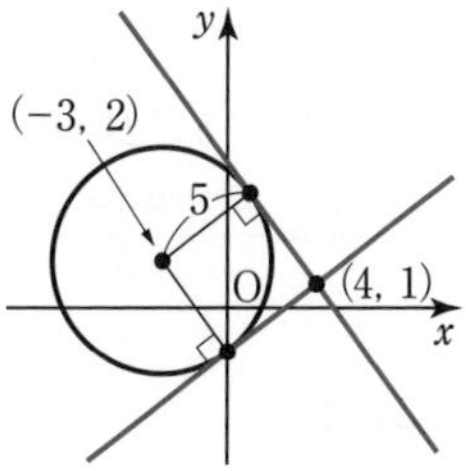

点と直線の距離

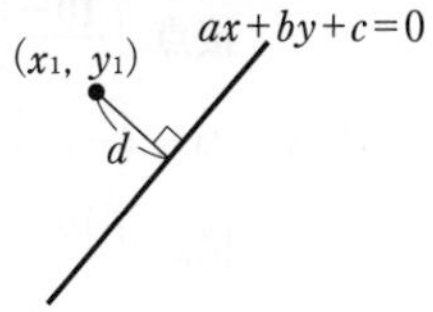

$$d=\frac{|ax_1+by_1+c|}{\sqrt{a^2+b^2}}$$

159 傾き2の直線の方程式は $y=2x+k$ と表せる。

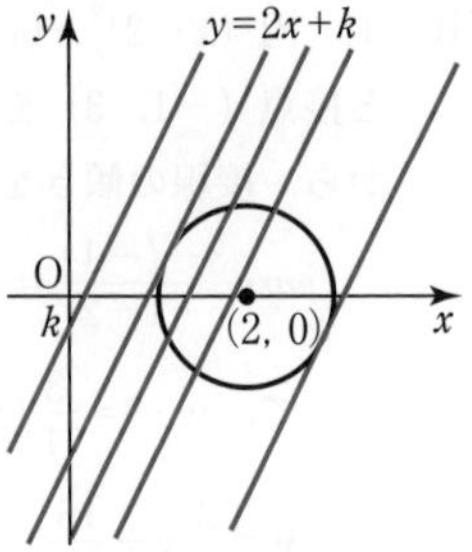

これを $x^2-4x+y^2+3=0$ に代入すると

$$x^2-4x+(2x+k)^2+3=0$$

$$5x^2+4(k-1)x+k^2+3=0 \quad \cdots ①$$

接するとき，判別式 $D=0$ であるから

$$\frac{D}{4}=\{2(k-1)\}^2-5(k^2+3)$$

$$=-k^2-8k-11=0$$

$k^2+8k+11=0$ より $k=-4\pm\sqrt{16-11}$

$$=-4\pm\sqrt{5}$$

よって，接線の方程式は　$y=2x-4\pm\sqrt{5}$

接点の x 座標は，①を解いて

$$x=\frac{-2(k-1)\pm\sqrt{\dfrac{D}{4}}}{5}$$

$k=-4\pm\sqrt{5}$，$D=0$ を代入して

$$x=\frac{-2(-5\pm\sqrt{5})}{5}=\frac{10\mp2\sqrt{5}}{5}$$

（複号同順，以下同）

⬅ $ax^2+bx+c=0$ の解は $D=b^2-4ac=0$ のとき $x=-\dfrac{b}{2a}$（重解）

このとき

$$y=2\cdot\frac{10\mp2\sqrt{5}}{5}-4\pm\sqrt{5}=\pm\frac{\sqrt{5}}{5}$$

⬅ $y=2x-4\pm\sqrt{5}$ に x の値を代入する。

接線 $y=2x-4+\sqrt{5}$ のとき

接点 $\left(\dfrac{10-2\sqrt{5}}{5},\ \dfrac{\sqrt{5}}{5}\right)$

接線 $y=2x-4-\sqrt{5}$ のとき

接点 $\left(\dfrac{10+2\sqrt{5}}{5},\ -\dfrac{\sqrt{5}}{5}\right)$

別解

$x^2-4x+y^2+3=0$ より $(x-2)^2+y^2=1$

中心が (2, 0)，半径1の円であるから，傾き2の直線 $y=2x+k$ が接するためには，中心 (2, 0) と直線の距離が1となればよいから

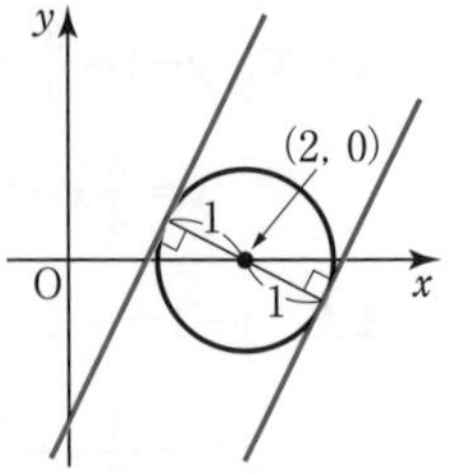

$$\frac{|2\cdot2-0+k|}{\sqrt{2^2+(-1)^2}}=1$$

$$|k+4|=\sqrt{5}$$

よって　$k=-4\pm\sqrt{5}$

ゆえに，接線の方程式は $y=2x-4\pm\sqrt{5}$

次に，接点を求める。

$y=2x-4\pm\sqrt{5}$ を $x^2-4x+y^2+3=0$

に代入して

$x^2-4x+(2x-4\pm\sqrt{5})^2+3=0$

$x^2-4x+4x^2+4x(-4\pm\sqrt{5})+(-4\pm\sqrt{5})^2+3=0$

（複号同順，以下同）

$5x^2+(-20\pm4\sqrt{5})x+16\mp8\sqrt{5}+5+3=0$

$5x^2+(-20\pm4\sqrt{5})x+24\mp8\sqrt{5}=0$

接するとき，$D=0$ であるから

$$x=\frac{-(-10\pm2\sqrt{5})\pm\sqrt{\dfrac{D}{4}}}{5}=\frac{10\mp2\sqrt{5}}{5}$$

⬅接点の座標を求める場合は，この先の計算を考えると，$D=0$ を用いた解法の方が「点と直線の距離」の公式を用いた解法より手間が少ない。

160 (1) $\mathrm{OA}=\sqrt{3^2+1^2}=\sqrt{10}$

これと $\mathrm{OB}=2$，$\angle\mathrm{OBA}=90^\circ$ より

$\mathrm{AB}=\sqrt{(\sqrt{10})^2-2^2}=\sqrt{6}$

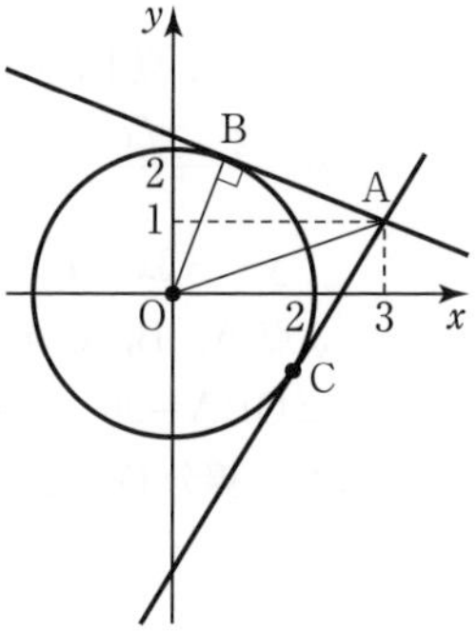

(2) $\mathrm{B}(x_1,\ y_1)$，$\mathrm{C}(x_2,\ y_2)$ とおくと，2 本の接線は

$x_1x+y_1y=4$

$x_2x+y_2y=4$

これらが点 A(3, 1) を通るから

$3x_1+y_1=4$

$3x_2+y_2=4$

これは，直線 $3x+y=4$ が 2 点 $(x_1,\ y_1)$，$(x_2,\ y_2)$ を通ることを表しているから，B, C を通る直線は

$\boldsymbol{3x+y=4}$

⬅直線 $x_1x+y_1y=4$ は点 $(a,\ b)$ を通る。

⇕

$x_1a+y_1b=4$

⇕

直線 $ax+by=4$ は点 $(x_1,\ y_1)$ を通る。

(参考) 1 つ目の解法は，一般化して次のように公式として覚えておいてもよい。

円 $x^2+y^2=r^2$ に円外の点 $(a,\ b)$ から，2 本の接線を引く。

このとき，2 つの接点を通る直線は

$$ax+by=r^2$$

で与えられる。

この問題では

円 $x^2+y^2=4$，点 (3, 1)

であるから，求める直線の方程式は

$3x+y=4$

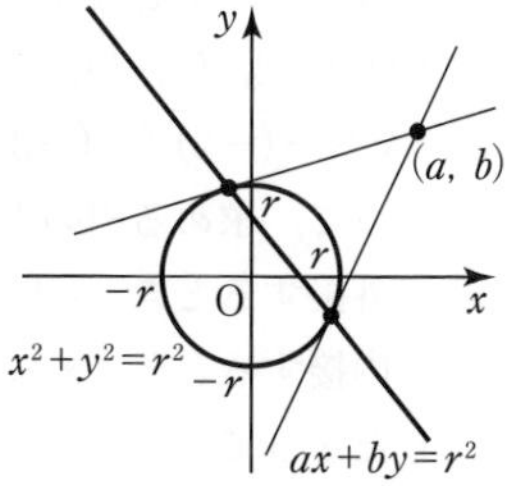

別解　接点を $(a,\ b)$ とおくと，接線の方程式は

$ax+by=4$

この直線が点 A$(3,\ 1)$ を通るから

$3a+b=4$　…①

$(a,\ b)$ は円 $x^2+y^2=4$ 上の点であるから

$a^2+b^2=4$　…②

①，②より

$$a=\frac{6\pm\sqrt{6}}{5},\ b=\frac{2\mp3\sqrt{6}}{5}\quad(\text{複号同順})$$

よって，BC の傾きは

$$\frac{\dfrac{2-3\sqrt{6}}{5}-\dfrac{2+3\sqrt{6}}{5}}{\dfrac{6+\sqrt{6}}{5}-\dfrac{6-\sqrt{6}}{5}}=-3$$

よって，2 点 B，C を通る直線の方程式は

$$y-\frac{2-3\sqrt{6}}{5}=-3\left(x-\frac{6+\sqrt{6}}{5}\right)\quad\text{より}$$

$\boldsymbol{y=-3x+4}$

(3)　3 点 A，B，C を通る円は

$\angle\mathrm{OBA}=90^\circ,\ \angle\mathrm{OCA}=90^\circ$

より，線分 OA を直径とする円である。

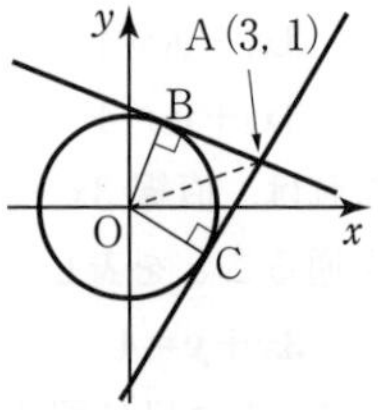

半径は　$\dfrac{1}{2}\mathrm{OA}=\dfrac{\sqrt{3^2+1^2}}{2}=\dfrac{\sqrt{10}}{2}$

中心は　OA の中点 $\left(\dfrac{3}{2},\ \dfrac{1}{2}\right)$

よって　$\boldsymbol{\left(x-\dfrac{3}{2}\right)^2+\left(y-\dfrac{1}{2}\right)^2=\dfrac{5}{2}}$

161　$x^2+y^2-8x+6y+16=0$　より

$(x-4)^2+(y+3)^2=9$

これより，中心 $(4,\ -3)$，半径 3 の円である。

2 点 $(-2,\ 5)$，$(4,\ -3)$ の距離は

$\sqrt{\{4-(-2)\}^2+(-3-5)^2}=\sqrt{36+64}=\sqrt{100}=10$

よって，求める円の半径を r とすると

外接するとき　$r+3=10$　より　$r=7$

内接するとき　$r-3=10$　より　$r=13$

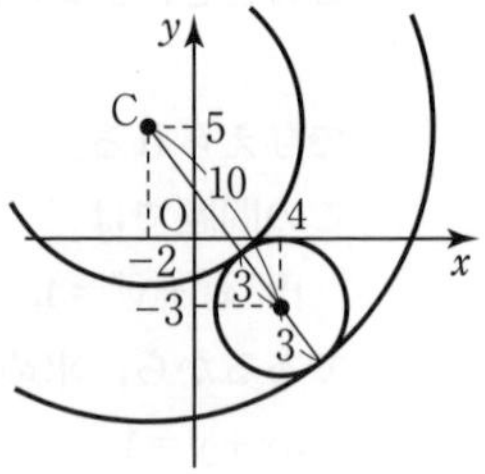

したがって

$\boldsymbol{(x+2)^2+(y-5)^2=49,\ (x+2)^2+(y-5)^2=169}$

162 (1) 中心間の距離は

$\sqrt{3^2+4^2}=\sqrt{25}=5$

したがって，2 点で交わるには

$k+3>5$ より $k>2$ …①

$|k-3|<5$ より $-5<k-3<5$

$-2<k<8$ …②

①，②，$k>0$ の共通範囲を考えて

$\boldsymbol{2<k<8}$

(2) C_1 の中心は $(1,\ 0)$，C_2 の中心は $(0,\ k)$ であるから，中心間の距離は

$\sqrt{1+k^2}$

よって，$6-1<\sqrt{1+k^2}<6+1$ であればよい。

$6-1<\sqrt{1+k^2}$ より $25<1+k^2$

$k^2>24$ ゆえに $k<-2\sqrt{6},\ 2\sqrt{6}<k$ …①

$\sqrt{1+k^2}<6+1$ より $1+k^2<49$

$k^2<48$ ゆえに $-4\sqrt{3}<k<4\sqrt{3}$ …②

①，②，$k>0$ の共通範囲を考えて

$\boldsymbol{2\sqrt{6}<k<4\sqrt{3}}$

⬅ 2円 C_1，C_2 について
半径をそれぞれ r_1，r_2
中心間の距離を d とすると
$r_1<r_2$ のとき

$d>r_1+r_2$

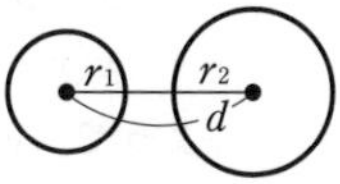

$d=r_1+r_2$

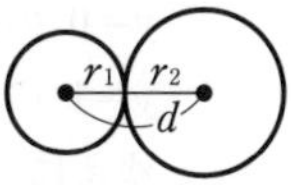

$r_2-r_1<d<r_1+r_2$

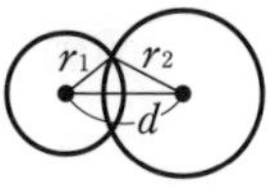

$d=r_2-r_1$

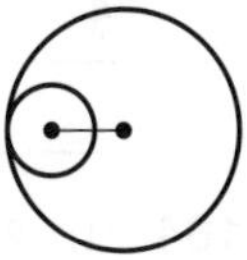

$d<r_2-r_1$

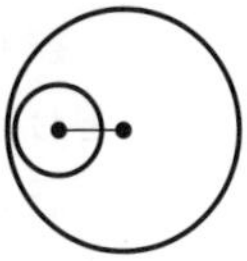

163 (1) $\begin{cases} x^2+y^2=10 & \cdots① \\ x^2+y^2-4x+2y=0 & \cdots② \end{cases}$

①－②より

$4x-2y=10$

よって $y=2x-5$ …③

③を①に代入すると

$x^2+(2x-5)^2=10$

$5x^2-20x+15=0$

$x^2-4x+3=0$

$(x-3)(x-1)=0$

$x=3,\ 1$

それぞれ③に代入すると

$x=3$ のとき $y=2\cdot3-5=1$

$x=1$ のとき $y=2\cdot1-5=-3$

ゆえに，共有点の座標は

$\boldsymbol{(3,\ 1),\ (1,\ -3)}$

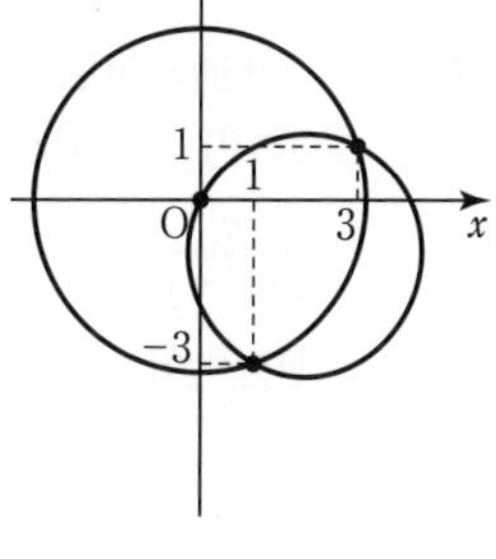

(2) $\begin{cases} x^2+(y-1)^2=1 & \cdots ① \\ y=x^2 & \cdots ② \end{cases}$

②を①に代入すると

$y+(y-1)^2=1$

$y^2-y=0$

$y(y-1)=0$

よって　$y=0,\ 1$

それぞれ②に代入すると

$y=0$ のとき　$x^2=0$　より　$x=0$

$y=1$ のとき　$x^2=1$　より　$x=\pm1$

ゆえに，共有点の座標は

(0, 0)，(−1, 1)，(1, 1)

別解　②を①に代入して　$x^2+(x^2-1)^2=1$

$x^4-x^2=0$　より　$x^2(x+1)(x-1)=0$

$x=0,\ -1,\ 1$　を②に代入してもよい。

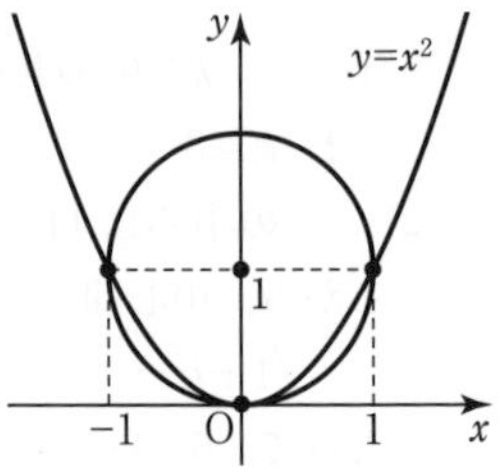

2 曲線の共有点 ➡ 連立方程式の実数解を考える

164 (1)　2 つの交点を通る曲線は

$x^2+y^2-2x-3+k(x^2+y^2-8x-2y+8)=0$　$\cdots ①$

とおける。$k=-1$ のとき直線を表すから

$x^2+y^2-2x-3-(x^2+y^2-8x-2y+8)=0$

より　$\boldsymbol{6x+2y-11=0}$

(2)　円 C_3 が点 (1, 4) を通るから，①に代入して

$1^2+4^2-2\cdot1-3+k(1^2+4^2-8\cdot1-2\cdot4+8)=0$

$12+9k=0$　より　$k=-\dfrac{4}{3}$

よって

$x^2+y^2-2x-3-\dfrac{4}{3}(x^2+y^2-8x-2y+8)=0$

ゆえに　$\boldsymbol{x^2+y^2-26x-8y+41=0}$

円と円の交点を通る曲線

2 つの円

$x^2+y^2+ax+by+c=0$

$x^2+y^2+a'x+b'y+c'=0$

が 2 点で交わるとき

$x^2+y^2+ax+by+c$

$+k(x^2+y^2+a'x+b'y+c')=0$

は，2 円の交点を通る図形を表し

$k=-1$ のとき

2 つの交点を通る直線

$k\neq-1$ のとき

2 つの交点を通る円

165 (1)　共通接線を $y=mx+n$ $(m>0)$ とすると，

2 つの円 $x^2+y^2=1$，$(x-4)^2+y^2=1$ に接するから

$\dfrac{|n|}{\sqrt{m^2+1}}=1$　より　$n^2=m^2+1$　$\cdots ①$

$\dfrac{|4m+n|}{\sqrt{m^2+1}}=1$　より　$(4m+n)^2=m^2+1$　$\cdots ②$

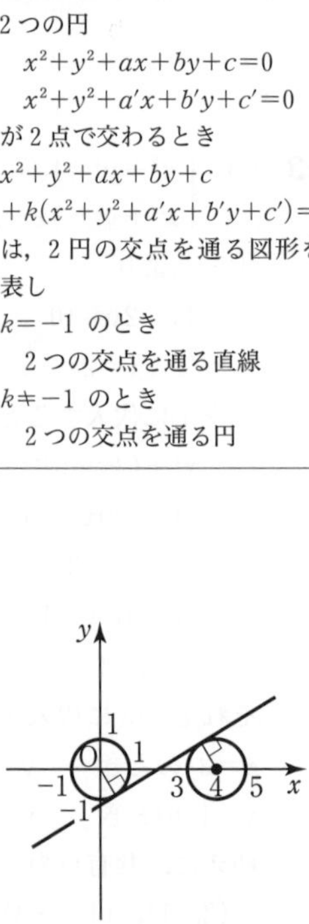

①，②より　$n^2=(4m+n)^2$

$16m^2+8mn=0$

$8m(2m+n)=0$

$m>0$ より　$m=-\dfrac{n}{2}$ （ただし，$n<0$）

$m=-\dfrac{n}{2}$ を①に代入すると

$n^2=\dfrac{n^2}{4}+1$　すなわち　$n^2=\dfrac{4}{3}$

$n<0$ より　$n=-\dfrac{2\sqrt{3}}{3}$

よって　$\boldsymbol{y=\dfrac{\sqrt{3}}{3}x-\dfrac{2\sqrt{3}}{3}}$

(2)　$x^2+y^2-6y=0$　より　$x^2+(y-3)^2=9$

共通接線を $y=mx+n$ $(m>0)$ とすると，

2つの円 $x^2+y^2=1$，$x^2+(y-3)^2=9$ に接するから

$\dfrac{|n|}{\sqrt{m^2+1}}=1$　より　$n^2=m^2+1$　…①

$\dfrac{|-3+n|}{\sqrt{m^2+1}}=3$　より　$(n-3)^2=9(m^2+1)$　…②

①，②より　$(n-3)^2=9n^2$

$8n^2+6n-9=0$

$(4n-3)(2n+3)=0$

より　$n=\dfrac{3}{4}$，$-\dfrac{3}{2}$

$n=\dfrac{3}{4}$ のとき，①に代入すると

$m^2=-\dfrac{7}{16}$ となり適さない。

$n=-\dfrac{3}{2}$ のとき，①に代入すると

$\dfrac{9}{4}=m^2+1$　より　$m^2=\dfrac{5}{4}$

$m>0$ より　$m=\dfrac{\sqrt{5}}{2}$

よって　$\boldsymbol{y=\dfrac{\sqrt{5}}{2}x-\dfrac{3}{2}}$

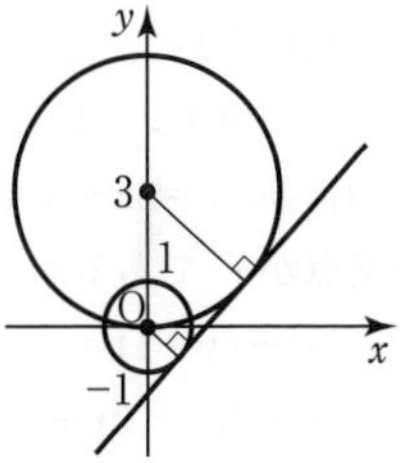

166 $y=-\dfrac{1}{3}x+5$ より $x+3y-15=0$

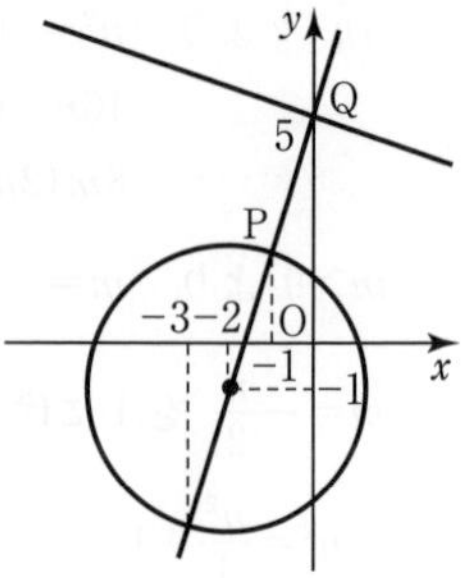

円 $(x+2)^2+(y+1)^2=10$ の中心 $(-2,\ -1)$ から直線 $x+3y-15=0$ までの距離は

$$\frac{|-2+3\cdot(-1)-15|}{\sqrt{1^2+3^2}}=\frac{20}{\sqrt{10}}=2\sqrt{10}$$

よって，線分 PQ の長さの最小値は

$$2\sqrt{10}-\sqrt{10}=\boldsymbol{\sqrt{10}}$$

直線 $y=-\dfrac{1}{3}x+5$ に垂直な直線の傾きを m とすると

$$m\cdot\left(-\frac{1}{3}\right)=-1 \quad より \quad m=3$$

この直線が点 $(-2,\ -1)$ を通るから

$$y+1=3(x+2) \quad より \quad y=3x+5$$

この直線 $y=3x+5$ と円 $(x+2)^2+(y+1)^2=10$ との交点が P であるから，$y=3x+5$ を $(x+2)^2+(y+1)^2=10$ に代入して

$$(x+2)^2+(3x+5+1)^2=10$$
$$10x^2+40x+30=0$$
$$x^2+4x+3=0$$
$$(x+1)(x+3)=0 \quad より \quad x=-1,\ -3$$

題意より $x=-1$　　よって　**P(−1, 2)**

直線 $y=3x+5$ と直線 $y=-\dfrac{1}{3}x+5$ の交点が Q であるから　**Q(0, 5)**

円周上の点との距離 ➡ 円の中心からの距離と半径で考える

167 直線 AB の方程式は

$$y-0=\frac{3-0}{1-(-2)}\{x-(-2)\} \quad より \quad y=x+2$$

点 P の x 座標を t とおくと

$$\mathrm{P}(t,\ -t^2+4) \quad (ただし，-2<t<1)$$

点 P から直線 AB までの距離 d は

$$d=\frac{|t+t^2-4+2|}{\sqrt{1^2+(-1)^2}}=\frac{|t^2+t-2|}{\sqrt{2}}$$

⬅ $|A|=|-A|$

$$=\frac{|-(t^2+t-2)|}{\sqrt{2}}=\frac{\left|-\left(t+\frac{1}{2}\right)^2+\frac{9}{4}\right|}{\sqrt{2}}$$

よって，$t=-\frac{1}{2}$ のとき，d は最大になるから面積も最大になる。

ゆえに　$\mathrm{P}\left(-\frac{1}{2},\ \frac{15}{4}\right)$

← $t=-\frac{1}{2}$ は $-2<t<1$ を満たす。

別解　点 P から直線 AB までの距離が最大になるとき △ABP の面積も最大になる。

このとき，点 P における接線は直線 AB に平行であり，AB の傾きは 1 であるから，接線を

$$y=x+n$$

とおいて，$y=-x^2+4$ との共有点を考えると

$$-x^2+4=x+n \quad より \quad x^2+x+n-4=0$$

接するとき，この式の判別式 $D=0$ であるから

$$D=1^2-4(n-4)=-4n+17=0$$

よって　$n=\frac{17}{4}$

このとき　$x^2+x+\frac{17}{4}-4=0$

$$x^2+x+\frac{1}{4}=0$$

$$\left(x+\frac{1}{2}\right)^2=0 \quad より \quad x=-\frac{1}{2}$$

よって　$y=-\frac{1}{2}+\frac{17}{4}=\frac{15}{4}$

ゆえに　$\mathrm{P}\left(-\frac{1}{2},\ \frac{15}{4}\right)$

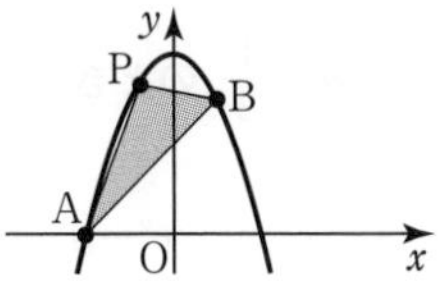

168　点 P の x 座標を t とすると　$\mathrm{P}(t,\ t^2)$

$$\mathrm{AP}^2=t^2+(t^2-a)^2$$
$$=t^4-(2a-1)t^2+a^2$$

$t^2=X$ $(X\geqq 0)$ として

$$f(X)=X^2-(2a-1)X+a^2 \ とおくと$$

$$f(X)=\left(X-\frac{2a-1}{2}\right)^2+a-\frac{1}{4} \quad (X\geqq 0)$$

$2a-1\geqq 0$　すなわち　$a\geqq\frac{1}{2}$ のとき

$f(X)$ の最小値は　$f\left(\frac{2a-1}{2}\right)=a-\frac{1}{4}$

このとき　$\mathrm{AP}=\sqrt{a-\frac{1}{4}}$

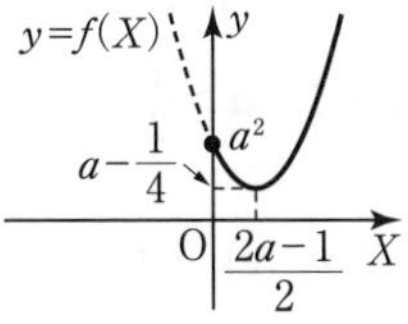

$2a-1<0$ すなわち $a<\dfrac{1}{2}$ のとき

$f(X)$ の最小値は $f(0)=a^2$

このとき $\mathrm{AP}=\sqrt{a^2}=|a|$

よって，AP の最小値は

$\boldsymbol{a \geqq \dfrac{1}{2}}$ **のとき** $\boldsymbol{\sqrt{a-\dfrac{1}{4}}}$**，**$\boldsymbol{a<\dfrac{1}{2}}$ **のとき** $\boldsymbol{|a|}$

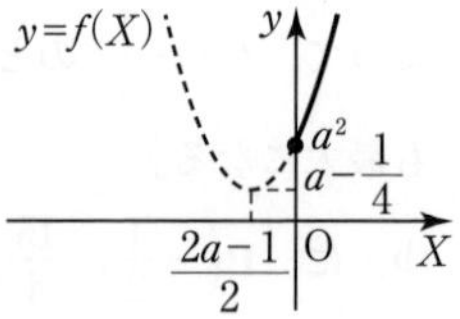

169 $y=x$，$y=x^2-ax+1$ より

$x=x^2-ax+1$

$x^2-(a+1)x+1=0$

この 2 次方程式が $0<x<2$ と $2<x<3$ の範囲で 1 つずつ解をもてばよいから

$f(x)=x^2-(a+1)x+1$

とおくと

$f(0)>0$，$f(2)<0$，$f(3)>0$

であればよい。

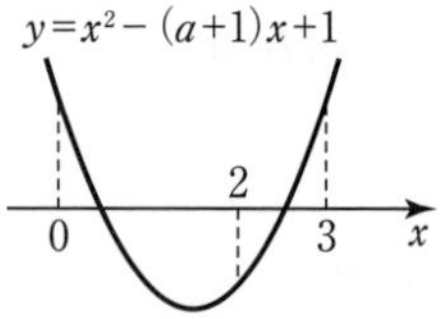

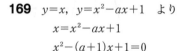

$f(0)=1>0$ となり成り立つ。

$f(2)=2^2-(a+1)\cdot 2+1<0$ より $a>\dfrac{3}{2}$ …①

$f(3)=3^2-(a+1)\cdot 3+1>0$ より $a<\dfrac{7}{3}$ …②

①，②より $\boldsymbol{\dfrac{3}{2}<a<\dfrac{7}{3}}$

⬅ $a>0$ のとき
$ax^2+bx+c=0$ が
$x_1<x<x_2$，$x_2<x<x_3$
で 1 つずつ解をもつ。
⇕
$f(x)=ax^2+bx+c$ とすると
$y=f(x)$ は，x 軸と
$x_1<x<x_2$，$x_2<x<x_3$
で 1 つずつ共有点をもつ。

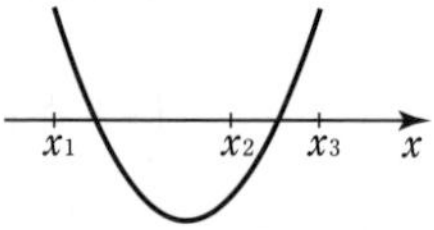

⇕

$f(x_1)>0$，$f(x_2)<0$，$f(x_3)>0$

170 $\begin{cases} y=x^2 & \cdots① \\ x^2+(y-a)^2=a^2 & \cdots② \end{cases}$

①を②に代入して

$y+(y-a)^2=a^2$

$y^2-(2a-1)y=0$

$y\{y-(2a-1)\}=0$

$y=0$ または $y=2a-1$

$y \geqq 0$ より，原点以外の共有点が存在するのは

$2a-1>0$ のとき

よって $\boldsymbol{a>\dfrac{1}{2}}$

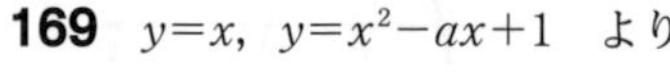

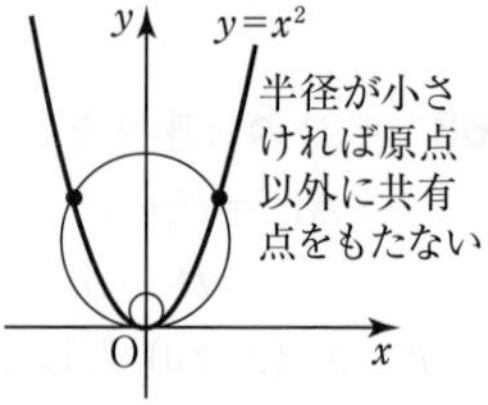

171 $\mathrm{P}(x,\ y)$ とおくと

$\mathrm{AP}=\mathrm{BP}$ より $\mathrm{AP}^2=\mathrm{BP}^2$

⬅ まず，点 P を $\mathrm{P}(x,\ y)$ とおく。

$(x+4)^2+(y-1)^2=(x-2)^2+(y-4)^2$

← 距離の公式で x, y の関係式をつくる。

整理して　$4x+2y-1=0$

よって　直線 $\boldsymbol{4x+2y-1=0}$

点 P の軌跡 ➡ P$(x,\ y)$ とおき，条件から x，y の関係式をつくる

172　(1) $\begin{cases} x=t-1 & \cdots① \\ y=3t+1 & \cdots② \end{cases}$

①より　$t=x+1$　…③

← $t=(x$ の式$)$ に変形する。

③を②に代入して　$y=3(x+1)+1$

← t を消去すれば x と y の関係式になる。

よって　直線 $\boldsymbol{y=3x+4}$

(2) $\begin{cases} x=2t+1 & \cdots① \\ y=2t^2-3t & \cdots② \end{cases}$

①より　$t=\dfrac{1}{2}(x-1)$　…③

← $t=(x$ の式$)$ に変形する。

③を②に代入して

$$y=2\left\{\frac{1}{2}(x-1)\right\}^2-3\cdot\frac{1}{2}(x-1)$$

← t を消去すれば x と y の関係式になる。

$$y=\frac{1}{2}(x-1)^2-\frac{3}{2}(x-1)$$

よって　放物線 $\boldsymbol{y=\dfrac{1}{2}x^2-\dfrac{5}{2}x+2}$

$\begin{cases} x=f(t) \\ y=g(t) \end{cases}$ のとき点 $(x,\ y)$ の軌跡 ➡ t を消去して x，y の関係式

173　(1)　P$(x,\ y)$ とおくと　PA：PB＝3：2　より

3PB＝2PA　であるから　$9\mathrm{PB}^2=4\mathrm{PA}^2$

$9\{(x-6)^2+y^2\}=4\{(x-1)^2+y^2\}$

$x^2+y^2-20x+64=0$

$(x-10)^2+y^2=36$

よって　円 $\boldsymbol{(x-10)^2+y^2=36}$

アポロニウスの円

2 定点 A，B からの距離の比が $m:n$ である点の軌跡 $(m\neq n)$。線分 AB を $m:n$ の比に内分する点 C，外分する点 D とすると，CD を直径とする円となる。

(2)　P$(x,\ y)$ とおくと　PA：PB＝1：2　より

2PA＝PB　であるから　$4\mathrm{PA}^2=\mathrm{PB}^2$

$4\{(x+3)^2+y^2\}=(x-1)^2+y^2$

$3x^2+26x+3y^2+35=0$

← $x^2+\dfrac{26}{3}x+y^2+\dfrac{35}{3}=0$

$\left(x+\dfrac{13}{3}\right)^2+y^2=\dfrac{64}{9}$

← $(x-a)^2+(y-b)^2=r^2$ の形に変形する。

よって　円 $\boldsymbol{\left(x+\dfrac{13}{3}\right)^2+y^2=\dfrac{64}{9}}$

174 (1) P$(x,\ y)$ とおくと

$PA^2+PB^2=12$ より

$(x-2)^2+(y-1)^2+(x+2)^2+(y-3)^2=12$

整理して $x^2+y^2-4y+3=0$

$x^2+(y-2)^2=1$

← $(x-a)^2+(y-b)^2=r^2$ の形にすれば円であることがわかる。

よって 円 $\boldsymbol{x^2+(y-2)^2=1}$

(2) 点 P$(x,\ y)$ とおくと

$2AP^2=BP^2+CP^2$ より

$2(x^2+y^2)=\{(x-4)^2+y^2\}+\{x^2+(y-4)^2\}$

← $2x^2+2y^2=x^2-8x+16+y^2+x^2+y^2-8y+16$

整理して $x+y-4=0$

よって 直線 $\boldsymbol{x+y-4=0}$

← $x,\ y$ の 1 次方程式は直線。

175 (1) 点 P$(x,\ y)$ とおくと

$AP=\sqrt{x^2+(y-2)^2}$

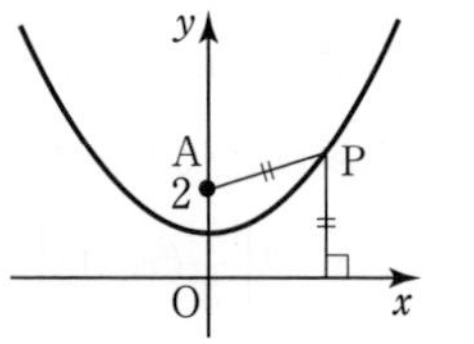

点 P と x 軸の距離は $|y|$

この 2 つが等しいので

$|y|=\sqrt{x^2+(y-2)^2}$ より

$y^2=x^2+y^2-4y+4$

よって 放物線 $\boldsymbol{y=\frac{1}{4}x^2+1}$

(2) 二等分線上の点を P$(x,\ y)$ とおくと，点 P から 2 つの直線 $x-3y+3=0$ と $3x+y-1=0$ までの距離は等しいから

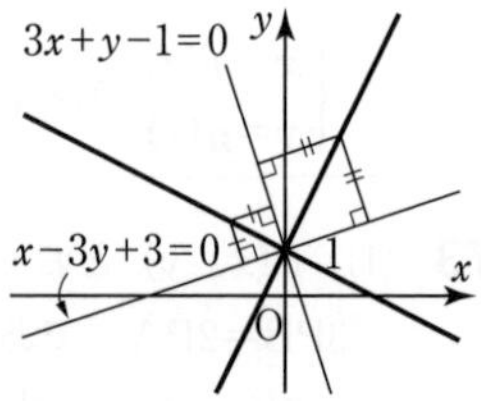

$\dfrac{|x-3y+3|}{\sqrt{1^2+(-3)^2}}=\dfrac{|3x+y-1|}{\sqrt{3^2+1^2}}$ より

$|x-3y+3|=|3x+y-1|$

$x-3y+3=\pm(3x+y-1)$

← $|a|=|b| \Longrightarrow a=\pm b$

$x-3y+3=3x+y-1$ より

$-2x-4y+4=0$ すなわち $x+2y-2=0$

$x-3y+3=-(3x+y-1)$ より

$4x-2y+2=0$ すなわち $2x-y+1=0$

よって 直線 $\boldsymbol{x+2y-2=0}$

および 直線 $\boldsymbol{2x-y+1=0}$

距離の関係で動く点 P ➡ P$(x,\ y)$ とおいて，距離の公式を使う

176 点Pの x 座標を t とすると，点Pは放物線上の点なので $P(t,\ t^2+2t+4)$ と表される。

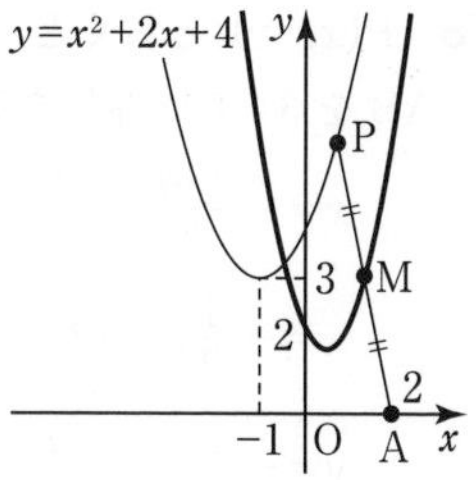

APの中点Mを $(x,\ y)$ とすると

$$\begin{cases} x=\dfrac{2+t}{2} & \cdots① \\ y=\dfrac{t^2+2t+4}{2} & \cdots② \end{cases}$$

①より　$t=2x-2$

これを②に代入して

$$y=\frac{(2x-2)^2+2(2x-2)+4}{2}$$
$$=2(x-1)^2+2(x-1)+2$$
$$=2x^2-2x+2$$

よって　**放物線 $y=2x^2-2x+2$**

177 点Pを $(s,\ t)$ とおくと

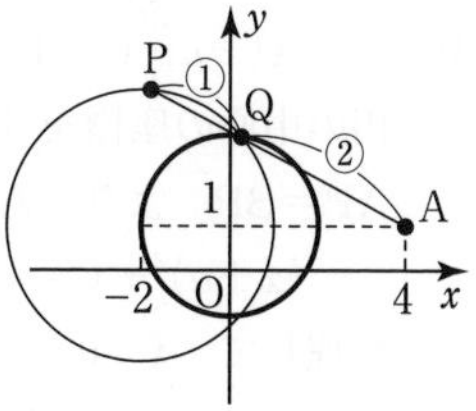

点Pは円上の点であるから

$$(s+2)^2+(t-1)^2=9 \quad \cdots①$$

点Qを $(x,\ y)$ とおくと，線分APを 2：1 に内分する点であるから

$$x=\frac{1\cdot4+2\cdot s}{2+1}=\frac{4+2s}{3} \quad \cdots②$$

$$y=\frac{1\cdot1+2\cdot t}{2+1}=\frac{1+2t}{3} \quad \cdots③$$

②より　$s=\dfrac{3x-4}{2}$

③より　$t=\dfrac{3y-1}{2}$

これらを①へ代入すると

$$\left(\frac{3x-4}{2}+2\right)^2+\left(\frac{3y-1}{2}-1\right)^2=9$$

$$\left(\frac{3}{2}x\right)^2+\left(\frac{3y-3}{2}\right)^2=9$$

両辺に $\dfrac{4}{9}$ を掛けて

$$x^2+(y-1)^2=4$$

よって，点Qの軌跡は　**中心 $(0,\ 1)$，半径2の円**

← 両辺に $\dfrac{4}{9}$ を掛けるとき，$(\quad)^2$ 内は $\dfrac{2}{3}$ を掛けることになる。

> **動点 $(s,\ t)$ にともなう $(x,\ y)$ の軌跡**
> **➡ s，t を消去して x，y の関係式を導く**

178 P(x, y) とおくと，P は線分 AB を 3：1 に外分する点であるから

$$x=\frac{-1\cdot a+3\cdot 8}{3-1}$$

$$=-\frac{1}{2}a+12 \quad \cdots ①$$

$$y=\frac{-1\cdot 8+3\cdot a}{3-1}$$

$$=\frac{3}{2}a-4 \quad \cdots ②$$

①より　$a=-2x+24$

②に代入して　$y=\dfrac{3}{2}(-2x+24)-4$

よって　**直線 $y=-3x+32$**

ただし，点 (8, 8) を除く

外分点

A(x_1, y_1)，B(x_2, y_2) で線分 AB を m：n に外分する点

$$\left(\frac{-nx_1+mx_2}{m-n},\ \frac{-ny_1+my_2}{m-n}\right)$$

← $a=8$ のときは線分 AB ができない。

179 (1) A($-a$, 0)，B(a, 0) とおく。

円の中心の座標を P(x, y) とおくと

AP＝BP　より　$AP^2=BP^2$

$$(x+a)^2+y^2=(x-a)^2+y^2$$

整理して　$x=0$

よって，求める軌跡は，**線分 AB の垂直二等分線**

別解　点 P は，AP＝BP を満たすことが必要十分なので，その軌跡は**線分 AB の垂直二等分線**

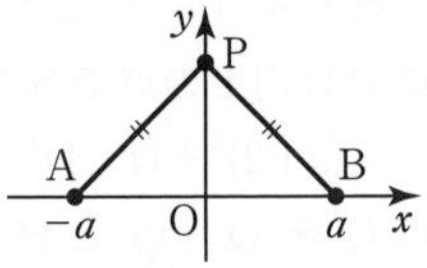

計算しやすく，一般性を失わないところに A，B を定める。

← 図を考えれば明らか。

(2) A($-a$, 0)，B(a, 0) とおく。

点 P の座標を (x, y) とおくと

直線 AP と直線 BP が垂直に交わるので

$$\frac{y}{x+a}\cdot\frac{y}{x-a}=-1 \ (\text{ただし，}x\neq a,\ -a)$$

これより　$y^2=-(x^2-a^2)$

すなわち　$x^2+y^2=a^2$ (ただし，$x\neq a$, $-a$)

よって　点 P の軌跡は **AB を直径とする円**

ただし，2 点 A，B は除く

別解　∠APB＝90° から，円周角の定理より

点 P の軌跡は　**AB を直径とする円**

ただし，2 点 A，B は除く

←

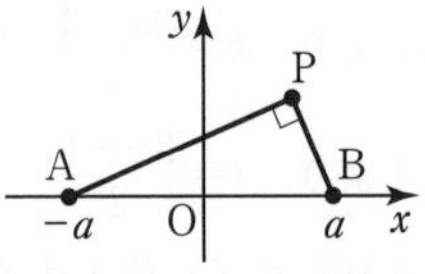

計算しやすく，一般性を失わないところに A，B を定める。

← 直径に対する円周角は 90°(半円)

軌跡は，方程式の計算で求める方法と，図形的に求める方法がある

180 点Pの座標を $(s,\ t)$ とおくと，点Pは
円 $x^2+y^2=4$ 上の点であるから

$s^2+t^2=4$ …①

重心Gの座標を $(x,\ y)$ とおくと

$$x=\frac{0+6+s}{3}=\frac{6+s}{3} \quad \cdots②$$

$$y=\frac{6-6+t}{3}=\frac{t}{3} \quad \cdots③$$

②より $s=3x-6$，③より $t=3y$

これらを①に代入すると $(3x-6)^2+(3y)^2=4$

両辺を9で割って $(x-2)^2+y^2=\left(\frac{2}{3}\right)^2$

よって，**中心 $(2,\ 0)$，半径 $\frac{2}{3}$ の円**

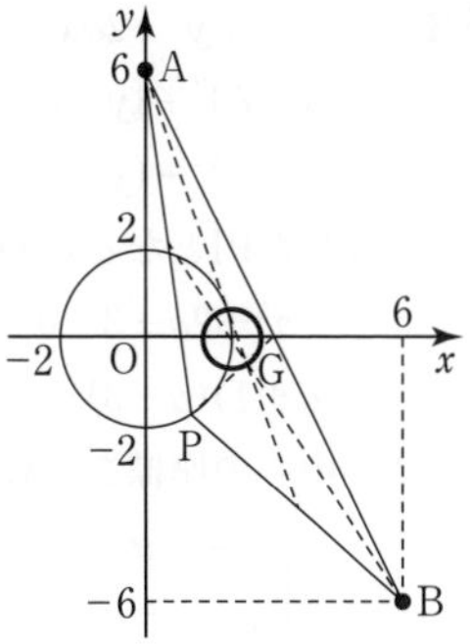

⬅ 両辺を9で割るとき，$(\quad)^2$ 内は3で割ることになる。

> 動点 $(s,\ t)$ にともなう $(x,\ y)$ の軌跡
> ➡ s，t を消去して x，y の関係式を導く

181 $y=-x^2+2ax+1=-(x-a)^2+a^2+1$

頂点の座標は $(a,\ a^2+1)$ であるから

$$\begin{cases} x=a & \cdots① \\ y=a^2+1 & \cdots② \end{cases}$$

と表せる。

①，②より，a を消去して

$y=x^2+1$

よって **放物線 $y=x^2+1$**

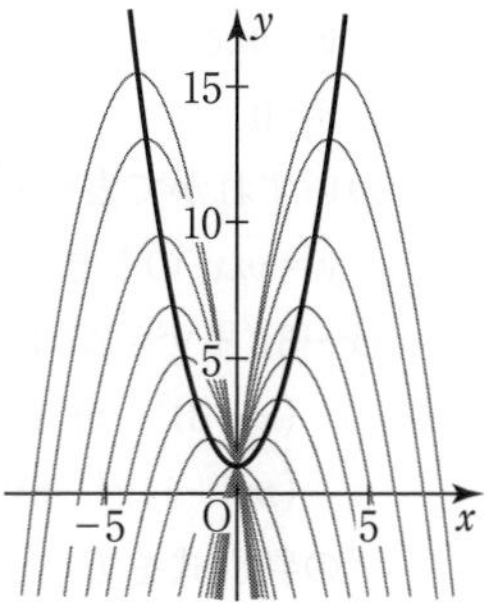

182 $y=x^2-2ax+a=(x-a)^2-a^2+a$

頂点の座標は $(a,\ -a^2+a)$ であるから

$$\begin{cases} x=a & \cdots① \\ y=-a^2+a & \cdots② \end{cases}$$

と表せる。

$x^2-2ax+a=0$ が異なる2つの実数解をもつから

$\frac{D}{4}=a^2-a>0$ 　すなわち $a(a-1)>0$

よって $a<0,\ 1<a$ …③

①を②，③に代入して，求める頂点の軌跡は

放物線 $y=-x^2+x$ $(x<0,\ 1<x)$

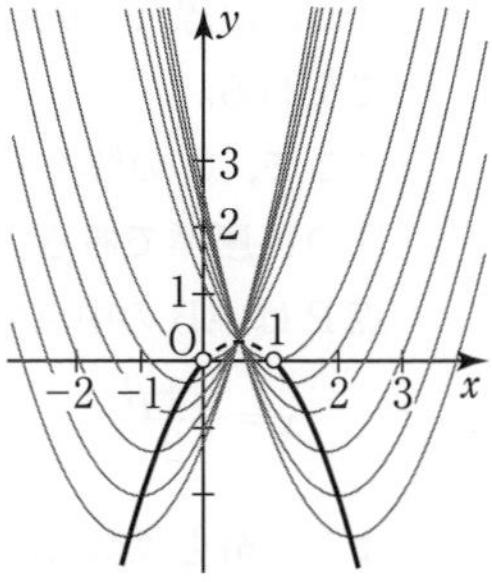

> 軌跡の範囲 ➡ 変数の範囲から，x や y の範囲が求められる

183 (1) $x^2+y^2+2ax-2(a+1)y+3a^2-2=0$ より

$(x+a)^2+\{y-(a+1)\}^2=a^2+(a+1)^2-3a^2+2$

$(x+a)^2+(y-a-1)^2=-a^2+2a+3$ …①

これが円となるためには

$-a^2+2a+3>0$

$(a+1)(a-3)<0$ より $-1<a<3$ …②

(2) 中心の座標を $(x,\ y)$ とおくと，①より

$$\begin{cases} x=-a & \cdots③ \\ y=a+1 & \cdots④ \end{cases}$$

③より $a=-x$

これを②に代入して

$-1<-x<3$ より $-3<x<1$

④に代入して $y=-x+1$

よって **直線 $y=-x+1$ $(-3<x<1)$**

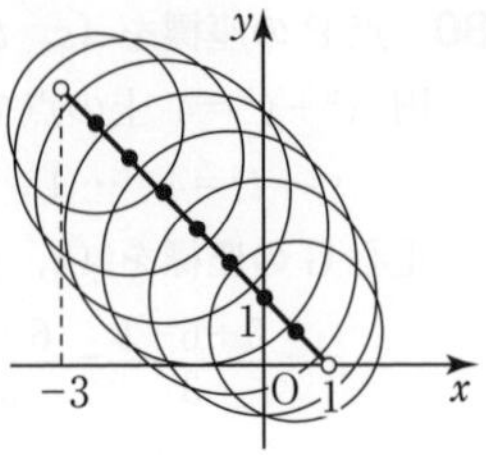

⬅ $\begin{cases} x=-a \\ y=a+1 \\ -1<a<3 \end{cases} \iff \begin{cases} a=-x \\ y=-x+1 \\ -3<x<1 \end{cases}$

の同値変形

184 原点を通る直線は

$y=mx$

$x=0$

のいずれかで表せる。

(i) $y=mx$ のとき

$(x-3)^2+y^2=25$ に代入すると

$(x-3)^2+m^2x^2=25$

$(m^2+1)x^2-6x-16=0$ …①

①の判別式を D とすると

$$\frac{D}{4}=(-3)^2-(-16)(m^2+1)=16m^2+25>0$$

より，直線 $y=mx$ と円 $(x-3)^2+y^2=25$ は 2 点で交わる。

ここで，①の解を α，β とすると，α，β は点 A，B の x 座標である。

点 P は AB の中点であるから，$\mathrm{P}(x,\ y)$ とすると

$$x=\frac{\alpha+\beta}{2}$$

また，解と係数の関係より $\alpha+\beta=\dfrac{6}{m^2+1}$

ゆえに $x=\dfrac{3}{m^2+1}$ …②

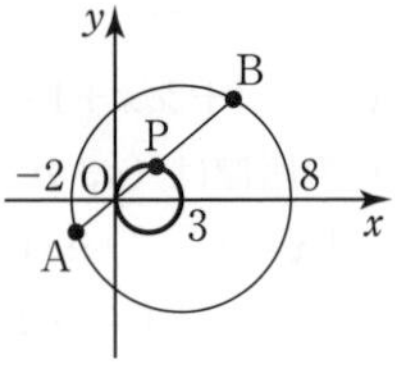

解と係数の関係

$ax^2+bx+c=0$ の解を α，β とすると

$\alpha+\beta=-\dfrac{b}{a}$，$\alpha\beta=\dfrac{c}{a}$

点Pは $y=mx$ 上の点であるから　$y=mx$

ここで，②より，$x \neq 0$ であるから　$m=\dfrac{y}{x}$

⬅ x で両辺を割りたいから $x \neq 0$ を確認。

これを②に代入して

$$x=\frac{3}{\left(\dfrac{y}{x}\right)^2+1}$$

すなわち　$x\left(\dfrac{y}{x}\right)^2+x=3$

$x^2+y^2-3x=0$

$\left(x-\dfrac{3}{2}\right)^2+y^2=\dfrac{9}{4}$　（(0, 0) を除く）

⬅ $x \neq 0$ より (0, 0) が除かれる。

(ii)　$x=0$ のとき

中点は　(0, 0)

(i), (ii)より　**中心 $\left(\dfrac{3}{2},\ 0\right)$，半径 $\dfrac{3}{2}$ の円**

⬅ (i)＋(ii)で (0, 0) も含まれることになる。

弦や線分の中点の軌跡 ➡ 解と係数の関係を利用する

185　2直線の交点の座標を P$(x,\ y)$ とおく。

点Pは2つの直線上の点なので，

$$\begin{cases} kx+y=-k & \cdots① \\ x-ky=1 & \cdots② \end{cases}$$ を満たす。

①より　$k(x+1)=-y$

⬅ $x+1$ で両辺を割りたいから (i)$x+1 \neq 0$　(ii)$x+1=0$ で場合分け（0 では割れない）

(i)　$x+1 \neq 0$ のとき　$k=\dfrac{-y}{x+1}$

これを②に代入すると

$$x-\left(\frac{-y}{x+1}\right)y=1$$

整理すると　$x^2+y^2=1$　$(x \neq -1)$

よって，円 $x^2+y^2=1$　ただし　$(-1,\ 0)$ を除く。

(ii)　$x+1=0$ のとき　$x=-1$

①に代入して　$-k+y=-k$　より

$y=0$　…③

②に代入して　$-1-ky=1$　より

$ky=-2$　…④

③，④を同時に満たす y は存在しないので解なし。

(i), (ii)より，**中心 (0, 0)，半径1の円**

ただし，点 (−1, 0) を除く

変数で表される点 $(x,\ y)$ の軌跡 ➡ 変数を消去して $x,\ y$ の関係式を導く

(別解)

(i) $kx+y=-k$ より

$k(x+1)+y=0$ …①

$x=-1,\ y=0$ のとき，

①は k の値にかかわらず成り立つから，

つねに点 $(-1,\ 0)$ を通る。

ただし，$x=-1$ を表す k の値は存在しないから，

直線 $x=-1$ は除く。

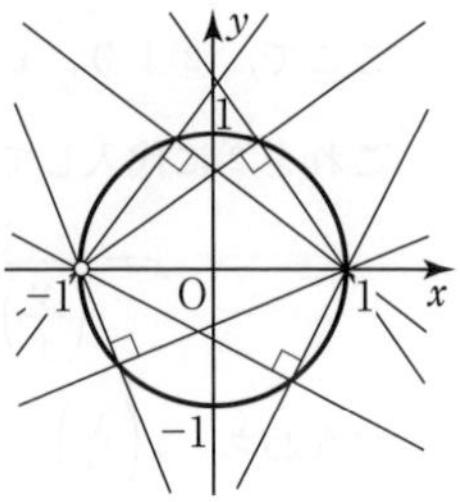

(ii) $x-ky=1$ より

$x-1-ky=0$ …②

$x=1,\ y=0$ のとき，

②は k の値にかかわらず成り立つから，

つねに点 $(1,\ 0)$ を通る。

ただし，$y=0$ を表す k の値は存在しないから，

直線 $y=0$ は除く。

(iii) $k\cdot1+1\cdot(-k)=0$ より

直線 $kx+y=-k$ と直線 $x-ky=1$ は直交する。

⬅ $\begin{cases} a_1x+b_1y+c_1=0 & \cdots① \\ a_2x+b_2y+c_2=0 & \cdots② \end{cases}$

①，②が垂直なとき

$a_1a_2+b_1b_2=0$

(i)，(ii)，(iii)より，交点の軌跡は，

点 $(-1,\ 0)$，$(1,\ 0)$ を直径の両端とする円で，

直線 $x=-1$ と直線 $y=0$ の交点 $(-1,\ 0)$ を除く。

よって

円 $x^2+y^2=1$ ただし，点 $(-1,\ 0)$ を除く

186 線分 AP の中点 $\left(\dfrac{x+1}{2},\ \dfrac{y}{2}\right)$ が，$y=mx$ 上にあるので

$$\frac{y}{2}=m\cdot\frac{x+1}{2} \quad より \quad y=m(x+1) \quad \cdots①$$

⬅ StepUp 例題 54 参照

点 A，P は直線 l に関して対称

⟹ AP の中点が l 上

AP⊥l

[I] $x\neq1$ のとき

⬅ 0 では割れないので

[I] $x-1\neq0$

[II] $x-1=0$ で場合分け

直線 AP の傾きは $\dfrac{y}{x-1}$

直線 AP と $y=mx$ は直交するので

$$\frac{y}{x-1}\cdot m=-1$$

すなわち $my+x-1=0$ …②

(i) $x \neq -1$ のとき，①より　$m=\dfrac{y}{x+1}$

これを②に代入して

$$\frac{y}{x+1}\cdot y+x-1=0$$

整理すると　$x^2+y^2=1$

ただし　$x \neq -1$ より，$(-1,\ 0)$ は除き　かつ

$x \neq 1$ より，$(1,\ 0)$ も除かれる。

(ii) $x=-1$ のとき

①に代入して　$y=0$
②に代入して　$my=2$
} よって，解なし

⬅ 0 では割れないので
(i) $x+1 \neq 0$　(ii) $x+1=0$
で場合分け

［Ⅱ］ $x=1$ のとき，直線 AP は $x=1$ であり

$y=mx$ は直交するので，$m=0$

①より　$y=0$

ゆえに，$\mathrm{P}(1,\ 0)$ である（A と P が一致する）。

［Ⅰ］(i)(ii)と［Ⅱ］より，求める軌跡は

中心 $(0,\ 0)$，半径 1 の円

ただし，$(-1,\ 0)$ は除く

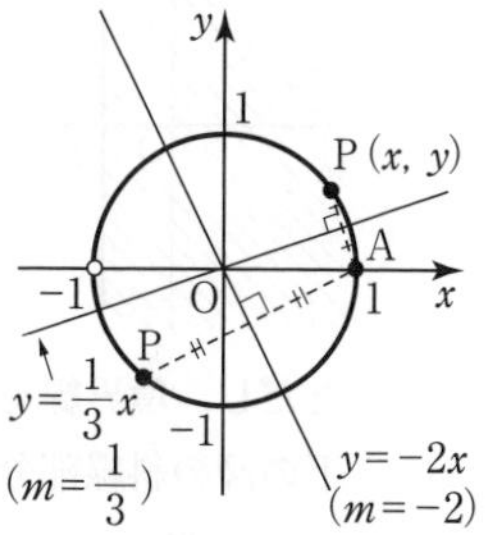

⬅ $(1,\ 0)$ は［Ⅱ］より含まれる。

187 (1) 下の図の斜線部分

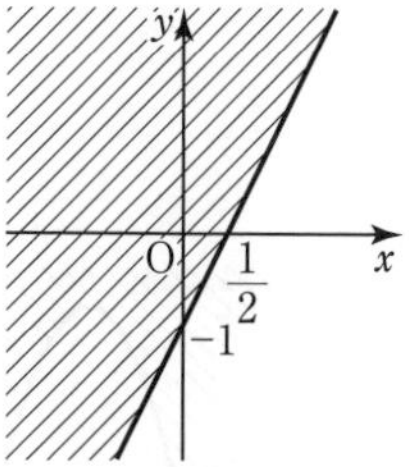

ただし，境界線は含まない。

(2) $x-2y+2 \leqq 0$　より

$$y \geqq \frac{1}{2}x+1$$

下の図の斜線部分

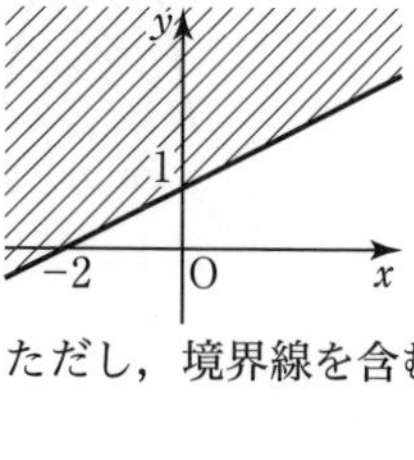

ただし，境界線を含む。

❖不等式と領域

$>$，$<$ ⟹ 境界線は含まない。

$\geqq$，$\leqq$ ⟹ 境界線を含む。

$y>mx+n$
直線 $y=mx+n$ の上側

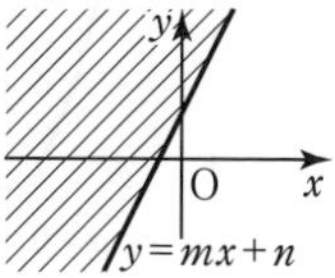

$y<mx+n$
直線 $y=mx+n$ の下側

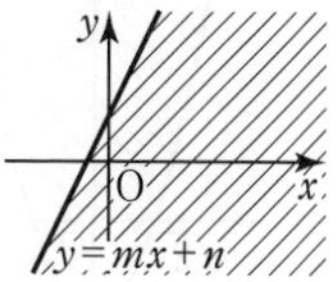

(3)　下の図の斜線部分

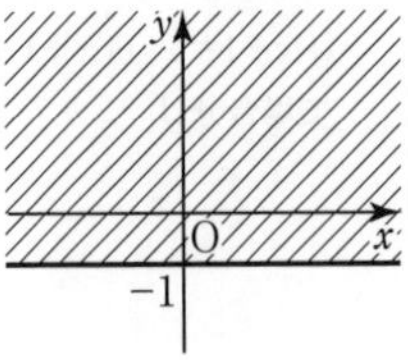

ただし，境界線は含まない。

$y>a$

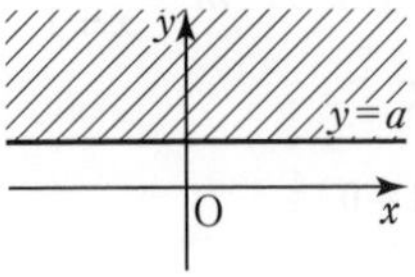

$y<a$

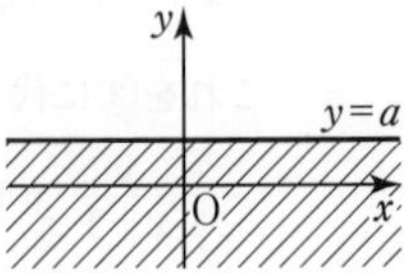

(4)　下の図の斜線部分

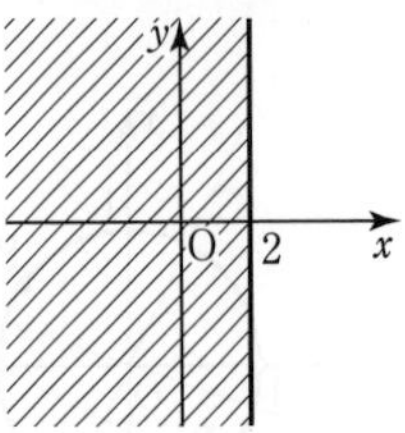

ただし，境界線を含む。

$x>a$

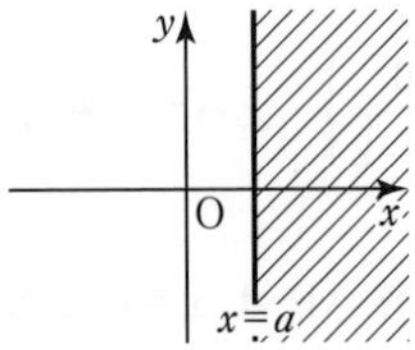

$x<a$

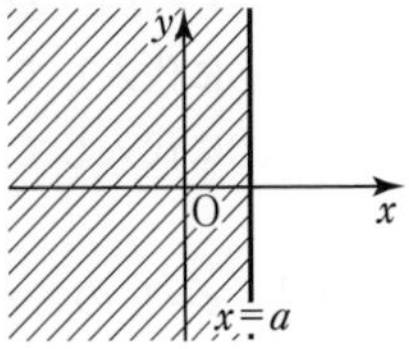

(5)　下の図の斜線部分

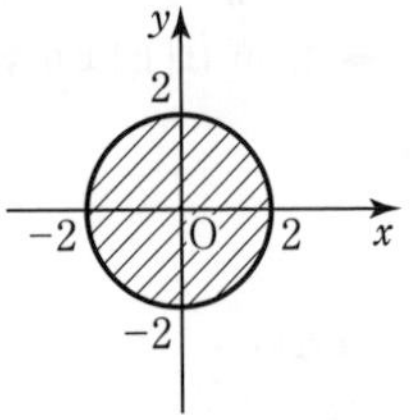

ただし，境界線は含まない。

$(x-a)^2+(y-b)^2<r^2$

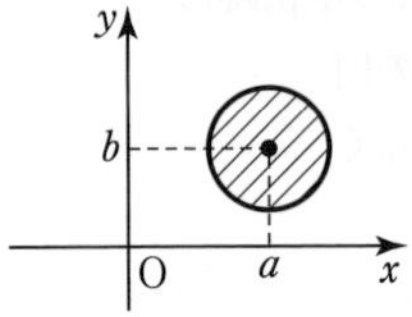

$(x-a)^2+(y-b)^2>r^2$

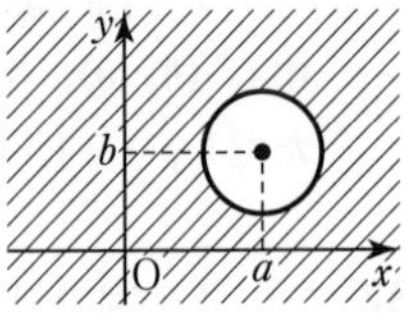

(6)　下の図の斜線部分

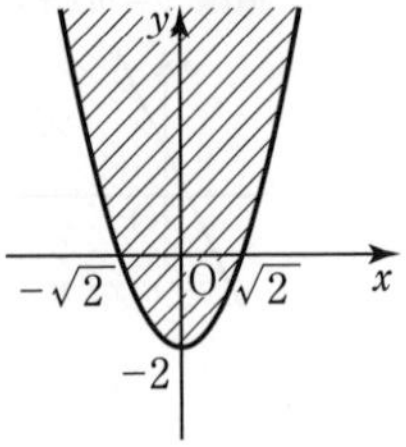

ただし，境界線を含む。

$y>ax^2+bx+c$

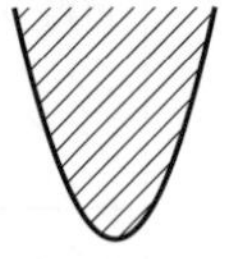

$a>0$ のとき

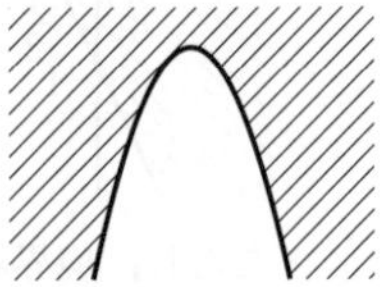

$a<0$ のとき

$y<ax^2+bx+c$

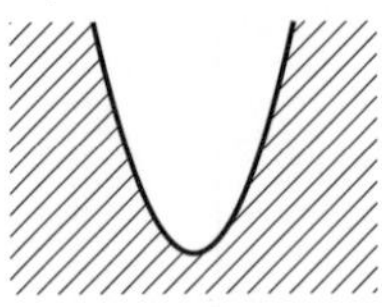

$a>0$ のとき

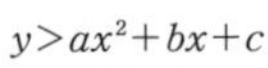

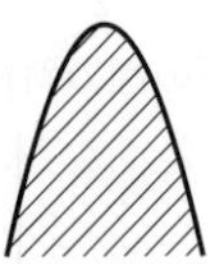

$a<0$ のとき

188 (1) $x^2+y^2-2x+4y-4 \leqq 0$　より
$(x-1)^2+(y+2)^2 \leqq 9$
下の図の斜線部分

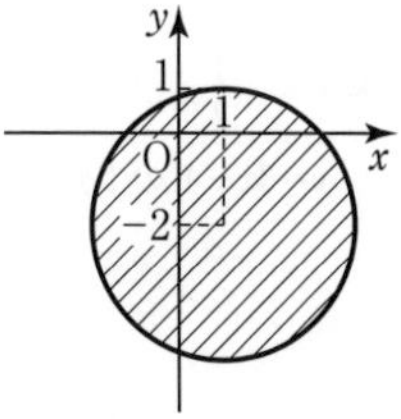

ただし，境界線を含む。

(2) $x^2+y^2>-4x+6y-9$　より
$(x+2)^2+(y-3)^2>4$
下の図の斜線部分

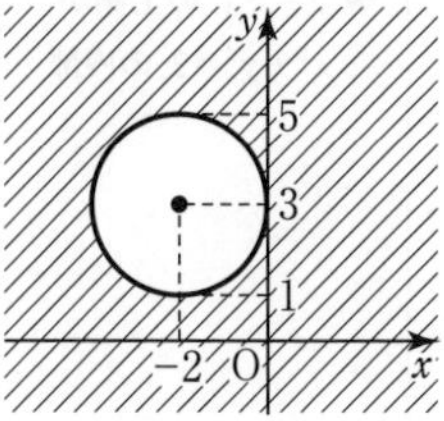

ただし，境界線は含まない。

(3) $y<2x^2+4x+3$　より
$y<2(x+1)^2+1$
下の図の斜線部分

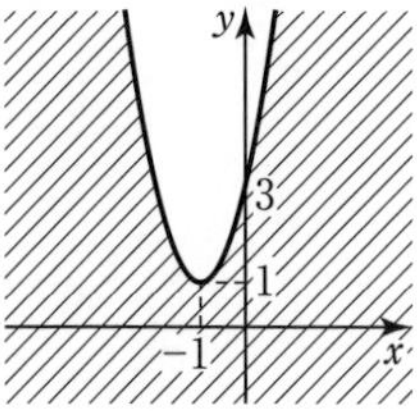

ただし，境界線は含まない。

(4) $y \leqq -x^2+6x-4$　より
$y \leqq -(x-3)^2+5$
下の図の斜線部分

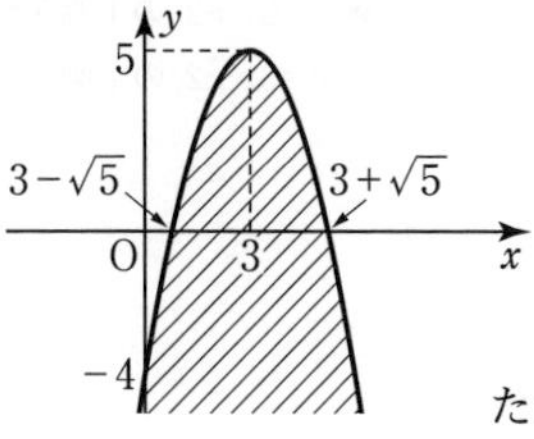

ただし，境界線を含む。

189 (1) $\begin{cases} x+2y-4 \geqq 0 \\ 3x-y-4 \geqq 0 \end{cases}$ より $\begin{cases} y \geqq -\dfrac{1}{2}x+2 \\ y \leqq 3x-4 \end{cases}$

下の図の斜線部分

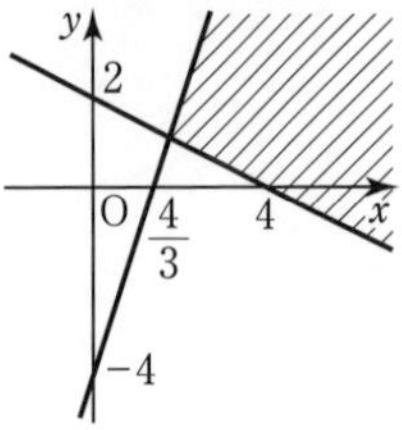

ただし，境界線を含む。

⬅ $y=-\dfrac{1}{2}x+2$ の上側かつ
$y=3x-4$ の下側

(2) $\begin{cases} x+y>0 \\ x^2+y^2<9 \end{cases}$ より $\begin{cases} y>-x \\ x^2+y^2<9 \end{cases}$

下の図の斜線部分

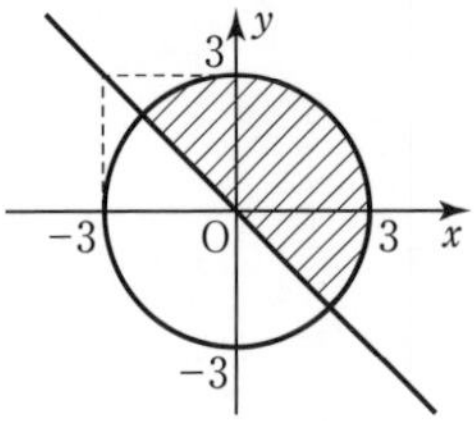

ただし，境界線は含まない。

⬅ $y=-x$ の上側かつ
$x^2+y^2=9$ の内部

(3) 下の図の斜線部分

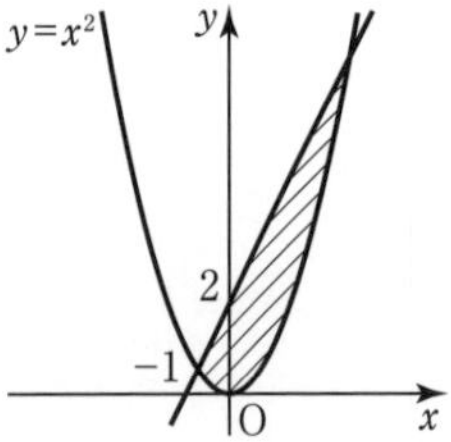

ただし，境界線は含まない。

⬅ $y=2x+2$ の下側かつ
$y=x^2$ の上側

190 (1) $-2<3x-y<2$ より

$\begin{cases} -2<3x-y \\ 3x-y<2 \end{cases}$ すなわち $\begin{cases} y<3x+2 \\ y>3x-2 \end{cases}$

下の図の斜線部分

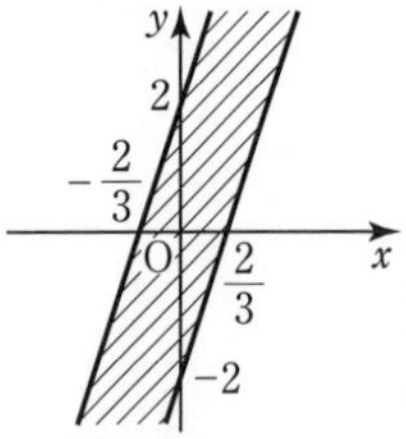

ただし，境界線は含まない。

⬅ $y=3x+2$ の下側かつ
$y=3x-2$ の上側

(2)　$4 \leqq x^2+y^2<16$　より

$\begin{cases} 4 \leqq x^2+y^2 \\ x^2+y^2<16 \end{cases}$　すなわち　$\begin{cases} x^2+y^2 \geqq 4 \\ x^2+y^2<16 \end{cases}$

下の図の斜線部分

⬅ $x^2+y^2=4$ の外部かつ $x^2+y^2=16$ の内部

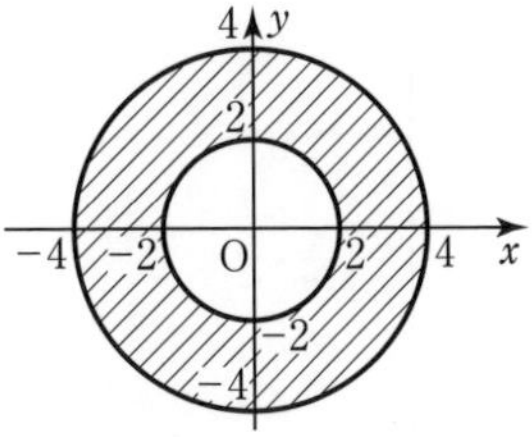

ただし，円 $x^2+y^2=4$ の境界線を含み，
円 $x^2+y^2=16$ の境界線は含まない。

191 (1)　(1，0)，(0，1) を通る直線の下側であるから

$y<-x+1$

(0，−2)，(4，0) を通る直線の上側であるから

$y>\frac{1}{2}x-2$

よって　$\begin{cases} \boldsymbol{y<-x+1} \\ \boldsymbol{y>\frac{1}{2}x-2} \end{cases}$

(2)　原点を中心とする半径 $\sqrt{5}$ の円の内部であるから

$x^2+y^2<5$

(1，0)，(0，1) を通る直線の下側であるから

$y<-x+1$

よって　$\begin{cases} \boldsymbol{x^2+y^2<5} \\ \boldsymbol{y<-x+1} \end{cases}$

(3)　頂点が原点で，点 (2，4) を通る放物線の下側であるから

$y<x^2$

(0，1)，(2，4) を通る直線の上側であるから

$y>\frac{3}{2}x+1$

よって　$\begin{cases} \boldsymbol{y<x^2} \\ \boldsymbol{y>\frac{3}{2}x+1} \end{cases}$

192 (1) $(x-2y+4)(3x+y-9)<0$ より

$\begin{cases} x-2y+4>0 \\ 3x+y-9<0 \end{cases}$ または $\begin{cases} x-2y+4<0 \\ 3x+y-9>0 \end{cases}$

すなわち

$\begin{cases} y<\dfrac{1}{2}x+2 \\ y<-3x+9 \end{cases}$ または $\begin{cases} y>\dfrac{1}{2}x+2 \\ y>-3x+9 \end{cases}$

よって，下の図の斜線部分

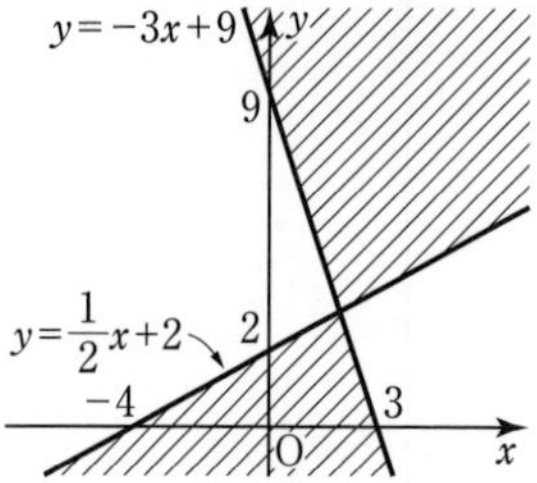

ただし，境界線は含まない。

⬅ $AB<0$ のとき $\begin{cases} A>0 \\ B<0 \end{cases}$ または $\begin{cases} A<0 \\ B>0 \end{cases}$

(2) $x^2-y^2>0$ より $(x+y)(x-y)>0$

これより

$\begin{cases} x+y>0 \\ x-y>0 \end{cases}$ または $\begin{cases} x+y<0 \\ x-y<0 \end{cases}$

すなわち

$\begin{cases} y>-x \\ y<x \end{cases}$ または $\begin{cases} y<-x \\ y>x \end{cases}$

よって，下の図の斜線部分

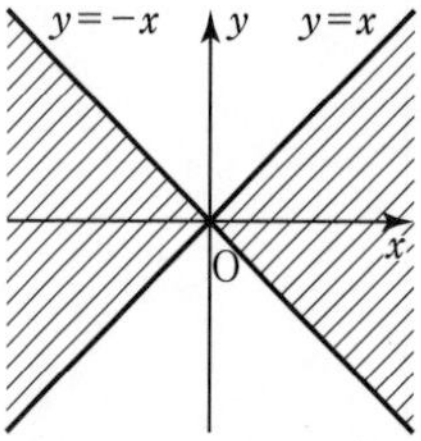

ただし，境界線は含まない。

⬅ $AB>0$ のとき $\begin{cases} A>0 \\ B>0 \end{cases}$ または $\begin{cases} A<0 \\ B<0 \end{cases}$

不等式 $\begin{matrix} AB>0 \\ AB<0 \end{matrix}$ の表す領域 ➡ $\begin{matrix} A>0,\ B>0 \text{ または } A<0,\ B<0 \\ A>0,\ B<0 \text{ または } A<0,\ B>0 \end{matrix}$

193 (i) $x \geqq 1$ のとき $y>x-1$

(ii) $x<1$ のとき $y>-(x-1)$ より

$y>-x+1$

よって，下の図の斜線部分

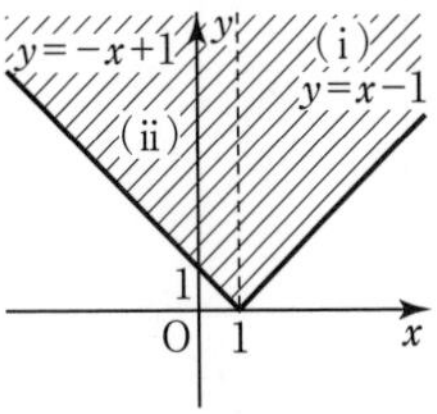

ただし，境界線は含まない。

> **絶対値記号| |のついた領域**
> **➡ | |をはずす条件式と| |をはずした式の共通部分**

194 直線 AB は　$y-5=\dfrac{1-5}{3-1}(x-1)$　より

$y=-2x+7$　…①

直線 BC は　$y-1=\dfrac{7-1}{5-3}(x-3)$　より

$y=3x-8$　…②

直線 AC は　$y-5=\dfrac{7-5}{5-1}(x-1)$　より

$y=\dfrac{1}{2}x+\dfrac{9}{2}$　…③

よって，①，②の上側，③の下側。

境界線はいずれも含まないから

$$\begin{cases} \boldsymbol{y>-2x+7} \\ \boldsymbol{y>3x-8} \\ \boldsymbol{y<\dfrac{1}{2}x+\dfrac{9}{2}} \end{cases}$$

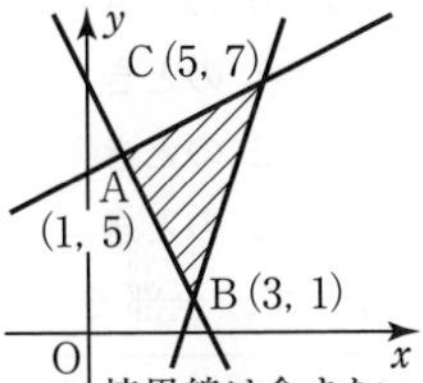

境界線は含まない

195 (1)　$y \leqq 2x+6$，$x \leqq 0$，$y \geqq 0$

の表す領域は

右の図の斜線部分で

境界線を含む。

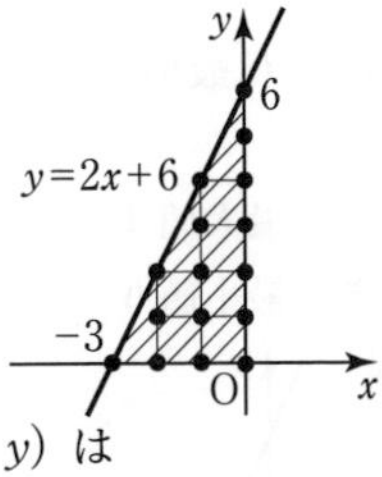

$y \leqq 2x+6$ より，整数の組 $(x,\ y)$ は

$x=-3$ のとき　$0 \leqq y \leqq 0$ より　1 個

$x=-2$ のとき　$0 \leqq y \leqq 2$ より　3 個

$x=-1$ のとき　$0 \leqq y \leqq 4$ より　5 個

$x=0$ のとき　$0 \leqq y \leqq 6$ より　7 個

よって，全部で $1+3+5+7=$**16（個）**

⬅ 整数の組 $(x,\ y)$ で表される点を格子点という。

(2) $y \geqq x^2-4$, $y \leqq x+2$
の表す領域は
右の図の斜線部分で
境界線を含む。

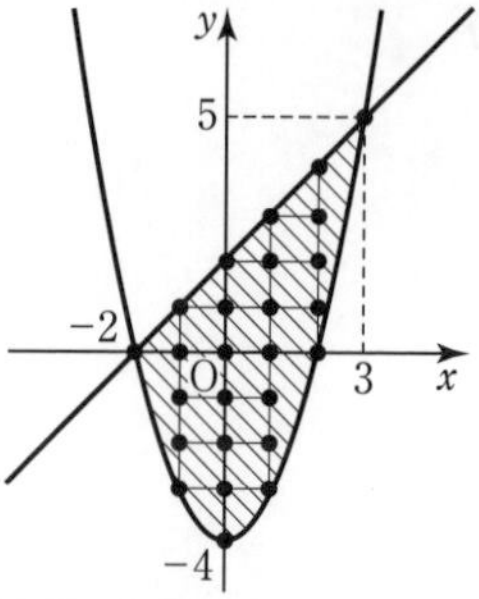

$x^2-4 \leqq y \leqq x+2$ より，整数の組 $(x,\ y)$ は

$x=-2$ のとき　$0 \leqq y \leqq 0$ より　1 個
$x=-1$ のとき　$-3 \leqq y \leqq 1$ より　5 個
$x=0$ のとき　$-4 \leqq y \leqq 2$ より　7 個
$x=1$ のとき　$-3 \leqq y \leqq 3$ より　7 個
$x=2$ のとき　$0 \leqq y \leqq 4$ より　5 個
$x=3$ のとき　$5 \leqq y \leqq 5$ より　1 個

よって，全部で　$1+5+7+7+5+1=$ **26（個）**

格子点の数を求める ➡ $x=k$（または $y=k$）上の点を数える

196 領域を図示すると，
右の図のようになる。
$x+y=k$ とおくと
　$y=-x+k$　…①
①が点 A(2, 2) を
通るとき，k は最大
となるから
　$k=2+2=4$

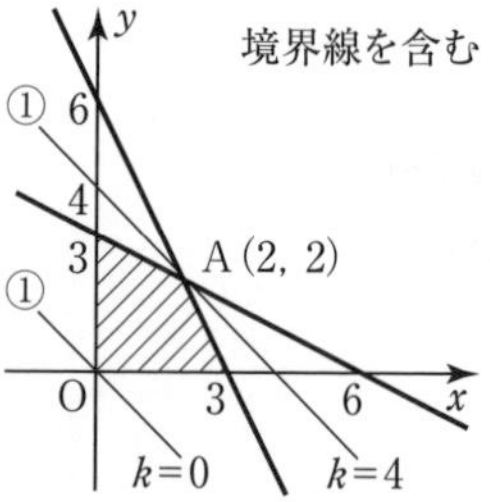

また，O(0, 0) を通るとき，k は最小となる。
　$k=0+0=0$
よって　$x=2$, $y=2$ のとき　**最大値 4**
　　　　$x=0$, $y=0$ のとき　**最小値 0**

⬅ まず領域を図示する。
⬅ 直線①を領域内で平行移動させる。
⬅ 領域は四角形なので 4 つの頂点のどこかで最大値または最小値をとる。

197 (1) 領域は右の図の斜線
部分で境界線を含む。

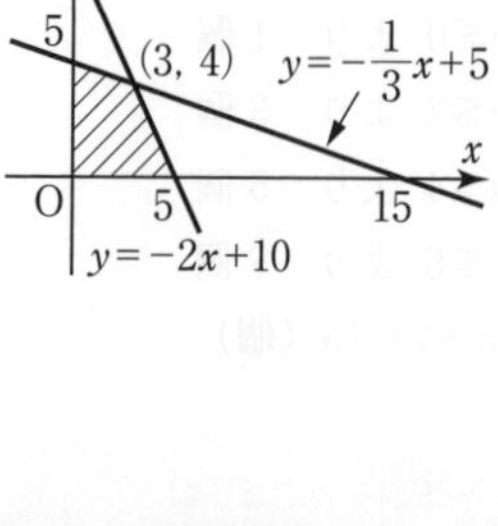

(2)　$3x+2y=k$ とおくと

$y=-\dfrac{3}{2}x+\dfrac{1}{2}k$

この直線の傾きは $-\dfrac{3}{2}$

傾きに注目すると

$-2<-\dfrac{3}{2}<-\dfrac{1}{3}$

であるから，右の図より

点 $(3,\ 4)$ を通るとき k は最大となる。

ゆえに　$k=3\cdot3+2\cdot4=17$

よって　$x=3,\ y=4$ のとき　**最大値 17**

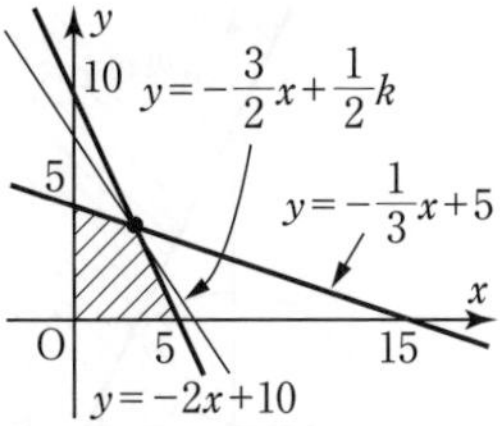

(3)　$ax+y=k$ とおくと　$y=-ax+k$

(i)　$-a\leqq-2$ のとき

すなわち，$2\leqq a$ のとき

$(5,\ 0)$ を通るとき k は最大となる。

ゆえに　$k=5a$

(i)

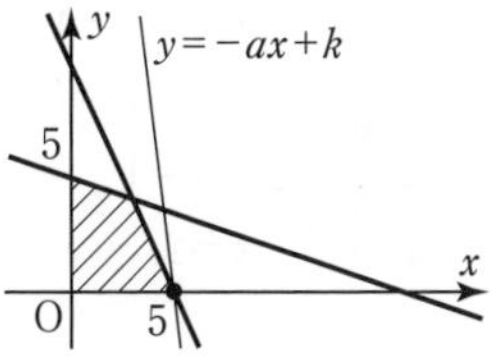

(ii)　$-2\leqq-a\leqq-\dfrac{1}{3}$ のとき

すなわち，$\dfrac{1}{3}\leqq a\leqq2$ のとき

$(3,\ 4)$ を通るとき k は最大となる。

ゆえに　$k=3a+4$

(ii)

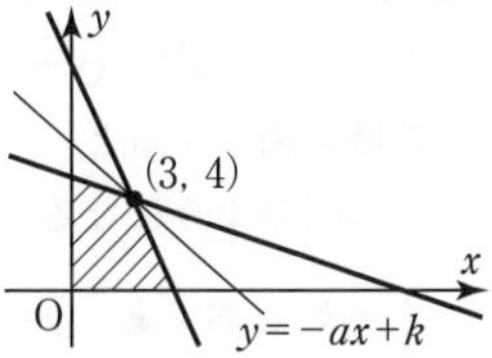

(iii)　$-\dfrac{1}{3}\leqq-a$ のとき

すなわち，$a\leqq\dfrac{1}{3}$ のとき

$(0,\ 5)$ を通るとき k は最大となる。

ゆえに　$k=5$

(iii)

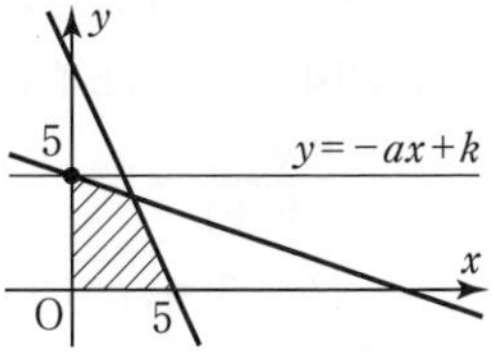

よって　$2\leqq a$ のとき　　**最大値 $5a$**

$\dfrac{1}{3}\leqq a\leqq2$ のとき　**最大値 $3a+4$**

$a\leqq\dfrac{1}{3}$ のとき　　**最大値 5**

領域と最大・最小 ➡ 直線の傾きと端点・接点に注目する

198 領域を図示すると右の図のようになる。

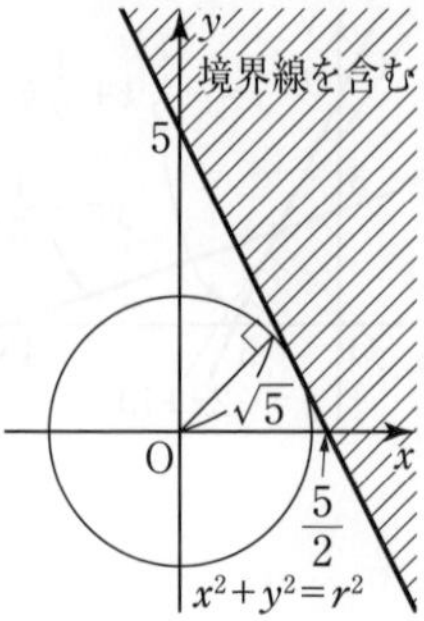

$x^2+y^2=r^2$ $(r>0)$ …①

とおく。r^2 が最小となるのは，①が直線 $2x+y-5=0$ と接するときであるから

⬅ 円 $x^2+y^2=r^2$ の半径を領域内で変えながら最小になるときを考える。

$$r=\frac{|-5|}{\sqrt{4+1}}=\sqrt{5}$$

⬅ 中心 $(0,\ 0)$ と直線 $2x+y-5=0$ の距離 $\frac{|0+0-5|}{\sqrt{2^2+1^2}}$

ゆえに　$r^2=5$

接点は $\begin{cases} 2x+y-5=0 \\ x^2+y^2=5 \end{cases}$ を解いて

$x^2+(-2x+5)^2=5$

⬅ $y=-2x+5$ を $x^2+y^2=2$ に代入する。

$x^2-4x+4=0$

$(x-2)^2=0$　より　$x=2$

このとき　$y=1$

⬅ $y=-2x+5$ に $x=1$ を代入する。

よって　$x=2,\ y=1$ のとき　**最小値 5**

199 $x^2+y^2-4x-6y+12 \leqq 0$

より　$(x-2)^2+(y-3)^2 \leqq 1$

領域を図示すると右の図のようになる。

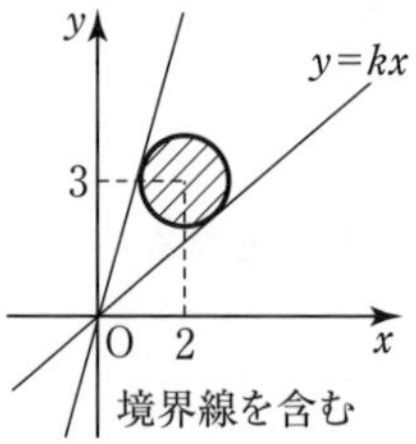

$\frac{y}{x}=k$ とおくと　$y=kx$

k が最大・最小となるのは，右の図より，円と直線が接するときであるから

$$\frac{|2k-3|}{\sqrt{k^2+1}}=1$$

⬅ $(2,\ 3)$ と $y=kx$ の距離が 1 のとき

$$|2k-3|=\sqrt{k^2+1}$$

両辺を 2 乗すると　$(2k-3)^2=k^2+1$

これを整理すると　$3k^2-12k+8=0$

よって　$k=\frac{6\pm\sqrt{36-24}}{3}=\frac{6\pm2\sqrt{3}}{3}$

ゆえに，k のとりうる値の範囲は

$$\frac{6-2\sqrt{3}}{3} \leqq k \leqq \frac{6+2\sqrt{3}}{3}$$

よって　$\boldsymbol{\frac{6-2\sqrt{3}}{3} \leqq \frac{y}{x} \leqq \frac{6+2\sqrt{3}}{3}}$

200 $x+y-2\geqq 0$ より $y\geqq -x+2$

$x-y-2\leqq 0$ より $y\geqq x-2$

これより，領域を図示すると右の図の斜線部分で，境界線を含む。

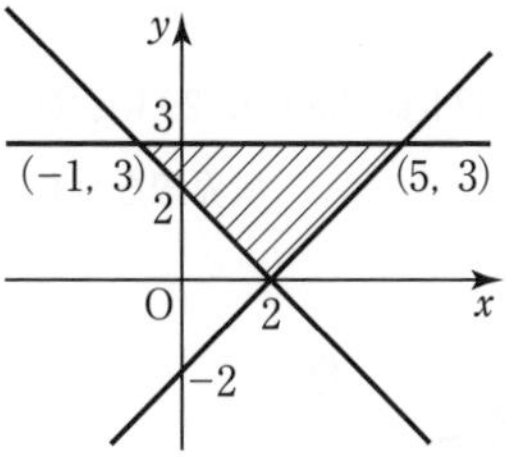

(1) $(x+1)^2+y^2=k$ とおくと，

これは中心 $(-1,\ 0)$，半径 $\sqrt{k}$ の円

であるから，

k の値が最大になるのは

点 $(5,\ 3)$ を通るときである。

よって $k=(5+1)^2+3^2=45$

k の値が最小になるのは

直線 $x+y-2=0$ に接するときである。

ゆえに $\sqrt{k}=\dfrac{|-1+0-2|}{\sqrt{1^2+1^2}}$ より $k=\dfrac{9}{2}$

このとき，接点は，直線 $y=-x+2$ と，

点 $(-1,\ 0)$ を通り，直線 $y=-x+2$ に垂直な

直線 $y=x+1$ との交点であるから

$\left(\dfrac{1}{2},\ \dfrac{3}{2}\right)$

したがって **$x=5$，$y=3$ のとき　最大値 45**

$x=\dfrac{1}{2}$，$y=\dfrac{3}{2}$ のとき　最小値 $\dfrac{9}{2}$

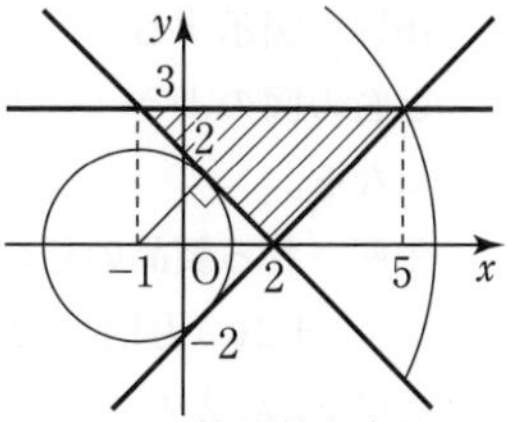

境界線を含む

⬅中心 $(-1,\ 0)$ と直線 $x+y-2=0$ までの距離が半径

(2) $y-x^2=k$ とおくと $y=x^2+k$

これは頂点が $(0,\ k)$ で，下に凸の放物線

であるから，

k が最大になるのは

点 $(0,\ 3)$ を通るときである。

よって $k=3-0^2=3$

k が最小になるのは

点 $(5,\ 3)$ を通るときである。

ゆえに $k=3-5^2=-22$

したがって **$x=0$，$y=3$ のとき　最大値 3**

$x=5$，$y=3$ のとき　最小値 -22

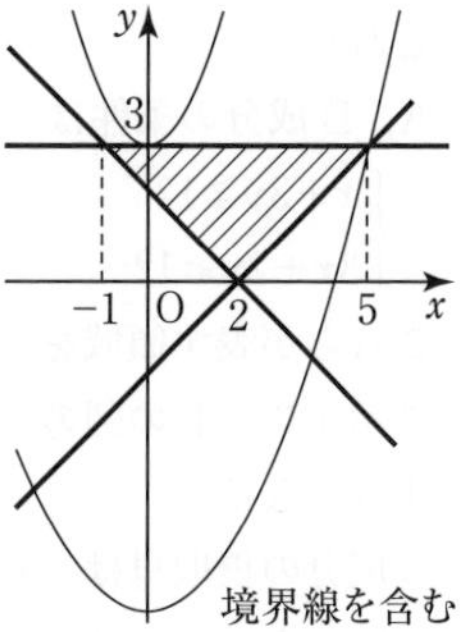

境界線を含む

201　P，Q の生産量をそれぞれ

x kg，y kg（$x \geqq 0$，$y \geqq 0$）

とおく。

A，B，C の在庫はそれぞれ 32 kg，36 kg，29 kg であるから

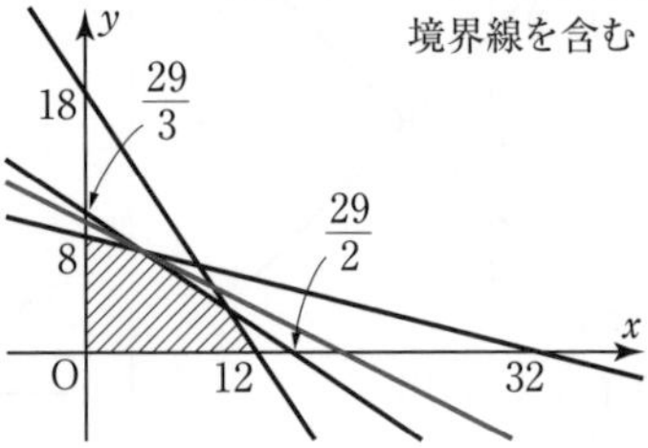

$$\begin{cases} x+4y \leqq 32 \\ 3x+2y \leqq 36 \\ 2x+3y \leqq 29 \end{cases}$$

領域を図示すると右の図のようになる。

生産される製品の利益の合計は，

　$x+2y$（万円）となる。

$x+2y=k$ とおくと，

　$y=-\dfrac{1}{2}x+\dfrac{k}{2}$ と変形できる。

傾きに着目すると　$-\dfrac{2}{3}<-\dfrac{1}{2}<-\dfrac{1}{4}$

であるから，この直線が領域と共有点をもつ範囲で k が最大となるのは，(4，7) を通るときである。

よって，**P を 4 kg，Q を 7 kg** 生産したとき，利益が最大となる。

線形計画法 ➡ 条件（領域）を図示して考える。直線の傾きに注意

202　P，Q の摂取量をそれぞれ

x g，y g（$x \geqq 0$，$y \geqq 0$）

とおく。

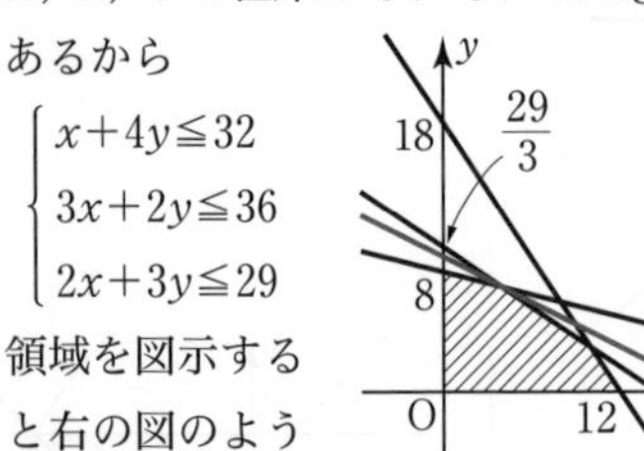

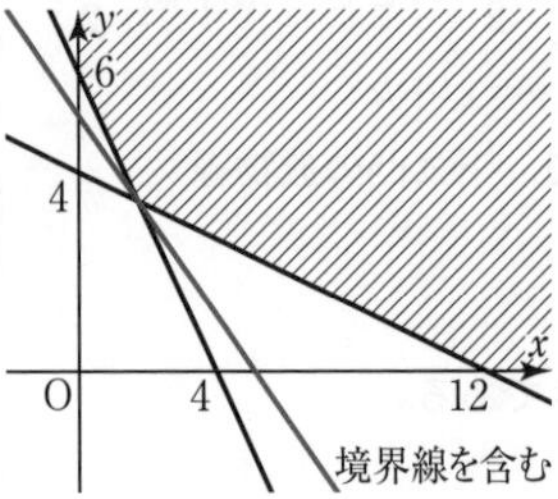

A，B 成分の条件は

$$\begin{cases} x+3y \geqq 12 \\ 3x+2y \geqq 12 \end{cases}$$

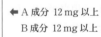

⬅ A 成分 12 mg 以上
B 成分 12 mg 以上

これらが表す領域を図示すると右の図のようになる。

C 成分の摂取量は，$x+y$ (mg) となる。

$x+y=k$ とおくと，$y=-x+k$ と変形できる。

傾きに着目すると　$-\dfrac{3}{2}<-1<-\dfrac{1}{3}$

であるから，この直線が領域と共有点をもつ範囲で

k が最小となるのは，$\left(\dfrac{12}{7},\ \dfrac{24}{7}\right)$ を通るときである。

よって，**P** を $\mathbf{\dfrac{12}{7}}$ **g**，**Q** を $\mathbf{\dfrac{24}{7}}$ **g** 摂取すればよい。

⬅ 単位に注意する。

203 (1) p：$y \geqq x^2$

q：$y \geqq 2x-1$

の領域は右の図のようになり，p の領域は q の領域に含まれるから

十分条件

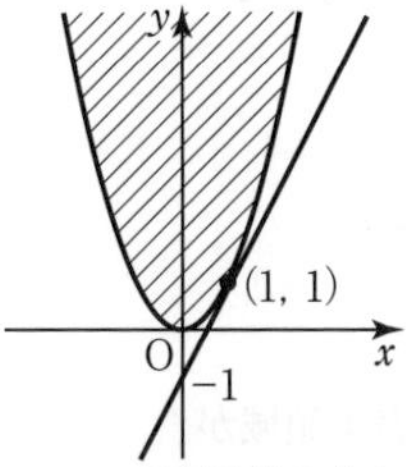

境界線を含む

$P \subset Q$ のとき

⇓

p は q の十分条件

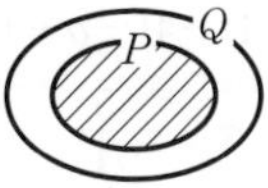

(2) p：$x^2+y^2>2$

q：$xy>1$

の領域は右の図のようになり，p の領域は q の領域を含むから

必要条件

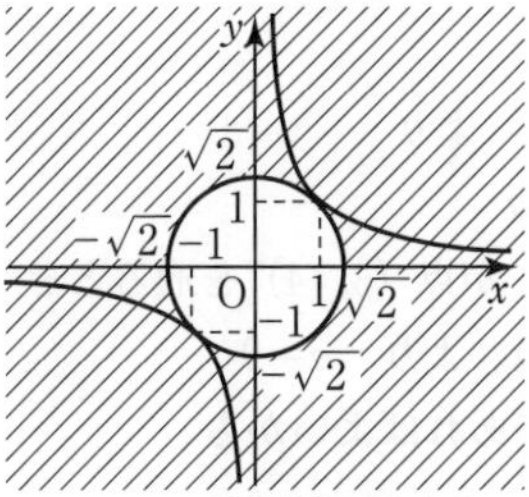

境界線は含まない

$P \supset Q$ のとき

⇓

p は q の必要条件

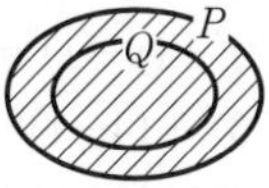

(3) p：$|x| \leqq 1$ かつ $|y| \leqq 2$

q：$|x|+|y| \leqq 2$

の領域は右の図のようになり，p と q の領域は互いに含まれない部分があるから

必要条件でも

十分条件でもない

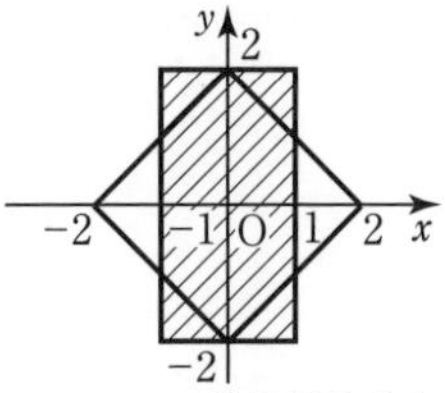

境界線を含む

(4) p：$x>0$ または $y>0$

q：$x+y>0$ または $xy<0$

の領域は右の図のようになり，p と q の領域は一致するから

必要十分条件

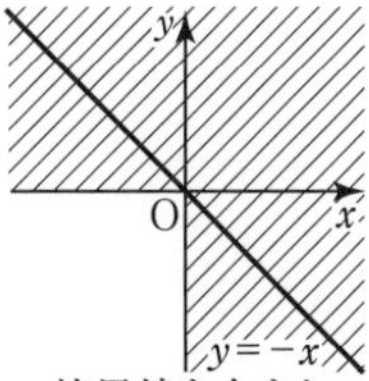

境界線を含まない

⬅ $P=Q$ のとき

⇓

p は q の必要十分条件

領域と条件 ➡ 含まれる方は十分条件，含む方は必要条件

204 (1) $y \geqq -x+a$ の表す領域が

$y \geqq x^2-1$ の表す領域を

含めばよいから，すべての x について

$x^2-1 \geqq -x+a$

となればよい。

$x^2+x-a-1 \geqq 0$ が成り立つとき

$x^2+x-a-1=0$

の判別式を D とすると

$D=1^2-4(-a-1) \leqq 0$

よって　$a \leqq -\dfrac{5}{4}$

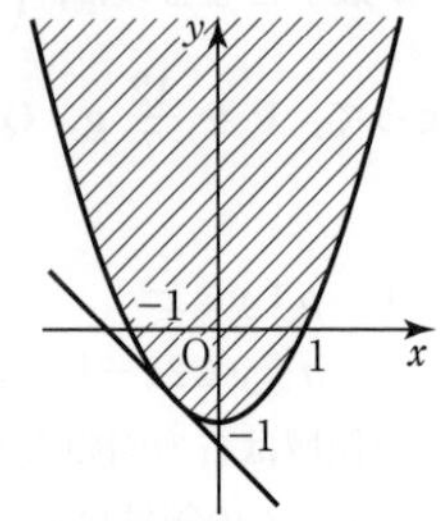

(2) $|x-3|+|y-2| \leqq 2$ の表す領域が

$x^2+y^2-6x-2y \leqq a-10$ の表す領域に

含まれればよい。

$x^2+y^2-6x-2y \leqq a-10$　より

$(x-3)^2+(y-1)^2 \leqq a$

円 $(x-3)^2+(y-1)^2=a$ が点 (3, 4) を通るとき

$(3-3)^2+(4-1)^2=a$　より　$a=9$

よって，半径が3以上であればよいから

$a \geqq 9$

⬅次の4つの場合に分けて考える。

(i) $|x-3| \geqq 0$ かつ $|y-2| \geqq 0$ のとき　$x+y \leqq 7$

(ii) $|x-3| \geqq 0$ かつ $|y-2| < 0$ のとき　$x-y \geqq 3$

(iii) $|x-3| < 0$ かつ $|y-2| \geqq 0$ のとき　$-x+y \leqq 1$

(iv) $|x-3| < 0$ かつ $|y-2| < 0$ のとき　$x+y \geqq 3$

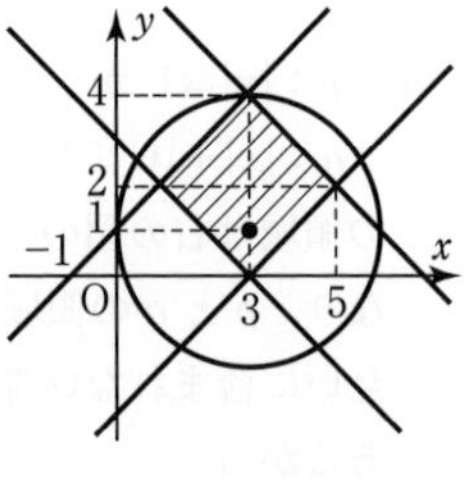

3章 三角関数

205 (1)

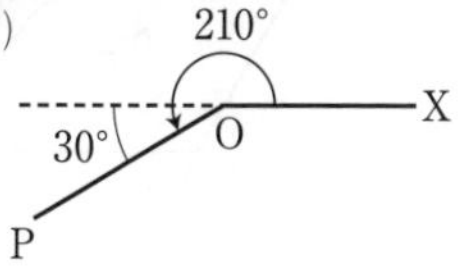

第 3 象限

(2)

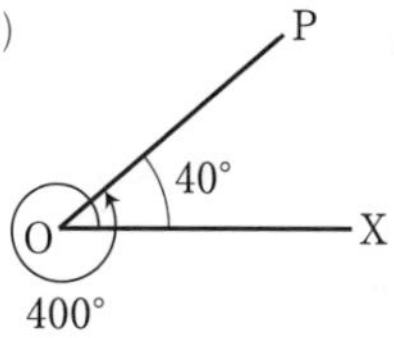

第 1 象限

⬅(2) $400°=40°+360°\times 1$

(3)

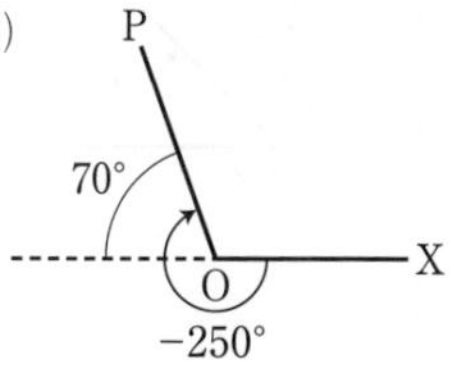

第 2 象限

(4)

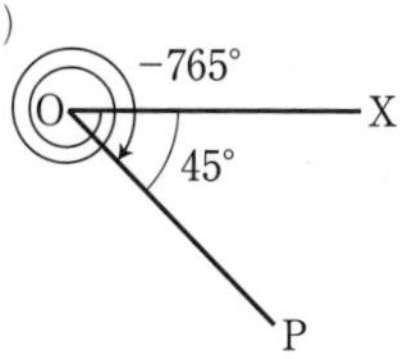

第 4 象限

⬅(4) $-765°=-45°+360°\times(-2)$
または
$-765°=315°+360°\times(-3)$

206 (1) $30°=\dfrac{\pi}{180}\times 30=\dfrac{\pi}{6}$

⬅ $1°=\dfrac{\pi}{180}$ の両辺に 30 を掛ける。

(2) $90°=\dfrac{\pi}{180}\times 90=\dfrac{\pi}{2}$

(3) $-225°=\dfrac{\pi}{180}\times(-225)=-\dfrac{5}{4}\pi$

(4) $420°=\dfrac{\pi}{180}\times 420=\dfrac{7}{3}\pi$

度数法と弧度法

$1°=\dfrac{\pi}{180}$ ラジアン
⇓ (換算)
$a°=\dfrac{\pi}{180}a$ ラジアン

(5) $\dfrac{2}{3}\pi=\dfrac{180°}{\pi}\times\dfrac{2}{3}\pi=120°$

⬅ $1=\dfrac{180°}{\pi}$ の両辺に $\dfrac{2}{3}\pi$ を掛ける。

(6) $\dfrac{\pi}{4}=\dfrac{180°}{\pi}\times\dfrac{\pi}{4}=45°$

(7) $-\dfrac{3}{5}\pi=\dfrac{180°}{\pi}\times\left(-\dfrac{3}{5}\pi\right)=-108°$

(8) $\dfrac{13}{12}\pi=\dfrac{180°}{\pi}\times\dfrac{13}{12}\pi=195°$

弧度法と度数法

1 ラジアン $=\dfrac{180°}{\pi}$
⇓ (換算)
θ ラジアン $=\dfrac{180°}{\pi}\times\theta$

別解 (5) $\dfrac{2}{3}\pi=\dfrac{2}{3}\times 180°=120°$

⬅ $\pi=180°$ を代入する。
こちらの方が計算が楽。

(6) $\dfrac{\pi}{4}=\dfrac{1}{4}\times 180°=45°$

(7) $-\dfrac{3}{5}\pi=-\dfrac{3}{5}\times 180°=-108°$

(8) $\dfrac{13}{12}\pi=\dfrac{13}{12}\times 180°=195°$

207 (1) $480° = \dfrac{\pi}{180} \times 480 = \dfrac{8}{3}\pi = \dfrac{2}{3}\pi + 2\pi$ より

$\boldsymbol{\theta = \dfrac{2}{3}\pi + 2n\pi}$ **（n は整数）**

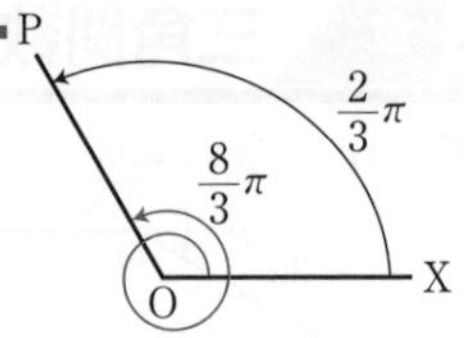

(2) $990° = \dfrac{\pi}{180} \times 990 = \dfrac{11}{2}\pi = \dfrac{3}{2}\pi + 4\pi$ より

$\boldsymbol{\theta = \dfrac{3}{2}\pi + 2n\pi}$ **（n は整数）**

(3) $-315° = \dfrac{\pi}{180} \times (-315)$

$= -\dfrac{7}{4}\pi = \dfrac{\pi}{4} - 2\pi$ より

$\boldsymbol{\theta = \dfrac{\pi}{4} + 2n\pi}$ **（n は整数）**

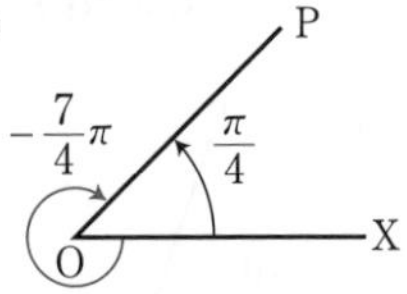

(4) $-810° = \dfrac{\pi}{180} \times (-810)$

$= -\dfrac{9}{2}\pi = \dfrac{3}{2}\pi - 6\pi$ より

$\boldsymbol{\theta = \dfrac{3}{2}\pi + 2n\pi}$ **（n は整数）**

⬅(2)と(4)の角の動径は同じ位置にくる。

208 (1) 弧の長さは　$8 \times \dfrac{\pi}{3} = \dfrac{8}{3}\pi$

面積は　$\dfrac{1}{2} \times 8^2 \times \dfrac{\pi}{3} = \dfrac{32}{3}\pi$

(2) 中心角は　$\dfrac{18}{6} = 3$（ラジアン）

面積は　$\dfrac{1}{2} \times 6 \times 18 = 54$

扇形の弧の長さと面積

$l = r\theta$

$S = \dfrac{1}{2}r^2\theta$

$= \dfrac{1}{2}rl$

209 (1) $\sin\dfrac{\pi}{6} = \dfrac{1}{2}$

$\cos\dfrac{\pi}{6} = \dfrac{\sqrt{3}}{2}$

$\tan\dfrac{\pi}{6} = \dfrac{1}{\sqrt{3}} = \dfrac{\sqrt{3}}{3}$

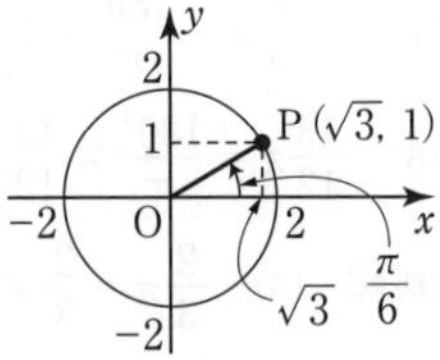

(2) $\sin\dfrac{8}{3}\pi = \dfrac{\sqrt{3}}{2}$

$\cos\dfrac{8}{3}\pi = \dfrac{-1}{2} = -\dfrac{1}{2}$

$\tan\dfrac{8}{3}\pi = \dfrac{\sqrt{3}}{-1} = -\sqrt{3}$

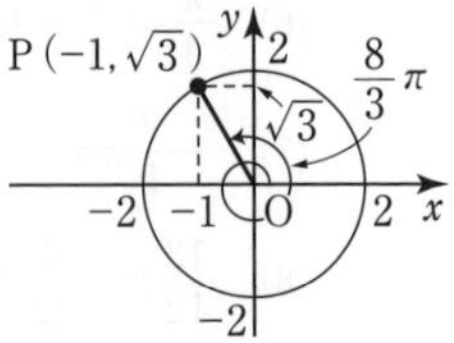

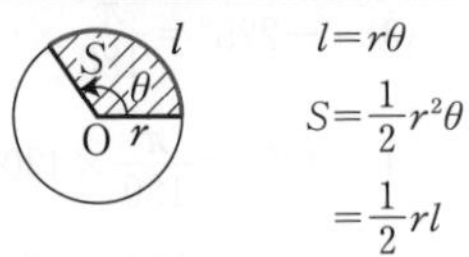

(3) $\sin\left(-\dfrac{3}{4}\pi\right)=\dfrac{-1}{\sqrt{2}}=-\dfrac{\sqrt{2}}{2}$

$\cos\left(-\dfrac{3}{4}\pi\right)=\dfrac{-1}{\sqrt{2}}=-\dfrac{\sqrt{2}}{2}$

$\tan\left(-\dfrac{3}{4}\pi\right)=\dfrac{-1}{-1}=1$

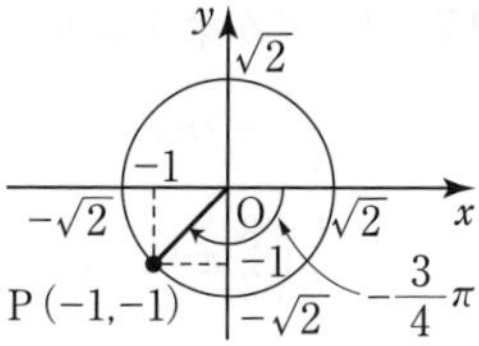

(4) $\sin\left(-\dfrac{13}{6}\pi\right)=\dfrac{-1}{2}=-\dfrac{1}{2}$

$\cos\left(-\dfrac{13}{6}\pi\right)=\dfrac{\sqrt{3}}{2}$

$\tan\left(-\dfrac{13}{6}\pi\right)=\dfrac{-1}{\sqrt{3}}=-\dfrac{\sqrt{3}}{3}$

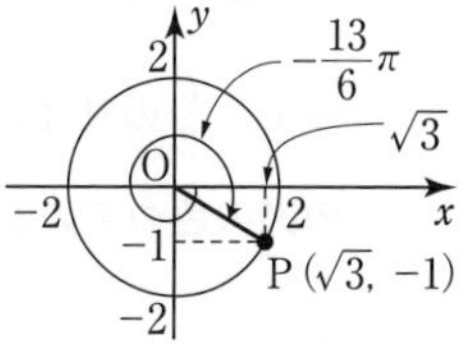

210 (1) $\cos\theta<0$ となる θ は第 2，3 象限

$\tan\theta<0$ となる θ は第 2，4 象限

よって，θ は第 2 象限

(2) $\sin\theta\cos\theta<0$

$\Longleftrightarrow \begin{cases}\sin\theta>0\\ \cos\theta<0\end{cases}$ …① または $\begin{cases}\sin\theta<0\\ \cos\theta>0\end{cases}$ …②

①のとき θ は第 2 象限，②のとき θ は第 4 象限

よって，θ は第 2 象限または第 4 象限

三角関数の値の正負

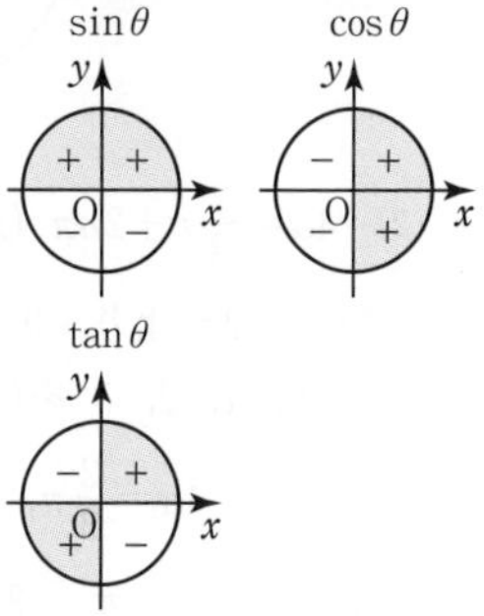

211 (1) $\angle\text{AOB}=360^\circ-(60^\circ+90^\circ+90^\circ)$

$=120^\circ=\dfrac{2}{3}\pi$

よって　$l=1\cdot\dfrac{2}{3}\pi=\dfrac{2}{3}\pi$

⬅ $l=r\theta$

(2) $\angle\text{APO}=30^\circ=\dfrac{\pi}{6}$　であるから

$\tan\dfrac{\pi}{6}=\dfrac{1}{\text{PA}}$　より　$\text{PA}=\dfrac{1}{\dfrac{1}{\sqrt{3}}}=\sqrt{3}$

四角形 APBO の面積は

$2\times\triangle\text{APO}=2\cdot\dfrac{1}{2}\cdot\sqrt{3}\cdot1=\sqrt{3}$

扇形 OAB の面積は　$\dfrac{1}{2}\cdot1^2\cdot\dfrac{2}{3}\pi=\dfrac{\pi}{3}$

⬅ $S=\dfrac{1}{2}r^2\theta$

よって　$S=\sqrt{3}-\dfrac{\pi}{3}$

212 (1) θ が第 4 象限の角であるから

$\frac{3}{2}\pi+2n\pi<\theta<2\pi+2n\pi$ （n は整数）と表せる。

$\frac{1}{2}\left(\frac{3}{2}\pi+2n\pi\right)<\frac{\theta}{2}<\frac{1}{2}(2\pi+2n\pi)$ より

$$\frac{3}{4}\pi+n\pi<\frac{\theta}{2}<\pi+n\pi$$

← n が偶数のときは第 2 象限にあり，n が奇数のときは第 4 象限にある。

よって，$\frac{\theta}{2}$ の動径が存在する範囲は

下の図の色つきの部分。

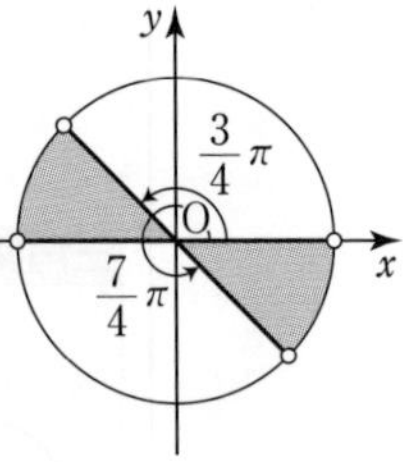

(2) $4\alpha=\frac{2}{3}\pi+2n\pi$ （n は整数）と表せる。

$0\leqq\alpha<2\pi$ より　$0\leqq 4\alpha<8\pi$ であるから

$n=0$，1，2，3 を代入して

$$4\alpha=\frac{2}{3}\pi,\ \frac{8}{3}\pi,\ \frac{14}{3}\pi,\ \frac{20}{3}\pi$$

よって　$\alpha=\frac{\pi}{6}$，$\frac{2}{3}\pi$，$\frac{7}{6}\pi$，$\frac{5}{3}\pi$

213 弧の長さを l とすると　$l=k-2r$　…①

$l>0$，$r>0$ であるから　$0<r<\frac{k}{2}$　…②

← 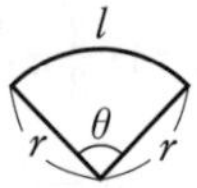

$l+r+r=k$ より

$l=k-2r$

また，

$l=k-2r>0$ より

$r<\frac{k}{2}$

$S=\frac{1}{2}rl$ に①を代入して

$$S=\frac{1}{2}r(k-2r)$$

$$=-r^2+\frac{1}{2}kr=-\left(r-\frac{k}{4}\right)^2+\frac{k^2}{16}$$

②の範囲で考えると

S は $r=\frac{k}{4}$ のとき，最大値 $\frac{k^2}{16}$ をとる。

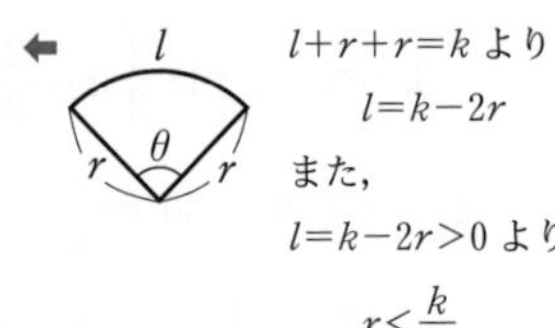

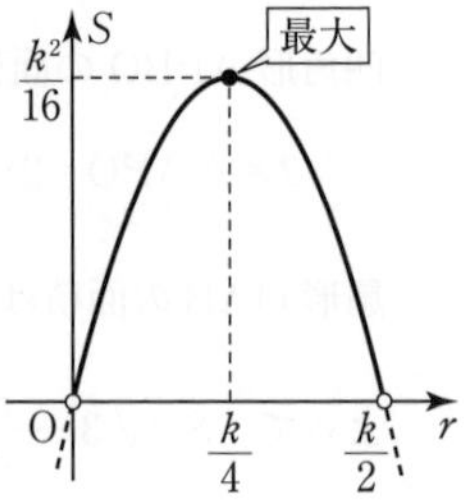

このとき，$S=\frac{1}{2}r^2\theta$ より

$$\frac{k^2}{16}=\frac{1}{2}\cdot\left(\frac{k}{4}\right)^2\cdot\theta$$

よって　$\theta=2$

ゆえに　$\boldsymbol{\theta=2,\ r=\frac{k}{4}}$

214 (1)　$\sin^2\theta+\cos^2\theta=1$ から

$$\cos^2\theta=1-\sin^2\theta=1-\left(\frac{4}{5}\right)^2=\frac{9}{25}$$

ここで，θ が第 2 象限の角であるから

$\cos\theta<0$

よって　$\boldsymbol{\cos\theta=-\frac{3}{5}}$

$$\boldsymbol{\tan\theta}=\frac{\sin\theta}{\cos\theta}=\frac{4}{5}\div\left(-\frac{3}{5}\right)=\boldsymbol{-\frac{4}{3}}$$

(2)　$\sin^2\theta+\cos^2\theta=1$ から

$$\sin^2\theta=1-\cos^2\theta=1-\left(-\frac{12}{13}\right)^2=\frac{25}{169}$$

ここで，θ が第 3 象限の角であるから

$\sin\theta<0$

よって　$\boldsymbol{\sin\theta=-\frac{5}{13}}$

$$\boldsymbol{\tan\theta}=\frac{\sin\theta}{\cos\theta}=\left(-\frac{5}{13}\right)\div\left(-\frac{12}{13}\right)=\boldsymbol{\frac{5}{12}}$$

(3)　$1+\tan^2\theta=\frac{1}{\cos^2\theta}$ から

$$\frac{1}{\cos^2\theta}=1+(-2)^2=5$$

すなわち　$\cos^2\theta=\frac{1}{5}$

ここで，θ が第 4 象限の角であるから

$\cos\theta>0$

よって　$\boldsymbol{\cos\theta}=\sqrt{\frac{1}{5}}=\boldsymbol{\frac{\sqrt{5}}{5}}$

また，$\tan\theta=\frac{\sin\theta}{\cos\theta}$ から

$$\boldsymbol{\sin\theta}=\tan\theta\cos\theta=(-2)\times\frac{\sqrt{5}}{5}=\boldsymbol{-\frac{2\sqrt{5}}{5}}$$

三角関数の相互関係

$\tan\theta=\frac{\sin\theta}{\cos\theta}$

$\sin^2\theta+\cos^2\theta=1$

$1+\tan^2\theta=\frac{1}{\cos^2\theta}$

$\sin\theta$，$\cos\theta$，$\tan\theta$ の値 ➡ 1 つわかれば，すべて求められる
ただし，θ の属する象限に注意する

215 (1) $\sin^2\theta+\cos^2\theta=1$ から

$$\cos^2\theta=1-\sin^2\theta=1-\left(-\frac{5}{13}\right)^2=\frac{144}{169}$$

ここで，$\sin\theta<0$ であるから，

θ は第 3 象限または第 4 象限の角である。

← $\sin\theta$ の正負

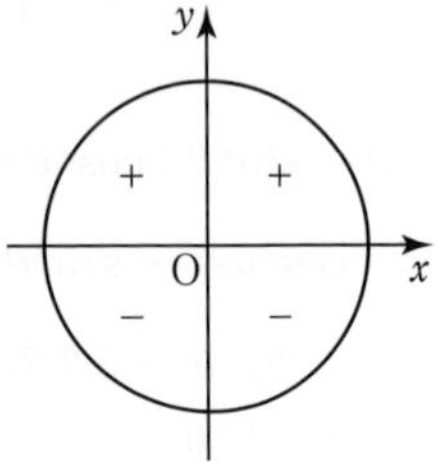

(i) θ が第 3 象限の角のとき

$\cos\theta<0$ であるから $\cos\theta=-\frac{12}{13}$

よって $\tan\theta=\frac{\sin\theta}{\cos\theta}=\left(-\frac{5}{13}\right)\div\left(-\frac{12}{13}\right)=\frac{5}{12}$

(ii) θ が第 4 象限の角のとき

$\cos\theta>0$ であるから $\cos\theta=\frac{12}{13}$

よって $\tan\theta=\frac{\sin\theta}{\cos\theta}=\left(-\frac{5}{13}\right)\div\frac{12}{13}=-\frac{5}{12}$

ゆえに **$\cos\theta=-\frac{12}{13}$，$\tan\theta=\frac{5}{12}$** または

$\cos\theta=\frac{12}{13}$，$\tan\theta=-\frac{5}{12}$

(2) $\sin^2\theta+\cos^2\theta=1$ から

$$\sin^2\theta=1-\cos^2\theta=1-\left(\frac{1}{4}\right)^2=\frac{15}{16}$$

ここで，$\cos\theta>0$ であるから，

θ は第 1 象限または第 4 象限の角である。

← $\cos\theta$ の正負

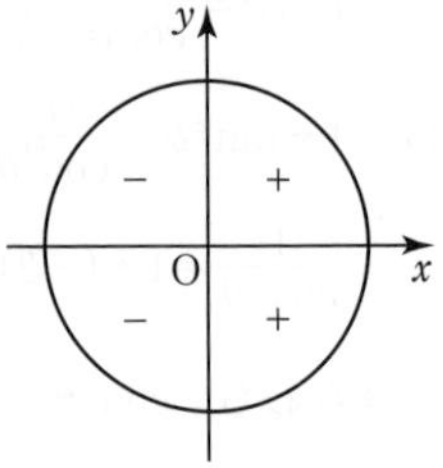

(i) θ が第 1 象限の角のとき

$\sin\theta>0$ であるから $\sin\theta=\frac{\sqrt{15}}{4}$

よって

$$\tan\theta=\frac{\sin\theta}{\cos\theta}=\frac{\sqrt{15}}{4}\div\frac{1}{4}=\sqrt{15}$$

(ii) θ が第 4 象限の角のとき

$\sin\theta<0$ であるから $\sin\theta=-\frac{\sqrt{15}}{4}$

よって

$$\tan\theta=\frac{\sin\theta}{\cos\theta}=\left(-\frac{\sqrt{15}}{4}\right)\div\frac{1}{4}=-\sqrt{15}$$

ゆえに **$\sin\theta=\frac{\sqrt{15}}{4}$，$\tan\theta=\sqrt{15}$** または

$\sin\theta=-\frac{\sqrt{15}}{4}$，$\tan\theta=-\sqrt{15}$

(3) $1+\tan^2\theta=\dfrac{1}{\cos^2\theta}$ から

$$\frac{1}{\cos^2\theta}=1+\left(\frac{1}{7}\right)^2=\frac{50}{49} \quad \text{すなわち} \quad \cos^2\theta=\frac{49}{50}$$

ここで，$\tan\theta>0$ であるから，

θ は第 1 象限または第 3 象限の角である。

← $\tan\theta$ の正負

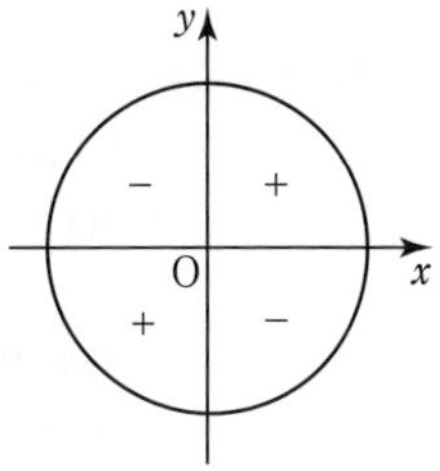

(i) θ が第 1 象限の角のとき

$\cos\theta>0$ であるから $\cos\theta=\sqrt{\dfrac{49}{50}}=\dfrac{7\sqrt{2}}{10}$

$\tan\theta=\dfrac{\sin\theta}{\cos\theta}$ より

$$\sin\theta=\tan\theta\cos\theta=\frac{1}{7}\times\frac{7\sqrt{2}}{10}=\frac{\sqrt{2}}{10}$$

(ii) θ が第 3 象限の角のとき

$\cos\theta<0$ であるから

$$\cos\theta=-\sqrt{\frac{49}{50}}=-\frac{7\sqrt{2}}{10}$$

よって $\sin\theta=\tan\theta\cos\theta$

$$=\frac{1}{7}\times\left(-\frac{7\sqrt{2}}{10}\right)=-\frac{\sqrt{2}}{10}$$

ゆえに **$\sin\theta=\dfrac{\sqrt{2}}{10}$，$\cos\theta=\dfrac{7\sqrt{2}}{10}$ または**

$\sin\theta=-\dfrac{\sqrt{2}}{10}$，$\cos\theta=-\dfrac{7\sqrt{2}}{10}$

216 (1) $\sin\theta+\cos\theta=\dfrac{1}{\sqrt{5}}$ の両辺を 2 乗すると

$$\sin^2\theta+2\sin\theta\cos\theta+\cos^2\theta=\frac{1}{5}$$

← $\sin^2\theta+\cos^2\theta=1$

よって $1+2\sin\theta\cos\theta=\dfrac{1}{5}$

ゆえに $\sin\theta\cos\theta=-\dfrac{2}{5}$

(2) $\sin^3\theta+\cos^3\theta$

$=(\sin\theta+\cos\theta)(\sin^2\theta-\sin\theta\cos\theta+\cos^2\theta)$

$=(\sin\theta+\cos\theta)(1-\sin\theta\cos\theta)$

$=\dfrac{1}{\sqrt{5}}\times\left\{1-\left(-\dfrac{2}{5}\right)\right\}$

$=\dfrac{7\sqrt{5}}{25}$

← a^3+b^3
$=(a+b)(a^2-ab+b^2)$

別解 $\sin^3\theta+\cos^3\theta$

$=(\sin\theta+\cos\theta)^3-3\sin\theta\cos\theta(\sin\theta+\cos\theta)$

$=\left(\dfrac{1}{\sqrt{5}}\right)^3-3\cdot\left(-\dfrac{2}{5}\right)\cdot\dfrac{1}{\sqrt{5}}=\dfrac{7}{5\sqrt{5}}=\dfrac{7\sqrt{5}}{25}$

⬅ a^3+b^3
$=(a+b)^3-3ab(a+b)$

217 (1) (左辺)$=(1+\tan\theta)^2+(1-\tan\theta)^2$

$=1+2\tan\theta+\tan^2\theta+1-2\tan\theta+\tan^2\theta$

$=2(1+\tan^2\theta)$

⬅ $1+\tan^2\theta=\dfrac{1}{\cos^2\theta}$

$=\dfrac{2}{\cos^2\theta}=$(右辺) 終

(2) (左辺)$=\dfrac{\cos\theta}{1+\sin\theta}+\tan\theta$

$=\dfrac{\cos\theta}{1+\sin\theta}+\dfrac{\sin\theta}{\cos\theta}$

⬅ 通分する。
$\dfrac{A}{B}+\dfrac{C}{D}=\dfrac{AD+BC}{BD}$

$=\dfrac{\cos^2\theta+\sin\theta(1+\sin\theta)}{(1+\sin\theta)\cos\theta}$

$=\dfrac{\cos^2\theta+\sin\theta+\sin^2\theta}{(1+\sin\theta)\cos\theta}$

⬅ $\sin^2\theta+\cos^2\theta=1$

$=\dfrac{1+\sin\theta}{(1+\sin\theta)\cos\theta}$

⬅ $1+\sin\theta$ で約分する。

$=\dfrac{1}{\cos\theta}=$(右辺) 終

218 (1) $\sin\left(\theta-\dfrac{\pi}{2}\right)=\sin\left\{-\left(\dfrac{\pi}{2}-\theta\right)\right\}$

$=-\sin\left(\dfrac{\pi}{2}-\theta\right)=-\cos\theta$

また $\sin(\theta-\pi)=\sin\{-(\pi-\theta)\}$

$=-\sin(\pi-\theta)=-\sin\theta$

よって

$\cos\left(\theta+\dfrac{\pi}{2}\right)+\cos(\theta+\pi)-\sin\left(\theta-\dfrac{\pi}{2}\right)-\sin(\theta-\pi)$

$=-\sin\theta+(-\cos\theta)-(-\cos\theta)-(-\sin\theta)$

$=0$

(2) $\cos\left(\theta-\dfrac{3}{2}\pi\right)=\cos\left\{\left(\theta+\dfrac{\pi}{2}\right)-2\pi\right\}$

$=\cos\left(\theta+\dfrac{\pi}{2}\right)=-\sin\theta$

また $\cos(\theta-\pi)=\cos\{-(\pi-\theta)\}$

$=\cos(\pi-\theta)=-\cos\theta$

三角関数の性質

$\begin{cases}\sin(\theta+\pi)=-\sin\theta\\ \cos(\theta+\pi)=-\cos\theta\\ \tan(\theta+\pi)=\tan\theta\end{cases}$

$\begin{cases}\sin(\pi-\theta)=\sin\theta\\ \cos(\pi-\theta)=-\cos\theta\\ \tan(\pi-\theta)=-\tan\theta\end{cases}$

$\begin{cases}\sin\left(\theta+\dfrac{\pi}{2}\right)=\cos\theta\\ \cos\left(\theta+\dfrac{\pi}{2}\right)=-\sin\theta\\ \tan\left(\theta+\dfrac{\pi}{2}\right)=-\dfrac{1}{\tan\theta}\end{cases}$

$\begin{cases}\sin\left(\dfrac{\pi}{2}-\theta\right)=\cos\theta\\ \cos\left(\dfrac{\pi}{2}-\theta\right)=\sin\theta\\ \tan\left(\dfrac{\pi}{2}-\theta\right)=\dfrac{1}{\tan\theta}\end{cases}$

よって

$$\sin(\theta+\pi)\cos\left(\theta-\frac{3}{2}\pi\right)-\cos(\theta-\pi)\sin\left(\theta+\frac{\pi}{2}\right)$$
$$=-\sin\theta\times(-\sin\theta)-(-\cos\theta)\times\cos\theta$$
$$=\sin^2\theta+\cos^2\theta=1$$

219 (1) $\sin\theta+\cos\theta=\dfrac{1}{\sqrt{3}}$ の両辺を 2 乗すると

$$\sin^2\theta+2\sin\theta\cos\theta+\cos^2\theta=\frac{1}{3}$$

よって $1+2\sin\theta\cos\theta=\dfrac{1}{3}$

ゆえに $\sin\theta\cos\theta=-\dfrac{1}{3}$

(2) $\sin^3\theta+\cos^3\theta$

← $a^3+b^3=(a+b)(a^2-ab+b^2)$

$$=(\sin\theta+\cos\theta)(\sin^2\theta-\sin\theta\cos\theta+\cos^2\theta)$$
$$=(\sin\theta+\cos\theta)(1-\sin\theta\cos\theta)$$
$$=\frac{1}{\sqrt{3}}\times\left\{1-\left(-\frac{1}{3}\right)\right\}=\frac{4\sqrt{3}}{9}$$

別解

$$\sin^3\theta+\cos^3\theta$$

← a^3+b^3 $=(a+b)^3-3ab(a+b)$

$$=(\sin\theta+\cos\theta)^3-3\sin\theta\cos\theta(\sin\theta+\cos\theta)$$
$$=\left(\frac{1}{\sqrt{3}}\right)^3-3\times\left(-\frac{1}{3}\right)\times\frac{1}{\sqrt{3}}=\frac{4}{3\sqrt{3}}=\frac{4\sqrt{3}}{9}$$

(3) $(\sin\theta-\cos\theta)^2$

← $\sin\theta-\cos\theta$ の値はすぐには求められないので，まずは 2 乗した値を求める。

$$=\sin^2\theta-2\sin\theta\cos\theta+\cos^2\theta$$
$$=1-2\sin\theta\cos\theta$$
$$=1-2\times\left(-\frac{1}{3}\right)=\frac{5}{3}$$

よって $\sin\theta-\cos\theta=\pm\dfrac{\sqrt{15}}{3}$

← $○^2=A$ のとき $○=\pm\sqrt{A}$

(4) $\tan\theta+\dfrac{1}{\tan\theta}=\dfrac{\sin\theta}{\cos\theta}+\dfrac{1}{\dfrac{\sin\theta}{\cos\theta}}$

$$=\frac{\sin\theta}{\cos\theta}+\frac{\cos\theta}{\sin\theta}=\frac{\sin^2\theta+\cos^2\theta}{\cos\theta\sin\theta}$$
$$=\frac{1}{\cos\theta\sin\theta}=\frac{1}{-\frac{1}{3}}=-3$$

220 $(\sin\theta-\cos\theta)^2=\sin^2\theta-2\sin\theta\cos\theta+\cos^2\theta$

$$=1-2\sin\theta\cos\theta$$

$$=1-2\times\left(-\frac{1}{8}\right)=\frac{5}{4}$$

$\dfrac{\pi}{2}<\theta<\pi$ であるから，$\sin\theta>0$，$\cos\theta<0$

よって　$\sin\theta-\cos\theta>0$

ゆえに　$\sin\theta-\cos\theta=\sqrt{\dfrac{5}{4}}=\dfrac{\sqrt{5}}{2}$

⬅ $\sin\theta-\cos\theta$ の符号は (正)−(負)=(正) となる。

221 解と係数の関係より

$$\sin\theta+\cos\theta=\frac{\sqrt{3}+1}{2}\quad\cdots①$$

$$\sin\theta\cos\theta=\frac{a}{2}\quad\cdots②$$

①の両辺を 2 乗すると

$$\sin^2\theta+2\sin\theta\cos\theta+\cos^2\theta=\frac{4+2\sqrt{3}}{4}$$

$$1+2\sin\theta\cos\theta=\frac{2+\sqrt{3}}{2}$$

$$2\sin\theta\cos\theta=\frac{\sqrt{3}}{2}$$

よって　$\sin\theta\cos\theta=\dfrac{\sqrt{3}}{4}$

②より　$\dfrac{a}{2}=\dfrac{\sqrt{3}}{4}$

ゆえに　$\boldsymbol{a=\dfrac{\sqrt{3}}{2}}$

このとき　$2x^2-(\sqrt{3}+1)x+\dfrac{\sqrt{3}}{2}=0$

$$4x^2-2(\sqrt{3}+1)x+\sqrt{3}=0$$

$$(2x-1)(2x-\sqrt{3})=0$$

したがって　$x=\dfrac{1}{2},\ \dfrac{\sqrt{3}}{2}$

この 2 つの解が $\sin\theta$，$\cos\theta$ であるから，$0\leqq\theta\leqq\pi$ より

(i)　$\sin\theta=\dfrac{1}{2}$，$\cos\theta=\dfrac{\sqrt{3}}{2}$ のとき　$\boldsymbol{\theta=\dfrac{\pi}{6}}$

(ii)　$\sin\theta=\dfrac{\sqrt{3}}{2}$，$\cos\theta=\dfrac{1}{2}$ のとき　$\boldsymbol{\theta=\dfrac{\pi}{3}}$

解と係数の関係

2 次方程式 $ax^2+bx+c=0$ の 2 つの解を α，β とすると

$$\alpha+\beta=-\frac{b}{a},\quad \alpha\beta=\frac{c}{a}$$

(i)

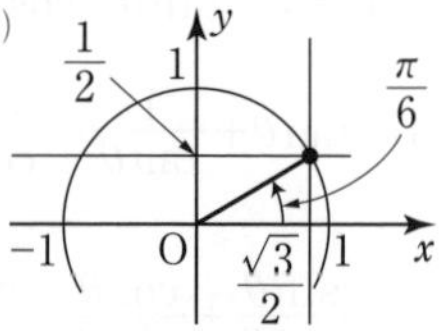

(ii)

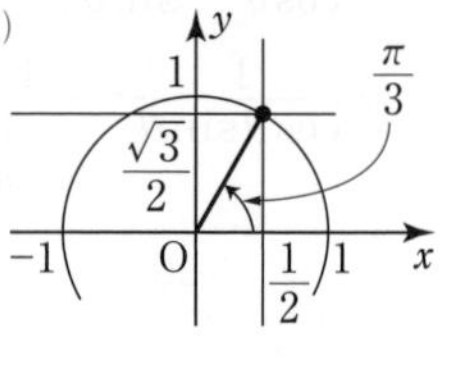

222 (1) $y=\sin\theta$ のグラフを y 軸方向に $\dfrac{1}{2}$ 倍に縮小したもの。

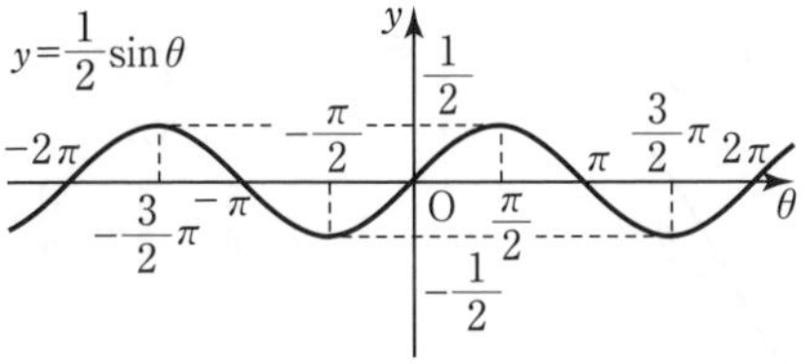

周期 2π，値域 $-\dfrac{1}{2}\leqq y\leqq\dfrac{1}{2}$

(2) $y=\cos\theta$ のグラフを y 軸方向に -2 倍したもの。（まず，y 軸方向に 2 倍に拡大して，次に θ 軸に関して対称移動したもの。）

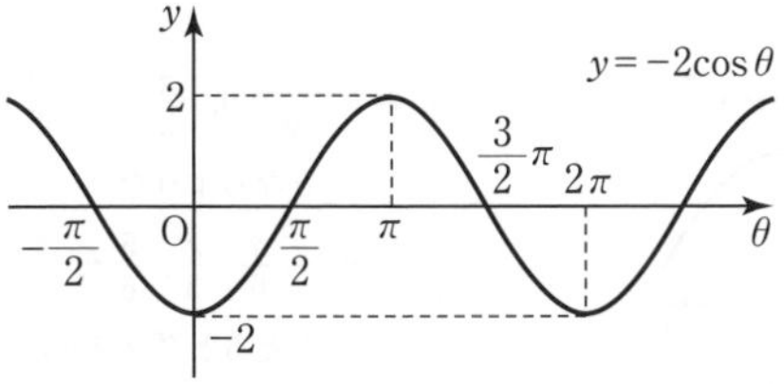

周期 2π，値域 $-2\leqq y\leqq 2$

(3) $y=\tan\theta$ のグラフを y 軸方向に -1 倍したもの。（θ 軸に関して対称移動したもの。）

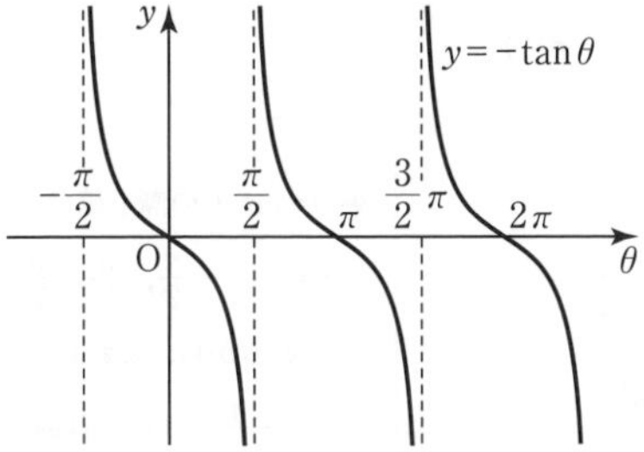

周期 π，値域は実数全体

$y=\sin\theta$ のグラフ

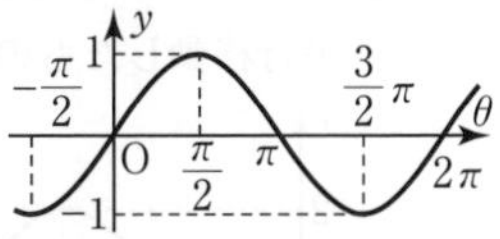

周期 2π，値域 $-1\leqq y\leqq 1$
原点に関して対称（奇関数）

$y=\cos\theta$ のグラフ

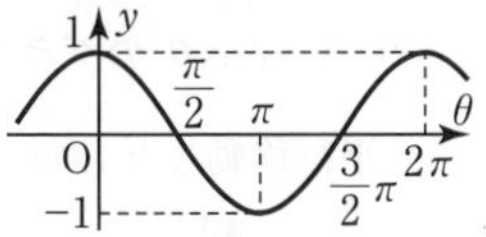

周期 2π，値域 $-1\leqq y\leqq 1$
y 軸に関して対称（偶関数）

$y=\tan\theta$ のグラフ

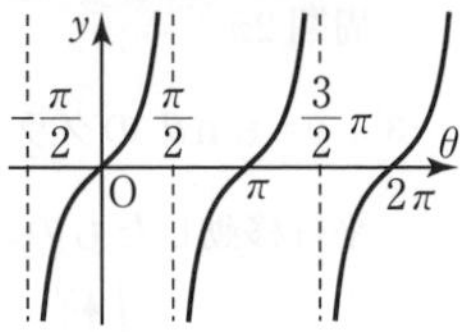

周期 π，値域：実数全体
原点に関して対称（奇関数）
漸近線 $\theta=\dfrac{\pi}{2}+n\pi$（$n$ は整数）

⬅ まず漸近線をかく。

$y=a\sin\theta$，$y=a\cos\theta$，$y=a\tan\theta$ のグラフ
➡ **$y=\sin\theta$，$y=\cos\theta$，$y=\tan\theta$ のグラフを，y 軸方向に a 倍**

223 (1) $y=2\sin\theta$ のグラフを θ 軸方向に $\dfrac{\pi}{3}$ だけ平行移動したもの。

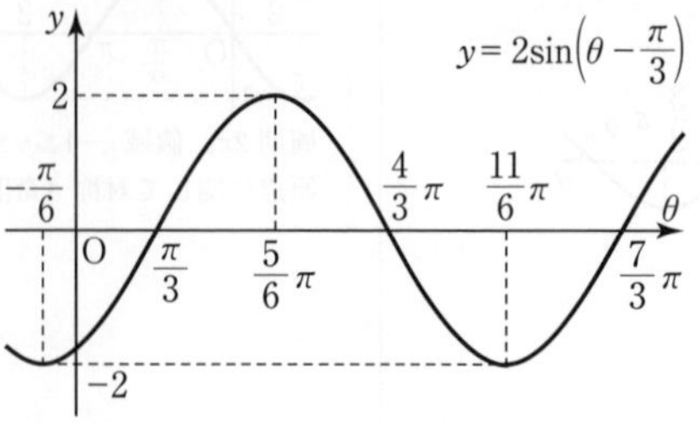

周期 2π

⬅ $\theta-\dfrac{\pi}{3}=0$, $\dfrac{\pi}{2}$, π, $\dfrac{3}{2}\pi$, 2π, … となるような $\theta=\dfrac{\pi}{3}$, $\dfrac{5}{6}\pi$, $\dfrac{4}{3}\pi$, $\dfrac{11}{6}\pi$, $\dfrac{7}{3}\pi$, … をとるとグラフがかきやすい。

(2) $y=\cos\theta$ のグラフを θ 軸方向に $-\dfrac{\pi}{6}$ だけ平行移動したもの。

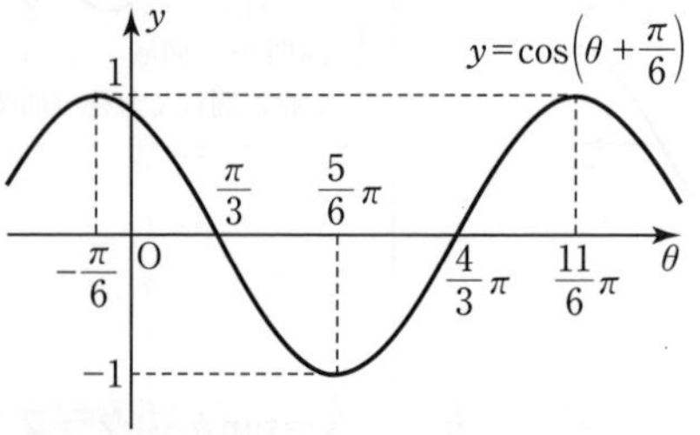

周期 2π

⬅ $\theta+\dfrac{\pi}{6}=0$, $\dfrac{\pi}{2}$, π, $\dfrac{3}{2}\pi$, 2π, … となるような $\theta=-\dfrac{\pi}{6}$, $\dfrac{\pi}{3}$, $\dfrac{5}{6}\pi$, $\dfrac{4}{3}\pi$, $\dfrac{11}{6}\pi$, … をとるとグラフがかきやすい。

(3) $y=\tan\theta$ のグラフを θ 軸方向に $-\dfrac{\pi}{2}$ だけ平行移動したもの。

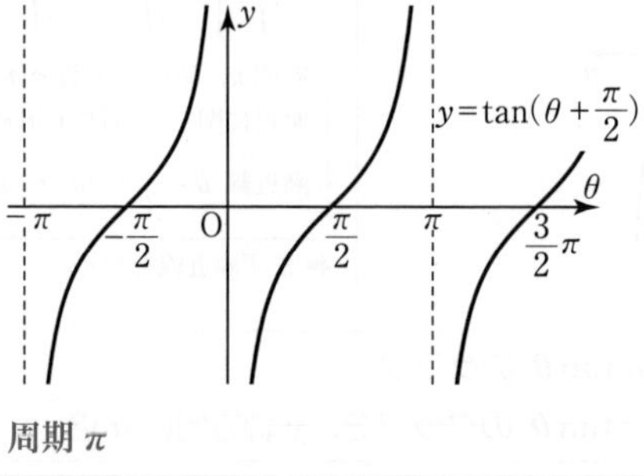

周期 π

⬅ $y=\tan\theta$ の漸近線は $\theta=\cdots$, $-\dfrac{\pi}{2}$, $\dfrac{\pi}{2}$, $\dfrac{3}{2}\pi$, … であるから，これらも θ 軸方向に $-\dfrac{\pi}{2}$ だけ平行移動して $\theta=\cdots$, $-\pi$, 0, π, … となる。

$y=\sin(\theta-\alpha)$, $y=\cos(\theta-\alpha)$, $y=\tan(\theta-\alpha)$ のグラフ
➡ $y=\sin\theta$, $y=\cos\theta$, $y=\tan\theta$ のグラフを，θ 軸方向に α だけ平行移動

224 (1) $y=\sin\theta$ のグラフを θ 軸方向に 2 倍に拡大したもの。

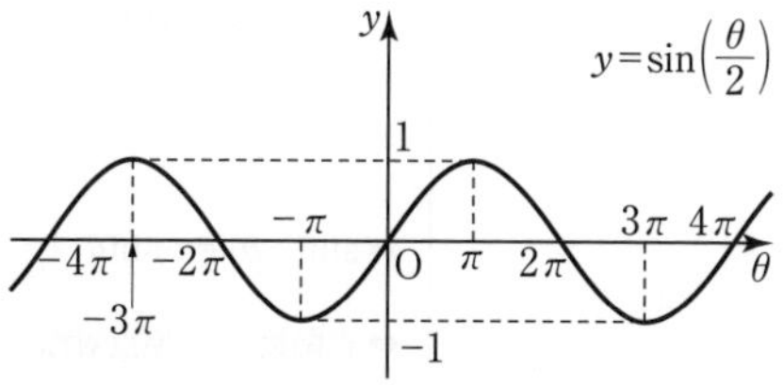

周期 4π

(2) $y=\cos\theta$ のグラフを

θ 軸方向に $\dfrac{1}{2}$ 倍に縮小し,

y 軸方向に 2 倍に拡大したもの。

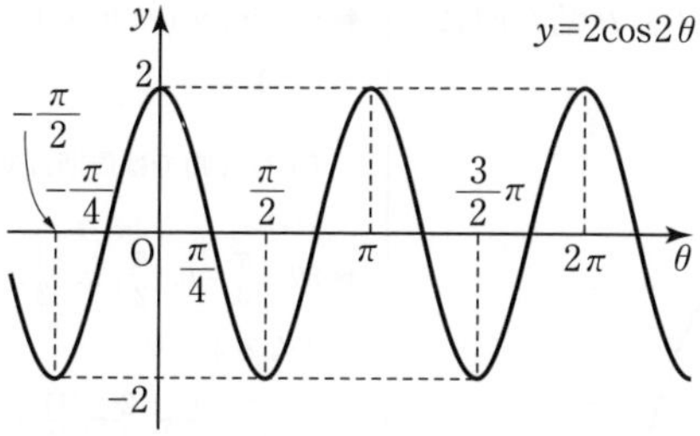

周期 π

(3) $y=\tan\theta$ のグラフを θ 軸方向に 2 倍に拡大したもの。

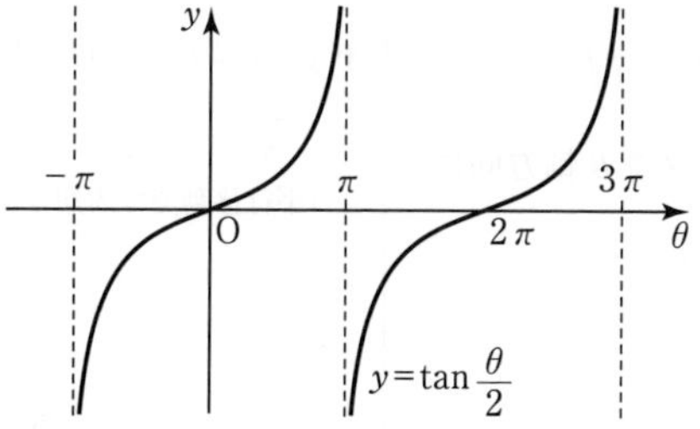

周期 2π

$y=\sin k\theta$, $y=\cos k\theta$, $y=\tan k\theta$ のグラフ ($k>0$)

➡ $y=\sin\theta$, $y=\cos\theta$, $y=\tan\theta$ のグラフを, θ 軸方向に $\dfrac{1}{k}$ 倍

---

225 (1) $f(-\theta)=\cos\{2(-\theta)\}=\cos(-2\theta)$

$=\cos 2\theta=f(\theta)$

よって，**偶関数**

⬅ $\cos(-\theta)=\cos\theta$

⬅ 偶関数 $\Longleftrightarrow$ y 軸対称 $\Longleftrightarrow$ $f(-x)=f(x)$

(2) $f(-\theta)=\sin\dfrac{(-\theta)}{3}=\sin\left(-\dfrac{\theta}{3}\right)$

$=-\sin\dfrac{\theta}{3}=-f(\theta)$

よって，**奇関数**

⬅ $\sin(-\theta)=-\sin\theta$

⬅ 奇関数 $\Longleftrightarrow$ 原点対称 $\Longleftrightarrow$ $f(-x)=-f(x)$

(3) $f(-\theta)=\tan(-\theta+\pi)=\tan(\pi-\theta)=-\tan\theta$

また　$f(\theta)=\tan(\theta+\pi)=\tan\theta$

よって，$f(-\theta)=-f(\theta)$ であるから，**奇関数**

226 (1) $y=3\sin\left(2\theta-\dfrac{\pi}{3}\right)=3\sin 2\left(\theta-\dfrac{\pi}{6}\right)$

であるから，$y=3\sin 2\theta$ のグラフを θ 軸方向に $\dfrac{\pi}{6}$ だけ平行移動したものである。

また，**周期は π** である。

⬅ $y=\sin k\theta$ $(k>0)$ の周期は $\dfrac{2\pi}{k}$

(平行移動では周期は変わらない。)

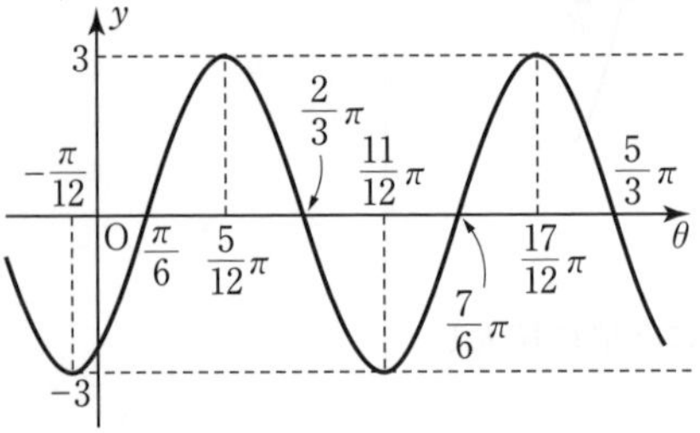

⬅ $2\theta-\dfrac{\pi}{3}=0,\ \dfrac{\pi}{2},\ \pi,\ \dfrac{3}{2}\pi,\ 2\pi,\ \cdots$

となるような

$\theta=\dfrac{\pi}{6},\ \dfrac{5}{12}\pi,\ \dfrac{2}{3}\pi,\ \dfrac{11}{12}\pi,\ \dfrac{7}{6}\pi,\cdots$

をとるとグラフがかきやすい。

(2) $y=\dfrac{1}{2}\cos\left(\dfrac{\theta}{2}+\dfrac{\pi}{6}\right)=\dfrac{1}{2}\cos\dfrac{1}{2}\left(\theta+\dfrac{\pi}{3}\right)$

であるから，$y=\dfrac{1}{2}\cos\dfrac{\theta}{2}$ のグラフを θ 軸方向に $-\dfrac{\pi}{3}$ だけ平行移動したものである。

また，**周期は 4π** である。

⬅ $y=\cos k\theta$ $(k>0)$ の周期は $\dfrac{2\pi}{k}$

(平行移動では周期は変わらない。)

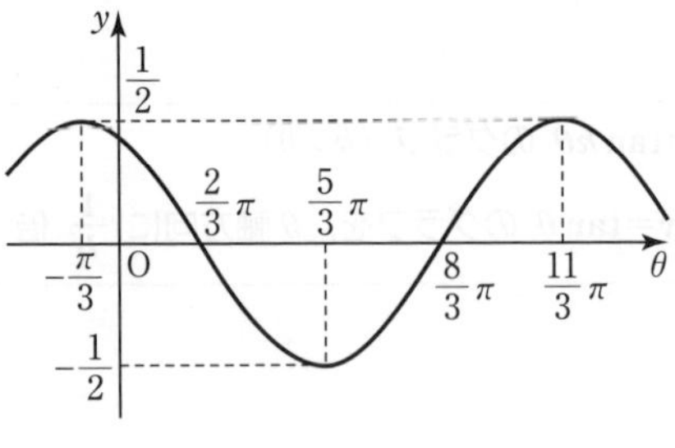

⬅ $\dfrac{\theta}{2}+\dfrac{\pi}{6}=0,\ \dfrac{\pi}{2},\ \pi,\ \dfrac{3}{2}\pi,\ 2\pi,\ \cdots$

となるような

$\theta=-\dfrac{\pi}{3},\ \dfrac{2}{3}\pi,\ \dfrac{5}{3}\pi,\ \dfrac{8}{3}\pi,\ \dfrac{11}{3}\pi,\cdots$

をとるとグラフがかきやすい。

(3)　$y=\tan\left(2\theta-\dfrac{\pi}{2}\right)=\tan 2\left(\theta-\dfrac{\pi}{4}\right)$ であるから

$y=\tan 2\theta$ のグラフを θ 軸方向に $\dfrac{\pi}{4}$ だけ平行移動したもので，周期は $\dfrac{\pi}{2}$ である。

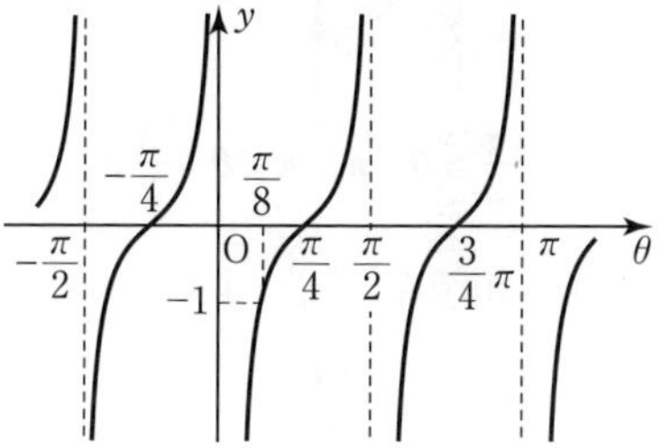

⬅ $y=\tan k\theta$ $(k>0)$ の周期は $\dfrac{\pi}{k}$
（平行移動では周期は変わらない。）

⬅ $y=\tan\theta$ の漸近線は
$\theta=\pm\dfrac{\pi}{2},\ \pm\dfrac{3}{2}\pi,\ \pm\dfrac{5}{2}\pi,\ \cdots$
であるから
$2\theta-\dfrac{\pi}{2}=-\dfrac{3}{2}\pi, -\dfrac{\pi}{2}, \dfrac{\pi}{2}, \dfrac{3}{2}\pi, \cdots$
となるような
$\theta=-\dfrac{\pi}{2},\ 0,\ \dfrac{\pi}{2},\ \pi,\ \cdots$
をとるとグラフがかきやすい。

227　(1)

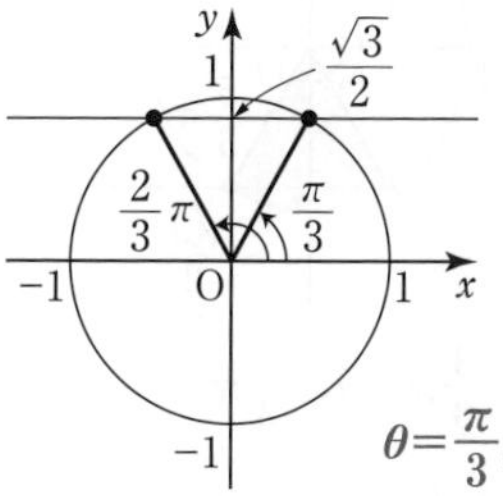

$\theta=\dfrac{\pi}{3},\ \dfrac{2}{3}\pi$

(2)

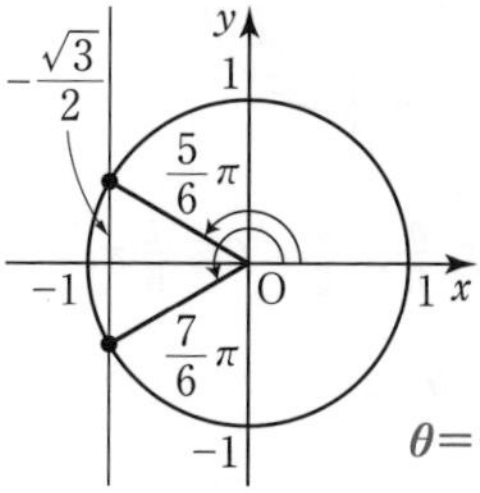

$\theta=\dfrac{5}{6}\pi,\ \dfrac{7}{6}\pi$

(3)

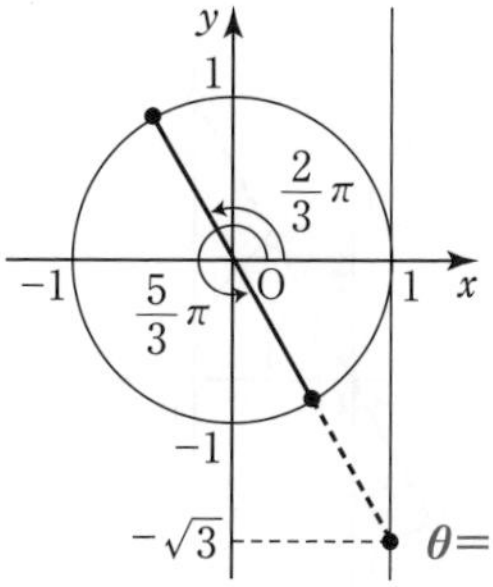

$\theta=\dfrac{2}{3}\pi,\ \dfrac{5}{3}\pi$

(4)　$\sin\theta=-\dfrac{1}{\sqrt{2}}$ より

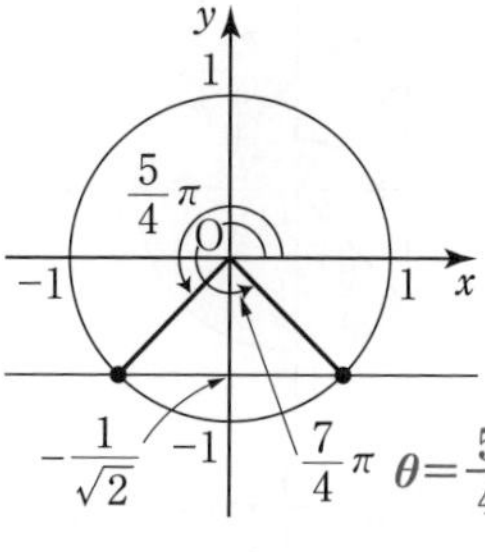

$\theta=\dfrac{5}{4}\pi,\ \dfrac{7}{4}\pi$

(5)　$\cos\theta=\dfrac{1}{2}$ より

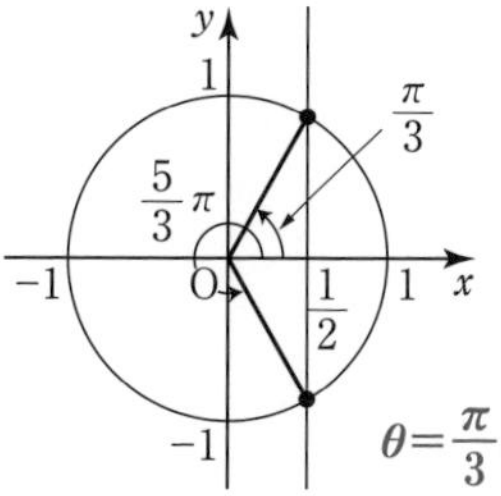

$\theta=\dfrac{\pi}{3},\ \dfrac{5}{3}\pi$

(6)　$\tan\theta=1$ より

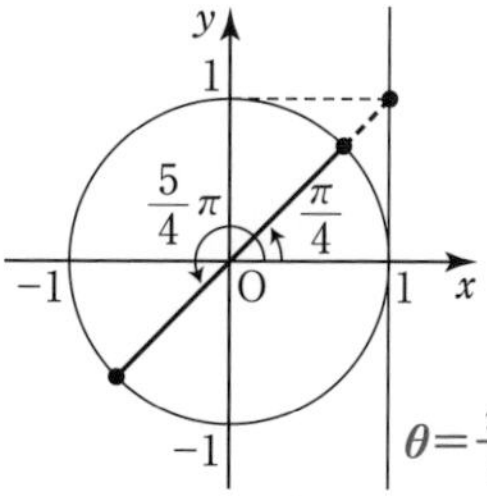

$\theta=\dfrac{\pi}{4},\ \dfrac{5}{4}\pi$

228 (1)

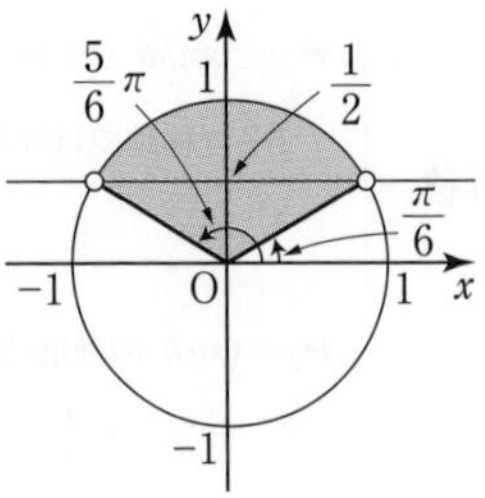

$\frac{\pi}{6}<\theta<\frac{5}{6}\pi$

(2)

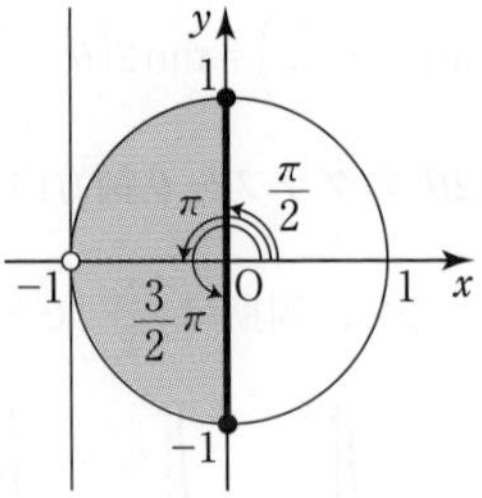

$\frac{\pi}{2}\leqq\theta<\pi,\ \ \pi<\theta\leqq\frac{3}{2}\pi$

(3)

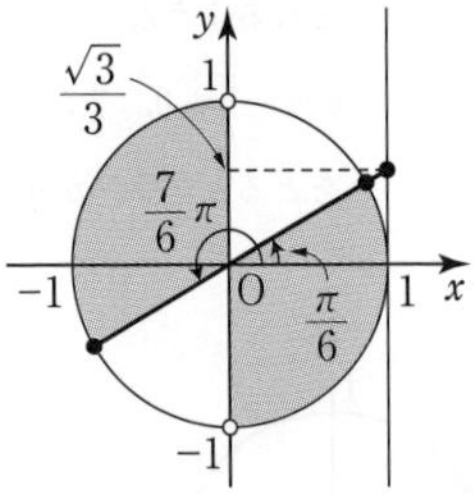

$0\leqq\theta\leqq\frac{\pi}{6},\ \ \frac{\pi}{2}<\theta\leqq\frac{7}{6}\pi,$

$\frac{3}{2}\pi<\theta<2\pi$

(4) $\sin\theta\leqq-\frac{\sqrt{3}}{2}$ より

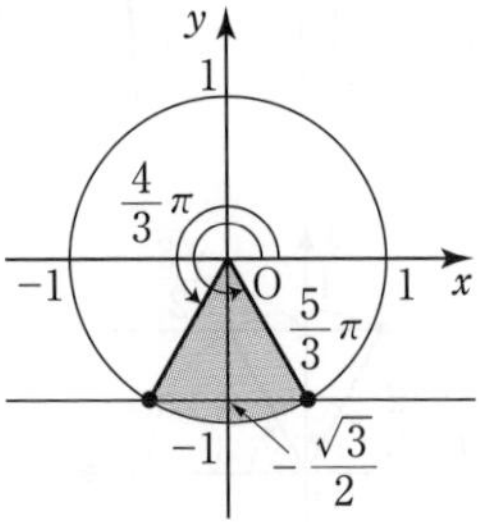

$\frac{4}{3}\pi\leqq\theta\leqq\frac{5}{3}\pi$

(5) $\cos\theta>-\frac{1}{\sqrt{2}}$ より

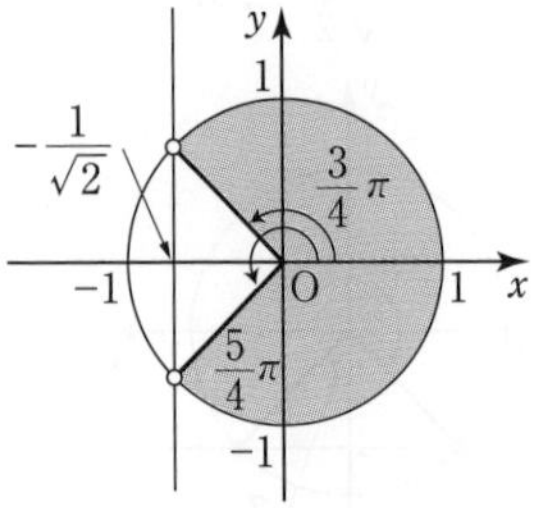

$0\leqq\theta<\frac{3}{4}\pi,\ \ \frac{5}{4}\pi<\theta<2\pi$

(6) $\tan\theta>\sqrt{3}$ より

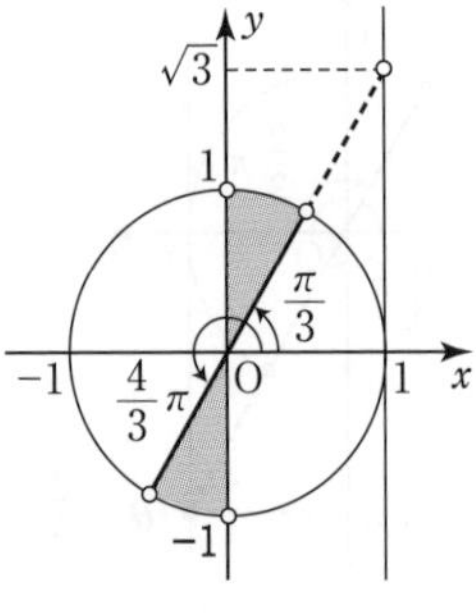

$\frac{\pi}{3}<\theta<\frac{\pi}{2},\ \ \frac{4}{3}\pi<\theta<\frac{3}{2}\pi$

229 (1)

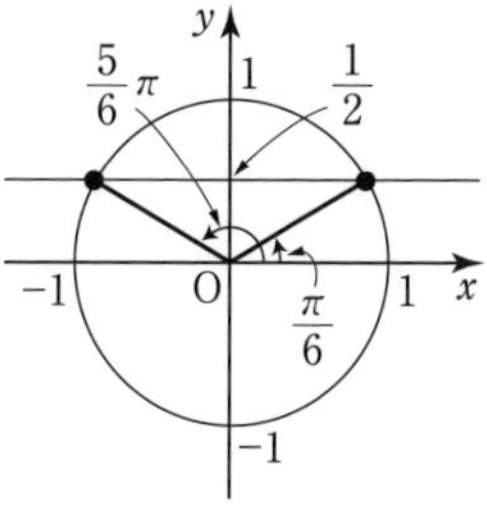

$\boldsymbol{\theta=\frac{\pi}{6}+2n\pi,\ \frac{5}{6}\pi+2n\pi}$ **(*n* は整数)**

⬅ θ の範囲に制限がないときの解を一般解という。

(2)

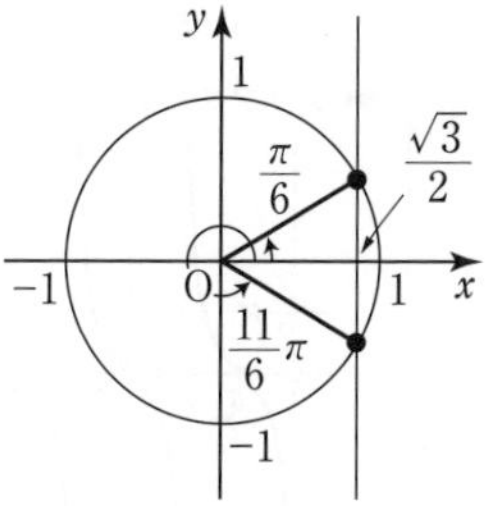

$\boldsymbol{\theta=\frac{\pi}{6}+2n\pi,\ \frac{11}{6}\pi+2n\pi}$ **(*n* は整数)**

⬅ $\theta=\pm\frac{\pi}{6}+2n\pi$ でもよい。

(3)

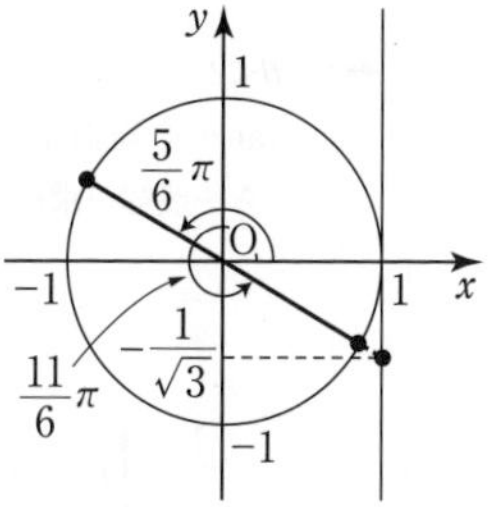

$\boldsymbol{\theta=\frac{5}{6}\pi+n\pi}$ **(*n* は整数)**

(4)

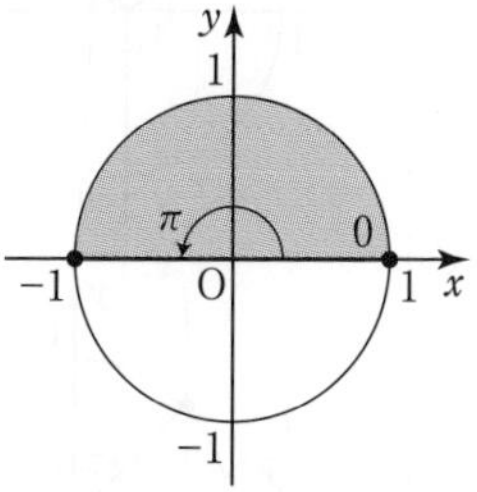

$0\leqq\theta<2\pi$ のとき

$0\leqq\theta\leqq\pi$

⬅ グラフを用いると下の図。

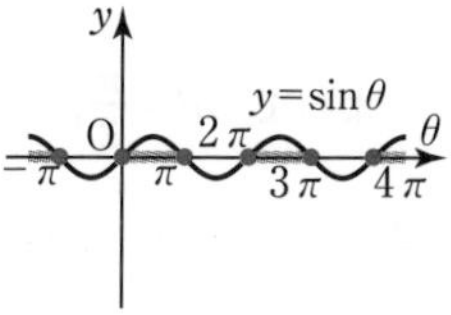

よって，θ の値の範囲に制限がないとき

$0+2n\pi\leqq\theta\leqq\pi+2n\pi$

ゆえに　$\boldsymbol{2n\pi\leqq\theta\leqq(2n+1)\pi}$ **(*n* は整数)**

⬅ $0\leqq\theta<2\pi$ のときの解と，$y=\sin\theta$ の周期が 2π であることから一般解を求める。

(5)

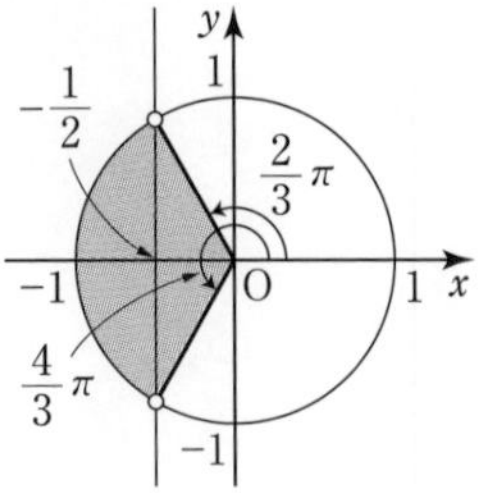

$0 \leqq \theta < 2\pi$ のとき

$$\frac{2}{3}\pi < \theta < \frac{4}{3}\pi$$

よって，θ の値の範囲に制限がないとき

$$\boldsymbol{\frac{2}{3}\pi + 2n\pi < \theta < \frac{4}{3}\pi + 2n\pi}\ \textbf{(}\boldsymbol{n}\ \textbf{は整数)}$$

⬅ $0 \leqq \theta < 2\pi$ のときの解と，$y=\cos\theta$ の周期が 2π であることから一般解を求める。

(6)

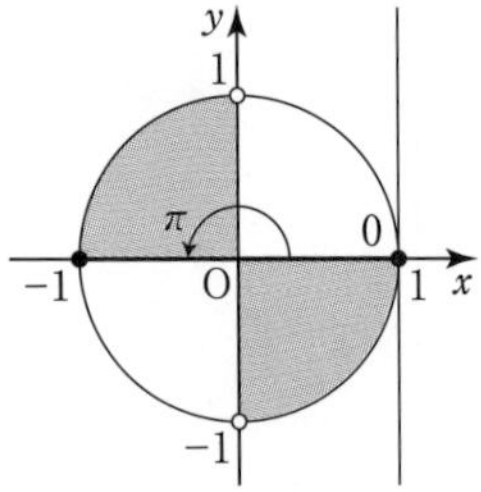

⬅ グラフを用いると下の図。

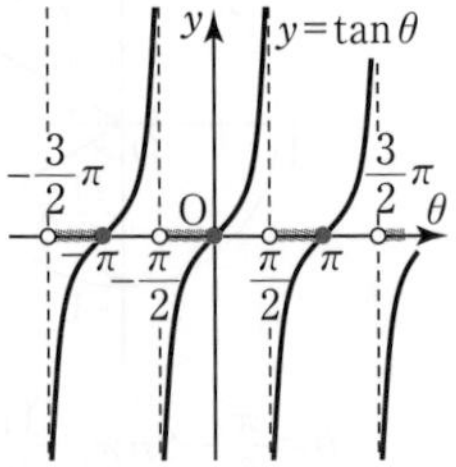

$0 \leqq \theta < 2\pi$ のとき

$$\theta = 0,\ \frac{\pi}{2} < \theta \leqq \pi,\ \frac{3}{2}\pi < \theta < 2\pi$$

よって，θ の値の範囲に制限がないとき

$$\boldsymbol{\frac{\pi}{2} + n\pi < \theta \leqq (n+1)\pi}\ \textbf{(}\boldsymbol{n}\ \textbf{は整数)}$$

⬅ $0 \leqq \theta < 2\pi$ のときの解と $y=\tan\theta$ の周期が π であることから一般解を求める。

230 (1) $0 \leqq \theta < 2\pi$ より $\frac{\pi}{3} \leqq \theta + \frac{\pi}{3} < \frac{7}{3}\pi$

この範囲で $\sin\left(\theta + \frac{\pi}{3}\right) = \frac{1}{2}$ を解くと

$$\theta + \frac{\pi}{3} = \frac{5}{6}\pi,\ \frac{13}{6}\pi$$

よって　$\boldsymbol{\theta = \frac{\pi}{2},\ \frac{11}{6}\pi}$

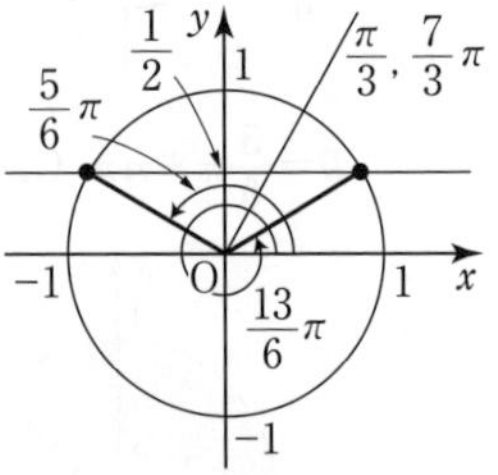

(2) $0 \leqq \theta < 2\pi$　より　$-\frac{\pi}{4} \leqq \theta - \frac{\pi}{4} < \frac{7}{4}\pi$

この範囲で $\cos\left(\theta - \frac{\pi}{4}\right) = -\frac{1}{\sqrt{2}}$ を解くと

$$\theta - \frac{\pi}{4} = \frac{3}{4}\pi,\ \frac{5}{4}\pi$$

よって　$\boldsymbol{\theta = \pi,\ \frac{3}{2}\pi}$

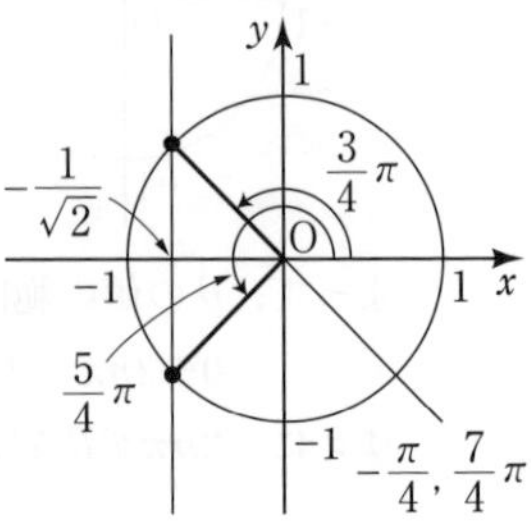

(3)　$0 \leqq \theta < 2\pi$ より　$\dfrac{\pi}{6} \leqq \theta + \dfrac{\pi}{6} < \dfrac{13}{6}\pi$

この範囲で $\tan\left(\theta + \dfrac{\pi}{6}\right) = 1$ を解くと

$$\theta + \frac{\pi}{6} = \frac{\pi}{4},\ \frac{5}{4}\pi$$

よって　$\boldsymbol{\theta = \dfrac{\pi}{12},\ \dfrac{13}{12}\pi}$

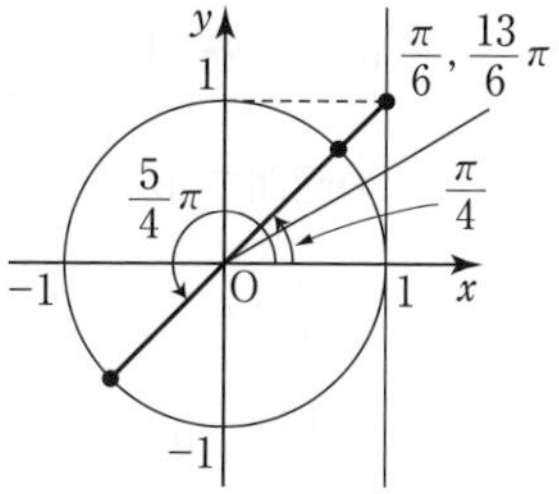

(4)　$0 \leqq \theta < 2\pi$ より　$-\dfrac{\pi}{4} \leqq \theta - \dfrac{\pi}{4} < \dfrac{7}{4}\pi$

この範囲で $\sin\left(\theta - \dfrac{\pi}{4}\right) = -\dfrac{1}{2}$ を解くと

$$\theta - \frac{\pi}{4} = -\frac{\pi}{6},\ \frac{7}{6}\pi$$

よって　$\boldsymbol{\theta = \dfrac{\pi}{12},\ \dfrac{17}{12}\pi}$

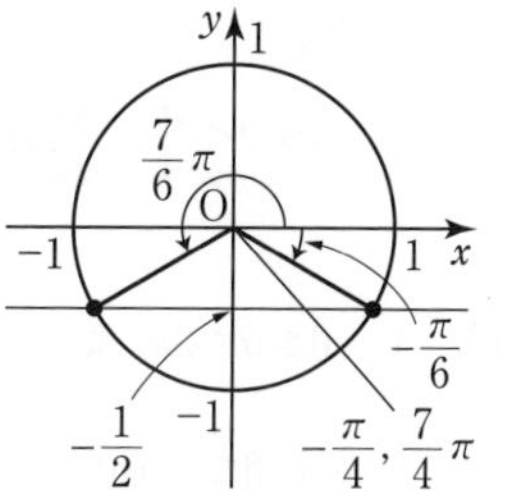

$\theta + b$ の範囲をまずおさえる

231　(1)　$0 \leqq \theta < 2\pi$ より　$\dfrac{\pi}{6} \leqq \theta + \dfrac{\pi}{6} < \dfrac{13}{6}\pi$

この範囲で $\sin\left(\theta + \dfrac{\pi}{6}\right) \geqq \dfrac{\sqrt{2}}{2}$ を解くと

$$\frac{\pi}{4} \leqq \theta + \frac{\pi}{6} \leqq \frac{3}{4}\pi$$

よって　$\boldsymbol{\dfrac{\pi}{12} \leqq \theta \leqq \dfrac{7}{12}\pi}$

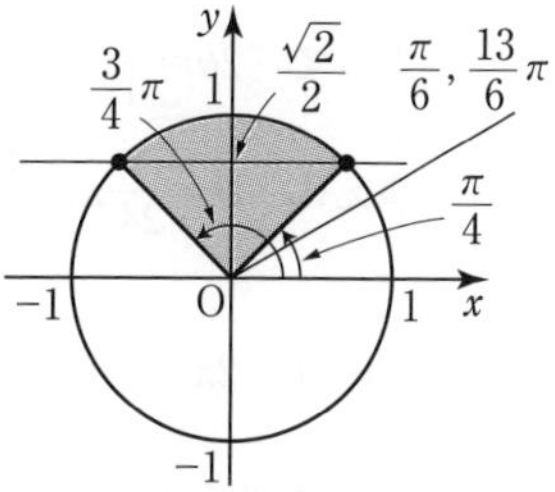

(2)　$0 \leqq \theta < 2\pi$ より　$-\dfrac{\pi}{3} \leqq \theta - \dfrac{\pi}{3} < \dfrac{5}{3}\pi$

この範囲で $\cos\left(\theta - \dfrac{\pi}{3}\right) \leqq \dfrac{\sqrt{3}}{2}$ を解くと

$$-\frac{\pi}{3} \leqq \theta - \frac{\pi}{3} \leqq -\frac{\pi}{6},\ \frac{\pi}{6} \leqq \theta - \frac{\pi}{3} < \frac{5}{3}\pi$$

よって　$\boldsymbol{0 \leqq \theta \leqq \dfrac{\pi}{6},\ \dfrac{\pi}{2} \leqq \theta < 2\pi}$

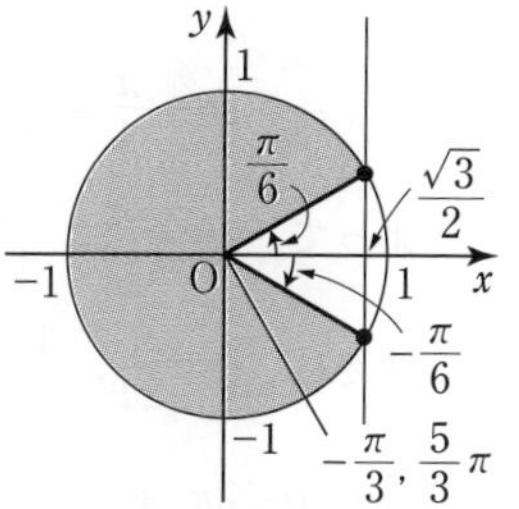

(3)　$0 \leqq \theta < 2\pi$ より　$-\dfrac{\pi}{6} \leqq \theta - \dfrac{\pi}{6} < \dfrac{11}{6}\pi$

この範囲で $\tan\left(\theta - \dfrac{\pi}{6}\right) < -1$ を解くと

$$\frac{\pi}{2} < \theta - \frac{\pi}{6} < \frac{3}{4}\pi,\ \frac{3}{2}\pi < \theta - \frac{\pi}{6} < \frac{7}{4}\pi$$

よって　$\boldsymbol{\dfrac{2}{3}\pi < \theta < \dfrac{11}{12}\pi,\ \dfrac{5}{3}\pi < \theta < \dfrac{23}{12}\pi}$

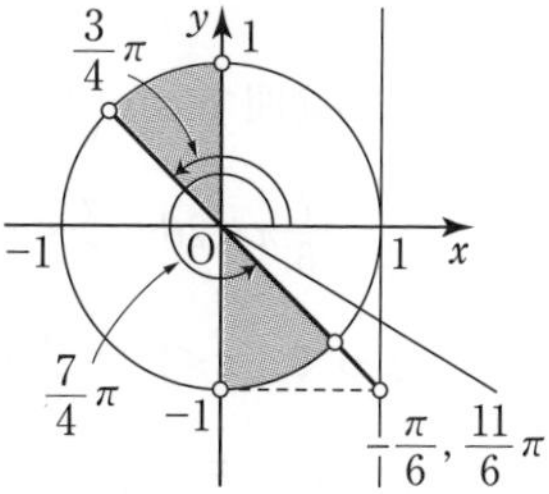

(4)　$0 \leqq \theta < 2\pi$ より　$\dfrac{\pi}{4} \leqq \theta + \dfrac{\pi}{4} < \dfrac{9}{4}\pi$

この範囲で $\tan\left(\theta + \dfrac{\pi}{4}\right) \geqq \dfrac{1}{\sqrt{3}}$ を解くと

$\dfrac{\pi}{4} \leqq \theta + \dfrac{\pi}{4} < \dfrac{\pi}{2}$，$\dfrac{7}{6}\pi \leqq \theta + \dfrac{\pi}{4} < \dfrac{3}{2}\pi$，

$\dfrac{13}{6}\pi \leqq \theta + \dfrac{\pi}{4} < \dfrac{9}{4}\pi$

よって

$0 \leqq \theta < \dfrac{\pi}{4}$，$\dfrac{11}{12}\pi \leqq \theta < \dfrac{5}{4}\pi$，$\dfrac{23}{12}\pi \leqq \theta < 2\pi$

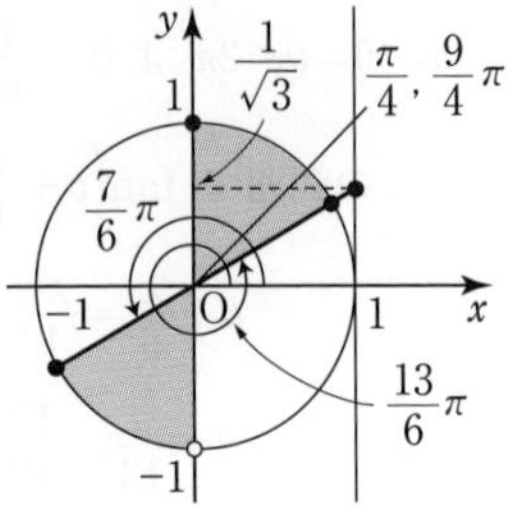

232　(1)　$0 \leqq \theta < 2\pi$ より　$-\dfrac{\pi}{3} \leqq 2\theta - \dfrac{\pi}{3} < \dfrac{11}{3}\pi$

この範囲で $\sin\left(2\theta - \dfrac{\pi}{3}\right) = \dfrac{1}{\sqrt{2}}$ を解くと

$2\theta - \dfrac{\pi}{3} = \dfrac{\pi}{4}$，$\dfrac{3}{4}\pi$，$\dfrac{9}{4}\pi$，$\dfrac{11}{4}\pi$

よって　$2\theta = \dfrac{7}{12}\pi$，$\dfrac{13}{12}\pi$，$\dfrac{31}{12}\pi$，$\dfrac{37}{12}\pi$

ゆえに　$\theta = \dfrac{7}{24}\pi$，$\dfrac{13}{24}\pi$，$\dfrac{31}{24}\pi$，$\dfrac{37}{24}\pi$

⬅ $0 \leqq \theta < 2\pi$
$0 \leqq 2\theta < 4\pi$　各辺×2
$-\dfrac{\pi}{3} \leqq 2\theta - \dfrac{\pi}{3} < \dfrac{11}{3}\pi$　各辺$-\dfrac{\pi}{3}$

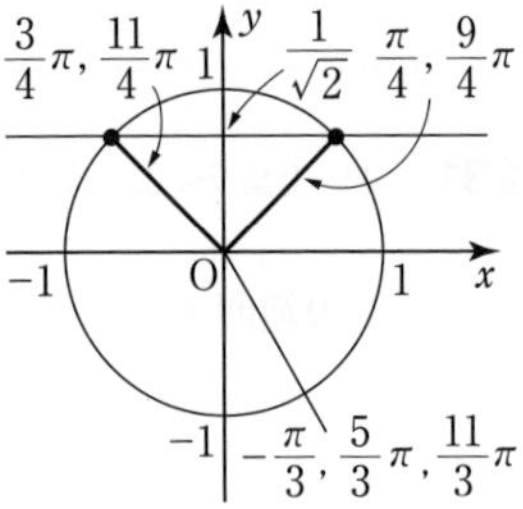

(2)　$0 \leqq \theta < 2\pi$ より　$\dfrac{\pi}{4} \leqq 2\theta + \dfrac{\pi}{4} < \dfrac{17}{4}\pi$

この範囲で $\tan\left(2\theta + \dfrac{\pi}{4}\right) = \sqrt{3}$ を解くと

$2\theta + \dfrac{\pi}{4} = \dfrac{\pi}{3}$，$\dfrac{4}{3}\pi$，$\dfrac{7}{3}\pi$，$\dfrac{10}{3}\pi$

よって　$2\theta = \dfrac{\pi}{12}$，$\dfrac{13}{12}\pi$，$\dfrac{25}{12}\pi$，$\dfrac{37}{12}\pi$

ゆえに　$\theta = \dfrac{\pi}{24}$，$\dfrac{13}{24}\pi$，$\dfrac{25}{24}\pi$，$\dfrac{37}{24}\pi$

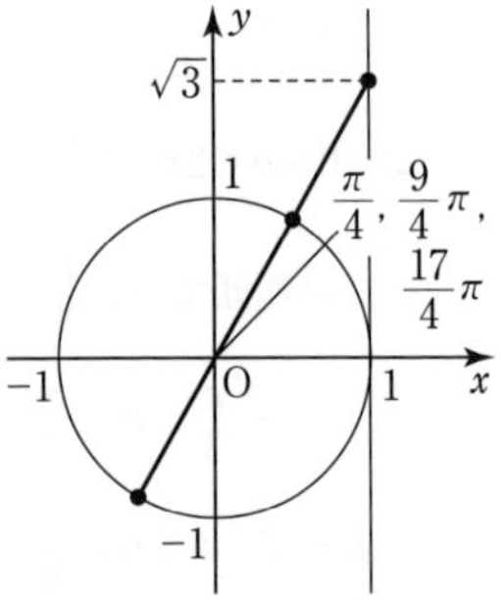

(3)　$0 \leqq \theta < 2\pi$ より　$\dfrac{\pi}{6} \leqq 2\theta + \dfrac{\pi}{6} < \dfrac{25}{6}\pi$

この範囲で $\sin\left(2\theta + \dfrac{\pi}{6}\right) < -\dfrac{1}{2}$ を解くと

$\dfrac{7}{6}\pi < 2\theta + \dfrac{\pi}{6} < \dfrac{11}{6}\pi$，$\dfrac{19}{6}\pi < 2\theta + \dfrac{\pi}{6} < \dfrac{23}{6}\pi$

よって　$\pi < 2\theta < \dfrac{5}{3}\pi$，$3\pi < 2\theta < \dfrac{11}{3}\pi$

ゆえに　$\dfrac{\pi}{2} < \theta < \dfrac{5}{6}\pi$，$\dfrac{3}{2}\pi < \theta < \dfrac{11}{6}\pi$

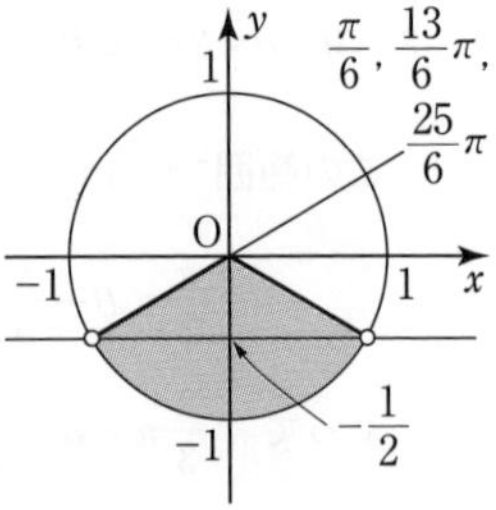

(4)　$0 \leqq \theta < 2\pi$ より　$-\dfrac{\pi}{4} \leqq 2\theta - \dfrac{\pi}{4} < \dfrac{15}{4}\pi$

この範囲で $\cos\left(2\theta - \dfrac{\pi}{4}\right) \geqq \dfrac{\sqrt{3}}{2}$ を解くと

$-\dfrac{\pi}{6} \leqq 2\theta - \dfrac{\pi}{4} \leqq \dfrac{\pi}{6},\ \dfrac{11}{6}\pi \leqq 2\theta - \dfrac{\pi}{4} \leqq \dfrac{13}{6}\pi$

よって　$\dfrac{\pi}{12} \leqq 2\theta \leqq \dfrac{5}{12}\pi,\ \dfrac{25}{12}\pi \leqq 2\theta \leqq \dfrac{29}{12}\pi$

ゆえに　$\boldsymbol{\dfrac{\pi}{24} \leqq \theta \leqq \dfrac{5}{24}\pi,\ \dfrac{25}{24}\pi \leqq \theta \leqq \dfrac{29}{24}\pi}$

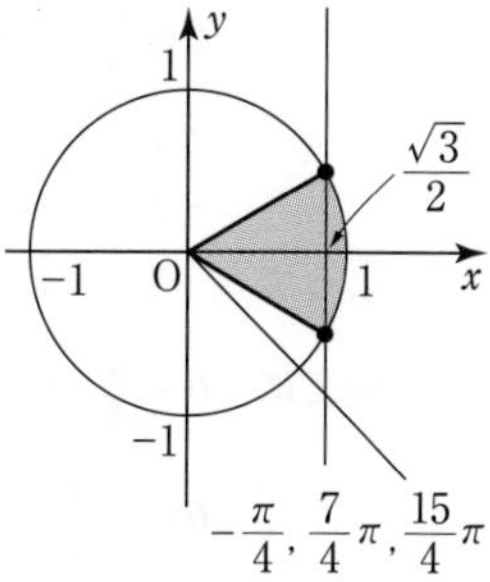

$a\theta + b$ の範囲をまずおさえる

233　(1)　$0 \leqq \theta < 2\pi$ より

$-1 \leqq \cos\theta \leqq 1$

$-3 \leqq 3\cos\theta \leqq 3$　← 各辺に 3 を掛ける。

よって　$-4 \leqq 3\cos\theta - 1 \leqq 2$　← 各辺に -1 を加える。

ゆえに　**$\theta = 0$ のとき最大値 2**

$\theta = \pi$ のとき最小値 -4

← $\cos\theta = 1$ のとき最大値 2
$\cos\theta = -1$ のとき最小値 -4

(2)　$0 \leqq \theta < 2\pi$ より

$-1 \leqq \sin\theta \leqq 1$

$-\dfrac{1}{2} \leqq -\dfrac{1}{2}\sin\theta \leqq \dfrac{1}{2}$　← 各辺に $-\dfrac{1}{2}$ を掛ける。（不等号が逆向きになる）

よって　$\dfrac{5}{2} \leqq -\dfrac{1}{2}\sin\theta + 3 \leqq \dfrac{7}{2}$　← 各辺に 3 を加える。

ゆえに　**$\theta = \dfrac{3}{2}\pi$ のとき最大値 $\dfrac{7}{2}$**　← $\sin\theta = -1$ のとき最大値 $\dfrac{7}{2}$

$\theta = \dfrac{\pi}{2}$ のとき最小値 $\dfrac{5}{2}$　← $\sin\theta = 1$ のとき最小値 $\dfrac{5}{2}$

(3)　$\dfrac{\pi}{3} \leqq \theta \leqq \dfrac{7}{4}\pi$ より

$-1 \leqq \cos\theta \leqq \dfrac{\sqrt{2}}{2}$

$-2 \leqq 2\cos\theta \leqq \sqrt{2}$

よって　$-1 \leqq 2\cos\theta + 1 \leqq \sqrt{2} + 1$

ゆえに　**$\theta = \dfrac{7}{4}\pi$ のとき最大値 $\sqrt{2} + 1$**

$\theta = \pi$ のとき最小値 -1

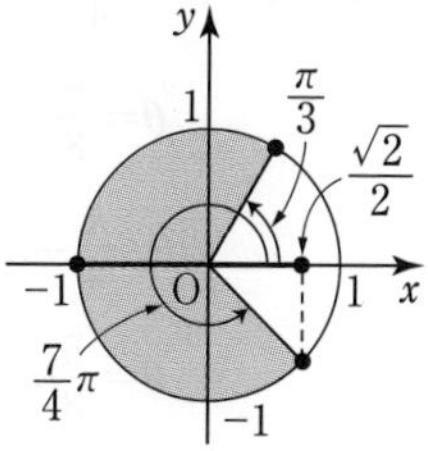

(4)　$-\dfrac{\pi}{3} \leqq \theta \leqq \dfrac{\pi}{4}$ より

$$-\sqrt{3} \leqq \tan\theta \leqq 1$$

$$-3 \leqq \sqrt{3}\tan\theta \leqq \sqrt{3}$$

よって　$-4 \leqq \sqrt{3}\tan\theta - 1 \leqq \sqrt{3}-1$

ゆえに　**$\theta = \dfrac{\pi}{4}$ のとき最大値 $\sqrt{3}-1$**

$\theta = -\dfrac{\pi}{3}$ のとき最小値 -4

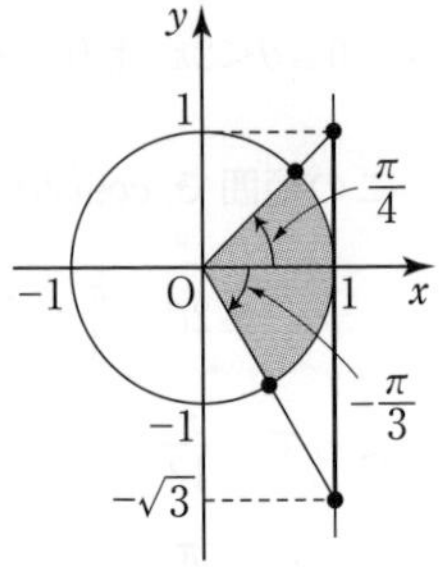

(5)　$0 \leqq \theta \leqq \pi$ より

$\dfrac{\pi}{6} \leqq \theta + \dfrac{\pi}{6} \leqq \dfrac{7}{6}\pi$ であるから

$$-\frac{1}{2} \leqq \sin\left(\theta + \frac{\pi}{6}\right) \leqq 1$$

よって　$\theta + \dfrac{\pi}{6} = \dfrac{\pi}{2}$　すなわち

$\theta = \dfrac{\pi}{3}$ のとき　最大値 1

$\theta + \dfrac{\pi}{6} = \dfrac{7}{6}\pi$　すなわち

$\theta = \pi$ のとき　最小値 $-\dfrac{1}{2}$

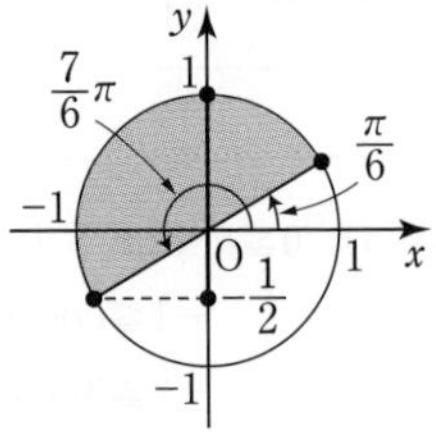

(6)　$0 \leqq \theta \leqq \dfrac{3}{4}\pi$ より

$-\dfrac{\pi}{4} \leqq 2\theta - \dfrac{\pi}{4} \leqq \dfrac{5}{4}\pi$ であるから

$$-1 \leqq \cos\left(2\theta - \frac{\pi}{4}\right) \leqq 1$$

よって　$2\theta - \dfrac{\pi}{4} = 0$　すなわち

$\theta = \dfrac{\pi}{8}$ のとき　最大値 1

$2\theta - \dfrac{\pi}{4} = \pi$　すなわち

$\theta = \dfrac{5}{8}\pi$ のとき　最小値 -1

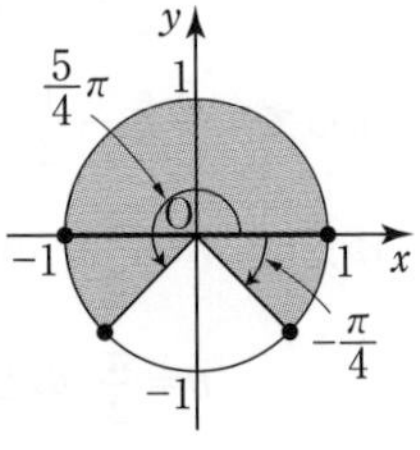

234 (1) $y=\cos^2\theta-\cos\theta+1$ より，$\cos\theta=t$ とおくと

$$y=t^2-t+1=\left(t-\frac{1}{2}\right)^2+\frac{3}{4} \quad \cdots ①$$

← 2 次関数の最大・最小はグラフをかいて考える。

また，$0\leqq\theta<2\pi$ より　$-1\leqq t\leqq 1$　…②

← $-1\leqq\cos\theta\leqq 1$

②の範囲で①のグラフをかくと，右の図より

$t=-1$ のとき最大，

$t=\frac{1}{2}$ のとき最小

となる。

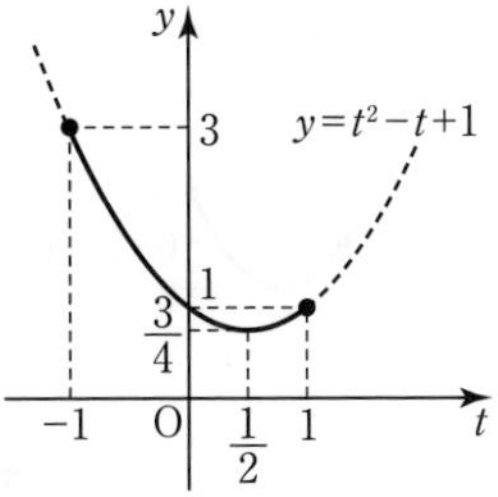

よって

$\cos\theta=-1$　すなわち

$\theta=\pi$ のとき　最大値 3

$\cos\theta=\frac{1}{2}$　すなわち

$\theta=\frac{\pi}{3}$，$\frac{5}{3}\pi$ のとき　最小値 $\frac{3}{4}$

(2) $y=\cos^2\theta+\sqrt{3}\sin\theta$

$=(1-\sin^2\theta)+\sqrt{3}\sin\theta$

$=-\sin^2\theta+\sqrt{3}\sin\theta+1$

← $\cos^2\theta=1-\sin^2\theta$ を代入して $\sin\theta$ だけの式にする。

$\sin\theta=t$ とおくと

$$y=-t^2+\sqrt{3}t+1=-\left(t-\frac{\sqrt{3}}{2}\right)^2+\frac{7}{4} \quad \cdots ①$$

← 2 次関数の最大・最小はグラフをかいて考える。

また，$0\leqq\theta<2\pi$ より　$-1\leqq t\leqq 1$　…②

← $-1\leqq\sin\theta\leqq 1$

②の範囲で①のグラフをかくと，右の図より

$t=\frac{\sqrt{3}}{2}$ のとき最大，

$t=-1$ のとき最小

となる。

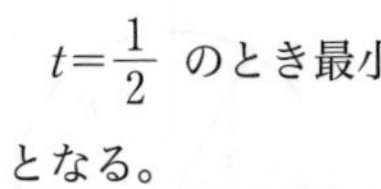

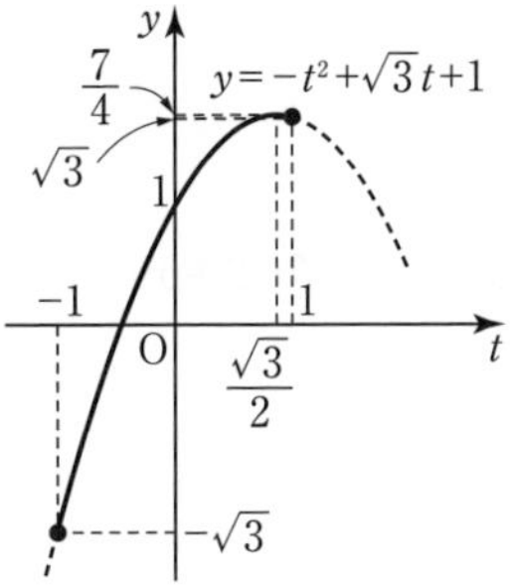

よって

$\sin\theta=\frac{\sqrt{3}}{2}$　すなわち

$\theta=\frac{\pi}{3}$，$\frac{2}{3}\pi$ のとき　最大値 $\frac{7}{4}$

$\sin\theta=-1$　すなわち

$\theta=\frac{3}{2}\pi$ のとき　最小値 $-\sqrt{3}$

(3) $y=\tan^2\theta+2\tan\theta+3$ より，$\tan\theta=t$ とおくと

$y=t^2+2t+3=(t+1)^2+2$ …①

また，$\dfrac{2}{3}\pi\leqq\theta\leqq\pi$ より　$-\sqrt{3}\leqq t\leqq 0$ …②

②の範囲で①のグラフをかくと，右の図より

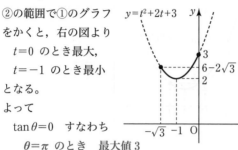

$t=0$ のとき最大，

$t=-1$ のとき最小

となる。

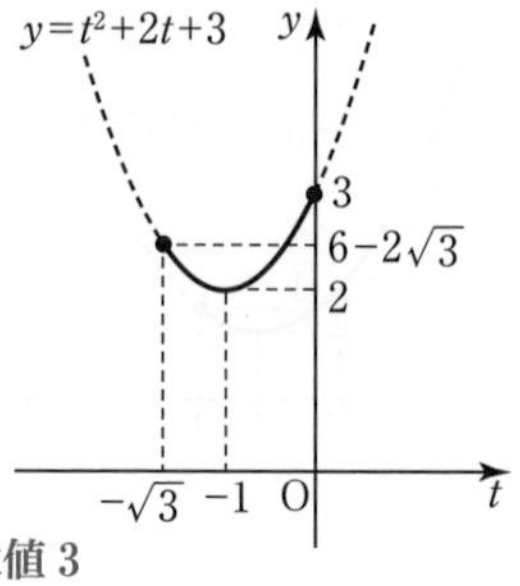

よって

$\tan\theta=0$　すなわち

$\theta=\pi$ のとき　最大値 3

$\tan\theta=-1$　すなわち

$\theta=\dfrac{3}{4}\pi$ のとき　最小値 2

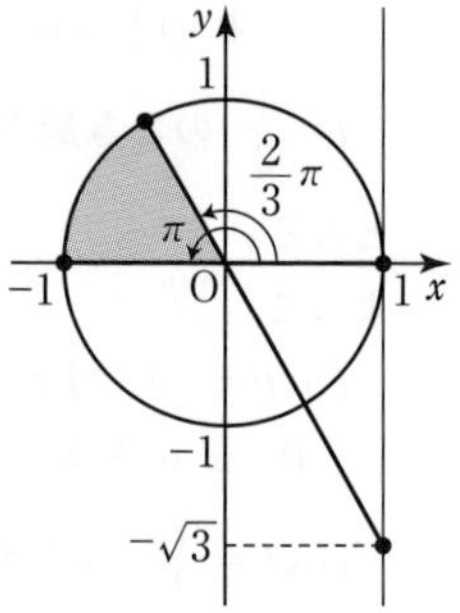

$\sin\theta=t$，$\cos\theta=t$，$\tan\theta=t$ の置き換え ➡ 変域に注意してグラフをかく

235 (1) $2\sin^2\theta+\sin\theta=0$ より

$\sin\theta(2\sin\theta+1)=0$

よって　$\sin\theta=0,\ -\dfrac{1}{2}$

$0\leqq\theta<2\pi$ より　$\theta=0,\ \pi,\ \dfrac{7}{6}\pi,\ \dfrac{11}{6}\pi$

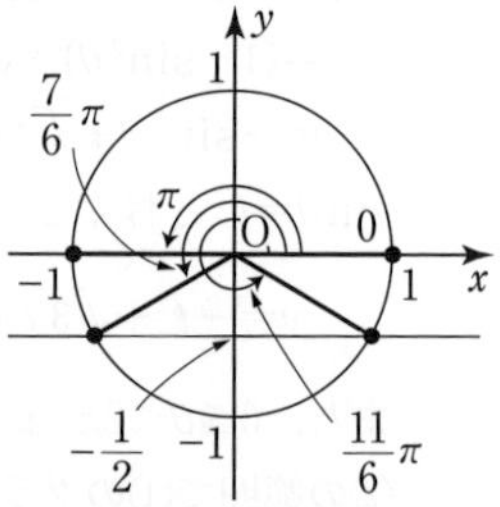

(2) $2\sin^2\theta+3\cos\theta=0$ より

$2(1-\cos^2\theta)+3\cos\theta=0$

$2\cos^2\theta-3\cos\theta-2=0$

$(2\cos\theta+1)(\cos\theta-2)=0$

ここで，$-1\leqq\cos\theta\leqq 1$ より　$\cos\theta-2\neq 0$

よって　$2\cos\theta+1=0$

$\cos\theta=-\dfrac{1}{2}$

$0\leqq\theta<2\pi$ より　$\theta=\dfrac{2}{3}\pi,\ \dfrac{4}{3}\pi$

⬅ $\sin^2\theta=1-\cos^2\theta$ を代入して $\cos\theta$ だけで表す。

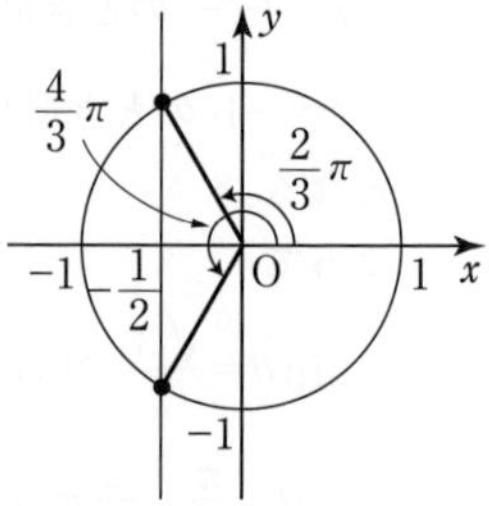

(3) $2\cos^2\theta-\sin\theta-1>0$ より

$2(1-\sin^2\theta)-\sin\theta-1>0$

$2\sin^2\theta+\sin\theta-1<0$

$(2\sin\theta-1)(\sin\theta+1)<0$

⬅ $\cos^2\theta=1-\sin^2\theta$ を代入して $\sin\theta$ だけで表す。

よって　$-1<\sin\theta<\frac{1}{2}$

$0 \leqq \theta < 2\pi$ より

$$0 \leqq \theta < \frac{\pi}{6},\ \frac{5}{6}\pi < \theta < \frac{3}{2}\pi,\ \frac{3}{2}\pi < \theta < 2\pi$$

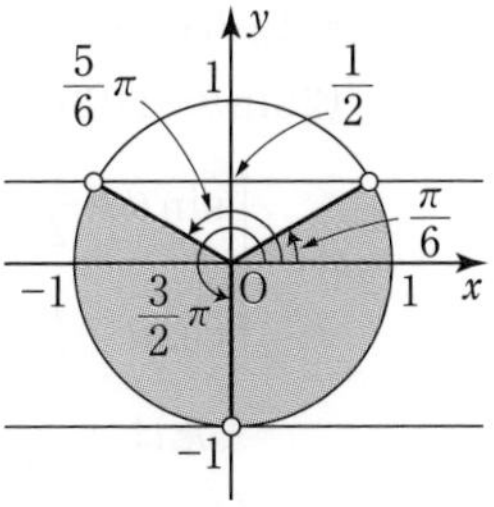

(4)　$2\sin^2\theta - 5\cos\theta + 1 \leqq 0$ より

$2(1-\cos^2\theta) - 5\cos\theta + 1 \leqq 0$

$2\cos^2\theta + 5\cos\theta - 3 \geqq 0$

$(2\cos\theta - 1)(\cos\theta + 3) \geqq 0$

ここで，$-1 \leqq \cos\theta \leqq 1$ より　$\cos\theta + 3 > 0$

よって　$2\cos\theta - 1 \geqq 0$

$$\cos\theta \geqq \frac{1}{2}$$

$0 \leqq \theta < 2\pi$ より

$$0 \leqq \theta \leqq \frac{\pi}{3},\ \frac{5}{3}\pi \leqq \theta < 2\pi$$

⬅ $\sin^2\theta = 1 - \cos^2\theta$ を代入して $\cos\theta$ だけで表す。

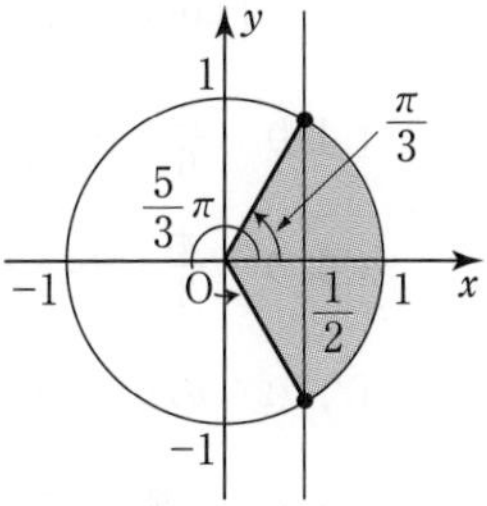

(5)　$\sin\theta < \tan\theta$ より

$\tan\theta\cos\theta < \tan\theta$ と変形でき，

$\tan\theta(\cos\theta - 1) < 0$

ここで，$-1 \leqq \cos\theta \leqq 1$ より　$\cos\theta - 1 \leqq 0$

よって　$\cos\theta - 1 < 0$　かつ　$\tan\theta > 0$

$\cos\theta - 1 < 0$ から　$\cos\theta < 1$

これと $0 \leqq \theta < 2\pi$ より　$0 < \theta < 2\pi$　…①

$\tan\theta > 0$ から　$0 < \theta < \frac{\pi}{2},\ \pi < \theta < \frac{3}{2}\pi$　…②

①，②の共通範囲を求めると

$$0 < \theta < \frac{\pi}{2},\ \pi < \theta < \frac{3}{2}\pi$$

⬅ $\tan\theta = \frac{\sin\theta}{\cos\theta}$ より $\sin\theta = \tan\theta\cos\theta$ と変形する。

別解　$\sin\theta < \frac{\sin\theta}{\cos\theta}$ と変形する。

両辺に $\cos^2\theta(\geqq 0)$ を掛けて

$\cos^2\theta\sin\theta < \cos\theta\sin\theta$

$\cos\theta\sin\theta(\cos\theta - 1) < 0$

よって　$\cos\theta - 1 < 0$ かつ $\cos\theta\sin\theta > 0$

ゆえに　$\begin{cases} \sin\theta > 0 \\ 1 > \cos\theta > 0 \end{cases}$　または　$\begin{cases} \sin\theta < 0 \\ \cos\theta < 0 \end{cases}$

したがって　$0 < \theta < \frac{\pi}{2},\ \pi < \theta < \frac{3}{2}\pi$

⬅ 不等式では，$(分母)^2$ を両辺に掛けて分母を払えば，不等号の向きは変わらない。

⬅ $\cos\theta \leqq 1$ より $\cos\theta - 1 \leqq 0$

(6)　$4\sin\theta\cos\theta-2\sin\theta-2\cos\theta+1<0$ より

$(2\sin\theta-1)(2\cos\theta-1)<0$ と変形でき，

(i)　$\begin{cases}\sin\theta>\dfrac{1}{2} & \cdots① \\ \cos\theta<\dfrac{1}{2} & \cdots②\end{cases}$

⬅ $\begin{cases}2\sin\theta-1>0 \\ 2\cos\theta-1<0\end{cases}$

または

(ii)　$\begin{cases}\sin\theta<\dfrac{1}{2} & \cdots③ \\ \cos\theta>\dfrac{1}{2} & \cdots④\end{cases}$

⬅ $\begin{cases}2\sin\theta-1<0 \\ 2\cos\theta-1>0\end{cases}$

①より　$\dfrac{\pi}{6}<\theta<\dfrac{5}{6}\pi$　…①′

②より　$\dfrac{\pi}{3}<\theta<\dfrac{5}{3}\pi$　…②′

①′，②′ の共通範囲は　$\dfrac{\pi}{3}<\theta<\dfrac{5}{6}\pi$

③より　$0\leqq\theta<\dfrac{\pi}{6}$，$\dfrac{5}{6}\pi<\theta<2\pi$　…③′

④より　$0\leqq\theta<\dfrac{\pi}{3}$，$\dfrac{5}{3}\pi<\theta<2\pi$　…④′

③′，④′ の共通範囲は

$0\leqq\theta<\dfrac{\pi}{6}$，$\dfrac{5}{3}\pi<\theta<2\pi$

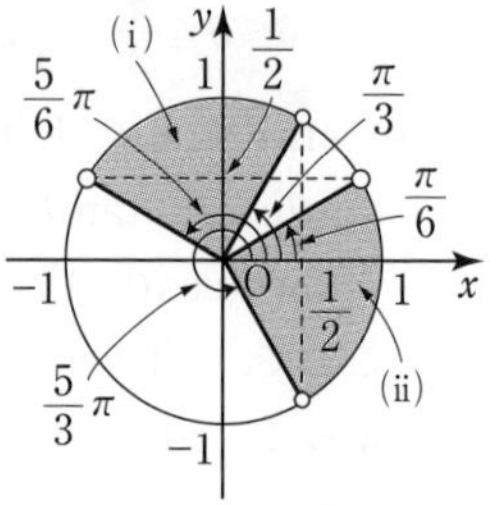

よって　$\boldsymbol{0\leqq\theta<\dfrac{\pi}{6}}$，$\boldsymbol{\dfrac{\pi}{3}<\theta<\dfrac{5}{6}\pi}$，$\boldsymbol{\dfrac{5}{3}\pi<\theta<2\pi}$

236　$2\cos^2\theta+\sin\theta-k=0$ より

$2(1-\sin^2\theta)+\sin\theta-k=0$

$-2\sin^2\theta+\sin\theta+2=k$

$\sin\theta=t$ とおくと

$-2t^2+t+2=k$　$(-1\leqq t\leqq 1)$

⬅ t の範囲をおさえる。
$0\leqq\theta<2\pi$ より
$-1\leqq\sin\theta\leqq 1$

これが解をもつとき，$y=-2t^2+t+2$ と $y=k$ のグラフが $-1\leqq t\leqq 1$ の範囲で共有点をもつ。

$y=-2t^2+t+2$

$=-2\left(t-\dfrac{1}{4}\right)^2+\dfrac{17}{8}$

であるから，右の図より

$\boldsymbol{-1\leqq k\leqq\dfrac{17}{8}}$

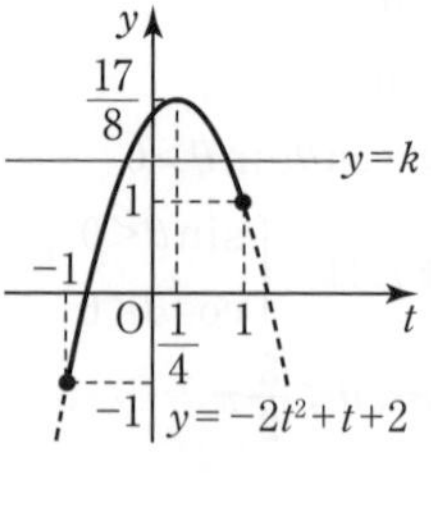

237 (1) $\sin 165^\circ = \sin(120^\circ + 45^\circ)$

$= \sin 120^\circ \cos 45^\circ + \cos 120^\circ \sin 45^\circ$

$= \dfrac{\sqrt{3}}{2} \cdot \dfrac{\sqrt{2}}{2} - \dfrac{1}{2} \cdot \dfrac{\sqrt{2}}{2} = \dfrac{\sqrt{6} - \sqrt{2}}{4}$

← $\sin(\alpha+\beta) = \sin\alpha\cos\beta + \cos\alpha\sin\beta$

(2) $\cos 105^\circ = \cos(60^\circ + 45^\circ)$

$= \cos 60^\circ \cos 45^\circ - \sin 60^\circ \sin 45^\circ$

$= \dfrac{1}{2} \cdot \dfrac{\sqrt{2}}{2} - \dfrac{\sqrt{3}}{2} \cdot \dfrac{\sqrt{2}}{2} = \dfrac{\sqrt{2} - \sqrt{6}}{4}$

← $\cos(\alpha+\beta) = \cos\alpha\cos\beta - \sin\alpha\sin\beta$

(3) $\tan 195^\circ = \tan(150^\circ + 45^\circ)$

$= \dfrac{\tan 150^\circ + \tan 45^\circ}{1 - \tan 150^\circ \tan 45^\circ}$

$= \dfrac{-\dfrac{1}{\sqrt{3}} + 1}{1 - \left(-\dfrac{1}{\sqrt{3}}\right) \cdot 1} = \dfrac{-1 + \sqrt{3}}{\sqrt{3} + 1}$

$= \dfrac{(\sqrt{3} - 1)^2}{(\sqrt{3} + 1)(\sqrt{3} - 1)} = \dfrac{4 - 2\sqrt{3}}{2}$

$= 2 - \sqrt{3}$

← $\tan(\alpha+\beta) = \dfrac{\tan\alpha + \tan\beta}{1 - \tan\alpha\tan\beta}$

← $\dfrac{\left(-\dfrac{1}{\sqrt{3}} + 1\right) \times \sqrt{3}}{\left(1 + \dfrac{1}{\sqrt{3}}\right) \times \sqrt{3}} = \dfrac{-1 + \sqrt{3}}{\sqrt{3} + 1}$

(4) $\sin\dfrac{\pi}{12} = \sin\left(\dfrac{\pi}{4} - \dfrac{\pi}{6}\right)$

$= \sin\dfrac{\pi}{4}\cos\dfrac{\pi}{6} - \cos\dfrac{\pi}{4}\sin\dfrac{\pi}{6}$

$= \dfrac{\sqrt{2}}{2} \cdot \dfrac{\sqrt{3}}{2} - \dfrac{\sqrt{2}}{2} \cdot \dfrac{1}{2} = \dfrac{\sqrt{6} - \sqrt{2}}{4}$

← $\dfrac{\pi}{12} = \dfrac{3-2}{12}\pi = \dfrac{3}{12}\pi - \dfrac{2}{12}\pi$

$= \dfrac{\pi}{4} - \dfrac{\pi}{6}$ と変形する。

← $\sin(\alpha-\beta) = \sin\alpha\cos\beta - \cos\alpha\sin\beta$

(5) $\cos\dfrac{5}{12}\pi = \cos\left(\dfrac{\pi}{4} + \dfrac{\pi}{6}\right)$

$= \cos\dfrac{\pi}{4}\cos\dfrac{\pi}{6} - \sin\dfrac{\pi}{4}\sin\dfrac{\pi}{6}$

$= \dfrac{\sqrt{2}}{2} \cdot \dfrac{\sqrt{3}}{2} - \dfrac{\sqrt{2}}{2} \cdot \dfrac{1}{2} = \dfrac{\sqrt{6} - \sqrt{2}}{4}$

← $\dfrac{5}{12}\pi = \dfrac{3+2}{12}\pi = \dfrac{3}{12}\pi + \dfrac{2}{12}\pi$

$= \dfrac{\pi}{4} + \dfrac{\pi}{6}$ と変形する。

(6) $\tan\dfrac{11}{12}\pi = \tan\left(\dfrac{2}{3}\pi + \dfrac{\pi}{4}\right)$

$= \dfrac{\tan\dfrac{2}{3}\pi + \tan\dfrac{\pi}{4}}{1 - \tan\dfrac{2}{3}\pi\tan\dfrac{\pi}{4}}$

$= \dfrac{-\sqrt{3} + 1}{1 - (-\sqrt{3}) \cdot 1} = \dfrac{1 - \sqrt{3}}{1 + \sqrt{3}}$

$= \dfrac{(1 - \sqrt{3})^2}{(1 + \sqrt{3})(1 - \sqrt{3})} = \dfrac{4 - 2\sqrt{3}}{-2}$

$= -2 + \sqrt{3}$

← $\dfrac{11}{12}\pi = \dfrac{8+3}{12}\pi = \dfrac{8}{12}\pi + \dfrac{3}{12}\pi$

$= \dfrac{2}{3}\pi + \dfrac{\pi}{4}$ と変形する。

238 α は第 1 象限の角であるから　$\cos\alpha>0$

よって

$$\cos\alpha=\sqrt{1-\sin^2\alpha}=\sqrt{1-\left(\frac{4}{5}\right)^2}=\frac{3}{5}$$

⬅ $\cos^2\alpha=1-\sin^2\alpha$

β は第 3 象限の角であるから　$\sin\beta<0$

よって

$$\sin\beta=-\sqrt{1-\cos^2\beta}=-\sqrt{1-\left(-\frac{12}{13}\right)^2}=-\frac{5}{13}$$

⬅ $\sin^2\beta=1-\cos^2\beta$

三角関数の値の正負

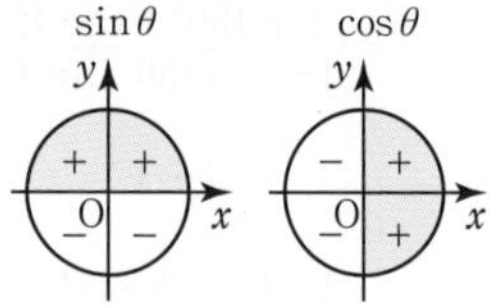

ゆえに

$$\begin{aligned}\sin(\alpha-\beta)&=\sin\alpha\cos\beta-\cos\alpha\sin\beta\\&=\frac{4}{5}\cdot\left(-\frac{12}{13}\right)-\frac{3}{5}\cdot\left(-\frac{5}{13}\right)=-\frac{33}{65}\end{aligned}$$

$$\begin{aligned}\cos(\alpha-\beta)&=\cos\alpha\cos\beta+\sin\alpha\sin\beta\\&=\frac{3}{5}\cdot\left(-\frac{12}{13}\right)+\frac{4}{5}\cdot\left(-\frac{5}{13}\right)=-\frac{56}{65}\end{aligned}$$

239 $1+\tan^2\alpha=\dfrac{1}{\cos^2\alpha}$ より

$$1+\tan^2\alpha=\frac{1}{\left(\frac{1}{\sqrt{10}}\right)^2}$$

⬅ $\dfrac{1}{\left(\frac{1}{\sqrt{10}}\right)^2}=\dfrac{1}{\frac{1}{10}}=\dfrac{1\times10}{\frac{1}{10}\times10}=10$

$$1+\tan^2\alpha=10$$

よって　$\tan^2\alpha=9$

α は第 1 象限の角であるから　$\tan\alpha>0$

ゆえに　$\tan\alpha=3$

また $1+\tan^2\beta=\dfrac{1}{\cos^2\beta}$ より

三角関数の値の正負

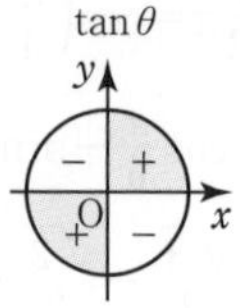

$$1+\tan^2\beta=\frac{1}{\left(-\frac{1}{\sqrt{5}}\right)^2}$$

$$1+\tan^2\beta=5$$

よって　$\tan^2\beta=4$

β は第 2 象限の角であるから　$\tan\beta<0$

ゆえに　$\tan\beta=-2$

したがって　$\tan(\alpha-\beta)=\dfrac{\tan\alpha-\tan\beta}{1+\tan\alpha\tan\beta}$

$$=\frac{3-(-2)}{1+3\cdot(-2)}=-1$$

240 (1) 2直線 $y=x$, $y=(2-\sqrt{3})x$ と x 軸の正の向きとのなす角をそれぞれ α, β とすると

$$\tan\alpha=1,\ \tan\beta=2-\sqrt{3}$$

$\theta=\alpha-\beta$ であるから

$$\tan\theta=\tan(\alpha-\beta)$$
$$=\frac{\tan\alpha-\tan\beta}{1+\tan\alpha\tan\beta}=\frac{1-(2-\sqrt{3})}{1+1\cdot(2-\sqrt{3})}$$
$$=\frac{\sqrt{3}-1}{3-\sqrt{3}}=\frac{\sqrt{3}-1}{\sqrt{3}(\sqrt{3}-1)}=\frac{1}{\sqrt{3}}$$

よって　$0\leqq\theta\leqq\dfrac{\pi}{2}$ から　$\boldsymbol{\theta=\dfrac{\pi}{6}}$

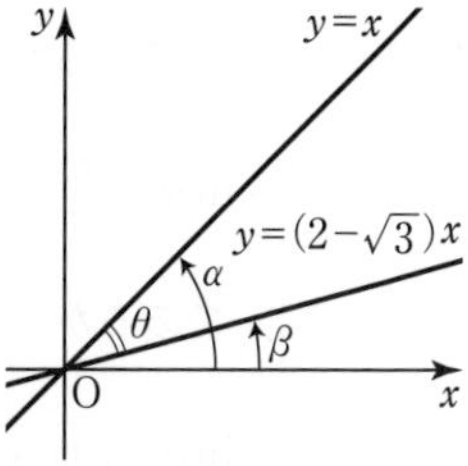

(2) 2直線 $y=-\dfrac{1}{2}x-1$, $y=-3x+3$ と x 軸の正の向きとのなす角をそれぞれ α, β とすると

$$\tan\alpha=-\frac{1}{2},\ \tan\beta=-3$$

$\theta=\alpha-\beta$ であるから

$$\tan\theta=\tan(\alpha-\beta)=\frac{\tan\alpha-\tan\beta}{1+\tan\alpha\tan\beta}$$
$$=\frac{-\frac{1}{2}-(-3)}{1+\left(-\frac{1}{2}\right)\cdot(-3)}=\frac{-\frac{1}{2}+3}{1+\frac{3}{2}}=1$$

よって　$0\leqq\theta\leqq\dfrac{\pi}{2}$ から　$\boldsymbol{\theta=\dfrac{\pi}{4}}$

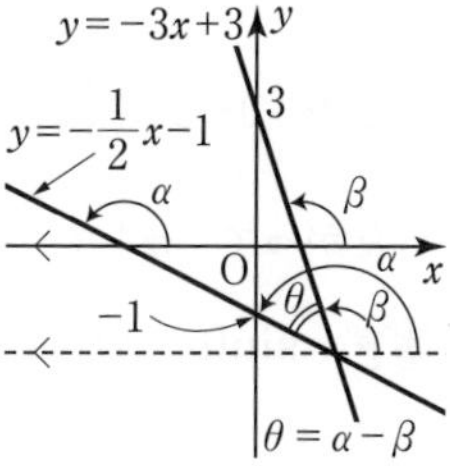

241 (1) (左辺)$=\sin(\alpha+\beta)\sin(\alpha-\beta)$

$=(\sin\alpha\cos\beta+\cos\alpha\sin\beta)$
$\times(\sin\alpha\cos\beta-\cos\alpha\sin\beta)$

← $(A+B)(A-B)=A^2-B^2$

$=\sin^2\alpha\cos^2\beta-\cos^2\alpha\sin^2\beta$

$=(1-\cos^2\alpha)\cos^2\beta-\cos^2\alpha(1-\cos^2\beta)$

← $\cos\alpha$, $\cos\beta$ だけの式に変形する。

$=\cos^2\beta-\cos^2\alpha=$(右辺)　終

(2) (左辺)$=\cos(\alpha+\beta)\cos(\alpha-\beta)$

← $A=B=C \Longleftrightarrow A=B$ かつ $B=C$

$=(\cos\alpha\cos\beta-\sin\alpha\sin\beta)$
$\times(\cos\alpha\cos\beta+\sin\alpha\sin\beta)$

$=\cos^2\alpha\cos^2\beta-\sin^2\alpha\sin^2\beta$

$=\cos^2\alpha(1-\sin^2\beta)-(1-\cos^2\alpha)\sin^2\beta$

← $\cos\alpha$, $\sin\beta$ だけの式に変形する。

$=\cos^2\alpha-\sin^2\beta=$(中辺)

また　(中辺)$=(1-\sin^2\alpha)-(1-\cos^2\beta)$

← $\sin\alpha$, $\cos\beta$ だけの式に変形する。

$=\cos^2\beta-\sin^2\alpha=$(右辺)　終

242　$0<\alpha<\dfrac{\pi}{2}$ であるから　$\sin\alpha>0$

よって　$\sin\alpha=\sqrt{1-\cos^2\alpha}=\sqrt{1-\left(\dfrac{\sqrt{5}}{5}\right)^2}=\dfrac{2\sqrt{5}}{5}$

$0<\beta<\dfrac{\pi}{2}$ であるから　$\sin\beta>0$

よって　$\sin\beta=\sqrt{1-\cos^2\beta}=\sqrt{1-\left(\dfrac{\sqrt{10}}{10}\right)^2}=\dfrac{3\sqrt{10}}{10}$

ゆえに　$\cos(\alpha+\beta)=\cos\alpha\cos\beta-\sin\alpha\sin\beta$

$$=\frac{\sqrt{5}}{5}\cdot\frac{\sqrt{10}}{10}-\frac{2\sqrt{5}}{5}\cdot\frac{3\sqrt{10}}{10}$$

$$=-\frac{25\sqrt{2}}{50}=-\frac{\sqrt{2}}{2}$$

⬅ $0<\alpha+\beta<\pi$ のとき $\cos(\alpha+\beta)$ は $-1<\cos(\alpha+\beta)<1$ で，1つの値に対して $\alpha+\beta$ がただ1つ決まる。

ここで　$0<\alpha<\dfrac{\pi}{2}$，$0<\beta<\dfrac{\pi}{2}$ より　$0<\alpha+\beta<\pi$

したがって　$\alpha+\beta=\dfrac{3}{4}\pi$

別解　$\sin(\alpha+\beta)=\sin\alpha\cos\beta+\cos\alpha\sin\beta$

$$=\frac{2\sqrt{5}}{5}\cdot\frac{\sqrt{10}}{10}+\frac{\sqrt{5}}{5}\cdot\frac{3\sqrt{10}}{10}$$

$$=\frac{25\sqrt{2}}{50}=\frac{\sqrt{2}}{2}$$

⬅ $0<\alpha+\beta<\pi$ のとき $\sin(\alpha+\beta)$ は $0<\sin(\alpha+\beta)<1$ で，1つの値に対して $\alpha+\beta$ が2つ決まるので，α, β の範囲をしぼりこむ必要がある。

ここで，$0<\cos\alpha<\dfrac{1}{2}$ より　$\dfrac{\pi}{3}<\alpha<\dfrac{\pi}{2}$

$0<\cos\beta<\dfrac{1}{2}$ より　$\dfrac{\pi}{3}<\beta<\dfrac{\pi}{2}$

よって，$\dfrac{2}{3}\pi<\alpha+\beta<\pi$ であるから　$\alpha+\beta=\dfrac{3}{4}\pi$

243　(1)　直線 $y=x-2$ の傾きは1であるから，

⬅ $\tan\theta=1$ より $\theta=\dfrac{\pi}{4}$

この直線と x 軸の正の向きとのなす角は $\dfrac{\pi}{4}$

よって，求める直線の傾きは

$\tan\left(\dfrac{\pi}{4}+\dfrac{\pi}{3}\right)$ または $\tan\left(\dfrac{\pi}{4}-\dfrac{\pi}{3}\right)$ となる。

$$\tan\left(\frac{\pi}{4}+\frac{\pi}{3}\right)=\frac{\tan\frac{\pi}{4}+\tan\frac{\pi}{3}}{1-\tan\frac{\pi}{4}\tan\frac{\pi}{3}}$$

⬅ $\tan(\alpha+\beta)=\dfrac{\tan\alpha+\tan\beta}{1-\tan\alpha\tan\beta}$

$$=\frac{1+\sqrt{3}}{1-1\cdot\sqrt{3}}=\frac{(1+\sqrt{3})^2}{(1-\sqrt{3})(1+\sqrt{3})}$$

$$=-2-\sqrt{3}$$

$$\tan\left(\frac{\pi}{4}-\frac{\pi}{3}\right)=\frac{\tan\frac{\pi}{4}-\tan\frac{\pi}{3}}{1+\tan\frac{\pi}{4}\tan\frac{\pi}{3}}$$

$$=\frac{1-\sqrt{3}}{1+1\cdot\sqrt{3}}=\frac{(1-\sqrt{3})^2}{(1+\sqrt{3})(1-\sqrt{3})}$$

$$=-2+\sqrt{3}$$

⬅ $\tan(\alpha-\beta)=\dfrac{\tan\alpha-\tan\beta}{1+\tan\alpha\tan\beta}$

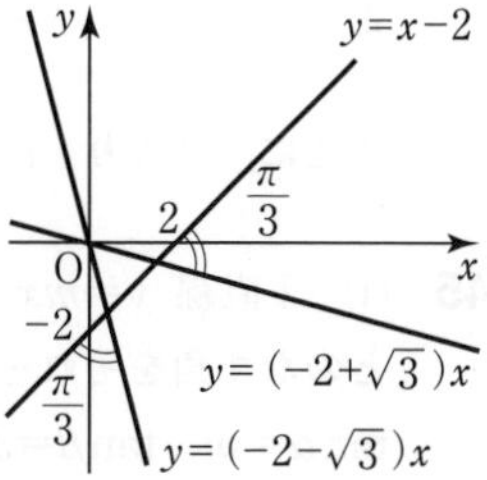

ゆえに，求める直線の方程式は

$$\boldsymbol{y=(-2-\sqrt{3})x,\ y=(-2+\sqrt{3})x}$$

(2)　直線 $y=3x+1$ と x 軸の正の向きとのなす角を θ とすると　$\tan\theta=3$

よって，求める直線の傾きは

$\tan\left(\theta+\dfrac{\pi}{4}\right)$ または $\tan\left(\theta-\dfrac{\pi}{4}\right)$ となる。

$$\tan\left(\theta+\frac{\pi}{4}\right)=\frac{\tan\theta+\tan\frac{\pi}{4}}{1-\tan\theta\tan\frac{\pi}{4}}$$

$$=\frac{3+1}{1-3\cdot1}=-2$$

$$\tan\left(\theta-\frac{\pi}{4}\right)=\frac{\tan\theta-\tan\frac{\pi}{4}}{1+\tan\theta\tan\frac{\pi}{4}}$$

$$=\frac{3-1}{1+3\cdot1}=\frac{1}{2}$$

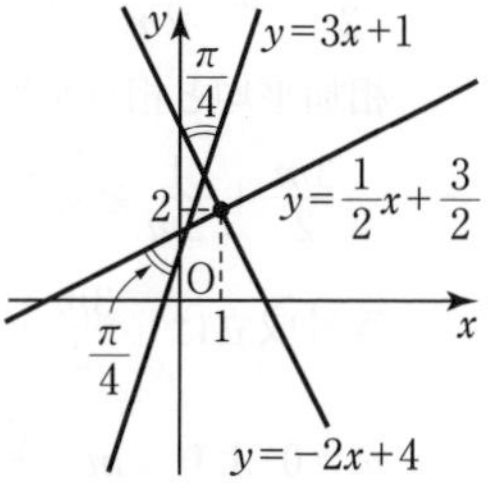

求める直線は点 (1，2) を通るから

$$y-2=-2(x-1),\ y-2=\frac{1}{2}(x-1)$$

ゆえに　$\boldsymbol{y=-2x+4,\ y=\dfrac{1}{2}x+\dfrac{3}{2}}$

直線の方程式

点 $(x_1,\ y_1)$ を通り，傾き m の直線

$y-y_1=m(x-x_1)$

244　(1)　$\tan(\alpha+\beta)=\dfrac{\tan\alpha+\tan\beta}{1-\tan\alpha\tan\beta}$

$$=\frac{2+4}{1-2\cdot4}=-\frac{6}{7}$$

(2)　$\tan(\alpha+\beta+\gamma)=\tan\{(\alpha+\beta)+\gamma\}$

⬅ $\alpha+\beta$ を1つにまとめて加法定理を使う。

$$=\frac{\tan(\alpha+\beta)+\tan\gamma}{1-\tan(\alpha+\beta)\tan\gamma}=\frac{-\frac{6}{7}+13}{1-\left(-\frac{6}{7}\right)\cdot13}$$

$$=\frac{-6+7\cdot13}{7+6\cdot13}=\mathbf{1}$$

(3)　α, β, γ は鋭角であり $\sqrt{3}<\tan\alpha<\tan\beta<\tan\gamma$

であるから　$\dfrac{\pi}{3}<\alpha<\beta<\gamma<\dfrac{\pi}{2}$

よって　$\pi<\alpha+\beta+\gamma<\dfrac{3}{2}\pi$

ゆえに，(2)より　$\alpha+\beta+\gamma=\dfrac{5}{4}\pi$

245　(1)　2 直線 $y=mx$，$y=3mx$ と x 軸の正の向きとのなす角をそれぞれ α，β とすると

$\tan\alpha=m$，$\tan\beta=3m$，$\theta=\beta-\alpha$ であるから

$$\tan\theta=\tan(\beta-\alpha)=\frac{\tan\beta-\tan\alpha}{1+\tan\beta\tan\alpha}$$

$$=\frac{3m-m}{1+3m\cdot m}=\frac{2m}{1+3m^2}$$

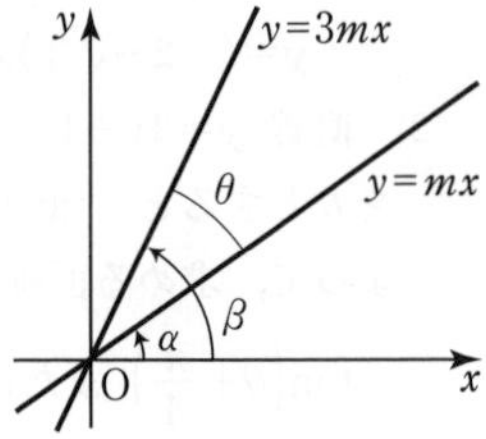

(2)　$\dfrac{1}{\tan\theta}=\dfrac{1+3m^2}{2m}=\dfrac{3m}{2}+\dfrac{1}{2m}$

$\dfrac{3m}{2}>0$，$\dfrac{1}{2m}>0$　であるから

相加平均と相乗平均の関係より

$$\frac{3m}{2}+\frac{1}{2m}\geqq 2\sqrt{\frac{3m}{2}\cdot\frac{1}{2m}}=\sqrt{3}$$

等号成立は　$\dfrac{3m}{2}=\dfrac{1}{2m}$　すなわち　$m^2=\dfrac{1}{3}$

$m>0$ より　$m=\dfrac{\sqrt{3}}{3}$ のとき。

よって　$\dfrac{1}{\tan\theta}\geqq\sqrt{3}$　より　$\tan\theta\leqq\dfrac{\sqrt{3}}{3}$

ここで　$0<\theta<\dfrac{\pi}{2}$ より　$0<\theta\leqq\dfrac{\pi}{6}$

ゆえに，θ の最大値は $\dfrac{\pi}{6}$

相加平均と相乗平均の関係

$a>0$，$b>0$ のとき

$$\frac{a+b}{2}\geqq\sqrt{ab}$$

($a+b\geqq 2\sqrt{ab}$ の形で用いられることが多い)

等号が成り立つのは $a=b$ のときである。

246　$\dfrac{\pi}{2}<\alpha<\pi$ であるから　$\cos\alpha<0$

よって　$\cos\alpha=-\sqrt{1-\sin^2\alpha}=-\sqrt{1-\left(\dfrac{3}{4}\right)^2}=-\dfrac{\sqrt{7}}{4}$

$$\tan\alpha=\frac{\sin\alpha}{\cos\alpha}=\frac{\dfrac{3}{4}}{-\dfrac{\sqrt{7}}{4}}=-\frac{3}{\sqrt{7}}$$

ゆえに

$\sin2\alpha=2\sin\alpha\cos\alpha=2\cdot\dfrac{3}{4}\cdot\left(-\dfrac{\sqrt{7}}{4}\right)=-\dfrac{3\sqrt{7}}{8}$

2 倍角の公式

$\sin2\alpha=2\sin\alpha\cos\alpha$

$\cos2\alpha=\cos^2\alpha-\sin^2\alpha$

$=2\cos^2\alpha-1$

$=1-2\sin^2\alpha$

$\tan2\alpha=\dfrac{2\tan\alpha}{1-\tan^2\alpha}$

$$\cos 2\alpha=1-2\sin^2\alpha=1-2\cdot\left(\frac{3}{4}\right)^2=-\frac{1}{8}$$

別解 $\cos 2\alpha=2\cos^2\alpha-1=2\cdot\left(-\frac{\sqrt{7}}{4}\right)^2-1=-\frac{1}{8}$

$$\tan 2\alpha=\frac{2\tan\alpha}{1-\tan^2\alpha}$$

$$=\frac{2\cdot\left(-\frac{3}{\sqrt{7}}\right)}{1-\left(-\frac{3}{\sqrt{7}}\right)^2}=\frac{-\frac{6}{\sqrt{7}}}{1-\frac{9}{7}}=3\sqrt{7}$$

← $\frac{\left(-\frac{6}{\sqrt{7}}\right)\times 7}{\left(1-\frac{9}{7}\right)\times 7}=\frac{-6\sqrt{7}}{7-9}$

別解

$$\tan 2\alpha=\frac{\sin 2\alpha}{\cos 2\alpha}=\frac{-\frac{3\sqrt{7}}{8}}{-\frac{1}{8}}=3\sqrt{7}$$

247 (1) $\sin^2\frac{\pi}{12}=\frac{1-\cos\frac{\pi}{6}}{2}=\frac{1}{2}\left(1-\frac{\sqrt{3}}{2}\right)=\frac{2-\sqrt{3}}{4}$

← $\sin^2\frac{\alpha}{2}=\frac{1-\cos\alpha}{2}$

$\sin\frac{\pi}{12}>0$ であるから　$\sin\frac{\pi}{12}=\frac{\sqrt{2-\sqrt{3}}}{2}$

(発展)　$\sin\frac{\pi}{12}=\sqrt{\frac{2-\sqrt{3}}{4}}=\sqrt{\frac{4-2\sqrt{3}}{8}}$

$$=\frac{\sqrt{3}-1}{2\sqrt{2}}=\frac{\sqrt{6}-\sqrt{2}}{4}$$

二重根号

$\sqrt{(a+b)\pm2\sqrt{ab}}=\sqrt{a}\pm\sqrt{b}$
$(a>b>0)$ (複号同順)

(2) $\cos^2\frac{\pi}{12}=\frac{1+\cos\frac{\pi}{6}}{2}=\frac{1}{2}\left(1+\frac{\sqrt{3}}{2}\right)=\frac{2+\sqrt{3}}{4}$

← $\cos^2\frac{\alpha}{2}=\frac{1+\cos\alpha}{2}$

$\cos\frac{\pi}{12}>0$ であるから　$\cos\frac{\pi}{12}=\frac{\sqrt{2+\sqrt{3}}}{2}$

(発展)　$\cos\frac{\pi}{12}=\sqrt{\frac{2+\sqrt{3}}{4}}=\sqrt{\frac{4+2\sqrt{3}}{8}}$

$$=\frac{\sqrt{3}+1}{2\sqrt{2}}=\frac{\sqrt{6}+\sqrt{2}}{4}$$

(3) $\tan^2\frac{\pi}{8}=\frac{1-\cos\frac{\pi}{4}}{1+\cos\frac{\pi}{4}}=\frac{1-\frac{\sqrt{2}}{2}}{1+\frac{\sqrt{2}}{2}}=\frac{2-\sqrt{2}}{2+\sqrt{2}}$

← $\tan^2\frac{\alpha}{2}=\frac{1-\cos\alpha}{1+\cos\alpha}$

← $\frac{\left(1-\frac{\sqrt{2}}{2}\right)\times 2}{\left(1+\frac{\sqrt{2}}{2}\right)\times 2}=\frac{2-\sqrt{2}}{2+\sqrt{2}}$

$$=\frac{(2-\sqrt{2})^2}{(2+\sqrt{2})(2-\sqrt{2})}=3-2\sqrt{2}$$

$\tan\frac{\pi}{8}>0$ であるから　$\tan\frac{\pi}{8}=\sqrt{3-2\sqrt{2}}$

(発展)　$\tan\frac{\pi}{8}=\sqrt{3-2\sqrt{2}}=\sqrt{2}-1$

248 $\sin^2\dfrac{\alpha}{2}=\dfrac{1-\cos\alpha}{2}=\dfrac{1}{2}\left\{1-\left(-\dfrac{1}{3}\right)\right\}=\dfrac{2}{3}$

ここで，$0<\alpha<\pi$ より　$0<\dfrac{\alpha}{2}<\dfrac{\pi}{2}$ であるから

$\sin\dfrac{\alpha}{2}>0$　よって　$\boldsymbol{\sin\dfrac{\alpha}{2}=\sqrt{\dfrac{2}{3}}=\dfrac{\sqrt{6}}{3}}$

$\cos^2\dfrac{\alpha}{2}=\dfrac{1+\cos\alpha}{2}=\dfrac{1}{2}\left\{1+\left(-\dfrac{1}{3}\right)\right\}=\dfrac{1}{3}$

ここで，$0<\alpha<\pi$ より　$0<\dfrac{\alpha}{2}<\dfrac{\pi}{2}$ であるから

$\cos\dfrac{\alpha}{2}>0$　よって　$\boldsymbol{\cos\dfrac{\alpha}{2}=\sqrt{\dfrac{1}{3}}=\dfrac{\sqrt{3}}{3}}$

$$\tan^2\frac{\alpha}{2}=\frac{1-\cos\alpha}{1+\cos\alpha}=\frac{1-\left(-\frac{1}{3}\right)}{1+\left(-\frac{1}{3}\right)}=\frac{\frac{4}{3}}{\frac{2}{3}}=2$$

ここで，$0<\alpha<\pi$ より　$0<\dfrac{\alpha}{2}<\dfrac{\pi}{2}$ であるから

$\tan\dfrac{\alpha}{2}>0$　よって　$\boldsymbol{\tan\dfrac{\alpha}{2}=\sqrt{2}}$

(別)(解)

$$\tan\frac{\alpha}{2}=\frac{\sin\frac{\alpha}{2}}{\cos\frac{\alpha}{2}}=\frac{\frac{\sqrt{6}}{3}}{\frac{\sqrt{3}}{3}}=\sqrt{2}$$

半角の公式

$\sin^2\dfrac{\alpha}{2}=\dfrac{1-\cos\alpha}{2}$

$\cos^2\dfrac{\alpha}{2}=\dfrac{1+\cos\alpha}{2}$

$\tan^2\dfrac{\alpha}{2}=\dfrac{1-\cos\alpha}{1+\cos\alpha}$

249 $0<\alpha<\dfrac{\pi}{2}$ より　$0<2\alpha<\pi$

また，$\tan2\alpha=3>\sqrt{3}$　より　$\dfrac{\pi}{3}<2\alpha<\dfrac{\pi}{2}$

したがって　$\dfrac{\pi}{6}<\alpha<\dfrac{\pi}{4}$

(1)　$\tan4\alpha=\tan(2\cdot2\alpha)$

$$=\frac{2\tan2\alpha}{1-\tan^2 2\alpha}=\frac{2\cdot3}{1-3^2}=\boldsymbol{-\frac{3}{4}}$$

(2)　$1+\tan^2 2\alpha=\dfrac{1}{\cos^2 2\alpha}$　から

$\dfrac{1}{\cos^2 2\alpha}=1+3^2=10$

すなわち　$\cos^2 2\alpha=\dfrac{1}{10}$

ここで　$\dfrac{\pi}{3}<2\alpha<\dfrac{\pi}{2}$ であるから　$\cos2\alpha>0$

よって　$\boldsymbol{\cos2\alpha=\dfrac{\sqrt{10}}{10}}$

$\alpha=2\alpha$ とおく

⬅ $\tan2\alpha=\dfrac{2\tan\alpha}{1-\tan^2\alpha}$

$\alpha=2\alpha$ とおく

⬅ $1+\tan^2\alpha=\dfrac{1}{\cos^2\alpha}$

(3) $\tan 2\alpha=\dfrac{2\tan\alpha}{1-\tan^2\alpha}$ より

$$3=\frac{2\tan\alpha}{1-\tan^2\alpha}$$

$$3-3\tan^2\alpha=2\tan\alpha$$

$$3\tan^2\alpha+2\tan\alpha-3=0$$

これを解くと　$\tan\alpha=\dfrac{-1\pm\sqrt{10}}{3}$

ここで　$0<\alpha<\dfrac{\pi}{2}$ であるから　$\tan\alpha>0$

よって　$\boldsymbol{\tan\alpha=\dfrac{-1+\sqrt{10}}{3}}$

⬅ $\tan\alpha=X$ とおくと
$3X^2+2X-3=0$
よって $X=\dfrac{-1\pm\sqrt{1+9}}{3}$
$=\dfrac{-1\pm\sqrt{10}}{3}$

250 (1) 右の図より

$r=\sqrt{1^2+1^2}$
$=\sqrt{2}$

$\alpha=\dfrac{\pi}{4}$

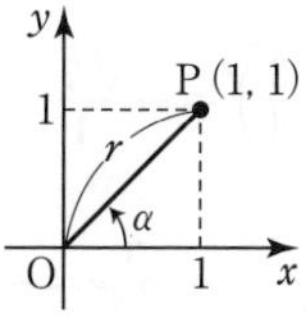

よって　$\sin\theta+\cos\theta=\boldsymbol{\sqrt{2}\sin\left(\theta+\dfrac{\pi}{4}\right)}$

(2) 右の図より

$r=\sqrt{(\sqrt{2})^2+(-\sqrt{2})^2}$
$=\sqrt{4}=2$

$\alpha=-\dfrac{\pi}{4}$

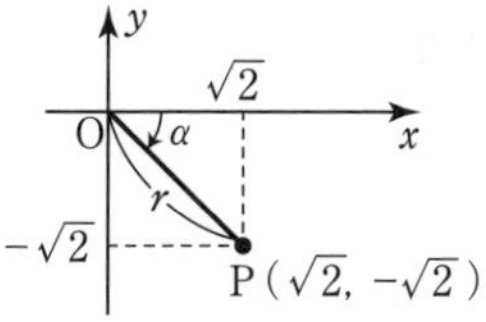

よって　$\sqrt{2}\sin\theta-\sqrt{2}\cos\theta=\boldsymbol{2\sin\left(\theta-\dfrac{\pi}{4}\right)}$

(3) 右の図より

$r=\sqrt{(-1)^2+(-\sqrt{3})^2}$
$=\sqrt{4}$
$=2$

$\alpha=-\dfrac{2}{3}\pi$

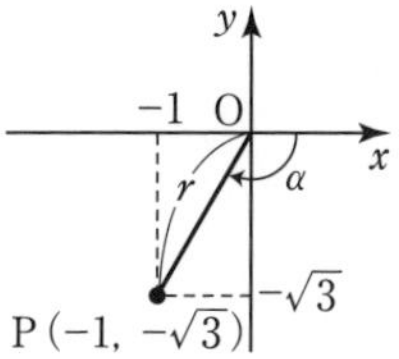

よって　$-\sin\theta-\sqrt{3}\cos\theta=\boldsymbol{2\sin\left(\theta-\dfrac{2}{3}\pi\right)}$

(4) 右の図より

$r=\sqrt{(-\sqrt{6})^2+(\sqrt{2})^2}$
$=\sqrt{8}=2\sqrt{2}$

$\alpha=\dfrac{5}{6}\pi$

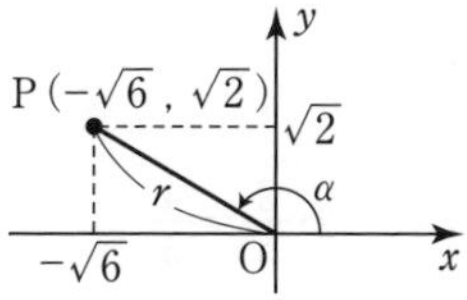

よって　$-\sqrt{6}\sin\theta+\sqrt{2}\cos\theta=\boldsymbol{2\sqrt{2}\sin\left(\theta+\dfrac{5}{6}\pi\right)}$

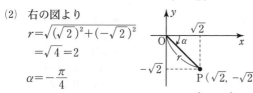

三角関数の合成

$a\sin\theta+b\cos\theta$
$=\sqrt{a^2+b^2}\sin(\theta+\alpha)$

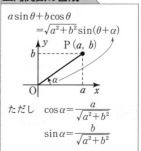

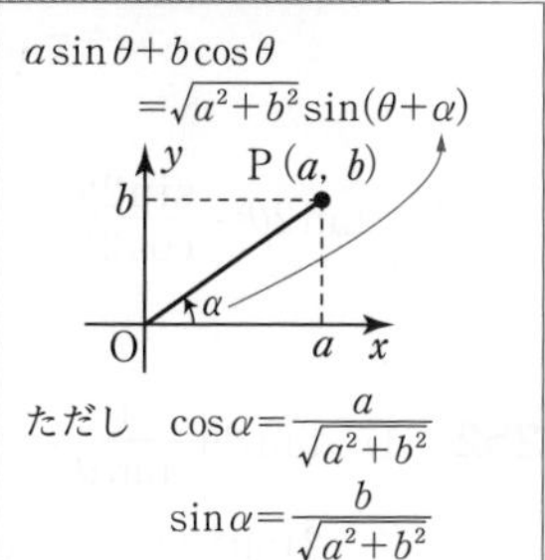

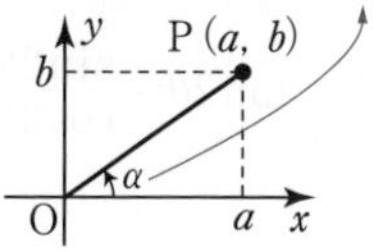

ただし　$\cos\alpha=\dfrac{a}{\sqrt{a^2+b^2}}$
$\sin\alpha=\dfrac{b}{\sqrt{a^2+b^2}}$

251 $\sin\theta-\cos\theta=\dfrac{1}{2}$ の両辺を 2 乗して

$$\sin^2\theta-2\sin\theta\cos\theta+\cos^2\theta=\frac{1}{4}$$

← $\sin^2\theta+\cos^2\theta=1$

$$1-2\sin\theta\cos\theta=\frac{1}{4}$$

よって　$\sin\theta\cos\theta=\dfrac{3}{8}$

(1)　$\sin 2\theta=2\sin\theta\cos\theta=2\cdot\dfrac{3}{8}=\dfrac{3}{4}$

(2)　$\dfrac{\pi}{4}<\theta<\dfrac{\pi}{2}$ より　$\dfrac{\pi}{2}<2\theta<\pi$ であるから

$\cos 2\theta<0$

よって　$\cos 2\theta=-\sqrt{1-\sin^2 2\theta}$

$$=-\sqrt{1-\left(\frac{3}{4}\right)^2}=-\frac{\sqrt{7}}{4}$$

← $\cos^2\alpha=1-\sin^2\alpha$（$\alpha=2\theta$ とおく）

(3)　$\tan 2\theta=\dfrac{\sin 2\theta}{\cos 2\theta}=\dfrac{\dfrac{3}{4}}{-\dfrac{\sqrt{7}}{4}}=-\dfrac{3}{\sqrt{7}}=-\dfrac{3\sqrt{7}}{7}$

← $\tan\alpha=\dfrac{\sin\alpha}{\cos\alpha}$（$\alpha=2\theta$ とおく）

252 (1)　$\tan\theta+\dfrac{1}{\tan\theta}=\dfrac{5}{2}$　より

← 両辺に $2\tan\theta$ を掛けて分母を払う。

$2\tan^2\theta+2=5\tan\theta$

$2\tan^2\theta-5\tan\theta+2=0$

$(2\tan\theta-1)(\tan\theta-2)=0$

よって　$\tan\theta=\dfrac{1}{2}$，2

← $\tan\theta=X$ とおくと
$2X^2-5X+2=0$
$(2X-1)(X-2)=0$
よって　$X=\dfrac{1}{2}$，2

(2)　$\tan\theta+\dfrac{1}{\tan\theta}=\dfrac{5}{2}$　より

$$\frac{\sin\theta}{\cos\theta}+\frac{\cos\theta}{\sin\theta}=\frac{5}{2}$$

← $\tan\theta=\dfrac{\sin\theta}{\cos\theta}$

$$\frac{\sin^2\theta+\cos^2\theta}{\cos\theta\sin\theta}=\frac{5}{2}$$

$$\frac{1}{\cos\theta\sin\theta}=\frac{5}{2}$$

すなわち　$\cos\theta\sin\theta=\dfrac{2}{5}$

よって　$\sin 2\theta=2\sin\theta\cos\theta=2\cdot\dfrac{2}{5}=\dfrac{4}{5}$

別解 $\sin 2\theta = 2\sin\theta\cos\theta$

$$= 2\cdot\frac{\sin\theta}{\cos\theta}\cdot\cos^2\theta$$

$$= 2\cdot\tan\theta\cdot\frac{1}{1+\tan^2\theta}$$

(1)より，この式に $\tan\theta = \frac{1}{2}$，2 を代入して求めてもよい。

253 (1) $\sin^2\theta + 2\sqrt{3}\sin\theta\cos\theta + 3\cos^2\theta$

$$= \frac{1-\cos 2\theta}{2} + \sqrt{3}\sin 2\theta + 3\cdot\frac{1+\cos 2\theta}{2}$$

$$= \sqrt{3}\sin 2\theta + \cos 2\theta + 2$$

$$= 2\sin\left(2\theta + \frac{\pi}{6}\right) + 2$$

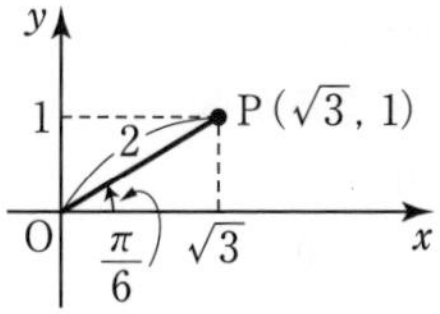

よって

ア：2　イ：$\frac{\pi}{6}$　ウ：2

⬅ $\cos 2\theta = 1 - 2\sin^2\theta$ より $\sin^2\theta = \frac{1-\cos 2\theta}{2}$

$\cos 2\theta = 2\cos^2\theta - 1$ より $\cos^2\theta = \frac{1+\cos 2\theta}{2}$

(2) $\sin^4\theta + \cos^4\theta$

$$= (\sin^2\theta + \cos^2\theta)^2 - 2\sin^2\theta\cos^2\theta$$

$$= 1 - \frac{1}{2}(2\sin\theta\cos\theta)^2 = 1 - \frac{1}{2}\sin^2 2\theta$$

よって　ア：1　イ：$\frac{1}{2}$

⬅ $a^4 + b^4 = (a^2+b^2)^2 - 2a^2b^2$

254 (1) (左辺) $= \sin 3\alpha$

$$= \sin(\alpha + 2\alpha)$$

$$= \sin\alpha\cos 2\alpha + \cos\alpha\sin 2\alpha$$

$$= \sin\alpha(1 - 2\sin^2\alpha) + \cos\alpha\cdot 2\sin\alpha\cos\alpha$$

$$= \sin\alpha - 2\sin^3\alpha + 2\sin\alpha\cos^2\alpha$$

$$= \sin\alpha - 2\sin^3\alpha + 2\sin\alpha(1 - \sin^2\alpha)$$

$= 3\sin\alpha - 4\sin^3\alpha =$ (右辺)　終

⬅ $\sin(\alpha+\beta) = \sin\alpha\cos\beta + \cos\alpha\sin\beta$

⬅ $\cos 2\alpha = 1 - 2\sin^2\alpha$
⬅ $\cos^2\alpha = 1 - \sin^2\alpha$
を代入して $\sin\alpha$ だけの式に変形する。

(2) (左辺) $= \cos 3\alpha$

$$= \cos(\alpha + 2\alpha)$$

$$= \cos\alpha\cos 2\alpha - \sin\alpha\sin 2\alpha$$

$$= \cos\alpha(2\cos^2\alpha - 1) - \sin\alpha\cdot 2\sin\alpha\cos\alpha$$

$$= 2\cos^3\alpha - \cos\alpha - 2\sin^2\alpha\cos\alpha$$

$$= 2\cos^3\alpha - \cos\alpha - 2(1 - \cos^2\alpha)\cos\alpha$$

$= 4\cos^3\alpha - 3\cos\alpha =$ (右辺)　終

⬅ $\cos(\alpha+\beta) = \cos\alpha\cos\beta - \sin\alpha\sin\beta$

⬅ $\cos 2\alpha = 2\cos^2\alpha - 1$
⬅ $\sin^2\alpha = 1 - \cos^2\alpha$
を代入して $\cos\alpha$ だけの式に変形する。

255 (1) $5\alpha=5\times36^\circ=180^\circ$ より

$(左辺)=\sin3\alpha=\sin(5\alpha-2\alpha)$

$=\sin(180^\circ-2\alpha)$

$=\sin2\alpha=(右辺)$ 終

⬅ $\sin(180^\circ-\theta)=\sin\theta$

別解 $(左辺)=\sin3\alpha$

$=\sin108^\circ$

$=\sin(180^\circ-72^\circ)$

$=\sin72^\circ$

$=\sin2\alpha=(右辺)$ 終

(2) $\sin3\alpha=\sin2\alpha$ より

$3\sin\alpha-4\sin^3\alpha=2\sin\alpha\cos\alpha$

$\sin\alpha(4\sin^2\alpha+2\cos\alpha-3)=0$

⬅ $\sin3\alpha=3\sin\alpha-4\sin^3\alpha$
(3 倍角の公式)
$\sin2\alpha=2\sin\alpha\cos\alpha$
(2 倍角の公式)

$\alpha=36^\circ$ のとき，$\sin\alpha\neq0$ であるから

$4\sin^2\alpha+2\cos\alpha-3=0$

$4(1-\cos^2\alpha)+2\cos\alpha-3=0$

$4\cos^2\alpha-2\cos\alpha-1=0$

これを解くと　$\cos\alpha=\dfrac{1\pm\sqrt{5}}{4}$

⬅ $\cos\alpha=X$ とおくと
$4X^2-2X-1=0$
よって $X=\dfrac{1\pm\sqrt{1+4}}{4}$
$=\dfrac{1\pm\sqrt{5}}{4}$

$0<\cos36^\circ<1$ であるから

$\cos36^\circ=\dfrac{\mathbf{1+\sqrt{5}}}{\mathbf{4}}$

256 (1) $\cos2\theta=\sin\theta$ を変形して

$1-2\sin^2\theta=\sin\theta$

$2\sin^2\theta+\sin\theta-1=0$

$(2\sin\theta-1)(\sin\theta+1)=0$

よって　$\sin\theta=\dfrac{1}{2}$，-1

$0\leqq\theta<2\pi$　より　$\theta=\dfrac{\pi}{6}$，$\dfrac{5}{6}\pi$，$\dfrac{3}{2}\pi$

⬅ $\cos2\theta=1-2\sin^2\theta$ を代入して
$\sin\theta$ だけの式にする。

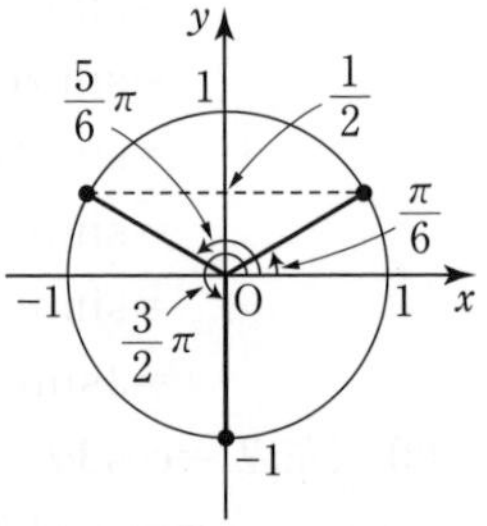

(2) $\cos2\theta-3\cos\theta-1=0$ を変形して

$2\cos^2\theta-1-3\cos\theta-1=0$

$2\cos^2\theta-3\cos\theta-2=0$

$(\cos\theta-2)(2\cos\theta+1)=0$

⬅ $\cos2\theta=2\cos^2\theta-1$ を代入して
$\cos\theta$ だけの式にする。

ここで，$0\leqq\theta<2\pi$ のとき，

$-1\leqq\cos\theta\leqq1$ であるから

⬅ $-1\leqq\cos\theta\leqq1$ の各辺に -2 を
加えて $-3\leqq\cos\theta-2\leqq-1$
より　$\cos\theta-2\neq0$

$\cos\theta-2\neq 0$

よって　$\cos\theta=-\dfrac{1}{2}$

ゆえに　$\boldsymbol{\theta=\dfrac{2}{3}\pi,\ \dfrac{4}{3}\pi}$

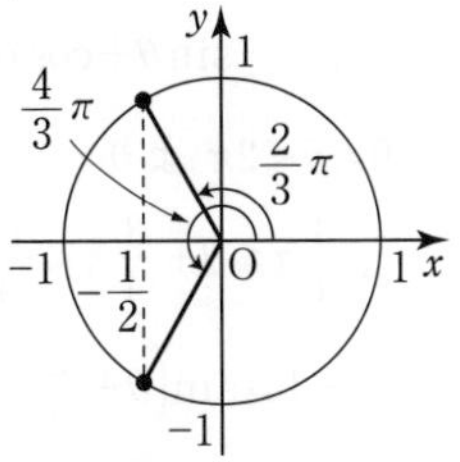

(3)　$\sin 2\theta>\cos\theta$ を変形して

$2\sin\theta\cos\theta>\cos\theta$

$\cos\theta(2\sin\theta-1)>0$

$\begin{cases}\cos\theta>0\\ \sin\theta>\dfrac{1}{2}\end{cases}$　または　$\begin{cases}\cos\theta<0\\ \sin\theta<\dfrac{1}{2}\end{cases}$

$0\leqq\theta<2\pi$ より

$\boldsymbol{\dfrac{\pi}{6}<\theta<\dfrac{\pi}{2},\ \dfrac{5}{6}\pi<\theta<\dfrac{3}{2}\pi}$

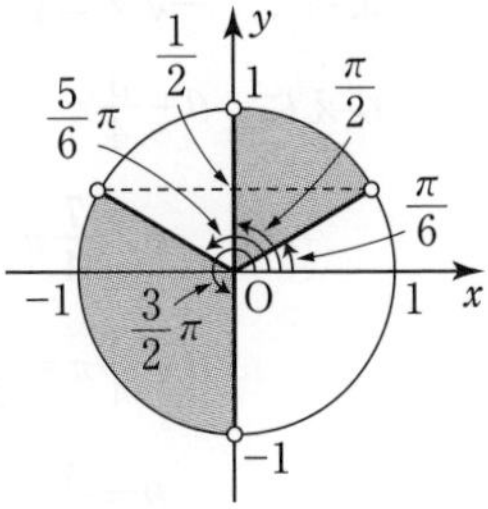

(4)　$\cos 2\theta\geqq\cos^2\theta$ を変形して

$2\cos^2\theta-1\geqq\cos^2\theta$

$\cos^2\theta-1\geqq 0$

$(\cos\theta+1)(\cos\theta-1)\geqq 0$

ここで $0\leqq\theta<2\pi$ のとき，

$-1\leqq\cos\theta\leqq 1$ であるから

$\cos\theta=\pm 1$

よって　$\boldsymbol{\theta=0,\ \pi}$

← $\cos\theta\leqq-1$，$1\leqq\cos\theta$ と $-1\leqq\cos\theta\leqq 1$ の共通範囲を求めると $\cos\theta=\pm 1$ になる。

257　(1)　$y=\sqrt{3}\sin\theta+\cos\theta=2\sin\left(\theta+\dfrac{\pi}{6}\right)$

← 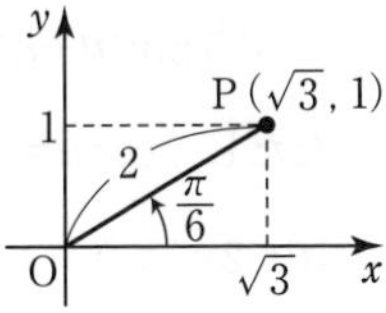

$0\leqq\theta<2\pi$ より

$\dfrac{\pi}{6}\leqq\theta+\dfrac{\pi}{6}<\dfrac{13}{6}\pi$ であるから

$-1\leqq\sin\left(\theta+\dfrac{\pi}{6}\right)\leqq 1$

よって　$-2\leqq y\leqq 2$

ゆえに　$\theta+\dfrac{\pi}{6}=\dfrac{\pi}{2}$　すなわち

$\boldsymbol{\theta=\dfrac{\pi}{3}}$ のとき　最大値 2

$\theta+\dfrac{\pi}{6}=\dfrac{3}{2}\pi$　すなわち

$\boldsymbol{\theta=\dfrac{4}{3}\pi}$ のとき　最小値 −2

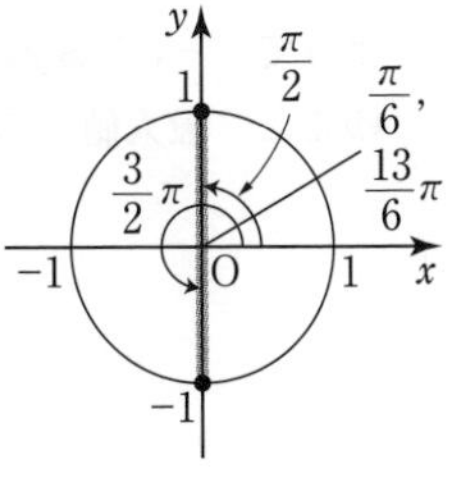

(2)　$y=-\sin\theta+\cos\theta=\sqrt{2}\sin\left(\theta+\dfrac{3}{4}\pi\right)$

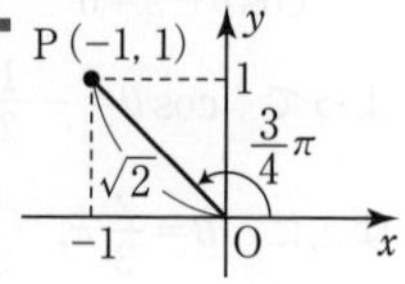

$0\leqq\theta<2\pi$ より

$\dfrac{3}{4}\pi\leqq\theta+\dfrac{3}{4}\pi<\dfrac{11}{4}\pi$ であるから

$-1\leqq\sin\left(\theta+\dfrac{3}{4}\pi\right)\leqq1$

よって　$-\sqrt{2}\leqq y\leqq\sqrt{2}$

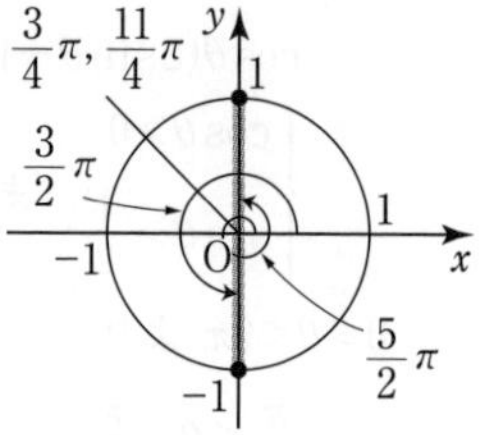

ゆえに　$\theta+\dfrac{3}{4}\pi=\dfrac{5}{2}\pi$　すなわち

$\theta=\dfrac{7}{4}\pi$ のとき　最大値 $\sqrt{2}$

$\theta+\dfrac{3}{4}\pi=\dfrac{3}{2}\pi$　すなわち

$\theta=\dfrac{3}{4}\pi$ のとき　最小値 $-\sqrt{2}$

(3)　$y=4\sin\theta-3\cos\theta$

$=5\sin(\theta+\alpha)$

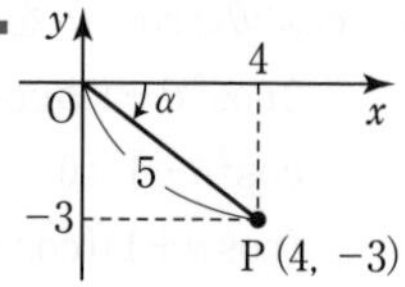

ただし　$\cos\alpha=\dfrac{4}{5}$，$\sin\alpha=-\dfrac{3}{5}$

$0\leqq\theta<2\pi$ より

$\alpha\leqq\theta+\alpha<2\pi+\alpha$ であるから

$-1\leqq\sin(\theta+\alpha)\leqq1$

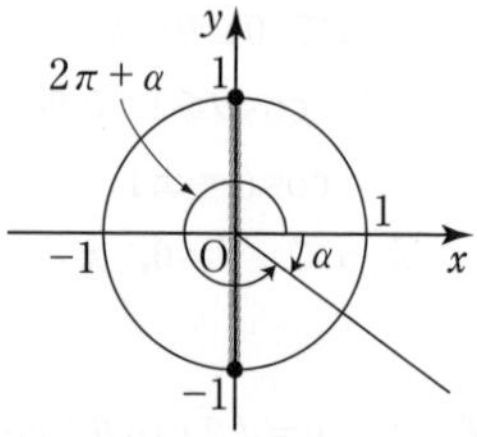

よって　$-5\leqq y\leqq5$

ゆえに　**最大値 5，最小値 −5**

(4)　$y=-2\sin\theta-\cos\theta$

$=\sqrt{5}\sin(\theta+\alpha)$

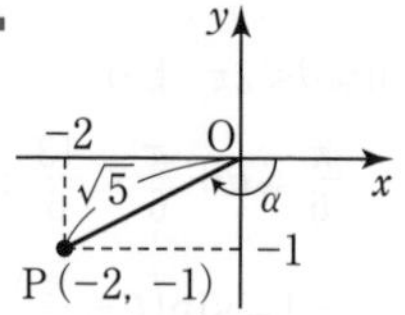

ただし　$\cos\alpha=-\dfrac{2}{\sqrt{5}}$，$\sin\alpha=-\dfrac{1}{\sqrt{5}}$

$0\leqq\theta<2\pi$ より

$\alpha\leqq\theta+\alpha<2\pi+\alpha$ であるから

$-1\leqq\sin(\theta+\alpha)\leqq1$

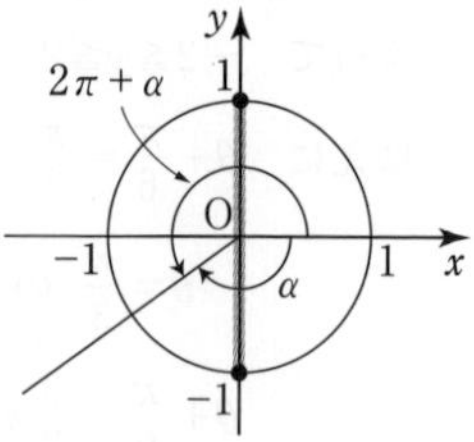

よって　$-\sqrt{5}\leqq y\leqq\sqrt{5}$

ゆえに　**最大値 $\sqrt{5}$，最小値 $-\sqrt{5}$**

258 $y=a\sin\theta+b\cos\theta$

$=\sqrt{a^2+b^2}\sin(\theta+\alpha)$ と変形できる。

ただし，$\cos\alpha=\dfrac{a}{\sqrt{a^2+b^2}}$，$\sin\alpha=\dfrac{b}{\sqrt{a^2+b^2}}$

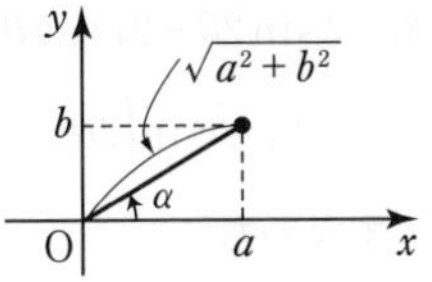

$-1\leqq\sin(\theta+\alpha)\leqq1$ より

$-\sqrt{a^2+b^2}\leqq y\leqq\sqrt{a^2+b^2}$

最小値が -4 であるから　$-\sqrt{a^2+b^2}=-4$

よって　$a^2+b^2=16$　…①

①より，最大値は $\sqrt{a^2+b^2}=4$

このとき，$\theta=\dfrac{\pi}{3}$ であるから

$$a\sin\frac{\pi}{3}+b\cos\frac{\pi}{3}=4$$

$$\frac{\sqrt{3}}{2}a+\frac{1}{2}b=4$$

$$b=8-\sqrt{3}a \qquad \cdots②$$

②を①に代入して

$$a^2+(8-\sqrt{3}a)^2=16$$

$$4a^2-16\sqrt{3}a+48=0$$

$$a^2-4\sqrt{3}a+12=0$$

$$(a-2\sqrt{3})^2=0$$

よって　$a=2\sqrt{3}$

②に代入して　$b=8-\sqrt{3}\cdot2\sqrt{3}=2$

ゆえに　$\boldsymbol{a=2\sqrt{3}}$，$\boldsymbol{b=2}$

259 (1)　$\sqrt{3}\sin\theta+\cos\theta=-1$　の左辺を変形して

$$2\sin\left(\theta+\frac{\pi}{6}\right)=-1$$

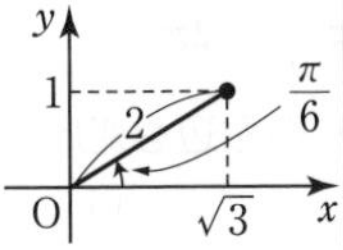

すなわち

$$\sin\left(\theta+\frac{\pi}{6}\right)=-\frac{1}{2} \qquad \cdots①$$

$0\leqq\theta<2\pi$ より

$$\frac{\pi}{6}\leqq\theta+\frac{\pi}{6}<\frac{13}{6}\pi \qquad \cdots②$$

②の範囲で①を解くと

$$\theta+\frac{\pi}{6}=\frac{7}{6}\pi,\ \frac{11}{6}\pi$$

よって　$\boldsymbol{\theta=\pi,\ \dfrac{5}{3}\pi}$

三角関数の合成

$a\sin\theta+b\cos\theta$
$=\sqrt{a^2+b^2}\sin(\theta+\alpha)$

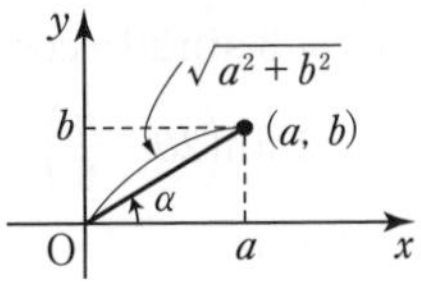

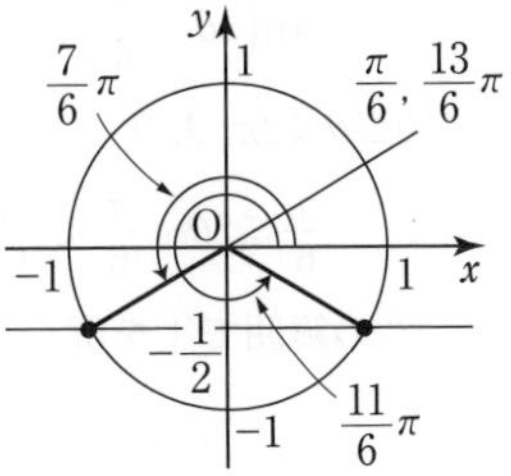

(2)　$2\sin 2\theta - 2\cos 2\theta = \sqrt{6}$ の左辺を変形して

$$2\sqrt{2}\sin\left(2\theta - \frac{\pi}{4}\right) = \sqrt{6}$$

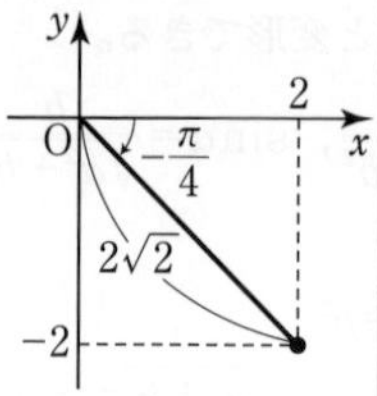

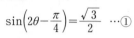

すなわち

$$\sin\left(2\theta - \frac{\pi}{4}\right) = \frac{\sqrt{3}}{2} \quad \cdots ①$$

$0 \leqq \theta < 2\pi$ より

$$-\frac{\pi}{4} \leqq 2\theta - \frac{\pi}{4} < \frac{15}{4}\pi \quad \cdots ②$$

②の範囲で①を解くと

$$2\theta - \frac{\pi}{4} = \frac{\pi}{3},\ \frac{2}{3}\pi,\ \frac{7}{3}\pi,\ \frac{8}{3}\pi$$

よって　$2\theta = \frac{7}{12}\pi,\ \frac{11}{12}\pi,\ \frac{31}{12}\pi,\ \frac{35}{12}\pi$

ゆえに　$\boldsymbol{\theta = \frac{7}{24}\pi,\ \frac{11}{24}\pi,\ \frac{31}{24}\pi,\ \frac{35}{24}\pi}$

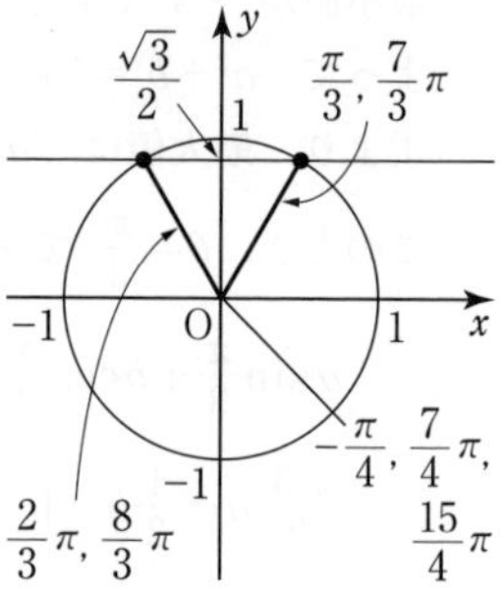

(3)　$\sin\theta + \cos\theta \geqq -1$ の左辺を変形して

$$\sqrt{2}\sin\left(\theta + \frac{\pi}{4}\right) \geqq -1$$

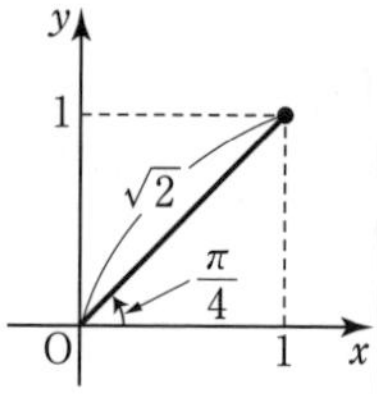

すなわち

$$\sin\left(\theta + \frac{\pi}{4}\right) \geqq -\frac{1}{\sqrt{2}} \quad \cdots ①$$

$0 \leqq \theta < 2\pi$ より

$$\frac{\pi}{4} \leqq \theta + \frac{\pi}{4} < \frac{9}{4}\pi \quad \cdots ②$$

②の範囲で①を解くと

$$\frac{\pi}{4} \leqq \theta + \frac{\pi}{4} \leqq \frac{5}{4}\pi,\ \ \frac{7}{4}\pi \leqq \theta + \frac{\pi}{4} < \frac{9}{4}\pi$$

よって　$\boldsymbol{0 \leqq \theta \leqq \pi,\ \ \frac{3}{2}\pi \leqq \theta < 2\pi}$

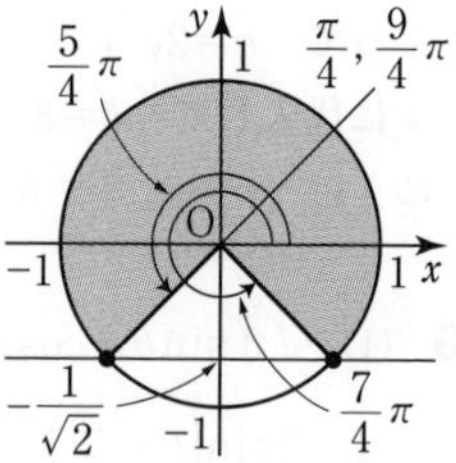

(4)　$\sqrt{3}\sin 2\theta - \cos 2\theta < 1$ の左辺を変形して

$$2\sin\left(2\theta - \frac{\pi}{6}\right) < 1$$

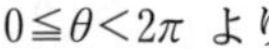

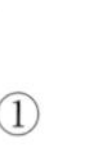

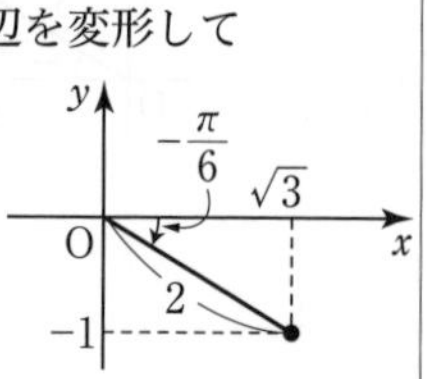

すなわち

$$\sin\left(2\theta - \frac{\pi}{6}\right) < \frac{1}{2} \quad \cdots ①$$

$0 \leqq \theta < 2\pi$ より

$$-\frac{\pi}{6} \leqq 2\theta - \frac{\pi}{6} < \frac{23}{6}\pi \quad \cdots ②$$

②の範囲で①を解くと

$-\dfrac{\pi}{6} \leqq 2\theta-\dfrac{\pi}{6}<\dfrac{\pi}{6}$, $\dfrac{5}{6}\pi<2\theta-\dfrac{\pi}{6}<\dfrac{13}{6}\pi$,

$\dfrac{17}{6}\pi<2\theta-\dfrac{\pi}{6}<\dfrac{23}{6}\pi$

よって　$0 \leqq 2\theta<\dfrac{\pi}{3}$, $\pi<2\theta<\dfrac{7}{3}\pi$, $3\pi<2\theta<4\pi$

ゆえに　$\boldsymbol{0 \leqq \theta<\dfrac{\pi}{6}}$, $\boldsymbol{\dfrac{\pi}{2}<\theta<\dfrac{7}{6}\pi}$, $\boldsymbol{\dfrac{3}{2}\pi<\theta<2\pi}$

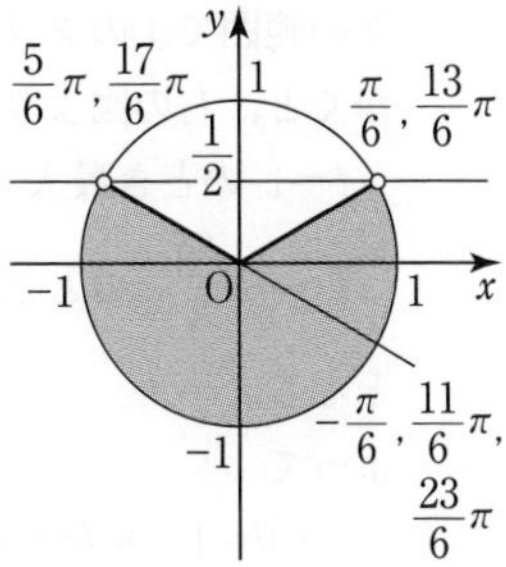

260 $\sin\alpha+\cos\beta=\sqrt{2}$ の両辺を 2 乗すると

$(\sin\alpha+\cos\beta)^2=(\sqrt{2})^2$

$\sin^2\alpha+2\sin\alpha\cos\beta+\cos^2\beta=2$　…①

$\cos\alpha+\sin\beta=1$ の両辺を 2 乗すると

$(\cos\alpha+\sin\beta)^2=1^2$

$\cos^2\alpha+2\cos\alpha\sin\beta+\sin^2\beta=1$　…②

①＋②より

$(\sin^2\alpha+\cos^2\alpha)+2\sin\alpha\cos\beta+2\cos\alpha\sin\beta$
$+(\sin^2\beta+\cos^2\beta)=3$

⬅ $\sin^2\alpha+\cos^2\alpha=1$
$\sin^2\beta+\cos^2\beta=1$
$\sin\alpha\cos\beta+\cos\alpha\sin\beta$
$=\sin(\alpha+\beta)$

$2+2\sin(\alpha+\beta)=3$

よって　$\boldsymbol{\sin(\alpha+\beta)=\dfrac{1}{2}}$

また，$0<\alpha<\dfrac{\pi}{4}$, $0<\beta<\dfrac{\pi}{4}$ であるから

$0<\alpha+\beta<\dfrac{\pi}{2}$

よって　$\boldsymbol{\alpha+\beta=\dfrac{\pi}{6}}$

261 (1) $y=2\sqrt{2}\sin\theta-\cos 2\theta$

$=2\sqrt{2}\sin\theta-(1-2\sin^2\theta)$

$=2\sin^2\theta+2\sqrt{2}\sin\theta-1$

⬅ $\cos 2\theta=1-2\sin^2\theta$ を代入して
$\sin\theta$ だけの式にする。

$\sin\theta=t$ とおくと

$y=2t^2+2\sqrt{2}t-1$

⬅ $-1 \leqq \sin\theta \leqq 1$

$=2\left(t+\dfrac{\sqrt{2}}{2}\right)^2-2$　…①

また，$0 \leqq \theta<2\pi$ より

$-1 \leqq t \leqq 1$　　　…②

②の範囲で①のグラフをかくと，右の図より

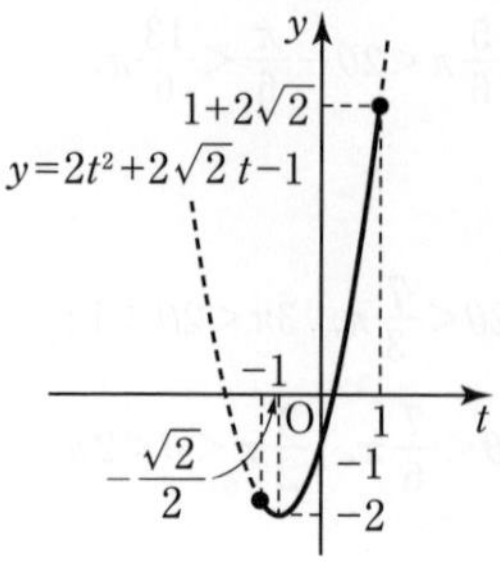

$t=1$ のとき最大

$t=-\dfrac{\sqrt{2}}{2}$ のとき最小

となる。

よって

$\sin\theta=1$　すなわち

$\theta=\dfrac{\pi}{2}$ のとき　最大値 $1+2\sqrt{2}$

$\sin\theta=-\dfrac{\sqrt{2}}{2}$　すなわち

$\theta=\dfrac{5}{4}\pi,\ \dfrac{7}{4}\pi$ のとき　最小値 -2

(2)　$y=-\cos 2\theta+2\cos\theta-1$

$=-(2\cos^2\theta-1)+2\cos\theta-1$

$=-2\cos^2\theta+2\cos\theta$

⬅ $\cos 2\theta=2\cos^2\theta-1$ を代入して $\cos\theta$ だけの式にする。

$\cos\theta=t$ とおくと

$y=-2t^2+2t$

$=-2\left(t-\dfrac{1}{2}\right)^2+\dfrac{1}{2}$　…①

また，$0\leqq\theta\leqq\dfrac{2}{3}\pi$ より

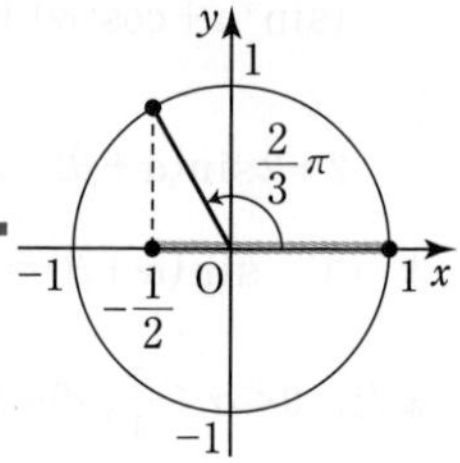

$-\dfrac{1}{2}\leqq t\leqq 1$　…②

②の範囲で①のグラフをかくと，右の図より

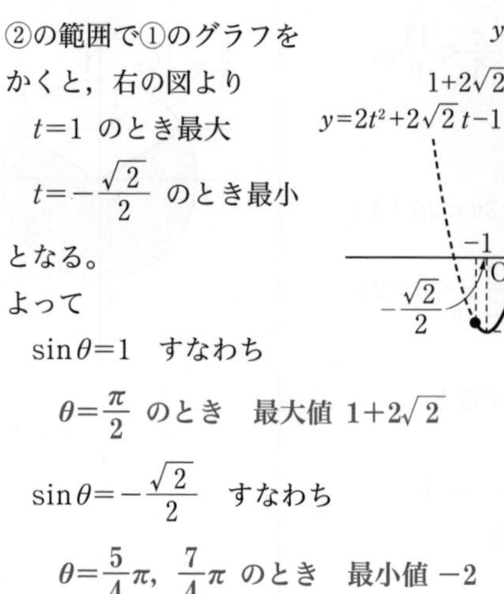

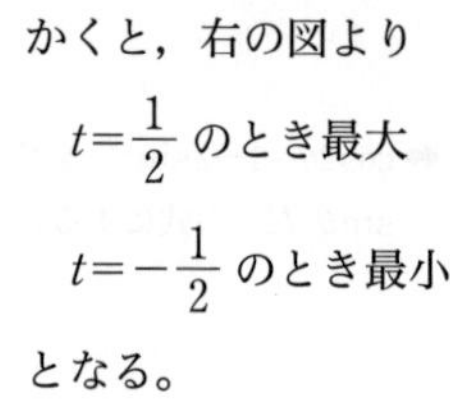

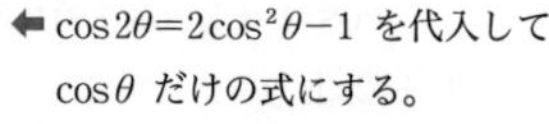

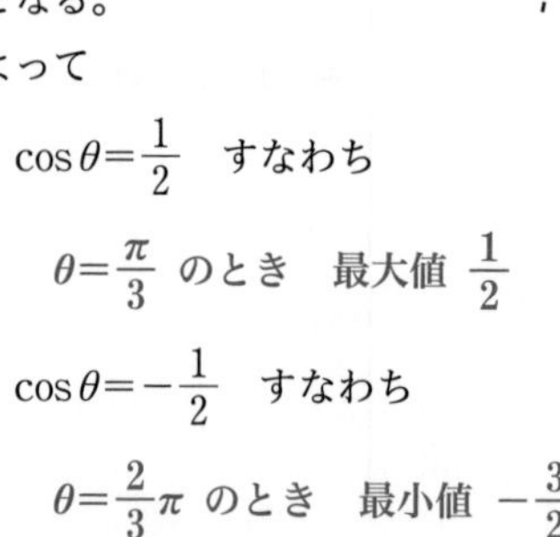

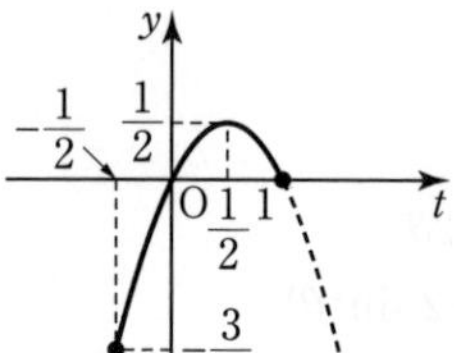

$t=\dfrac{1}{2}$ のとき最大

$t=-\dfrac{1}{2}$ のとき最小

となる。

よって

$\cos\theta=\dfrac{1}{2}$　すなわち

$\theta=\dfrac{\pi}{3}$ のとき　最大値 $\dfrac{1}{2}$

$\cos\theta=-\dfrac{1}{2}$　すなわち

$\theta=\dfrac{2}{3}\pi$ のとき　最小値 $-\dfrac{3}{2}$

262 $y=\sin^2\theta+\sqrt{3}\sin\theta\cos\theta+2\cos^2\theta$

$$=\frac{1-\cos 2\theta}{2}+\frac{\sqrt{3}}{2}\sin 2\theta+2\cdot\frac{1+\cos 2\theta}{2}$$

$$=\frac{\sqrt{3}}{2}\sin 2\theta+\frac{1}{2}\cos 2\theta+\frac{3}{2}$$

$$=\sin\left(2\theta+\frac{\pi}{6}\right)+\frac{3}{2}$$

⬅ $\sin^2\frac{\alpha}{2}=\frac{1-\cos\alpha}{2}$ （$\alpha=2\theta$ とおく）

⬅ $\sqrt{3}\sin\theta\cos\theta=\frac{\sqrt{3}}{2}\cdot 2\sin\theta\cos\theta$
$=\frac{\sqrt{3}}{2}\sin 2\theta$

⬅

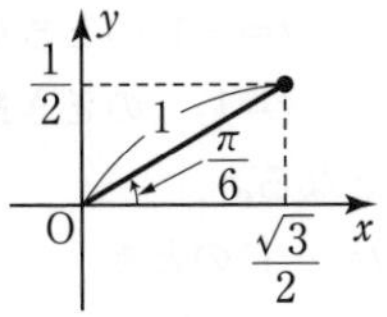

ここで，$0\leqq\theta\leqq\pi$ より

$\frac{\pi}{6}\leqq 2\theta+\frac{\pi}{6}\leqq\frac{13}{6}\pi$ であるから

$-1\leqq\sin\left(2\theta+\frac{\pi}{6}\right)\leqq 1$ よって $\frac{1}{2}\leqq y\leqq\frac{5}{2}$

ゆえに

$2\theta+\frac{\pi}{6}=\frac{\pi}{2}$ すなわち $\theta=\frac{\pi}{6}$ のとき最大値 $\frac{5}{2}$

$2\theta+\frac{\pi}{6}=\frac{3}{2}\pi$ すなわち $\theta=\frac{2}{3}\pi$ のとき最小値 $\frac{1}{2}$

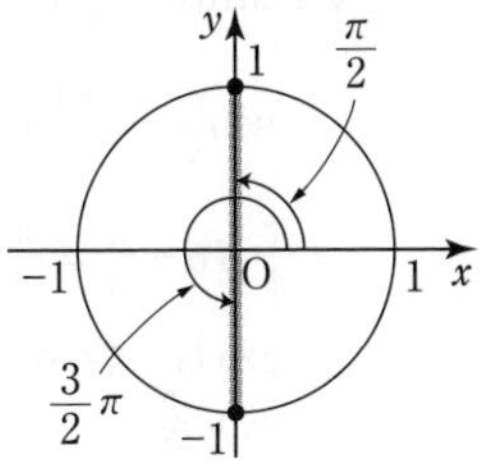

263 (1) $\sin\theta-\cos\theta=t$ の両辺を 2 乗して

$\sin^2\theta-2\sin\theta\cos\theta+\cos^2\theta=t^2$

$1-2\sin\theta\cos\theta=t^2$

よって $\sin\theta\cos\theta=\frac{1-t^2}{2}$

ゆえに $y=\frac{3}{2}\sin 2\theta-4(\sin\theta-\cos\theta)$

$=3\sin\theta\cos\theta-4(\sin\theta-\cos\theta)$

$=3\cdot\frac{1-t^2}{2}-4t$ より

$$y=-\frac{3}{2}t^2-4t+\frac{3}{2}$$

(2) $t=\sin\theta-\cos\theta$

$=\sqrt{2}\sin\left(\theta-\frac{\pi}{4}\right)$

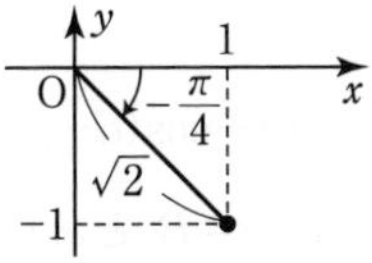

$0\leqq\theta\leqq\frac{\pi}{2}$ より

$-\frac{\pi}{4}\leqq\theta-\frac{\pi}{4}\leqq\frac{\pi}{4}$ であるから

$-\frac{1}{\sqrt{2}}\leqq\sin\left(\theta-\frac{\pi}{4}\right)\leqq\frac{1}{\sqrt{2}}$

よって $-1\leqq t\leqq 1$

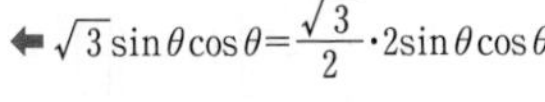

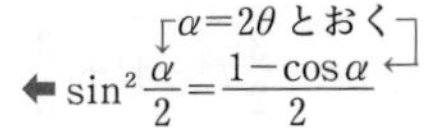

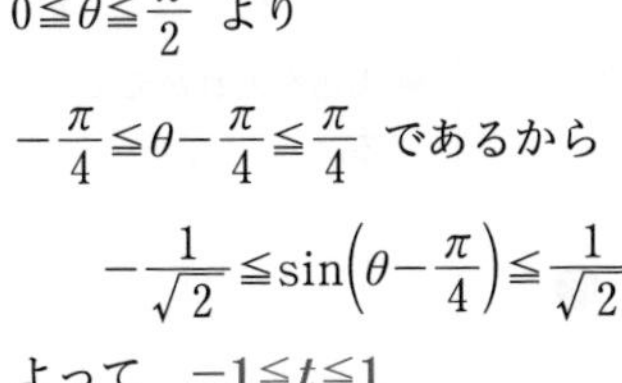

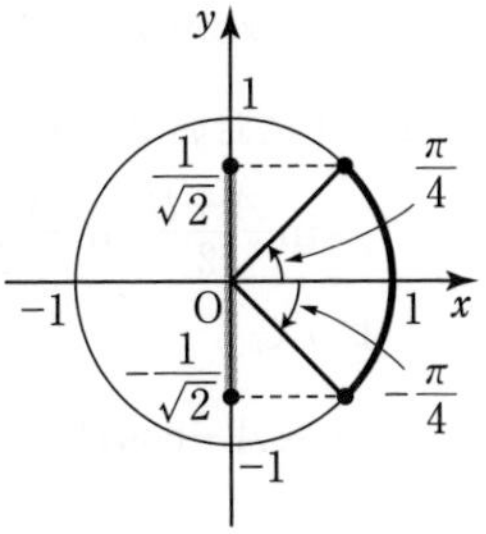

(3) $y=-\dfrac{3}{2}t^2-4t+\dfrac{3}{2}$

$=-\dfrac{3}{2}\left(t+\dfrac{4}{3}\right)^2+\dfrac{25}{6}$

(2)より，右の図から

$t=-1$ のとき最大

$t=1$ 　のとき最小

となる。

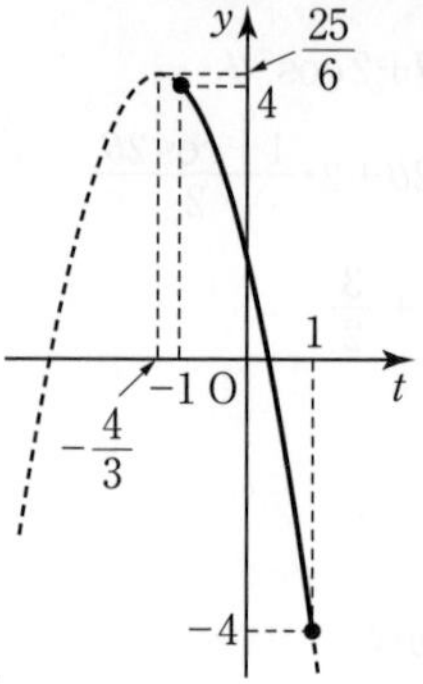

$t=-1$ のとき

$\sqrt{2}\sin\left(\theta-\dfrac{\pi}{4}\right)=-1$ より

$\sin\left(\theta-\dfrac{\pi}{4}\right)=-\dfrac{1}{\sqrt{2}}$

$-\dfrac{\pi}{4}\leqq\theta-\dfrac{\pi}{4}\leqq\dfrac{\pi}{4}$ であるから　$\theta-\dfrac{\pi}{4}=-\dfrac{\pi}{4}$

すなわち　**$\theta=0$ のとき　最大値 4**

$t=1$ のとき

$\sqrt{2}\sin\left(\theta-\dfrac{\pi}{4}\right)=1$ より

$\sin\left(\theta-\dfrac{\pi}{4}\right)=\dfrac{1}{\sqrt{2}}$

$-\dfrac{\pi}{4}\leqq\theta-\dfrac{\pi}{4}\leqq\dfrac{\pi}{4}$ であるから　$\theta-\dfrac{\pi}{4}=\dfrac{\pi}{4}$

すなわち　**$\theta=\dfrac{\pi}{2}$ のとき　最小値 −4**

264 (1) $\cos(\alpha+\beta)=\cos\alpha\cos\beta-\sin\alpha\sin\beta$ …①

$\cos(\alpha-\beta)=\cos\alpha\cos\beta+\sin\alpha\sin\beta$ …②

⬅ 余弦の加法定理

において，①−②より

$\cos(\alpha+\beta)-\cos(\alpha-\beta)=-2\sin\alpha\sin\beta$

⬅ 両辺を入れかえて −2 で割る。

よって

$\sin\alpha\sin\beta=-\dfrac{1}{2}\{\cos(\alpha+\beta)-\cos(\alpha-\beta)\}$ 終

(2) (1)において　$\alpha+\beta=A$，$\alpha-\beta=B$ とおくと

⬅ $\alpha=\dfrac{A+B}{2}$，$\beta=\dfrac{A-B}{2}$

$\sin\dfrac{A+B}{2}\sin\dfrac{A-B}{2}=-\dfrac{1}{2}(\cos A-\cos B)$

⬅ 両辺を入れかえて −2 を掛ける。

よって

$\cos A-\cos B=-2\sin\dfrac{A+B}{2}\sin\dfrac{A-B}{2}$ 終

265 (1) $\cos 75^\circ \cos 15^\circ = \dfrac{1}{2}\{\cos(75^\circ+15^\circ)+\cos(75^\circ-15^\circ)\}$

$$=\frac{1}{2}(\cos 90^\circ+\cos 60^\circ)$$

$$=\frac{1}{2}\left(0+\frac{1}{2}\right)=\boldsymbol{\frac{1}{4}}$$

(2) $\sin 37.5^\circ \sin 7.5^\circ = -\dfrac{1}{2}\{\cos(37.5^\circ+7.5^\circ)-\cos(37.5^\circ-7.5^\circ)\}$

$$=-\frac{1}{2}(\cos 45^\circ-\cos 30^\circ)$$

$$=-\frac{1}{2}\left(\frac{\sqrt{2}}{2}-\frac{\sqrt{3}}{2}\right)=\boldsymbol{\frac{\sqrt{3}-\sqrt{2}}{4}}$$

(3) $\sin 105^\circ-\sin 15^\circ = 2\cos\dfrac{105^\circ+15^\circ}{2}\sin\dfrac{105^\circ-15^\circ}{2}$

$$=2\cos 60^\circ \sin 45^\circ$$

$$=2\cdot\frac{1}{2}\cdot\frac{\sqrt{2}}{2}=\boldsymbol{\frac{\sqrt{2}}{2}}$$

(4) $\cos 105^\circ+\cos 15^\circ = 2\cos\dfrac{105^\circ+15^\circ}{2}\cos\dfrac{105^\circ-15^\circ}{2}$

$$=2\cos 60^\circ \cos 45^\circ$$

$$=2\cdot\frac{1}{2}\cdot\frac{\sqrt{2}}{2}=\boldsymbol{\frac{\sqrt{2}}{2}}$$

266 (1) $\sin 4\theta \cos\theta = \dfrac{1}{2}\{\sin(4\theta+\theta)+\sin(4\theta-\theta)\}$

$$=\boldsymbol{\frac{1}{2}(\sin 5\theta+\sin 3\theta)}$$

(2) $\cos 3\theta \cos 2\theta = \dfrac{1}{2}\{\cos(3\theta+2\theta)+\cos(3\theta-2\theta)\}$

$$=\boldsymbol{\frac{1}{2}(\cos 5\theta+\cos\theta)}$$

(3) $\sin 2\theta \sin\theta = -\dfrac{1}{2}\{\cos(2\theta+\theta)-\cos(2\theta-\theta)\}$

$$=\boldsymbol{-\frac{1}{2}(\cos 3\theta-\cos\theta)}$$

267 (1) $\sin 4\theta+\sin 2\theta$

$$=2\sin\frac{4\theta+2\theta}{2}\cos\frac{4\theta-2\theta}{2}=\boldsymbol{2\sin 3\theta\cos\theta}$$

(2) $\cos 5\theta+\cos\theta$

$$=2\cos\frac{5\theta+\theta}{2}\cos\frac{5\theta-\theta}{2}=\boldsymbol{2\cos 3\theta\cos 2\theta}$$

積を和・差に直す公式

$\sin\alpha\cos\beta$
$=\dfrac{1}{2}\{\sin(\alpha+\beta)+\sin(\alpha-\beta)\}$

$\cos\alpha\sin\beta$
$=\dfrac{1}{2}\{\sin(\alpha+\beta)-\sin(\alpha-\beta)\}$

$\cos\alpha\cos\beta$
$=\dfrac{1}{2}\{\cos(\alpha+\beta)+\cos(\alpha-\beta)\}$

$\sin\alpha\sin\beta$
$=-\dfrac{1}{2}\{\cos(\alpha+\beta)-\cos(\alpha-\beta)\}$

和・差を積に直す公式

$\sin A+\sin B$
$=2\sin\dfrac{A+B}{2}\cos\dfrac{A-B}{2}$

$\sin A-\sin B$
$=2\cos\dfrac{A+B}{2}\sin\dfrac{A-B}{2}$

$\cos A+\cos B$
$=2\cos\dfrac{A+B}{2}\cos\dfrac{A-B}{2}$

$\cos A-\cos B$
$=-2\sin\dfrac{A+B}{2}\sin\dfrac{A-B}{2}$

(3) $\cos 4\theta - \cos 2\theta$

$$= -2\sin\frac{4\theta+2\theta}{2}\sin\frac{4\theta-2\theta}{2} = \mathbf{-2\sin 3\theta \sin\theta}$$

268 (1) $\sin 20^\circ \sin 40^\circ \sin 80^\circ$

$$= -\frac{1}{2}\{\cos(20^\circ+40^\circ)-\cos(20^\circ-40^\circ)\}\sin 80^\circ$$

⬅ $\sin 20^\circ \sin 40^\circ$ で積→和の公式 $\sin\alpha\sin\beta = -\frac{1}{2}\{\cos(\alpha+\beta)-\cos(\alpha-\beta)\}$

$$= -\frac{1}{2}\{\cos 60^\circ - \cos(-20^\circ)\}\sin 80^\circ$$

⬅ $\cos(-\theta)=\cos\theta$

$$= -\frac{1}{2}\left(\frac{1}{2}-\cos 20^\circ\right)\sin 80^\circ$$

$$= -\frac{1}{4}\sin 80^\circ + \frac{1}{2}\cos 20^\circ \sin 80^\circ$$

⬅ $\cos 20^\circ \sin 80^\circ$ で積→和の公式 $\cos\alpha\sin\beta = \frac{1}{2}\{\sin(\alpha+\beta)-\sin(\alpha-\beta)\}$

$$= -\frac{1}{4}\sin 80^\circ + \frac{1}{2}\times\frac{1}{2}\{\sin(20^\circ+80^\circ)-\sin(20^\circ-80^\circ)\}$$

$$= -\frac{1}{4}\sin 80^\circ + \frac{1}{4}\{\sin 100^\circ - \sin(-60^\circ)\}$$

⬅ $\sin(-\theta)=-\sin\theta$

$$= -\frac{1}{4}\sin 80^\circ + \frac{1}{4}(\sin 100^\circ + \sin 60^\circ)$$

$$= -\frac{1}{4}\sin 80^\circ + \frac{1}{4}\left\{\sin(180^\circ-80^\circ)+\frac{\sqrt{3}}{2}\right\}$$

⬅ $\sin(180^\circ-\theta)=\sin\theta$

$$= -\frac{1}{4}\sin 80^\circ + \frac{1}{4}\sin 80^\circ + \frac{\sqrt{3}}{8} = \frac{\sqrt{3}}{8}$$

(2) $\cos 10^\circ + \cos 110^\circ + \cos 130^\circ$

⬅ $\cos 10^\circ + \cos 110^\circ$ で和→積の公式 $\cos A + \cos B = 2\cos\frac{A+B}{2}\cos\frac{A-B}{2}$

$$= 2\cos\frac{10^\circ+110^\circ}{2}\cos\frac{10^\circ-110^\circ}{2} + \cos 130^\circ$$

$$= 2\cos 60^\circ \cos(-50^\circ) + \cos 130^\circ$$

⬅ $\cos(-\theta)=\cos\theta$

$$= 2\cdot\frac{1}{2}\cdot\cos 50^\circ + \cos 130^\circ$$

$$= \cos 50^\circ + \cos(180^\circ - 50^\circ)$$

⬅ $\cos(180^\circ-\theta)=-\cos\theta$

$$= \cos 50^\circ - \cos 50^\circ = 0$$

269 (1) $y = \sin\left(\theta+\frac{5}{12}\pi\right)\cos\left(\theta+\frac{\pi}{12}\right)$

⬅ $\sin\alpha\cos\beta = \frac{1}{2}\{\sin(\alpha+\beta)+\sin(\alpha-\beta)\}$

$$= \frac{1}{2}\left[\sin\left\{\left(\theta+\frac{5}{12}\pi\right)+\left(\theta+\frac{\pi}{12}\right)\right\} + \sin\left\{\left(\theta+\frac{5}{12}\pi\right)-\left(\theta+\frac{\pi}{12}\right)\right\}\right]$$

$$= \frac{1}{2}\left\{\sin\left(2\theta+\frac{\pi}{2}\right)+\sin\frac{\pi}{3}\right\}$$

⬅ $\sin\left(\theta+\frac{\pi}{2}\right)=\cos\theta$

$$=\frac{1}{2}\cos 2\theta+\frac{\sqrt{3}}{4}$$

$0\leqq\theta\leqq\pi$ より $0\leqq 2\theta\leqq 2\pi$ であるから

$$-1\leqq\cos 2\theta\leqq 1$$

よって　$\dfrac{-2+\sqrt{3}}{4}\leqq \boldsymbol{y}\leqq\dfrac{2+\sqrt{3}}{4}$

← $-\dfrac{1}{2}\leqq\dfrac{1}{2}\cos 2\theta\leqq\dfrac{1}{2}$

$-\dfrac{1}{2}+\dfrac{\sqrt{3}}{4}\leqq\dfrac{1}{2}\cos 2\theta+\dfrac{\sqrt{3}}{4}\leqq\dfrac{1}{2}+\dfrac{\sqrt{3}}{4}$

より　$\dfrac{-2+\sqrt{3}}{4}\leqq y\leqq\dfrac{2+\sqrt{3}}{4}$

別解　$y=\dfrac{1}{2}\sin\left(2\theta+\dfrac{\pi}{2}\right)+\dfrac{\sqrt{3}}{4}$ と変形できる。

$0\leqq\theta\leqq\pi$ より $\dfrac{\pi}{2}\leqq 2\theta+\dfrac{\pi}{2}\leqq\dfrac{5}{2}\pi$

であるから　$-1\leqq\sin\left(2\theta+\dfrac{\pi}{2}\right)\leqq 1$

よって　$\dfrac{-2+\sqrt{3}}{4}\leqq \boldsymbol{y}\leqq\dfrac{2+\sqrt{3}}{4}$

(2)　$y=\cos\left(\theta+\dfrac{5}{12}\pi\right)-\cos\left(\theta+\dfrac{\pi}{12}\right)$

← $\cos A-\cos B$

$=-2\sin\dfrac{A+B}{2}\sin\dfrac{A-B}{2}$

$$=-2\sin\frac{\left(\theta+\frac{5}{12}\pi\right)+\left(\theta+\frac{\pi}{12}\right)}{2}$$

$$\times\sin\frac{\left(\theta+\frac{5}{12}\pi\right)-\left(\theta+\frac{\pi}{12}\right)}{2}$$

$$=-2\sin\left(\theta+\frac{\pi}{4}\right)\sin\frac{\pi}{6}=-\sin\left(\theta+\frac{\pi}{4}\right)$$

$0\leqq\theta\leqq\pi$ より $\dfrac{\pi}{4}\leqq\theta+\dfrac{\pi}{4}\leqq\dfrac{5}{4}\pi$ であるから

$$-\frac{\sqrt{2}}{2}\leqq\sin\left(\theta+\frac{\pi}{4}\right)\leqq 1$$

よって　$-1\leqq \boldsymbol{y}\leqq\dfrac{\sqrt{2}}{2}$

← 辺々に -1 を掛けると

$\dfrac{\sqrt{2}}{2}\geqq-\sin\left(\theta+\dfrac{\pi}{4}\right)\geqq-1$

(不等号の向きが変わる。)

270　$\cos\theta+\cos 3\theta=0$ を変形すると

$$2\cos\frac{\theta+3\theta}{2}\cos\frac{\theta-3\theta}{2}=0$$

$$2\cos 2\theta\cos(-\theta)=0$$

$$2\cos 2\theta\cos\theta=0$$

よって　$\cos 2\theta=0$ または $\cos\theta=0$

$0\leqq\theta<2\pi$ より　$0\leqq 2\theta<4\pi$ であるから

$\cos 2\theta=0$ のとき　$2\theta=\dfrac{\pi}{2},\ \dfrac{3}{2}\pi,\ \dfrac{5}{2}\pi,\ \dfrac{7}{2}\pi$

ゆえに　$\theta=\dfrac{\pi}{4},\ \dfrac{3}{4}\pi,\ \dfrac{5}{4}\pi,\ \dfrac{7}{4}\pi$

← $\cos A+\cos B$

$=2\cos\dfrac{A+B}{2}\cos\dfrac{A-B}{2}$

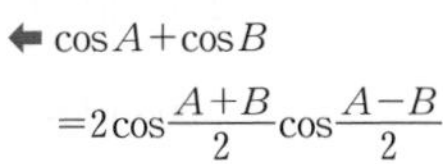

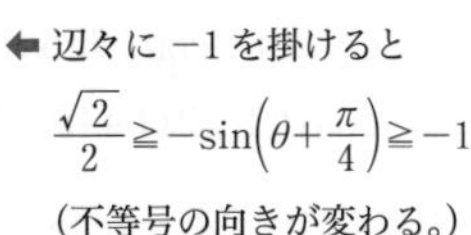

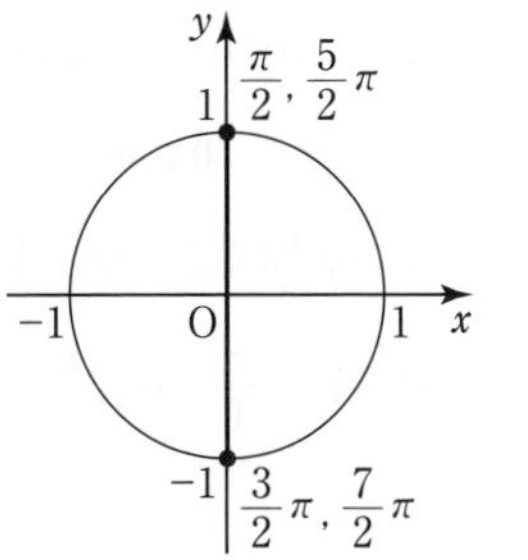

$\cos\theta=0$ のとき　$\theta=\dfrac{\pi}{2},\ \dfrac{3}{2}\pi$

したがって　$\theta=\dfrac{\pi}{4},\ \dfrac{\pi}{2},\ \dfrac{3}{4}\pi,\ \dfrac{5}{4}\pi,\ \dfrac{3}{2}\pi,\ \dfrac{7}{4}\pi$

(別解)　$\cos 3\theta=4\cos^3\theta-3\cos\theta$ であるから

⬅ 3倍角の公式

$\cos\theta+\cos 3\theta=0$ より

$\cos\theta+4\cos^3\theta-3\cos\theta=0$

$4\cos^3\theta-2\cos\theta=0$

$2\cos\theta(2\cos^2\theta-1)=0$

よって　$\cos\theta=0,\ \cos\theta=\pm\dfrac{1}{\sqrt{2}}$

$0\leqq\theta<2\pi$ であるから

$\cos\theta=0$ のとき　$\theta=\dfrac{\pi}{2},\ \dfrac{3}{2}\pi$

$\cos\theta=\dfrac{1}{\sqrt{2}}$ のとき　$\theta=\dfrac{\pi}{4},\ \dfrac{7}{4}\pi$

$\cos\theta=-\dfrac{1}{\sqrt{2}}$ のとき　$\theta=\dfrac{3}{4}\pi,\ \dfrac{5}{4}\pi$

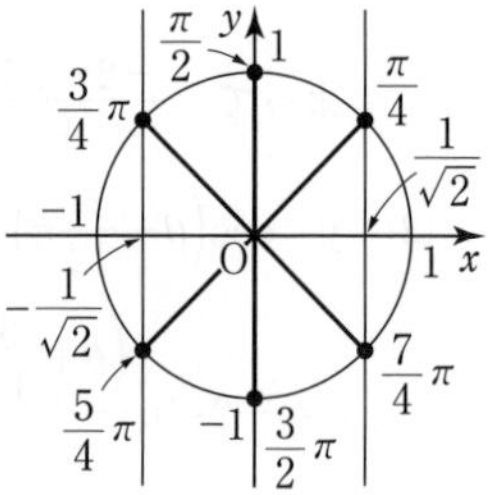

ゆえに　$\theta=\dfrac{\pi}{4},\ \dfrac{\pi}{2},\ \dfrac{3}{4}\pi,\ \dfrac{5}{4}\pi,\ \dfrac{3}{2}\pi,\ \dfrac{7}{4}\pi$

271　$\cos\theta+\cos 3\theta+\cos 5\theta<0$ より

⬅ 計算の順序を工夫する。

$\cos\theta+2\cos\dfrac{3\theta+5\theta}{2}\cos\dfrac{3\theta-5\theta}{2}<0$

⬅ $\cos 3\theta+\cos 5\theta$ で和→積の公式
$\cos A+\cos B$
$=2\cos\dfrac{A+B}{2}\cos\dfrac{A-B}{2}$

$\cos\theta+2\cos 4\theta\cos(-\theta)<0$

$\cos\theta+2\cos 4\theta\cos\theta<0$

$\cos\theta(1+2\cos 4\theta)<0$

$0\leqq\theta<\dfrac{\pi}{2}$ であるから　$\cos\theta>0$

よって　$1+2\cos 4\theta<0$

$\cos 4\theta<-\dfrac{1}{2}$　…①

また，$0\leqq\theta<\dfrac{\pi}{2}$ であるから

$0\leqq 4\theta<2\pi$　…②

②の範囲で①を解くと　$\dfrac{2}{3}\pi<4\theta<\dfrac{4}{3}\pi$

⬅

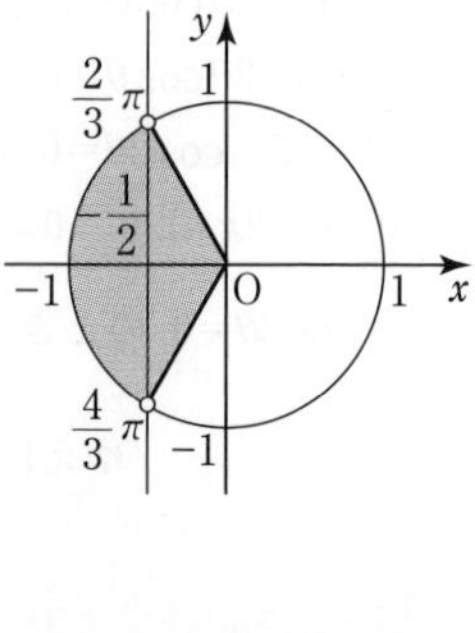

ゆえに　$\dfrac{\pi}{6}<\theta<\dfrac{\pi}{3}$

4章 指数関数・対数関数

272 (1) $5^{-2}=\frac{1}{5^2}=\mathbf{\frac{1}{25}}$

(2) $12^0=\mathbf{1}$

(3) $(-2)^{-5}=\frac{1}{(-2)^5}=\mathbf{-\frac{1}{32}}$

0と負の整数の指数

$a\neq0$，n が正の整数

$a^0=1$，$a^{-n}=\frac{1}{a^n}$

273 (1) $1.23\times10^{-3}=1.23\times\frac{1}{10^3}=1.23\times\frac{1}{1000}$

$=\mathbf{0.00123}$

(2) $7^{-4}\times7\div7^{-2}=7^{-4+1-(-2)}=7^{-1}=\mathbf{\frac{1}{7}}$

(3) $(-a^3)^{-2}\times(a^2)^{-1}=\frac{1}{(-a^3)^2}\times\frac{1}{a^2}=\frac{1}{a^{3\times2+2}}=\mathbf{\frac{1}{a^8}}$

指数法則

$a\neq0$，$b\neq0$，m，n が整数

$a^ma^n=a^{m+n}$，$\frac{a^m}{a^n}=a^{m-n}$

$(a^m)^n=a^{mn}$

$(ab)^n=a^nb^n$，$\left(\frac{a}{b}\right)^n=\frac{a^n}{b^n}$

274 (1) $x^4=256$　より

$x=\pm\sqrt[4]{256}=\pm\sqrt[4]{4^4}=\pm4$

(2) $x^5=-243$　より

$x=\sqrt[5]{-243}=-\sqrt[5]{243}=-\sqrt[5]{3^5}=-3$

(3) $x^3=\frac{8}{125}$　より

$x=\sqrt[3]{\frac{8}{125}}=\sqrt[3]{\left(\frac{2}{5}\right)^3}=\frac{2}{5}$

n 乗根

n が奇数のとき

$x^n=a \Longrightarrow x=\sqrt[n]{a}$

n が偶数で $a>0$ のとき

$x^n=a \Longrightarrow x=\pm\sqrt[n]{a}$

> **x が a の n 乗根 $\Longleftrightarrow$ $x^n=a$**
> **$a>0$ のとき $\sqrt[n]{a^n}=a$**
> **$a>0$ で n が奇数のとき $\sqrt[n]{-a}=-\sqrt[n]{a}$**

275 (1) $\sqrt[3]{64}=\sqrt[3]{4^3}=4$

(2) $\sqrt[3]{-27}=-\sqrt[3]{27}=-\sqrt[3]{3^3}=-3$

(3) $\sqrt[4]{0.0081}=\sqrt[4]{\frac{81}{10000}}=\sqrt[4]{\left(\frac{3}{10}\right)^4}=\frac{3}{10}=0.3$

⬅ $a>0$，$n>0$ のとき　$\sqrt[n]{a^n}=a$

⬅ n が奇数のとき，根号内のマイナスは外へ出せる。

$\sqrt[3]{-27}=-\sqrt[3]{27}$
└外に┘

276 (1) $\sqrt[4]{3}\sqrt[4]{27}=\sqrt[4]{3}\sqrt[4]{3^3}=\sqrt[4]{3^4}=3$

別解　$\sqrt[4]{3}\sqrt[4]{27}=\sqrt[4]{3}\sqrt[4]{3^3}$

$=3^{\frac{1}{4}}3^{\frac{3}{4}}=3^{\frac{1}{4}+\frac{3}{4}}=3$

(2) $\frac{\sqrt[3]{432}}{\sqrt[3]{-2}}=\frac{\sqrt[3]{432}}{-\sqrt[3]{2}}=-\sqrt[3]{\frac{432}{2}}$

$=-\sqrt[3]{216}=-\sqrt[3]{6^3}=-6$

累乗根の性質

$a>0$，$b>0$，m，n が正の整数

$\sqrt[n]{a}\sqrt[n]{b}=\sqrt[n]{ab}$

$\frac{\sqrt[n]{a}}{\sqrt[n]{b}}=\sqrt[n]{\frac{a}{b}}$

$(\sqrt[n]{a})^m=\sqrt[n]{a^m}$

$\sqrt[m]{\sqrt[n]{a}}=\sqrt[mn]{a}$

(3) $\sqrt[3]{\sqrt{64}}=\sqrt[6]{64}=\sqrt[6]{2^6}=2$

別解 $\sqrt[3]{\sqrt{64}}=\sqrt[3]{8}=(2^3)^{\frac{1}{3}}=2$

(4) $(\sqrt[6]{8})^8=\sqrt[6]{8^8}=\sqrt[6]{(2^3)^8}=\sqrt[6]{2^{24}}$

$=\sqrt[6]{(2^6)^4}=(\sqrt[6]{2^6})^4=2^4=16$

別解 $(\sqrt[6]{8})^8=(\sqrt[6]{2^3})^8=(2^{\frac{3}{6}})^8=2^4=16$

(5) $\sqrt{5}\times\sqrt[3]{5}\div\dfrac{1}{\sqrt[6]{5}}=\sqrt{5}\times\sqrt[3]{5}\times\sqrt[6]{5}$

$=5^{\frac{1}{2}}\times5^{\frac{1}{3}}\times5^{\frac{1}{6}}$

$=5^{\frac{1}{2}+\frac{1}{3}+\frac{1}{6}}=5$

(6) $\sqrt[4]{3\sqrt{3\sqrt[5]{3}}}=\sqrt[4]{3\sqrt{3\cdot3^{\frac{1}{5}}}}=\sqrt[4]{3\sqrt{3^{\frac{6}{5}}}}$

$=\sqrt[4]{3\cdot(3^{\frac{6}{5}})^{\frac{1}{2}}}=\sqrt[4]{3\cdot3^{\frac{3}{5}}}$

$=\sqrt[4]{3^{\frac{8}{5}}}=(3^{\frac{8}{5}})^{\frac{1}{4}}$

$=3^{\frac{2}{5}}=\sqrt[5]{3^2}=\sqrt[5]{9}$

有理数の指数

$a>0$，m，n が正の整数

$a^{\frac{m}{n}}=\sqrt[n]{a^m}$

指数法則

$a>0$，$b>0$，r，s が有理数

$a^ra^s=a^{r+s}$，$\dfrac{a^r}{a^s}=a^{r-s}$

$(a^r)^s=a^{rs}$

$(ab)^r=a^rb^r$，$\left(\dfrac{a}{b}\right)^r=\dfrac{a^r}{b^r}$

累乗根を含む式の計算 ➡ 累乗根の性質 $\sqrt[n]{a}\sqrt[n]{b}=\sqrt[n]{ab}$ などを利用
または，指数に直して $a^{\frac{m}{n}}$ の形で計算

277 (1) $4^{-\frac{3}{2}}\times27^{\frac{1}{3}}\div16^{-\frac{3}{2}}=(2^2)^{-\frac{3}{2}}\times(3^3)^{\frac{1}{3}}\div(2^4)^{-\frac{3}{2}}$

$=2^{-3}\times3\div2^{-6}$

$=2^{-3+6}\times3=2^3\times3=24$

⬅ 4，27，16 それぞれを素因数分解する。

(2) $6^{\frac{1}{2}}\times12^{-\frac{3}{4}}\div9^{\frac{3}{8}}=(2\times3)^{\frac{1}{2}}\times(2^2\times3)^{-\frac{3}{4}}\div(3^2)^{\frac{3}{8}}$

$=2^{\frac{1}{2}}\times3^{\frac{1}{2}}\times2^{-\frac{3}{2}}\times3^{-\frac{3}{4}}\div3^{\frac{3}{4}}$

$=2^{\frac{1}{2}-\frac{3}{2}}\times3^{\frac{1}{2}-\frac{3}{4}-\frac{3}{4}}$

$=2^{-1}\times3^{-1}=\dfrac{1}{2}\times\dfrac{1}{3}=\dfrac{1}{6}$

⬅ 6，12，9 それぞれを素因数分解する。

(3) $\sqrt[3]{54}+\sqrt[3]{16}-\sqrt[3]{2}=(3^3\times2)^{\frac{1}{3}}+(2^3\times2)^{\frac{1}{3}}-2^{\frac{1}{3}}$

$=3\times2^{\frac{1}{3}}+2\times2^{\frac{1}{3}}-2^{\frac{1}{3}}$

$=(3+2-1)\cdot2^{\frac{1}{3}}=4\sqrt[3]{2}$

⬅ 指数に直して $a^{\frac{m}{n}}$ の形で計算する。

別解 $\sqrt[3]{54}+\sqrt[3]{16}-\sqrt[3]{2}=\sqrt[3]{3^3\times2}+\sqrt[3]{2^3\times2}-\sqrt[3]{2}$

$=3\sqrt[3]{2}+2\sqrt[3]{2}-\sqrt[3]{2}$

$=4\sqrt[3]{2}$

⬅ $k>0$，$a>0$ のとき $\sqrt[n]{k^n\cdot a}=k\sqrt[n]{a}$

(4) $\dfrac{8}{3}\sqrt[6]{9}+\sqrt[3]{-24}+\sqrt[3]{\dfrac{1}{9}}$

$=\dfrac{8}{3}\cdot(3^2)^{\frac{1}{6}}-(2^3\times3)^{\frac{1}{3}}+(3^{-2})^{\frac{1}{3}}$

⬅ $\sqrt[3]{-24}=-\sqrt[3]{24}=-(2^3\times3)^{\frac{1}{3}}$

$=\dfrac{8}{3}\times3^{\frac{1}{3}}-2\times3^{\frac{1}{3}}+3^{-\frac{2}{3}}$

⬅ $3^{\frac{1}{3}}$ が出てくるように $3^{-\frac{2}{3}}=3^{-1+\frac{1}{3}}=3^{-1}\cdot3^{\frac{1}{3}}$ と変形する。

$=\dfrac{8}{3}\times3^{\frac{1}{3}}-2\times3^{\frac{1}{3}}+3^{-1}\times3^{\frac{1}{3}}$

$$=\left(\frac{8}{3}-2+\frac{1}{3}\right)\cdot 3^{\frac{1}{3}}=\sqrt[3]{3}$$

別解 $\displaystyle \frac{8}{3}\sqrt[6]{9}+\sqrt[3]{-24}+\sqrt[3]{\frac{1}{9}}$

$$=\frac{8}{3}\sqrt[6]{3^2}-\sqrt[3]{2^3\times 3}+\frac{1}{(\sqrt[3]{3})^2}$$

⬅ $\sqrt[np]{a^{mp}}=\sqrt[n]{a^m}$ を用いて $\sqrt[6]{3^2}=\sqrt[3\times 2]{3^{1\times 2}}=\sqrt[3]{3^1}$

$$=\frac{8}{3}\sqrt[3]{3}-2\sqrt[3]{3}+\frac{\sqrt[3]{3}}{(\sqrt[3]{3})^3}$$

⬅ ●$\sqrt[3]{3}$ が出てくるように $\dfrac{1}{(\sqrt[3]{3})^2}$ の分母と分子に $\sqrt[3]{3}$ を掛ける。

$$=\left(\frac{8}{3}-2+\frac{1}{3}\right)\cdot\sqrt[3]{3}=\sqrt[3]{3}$$

278 (1) $a\sqrt{a\sqrt{a}}\div\sqrt{a}=a\sqrt{a\cdot a^{\frac{1}{2}}}\div a^{\frac{1}{2}}$

$$=a(a^{\frac{3}{2}})^{\frac{1}{2}}\div a^{\frac{1}{2}}$$

$$=a\cdot a^{\frac{3}{4}}\div a^{\frac{1}{2}}$$

$$=a\cdot a^{\frac{3}{4}-\frac{1}{2}}$$

$$=a\cdot a^{\frac{1}{4}}=\boldsymbol{a\sqrt[4]{a}}$$

(2) $\sqrt[6]{a^3b}\div\sqrt[3]{ab}\times\sqrt[3]{ab^2}=(a^3b)^{\frac{1}{6}}\div(ab)^{\frac{1}{3}}\times(ab^2)^{\frac{1}{3}}$

$$=a^{\frac{1}{2}}b^{\frac{1}{6}}\div a^{\frac{1}{3}}b^{\frac{1}{3}}\times a^{\frac{1}{3}}b^{\frac{2}{3}}$$

$$=a^{\frac{1}{2}-\frac{1}{3}+\frac{1}{3}}b^{\frac{1}{6}-\frac{1}{3}+\frac{2}{3}}$$

$$=a^{\frac{1}{2}}b^{\frac{1}{2}}=\boldsymbol{\sqrt{ab}}$$

(3) $(a^{\frac{1}{4}}-b^{\frac{1}{4}})(a^{\frac{1}{4}}+b^{\frac{1}{4}})(a^{\frac{1}{2}}+b^{\frac{1}{2}})$

⬅ $(A-B)(A+B)=A^2-B^2$

$$=\{(a^{\frac{1}{4}})^2-(b^{\frac{1}{4}})^2\}(a^{\frac{1}{2}}+b^{\frac{1}{2}})$$

$$=(a^{\frac{1}{2}}-b^{\frac{1}{2}})(a^{\frac{1}{2}}+b^{\frac{1}{2}})$$

$$=(a^{\frac{1}{2}})^2-(b^{\frac{1}{2}})^2=\boldsymbol{a-b}$$

(4) $(a^{\frac{1}{3}}+b^{\frac{1}{3}})(a^{\frac{2}{3}}-a^{\frac{1}{3}}b^{\frac{1}{3}}+b^{\frac{2}{3}})$

⬅ $(A+B)(A^2-AB+B^2)=A^3+B^3$

$$=(a^{\frac{1}{3}}+b^{\frac{1}{3}})\{(a^{\frac{1}{3}})^2-a^{\frac{1}{3}}b^{\frac{1}{3}}+(b^{\frac{1}{3}})^2\}$$

$$=(a^{\frac{1}{3}})^3+(b^{\frac{1}{3}})^3=\boldsymbol{a+b}$$

279 (1) $a+a^{-1}=(a^{\frac{1}{2}})^2+(a^{-\frac{1}{2}})^2$

⬅ $A^2+B^2=(A+B)^2-2AB$

$$=(a^{\frac{1}{2}}+a^{-\frac{1}{2}})^2-2a^{\frac{1}{2}}\cdot a^{-\frac{1}{2}}$$

⬅ $a^{\frac{1}{2}}\cdot a^{-\frac{1}{2}}=a^0=1$

$$=(2\sqrt{2})^2-2\cdot 1=\boldsymbol{6}$$

(2) $a^{\frac{3}{2}}+a^{-\frac{3}{2}}=(a^{\frac{1}{2}})^3+(a^{-\frac{1}{2}})^3$

⬅ $A^3+B^3=(A+B)^3-3AB(A+B)$

$$=(a^{\frac{1}{2}}+a^{-\frac{1}{2}})^3-3a^{\frac{1}{2}}\cdot a^{-\frac{1}{2}}(a^{\frac{1}{2}}+a^{-\frac{1}{2}})$$

⬅ $a^{\frac{1}{2}}\cdot a^{-\frac{1}{2}}=a^0=1$

$$=(2\sqrt{2})^3-3\cdot 1\cdot 2\sqrt{2}$$

$$=16\sqrt{2}-6\sqrt{2}=\boldsymbol{10\sqrt{2}}$$

$$\boldsymbol{a^r+a^{-r}=m} \Rightarrow \boldsymbol{a^{2r}+a^{-2r}=(a^r+a^{-r})^2-2a^r\cdot a^{-r}=m^2-2}$$

$$\boldsymbol{a^{3r}+a^{-3r}=(a^r+a^{-r})^3-3a^r\cdot a^{-r}(a^r+a^{-r})=m^3-3m}$$

280 (1) $(a^{2x}-a^{-2x})\div(a^x-a^{-x})$

$=(a^x+a^{-x})(a^x-a^{-x})\div(a^x-a^{-x})$

$=a^x+a^{-x}$

$=a^x+\dfrac{1}{a^x}$

← $a^{2x}-a^{-2x}=(a^x)^2-(a^{-x})^2$

ここで，$a^{2x}=3$，$a^x>0$ であるから

$a^x=\sqrt{3}$

← $a^{2x}=(a^x)^2$

よって　(与式)$=\sqrt{3}+\dfrac{1}{\sqrt{3}}=\sqrt{3}+\dfrac{\sqrt{3}}{3}=\dfrac{4\sqrt{3}}{3}$

(2) $(a^{3x}+a^{-3x})\div(a^x+a^{-x})$

$=(a^x+a^{-x})(a^{2x}-a^x\cdot a^{-x}+a^{-2x})\div(a^x+a^{-x})$

$=a^{2x}-1+a^{-2x}$

$=3-1+\dfrac{1}{3}=\dfrac{7}{3}$

← $A^3+B^3=(A+B)(A^2-AB+B^2)$

← $a^x\cdot a^{-x}=a^{x-x}=a^0=1$

(別解) $(a^{3x}+a^{-3x})\div(a^x+a^{-x})$

$=\{(a^x+a^{-x})^3-3a^x\cdot a^{-x}(a^x+a^{-x})\}\div(a^x+a^{-x})$

$=(a^x+a^{-x})^2-3$

$=\left(\dfrac{4\sqrt{3}}{3}\right)^2-3=\dfrac{7}{3}$

← $A^3+B^3=(A+B)^3-3AB(A+B)$

281 (1) $9^x+9^{-x}=(3^x)^2+(3^{-x})^2$

$=(3^x-3^{-x})^2+2\cdot3^x\cdot3^{-x}$

$=4^2+2=18$

← $A^2+B^2=(A-B)^2+2AB$

← $9^x=(3^2)^x=3^{2x}=(3^x)^2$

$3^x\cdot3^{-x}=3^{x-x}=3^0=1$

(別解) $3^x-3^{-x}=4$ より　$(3^x-3^{-x})^2=4^2$

$(3^x)^2-2\cdot3^x\cdot3^{-x}+(3^{-x})^2=16$

$9^x-2+9^{-x}=16$

よって　$9^x+9^{-x}=18$

← $(3^x)^2=3^{2x}=(3^2)^x=9^x$

(2) $(3^x+3^{-x})^2=(3^x-3^{-x})^2+4\cdot3^x\cdot3^{-x}$

$=4^2+4=20$

$3^x>0$，$3^{-x}>0$ であるから　$3^x+3^{-x}>0$

よって　$3^x+3^{-x}=\sqrt{20}=2\sqrt{5}$

← $(A+B)^2=(A-B)^2+4AB$

(3) 条件と(2)より

$3^x-3^{-x}=4$　…①

$3^x+3^{-x}=2\sqrt{5}$　…②

①＋②から　$2\cdot3^x=4+2\sqrt{5}$

よって　$3^x=2+\sqrt{5}$

← $3^x-3^{-x}=4$　の両辺に

3^x をかけて

$(3^x)^2-4\cdot3^x-1=0$

$3^x>0$　より

$3^x=2+\sqrt{5}$

282 (1) $y=5^x$ のグラフは
右の図のようになる。

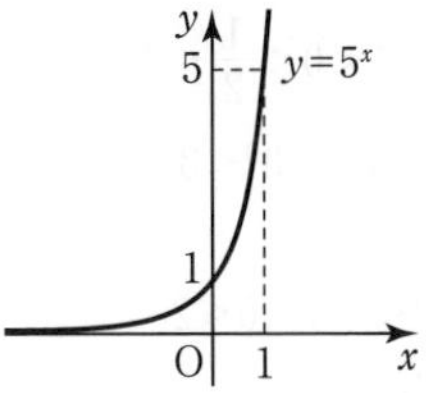

(2) $y=\left(\frac{1}{5}\right)^x$ のグラフは,
$y=5^x$ のグラフと y 軸に
関して対称であるから,
右の図のようになる。

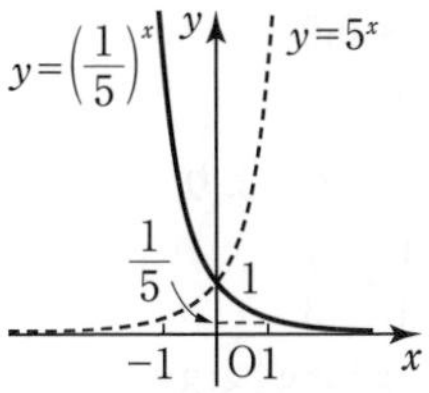

⬅(1)と(2)のグラフは y 軸に関して対称である。

(3) $y=-5^{-x}$ のグラフは,
$y=5^x$ のグラフと
原点に関して対称
であるから,
右の図のようになる。

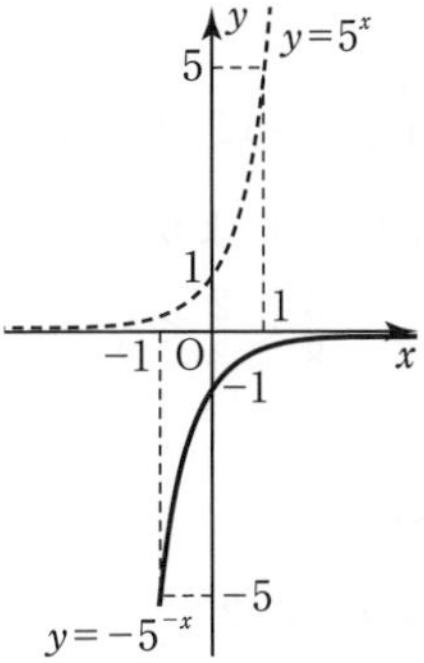

⬅$y=-5^{-x}$ のグラフ
⇅ x 軸に関して対称
$y=5^{-x}=\left(\frac{1}{5}\right)^x$ のグラフ
⇅ y 軸に関して対称
$y=5^x$ のグラフ

> **$y=a^x$ のグラフと $y=\left(\frac{1}{a}\right)^x=a^{-x}$ のグラフは y 軸に関して対称**
> **$y=a^x$ のグラフと $y=-a^x$ のグラフは x 軸に関して対称**
> **$y=a^x$ のグラフと $y=-a^{-x}$ のグラフは原点に関して対称**

283 (1) $y=4^x$ $(0\leqq x\leqq 2)$
底 4 は 1 より大きいから
$0\leqq x\leqq 2$ のとき $4^0\leqq 4^x\leqq 4^2$
よって,値域は $\boldsymbol{1\leqq y\leqq 16}$

⬅$y=4^x$ は増加関数
⬅$a>1$ のとき
$u<v \Longrightarrow a^u<a^v$

(2) $y=\left(\frac{1}{2}\right)^x$ $(-1\leqq x\leqq 3)$
底 $\frac{1}{2}$ は 1 より小さいから
$-1\leqq x\leqq 3$ のとき $\left(\frac{1}{2}\right)^{-1}\geqq\left(\frac{1}{2}\right)^x\geqq\left(\frac{1}{2}\right)^3$
よって,値域は $\boldsymbol{\frac{1}{8}\leqq y\leqq 2}$

⬅$y=\left(\frac{1}{2}\right)^x$ は減少関数
⬅$0<a<1$ のとき
$u<v \Longrightarrow a^u>a^v$

284 (1) 指数を比較すると　$-1<0<\dfrac{1}{2}<2$

底3は1より大きいから　$3^{-1}<3^0<3^{\frac{1}{2}}<3^2$

よって　$\boldsymbol{3^{-1}<1<3^{\frac{1}{2}}<3^2}$

(2) 指数を比較すると　$-2<-1<0<2$

底0.9は1より小さいから

$$0.9^2<0.9^0<0.9^{-1}<0.9^{-2}$$

よって　$\boldsymbol{0.9^2<1<0.9^{-1}<0.9^{-2}}$

(3) $\sqrt[3]{8}=8^{\frac{1}{3}}$, $\sqrt[6]{8}=8^{\frac{1}{6}}$, $\sqrt[4]{8}=8^{\frac{1}{4}}$ より

指数を比較すると　$\dfrac{1}{6}<\dfrac{1}{4}<\dfrac{1}{3}$

底8は1より大きいから　$8^{\frac{1}{6}}<8^{\frac{1}{4}}<8^{\frac{1}{3}}$

よって　$\boldsymbol{\sqrt[6]{8}<\sqrt[4]{8}<\sqrt[3]{8}}$

(4) $\left(\dfrac{1}{2}\right)^{\frac{1}{2}}=(2^{-1})^{\frac{1}{2}}=2^{-\frac{1}{2}}$, $\left(\dfrac{1}{8}\right)^{\frac{1}{8}}=(2^{-3})^{\frac{1}{8}}=2^{-\frac{3}{8}}$

$2\sqrt{2}=2\cdot2^{\frac{1}{2}}=2^{\frac{3}{2}}$, $\sqrt[3]{4}=\sqrt[3]{2^2}=2^{\frac{2}{3}}$ より

指数を比較すると　$-\dfrac{1}{2}<-\dfrac{3}{8}<\dfrac{2}{3}<\dfrac{3}{2}$

底2は1より大きいから

$$2^{-\frac{1}{2}}<2^{-\frac{3}{8}}<2^{\frac{2}{3}}<2^{\frac{3}{2}}$$

よって　$\boldsymbol{\left(\dfrac{1}{2}\right)^{\frac{1}{2}}<\left(\dfrac{1}{8}\right)^{\frac{1}{8}}<\sqrt[3]{4}<2\sqrt{2}}$

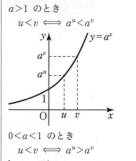

指数関数の性質

$a>1$ のとき

$u<v \iff a^u<a^v$

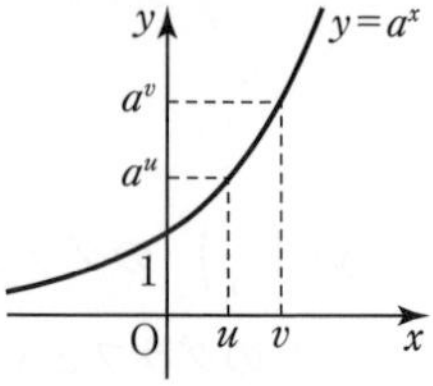

$0<a<1$ のとき

$u<v \iff a^u>a^v$

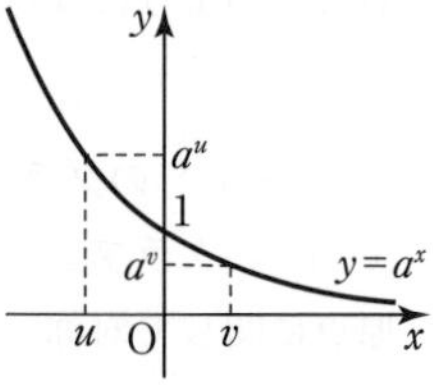

底をそろえて
指数の大小を比較

$\boldsymbol{y=a^x}$ **は** $\begin{cases} \boldsymbol{a>1} \text{ のとき増加関数} \Rightarrow \boldsymbol{u<v \iff a^u<a^v} \\ \boldsymbol{0<a<1} \text{ のとき減少関数} \Rightarrow \boldsymbol{u<v \iff a^u>a^v} \end{cases}$

285 (1) $y=3^x-1$ より
このグラフは,
$y=3^x$ のグラフを
$\boldsymbol{y}$ **軸方向に -1 だけ**
平行移動したもの。

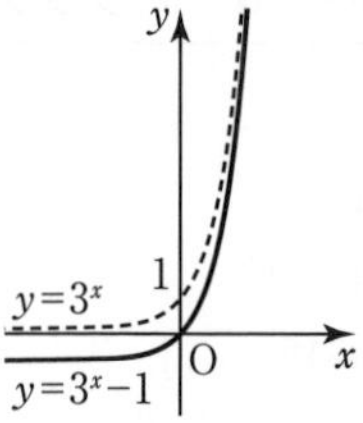

(2) $y=9\cdot3^x=3^2\cdot3^x$
$=3^{x+2}$ より
このグラフは,
$y=3^x$ のグラフを
$\boldsymbol{x}$ **軸方向に -2 だけ**
平行移動したもの。

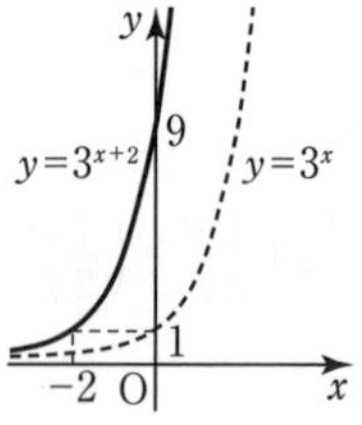

(3) $y=3\cdot3^{-x}=3^{-x+1}=3^{-(x-1)}$

$=\left(\frac{1}{3}\right)^{x-1}$ より

このグラフは，

$y=3^x$ のグラフを

y 軸に関して対称移動し，

さらに x 軸方向に 1 だけ

平行移動したもの。

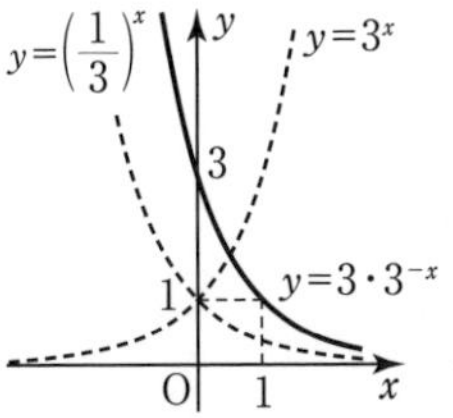

> **$y=a^x$ と $y=\left(\frac{1}{a}\right)^x=a^{-x}$ のグラフは y 軸に関して対称**
> **$y=a^x$ と $y=-a^x$ のグラフは x 軸に関して対称**
> **$y=a^{x-p}+q$ ➡ $y=a^x$ のグラフを x 軸方向に p，y 軸方向に q 平行移動**

286 (1) $\sqrt[4]{8}$，$\sqrt[4]{9}$，$\sqrt[4]{4}$ はすべて正の数であるから，それぞれ 4 乗すると 8，9，4 となる。

$4<8<9$ より **$\sqrt[4]{4}<\sqrt[4]{8}<\sqrt[4]{9}$**

⬅ $a>0$，$b>0$，n が自然数のとき $a<b \iff a^n<b^n$

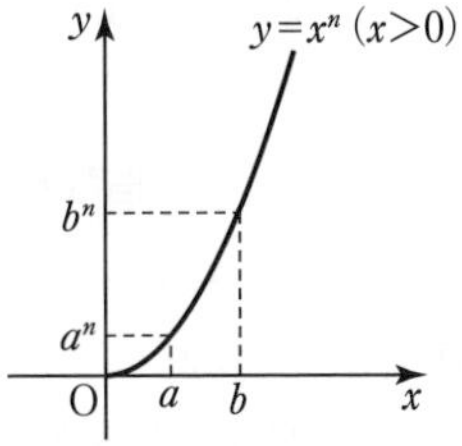

(2) $\sqrt{3}$，$\sqrt[3]{5}$，$\sqrt[4]{10}$，$\sqrt[6]{30}$ はすべて正の数であるから，それぞれ 12 乗すると

$(\sqrt{3})^{12}=3^6=729$，$(\sqrt[3]{5})^{12}=5^4=625$

$(\sqrt[4]{10})^{12}=10^3=1000$，$(\sqrt[6]{30})^{12}=30^2=900$ となる。

$625<729<900<1000$ より

$(\sqrt[3]{5})^{12}<(\sqrt{3})^{12}<(\sqrt[6]{30})^{12}<(\sqrt[4]{10})^{12}$

すなわち **$\sqrt[3]{5}<\sqrt{3}<\sqrt[6]{30}<\sqrt[4]{10}$**

(3) $5^8=(5^4)^2=625^2$，$8^6=(8^3)^2=512^2$

⬅ 2 乗にそろえる。

$0<512<625$ より $512^2<625^2$

よって **$8^6<5^8$**

(4) $2^{30}=(2^3)^{10}=8^{10}$，$3^{20}=(3^2)^{10}=9^{10}$

⬅ 10 乗にそろえる。

$0<6<8<9$ より $6^{10}<8^{10}<9^{10}$

よって **$6^{10}<2^{30}<3^{20}$**

(別解) 2^{30}，3^{20}，6^{10} はすべて正の数であるから，

それぞれ $\frac{1}{10}$ 乗すると

$(2^{30})^{\frac{1}{10}}=2^3=8$，$(3^{20})^{\frac{1}{10}}=3^2=9$

$(6^{10})^{\frac{1}{10}}=6$ となる。

$6<8<9$ より $(6^{10})^{\frac{1}{10}}<(2^{30})^{\frac{1}{10}}<(3^{20})^{\frac{1}{10}}$

⬅ $a>0$，$b>0$，n が自然数のとき $a<b \iff a^{\frac{1}{n}}<b^{\frac{1}{n}}$

すなわち **$6^{10}<2^{30}<3^{20}$**

> **大小比較 ➡ ①底をそろえて，指数を比較**
> **②指数をそろえて，底を比較**

287 (1) $2^{x+2}=2^7$ より

$x+2=7$

よって $x=5$

(2) $3^x=3^{-5}$ より $x=-5$

(3) $\left(\frac{1}{4}\right)^x=\left(\frac{1}{4}\right)^3$ より $x=3$

(4) $27\sqrt{3}=3^3\cdot3^{\frac{1}{2}}=3^{\frac{7}{2}}$ より

$3^{3x-1}=3^{\frac{7}{2}}$

よって $3x-1=\frac{7}{2}$ より $x=\frac{3}{2}$

(5) $4^{x+1}=2^{2(x+1)}$, $8^{x+2}=2^{3(x+2)}$ より

$2^{2(x+1)}=2^{3(x+2)}$

よって $2(x+1)=3(x+2)$ より $x=-4$

(6) $5^{x+1}-5^x=5\cdot5^x-5^x=4\cdot5^x$ より

$4\cdot5^x=100$

$5^x=25=5^2$ より $x=2$

← 底をそろえる。
右辺を $128=2^7$ と変形。

← 指数を比較。

← $5^x=t$ とおくと
$5^{x+1}-5^x=5\cdot5^x-5^x$
$=5t-t$
$=4t=4\cdot5^x$

指数方程式 $a^p=a^q$ $(a>0,\ a\neq0)$ $\iff$ $p=q$
底をそろえる　　指数を比較

---

288 (1) $2^{3x}>2^4$

底 2 は 1 より大きいから

$3x>4$ より $x>\frac{4}{3}$

(2) $3^{-x}<3^4$

底 3 は 1 より大きいから

$-x<4$ より $x>-4$

(3) $5^{x-2}<5^{-3}$

底 5 は 1 より大きいから

$x-2<-3$ より $x<-1$

(4) $(0.5)^{2x-1}=\left(\frac{1}{2}\right)^{2x-1}=2^{-(2x-1)}$

$\frac{1}{\sqrt[3]{2}}=\frac{1}{2^{\frac{1}{3}}}=2^{-\frac{1}{3}}$

より $2^{-(2x-1)}\geqq2^{-\frac{1}{3}}$

底 2 は 1 より大きいから

$-(2x-1)\geqq-\frac{1}{3}$ より $x\leqq\frac{2}{3}$

← 底をそろえる。
右辺を $16=2^4$ と変形。

← 指数を比較。

← 底が 1 より大きいか小さいかを必ず確認する。

← 底を 2 にそろえる。

別解　$(0.5)^{2x-1}=\left(\frac{1}{2}\right)^{2x-1}$，$\frac{1}{\sqrt[3]{2}}=\sqrt[3]{\frac{1}{2}}=\left(\frac{1}{2}\right)^{\frac{1}{3}}$

← 底を $\frac{1}{2}$ にそろえる。

より　$\left(\frac{1}{2}\right)^{2x-1}\geqq\left(\frac{1}{2}\right)^{\frac{1}{3}}$

底 $\frac{1}{2}$ は1より小さいから

$2x-1\leqq\frac{1}{3}$　より　$x\leqq\frac{2}{3}$

(5)　$\left(\frac{1}{9}\right)^{3x-2}=(3^{-2})^{3x-2}=3^{-2(3x-2)}$

$\left(\frac{1}{27}\right)^{x}=(3^{-3})^{x}=3^{-3x}$

← 底を3にそろえる。

より　$3^{-2(3x-2)}<3^{-3x}$

底3は1より大きいから

$-2(3x-2)<-3x$

← $a>1$ のとき $a^u<a^v \Rightarrow u<v$

整理して　$-3x<-4$

← 両辺を負の数 -3 で割ると不等号の向きが変わる。

よって　$x>\frac{4}{3}$

別解　$\left(\frac{1}{9}\right)^{3x-2}=\left\{\left(\frac{1}{3}\right)^{2}\right\}^{3x-2}=\left(\frac{1}{3}\right)^{2(3x-2)}$

$\left(\frac{1}{27}\right)^{x}=\left\{\left(\frac{1}{3}\right)^{3}\right\}^{x}=\left(\frac{1}{3}\right)^{3x}$

← 底を $\frac{1}{3}$ にそろえる。

より　$\left(\frac{1}{3}\right)^{2(3x-2)}<\left(\frac{1}{3}\right)^{3x}$

底 $\frac{1}{3}$ は1より小さいから

$2(3x-2)>3x$

← $0<a<1$ のとき $a^u<a^v \Rightarrow u>v$

整理して　$3x>4$

よって　$x>\frac{4}{3}$

(6)　$4^{x-3}=(2^2)^{x-3}=2^{2(x-3)}$

$(\sqrt{2})^{x}=(2^{\frac{1}{2}})^{x}=2^{\frac{1}{2}x}$　より

$2^{2(x-3)}\geqq 2^{\frac{1}{2}x}$

← 底を2にそろえる。

底2は1より大きいから

$2(x-3)\geqq\frac{1}{2}x$

← $a>1$ のとき $a^u<a^v \Rightarrow u<v$

よって　$x\geqq 4$

指数不等式
- $a>1$ のとき $a^p<a^q \iff p<q$
- $0<a<1$ のとき $a^p<a^q \iff p>q$

※必ず確認　底をそろえる　指数を比較

289 (1) $4=\log_3 81$　　(2) $-\dfrac{4}{3}=\log_8 \dfrac{1}{16}$

(3) $0=\log_3 1$　　(4) $3^5=243$

(5) $(\sqrt{2})^6=8$　　(6) $9^{-\frac{1}{2}}=\dfrac{1}{3}$

指数と対数の関係

$a>0$，$a \neq 1$，$M>0$ のとき
$a^p=M \iff p=\log_a M$

290 (1) $\log_2 8=\log_2 2^3=3$

← $\log_a a^p=p$

(2) $\log_{10} 1=0$

← $\log_a 1=0$

(3) $\log_5 \dfrac{1}{25}=\log_5 \dfrac{1}{5^2}=\log_5 5^{-2}=-2$

(4) $\log_4 \dfrac{1}{2}=x$　とおくと，定義より

$4^x=\dfrac{1}{2}$

$(2^2)^x=2^{-1}$

$2^{2x}=2^{-1}$

よって　$2x=-1$　より　$x=-\dfrac{1}{2}$

ゆえに　$\log_4 \dfrac{1}{2}=-\dfrac{1}{2}$

別解　$\log_4 \dfrac{1}{2}=\dfrac{\log_2 \frac{1}{2}}{\log_2 4}=\dfrac{\log_2 2^{-1}}{\log_2 2^2}=-\dfrac{1}{2}$

底の変換公式

a，b，c が正の数で
$a \neq 1$，$c \neq 1$ のとき
$\log_a b=\dfrac{\log_c b}{\log_c a}$

(5) $\log_{\frac{1}{3}} 27=x$　とおくと，定義より

$\left(\dfrac{1}{3}\right)^x=27$

$(3^{-1})^x=3^3$

$3^{-x}=3^3$

よって　$-x=3$　より　$x=-3$

ゆえに　$\log_{\frac{1}{3}} 27=-3$

別解　$\log_{\frac{1}{3}} 27=\dfrac{\log_3 27}{\log_3 \frac{1}{3}}=\dfrac{\log_3 3^3}{\log_3 3^{-1}}=-3$

← 慣れてくれば，別解のように底を変換する方が便利である。

(6) $\log_{\sqrt{7}} 7=x$ とおくと，定義より

$(\sqrt{7})^x=7$

$(7^{\frac{1}{2}})^x=7$

$7^{\frac{1}{2}x}=7^1$

よって　$\dfrac{1}{2}x=1$　より　$x=2$

ゆえに　$\log_{\sqrt{7}} 7=2$

別解　$\log_{\sqrt{7}} 7=\log_{\sqrt{7}} (\sqrt{7})^2=2$

(7) $\log_{\sqrt{2}}\frac{1}{8}=x$ とおくと，定義より

$$(\sqrt{2})^x=\frac{1}{8}$$
$$(2^{\frac{1}{2}})^x=2^{-3}$$
$$2^{\frac{1}{2}x}=2^{-3}$$

よって　$\frac{1}{2}x=-3$　より　$x=-6$

ゆえに　$\log_{\sqrt{2}}\frac{1}{8}=-6$

(別解)　$\log_{\sqrt{2}}\frac{1}{8}=\frac{\log_2\frac{1}{8}}{\log_2\sqrt{2}}=\frac{\log_2 2^{-3}}{\log_2 2^{\frac{1}{2}}}=\frac{-3}{\frac{1}{2}}=-6$

(8) $\log_{25}\sqrt{125}=x$ とおくと，定義より

$$25^x=\sqrt{125}$$
$$(5^2)^x=(5^3)^{\frac{1}{2}}$$
$$5^{2x}=5^{\frac{3}{2}}$$

よって　$2x=\frac{3}{2}$　より　$x=\frac{3}{4}$

ゆえに　$\log_{25}\sqrt{125}=\frac{3}{4}$

(別解)　$\log_{25}\sqrt{125}=\frac{\log_5\sqrt{125}}{\log_5 25}=\frac{\log_5 5^{\frac{3}{2}}}{\log_5 5^2}=\frac{3}{4}$

291 (1) $\log_8 16+\log_8 4=\log_8(16\times4)=\log_8 64$
$=\log_8 8^2=2$

(2) $\log_4 48-\log_4 12=\log_4\frac{48}{12}=\log_4 4=1$

(3) $\log_6 24+2\log_6 3=\log_6 24+\log_6 3^2=\log_6(24\times9)$
$=\log_6 216=\log_6 6^3=3$

(4) $3\log_3 2-\log_3 72=\log_3 2^3-\log_3 72=\log_3\frac{8}{72}$
$=\log_3\frac{1}{9}=\log_3 3^{-2}=-2$

(5) $\log_3 7\cdot\log_7 81=\log_3 7\cdot\frac{\log_3 81}{\log_3 7}$
$=\log_3 3^4=4$

(6) $\log_2 25\div\log_8 5=\log_2 5^2\div\frac{\log_2 5}{\log_2 8}$
$=2\log_2 5\times\frac{\log_2 2^3}{\log_2 5}=6$

対数の性質

$\log_a M+\log_a N=\log_a MN$
$\log_a M-\log_a N=\log_a\frac{M}{N}$
$r\log_a M=\log_a M^r$

底の変換公式

a，b，c が正の数で，
$a\neq1$，$c\neq1$ のとき
$\log_a b=\frac{\log_c b}{\log_c a}$
さらに，$b\neq1$ のとき
$\log_a b=\frac{1}{\log_b a}$

292 (1) $\log_{10}18=\log_{10}(2\times 3^2)=\log_{10}2+\log_{10}3^2$

$=\log_{10}2+2\log_{10}3=\boldsymbol{a+2b}$

(2) $\log_3\sqrt{5}=\dfrac{\log_{10}\sqrt{5}}{\log_{10}3}=\dfrac{\log_{10}5^{\frac{1}{2}}}{\log_{10}3}$

$=\dfrac{\dfrac{1}{2}\log_{10}\dfrac{10}{2}}{\log_{10}3}$

$=\dfrac{\log_{10}10-\log_{10}2}{2\log_{10}3}=\boldsymbol{\dfrac{1-a}{2b}}$

⬅ $\log_{10}10=1$，$\log_{10}2=a$ を用いるため，$5=\dfrac{10}{2}$ とする。

(3) $\log_6 24=\dfrac{\log_{10}24}{\log_{10}6}=\dfrac{\log_{10}(2^3\times 3)}{\log_{10}(2\times 3)}$

$=\dfrac{\log_{10}2^3+\log_{10}3}{\log_{10}2+\log_{10}3}=\boldsymbol{\dfrac{3a+b}{a+b}}$

対数の計算 ➡ 真数を素因数分解して，対数の和・差に変形

293 (1) $2\log_3 6+\log_3 15-\log_3 20$

$=\log_3 6^2+\log_3 15-\log_3 20$

$=\log_3\dfrac{36\times 15}{20}=\log_3 27=\log_3 3^3=\boldsymbol{3}$

(2) $3\log_{\frac{1}{2}}2-\log_{\frac{1}{2}}72+2\log_{\frac{1}{2}}3$

$=\log_{\frac{1}{2}}2^3-\log_{\frac{1}{2}}72+\log_{\frac{1}{2}}3^2$

$=\log_{\frac{1}{2}}\dfrac{8\times 9}{72}=\log_{\frac{1}{2}}1=\boldsymbol{0}$

⬅ $3\times(-1)+\log_{\frac{1}{2}}9-\log_{\frac{1}{2}}72$

$=-3+\log_{\frac{1}{2}}\dfrac{9}{72}$

$=-3+\log_{\frac{1}{2}}\dfrac{1}{8}=-3+3$

(3) $\log_2\sqrt{3}+3\log_2\sqrt{2}-\log_2\sqrt{6}$

$=\log_2\sqrt{3}+\log_2(\sqrt{2})^3-\log_2\sqrt{6}$

$=\log_2\dfrac{\sqrt{3}\times 2\sqrt{2}}{\sqrt{6}}=\log_2 2=\boldsymbol{1}$

(4) $\log_4 25=\dfrac{\log_2 25}{\log_2 4}=\dfrac{\log_2 5^2}{\log_2 2^2}=\dfrac{2\log_2 5}{2}=\log_2 5$

⬅ 底を 2 にそろえる。

より

$\log_2 50-\log_4 25+\log_2\dfrac{8}{5}$

$=\log_2 50-\log_2 5+\log_2\dfrac{8}{5}$

$=\log_2\left(50\times\dfrac{1}{5}\times\dfrac{8}{5}\right)$

$=\log_2 16=\log_2 2^4=\boldsymbol{4}$

⬅ $\log_2 50-\log_2 5+\log_2\dfrac{8}{5}$

$=\log_2\dfrac{50}{5}+\log_2\dfrac{8}{5}$

$=\log_2\left(10\times\dfrac{8}{5}\right)$

と考えてもよい。

対数の計算は底をそろえて ➡ 対数の和・差は，真数の積・商にまとめる

294 (1) $\log_5 3(\log_3 5+\log_9 25)$

$=\dfrac{\log_3 3}{\log_3 5}\left(\log_3 5+\dfrac{\log_3 25}{\log_3 9}\right)$

$=\dfrac{\log_3 3}{\log_3 5}\left(\log_3 5+\dfrac{\log_3 5^2}{\log_3 3^2}\right)$

$=\dfrac{1}{\log_3 5}\left(\log_3 5+\dfrac{2\log_3 5}{2}\right)$

$=\dfrac{1}{\log_3 5}\times 2\log_3 5$

$=2$

← 底を3にそろえる。

底の変換公式

a, b, c が正の数で,
$a\neq 1$, $c\neq 1$ のとき

$\log_a b=\dfrac{\log_c b}{\log_c a}$

さらに, $b\neq 1$ のとき

$\log_a b=\dfrac{1}{\log_b a}$

(2) $(\log_2 3+\log_{16} 9)(\log_3 4+\log_9 16)$

$=\left(\log_2 3+\dfrac{\log_2 9}{\log_2 16}\right)\left(\dfrac{\log_2 4}{\log_2 3}+\dfrac{\log_2 16}{\log_2 9}\right)$

$=\left(\log_2 3+\dfrac{\log_2 3^2}{\log_2 2^4}\right)\left(\dfrac{\log_2 2^2}{\log_2 3}+\dfrac{\log_2 2^4}{\log_2 3^2}\right)$

$=\left(\log_2 3+\dfrac{2\log_2 3}{4}\right)\left(\dfrac{2}{\log_2 3}+\dfrac{4}{2\log_2 3}\right)$

$=\dfrac{3}{2}\log_2 3\times\dfrac{4}{\log_2 3}$

$=6$

← 底を2にそろえる。

← $\log_2 3+\dfrac{\overset{1}{\cancel{2}}\log_2 3}{\underset{2}{\cancel{4}}}$

$=\log_2 3+\dfrac{1}{2}\log_2 3$ を計算し,

$\dfrac{2}{\log_2 3}+\dfrac{\overset{2}{\cancel{4}}}{\underset{1}{\cancel{2}}\log_2 3}$

$=\dfrac{2}{\log_2 3}+\dfrac{2}{\log_2 3}$ を計算する。

(3) $\log_2 7\cdot\log_7 10\cdot\log_{10} 16$

$=\log_2 7\cdot\dfrac{\log_2 10}{\log_2 7}\cdot\dfrac{\log_2 16}{\log_2 10}$

$=\log_2 16$

$=\log_2 2^4=4$

← 底を2にそろえる。

(4) $\log_2 10\cdot\log_5 10-\log_2 5-\log_5 2$

$=\log_2 10\cdot\dfrac{\log_2 10}{\log_2 5}-\log_2 5-\dfrac{\log_2 2}{\log_2 5}$

$=(\log_2 2+\log_2 5)\cdot\dfrac{\log_2 2+\log_2 5}{\log_2 5}-\log_2 5-\dfrac{1}{\log_2 5}$

$=(1+\log_2 5)\left(\dfrac{1}{\log_2 5}+1\right)-\log_2 5-\dfrac{1}{\log_2 5}$

$=\dfrac{1}{\log_2 5}+1+1+\log_2 5-\log_2 5-\dfrac{1}{\log_2 5}$

$=2$

← 底を2にそろえる。

← $\log_2 10=\log_2(2\times 5)$
$=\log_2 2+\log_2 5$ として
$\log_2 5$ だけで表す。

295 (1) $2^{\log_2 7}=x$ とおくと，定義より

$\log_2 7=\log_2 x$

よって $x=7$ ゆえに $2^{\log_2 7}=7$

別解

[1] $\log_2 7=u$ とおくと，定義より $2^u=7$

よって $2^{\log_2 7}=7$

[2] $2^{\log_2 7}=x$ とおいて，

両辺の 2 を底とする対数をとると

$\log_2 2^{\log_2 7}=\log_2 x$

$\log_2 7\cdot\log_2 2=\log_2 x$

$\log_2 7=\log_2 x$ よって $x=7$

(2) $3^{2\log_3 2}=x$ とおくと，定義より

$\log_3 x=2\log_3 2=\log_3 4$

よって $x=4$ ゆえに $3^{2\log_3 2}=4$

別解

[1] $2\log_3 2=u$ とおくと $\log_3 2^2=u$

定義より $3^u=4$

よって $3^{2\log_3 2}=4$

[2] $3^{2\log_3 2}=3^{\log_3 2^2}=3^{\log_3 4}=4$

(3) $4^{\log_2 3}=x$ とおくと，定義より

$$\log_2 3=\log_4 x=\frac{\log_2 x}{\log_2 4}$$

$\log_2 x=\log_2 4\cdot\log_2 3=2\log_2 3=\log_2 9$

よって $x=9$ ゆえに $4^{\log_2 3}=9$

別解

[1] $\log_2 3=u$ とおくと，定義より $2^u=3$

両辺を 2 乗すると $(2^u)^2=3^2$

$(2^2)^u=9$ すなわち $4^u=9$

よって $4^{\log_2 3}=9$

[2] $4^{\log_2 3}=(2^2)^{\log_2 3}=2^{2\log_2 3}=2^{\log_2 3^2}$

$=2^{\log_2 9}=9$

[3] $4^{\log_2 3}=x$ とおいて，

両辺の 2 を底とする対数をとると

$\log_2 4^{\log_2 3}=\log_2 x$

$\log_2 x=\log_2 3\cdot\log_2 4=2\log_2 3=\log_2 9$

よって $x=9$

← $a^{\log_a M}=M$ （同じ底のとき）

← 両辺の 2 を底とする対数をとるとは

●＝▲

$\log_2$●＝$\log_2$▲

とすること。

← 対数の定義

$a^p=M \iff p=\log_a M$

より

$3^{2\log_3 2}=x \iff 2\log_3 2=\log_3 x$

← $a^{\log_a M}=M$ を公式として使う。

← 底を 2 にそろえる。

← $a^{\log_a M}=M$ （同じ底のとき）

← $\log_a M^r=r\log_a M$ より

$\log_2 4^{\log_2 3}=\log_2 3\cdot\log_2 4$

296 (1) $\log_3 8=\dfrac{\log_2 8}{\log_2 3}=\dfrac{\log_2 2^3}{\log_2 3}=\boldsymbol{\dfrac{3}{a}}$

⬅ 底を2にそろえ，真数を素因数分解する。

(2) $\log_6 49=\dfrac{\log_2 49}{\log_2 6}=\dfrac{\log_2 7^2}{\log_2(2\times3)}=\dfrac{2\log_2 7}{\log_2 2+\log_2 3}$

⬅ 底を2にそろえる。

ここで

$$\log_2 7=\frac{\log_3 7}{\log_3 2}=\frac{\log_3 7}{\dfrac{\log_2 2}{\log_2 3}}=\frac{b}{\dfrac{1}{a}}=ab$$

⬅ $\log_3 7=b$，$\log_2 3=a$ を利用できるように変形。

よって　$\log_6 49=\boldsymbol{\dfrac{2ab}{1+a}}$

別解　$\log_6 49=\dfrac{\log_3 49}{\log_3 6}=\dfrac{\log_3 7^2}{\log_3(2\times3)}$

⬅ 底を3にそろえる。

$$=\frac{2\log_3 7}{\log_3 2+\log_3 3}=\frac{2b}{\dfrac{1}{a}+1}=\boldsymbol{\frac{2ab}{1+a}}$$

⬅ a，b が正の数で $a\neq1$，$b\neq1$ のとき $\log_a b=\dfrac{\log_b b}{\log_b a}=\dfrac{1}{\log_b a}$

(3) $\log_{21}\dfrac{27}{14}=\dfrac{\log_2\dfrac{27}{14}}{\log_2 21}=\dfrac{\log_2\dfrac{3^3}{2\times7}}{\log_2(3\times7)}$

$$=\frac{3\log_2 3-\log_2 2-\log_2 7}{\log_2 3+\log_2 7}$$

$$=\boldsymbol{\frac{3a-1-ab}{a+ab}}$$

⬅ (2)より $\log_2 7=ab$

297 $2^x=3^y=6^3$ として，

各辺の6を底とする対数をとると

$x\log_6 2=y\log_6 3=3$

よって　$x=\dfrac{3}{\log_6 2}$，$y=\dfrac{3}{\log_6 3}$

ゆえに　$\dfrac{1}{x}+\dfrac{1}{y}=\dfrac{\log_6 2}{3}+\dfrac{\log_6 3}{3}=\dfrac{\log_6 6}{3}=\boldsymbol{\dfrac{1}{3}}$

別解　$2^x=216$，$3^y=216$　より

$2=216^{\frac{1}{x}}$，$3=216^{\frac{1}{y}}$　$(x,\ y\neq0)$

この2つをかけ合わせると

$2\times3=216^{\frac{1}{x}}\times216^{\frac{1}{y}}$

$6=216^{\left(\frac{1}{x}+\frac{1}{y}\right)}$

$6^1=6^{3\left(\frac{1}{x}+\frac{1}{y}\right)}$

よって　$1=3\left(\dfrac{1}{x}+\dfrac{1}{y}\right)$

ゆえに　$\dfrac{1}{x}+\dfrac{1}{y}=\boldsymbol{\dfrac{1}{3}}$

298 (1) $y=\log_{\frac{1}{3}}x$ のグラフは右の図のようになる。

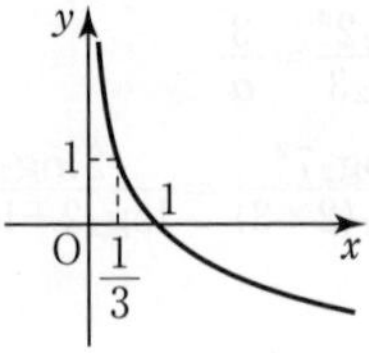

(2) $y=\log_{\frac{1}{3}}(x-3)$ のグラフは，$y=\log_{\frac{1}{3}}x$ のグラフを x 軸方向に 3 だけ平行移動したものであるから，右の図のようになる。

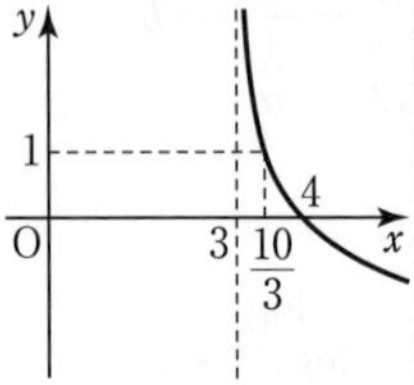

⬅ 直線 $x=3$ が漸近線

(3) $y=\log_3(-x)$ のグラフは，$y=\log_3 x$ のグラフと y 軸に関して対称であるから，右の図のようになる。

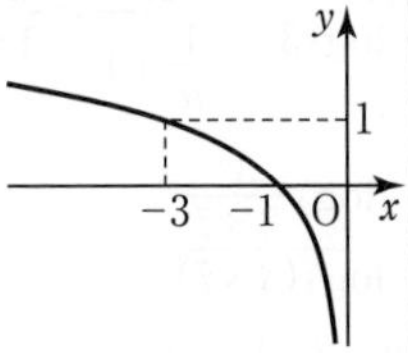

(4) $y=\log_3 3x=\log_3 3+\log_3 x$

$=\log_3 x+1$

より，このグラフは，$y=\log_3 x$ のグラフを y 軸方向に 1 だけ平行移動したものであるから，右の図のようになる。

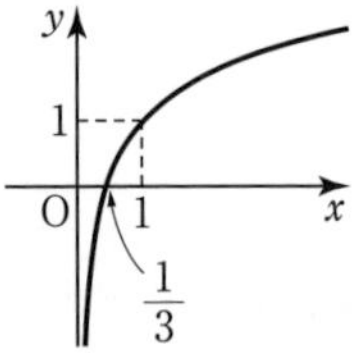

$y=\log_a(x-p)+q$ ➡ $y=\log_a x$ のグラフを x 軸方向に p，
y 軸方向に q 平行移動

299 $y=\log_a x$ のグラフは点 $\left(\frac{1}{2},\ 1\right)$ を通るから

$\log_a \frac{1}{2}=1$　よって　$a=\frac{1}{2}$

$y=\log_{\frac{1}{2}}x$ のグラフは点 $(1,\ 0)$ を通るから

$b=1$

$x=4$ のときの y 座標が c より

$$c=\log_{\frac{1}{2}}4=\frac{\log_2 4}{\log_2 \frac{1}{2}}=\frac{2}{-1}=-2$$

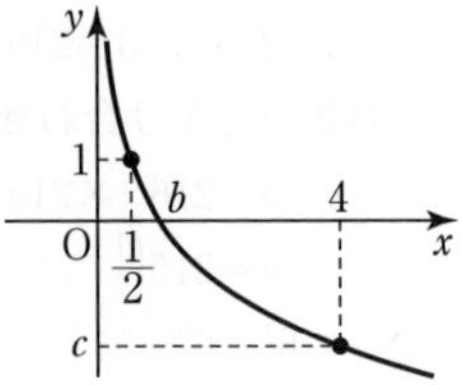

300 (1) $y=\log_2 x$ $(1 \leqq x \leqq 2\sqrt{2})$

← $y=\log_2 x$ は増加関数

底 2 は 1 より大きいから

← $a>1$ のとき
$u<v \Longrightarrow \log_a u<\log_a v$

$1 \leqq x \leqq 2\sqrt{2}$ のとき

$$\log_2 1 \leqq \log_2 x \leqq \log_2 2\sqrt{2}$$

← $\log_2 1=0$
$\log_2 2\sqrt{2}=\log_2 2^{\frac{3}{2}}=\frac{3}{2}$

よって，値域は　$\boldsymbol{0 \leqq y \leqq \frac{3}{2}}$

(2) $y=\log_{\frac{1}{3}} x$ $\left(\frac{1}{9} \leqq x \leqq 3\right)$

← $y=\log_{\frac{1}{3}} x$ は減少関数

底 $\frac{1}{3}$ は 1 より小さいから

← $0<a<1$ のとき
$u<v \Longrightarrow \log_a u>\log_a v$

$\frac{1}{9} \leqq x \leqq 3$ のとき

$$\log_{\frac{1}{3}} \frac{1}{9} \geqq \log_{\frac{1}{3}} x \geqq \log_{\frac{1}{3}} 3$$

← $\log_{\frac{1}{3}} \frac{1}{9}=\log_{\frac{1}{3}}\left(\frac{1}{3}\right)^2=2$
$\log_{\frac{1}{3}} 3=\log_{\frac{1}{3}}\left(\frac{1}{3}\right)^{-1}=-1$

よって，値域は　$\boldsymbol{-1 \leqq y \leqq 2}$

301 (1) 真数を比較すると　$\frac{1}{2}<3<5$

底 2 は 1 より大きいから

← 底が 1 より大きいか小さいかを必ず確認する。

$$\boldsymbol{\log_2 \frac{1}{2}<\log_2 3<\log_2 5}$$

(2) 真数を比較すると　$\frac{1}{2}<3<5$

底 0.3 は 1 より小さいから

$$\boldsymbol{\log_{0.3} 5<\log_{0.3} 3<\log_{0.3} \frac{1}{2}}$$

(3) $\log_{\frac{1}{3}} 4=\dfrac{1}{\log_4 \frac{1}{3}}$，$\log_2 4=\dfrac{1}{\log_4 2}$，

← $\log_a b=\dfrac{\log_b b}{\log_b a}=\dfrac{1}{\log_b a}$

$\log_3 4=\dfrac{1}{\log_4 3}$

← 4 を底とする対数で表す。

ここで，各分母の対数について，真数を比較すると

$\frac{1}{3}<1<2<3$

底 4 は 1 より大きいから

$$\log_4 \frac{1}{3}<0<\log_4 2<\log_4 3$$

よって

$$\frac{1}{\log_4 \frac{1}{3}}<\frac{1}{\log_4 3}<\frac{1}{\log_4 2}$$

← 同符号の不等式の逆数をとると，大小関係は元の反対となる。

ゆえに　$\boldsymbol{\log_{\frac{1}{3}} 4<\log_3 4<\log_2 4}$

(4) $\log_{\frac{1}{3}}\frac{1}{2}=\dfrac{1}{\log_{\frac{1}{2}}\frac{1}{3}}$, $\log_2\frac{1}{2}=\dfrac{1}{\log_{\frac{1}{2}}2}$,

$\log_3\frac{1}{2}=\dfrac{1}{\log_{\frac{1}{2}}3}$

ここで,各分母の対数について,真数を比較すると

$\frac{1}{3}<1<2<3$

底 $\frac{1}{2}$ は1より小さいから

$\log_{\frac{1}{2}}3<\log_{\frac{1}{2}}2<0<\log_{\frac{1}{2}}\frac{1}{3}$

よって　$\dfrac{1}{\log_{\frac{1}{2}}2}<\dfrac{1}{\log_{\frac{1}{2}}3}<\dfrac{1}{\log_{\frac{1}{2}}\frac{1}{3}}$

ゆえに　$\boldsymbol{\log_2\frac{1}{2}<\log_3\frac{1}{2}<\log_{\frac{1}{3}}\frac{1}{2}}$

(参考) (3), (4)をグラフを用いて考えると,下の図のようになる。

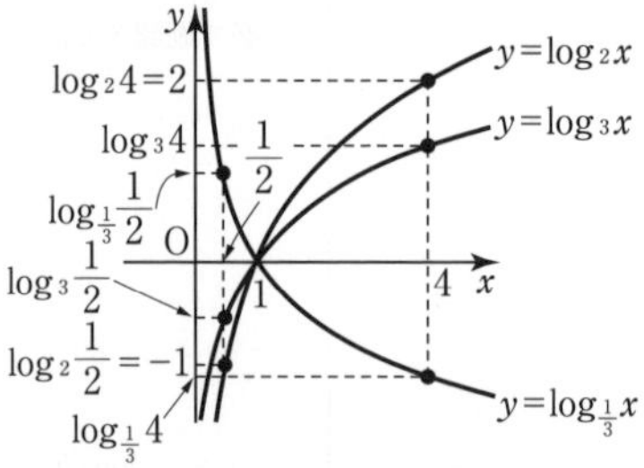

対数関数の性質

$a>1$ のとき

$0<u<v \iff \log_a u<\log_a v$

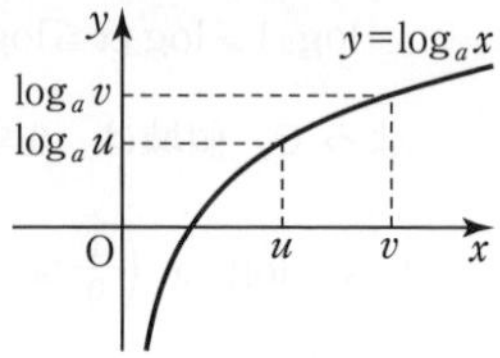

$0<a<1$ のとき

$0<u<v \iff \log_a u>\log_a v$

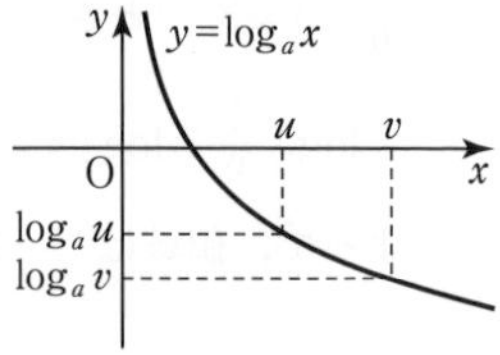

底をそろえて
真数の大小を比較

$\boldsymbol{y=\log_a x}$ **は** $\begin{cases}\boldsymbol{a>1} \text{ のとき増加関数} & \Rightarrow \boldsymbol{0<u<v \iff \log_a u<\log_a v} \\ \boldsymbol{0<a<1} \text{ のとき減少関数} & \Rightarrow \boldsymbol{0<u<v \iff \log_a u>\log_a v}\end{cases}$

---

302 (1) $\log_2 x=5$

対数の定義より　$\boldsymbol{x=2^5=32}$

⬅ 対数の定義より
$p=\log_a M \iff a^p=M$

(別解) 真数は正であるから　$x>0$　…①

$5=\log_2 2^5=\log_2 32$　より

⬅ $n=\log_a a^n$

$\log_2 x=\log_2 32$

よって　$\boldsymbol{x=32}$　(①を満たす)

(2) $\log_{\frac{1}{4}}(x-1)=-2$

対数の定義より　$x-1=\left(\frac{1}{4}\right)^{-2}$

よって　$x-1=16$　　ゆえに　$\boldsymbol{x=17}$

別解　真数は正であるから　$x>1$　…①

$-2=\log_{\frac{1}{4}}\left(\frac{1}{4}\right)^{-2}=\log_{\frac{1}{4}}16$　より

$\log_{\frac{1}{4}}(x-1)=\log_{\frac{1}{4}}16$

よって　$\boldsymbol{x=17}$　(①を満たす)

⬅ $x-1=16$　より　$x=17$

(3)　$\log_{16}(3x+1)=\frac{1}{2}$

対数の定義より　$3x+1=16^{\frac{1}{2}}$

よって　$3x+1=4$　　ゆえに　$\boldsymbol{x=1}$

別解　真数は正であるから　$x>-\frac{1}{3}$　…①

$\frac{1}{2}=\log_{16}16^{\frac{1}{2}}=\log_{16}4$　より

$\log_{16}(3x+1)=\log_{16}4$

よって　$\boldsymbol{x=1}$　(①を満たす)

⬅ $3x+1=4$　より　$x=1$

(4)　$\log_3 x^2=4$

対数の定義より　$x^2=3^4$

よって　$x^2=81$　　ゆえに　$\boldsymbol{x=\pm 9}$

別解　真数 x^2 はつねに正である。

$4=\log_3 3^4=\log_3 81$　より

$\log_3 x^2=\log_3 81$

よって　$x^2=81$　　ゆえに　$\boldsymbol{x=\pm 9}$

(5)　$\log_2 x=X$ とおくと　$\log_2 X=3$

よって　$X=2^3=8$　　ゆえに　$\log_2 x=8$

対数の定義より　$\boldsymbol{x=2^8=256}$

別解　真数は正であるから　$\log_2 x>0$

すなわち　$x>2^0=1$　…①

$3=\log_2 2^3=\log_2 8$　より

$\log_2(\log_2 x)=\log_2 8$

よって　$\log_2 x=8$　　ゆえに　$\log_2 x=\log_2 2^8$

したがって　$\boldsymbol{x=2^8=256}$　(①を満たす)

底をそろえて，
真数を等しくおく

⬅ $\log_2(\log_2 x)=\log_2 8$
$\log_2(\log_2 x)$ の真数は
$(\log_2 x)$ である。

(6)　$\log_x 25=2$

対数の定義より　$x^2=25$

$x>0$，$x\neq 1$ であるから　$\boldsymbol{x=5}$

別解　底 x は　$x>0$，$x\neq 1$　…①

⬅ 底は 1 以外の正の数

$2=\log_x x^2$　より　$\log_x 25=\log_x x^2$

⬅ $\log_x 25=2$ の右辺を変形する。

よって　$x^2=25$

①より　$\boldsymbol{x=5}$

303 (1)　真数は正であるから　$x>0$　…①

$4=\log_2 2^4=\log_2 16$　であるから

$\log_2 x<\log_2 16$

底 2 は 1 より大きいから

$x<16$　…②

①，②より　$\boldsymbol{0<x<16}$

← 「真数は正」を必ず確認する。

← 底が 1 より大きいか小さいかを必ず確認する。

(2)　真数は正であるから　$x>0$　…①

$3=\log_{\frac{1}{2}}\left(\frac{1}{2}\right)^3=\log_{\frac{1}{2}}\frac{1}{8}$　より

$\log_{\frac{1}{2}}x>\log_{\frac{1}{2}}\frac{1}{8}$

底 $\frac{1}{2}$ は 1 より小さいから　$x<\frac{1}{8}$　…②

①，②より　$\boldsymbol{0<x<\frac{1}{8}}$

(3)　真数は正であるから　$x>0$　…①

$-\frac{1}{2}=\log_3 3^{-\frac{1}{2}}=\log_3\frac{1}{\sqrt{3}}$　より

← $3^{-\frac{1}{2}}=\frac{1}{3^{\frac{1}{2}}}=\frac{1}{\sqrt{3}}$

$\log_3 x>\log_3\frac{1}{\sqrt{3}}$

底 3 は 1 より大きいから　$x>\frac{1}{\sqrt{3}}$　…②

①，②より　$\boldsymbol{x>\frac{1}{\sqrt{3}}}$

(4)　真数は正であるから，

$x+2>0$　より　$x>-2$　…①

$2=\log_{\frac{1}{3}}\left(\frac{1}{3}\right)^2=\log_{\frac{1}{3}}\frac{1}{9}$　より

$\log_{\frac{1}{3}}(x+2)<\log_{\frac{1}{3}}\frac{1}{9}$

底 $\frac{1}{3}$ は 1 より小さいから

$x+2>\frac{1}{9}$　より　$x>-\frac{17}{9}$　…②

①，②より　$\boldsymbol{x>-\frac{17}{9}}$

(5)　真数は正であるから

$x+5>0$　かつ　$1-3x>0$　より

$-5<x<\frac{1}{3}$　…①

$\log_4(x+5) \geqq \log_4(1-3x)$

底4は1より大きいから

$x+5 \geqq 1-3x$　より　$x \geqq -1$　…②

①，②より　$-1 \leqq x < \dfrac{1}{3}$

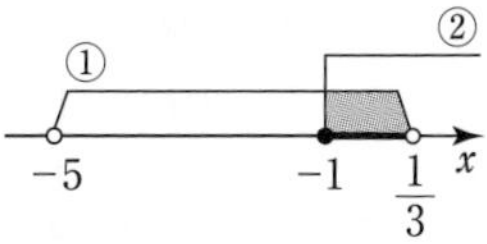

対数不等式	$a>1$ のとき $\log_a p < \log_a q \iff 0<p<q$ $0<a<1$ のとき $\log_a p < \log_a q \iff 0<q<p$

304 (1)　$1.5=\dfrac{3}{2}=\log_4 4^{\frac{3}{2}}=\log_4(2^2)^{\frac{3}{2}}=\log_4 2^3=\log_4 8$

⬅ $n=\log_a a^n$ と表せる。

$8<9$ で，底4は1より大きいから

$\log_4 8<\log_4 9$　よって　$1.5<\log_4 9$　…①

また　$1.5=\log_9 9^{\frac{3}{2}}=\log_9(3^2)^{\frac{3}{2}}=\log_9 3^3=\log_9 27$

$25<27$ で，底9は1より大きいから

$\log_9 25<\log_9 27$　よって　$\log_9 25<1.5$　…②

①，②より　$\boldsymbol{\log_9 25<1.5<\log_4 9}$

(2)　$\log_3 2<\log_3 3$　より　$\log_3 2<1$　…①

また　$\log_4 8=\dfrac{\log_2 8}{\log_2 4}=\dfrac{3}{2}=\log_2 2^{\frac{3}{2}}=\log_2\sqrt{8}$

⬅ $2^{\frac{3}{2}}=(2^{\frac{1}{2}})^3=(\sqrt{2})^3$

$2<\sqrt{8}<3$ で，底2は1より大きいから

$\log_2 2<\log_2\sqrt{8}<\log_2 3$

よって　$1<\log_4 8<\log_2 3$　…②

①，②より　$\boldsymbol{\log_3 2<\log_4 8<\log_2 3}$

305 (1)　$3^x=t$ $(t>0)$ とおくと

$t^2-6t-27=0$　より　$(t-9)(t+3)=0$

⬅ $3^{2x}=(3^x)^2=t^2$

$t>0$　であるから　$t=9$

よって　$3^x=9$　より　$\boldsymbol{x=2}$

(2)　$2^x=t$ $(t>0)$ とおくと

$t^2-\dfrac{5}{2}t+1=0$　より　$2t^2-5t+2=0$

⬅ $4^x=(2^2)^x=2^{2x}=(2^x)^2=t^2$

$2^{x-1}=2^x\cdot 2^{-1}=\dfrac{1}{2}t$

$(t-2)(2t-1)=0$

よって　$t=2,\ \dfrac{1}{2}$　($t>0$ に適する)

$2^x=2$　より　$x=1$

$2^x=\dfrac{1}{2}$　より　$x=-1$

ゆえに　$\boldsymbol{x=1,\ -1}$

(3) $3^x=t$ $(t>0)$ とおくと

$9t^2-28t+3=0$

$(t-3)(9t-1)=0$

⬅ $9^{x+1}=9^x\cdot 9^1=9\cdot(3^x)^2=9t^2$

よって　$t=3,\ \dfrac{1}{9}$　($t>0$ に適する)

$3^x=3$　より　$x=1$

$3^x=\dfrac{1}{9}$　より　$x=-2$

ゆえに　$\boldsymbol{x=1,\ -2}$

(4) $2^x=t$ $(t>0)$ とおくと

$t-\dfrac{8}{t}-2=0$　より　$t^2-2t-8=0$

⬅ $2^{-x+3}=2^{-x}\cdot 2^3=\dfrac{8}{2^x}=\dfrac{8}{t}$

$(t-4)(t+2)=0$

$t>0$　であるから　$t=4$

よって，$2^x=4$　より　$\boldsymbol{x=2}$

$a^x=t$ とおいて，2 次方程式に帰着　$t>0$ に注意

306 (1) $3^x=t$ $(t>0)$ とおくと

$t^2-4t+3<0$　より　$(t-1)(t-3)<0$

⬅ $3^{2x}=(3^x)^2=t^2$

$1<t<3$　これは　$t>0$ を満たす。

よって，$1<3^x<3$　より　$3^0<3^x<3^1$

底 3 は 1 より大きいから　$\boldsymbol{0<x<1}$

(2) $2^x=t$ $(t>0)$ とおくと

$t^2-5t+4>0$　より　$(t-1)(t-4)>0$

$t<1,\ 4<t$

$t>0$ であるから　$0<t<1,\ 4<t$

よって　$0<2^x<1,\ 4<2^x$

⬅ つねに $2^x>0$ は成り立つから $2^x<1,\ 4<2^x$ を解けばよい。

すなわち　$2^x<2^0,\ 2^2<2^x$

底 2 は 1 より大きいから　$\boldsymbol{x<0,\ 2<x}$

(3) $\left(\dfrac{1}{3}\right)^x=t$ $(t>0)$ とおくと

⬅ $\left(\dfrac{1}{9}\right)^x=\left\{\left(\dfrac{1}{3}\right)^2\right\}^x=\left\{\left(\dfrac{1}{3}\right)^x\right\}^2=t^2$

$\left(\dfrac{1}{3}\right)^{x-1}=\left(\dfrac{1}{3}\right)^x\left(\dfrac{1}{3}\right)^{-1}=3\cdot\left(\dfrac{1}{3}\right)^x$

$=3t$

$t^2+3t-18\geqq 0$　より　$(t-3)(t+6)\geqq 0$

$t>0$　より　$t+6>0$　であるから　$t-3\geqq 0$

よって　$t\geqq 3$

ゆえに　$\left(\dfrac{1}{3}\right)^x\geqq 3$　　すなわち　$3^{-x}\geqq 3$

底 3 は 1 より大きいから

$-x\geqq 1$　　すなわち　$\boldsymbol{x\leqq -1}$

(4)　$2^x=t\ (t>0)$ とおくと

$$\frac{1}{t}\leqq t-\frac{3}{2}$$

← $\left(\frac{1}{2}\right)^x=\frac{1}{2^x}=\frac{1}{t}$

両辺に $2t$ を掛けて整理すると

← $2t>0$ であるから，両辺に $2t$ を掛けて分母を払っても，不等号の向きは変わらない。

$$2t^2-3t-2\geqq 0$$

$$(t-2)(2t+1)\geqq 0$$

$t>0$　より　$2t+1>0$　であるから　$t-2\geqq 0$

よって　$t\geqq 2$

ゆえに　$2^x\geqq 2$　より　$2^x\geqq 2^1$

底 2 は 1 より大きいから　$\boldsymbol{x\geqq 1}$

$a^x=t$ とおいて，2 次不等式に帰着　$t>0$ に注意

307　(1)　真数は正であるから

← 真数条件は与えられた式のままで求める。式を変形してから求めてはいけない。

$$x+1>0,\ 2-x>0,\ x>0$$

よって　$0<x<2$　…①

このとき　$\log_{10}(x+1)(2-x)=\log_{10}x$　より

$$(x+1)(2-x)=x \quad から \quad x^2=2$$

ゆえに　$x=\pm\sqrt{2}$

①より　$\boldsymbol{x=\sqrt{2}}$

(2)　真数は正であるから　$x>0$ かつ $3x+10>0$

よって　$x>0$　…①

このとき　$\log_2 x=\dfrac{\log_2(3x+10)}{\log_2 4}$　より

← 右辺の対数の底を 2 に変換する。

$$2\log_2 x=\log_2(3x+10)$$

$$\log_2 x^2=\log_2(3x+10)$$

$$x^2=3x+10$$

$$x^2-3x-10=0$$

より　$(x+2)(x-5)=0$

ゆえに　$x=-2,\ 5$

①より　$\boldsymbol{x=5}$

(3)　真数は正であるから　$x>0$ かつ $x^2>0$

よって　$x>0$　…①

このとき　$(\log_3 x)^2-2\log_3 x-3=0$　より

← $\log_3 x=t$ とおくと
$t^2-2t-3=0$
$(t+1)(t-3)=0$
となる。

$$(\log_3 x+1)(\log_3 x-3)=0$$

$$\log_3 x=-1,\ 3$$

ゆえに　$x=3^{-1},\ 3^3$

これらは①を満たすから　$\boldsymbol{x=\frac{1}{3},\ 27}$

(4) 真数は正であるから　$8x>0$，$2x>0$

よって　$x>0$　…①

このとき　$(\log_2 x+3)(\log_2 x+1)=3$ より

$(\log_2 x)^2+4\log_2 x=0$

$(\log_2 x)(\log_2 x+4)=0$

$\log_2 x=0,\ -4$

ゆえに　$x=2^0,\ 2^{-4}$

これらは①を満たすから　$\boldsymbol{x=1,\ \dfrac{1}{16}}$

⬅ $\log_2 8x=\log_2 8+\log_2 x$
$=3+\log_2 x$
$\log_2 2x=\log_2 2+\log_2 x$
$=1+\log_2 x$ より
$\log_2 x=t$ とおくと
$(t+3)(t+1)=3$
$t^2+4t=0$
$t(t+4)=0$
となる。

308 (1) 真数は正であるから　$x-2>0$，$x-3>0$

よって　$x>3$　…①

このとき　$\log_2(x-2)(x-3)<\log_2 2$

底 2 は 1 より大きいから　$(x-2)(x-3)<2$

$x^2-5x+4<0$

$(x-1)(x-4)<0$

ゆえに　$1<x<4$　…②

①，②より　$\boldsymbol{3<x<4}$

(2) 真数は正であるから　$x+1>0$，$x+3>0$

よって　$x>-1$　…①

このとき　$\log_3(x+1)<\dfrac{\log_3(x+3)}{\log_3 9}$　より

⬅ 右辺の対数の底を 3 に変換する。

$2\log_3(x+1)<\log_3(x+3)$

$\log_3(x+1)^2<\log_3(x+3)$

底 3 は 1 より大きいから　$(x+1)^2<x+3$

$x^2+x-2<0$

$(x+2)(x-1)<0$

ゆえに　$-2<x<1$　…②

①，②より　$\boldsymbol{-1<x<1}$

(3) 真数は正であるから　$x>0$，$x^2>0$

よって　$x>0$　…①

このとき　$(\log_2 x)^2-2\log_2 x-8<0$　より

$(\log_2 x+2)(\log_2 x-4)<0$

ゆえに　$-2<\log_2 x<4$

これより　$\log_2 2^{-2}<\log_2 x<\log_2 2^4$

底 2 は 1 より大きいから　$2^{-2}<x<2^4$

これは①を満たすから　$\boldsymbol{\dfrac{1}{4}<x<16}$

⬅ $\log_2 x=t$ とおくと
$t^2-2t-8<0$
$(t+2)(t-4)<0$
となる。
$(\log_2 x)^2\neq 2\log_2 x$
であることに注意する。

(4) 真数は正であるから　$x>0$　…①

このとき　$(4\log_{\frac{1}{2}}x+1)(\log_{\frac{1}{2}}x-1)\leqq 0$　より

$$-\frac{1}{4}\leqq \log_{\frac{1}{2}}x\leqq 1$$

$$\log_{\frac{1}{2}}\left(\frac{1}{2}\right)^{-\frac{1}{4}}\leqq \log_{\frac{1}{2}}x\leqq \log_{\frac{1}{2}}\frac{1}{2}$$

底 $\frac{1}{2}$ は1より小さいから　$\left(\frac{1}{2}\right)^{-\frac{1}{4}}\geqq x\geqq \frac{1}{2}$

これは①を満たすから　$\boldsymbol{\frac{1}{2}\leqq x\leqq \sqrt[4]{2}}$

⬅ $\log_{\frac{1}{2}}x=t$ とおくと
$4t^2-3t-1\leqq 0$
$(4t+1)(t-1)\leqq 0$
となる。

⬅ $\left(\frac{1}{2}\right)^{-\frac{1}{4}}=(2^{-1})^{-\frac{1}{4}}=2^{\frac{1}{4}}=\sqrt[4]{2}$

対数方程式，対数不等式 ➡ ①もとの式で「真数は正」の条件をおさえる ②両辺の対数の底をそろえて，真数を比較

309 (1) $2^x=X$，$5^y=Y$ $(X>0,\ Y>0)$ とおくと

$$\begin{cases}4X-Y=11 & \cdots① \\ \dfrac{X}{4}\cdot Y=5 & \cdots②\end{cases}$$

⬅ $2^{x+2}=2^x\cdot 2^2=4\cdot 2^x=4X$

⬅ $2^{x-2}=2^x\cdot 2^{-2}=\frac{1}{4}\cdot 2^x=\frac{1}{4}X$

①より　$Y=4X-11$　　これを②に代入すると

$$X(4X-11)=20$$

$$4X^2-11X-20=0$$

$(4X+5)(X-4)=0$　より　$X=-\frac{5}{4},\ 4$

$X>0$ であるから　$X=4$　　このとき　$Y=5$

よって　$2^x=4$，$5^y=5$

ゆえに　$\boldsymbol{x=2,\ y=1}$

(2) $$\begin{cases}x^2y^4=1 & \cdots① \\ \log_2 x+(\log_2 y)^2=3 & \cdots②\end{cases}$$

真数は正であるから　$x>0$，$y>0$

このとき，①の両辺の2を底とする対数をとると

$$\log_2 x^2y^4=\log_2 1$$

$$2\log_2 x+4\log_2 y=0$$

よって　$\log_2 x=-2\log_2 y$

これを②に代入して整理すると

$$(\log_2 y)^2-2\log_2 y-3=0$$

$$(\log_2 y-3)(\log_2 y+1)=0$$

ゆえに　$\log_2 y=3,\ -1$

これより　$y=8,\ \frac{1}{2}$（これらは $y>0$ を満たす。）

⬅ $\log_2 y=3=\log_2 2^3=\log_2 8$
$\log_2 y=-1=\log_2 2^{-1}=\log_2\frac{1}{2}$

$y=8$ のとき　$\log_2 x=-6$　より　$x=\frac{1}{64}$

← $\log_2 x=-2\log_2 y$ に $\log_2 y=3$ を代入する。

$y=\frac{1}{2}$ のとき　$\log_2 x=2$　より　$x=4$

← $\log_2 x=-2\log_2 y$ に $\log_2 y=-1$ を代入する。

（これらは $x>0$ を満たす。）

したがって

$(x,\ y)=\left(\frac{1}{64},\ 8\right),\ \left(4,\ \frac{1}{2}\right)$

310 (1)　両辺の 3 を底とする対数をとると

$\log_3 3^x=\log_3 5^{2x-1}$

$x=(2x-1)\log_3 5$

$(1-2\log_3 5)x=-\log_3 5$

← 両辺に -1 を掛ける。

$(2\log_3 5-1)x=\log_3 5$

← 両辺を $2\log_3 5-1$ で割る。
$2\log_3 5-1=\log_3 5^2-\log_3 3$
$=\log_3\left(\frac{25}{3}\right)\neq 0$

よって　$x=\frac{\log_3 5}{2\log_3 5-1}$

(別解)　両辺の 5 を底とする対数をとると

← 対数の底は 3 以外でもよい。

$\log_5 3^x=\log_5 5^{2x-1}$

$x\log_5 3=2x-1$

$(\log_5 3-2)x=-1$

← $\log_5 3-2=\log_5 3-\log_5 5^2$
$=\log_5\left(\frac{3}{25}\right)\neq 0$

よって　$x=\frac{1}{2-\log_5 3}$

← 底のとり方によって答えの形は異なるが，値は同じである。

(2)　両辺の 2 を底とする対数をとると

$\log_2 2^{x-1}<\log_2 5^x$

$x-1<x\log_2 5$

$(1-\log_2 5)x<1$

ここで，$1-\log_2 5<0$ であるから

← $\log_2 5>\log_2 2=1$

$x>\frac{1}{1-\log_2 5}$

← 1 次不等式は x の係数の正・負を確認する。

(別解)　両辺の 5 を底とする対数をとると

← (1)と同様に，対数の底は 2 以外でもよい。

$\log_5 2^{x-1}<\log_5 5^x$

$(x-1)\log_5 2<x$

$(\log_5 2-1)x<\log_5 2$

ここで，$\log_5 2-1<0$ であるから

← $\log_5 2<\log_5 5=1$

$x>\frac{\log_5 2}{\log_5 2-1}$

← (1)と同様に，底のとり方によって答えの形は異なるが，値は同じである。

311 (1)　底 x は　$x>0,\ x\neq 1$

← 底は 1 以外の正の数

このとき　$2=\log_x x^2$　より　$\log_x 9<\log_x x^2$

(i)　$x>1$ のとき　　…①

底 x は1より大きいから　$9<x^2$

$x^2-9>0$から　$(x+3)(x-3)>0$

$x<-3,\ 3<x$　　…②

⬅ $a>1$ のとき
$\log_a u<\log_a v \Longrightarrow 0<u<v$

①，②より　$3<x$

⬅ ①と②の共通範囲

(ii)　$0<x<1$ のとき　…③

底 x は1より小さいから　$9>x^2$

$x^2-9<0$ から　$(x+3)(x-3)<0$

$-3<x<3$　　…④

⬅ $0<a<1$ のとき
$\log_a u<\log_a v \Longrightarrow 0<v<u$

③，④より　$0<x<1$

⬅ ③と④の共通範囲

以上より　$0<x<1,\ 3<x$

⬅ (i)と(ii)で求めた解の和集合

(2)　真数は正であるから，$\log_2 x>0$ かつ $x>0$

よって　$x>1$

⬅ $0=\log_2 1$ より
$\log_2 x>\log_2 1$
$x>1$

このとき，$\log_2(\log_2 x)>0$ より

$\log_2(\log_2 x)>\log_2 1$

底2は1より大きいから　$\log_2 x>1$

$\log_2 x>\log_2 2$ より　**$x>2$**

(3)　真数は正であるから　$4-x>0$ かつ $x-2>0$

よって　$2<x<4$　　…①

(i)　$a>1$ のとき

⬅ 底が1より大きいとき

$4-x\leqq x-2$ から　$x\geqq 3$　…②

①，②より　$3\leqq x<4$

⬅ ①と②の共通範囲

(ii)　$0<a<1$ のとき

⬅ 底が1より小さいとき

$4-x\geqq x-2$ から　$x\leqq 3$　…③

①，③より　$2<x\leqq 3$

⬅ ①と③の共通範囲

以上より　$a>1$ のとき　$3\leqq x<4$

$0<a<1$ のとき　$2<x\leqq 3$

⬅ 解は，a の値で場合分けして答える。

(4)　$a^x=t\ (t>0)$ とおくと

$t^2-at-t+a>0$

$t^2-(a+1)t+a>0$

$(t-a)(t-1)>0$

⬅ $t(t-1)-a(t-1)>0$
$(t-a)(t-1)>0$
のようにも変形できる。

(i)　$a>1$ のとき

⬅ 底が1より大きいとき

$t<1,\ a<t$ から　$a^x<1,\ a<a^x$

よって　$x<0,\ 1<x$

(ii)　$0<a<1$ のとき

⬅ 底が1より小さいとき

$t<a,\ 1<t$ から　$a^x<a,\ 1<a^x$

よって　$x>1,\ 0>x$

以上より　$x<0,\ 1<x$

⬅ (i)，(ii)ともに解は $x<0,\ 1<x$

312 (1) $\log_{10}10000=\log_{10}10^4=4$

← $\underbrace{10000}_{4\text{個}}=10^4$, $\underbrace{100\cdots\cdots0}_{n\text{個}}=10^n$

(2) $\log_{10}\dfrac{1}{1000}=\log_{10}\dfrac{1}{10^3}=\log_{10}10^{-3}=-3$

(3) $\log_{10}0.000001=\log_{10}10^{-6}=-6$

← $0.000001=10^{-6}$, $0.00\cdots01=10^{-n}$
（↑ 小数第 6 位　↑ 小数第 n 位）

313 (1) $\log_{10}234=\log_{10}(2.34\times10^2)$

$=\log_{10}2.34+\log_{10}10^2$

$=0.3692+2=\mathbf{2.3692}$

← $234=2.34\times100$

(2) $\log_{10}23400=\log_{10}(2.34\times10^4)$

$=\log_{10}2.34+\log_{10}10^4$

$=0.3692+4=\mathbf{4.3692}$

← $23400=2.34\times10000$

(3) $\log_{10}0.0234=\log_{10}(2.34\times10^{-2})$

$=\log_{10}2.34+\log_{10}10^{-2}$

$=0.3692-2=\mathbf{-1.6308}$

← $0.0234=2.34\times\dfrac{1}{100}$

314 (1) $\log_{10}144=\log_{10}(2^4\times3^2)=4\log_{10}2+2\log_{10}3$

$=4\times0.3010+2\times0.4771=\mathbf{2.1582}$

(2) $\log_3 5=\dfrac{\log_{10}\dfrac{10}{2}}{\log_{10}3}=\dfrac{\log_{10}10-\log_{10}2}{\log_{10}3}$

$=\dfrac{1-0.3010}{0.4771}\fallingdotseq\mathbf{1.4651}$

← 底を 10 に変換して $\dfrac{\log_{10}5}{\log_{10}3}$

さらに，$5=\dfrac{10}{2}$ と変形する。

(3) $\log_{\sqrt{2}}\sqrt{54}=\dfrac{\dfrac{1}{2}\log_{10}(2\times3^3)}{\dfrac{1}{2}\log_{10}2}=\dfrac{\log_{10}2+3\log_{10}3}{\log_{10}2}$

$=\dfrac{0.3010+3\times0.4771}{0.3010}\fallingdotseq\mathbf{5.7551}$

← 底を 10 に変換して $\dfrac{\log_{10}\sqrt{54}}{\log_{10}\sqrt{2}}$

さらに，$54=2\times3^3$ と変形する。

315 (1) $1\leqq x<100$　より　$1\leqq x<10^2$

各辺の常用対数をとると

$\log_{10}1\leqq\log_{10}x<\log_{10}10^2$

よって　$\mathbf{0\leqq\log_{10}x<2}$

← $\log_{10}1=0$
$\log_{10}10^2=2$

(2) $1000\leqq x<10000$　より　$10^3\leqq x<10^4$

よって　$\mathbf{3\leqq\log_{10}x<4}$

← (2), (3), (4)では，(1)と同様に，各辺の常用対数をとって $\log_x$ の値を求める。

(3) $0.01\leqq x<0.1$　より　$10^{-2}\leqq x<10^{-1}$

よって　$\mathbf{-2\leqq\log_{10}x<-1}$

(4) $0.0001\leqq x<0.001$　より　$10^{-4}\leqq x<10^{-3}$

よって　$\mathbf{-4\leqq\log_{10}x<-3}$

316 (1) $\log_{10}2^{50}=50\log_{10}2$

$=50\times0.3010$

$=15.05$

よって　$15<\log_{10}2^{50}<16$ より

$10^{15}<2^{50}<10^{16}$

ゆえに　2^{50} は **16 桁**

(2) $\log_{10}5^{45}=45\log_{10}5$

$=45\log_{10}\dfrac{10}{2}$

$=45(\log_{10}10-\log_{10}2)$

$=45(1-0.3010)$

$=31.455$

よって　$31<\log_{10}5^{45}<32$ より

$10^{31}<5^{45}<10^{32}$

ゆえに　5^{45} は **32 桁**

⬅ $15=15\log_{10}10=\log_{10}10^{15}$

$16=16\log_{10}10=\log_{10}10^{16}$

⬅ $10^{15}=1\underbrace{00\cdots\cdots0}_{0\text{が}15\text{個}}$ は 16 桁

$10^{16}=1\underbrace{00\cdots\cdots0}_{0\text{が}16\text{個}}$ は 17 桁

$10^{n-1}\leqq A<10^{n}$ ➡ A の整数部分は n 桁

317 (1) $\log_{10}\left(\dfrac{1}{3}\right)^{30}=30\log_{10}\dfrac{1}{3}$

$=30(\log_{10}1-\log_{10}3)$

$=30(0-0.4771)$

$=-14.313$

よって　$-15<\log_{10}\left(\dfrac{1}{3}\right)^{30}<-14$ より

$10^{-15}<\left(\dfrac{1}{3}\right)^{30}<10^{-14}$

ゆえに　**小数第 15 位**

(2) $\log_{10}0.6^{15}=15\log_{10}\dfrac{6}{10}$

$=15(\log_{10}6-\log_{10}10)$

$=15(\log_{10}2+\log_{10}3-1)$

$=15(0.3010+0.4771-1)$

$=-3.3285$

よって　$-4<\log_{10}0.6^{15}<-3$ より

$10^{-4}<0.6^{15}<10^{-3}$

ゆえに　**小数第 4 位**

⬅ $30\log_{10}\dfrac{1}{3}=30\log_{10}3^{-1}$

$=-30\log_{10}3$

$=-30\times0.4771$

のようにも変形できる。

⬅ $10^{-15}=0.00\cdots\cdots01$

↑ 小数第 15 位に 1

$10^{-14}=0.00\cdots\cdots01$

↑ 小数第 14 位に 1

$10^{-n}\leqq B<10^{-n+1}$ ➡ B は小数第 n 位にはじめて 0 でない数字が現れる

318 (1) 15^n が20桁の数であるとき

$10^{19} \leqq 15^n < 10^{20}$

各辺の常用対数をとると

$\log_{10} 10^{19} \leqq \log_{10} 15^n < \log_{10} 10^{20}$

$19 \leqq n(\log_{10} 10 + \log_{10} 3 - \log_{10} 2) < 20$

$19 \leqq n(1 + 0.4771 - 0.3010) < 20$

$\dfrac{19}{1.1761} \leqq n < \dfrac{20}{1.1761}$

$16.155\cdots \leqq n < 17.005\cdots$

n は整数であるから　$\boldsymbol{n=17}$

⬅ A が n 桁 $\Longleftrightarrow 10^{n-1} \leqq A < 10^n$

⬅ $15=\dfrac{10\times3}{2}$ と変形する。

⬅ $1+0.4771-0.3010$ $=1.1761$

(2) 0.4^n が小数第5位にはじめて0でない数字が現れるとき

$10^{-5} \leqq 0.4^n < 10^{-4}$

各辺の常用対数をとると

$\log_{10} 10^{-5} \leqq \log_{10} 0.4^n < \log_{10} 10^{-4}$

$-5 \leqq n(\log_{10} 4 - \log_{10} 10) < -4$

$-5 \leqq n(2\log_{10} 2 - 1) < -4$

$-5 \leqq n(2\times0.3010 - 1) < -4$

$\dfrac{-5}{-0.3980} \geqq n > \dfrac{-4}{-0.3980}$

$10.050\cdots < n \leqq 12.562\cdots$

n は整数であるから　$\boldsymbol{n=11,\ 12}$

⬅ B が小数第 n 位にはじめて0でない数字が現れるとき $10^{-n} \leqq B < 10^{-n+1}$

⬅ $0.4=\dfrac{4}{10}$ と変形する。

⬅ $2\times0.3010-1$ $=0.6020-1$ $=-0.3980$

319 1枚のフィルターで20%の微粒子が残るから，n 枚のフィルターでは 0.2^n の微粒子が残る。

よって，n 枚のフィルターで99.99%以上の微粒子を一度に除去するには

$0.2^n \leqq 0.0001$

となればよい。

両辺の常用対数をとると

$\log_{10}(0.2^n) \leqq \log_{10} 0.0001$

$\log_{10}\left(\dfrac{2}{10}\right)^n \leqq \log_{10} 10^{-4}$

$n(\log_{10} 2 - 1) \leqq -4$

$n(0.3010 - 1) \leqq -4$

$n \geqq -4 \div (-0.6990) = 5.7\cdots$

よって，少なくとも **6枚** 必要である。

⬅ 80%を除去 $\Longrightarrow$ 残る量が20%

⬅ 99.99%以上を除去 $\Longrightarrow$ 残る量が0.01%以下

⬅ 両辺を負の数で割ると不等号の向きが反対になる。

320 (1) $3^x=t$ とおくと

$t>0$ であり

$y=(3^x)^2-6\cdot 3^x+4$

$=t^2-6t+4$

$=(t-3)^2-5$

⬅ $9^x=(3^2)^x=(3^x)^2=t^2$

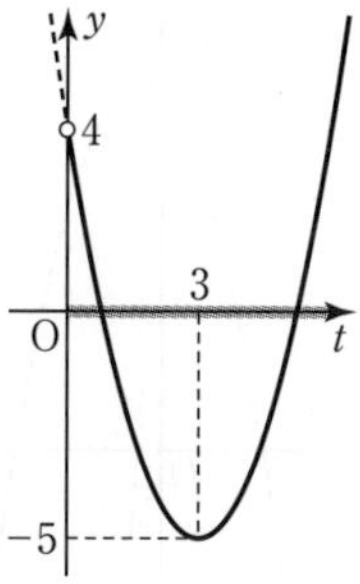

右の図より

$t=3$ のとき最小となる。

よって　$3^x=3$ より

$x=1$ のとき　最小値 -5

最大値はない

(2) $2^x=t$ とおくと　$-1\leqq x\leqq 2$　より

$\dfrac{1}{2}\leqq t\leqq 4$ であり

$y=-(2^x)^2+2\cdot 2^x+3$

$=-t^2+2t+3$

$=-(t-1)^2+4$

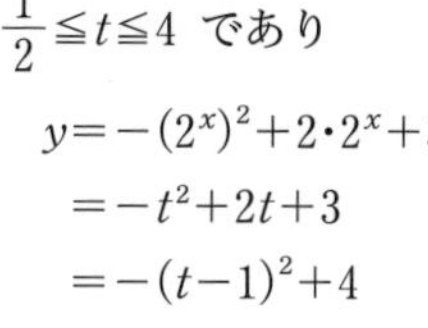

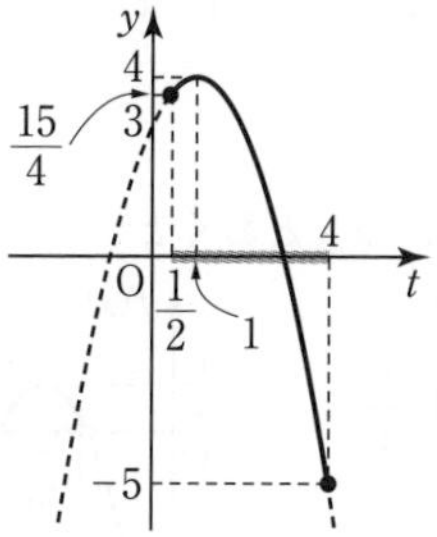

右の図より

$t=1$ のとき最大

$t=4$ のとき最小となる。

よって

$2^x=1$ より　**$x=0$ のとき　最大値 4**

$2^x=4$ より　**$x=2$ のとき　最小値 -5**

321 $4^x+4^{-x}=(2^x)^2+(2^{-x})^2$

$=(2^x+2^{-x})^2-2\cdot 2^x\cdot 2^{-x}$

$=(2^x+2^{-x})^2-2$

⬅ $a^2+b^2=(a+b)^2-2ab$

と変形できるから

$2^x+2^{-x}=t$ とおくと

$y=t-2(t^2-2)$

$=-2t^2+t+4$

$=-2\left(t-\dfrac{1}{4}\right)^2+\dfrac{33}{8}$　…①

ここで，$2^x>0$，$2^{-x}>0$ であるから

相加平均と相乗平均の関係より

$2^x+2^{-x}\geqq 2\sqrt{2^x\cdot 2^{-x}}=2$

⬅ $a>0$，$b>0$ のとき
相加平均と相乗平均の関係より
$a+b\geqq 2\sqrt{ab}$

よって，$t\geqq 2$ の範囲で①のグラフをかくと，

次のようになる。

この図より，
$t=2$ のとき最大となる。
すなわち $2^x+2^{-x}=2$
両辺に 2^x を掛けると

$$(2^x)^2+1=2\cdot 2^x$$

$$(2^x)^2-2\cdot 2^x+1=0$$

$(2^x-1)^2=0$　より　$2^x=1$

よって

$x=0$ のとき
最大値 -2

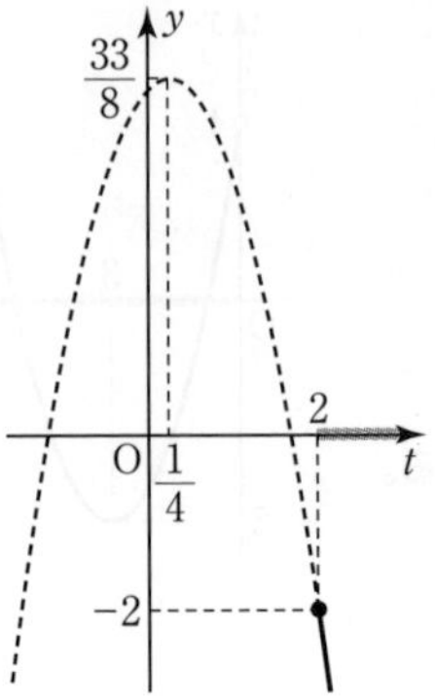

322 (1)　真数は正であるから，$(x-2)(1-x)>0$ より

$$(x-2)(x-1)<0$$

よって　$1<x<2$　…①

ここで，$f(x)=(x-2)(1-x)$ とおくと

$$f(x)=-x^2+3x-2$$

$$=-\left(x-\frac{3}{2}\right)^2+\frac{1}{4}$$

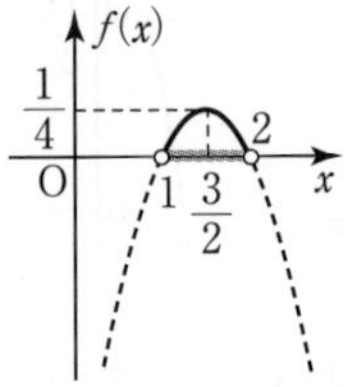

右の図より，
①において

$$0<f(x)\leqq\frac{1}{4}$$

$y=\log_2 f(x)$ は，底 2 が 1 より大きいから
増加関数である。ゆえに

$x=\frac{3}{2}$ のとき最大値 $\log_2\frac{1}{4}=-2$

最小値はない

← $f(x)$ の値が最大のとき，$\log_2 f(x)$ の値も最大になる。

(2)　真数は正であるから，$8x-x^2>0$ より

$$x(x-8)<0$$

よって　$0<x<8$　…①

ここで，

$f(x)=8x-x^2$ とおくと

$$f(x)=-x^2+8x$$

$$=-(x-4)^2+16$$

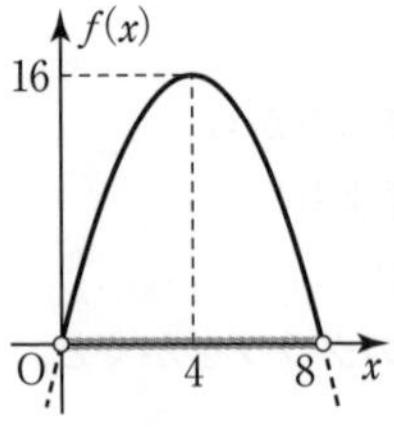

右の図より，
①において

$$0<f(x)\leqq 16$$

$y=\log_{\frac{1}{2}} f(x)$ は，底 $\dfrac{1}{2}$ が 1 より小さいから

減少関数である。ゆえに

$x=4$ のとき最小値 $\log_{\frac{1}{2}} 16=-4$

最大値はない

← $f(x)$ の値が最大のとき，$\log_{\frac{1}{2}} f(x)$ の値は最小になる。

323 (1) $\log_2 x=t$ とおくと

$$y=-(\log_2 x)^2+4\log_2 x$$
$$=-t^2+4t$$
$$=-(t-2)^2+4$$

ここで，$1 \leqq x \leqq 16$ より

$$\log_2 1 \leqq \log_2 x \leqq \log_2 16$$

← $\log_2 1=0$
$\log_2 16=\log_2 2^4=4$

よって　$0 \leqq t \leqq 4$

ゆえに，右の図より

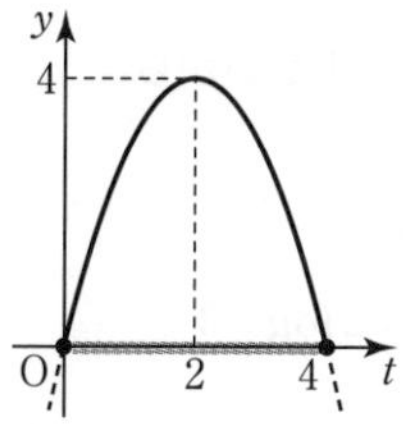

$t=2$ で最大値 4，$t=0$，4 で最小値 0 をとる。

$t=2$　すなわち　$\log_2 x=2$ より

$x=4$ のとき　最大値 4

$t=0$，4　すなわち　$\log_2 x=0$，$\log_2 x=4$ より

$x=1$，16 のとき　最小値 0

(2) $y=\left(\log_2 \dfrac{x}{4}\right)(\log_2 16x)$

$$=(\log_2 x-\log_2 4)(\log_2 16+\log_2 x)$$
$$=(\log_2 x-2)(4+\log_2 x)$$

ここで，$\log_2 x=t$ とおくと

$$y=(t-2)(4+t)=t^2+2t-8$$
$$=(t+1)^2-9$$

ここで，$\dfrac{1}{4} \leqq x \leqq 8$ より

$$\log_2 \frac{1}{4} \leqq \log_2 x \leqq \log_2 8$$

← $\log_2\left(\dfrac{1}{4}\right)=\log_2 2^{-2}$，$\log_2 8=3$

よって　$-2 \leqq t \leqq 3$

ゆえに，右の図より

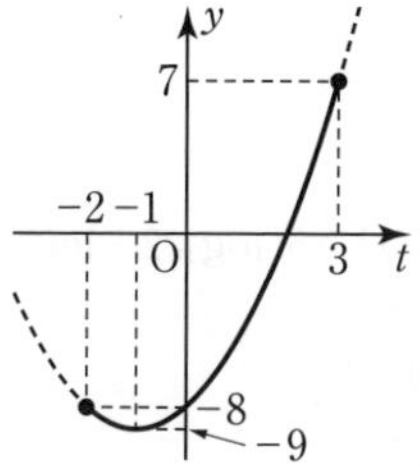

$t=3$ で最大値 7，$t=-1$ で最小値 -9 をとる。

$t=3$　すなわち　$\log_2 x=3$ より

$x=8$ のとき　最大値 7

$t=-1$　すなわち　$\log_2 x=-1$ より

$x=\dfrac{1}{2}$ のとき　最小値 -9

324 $y=6-x>0$, $x>0$ より $0<x<6$ …①

$\log_{\frac{1}{10}}x+\log_{\frac{1}{10}}y=\log_{\frac{1}{10}}xy$

ここで $xy=x(6-x)$

$=-x^2+6x$

$=-(x-3)^2+9$

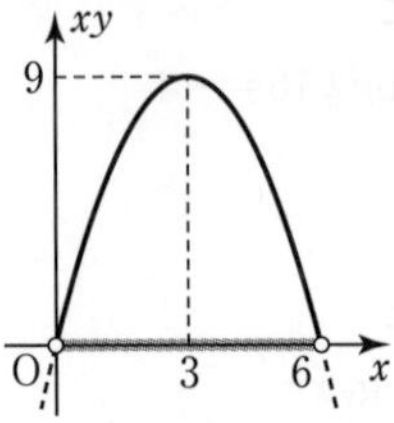

①より，右の図から

$0<xy\leqq 9$

$\log_{\frac{1}{10}}xy$ は底 $\dfrac{1}{10}$ が1より小さいから減少関数である。

⬅ xy の値が最大のとき，$\log_{\frac{1}{10}}xy$ の値は最小になる。

よって $\log_{\frac{1}{10}}xy\geqq\log_{\frac{1}{10}}9$

ゆえに $\boldsymbol{\log_{\frac{1}{10}}x+\log_{\frac{1}{10}}y\geqq 2\log_{\frac{1}{10}}3}$

325 (1) 両辺の常用対数をとると

$\log_{10}0.6^n<\log_{10}0.0001$

$n\log_{10}\dfrac{6}{10}<\log_{10}10^{-4}$

$n(\log_{10}2+\log_{10}3-1)<-4$

$n>\dfrac{-4}{\log_{10}2+\log_{10}3-1}$

$=\dfrac{-4}{0.3010+0.4771-1}=18.02\cdots$

⬅ $\log_{10}2+\log_{10}3-1=\log_{10}\dfrac{6}{10}<0$ であるから，不等号の向きが反対になる。

よって，求める最小の整数 n は $\boldsymbol{n=19}$

(2) 両辺の常用対数をとると

$\log_{10}\left(\dfrac{18}{5}\right)^n>\log_{10}6^5$

$n\log_{10}\dfrac{36}{10}>5\log_{10}6$

⬅ $\dfrac{18}{5}=\dfrac{36}{10}=\dfrac{(2\times 3)^2}{10}$

$n\{2(\log_{10}2+\log_{10}3)-1\}>5(\log_{10}2+\log_{10}3)$

$n>\dfrac{5(\log_{10}2+\log_{10}3)}{2(\log_{10}2+\log_{10}3)-1}$

$=\dfrac{5(0.3010+0.4771)}{2(0.3010+0.4771)-1}$

$=\dfrac{3.8905}{0.5562}=6.994\cdots$

よって，求める最小の整数 n は $\boldsymbol{n=7}$

底が異なる指数不等式 ➡ 両辺の常用対数をとる

326 b^2 が5桁の数であるから

$$10^4 \leqq b^2 < 10^5$$

⬅ A が n 桁 $\Longleftrightarrow 10^{n-1} \leqq A < 10^n$

各辺の常用対数をとると

$$4 \leqq 2\log_{10} b < 5$$

$$2 \leqq \log_{10} b < 2.5 \quad \cdots①$$

よって，$10^2 \leqq b < 10^{2.5}$ より　**b は3桁**

a^3b が22桁の数であるから

$$10^{21} \leqq a^3b < 10^{22}$$

各辺の常用対数をとって

$$21 \leqq 3\log_{10} a + \log_{10} b < 22$$

①より，$-2.5 < -\log_{10} b \leqq -2$ を各辺に加えると

$$18.5 < 3\log_{10} a < 20$$

$$6.1\dot{6} < \log_{10} a < 6.\dot{6}$$

よって　$10^{6.1\dot{6}} < a < 10^{6.\dot{6}}$ より　**a は7桁**

(別解)　$10^4 \leqq b^2 < 10^5$ より　$10^2 \leqq b < 10^{\frac{5}{2}}$

⬅ 各辺を $\frac{1}{2}$ 乗する。

よって　**b は3桁**

$10^{21} \leqq a^3b < 10^{22}$ より　$10^{21-\frac{5}{2}} < a^3 < 10^{22-2}$

$$10^{\frac{37}{2}} < a^3 < 10^{20}$$

$$10^{\frac{37}{6}} < a < 10^{\frac{20}{3}}$$

$$10^{6.1\cdots} < a < 10^{6.6\cdots}$$

⬅ $10^{21} \leqq a^3b \leqq 10^{22}$ の各辺に $10^{-\frac{5}{2}} < b^{-1} \leqq 10^{-2}$ の各辺をかける。

よって　**a は7桁**

327 (1)　$\log_{10} 3^{100} = 100\log_{10} 3$

$$= 100 \times 0.4771 = 47.71$$

よって　$3^{100} = 10^{47.71} = 10^{0.71} \times 10^{47} \quad \cdots①$

ここで　$\log_{10} 5 = \log_{10} \dfrac{10}{2} = 1 - \log_{10} 2$

$$= 1 - 0.3010 = 0.6990$$

⬅ ○<0.71<△ となるような○，△をうまく見つける。

$$\log_{10} 6 = \log_{10} 2 + \log_{10} 3$$

$$= 0.3010 + 0.4771 = 0.7781$$

$0.6990 < 0.71 < 0.7781$ であるから

$$\log_{10} 5 < 0.71 < \log_{10} 6$$

$$\log_{10} 5 < \log_{10} 10^{0.71} < \log_{10} 6$$

ゆえに　$5 < 10^{0.71} < 6 \quad \cdots②$

①，②より　$5 \times 10^{47} < 10^{0.71} \times 10^{47} < 6 \times 10^{47}$

すなわち　$5 \times 10^{47} < 3^{100} < 6 \times 10^{47}$

したがって，3^{100} の最高位の数字は **5**

(2) $\log_{10}0.3^{25}=25\log_{10}\dfrac{3}{10}=25(\log_{10}3-1)$

$=25(0.4771-1)=-13.0725$

よって　$0.3^{25}=10^{-13.0725}=10^{0.9275}\times10^{-14}$　…①

ここで　$\log_{10}8=3\log_{10}2$

$=3\times0.3010=0.9030$

$\log_{10}9=2\log_{10}3$

$=2\times0.4771=0.9542$

$0.9030<0.9275<0.9542$ であるから

$\log_{10}8<0.9275<\log_{10}9$

$\log_{10}8<\log_{10}10^{0.9275}<\log_{10}9$

ゆえに　$8<10^{0.9275}<9$　…②

①，②より　$8\times10^{-14}<10^{0.9275}\times10^{-14}<9\times10^{-14}$

すなわち　$8\times10^{-14}<0.3^{25}<9\times10^{-14}$

したがって，0.3^{25} の小数点以下にはじめて現れる 0 以外の数字は 8

⬅ ○$<0.9275<$△ となるような○，△をうまく見つける。

5章 微分法と積分法

328 (1) $f(x)=-2x+3$ より

$$\frac{f(2)-f(-1)}{2-(-1)}=\frac{(-2\times2+3)-\{-2\times(-1)+3\}}{3}$$

$$=\frac{-1-5}{3}=\mathbf{-2}$$

(2) $f(x)=x^2-2x$ より

$$\frac{f(3)-f(2)}{3-2}=(3^2-2\times3)-(2^2-2\times2)$$

$$=3-0=\mathbf{3}$$

平均変化率

$y=f(x)$ で x が a から b まで変化するとき

$$(\text{平均変化率})=\frac{f(b)-f(a)}{b-a}$$

$$=\frac{(y\text{ の変化量})}{(x\text{ の変化量})}$$

329 (1) $$f'(2)=\lim_{h\to0}\frac{f(2+h)-f(2)}{h}$$

$$=\lim_{h\to0}\frac{\{(2+h)^3-(2+h)\}-(2^3-2)}{h}$$

$$=\lim_{h\to0}\frac{h(h^2+6h+11)}{h}=\mathbf{11}$$

別解

$$f'(2)=\lim_{b\to2}\frac{f(b)-f(2)}{b-2}$$

$$=\lim_{b\to2}\frac{(b^3-b)-(2^3-2)}{b-2}$$

$$=\lim_{b\to2}\frac{(b^3-2^3)-(b-2)}{b-2}$$

$$=\lim_{b\to2}\frac{(b-2)(b^2+2b+4)-(b-2)}{b-2}$$

$$=\lim_{b\to2}\frac{(b-2)(b^2+2b+3)}{b-2}$$

$$=\lim_{b\to2}(b^2+2b+3)=\mathbf{11}$$

(2) $$f'(x)=\lim_{h\to0}\frac{f(x+h)-f(x)}{h}$$

$$=\lim_{h\to0}\frac{\{(x+h)^3-(x+h)\}-(x^3-x)}{h}$$

$$=\lim_{h\to0}\frac{h\{h^2+3xh+(3x^2-1)\}}{h}$$

$$=\lim_{h\to0}\{h^2+3xh+(3x^2-1)\}$$

$$=\mathbf{3x^2-1}$$

微分係数の定義

$$f'(a)=\lim_{h\to0}\frac{f(a+h)-f(a)}{h}$$

$$f'(a)=\lim_{b\to a}\frac{f(b)-f(a)}{b-a}$$

導関数の定義

$$f'(x)=\lim_{h\to0}\frac{f(x+h)-f(x)}{h}$$

330 (1) $y=4x-5$ より

$y'=4(x)'-(5)'=\mathbf{4}$

(2) $y=2x^2+x+1$ より

$y'=2(x^2)'+(x)'+(1)'$

$=\mathbf{4x+1}$

(3) $y=-\dfrac{1}{2}x^2+6x+\dfrac{3}{4}$ より

$y'=-\dfrac{1}{2}(x^2)'+6(x)'+\left(\dfrac{3}{4}\right)'$

$=\mathbf{-x+6}$

(4) $y=x^3-4x^2+7x-2$ より

$y'=(x^3)'-4(x^2)'+7(x)'-(2)'$

$=\mathbf{3x^2-8x+7}$

(5) $y=-2x^3-3x^2+x$ より

$y'=-2(x^3)'-3(x^2)'+(x)'$

$=\mathbf{-6x^2-6x+1}$

(6) $y=\dfrac{1}{6}x^3+\dfrac{1}{4}x^2-\dfrac{1}{2}x+1$ より

$y'=\dfrac{1}{6}(x^3)'+\dfrac{1}{4}(x^2)'-\dfrac{1}{2}(x)'+(1)'$

$=\mathbf{\dfrac{1}{2}x^2+\dfrac{1}{2}x-\dfrac{1}{2}}$

導関数の公式

① $(x^n)'=nx^{n-1}$ (n は自然数)
② $(c)'=0$ (c は定数)
③ $\{kf(x)\}'=kf'(x)$ (k は定数)
④ $\{f(x)+g(x)\}'=f'(x)+g'(x)$
⑤ $\{f(x)-g(x)\}'=f'(x)-g'(x)$

331 (1) $y=(3x-1)^2=9x^2-6x+1$ より

$\mathbf{y'=18x-6}$

⬅ 展開してから微分する。

(2) $y=(2x-3)(x+1)=2x^2-x-3$ より

$\mathbf{y'=4x-1}$

(3) $y=(3x+1)(x^2+2)=3x^3+x^2+6x+2$ より

$\mathbf{y'=9x^2+2x+6}$

(4) $y=(x+2)^3=x^3+6x^2+12x+8$ より

$\mathbf{y'=3x^2+12x+12}$

332 $f(x)=x^3-2x+4$ より

$f'(x)=3x^2-2$

(1) $f'(2)=3\cdot 2^2-2=\mathbf{10}$

(2) $f'(0)=3\cdot 0^2-2=\mathbf{-2}$

(3) $f'(-1)=3\cdot(-1)^2-2=\mathbf{1}$

⬅ 微分係数 $f'(a)$ は導関数 $f'(x)$ に $x=a$ を代入すればよい。

$x=a$ における微分係数 ➡ 導関数 $f'(x)$ を求め $x=a$ を代入する

333 (1) $y=t^3-at+b$ より

$$\frac{dy}{dt}=3t^2-a$$

(2) $y=x^2t^2+xt+x+t$ より

$$\frac{dy}{dt}=2x^2t+x+1$$

← y を t の関数とみる。

$\frac{dy}{dt}$：y を t で微分するという記号

334

$$\frac{f(a+h)-f(a)}{(a+h)-a}=\frac{(a+h)^3-a^3}{h}$$

$$=\frac{(a^3+3a^2h+3ah^2+h^3)-a^3}{h}$$

$$=\frac{h(3a^2+3ah+h^2)}{h}$$

$$=3a^2+3ah+h^2$$

335 (1) $\frac{f(3)-f(-1)}{3-(-1)}$

$$=\frac{(3^2-3\cdot3+2)-\{(-1)^2-3\cdot(-1)+2\}}{4}$$

$$=\frac{2-6}{4}=-1$$

また　$f'(x)=2x-3$　より　$f'(a)=2a-3$

よって　$2a-3=-1$　から　$a=1$

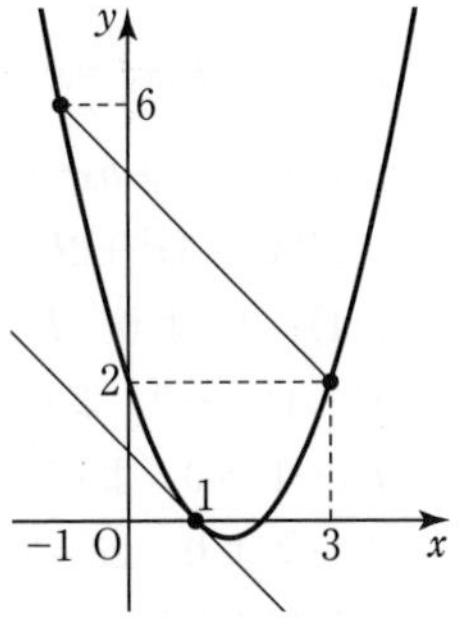

← 2 点 $(-1,\ 6)$，$(3,\ 2)$ を結んだ直線と $x=a$ における接線が平行となる場合である。

(2) $\frac{f(b)-f(0)}{b-0}=\frac{(b^2-3b+2)-2}{b}$

$$=\frac{b^2-3b}{b}=b-3$$

また　$f'(2)=2\cdot2-3=1$

よって　$b-3=1$　から　$b=4$

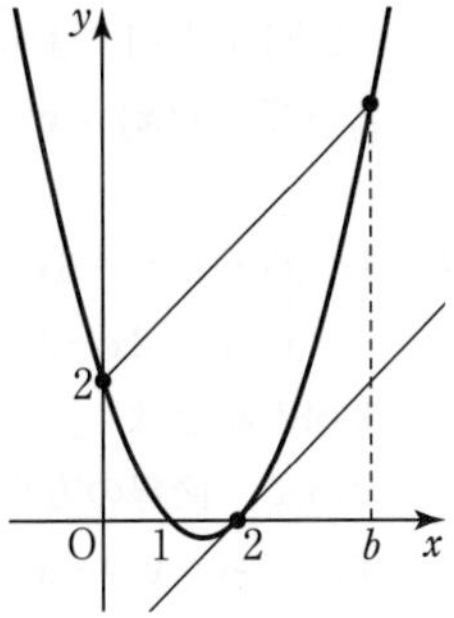

336 (1) $f(x)=ax^2+bx+c\ (a\neq0)$ とおくと

$f'(x)=2ax+b$

$f(2)=-2$　より　$4a+2b+c=-2$　…①

$f'(0)=0$　より　$b=0$　…②

$f'(1)=2$　より　$2a+b=2$　…③

②を③に代入して

$2a=2$　より　$a=1$　…④

②，④を①に代入して

$4\times1+2\times0+c=-2$　より　$c=-6$

よって　$f(x)=x^2-6$

← $a\neq0$ を満たす。

(2)　$f(x)=ax^2+bx+c\ (a \neq 0)$ とおくと

$f'(x)=2ax+b$

$xf'(x)-3f(x)+x^2-3x+2=0$ に代入して

$x(2ax+b)-3(ax^2+bx+c)+x^2-3x+2=0$

$2ax^2+bx-3ax^2-3bx-3c+x^2-3x+2=0$

$(-a+1)x^2+(-2b-3)x+(-3c+2)=0$

これが x についての恒等式であるから

$$\begin{cases} -a+1=0 \\ -2b-3=0 \\ -3c+2=0 \end{cases}$$

← どんな x についても成り立つから，恒等式として考える。
$Ax^2+Bx+C=0$
$\implies A=0,\ B=0,\ C=0$

これを解いて　$a=1,\ b=-\dfrac{3}{2},\ c=\dfrac{2}{3}$

よって　$\boldsymbol{f(x)=x^2-\dfrac{3}{2}x+\dfrac{2}{3}}$

(3)　$f(x)=x^3+bx^2+cx+d$ とおくと

← x^3 の係数は1

$f'(x)=3x^2+2bx+c$

$f(1)=2$　より　$b+c+d=1$　…①

$f(-1)=-2$　より　$b-c+d=-1$　…②

$f'(-1)=0$　より　$-2b+c=-3$　…③

①−②より　$2c=2$　　よって　$c=1$

③に代入して

$-2b+1=-3$　より　$b=2$

①に代入して

$2+1+d=1$　より　$d=-2$

よって　$\boldsymbol{f(x)=x^3+2x^2+x-2}$

337 (1)　$f(x)=x^2-3x+2$　とおくと

$f'(x)=2x-3$

接線の傾きは　$f'(1)=-1$

よって，接線の方程式は　$y-0=-(x-1)$

すなわち　$\boldsymbol{y=-x+1}$

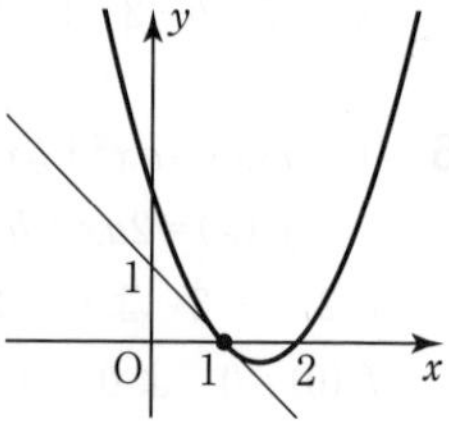

(2)　$f(x)=-x^2+5$　とおくと

$f'(x)=-2x$

接線の傾きは　$f'(-1)=2$

よって，接線の方程式は　$y-4=2(x+1)$

すなわち　$\boldsymbol{y=2x+6}$

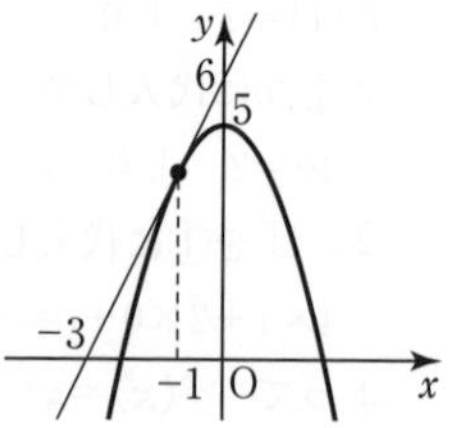

(3) $f(x)=x^3-3x^2+2$ とおくと

$f'(x)=3x^2-6x$

接線の傾きは $f'(2)=0$

よって，接線の方程式は

$y-(-2)=0(x-2)$

すなわち $\boldsymbol{y=-2}$

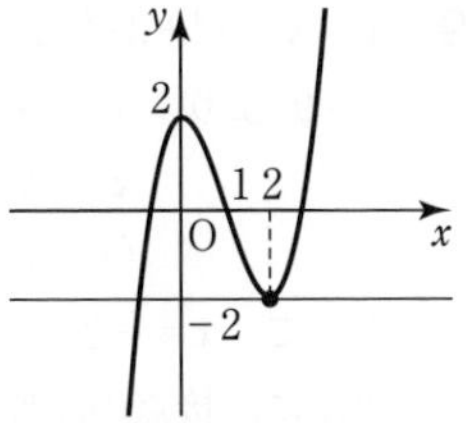

(4) $f(x)=-x^3+x^2$ とおくと

$f'(x)=-3x^2+2x$

接線の傾きは $f'(2)=-8$

よって，接線の方程式は

$y-(-4)=-8(x-2)$

すなわち $\boldsymbol{y=-8x+12}$

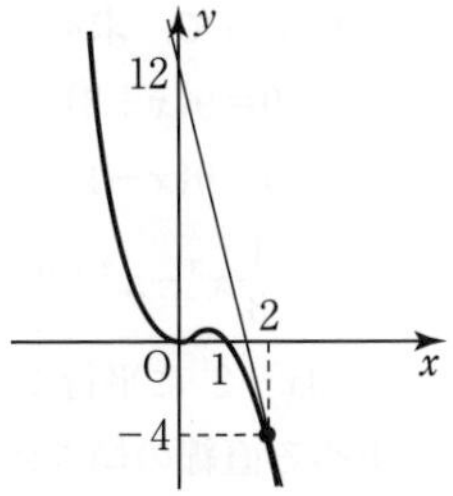

曲線 $y=f(x)$ 上の点 $(a,\ f(a))$ における接線の方程式は ➡ $y-f(a)=f'(a)(x-a)$

338 (1) $y=2x^3+3x+2$ において

$x=0$ のとき $y=2$

よって，点Pの座標は $(0,\ 2)$

また $y'=6x^2+3$ より

$x=0$ のとき $y'=3$

ゆえに，点 $P(0,\ 2)$ における接線の方程式は

$y-2=3(x-0)$

すなわち $\boldsymbol{y=3x+2}$

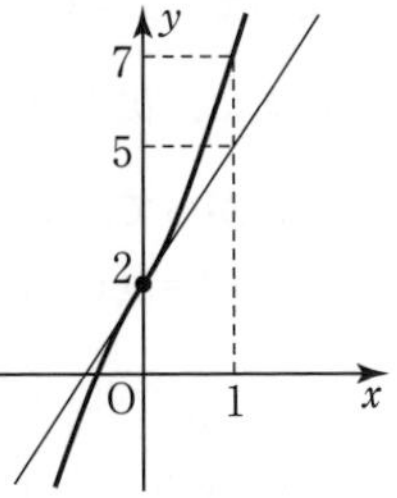

(2) $y=3x^3-2x-1$ において

$x=-1$ のとき $y=-2$

よって，点Pの座標は $(-1,\ -2)$

また $y'=9x^2-2$ より

$x=-1$ のとき $y'=7$

ゆえに，点 $P(-1,\ -2)$ における接線の方程式は

$y-(-2)=7(x+1)$

すなわち $\boldsymbol{y=7x+5}$

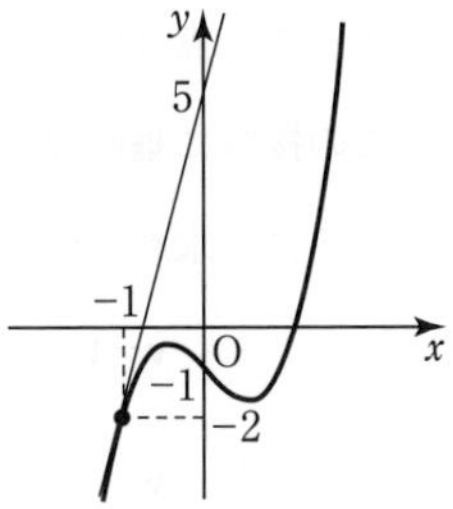

339 (1) $y=x^3+3x^2$ から $y'=3x^2+6x$

$y'=9$ より $3x^2+6x=9$

$x^2+2x-3=0$

$(x+3)(x-1)=0$

よって $x=-3,\ 1$

ゆえに，接点の座標は，$(-3,\ 0)$，$(1,\ 4)$

したがって，求める直線の方程式は

$y-0=9(x+3)$ すなわち $\boldsymbol{y=9x+27}$

$y-4=9(x-1)$ すなわち $\boldsymbol{y=9x-5}$

← 接線の傾きが 9 であるから $y'=9$ として，接点の x 座標を求める。

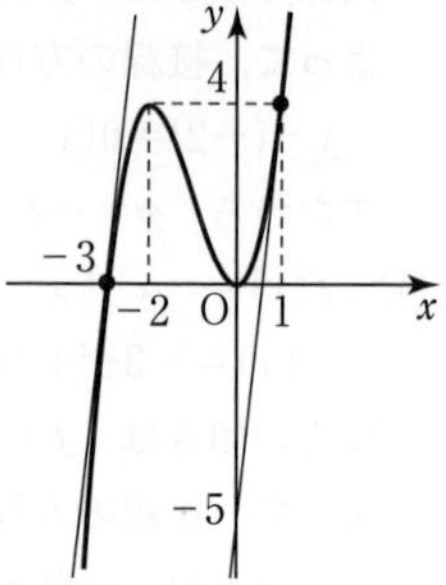

(2) $y=\dfrac{1}{3}x^3-x^2+2$ から $y'=x^2-2x$

$y=3x-2$ に平行であるから，

求める直線の傾きは 3

$y'=3$ より $x^2-2x=3$

$x^2-2x-3=0$

$(x-3)(x+1)=0$

よって $x=3,\ -1$

ゆえに，接点の座標は，$(3,\ 2)$，$\left(-1,\ \dfrac{2}{3}\right)$

したがって，求める直線の方程式は

$y-2=3(x-3)$ すなわち $\boldsymbol{y=3x-7}$

$y-\dfrac{2}{3}=3(x+1)$ すなわち $\boldsymbol{y=3x+\dfrac{11}{3}}$

← 接線の傾きが 3 であるから $y'=3$ として，接点の x 座標を求める。

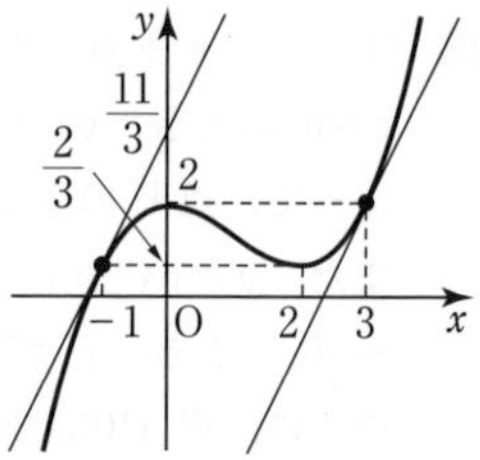

(3) $y=x^3+2x-4$ から $y'=3x^2+2$

$x=1$ のとき $y'=5$

よって，点 $\mathrm{P}(1,\ -1)$ における接線の傾きは 5

この接線に垂直な直線の傾きは $-\dfrac{1}{5}$

ゆえに，求める直線の方程式は

$$y-(-1)=-\frac{1}{5}(x-1)$$

すなわち $\boldsymbol{y=-\dfrac{1}{5}x-\dfrac{4}{5}}$

← 互いに垂直な直線の傾きの積は -1

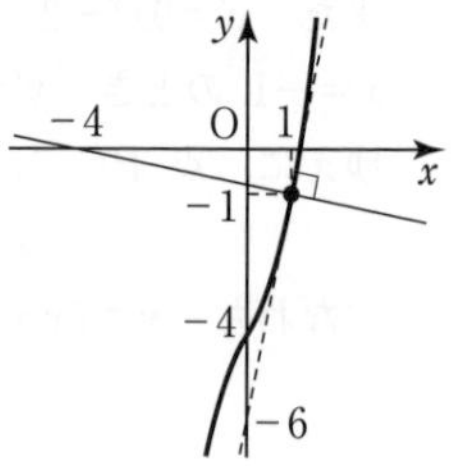

参考 法線について

$f'(a)\neq 0$ のとき，

$\mathrm{P}(a,\ f(a))$ に

おける法線の方程式は

$y-f(a)=-\dfrac{1}{f'(a)}(x-a)$

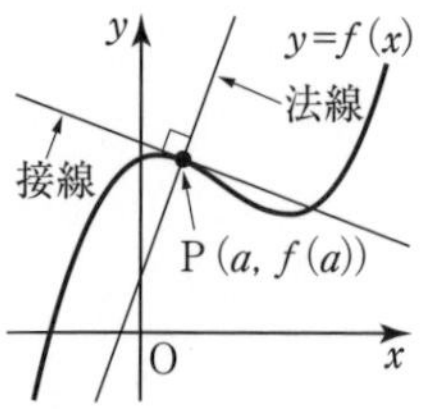

340 (1) $f(x)=x^2+3x$

接点を $(a,\ a^2+3a)$ とおくと

$f'(x)=2x+3$ より，傾きは　$f'(a)=2a+3$

よって，接線の方程式は

$y-(a^2+3a)=(2a+3)(x-a)$

すなわち　$y=(2a+3)x-a^2$

これが点 $(0,\ -4)$ を通るから　$-4=-a^2$

よって　$a=\pm 2$

$a=2$ のとき　$\boldsymbol{y=7x-4}$

$a=-2$ のとき　$\boldsymbol{y=-x-4}$

㊟注意

点 $(a,\ a^2+3a)$ における接線の傾きを x のまま

$y-(a^2+3a)=(2x+3)(x-a)$

としないように，注意する。

← 曲線外の点から引いた接線は

・まず接点を $(a,\ f(a))$ とおく

・接線の方程式①をつくる

・通過する点の座標を代入

・出てきた a を①に代入

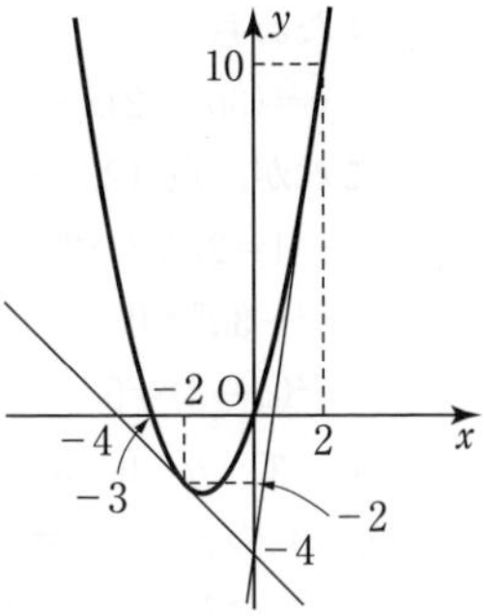

(2) $f(x)=x^2+1$

接点を $(a,\ a^2+1)$ とおくと

$f'(x)=2x$ より，傾きは　$f'(a)=2a$

よって，接線の方程式は

$y-(a^2+1)=2a(x-a)$

すなわち　$y=2ax-a^2+1$

これが点 $(3,\ 6)$ を通るから　$6=6a-a^2+1$

$a^2-6a+5=0$

$(a-1)(a-5)=0$

よって　$a=1,\ 5$

$a=1$ のとき　$\boldsymbol{y=2x}$

$a=5$ のとき　$\boldsymbol{y=10x-24}$

別解　点 $(3,\ 6)$ を通る直線を

$y-6=m(x-3)$ とおく。

$$\begin{cases} y=mx-3m+6 & \cdots① \\ y=x^2+1 & \cdots② \end{cases}$$ より

$x^2+1=mx-3m+6$

$x^2-mx+3m-5=0$

①と②が接するから

$D=m^2-12m+20=0$

$(m-2)(m-10)=0$

$m=2,\ 10$

よって　$\boldsymbol{y=2x,\ y=10x-24}$

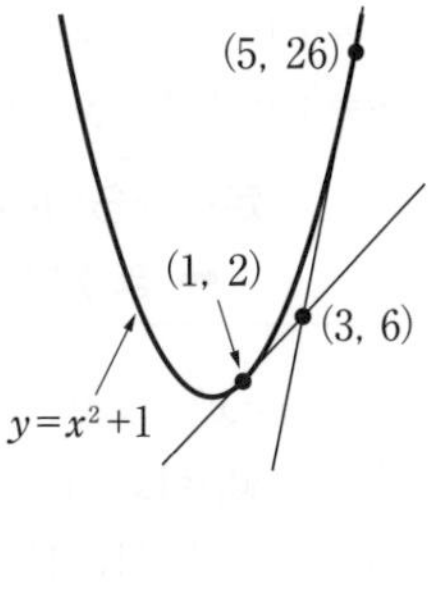

(3)　$f(x)=x^3-2x$

接点を $(a,\ a^3-2a)$ とおくと

　$f'(x)=3x^2-2$ より，傾きは　$f'(a)=3a^2-2$

よって，接線の方程式は

　$y-(a^3-2a)=(3a^2-2)(x-a)$

すなわち

　$y=(3a^2-2)x-2a^3$

これが，点 $(2,\ -4)$ を通るから

　$-4=2(3a^2-2)-2a^3$

　$a^3-3a^2=0$

　$a^2(a-3)=0$

よって　$a=0,\ 3$

$a=0$ のとき　$\boldsymbol{y=-2x}$

$a=3$ のとき　$\boldsymbol{y=25x-54}$

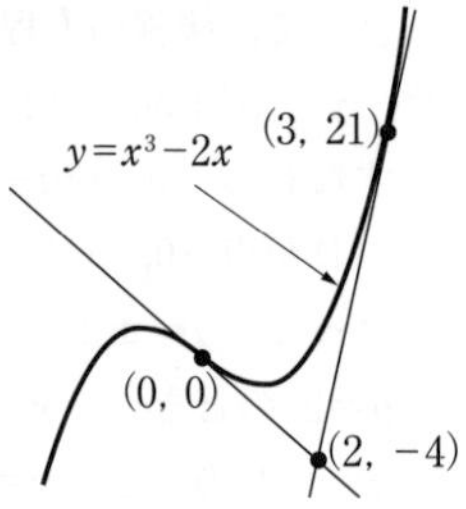

(4)　$f(x)=x^3-3x^2+4$

接点を $(a,\ a^3-3a^2+4)$ とおくと

　$f'(x)=3x^2-6x$ より，傾きは $f'(a)=3a^2-6a$

よって，接線の方程式は

　$y-(a^3-3a^2+4)=(3a^2-6a)(x-a)$

すなわち

　$y=(3a^2-6a)x-2a^3+3a^2+4$

これが 点$(3,\ 4)$ を通るから

　$4=3(3a^2-6a)-2a^3+3a^2+4$

　$a^3-6a^2+9a=0$

　$a(a-3)^2=0$

よって　$a=0,\ 3$

$a=0$ のとき　$\boldsymbol{y=4}$

$a=3$ のとき　$\boldsymbol{y=9x-23}$

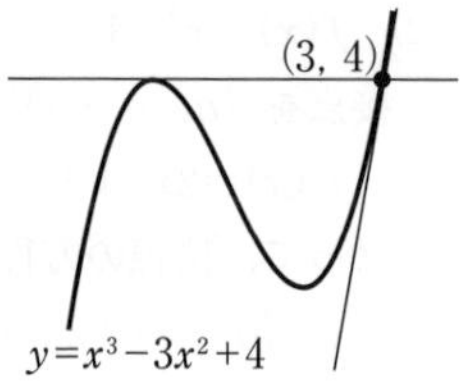

⬅ 点 $(3,\ 4)$ は曲線上の点になっている。

> 定点から引いた接線の方程式
> ➡ まず接点を $(a,\ f(a))$ とおいて，接線の方程式を作る

341　(1)　$y=x^3$　より　$y'=3x^2$

接線の傾きは　$x=1$ のとき　$y'=3$

よって，点 $(1,\ 1)$ における接線の方程式は

　$y-1=3(x-1)$

ゆえに　$\boldsymbol{y=3x-2}$

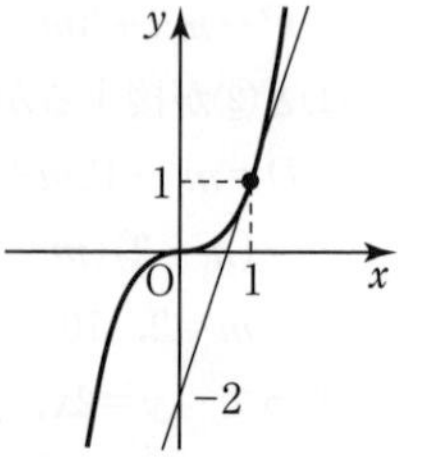

(2)　曲線と接線の共有点は

$x^3=3x-2$ とおいて

$x^3-3x+2=0$

$(x-1)^2(x+2)=0$

よって　$x=1,\ -2$

$x=1$ のとき　$y=1$，$x=-2$ のとき　$y=-8$

ゆえに，共有点は **(1，1)，(−2，−8)**

⬅ 共有点の座標を求めるには，曲線と接線の方程式を連立させて解けばよい。

⬅ 点 (1，1) で接するから，$x=1$ を解(重解)にもつ。すなわち，$(x-1)^2$ が因数になる。

別解　[$x^3-3x+2=0$ の解法]

$P(x)=x^3-3x+2$ とおく。

$P(1)=0$ であるから，因数定理より

$P(x)$ は $x-1$ を因数にもち，

$P(x)=(x-1)(x^2+x-2)$

$=(x-1)(x-1)(x+2)$

$=(x-1)^2(x+2)$

より，$P(x)=0$ を解いて

$x=1,\ -2$

⬅ 因数定理を使った解法

$$\begin{array}{r} x^2+x\ -2 \\ x-1\,\overline{)\,x^3 \qquad\ -3x+2} \\ \underline{x^3-x^2} \\ x^2-3x \\ \underline{x^2-\ x} \\ -2x+2 \\ \underline{-2x+2} \\ 0 \end{array}$$

342　曲線 $y=x^3+ax+b$ が点 (2，3) を通るから

$8+2a+b=3$　…①

また，$y'=3x^2+a$ であり，点 (2，3) における接線の傾きが 9 であるから

$12+a=9$　…②

⬅ $x=2$ のとき　$y'=9$

①，②を解いて　$\boldsymbol{a=-3,\ b=1}$

343　$f(x)=x^3+ax^2$ より　$f'(x)=3x^2+2ax$

$g(x)=-2x^2+bx+c$ より　$g'(x)=-4x+b$

ともに点 (1，3) を通り，共通接線をもつから

$f(1)=3,\ g(1)=3,\ f'(1)=g'(1)$

を満たす。よって

$f(1)=1+a=3$　…①

$g(1)=-2+b+c=3$　…②

また，$f'(1)=3+2a,\ g'(1)=-4+b$ より

$3+2a=-4+b$

すなわち　$2a-b=-7$　…③

①，②，③を解いて

$\boldsymbol{a=2,\ b=11,\ c=-6}$

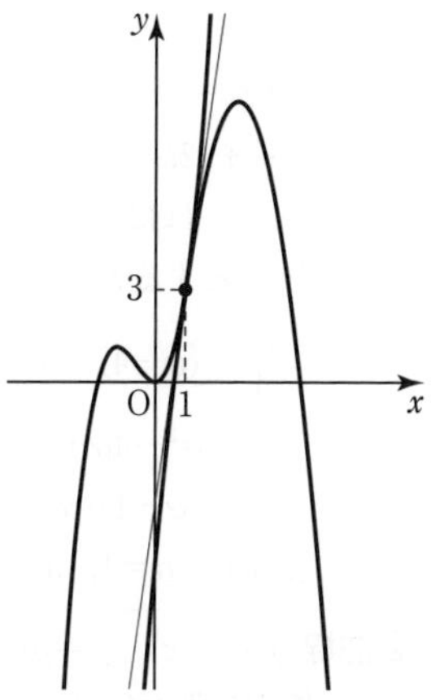

344 曲線 $y=x^2$ $\cdots$①

曲線 $y=-x^2+8x-10$ $\cdots$②

①上の接点を $(\alpha,\ \alpha^2)$,

②上の接点を $(\beta,\ -\beta^2+8\beta-10)$ とする。

①の接線は $y'=2x$ より

$y-\alpha^2=2\alpha(x-\alpha)$

すなわち $y=2\alpha x-\alpha^2$ $\cdots$①′

②の接線は $y'=-2x+8$ より

$y-(-\beta^2+8\beta-10)=(-2\beta+8)(x-\beta)$

すなわち $y=(-2\beta+8)x+\beta^2-10$ $\cdots$②′

①′, ②′は同じ直線を表すから

$2\alpha=-2\beta+8$ $\cdots$③

$-\alpha^2=\beta^2-10$ $\cdots$④

⬅ ③は傾きが等しいとおいた式

⬅ ④は切片が等しいとおいた式

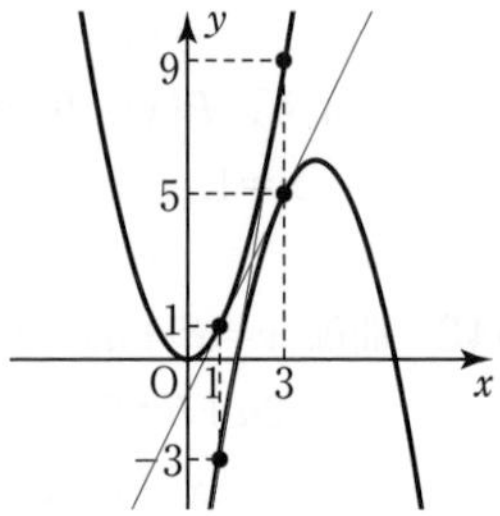

③より $\beta=-\alpha+4$ として, ④に代入する。

$-\alpha^2=(-\alpha+4)^2-10$

$\alpha^2-4\alpha+3=0$

$(\alpha-1)(\alpha-3)=0$

よって $\alpha=1,\ 3$

ゆえに, 共通接線の方程式は, ①′に代入して

$\alpha=1$ $(\beta=3)$ のとき

$\boldsymbol{y=2x-1}$

$\alpha=3$ $(\beta=1)$ のとき

$\boldsymbol{y=6x-9}$

⬅ 同じ直線を表す①′, ②′のどちらかに代入できればよいから, α か β のどちらかの値を求めればよい。

別解 接線の方程式①′と曲線の方程式②を連立させて

$2\alpha x-\alpha^2=-x^2+8x-10$

$x^2+(2\alpha-8)x-\alpha^2+10=0$

①′と②は接するから, この2次方程式の判別式を D とすると $D=0$ である。

⬅ 放物線と直線の接する条件は, 判別式 $D=0$ であることを利用する。

$$\frac{D}{4}=(\alpha-4)^2+\alpha^2-10=2\alpha^2-8\alpha+6=0$$

$\alpha^2-4\alpha+3=0$

$(\alpha-1)(\alpha-3)=0$

よって $\alpha=1,\ 3$ (以下同様)

2曲線 $\boldsymbol{y=f(x)}$, $\boldsymbol{y=g(x)}$ の共通接線

➡ 接点を別々に $(\alpha,\ f(\alpha))$, $(\beta,\ g(\beta))$ として, 接線の方程式を作って比較する

345 (1) $f'(x)=x^2+x-2$

$=(x+2)(x-1)$

x	$\cdots$	-2	$\cdots$	1	$\cdots$
$f'(x)$	$+$	0	$-$	0	$+$
$f(x)$	↗	$\dfrac{10}{3}$	↘	$-\dfrac{7}{6}$	↗

$x \leqq -2$, $1 \leqq x$ で増加, $-2 \leqq x \leqq 1$ で減少

(参考) 関数 $f(x)$ は区間 $x<-2$ で増加するが, 端の点を含めた区間 $x \leqq -2$ でも増加していると考える。減少する区間においても同様である。

⬅ $\alpha<\beta$ のとき

$(x-\alpha)(x-\beta)>0$

$\iff x<\alpha,\ \beta<x$

$(x-\alpha)(x-\beta)<0$

$\iff \alpha<x<\beta$

⬅ 増減だけを調べるのなら, 極値は求めなくてもよい。

(2) $f'(x)=3x^2-4x+1$

$=(3x-1)(x-1)$

x	$\cdots$	$\dfrac{1}{3}$	$\cdots$	1	$\cdots$
$f'(x)$	$+$	0	$-$	0	$+$
$f(x)$	↗	$\dfrac{31}{27}$	↘	1	↗

$x \leqq \dfrac{1}{3}$, $1 \leqq x$ で増加, $\dfrac{1}{3} \leqq x \leqq 1$ で減少

(3) $f'(x)=-x^2+2$

$=-(x+\sqrt{2})(x-\sqrt{2})$

x	$\cdots$	$-\sqrt{2}$	$\cdots$	$\sqrt{2}$	$\cdots$
$f'(x)$	$-$	0	$+$	0	$-$
$f(x)$	↘	$-\dfrac{4\sqrt{2}}{3}$	↗	$\dfrac{4\sqrt{2}}{3}$	↘

$-\sqrt{2} \leqq x \leqq \sqrt{2}$ で増加,

$x \leqq -\sqrt{2}$, $\sqrt{2} \leqq x$ で減少

(4) $f'(x)=3x^2-6x+4$

$=3(x-1)^2+1$

よって, すべての実数 x に対して

$f'(x)>0$

ゆえに, つねに増加

$f'(x) \geqq 0$ ➡ $f(x)$ は増加

$f'(x) \leqq 0$ ➡ $f(x)$ は減少

---

346 (1) $y'=3x^2-3=3(x+1)(x-1)$

$y'=0$ とすると $x=-1,\ 1$

増減表は次のようになる。

x	$\cdots$	-1	$\cdots$	1	$\cdots$
y'	$+$	0	$-$	0	$+$
y	↗	3	↘	-1	↗

$x=-1$ のとき　**極大値 3**

$x=1$ のとき　　**極小値 −1**

(2) $y'=-6x^2+18x=-6x(x-3)$

$y'=0$ とすると $x=0,\ 3$

増減表は次のようになる。

x	$\cdots$	0	$\cdots$	3	$\cdots$
y'	$-$	0	$+$	0	$-$
y	↘	0	↗	27	↘

$x=3$ のとき　**極大値 27**

$x=0$ のとき　**極小値 0**

(3) $y'=3x^2-6x+3=3(x-1)^2\geqq 0$

← $y'=3(x-1)^2\geqq 0$ であるから，y はつねに増加する。

増減表は次のようになる。

x	$\cdots$	1	$\cdots$
y'	$+$	0	$+$
y	↗	3	↗

$x=1$ のとき $y'=0$ であるが，
$x=1$ の前後で y' の符号は
変わらない。

よって，**極値はない**。

(4) $y'=-3x^2+12x-12$

$=-3(x-2)^2\leqq 0$

← $y'=-3(x-2)^2\leqq 0$ であるから，y はつねに減少する。

よって，増減表は次のようになる。

x	$\cdots$	2	$\cdots$
y'	$-$	0	$-$
y	↘	-8	↘

$x=2$ のとき $y'=0$ であるが，
$x=2$ の前後で y' の符号は
変わらない。

よって，**極値はない**。

極値の判定 ➡ $y'=0$ を満たす x を求め，前後の符号を調べる

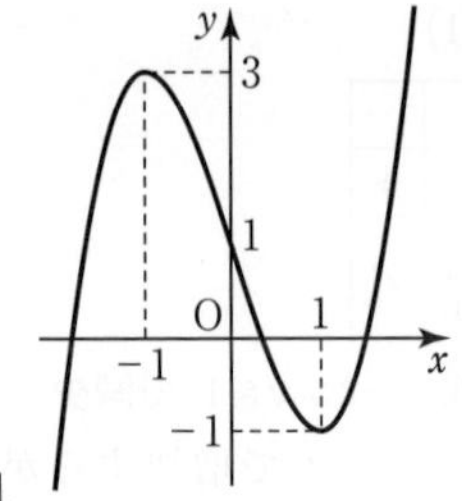

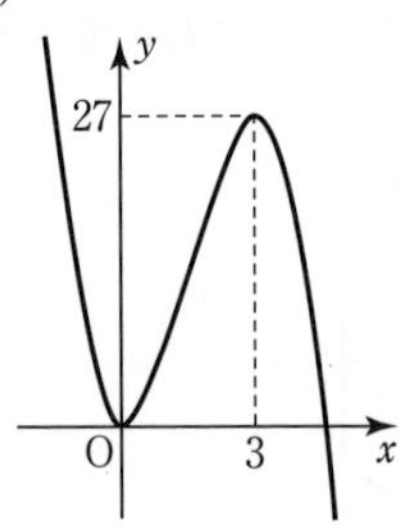

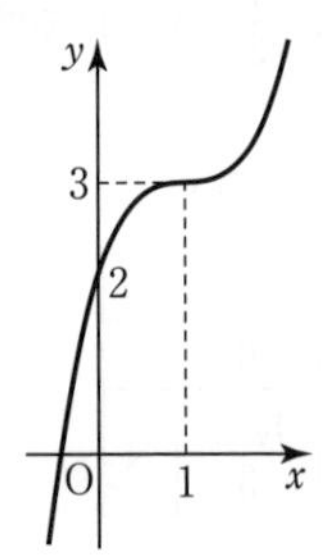

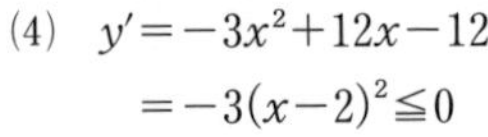

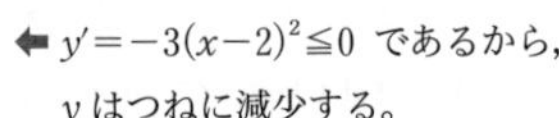

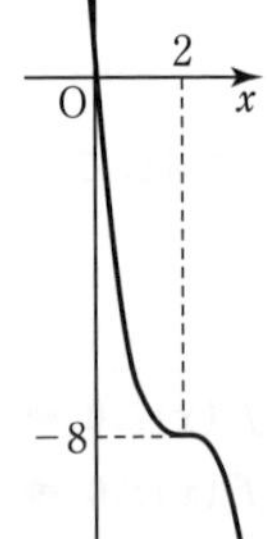

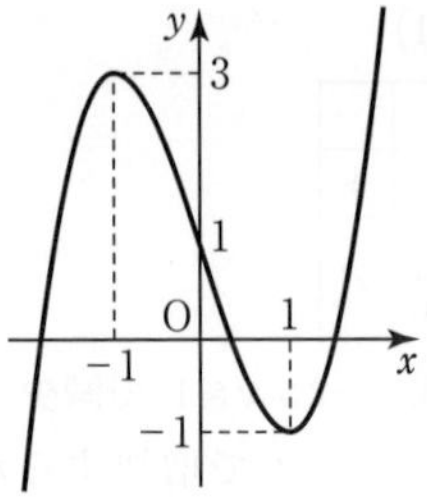

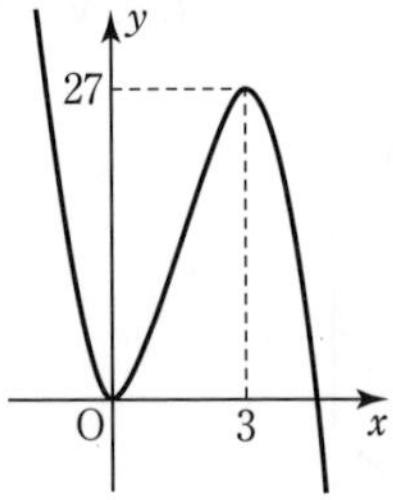

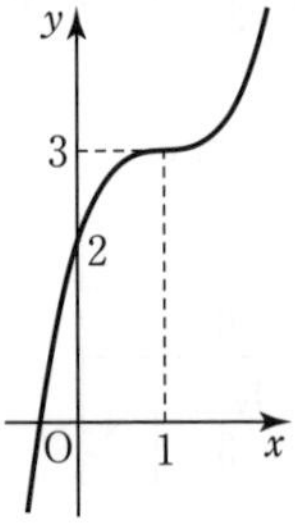

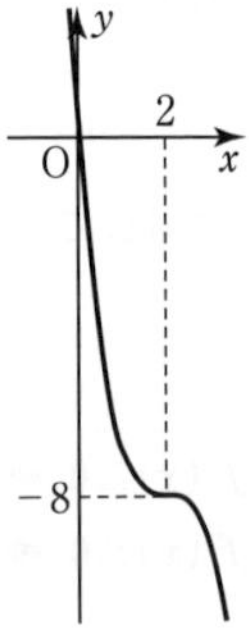

347 $y=ax^3+6x^2+3ax+2$　より

$y'=3ax^2+12x+3a$

また，$3ax^2+12x+3a=0$ の判別式を D とする。

(1)　$y'=0$ が異なる 2 つの実数解をもてばよいから

$D>0$

$\dfrac{D}{4}=36-9a^2>0$　より　$a^2-4<0$

すなわち　$(a+2)(a-2)<0$

よって，$\boldsymbol{-2<a<2}$

⬅ $y'=a(x-\alpha)(x-\beta)$ $(a>0,\ \alpha<\beta)$ のとき，

$y'=0$ の異なる 2 つの解

x	$\cdots$	α	$\cdots$	β	$\cdots$
y'	$+$	0	$-$	0	$+$
y	↗	極大	↘	極小	↗

(2)　すべての x について $y'\geqq 0$ であればよいから

$a>0$ かつ $D\leqq 0$

$\dfrac{D}{4}=36-9a^2\leqq 0$　より　$a^2-4\geqq 0$

すなわち　$(a+2)(a-2)\geqq 0$

よって　$a\leqq -2,\ 2\leqq a$

$a>0$ より　$\boldsymbol{a\geqq 2}$

⬅ 関数 y がつねに増加する ⟺ つねに $y'\geqq 0$

(3)　すべての x について $y'\leqq 0$ であればよいから

$a<0$　かつ　$D\leqq 0$

$D\leqq 0$ より　$a\leqq -2,\ 2\leqq a$

$a<0$ より　$\boldsymbol{a\leqq -2}$

⬅ 関数 y がつねに減少する ⟺ つねに $y'\leqq 0$

⬅ (2)の計算を用いる。

348 $f(x)=2x^3+ax+b$　より　$f'(x)=6x^2+a$

$x=-1$ で極大値 7 をとるから

$f'(-1)=6+a=0$　　…①

$f(-1)=-2-a+b=7$　…②

①，②を解いて　$a=-6,\ b=3$

このとき　$f(x)=2x^3-6x+3$

$f'(x)=6x^2-6=6(x+1)(x-1)$

$f'(x)=0$ とすると　$x=\pm 1$

よって，$f(x)$ の増減表は次のようになる。

x	$\cdots$	-1	$\cdots$	1	$\cdots$
$f'(x)$	$+$	0	$-$	0	$+$
$f(x)$	↗	7	↘	-1	↗

増減表より，$f(x)$ は $x=-1$ で極大値 7 をとり，条件を満たす。

ゆえに，$\boldsymbol{a=-6,\ b=3}$

$\boldsymbol{x=1}$ **のとき極小値** $\boldsymbol{-1}$

⬅ $f(x)$ が $x=a$ で極値をもつための必要条件は $f'(a)=0$
逆に，$f'(a)=0$ であっても，$x=a$ で極値をもつとは限らない。

⇓

この種の問題では，増減表をかいて，逆(十分条件)を吟味する。

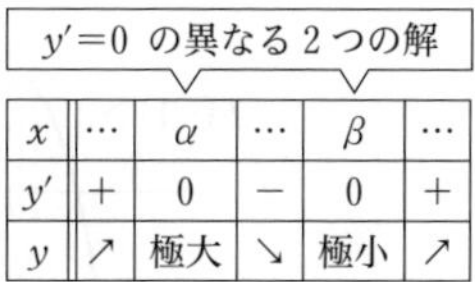

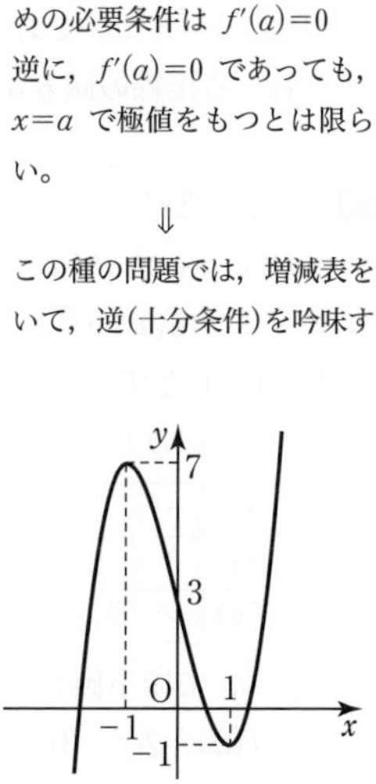

$f(x)$ が $x=a$ で極値 p をとる ➡ $f'(a)=0,\ f(a)=p$（必要条件）

349 $f(x)=ax^3+bx^2+cx+d$ とおくと
グラフは次のようになるから

$f(1)=\boldsymbol{a+b+c+d<0}$

$f(-1)=\boldsymbol{-a+b-c+d>0}$

また，グラフより　$\boldsymbol{a>0}$

次に

$f'(x)=3ax^2+2bx+c=0$

の解が α，β であるから，2次方程式の
解と係数の関係と $-1<\alpha<0$，$\beta>1$ より

$$\alpha+\beta=-\frac{2b}{3a}>0$$

$$\alpha\beta=\frac{c}{3a}<0$$

$a>0$ であるから　$\boldsymbol{b<0}$，$\boldsymbol{c<0}$

また，$x=0$ のときの値は　$f(0)=\boldsymbol{d>0}$

(別解)　$c=f'(0)$ であるから，曲線と y 軸との交点
における接線の傾きから判断してもよい。

3次関数のグラフの概形

⬅ 2次方程式 $ax^2+bx+c=0$ の
2つの解を α，β とすると
$\alpha+\beta=-\dfrac{b}{a}$，$\alpha\beta=\dfrac{c}{a}$

350 $f(x)=2x^3-3(a+1)x^2+6ax$　より

$f'(x)=6x^2-6(a+1)x+6a$
$\quad=6(x-1)(x-a)$

$f'(x)=0$ とすると　$x=1$，a

(i)　$a>1$ のとき，増減表は次のようになる。

⬅ $f'(x)=0$ の解が $x=1$，a
であるから　$a>1$ と $a<1$ の
場合で分けて考える。

x	$\cdots$	1	$\cdots$	a	$\cdots$
$f'(x)$	$+$	0	$-$	0	$+$
$f(x)$	↗	極大	↘	極小	↗

$x=a$ で極小値をもつから　$f(a)=0$

$f(a)=2a^3-3(a+1)a^2+6a^2=-a^3+3a^2$

$a^2(a-3)=0$　より　$a=0$，3

$a>1$ より　$a=3$

このとき，極大値は

$f(1)=2-3\cdot4+6\cdot3=8$

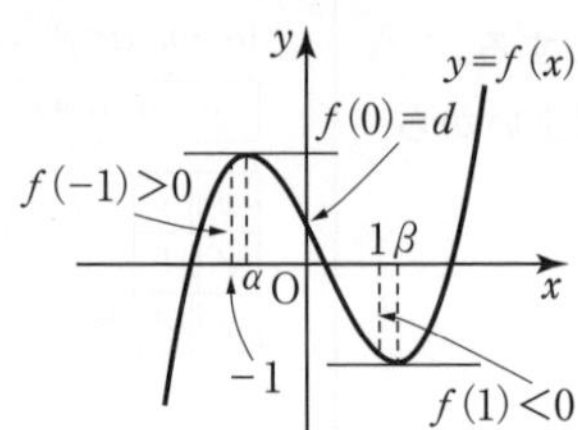

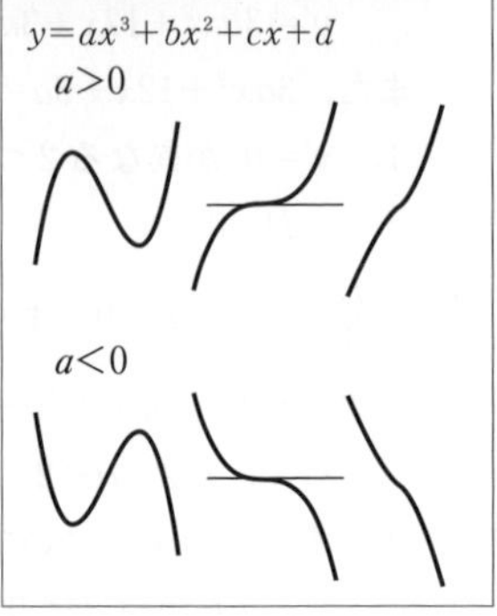

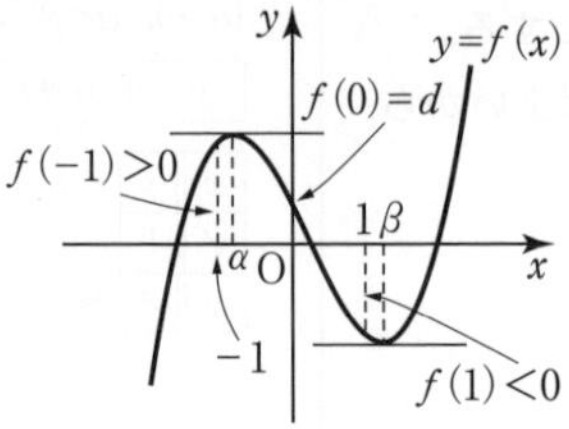

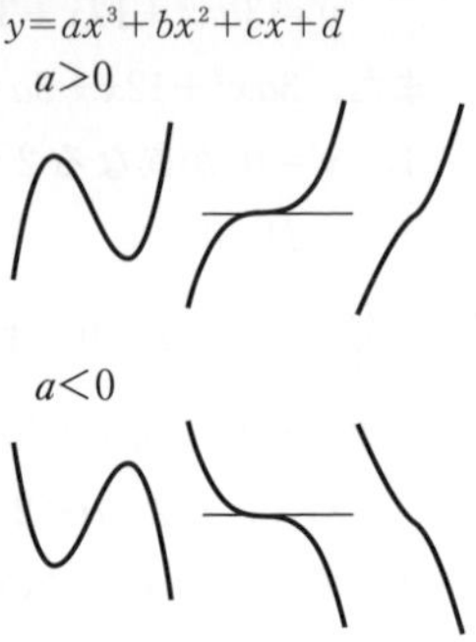

(ii) $a<1$ のとき，増減表は次のようになる。

x	$\cdots$	a	$\cdots$	1	$\cdots$
$f'(x)$	$+$	0	$-$	0	$+$
$f(x)$	↗	極大	↘	極小	↗

$x=1$ で極小値をもつから　$f(1)=0$

$f(1)=2-3(a+1)+6a=3a-1$

$3a-1=0$　より　$a=\dfrac{1}{3}$（$a<1$ を満たす。）

このとき，極大値は

$$f\left(\frac{1}{3}\right)=-\left(\frac{1}{3}\right)^3+3\left(\frac{1}{3}\right)^2=\frac{8}{27}$$

⬅ $f(a)=-a^3+3a^2$ に代入する。

(iii) $a=1$ のとき，$f'(x)=6(x-1)^2\geqq 0$ となり $f(x)$ は極値をもたない。

⬅ つねに $f'(x)\geqq 0$
$\Longleftrightarrow$ 関数 $f(x)$ がつねに増加する

よって，$\boldsymbol{a=3}$ **のとき　極大値 8**

$\boldsymbol{a=\dfrac{1}{3}}$ **のとき　極大値** $\boldsymbol{\dfrac{8}{27}}$

351 $f(x)=ax^3+bx^2+c$　より

$f'(x)=3ax^2+2bx$

$x=1$ で極値をとるから

$f'(1)=3a+2b=0$　…①

⬅ $x=\alpha$ で極値をとるとき
⇓
$f'(\alpha)=0$

よって　$2b=-3a$

このとき　$f'(x)=3ax^2-3ax=3ax(x-1)$

$f'(x)=0$ とすると　$x=0,\ 1$

$a>0$ であるから，増減表は次のようになる。

x	$\cdots$	0	$\cdots$	1	$\cdots$
$f'(x)$	$+$	0	$-$	0	$+$
$f(x)$	↗	極大	↘	極小	↗

$x=0$ のとき極大値 7

$x=1$ のとき極小値 3

をとるから

$f(0)=c=7$　　　…②

$f(1)=a+b+c=3$　…③

①，②，③を解いて

$\boldsymbol{a=8,\ b=-12,\ c=7}$

352 (1) $y'=4x^3-4x=4x(x+1)(x-1)$

$y'=0$ とすると　$x=-1,\ 0,\ 1$

よって，増減表は次のようになる。

x	$\cdots$	-1	$\cdots$	0	$\cdots$	1	$\cdots$
y'	$-$	0	$+$	0	$-$	0	$+$
y	↘	-1	↗	0	↘	-1	↗

増減表より

$x=0$ のとき　　**極大値 0**

$x=1,\ -1$ のとき　**極小値 -1**

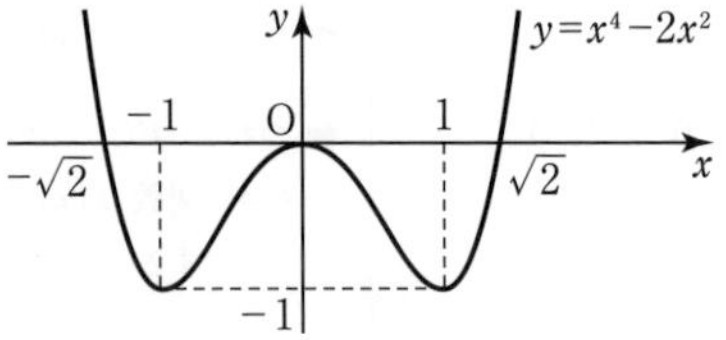

← 3次関数 $y'=4x(x+1)(x-1)$ のグラフは，x 軸との共有点の x 座標が $-1,\ 0,\ 1$ であることなどから概形は次のようになる。

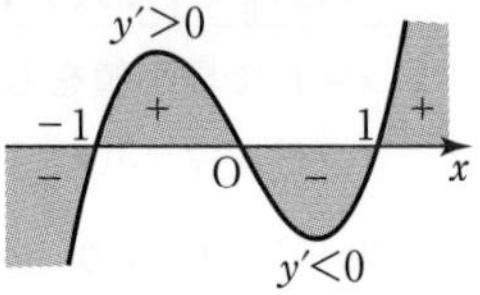

これより，

$x<-1,\ 0<x<1$ で $f'(x)<0$

$-1<x<0,\ 1<x$ で $f'(x)>0$

であることがわかる。

(2) $y'=-4x^3+12x^2-8x=-4x(x-1)(x-2)$

$y'=0$ とすると　$x=0,\ 1,\ 2$

よって，増減表は次のようになる。

x	$\cdots$	0	$\cdots$	1	$\cdots$	2	$\cdots$
y'	$+$	0	$-$	0	$+$	0	$-$
y	↗	0	↘	-1	↗	0	↘

増減表より

$x=0,\ 2$ のとき　**極大値 0**

$x=1$ のとき　　**極小値 -1**

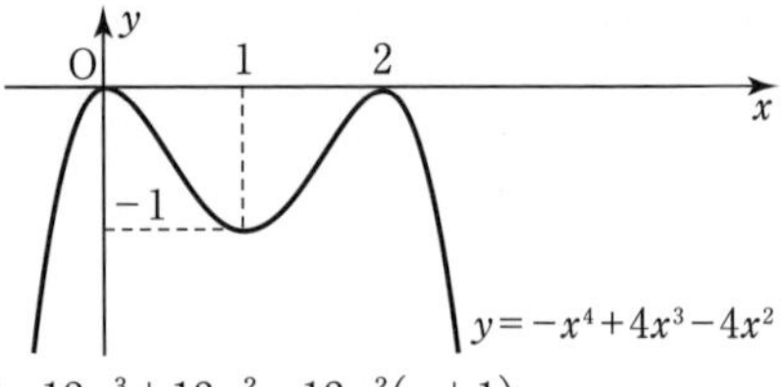

← $y'=-4x(x-1)(x-2)$ は

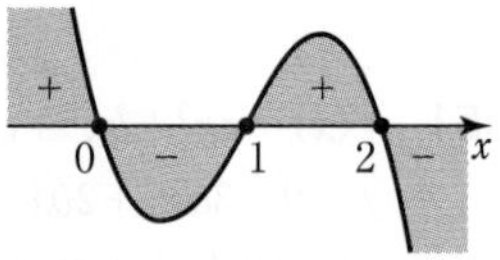

$x<0,\ 1<x<2$ で $y'>0$

$0<x<1,\ 2<x$ で $y'<0$

(3) $y'=12x^3+12x^2=12x^2(x+1)$

$y'=0$ とすると　$x=0,\ -1$

よって，増減表は次のようになる。

x	$\cdots$	-1	$\cdots$	0	$\cdots$
y'	$-$	0	$+$	0	$+$
y	↘	-1	↗	0	↗

増減表より

$x=-1$ のとき　**極小値 -1**

← $y'=12x^2(x+1)$ は

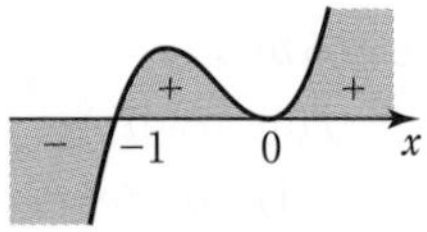

$x<-1$ で　　　　　$y'<0$

$-1<x<0,\ 0<x$ で　$y'>0$

← $x=0$ のとき，$y'=0$ であるが，$x=0$ の前後で y' の符号は変わらないので，$x=0$ で極値をとらない。

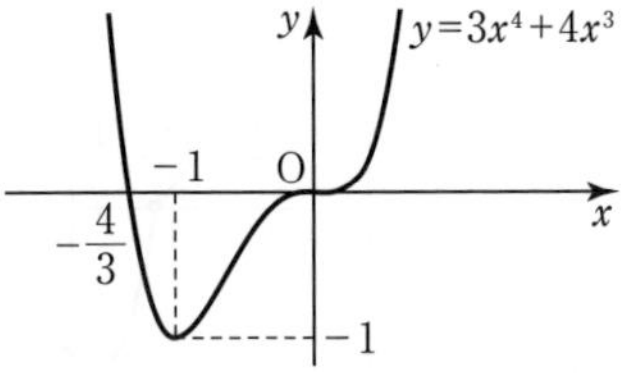

$f'(a)=0$ であっても ➡ $x=a$ で極値をとるとは限らない

353 (1) $f(x)=x^3-6x^2+9x$

$f'(x)=3x^2-12x+9=3(x-1)(x-3)$

$f'(x)=0$ とすると　$x=1,\ 3$

よって，$-1 \leqq x \leqq 4$ における増減表は次のようになる。

x	-1	$\cdots$	1	$\cdots$	3	$\cdots$	4
$f'(x)$		$+$	0	$-$	0	$+$	
$f(x)$	-16	↗	4	↘	0	↗	4

$x=1,\ 4$ のとき　最大値 4

$x=-1$ のとき　最小値 -16

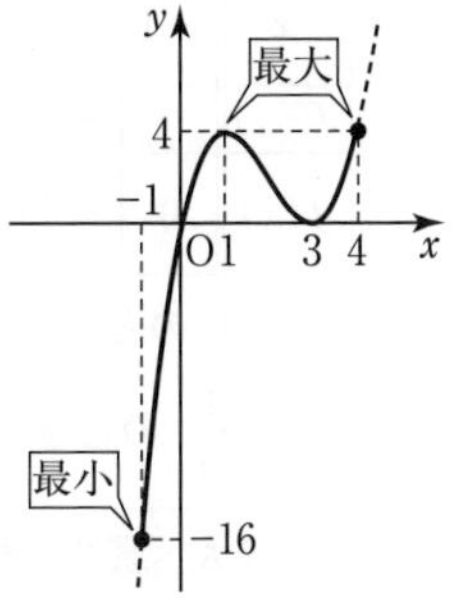

(2) $f(x)=-x^3-3x^2+2$

$f'(x)=-3x^2-6x=-3x(x+2)$

$f'(x)=0$ とすると　$x=0,\ -2$

よって，$-2 \leqq x \leqq 2$ における増減表は次のようになる。

x	-2	$\cdots$	0	$\cdots$	2
$f'(x)$	0	$+$	0	$-$	
$f(x)$	-2	↗	2	↘	-18

$x=0$ のとき　最大値 2

$x=2$ のとき　最小値 -18

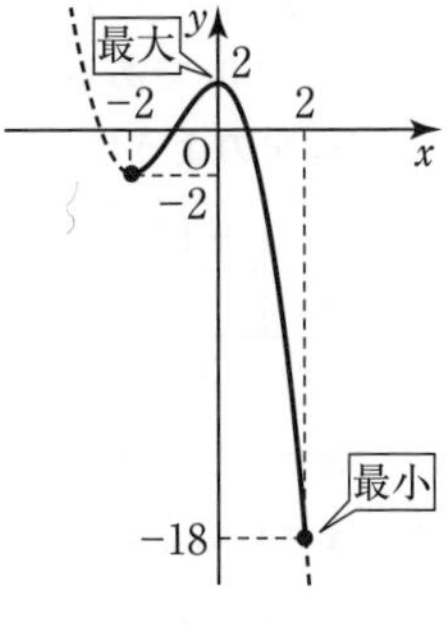

(3) $f(x)=x^3-3x+1$

$f'(x)=3x^2-3=3(x+1)(x-1)$

$f'(x)=0$ とすると　$x=\pm 1$

よって，$-2 \leqq x \leqq 2$ における増減表は次のようになる。

x	-2	$\cdots$	-1	$\cdots$	1	$\cdots$	2
$f'(x)$		$+$	0	$-$	0	$+$	
$f(x)$	-1	↗	3	↘	-1	↗	3

$x=-1,\ 2$ のとき　最大値 3

$x=-2,\ 1$ のとき　最小値 -1

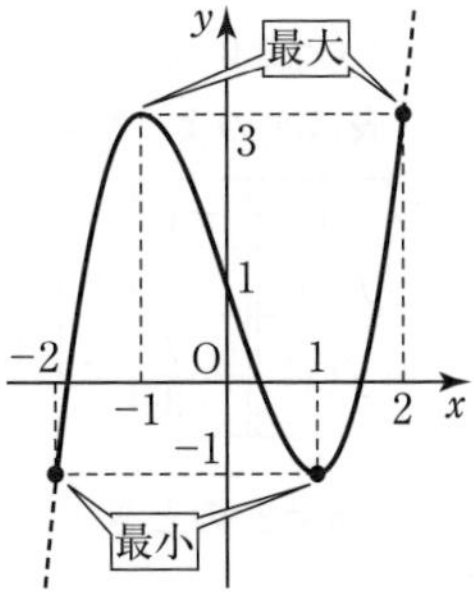

(4) $f(x)=-x^3+x^2+x-1$

$f'(x)=-3x^2+2x+1$

$=-(x-1)(3x+1)$

$f'(x)=0$ とすると　$x=1,\ -\dfrac{1}{3}$

よって，$-1\leqq x\leqq 0$ における増減表は次のようになる。

x	-1	$\cdots$	$-\dfrac{1}{3}$	$\cdots$	0
$f'(x)$		$-$	0	$+$	
$f(x)$	0	↘	$-\dfrac{32}{27}$	↗	-1

$x=-1$ のとき　最大値 0

$x=-\dfrac{1}{3}$ のとき　最小値 $-\dfrac{32}{27}$

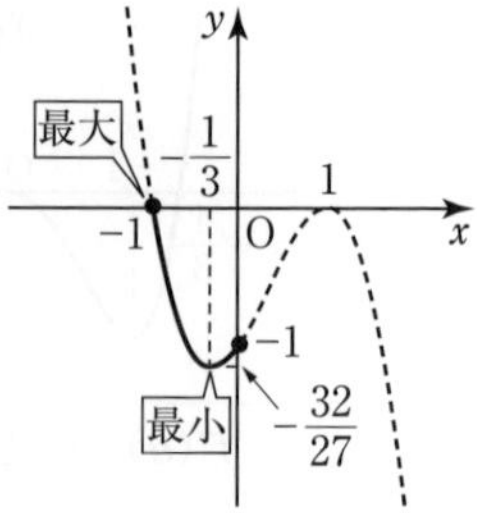

最大・最小 ➡ 定義域に注意して，極値と両端の値を比較せよ

354 (1) $f(x)=-x^3-x+1$

$f'(x)=-3x^2-1\leqq -1$

$f'(x)<0$ であるから，$-1\leqq x\leqq 1$ における増減表は次のようになる。

x	-1	$\cdots$	1
$f'(x)$		$-$	
$f(x)$	3	↘	-1

$x=-1$ のとき　最大値 3

$x=1$ のとき　最小値 -1

⬅ $f'(x)\leqq 0$ のとき $f(x)$ は減少関数である。

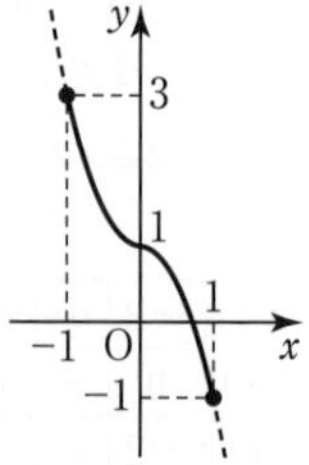

(2) $f(x)=\dfrac{1}{3}x^3-x^2+x$

$f'(x)=x^2-2x+1=(x-1)^2\geqq 0$

$f'(x)\geqq 0$ であるから，$-1\leqq x\leqq 2$ における増減表は次のようになる。

x	-1	$\cdots$	1	$\cdots$	2
$f'(x)$		$+$	0	$+$	
$f(x)$	$-\dfrac{7}{3}$	↗	$\dfrac{1}{3}$	↗	$\dfrac{2}{3}$

$x=2$ のとき　最大値 $\dfrac{2}{3}$

$x=-1$ のとき　最小値 $-\dfrac{7}{3}$

⬅ $f'(x)\geqq 0$ のとき $f(x)$ は増加関数である。

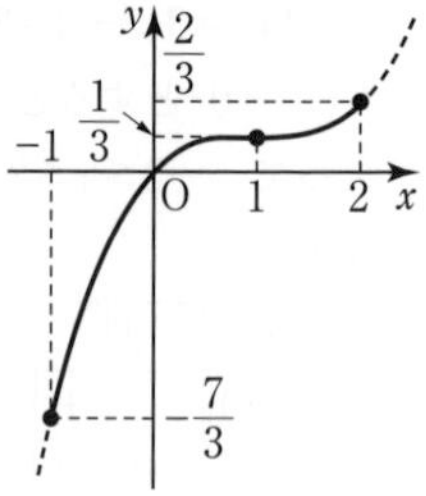

355 $f(x)=-2x^3+3x^2+12x+a$

$f'(x)=-6x^2+6x+12=-6(x+1)(x-2)$

$f'(x)=0$ とすると　$x=-1,\ 2$

よって，$-2 \leqq x \leqq 4$ における増減表は次のようになる。

x	-2	$\cdots$	-1	$\cdots$	2	$\cdots$	4
$f'(x)$		$-$	0	$+$	0	$-$	
$f(x)$	$a+4$	↘	$a-7$	↗	$a+20$	↘	$a-32$

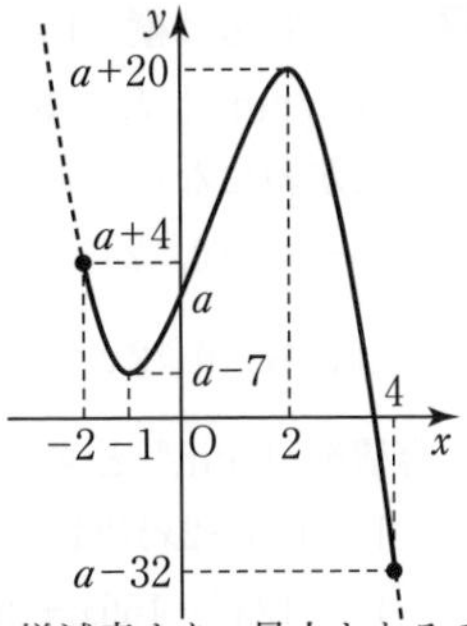

(1)　$a+4<a+20$ であるから

$x=2$ のとき，$f(x)$ は最大値をとる。

$f(2)=a+20=25$ より　$\boldsymbol{a=5}$

⬅ 増減表より，最大となるのは $x=-2$ のときか $x=2$ のときであるから，$f(-2)$ と $f(2)$ の大小を調べる。

(2)　$a-7>a-32$ であるから

$x=4$ のとき　$f(x)$ は最小値をとる。

$f(4)=a-32=-14$ より　$\boldsymbol{a=18}$

⬅ 増減表より，最小となるのは $x=-1$ のときか $x=4$ のときであるから，$f(-1)$ と $f(4)$ の大小を調べる。

356 $f(x)=2ax^3-3ax^2+b$

$f'(x)=6ax^2-6ax=6ax(x-1)$

$f'(x)=0$ とすると　$x=0,\ 1$

よって，$0 \leqq x \leqq 2$ における増減表は次のようになる。

(i)　$a>0$ のとき

⬅「3 次関数 $f(x)$」であるから，$a \neq 0$

x	0	$\cdots$	1	$\cdots$	2
$f'(x)$	0	$-$	0	$+$	
$f(x)$	b	↘	$-a+b$	↗	$4a+b$

⬅ 最大値は $f(0)$ と $f(2)$ のどちらか，最小値は $f(1)$。

$a>0$ より，$b<4a+b$ であるから

⬅ $f(0)$ と $f(2)$ の大小を調べる。

$x=2$ のとき　最大値 $4a+b$

また，$x=1$ のとき　最小値 $-a+b$

よって　$4a+b=11,\ -a+b=1$

これを解いて　$a=2,\ b=3$（$a>0$ を満たす）

(ii)　$a<0$ のとき

x	0	$\cdots$	1	$\cdots$	2
$f'(x)$	0	$+$	0	$-$	
$f(x)$	b	↗	$-a+b$	↘	$4a+b$

⬅ 最大値は $f(1)$，最小値は $f(0)$ と $f(2)$ のどちらか。

$x=1$ のとき　最大値 $-a+b$

$a<0$ より　$b>4a+b$ であるから

⬅ $f(0)$ と $f(2)$ の大小を調べる。

$x=2$ のとき　最小値 $4a+b$

よって　$-a+b=11,\ 4a+b=1$

これを解いて　$a=-2,\ b=9$（$a<0$ を満たす）

(i)，(ii)より　$\boldsymbol{(a,\ b)=(2,\ 3),\ (-2,\ 9)}$

⬅ $a,\ b$ の組が 2 個以上あるときは，このようにかくとよい。

357 箱の各辺は縦 $(15-2x)$cm，横 $(24-2x)$cm，
高さ $x$cm と表せる。
これが箱になるから
$15-2x>0$，$24-2x>0$，$x>0$
すなわち　$0<2x<15$　より　$0<x<\dfrac{15}{2}$

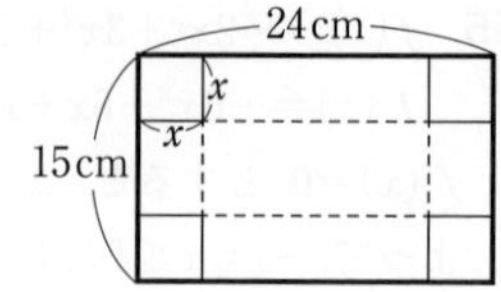

容積を Vcm^3 とすると
$V=(15-2x)(24-2x)x=4x^3-78x^2+360x$
$V'=12x^2-156x+360=12(x-3)(x-10)$
$V'=0$ とすると　$x=3$，10
よって，$0<x<\dfrac{15}{2}$ における増減表は次のようになる。

x	0	$\cdots$	3	$\cdots$	$\dfrac{15}{2}$
V'		$+$	0	$-$	
V		↗	486	↘	

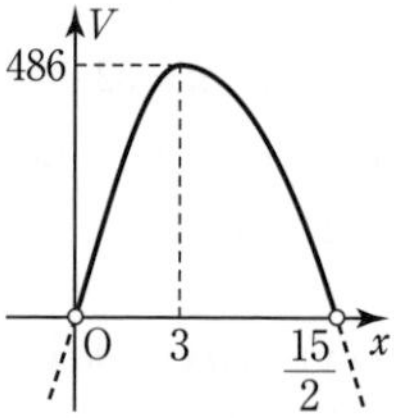

増減表より，V は $x=3$ のとき最大で，
最大値は **486 cm^3**

← このとき，縦 9cm
横 18cm，高さ 3cm

最大・最小の応用問題 ➡ 変数 x の変域をはっきりさせる

358 (1) 下の図のように点E，F をとると
点F の x 座標から
$1<x<2$
また
$CD=2CE=2(x-1)$
$AB=2$
$CF=2x-x^2$

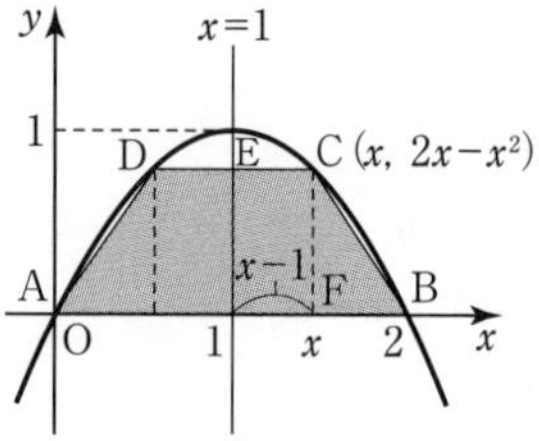

よって　$S=\dfrac{1}{2}\{2(x-1)+2\}(2x-x^2)$
$=\dfrac{1}{2}\times 2(x-1+1)(2x-x^2)$
$=\boldsymbol{-x^3+2x^2}$

← 台形の面積
$\dfrac{1}{2}$｛(上底)＋(下底)｝×(高さ)
$=\dfrac{1}{2}(CD+AB)\times CF$

(2) (1)より　$S=-x^3+2x^2$
よって　$S'=-3x^2+4x=-x(3x-4)$
$S'=0$ とすると　$x=0$，$\dfrac{4}{3}$

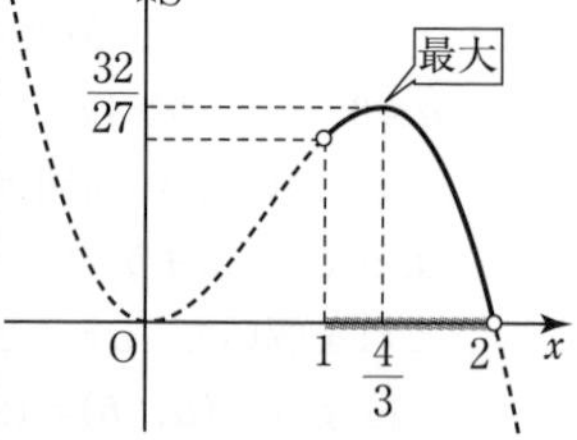

ゆえに，$1<x<2$ における増減表は次のようになる。

x	1	$\cdots$	$\frac{4}{3}$	$\cdots$	2
S'		$+$	0	$-$	
S		$\nearrow$	$\frac{32}{27}$	$\searrow$	

したがって，$\mathrm{C}\left(\frac{4}{3},\ \frac{8}{9}\right)$ のとき　**最大値 $\frac{32}{27}$**

⬅点Cの y 座標は
$2x-x^2=2\times\frac{4}{3}-\left(\frac{4}{3}\right)^2=\frac{8}{9}$

> **最大・最小の文章題 ➡ 変化する長さや動く点の座標を変数にとる**
> **定義域に注意して，増減表で調べる**

359 (1)　$y=x^3+3x^2-1$ とおく。

$y'=3x^2+6x=3x(x+2)$

$y'=0$ とすると　$x=0,\ -2$

よって，増減表は次のようになる。

x	$\cdots$	-2	$\cdots$	0	$\cdots$
y'	$+$	0	$-$	0	$+$
y	$\nearrow$	3	$\searrow$	-1	$\nearrow$

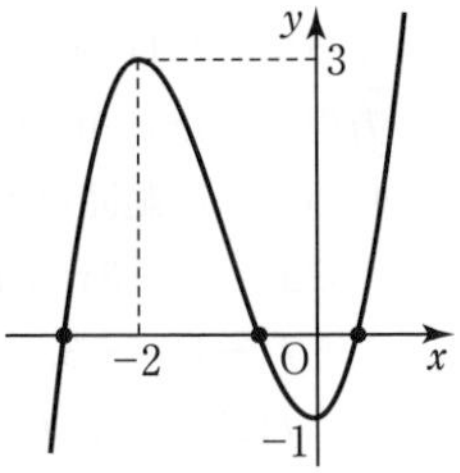

ゆえに，グラフと x 軸との共有点が3個あるから，
異なる実数解は 3 個

(2)　$y=-x^3+3x+2$ とおくと

$y'=-3x^2+3=-3(x+1)(x-1)$

$y'=0$ とすると $x=-1,\ 1$

よって，増減表は次のようになる。

x	$\cdots$	-1	$\cdots$	1	$\cdots$
y'	$-$	0	$+$	0	$-$
y	$\searrow$	0	$\nearrow$	4	$\searrow$

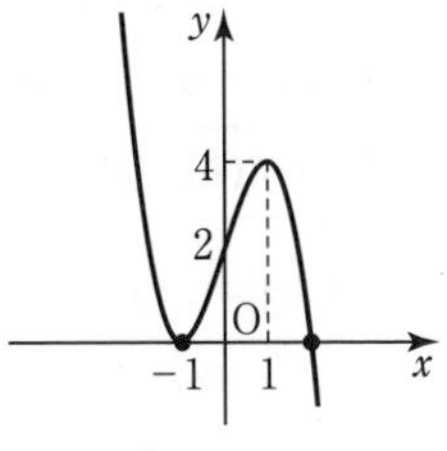

ゆえに，グラフと x 軸との共有点が2個あるから，
異なる実数解は 2 個

(3)　$y=x^3-6x^2+12x-5$ とおくと

$y'=3x^2-12x+12=3(x-2)^2\geqq 0$

よって，増減表は次のようになる。

x	$\cdots$	2	$\cdots$
y'	$+$	0	$+$
y	$\nearrow$	3	$\nearrow$

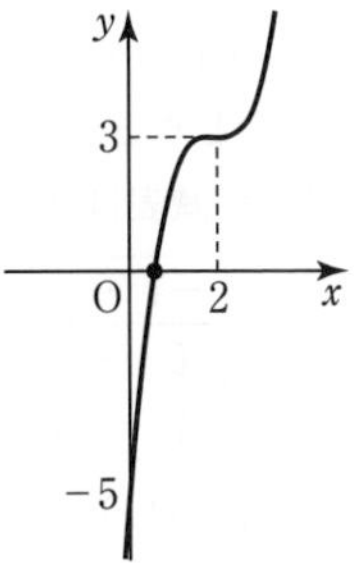

ゆえに，グラフと x 軸との共有点は1個であるから，
異なる実数解は 1 個

(4)　$y=-x^3+3x^2+9x-7$ とおくと

$y'=-3x^2+6x+9=-3(x+1)(x-3)$

$y'=0$ とすると　$x=-1,\ 3$

よって，増減表は次のようになる。

x	$\cdots$	-1	$\cdots$	3	$\cdots$
y'	$-$	0	$+$	0	$-$
y	↘	-12	↗	20	↘

ゆえに，グラフと x 軸との共有点は 3 個であるから，

異なる実数解は 3 個

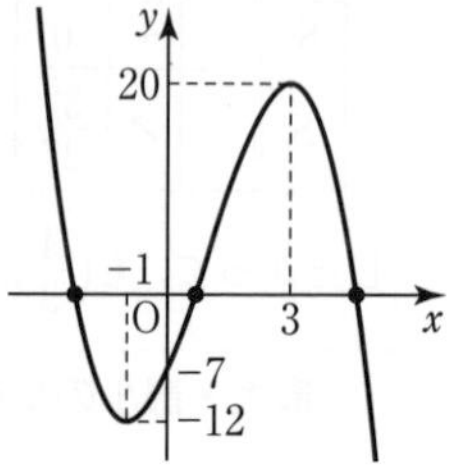

方程式 $f(x)=0$ の実数解の個数 ➡ 曲線 $y=f(x)$ と x 軸との共有点の個数

360　(1)　$f(x)=2x^3-x^2+x-5$ とおくと

$f(1)=-3,\ f(2)=9$

よって，$f(1)<0,\ f(2)>0$ であるから，

方程式 $f(x)=0$ は

$1<x<2$ の範囲に実数解をもつ。 終

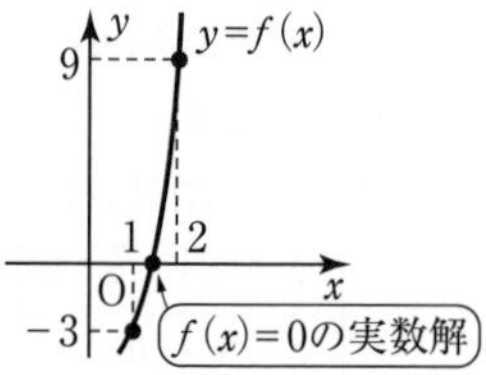

(2)　$f(x)=x^3-3x^2+1$ とおくと

$f(-1)=-3,\ f(0)=1,\ f(1)=-1,$

$f(2)=-3,\ f(3)=1$

よって，方程式 $f(x)=0$ は

$f(-1)<0,\ f(0)>0$ より $-1<x<0$ の範囲に，

$f(0)>0,\ f(1)<0$ より　$0<x<1$ の範囲に，

$f(2)<0,\ f(3)>0$ より　$2<x<3$ の範囲に

実数解をもつ。 終

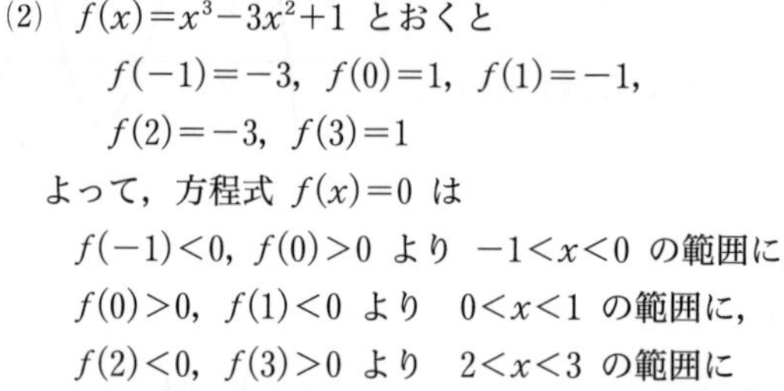

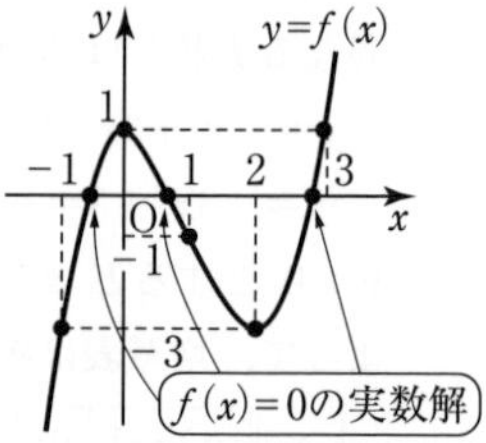

$f(a)$ と $f(b)$ が異符号 ➡ 方程式 $f(x)=0$ は $a<x<b$ の範囲に実数解をもつ

361　$2x^3-3x^2-12x-a=0$　より

$2x^3-3x^2-12x=a$ と変形し，

$f(x)=2x^3-3x^2-12x$ とおく。

$f'(x)=6x^2-6x-12=6(x-2)(x+1)$

$f'(x)=0$ とすると　$x=2,\ -1$

よって，増減表は次のようになる。

x	$\cdots$	-1	$\cdots$	2	$\cdots$
$f'(x)$	$+$	0	$-$	0	$+$
$f(x)$	↗	7	↘	-20	↗

ゆえに，$y=f(x)$ のグラフは次の図のようになる。

与えられた方程式の
異なる実数解の個数は，
$y=f(x)$ のグラフと
直線 $y=a$ との
共有点の個数に等しいから
$a<-20$，$7<a$ のとき　1 個
$a=-20$，7 のとき　2 個
$-20<a<7$ のとき　3 個

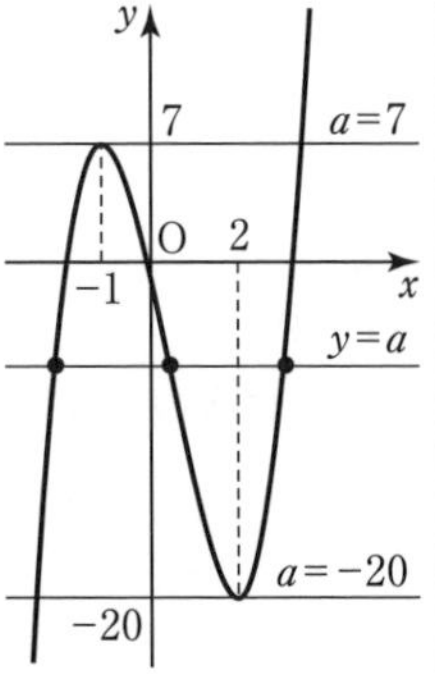

> 方程式 $f(x)=a$ の実数解の個数
> ➡ 曲線 $y=f(x)$ と直線 $y=a$ の共有点の個数を調べる

362 (1) $f(x)=x^3-x^2-4x+4$　より

$f(1)=1^3-1^2-4\times1+4=0$

$f(x)$ は $x-1$ を因数にもつから

$f(x)=(x-1)(x^2-4)=0$

$(x-1)(x+2)(x-2)=0$

よって　$x=-2,\ 1,\ 2$

(2) 3 次関数 $y=f(x)$ のグラフと x 軸との共有点の x 座標が -2，1，2 であるから，概形は次のようになる。

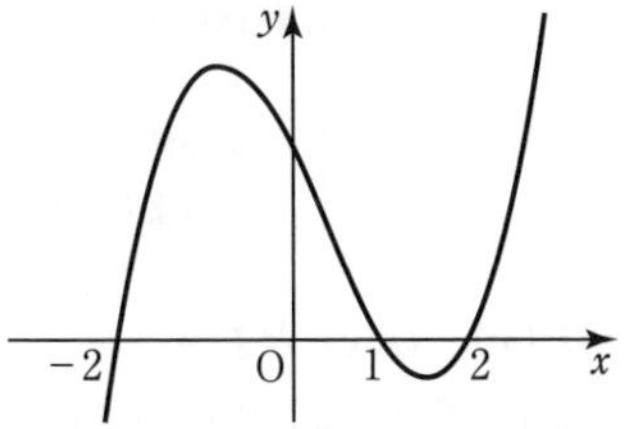

$f(x)<0$ より，$y=f(x)$ のグラフが x 軸の下側にある範囲を求めると　$x<-2$，$1<x<2$

因数定理

整式 $P(x)$ において
$P(\alpha)=0 \iff P(x)$ は $x-\alpha$ を因数にもつ

3 次不等式

$\alpha<\beta<\gamma$ のとき
$(x-\alpha)(x-\beta)(x-\gamma)>0$
$\iff \alpha<x<\beta,\ \gamma<x$
$(x-\alpha)(x-\beta)(x-\gamma)<0$
$\iff x<\alpha,\ \beta<x<\gamma$

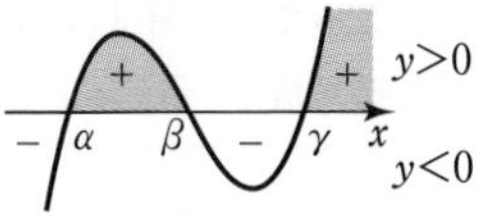

⬅ 不等式を解くのに必要な
　x 軸との上下関係
がわかるように，グラフ概形をかく。

363 (1) $x^3+4 \geqq 3x^2$ より

$$x^3-3x^2+4 \geqq 0 \quad (x \geqq 0)$$

を示せばよい。

$f(x)=x^3-3x^2+4$ とおくと

$$f'(x)=3x^2-6x=3x(x-2)$$

よって，$x \geqq 0$ における増減表は次のようになる。

x	0	$\cdots$	2	$\cdots$
$f'(x)$	0	$-$	0	$+$
$f(x)$	4	$\searrow$	0	$\nearrow$

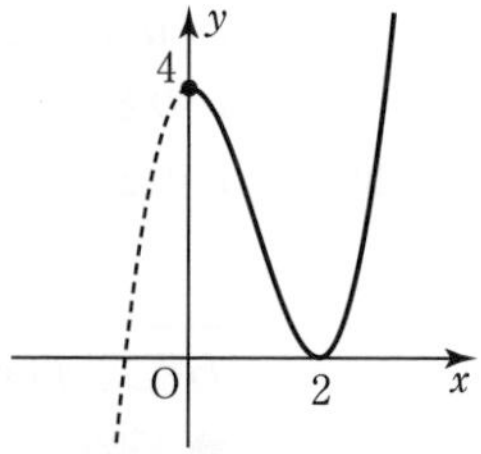

この範囲において，$f(x)$ は $x=2$ のとき最小で，

最小値は　$f(2)=0$

ゆえに　$x \geqq 0$ のとき　$f(x) \geqq 0$

したがって　$x^3+4 \geqq 3x^2$　終

等号成立は $x=2$ のとき

(2) $x^3+4x \geqq 3x^2$ より

$$x^3-3x^2+4x \geqq 0 \quad (x \geqq 0)$$

を示せばよい。

$f(x)=x^3-3x^2+4x$ とおくと

$$f'(x)=3x^2-6x+4=3(x-1)^2+1>0$$

よって，$f(x)$ はつねに増加する。

$f(0)=0$ であるから

$$x \geqq 0 \text{ で } f(x) \geqq 0$$

すなわち　$x^3-3x^2+4x \geqq 0$

よって　$x^3+4x \geqq 3x^2$　終

等号成立は $x=0$ のとき

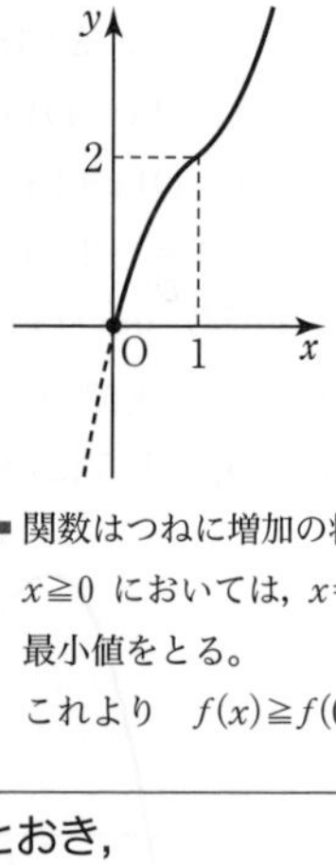

⬅ 関数はつねに増加の状態なので $x \geqq 0$ においては，$x=0$ のとき最小値をとる。
これより　$f(x) \geqq f(0)$

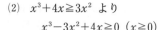

> **$P(x) \geqq Q(x)$ $(x \geqq 0)$ の証明** ➡ **$f(x)=P(x)-Q(x)$ とおき，**
> **$x \geqq 0$ において ($f(x)$ の最小値)$\geqq 0$ を示す**

364 $x^3-3x^2-24x+a=0$ より　$-x^3+3x^2+24x=a$

$f(x)=-x^3+3x^2+24x$ とおくと

$$f'(x)=-3x^2+6x+24=-3(x+2)(x-4)$$

$f'(x)=0$ とすると $x=-2,\ 4$

よって，増減表は次のようになる。

x	$\cdots$	-2	$\cdots$	4	$\cdots$
$f'(x)$	$-$	0	$+$	0	$-$
$f(x)$	$\searrow$	-28	$\nearrow$	80	$\searrow$

グラフは右の図のようになる。

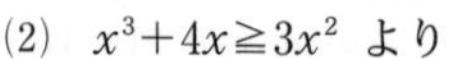

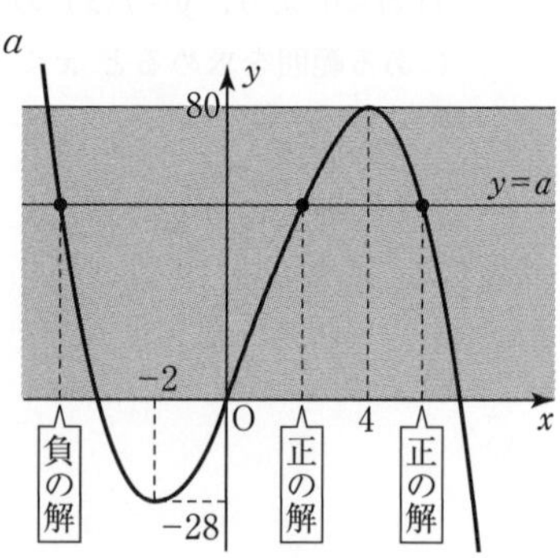

$y=f(x)$ のグラフと直線 $y=a$ が共有点を

$x>0$ の範囲で 2 個，$x<0$ の範囲で 1 個

もてばよいから

$0<\boldsymbol{a}<80$

方程式 $f(x)=a$ の実数解の個数
➡ 曲線 $y=f(x)$ と直線 $y=a$ との共有点の個数

365 $f(x)=2x^3-3ax^2+4a$ とおくと

$f'(x)=6x^2-6ax=6x(x-a)$

$y=f(x)$ のグラフが x 軸と共有点を 3 個もてばよいから，正の極大値と負の極小値をもてばよい。

よって　$f(0)\cdot f(a)<0$

$4a(-a^3+4a)<0$

$4a^2(a+2)(a-2)>0$

ゆえに　$\boldsymbol{a<-2,\ 2<a}$

(参考)　$2x^3-3ax^2+4a=0$

$a(3x^2-4)=2x^3$　より　$a=\dfrac{2x^3}{3x^2-4}$

とする変形は，右辺が分数関数(数Ⅲ)になり，グラフがかけない。

⬅ $a\neq0$ のとき，$f(x)$ は $x=0$, a で極値をとり，グラフの概形は次のようになる。

$a<0$ のとき

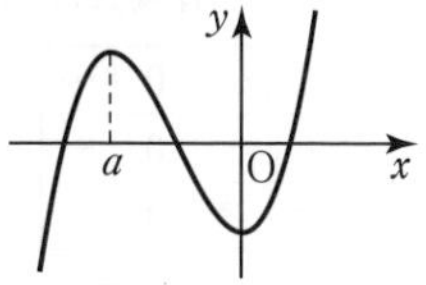

$a>0$ のとき

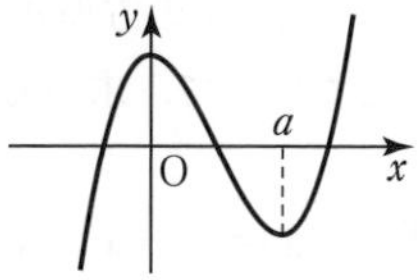

3 次方程式 $f(x)=0$ が 3 つの異なる実数解をもつ
$\Longleftrightarrow$ 3 次関数 $f(x)$ において (極大値)×(極小値)<0

366 曲線 $y=x^3-2x^2+2$ と放物線 $y=x^2+a$ が共有点を 3 個もつのは

$x^3-2x^2+2=x^2+a$　すなわち　$x^3-3x^2+2=a$

が異なる実数解を 3 個もつときである。

$f(x)=x^3-3x^2+2$ とおくと

$f'(x)=3x^2-6x=3x(x-2)$

$f'(x)=0$ とすると　$x=0,\ 2$

よって，増減表は次のようになる。

x	…	0	…	2	…
$f'(x)$	+	0	−	0	+
$f(x)$	↗	2	↘	−2	↗

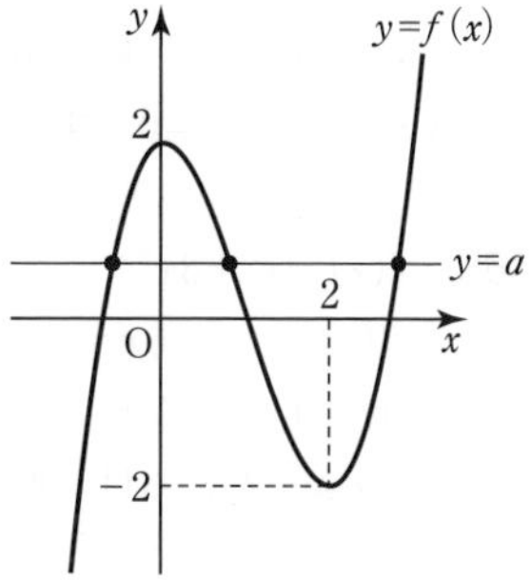

グラフは右の図のようになる。

$y=f(x)$ のグラフと直線 $y=a$ が共有点を 3 個もつから　$\boldsymbol{-2<a<2}$

367 接点を $(t,\ t^3-4t)$ とおく。

$y'=3x^2-4$ より，接線の方程式は

$y-(t^3-4t)=(3t^2-4)(x-t)$

$y=(3t^2-4)x-2t^3$

これが点 A$(2,\ -2)$ を通るとき

$-2=2(3t^2-4)-2t^3$

整理して　$t^3-3t^2+3=0$　…①

ここで，$f(t)=t^3-3t^2+3$ とおくと

$f'(t)=3t^2-6t=3t(t-2)$

$f'(t)=0$ とすると $t=0,\ 2$

よって，増減表は次のようになる。

t	…	0	…	2	…
$f'(t)$	+	0	−	0	+
$f(t)$	↗	3	↘	−1	↗

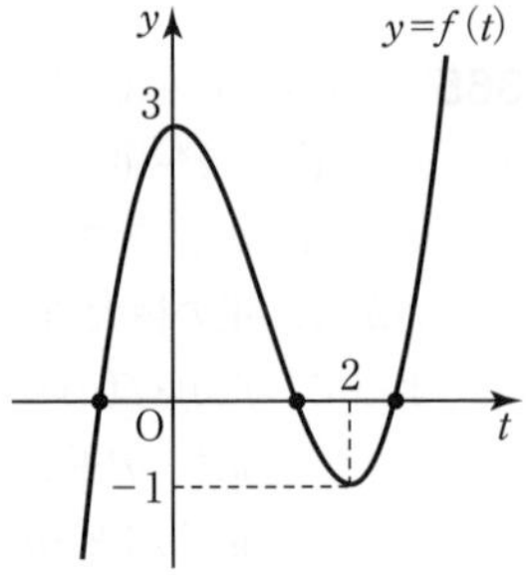

$y=f(t)$ のグラフと t 軸の共有点は 3 個ある。

よって，t の方程式①は異なる実数解を 3 個もつ。

したがって，求める接線の本数は　3 本

⬅ t は接点の x 座標なので，接点は異なる t の値の個数だけある。

⬅ 3 次関数のグラフでは，1 本の接線に対して，接点は 1 個なので，接線の本数と接点の個数は一致する。

368 $f(x)=x^3-x^2-x+a$ とおく。

$f'(x)=3x^2-2x-1=(x-1)(3x+1)$

$f'(x)=0$ とすると　$x=1,\ -\dfrac{1}{3}$

$x\geqq 0$ における増減表は次のようになる。

x	0	…	1	…
$f'(x)$		−	0	+
$f(x)$	a	↘	$a-1$	↗

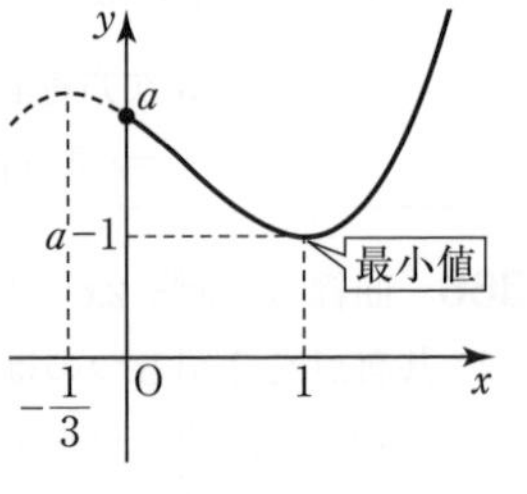

これより，$x\geqq 0$ において $f(x)$ は

$x=1$ のとき　最小値 $a-1$ をとる。

よって　$a-1\geqq 0$　すなわち　$\boldsymbol{a\geqq 1}$

369 $f(x)=x^3+3x^2$

$f'(x)=3x^2+6x=3x(x+2)$

$f'(x)=0$ とすると $x=0,\ -2$

(1)　$x\geqq -2$ における増減表は次のようになる。

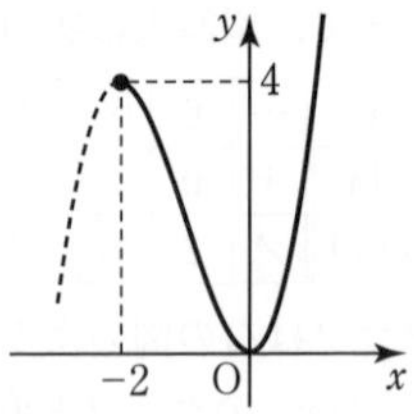

x	−2	…	0	…
$f'(x)$	0	−	0	+
$f(x)$	4	↘	0	↗

よって，極小値 0 と $f(a)$ を比較して $a=0$ を境目にして場合分けする。

(i)　$-2<a<0$ のとき

$x=a$ で

最小値 a^3+3a^2

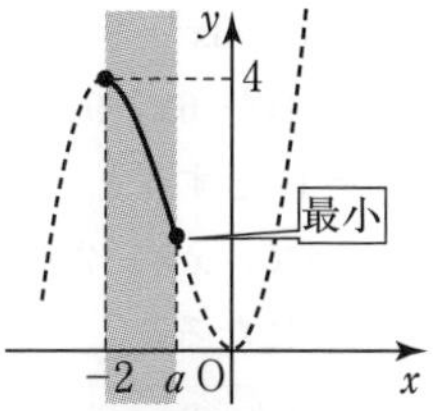

(ii)　$a \geqq 0$ のとき

$x=0$ で

最小値 0

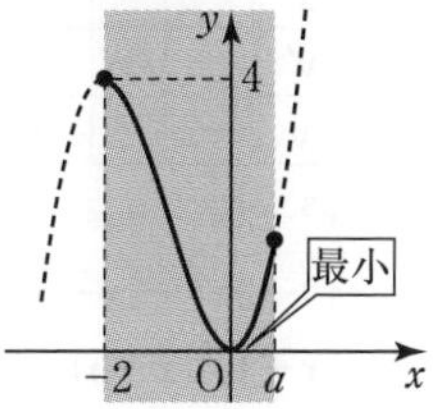

(2)　$x \geqq -3$ における増減表は次のようになる。

x	-3	$\cdots$	-2	$\cdots$	0	$\cdots$
$f'(x)$		$+$	0	$-$	0	$+$
$f(x)$	0	↗	4	↘	0	↗

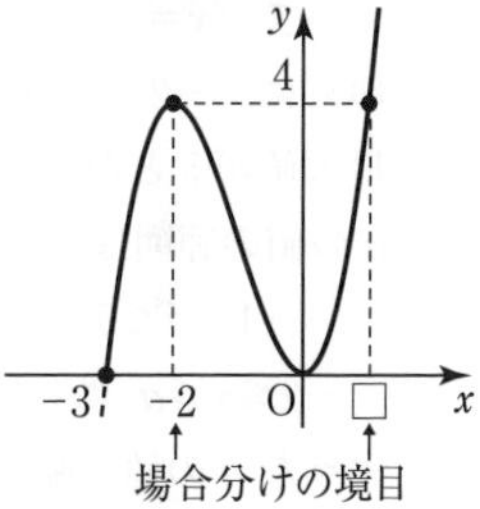

よって，極大値 4 と $f(b)$ を比較して

$x^3+3x^2=4$

$x^3+3x^2-4=0$

ここで，$y=x^3+3x^2$ と $y=4$ は，$x=-2$ で接するから，x^3+3x^2-4 は $(x+2)^2$ を因数にもち

$(x+2)^2(x-1)=0$

より，$b=-2,\ 1$ を境目にして場合分けする。

(i)　$-3<b<-2$ のとき

$x=b$ で

最大値 b^3+3b^2

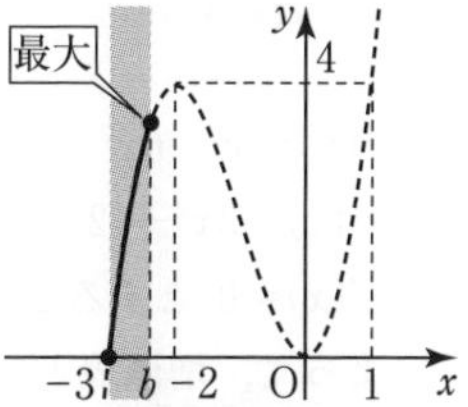

(ii)　$-2 \leqq b<1$ のとき

$x=-2$ で

最大値 4

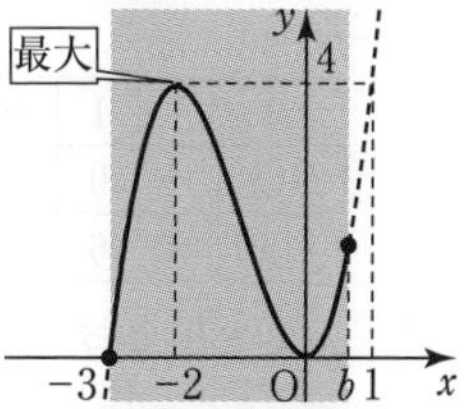

(iii)　$b \geqq 1$ のとき

$x=b$ で

最大値 b^3+3b^2

(参考)　$b=1$ のときは $x=-2,\ 1$ で最大値 4

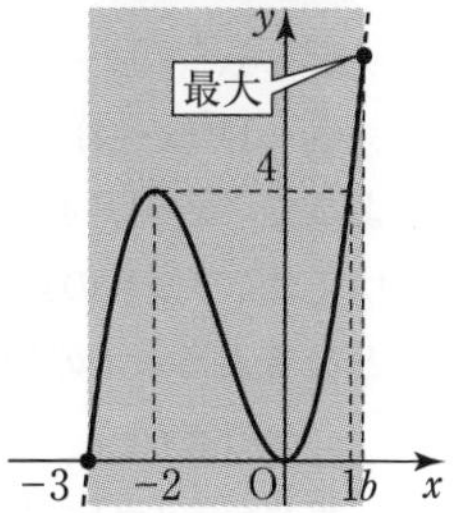

370 $y=x^3-3x^2-9x$

$y'=3x^2-6x-9=3(x+1)(x-3)$

$y'=0$ とすると　$x=-1,\ 3$

よって，$x \geqq -2$ における増減表とグラフは次のようになる。

x	-2	$\cdots$	-1	$\cdots$	3	$\cdots$
y'		$+$	0	$-$	0	$+$
y	-2	↗	5	↘	-27	↗

(1)　$x^3-3x^2-9x=5$ とおくと

$x^3-3x^2-9x-5=0$

$(x+1)^2(x-5)=0$

よって　$x=-1,\ 5$

ゆえに，$-2 \leqq x \leqq a$ における最大値が 5 となるような a の値の範囲は

$\boldsymbol{-1 \leqq a \leqq 5}$

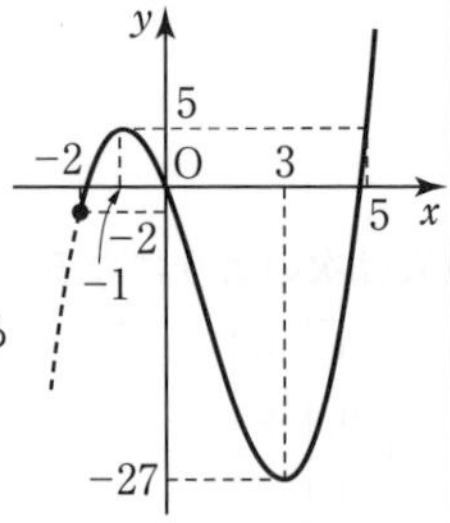

(2)　$-2 \leqq x \leqq a$ における最小値が -27 となるような a の値の範囲は

$\boldsymbol{a \geqq 3}$

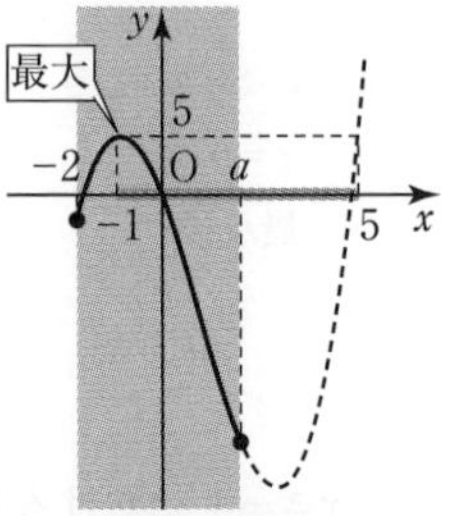

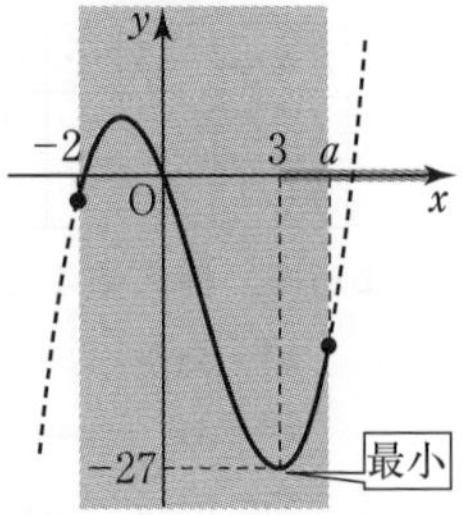

371 $f(x)=x^3-6x^2+9x+2$ とおく。

$f'(x)=3x^2-12x+9=3(x-1)(x-3)$

$f'(x)=0$ とすると　$x=1,\ 3$

よって，増減表と $y=f(x)$ のグラフは次のようになる。

x	$\cdots$	1	$\cdots$	3	$\cdots$
$f'(x)$	$+$	0	$-$	0	$+$
$f(x)$	↗	6	↘	2	↗

(1)　$f(x)=6$ とおくと

$x^3-6x^2+9x+2=6$

$x^3-6x^2+9x-4=0$

$(x-1)^2(x-4)=0$

よって　$x=1,\ 4$

ゆえに，$f(x)$ の最大値が 6 となるような t の値の範囲は

$t \leqq 1 \leqq t+1$

または　$t+1=4$

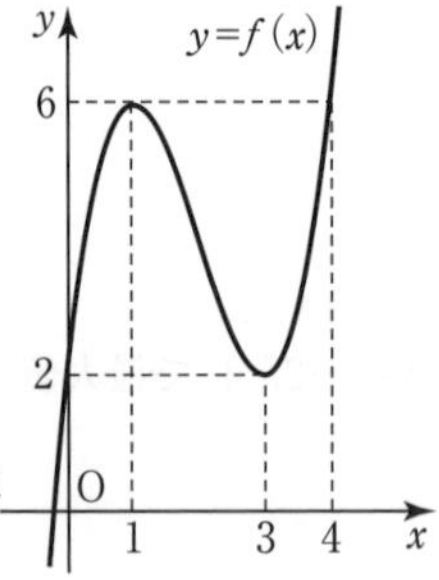

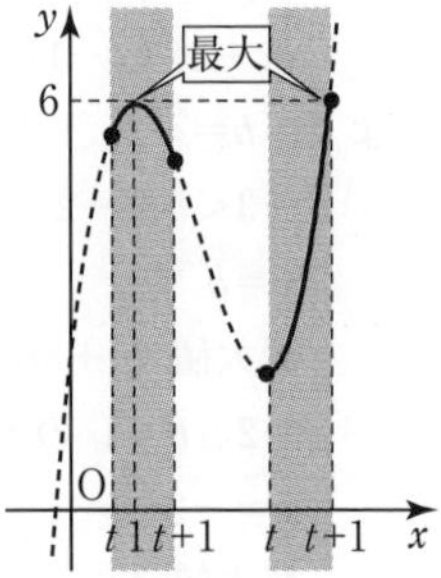

⬅ 最大値 6 の値となる x の値を求めておく。

⬅ $y=x^3-6x^2+9x+2$ と $y=6$ は $x=1$ で接するから $(x-1)^2$ を因数にもつ。

ゆえに　$0 \leqq t \leqq 1,\ t=3$

(2)　$f(x)=2$ とおくと

$x^3-6x^2+9x+2=2$

$x^3-6x^2+9x=0$

$x(x-3)^2=0$

よって　$x=0,\ 3$

$f(x)$ の最小値が 2 であるような t の値の範囲は

$t=0$　または　$t \leqq 3 \leqq t+1$

ゆえに　$t=0,\ 2 \leqq t \leqq 3$

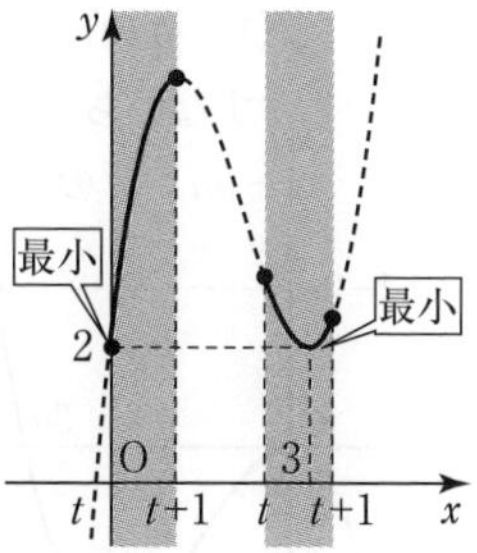

定義域が変化する場合の関数 $f(x)$ の最大・最小
➡ $f(x)$ が極値をとる x の値，両端の値に注目する

372　$f(x)=x^3-3ax^2$ より

$f'(x)=3x^2-6ax=3x(x-2a)$

$f'(x)=0$ とすると $x=0,\ 2a$

$a>0$ より，増減表は次のようになる。

x	$\cdots$	0	$\cdots$	$2a$	$\cdots$
$f'(x)$	$+$	0	$-$	0	$+$
$f(x)$	↗	0	↘	$-4a^3$	↗

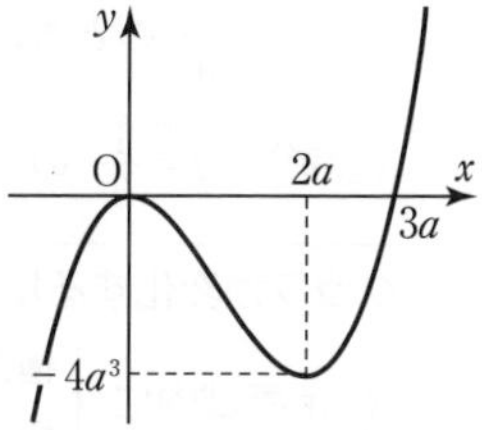

よって　$x=0$ で極大値 0

$x=2a$ で極小値 $-4a^3$　をとる。

また，$f(x)=x^3-3ax^2=x^2(x-3a)$ より，

$f(0)=0,\ f(3a)=0$

(1)　極小値をとる $x=2a$ と $0 \leqq x \leqq 1$ の位置関係で場合分けする。

(i)　$0<2a<1$ のとき　　(ii)　$1 \leqq 2a$ のとき

⬅(i)は $0 \leqq x \leqq 1$ の中にあるとき
(ii)は $0 \leqq x \leqq 1$ の外にあるとき

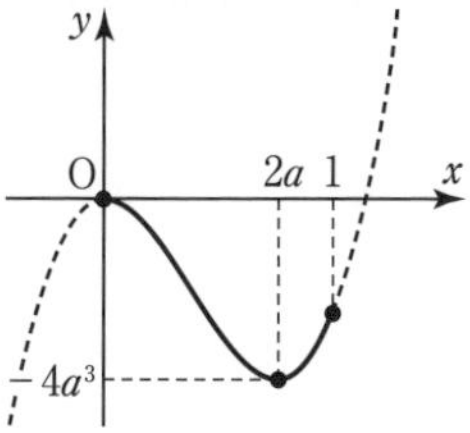

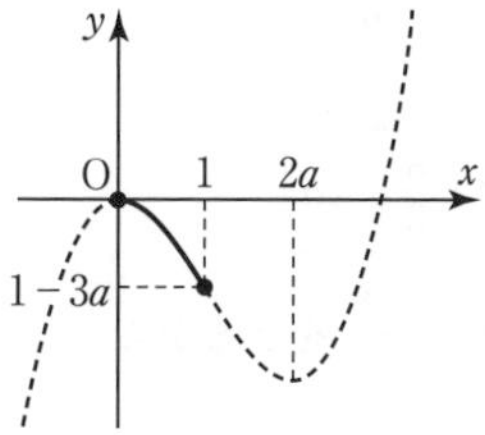

グラフより

(i)　**$0<a<\dfrac{1}{2}$ のとき　最小値 $-4a^3$**

⬅ $x=2a$ のとき

(ii)　**$a \geqq \dfrac{1}{2}$ のとき　最小値 $1-3a$**

⬅ $x=1$ のとき

(2) $f(0)$ と $f(1)$ の大小で場合分けする。

(i) $f(1)>f(0)$

すなわち

$1-3a>0$ のとき

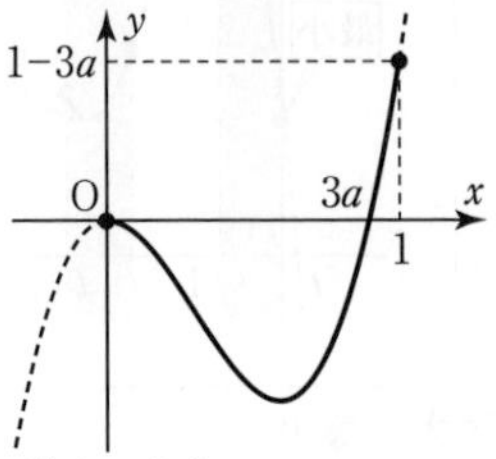

(ii) $f(1)\leqq f(0)$

すなわち

$1-3a\leqq 0$ のとき

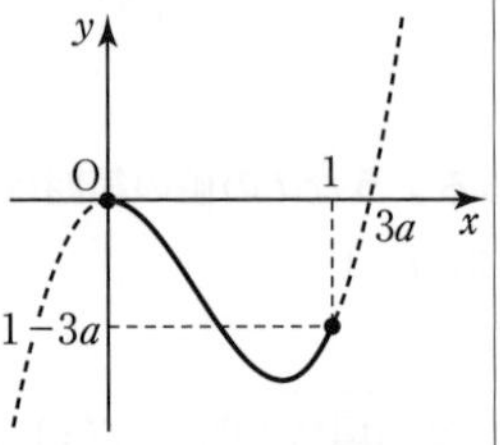

⬅(i)は $0\leqq x\leqq 1$ の中にあるとき

(ii)は $0\leqq x\leqq 1$ の外にあるとき

グラフより

(i) **$0<a<\dfrac{1}{3}$ のとき，最大値 $1-3a$**

⬅$x=1$ のとき

(ii) **$a\geqq\dfrac{1}{3}$ のとき，最大値 0**

⬅$x=0$ のとき

(参考) $a=\dfrac{1}{3}$ のときは $x=0$，1 で最大値 0

> **グラフが変化する場合の最大・最小**
>
> ➡ 定義域内に { 極大値やそれよりも大きな値 / 極小値やそれよりも小さな値 } があるかないかで場合分け

373 $f(x)=\dfrac{1}{3}x^3-\dfrac{a}{2}x^2$ より

$f'(x)=x^2-ax=x(x-a)$

$f'(x)=0$ とすると　$x=0,\ a$

(i) $0<a<2$ のとき

⬅$f'(x)=0$ となる x の値 $x=a$ が $0\leqq x\leqq 2$ の範囲にあるかどうかで場合分けをする。

$0\leqq x\leqq 2$ における増減表は次のようになる。

x	0	$\cdots$	a	$\cdots$	2
$f'(x)$		$-$	0	$+$	
$f(x)$	0	↘	$-\dfrac{a^3}{6}$	↗	$\dfrac{8}{3}-2a$

よって，$x=a$ で最小値 $-\dfrac{a^3}{6}$ をとるから

$$-\frac{a^3}{6}=-\frac{10}{3}\quad より\quad a^3=20$$

$0<a<2$ であるから，これを満たす a の値はない。

(ii) $a\geqq 2$ のとき

$0\leqq x\leqq 2$ における増減表は次のようになる。

x	0	$\cdots$	2
$f'(x)$		$-$	
$f(x)$	0	↘	$\frac{8}{3}-2a$

よって，$x=2$ で最小値 $\frac{8}{3}-2a$ をとるから

$$\frac{8}{3}-2a=-\frac{10}{3} \text{ より } a=3$$

これは $a\geqq 2$ を満たす。

(i)，(ii)より，$\boldsymbol{a=3}$

374 $f(x)=-x^3+3ax$

$f'(x)=-3x^2+3a=-3(x^2-a)$

(i) $a\leqq 0$ のとき

$f'(x)\leqq 0$ となるから，$0\leqq x\leqq 1$ における増減表は次のようになる。

x	0	$\cdots$	1
$f'(x)$		$-$	
$f(x)$	0	↘	$3a-1$

よって，最大値は $x=0$ のとき 0

⬅ $a\leqq 0$ のとき　$-a\geqq 0$ であり $x^2-a\geqq 0$ であるから $f'(x)=-3(x^2-a)\leqq 0$ となる。

(ii) $0<a<1$ のとき

$$f'(x)=-3(x+\sqrt{a})(x-\sqrt{a})$$

$0\leqq x\leqq 1$ における増減表は次のようになる。

x	0	$\cdots$	$\sqrt{a}$	$\cdots$	1
$f'(x)$		$+$	0	$-$	
$f(x)$		↗	$2a\sqrt{a}$	↘	

よって，$x=\sqrt{a}$ で最大値 $2a\sqrt{a}$ をとる。

⬅ $0<a<1$ のとき，$f'(x)=0$ の解は $\pm\sqrt{a}$ であり，$0<\sqrt{a}<1$ であるから，$\sqrt{a}$ は x の定義域 $0\leqq x\leqq 1$ に含まれる。

(iii) $a\geqq 1$ のとき

$f'(x)=-3(x^2-a)\geqq 0$ となるから，$0\leqq x\leqq 1$ における増減表は次のようになる。

x	0	$\cdots$	1
$f'(x)$		$+$	
$f(x)$		↗	$3a-1$

よって，$x=1$ のとき最大値は $3a-1$

⬅ $a\geqq 1$ のとき，$0\leqq x^2\leqq 1$ であるから，$x^2-a\leqq 0$ となり $f'(x)=-3(x^2-a)\geqq 0$ となる。

(i)〜(iii)より

$\boldsymbol{a\leqq 0}$ のとき，最大値 0

$\boldsymbol{0<a<1}$ のとき，最大値 $\boldsymbol{2a\sqrt{a}}$

$\boldsymbol{a\geqq 1}$ のとき，最大値 $\boldsymbol{3a-1}$

375 $y=4\sin^3\theta-9\cos^2\theta-12\sin\theta$

$=4\sin^3\theta-9(1-\sin^2\theta)-12\sin\theta$

$=4\sin^3\theta+9\sin^2\theta-12\sin\theta-9$

ここで，$\sin\theta=x$ とおくと

$0\leqq\theta<2\pi$ より　$-1\leqq\sin\theta\leqq1$

すなわち　　　$-1\leqq x\leqq1$

$y=4x^3+9x^2-12x-9$

$y'=12x^2+18x-12=6(2x-1)(x+2)$

よって，$-1\leqq x\leqq1$ における増減表は次のようになる。

x	-1	$\cdots$	$\frac{1}{2}$	$\cdots$	1
y'		$-$	0	$+$	
y	8	↘	$-\frac{49}{4}$	↗	-8

増減表より

$x=-1$　すなわち　$\sin\theta=-1$ より

$\theta=\frac{3}{2}\pi$ のとき　最大値 8

$x=\frac{1}{2}$　すなわち　$\sin\theta=\frac{1}{2}$ より

$\theta=\frac{\pi}{6}$，$\frac{5}{6}\pi$ のとき　最小値 $-\frac{49}{4}$

← $\sin^2\theta+\cos^2\theta=1$ を利用して $\cos^2\theta=1-\sin^2\theta$ から $\sin\theta$ だけの式に直す。

← 置き換えたときは，変域に注意する。

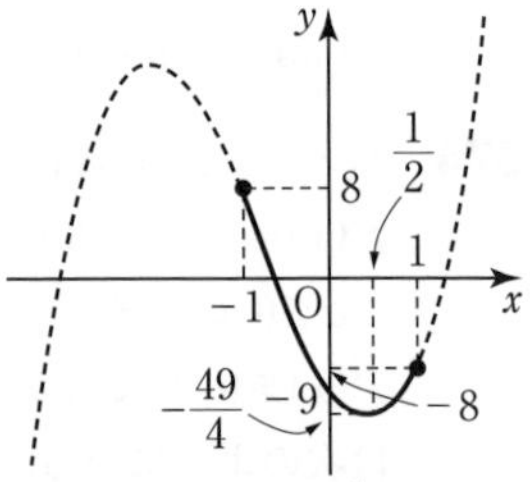

← $\sin\theta=-1$，$\sin\theta=\frac{1}{2}$

単位円上で，y 座標がそれぞれ -1，$\frac{1}{2}$ となる点をとる。

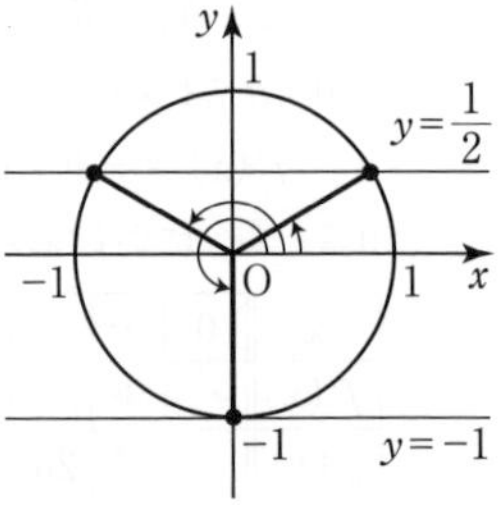

三角関数の最大・最小 ➡ 置き換えて，多項式関数の条件つき最大・最小に帰着

376 $y=8^x-4^x-2^x+1$

$=2^{3x}-2^{2x}-2^x+1$

ここで，$2^x=t$ とおくと

$-1\leqq x\leqq2$ より　$\frac{1}{2}\leqq t\leqq4$

$y=t^3-t^2-t+1$

$y'=3t^2-2t-1=(3t+1)(t-1)$

← $8^x=(2^3)^x=2^{3x}$，$4^x=(2^2)^x=2^{2x}$

←

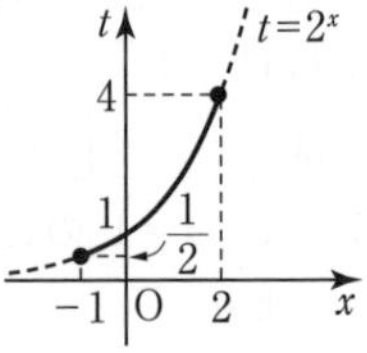

置き換えたときは，変域に注意する。

よって，$\frac{1}{2} \leqq t \leqq 4$ における増減表は次のようになる。

t	$\frac{1}{2}$	$\cdots$	1	$\cdots$	4
y'		$-$	0	$+$	
y	$\frac{3}{8}$	↘	0	↗	45

増減表より

$t=4$　すなわち　$x=2$ のとき　**最大値 45**

$t=1$　すなわち　$x=0$ のとき　**最小値 0**

> 指数関数の最大・最小 ➡ 置き換えて，多項式関数の条件つき最大・最小に帰着

377 真数は正であるから

$x-1>0$ かつ $2-x>0$ より　$1<x<2$

このとき

$$y=\log_2(x-1)+\log_2(2-x)^2$$
$$=\log_2(x-1)(2-x)^2$$

$f(x)=(x-1)(2-x)^2$ とおくと

$$f(x)=x^3-5x^2+8x-4$$
$$f'(x)=3x^2-10x+8=(3x-4)(x-2)$$

よって，$1<x<2$ における増減表は次のようになる。

← 定義域が表示されていないとき，その式が意味をもつような x の値全体を定義域と考える。

x	1	$\cdots$	$\frac{4}{3}$	$\cdots$	2
$f'(x)$		$+$	0	$-$	
$f(x)$		↗	$\frac{4}{27}$	↘	

増減表より，$f(x)$ は

$x=\frac{4}{3}$ で最大値 $\frac{4}{27}$ をとる。

このとき　$y=\log_2\frac{4}{27}=\log_2 2^2-\log_2 3^3$

$$=2-3\log_2 3$$

もとの関数は底が 2 の対数関数であるから，
$f(x)$ が最大のとき，$\log_2 f(x)$ も最大となる。

← 底が 1 より大きいから，増加関数である。

ゆえに　$x=\frac{4}{3}$ のとき　**最大値 $2-3\log_2 3$**

> 対数関数の最大・最小
> ➡ 真数部分の多項式関数の最大・最小，底 a が $a>1$ か $0<a<1$ かに注意

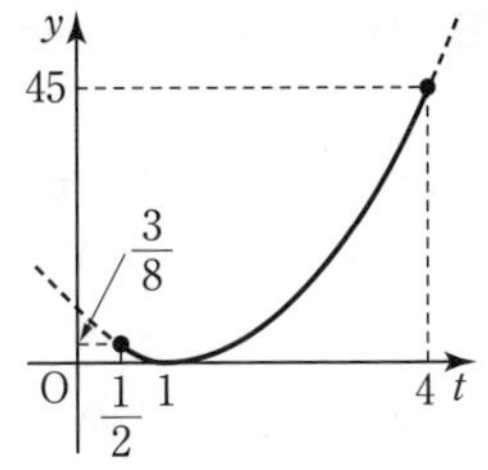

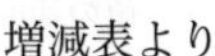

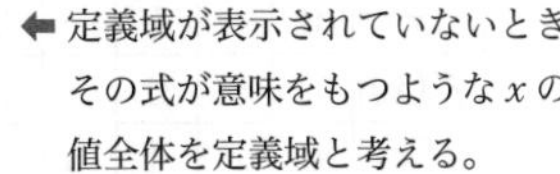

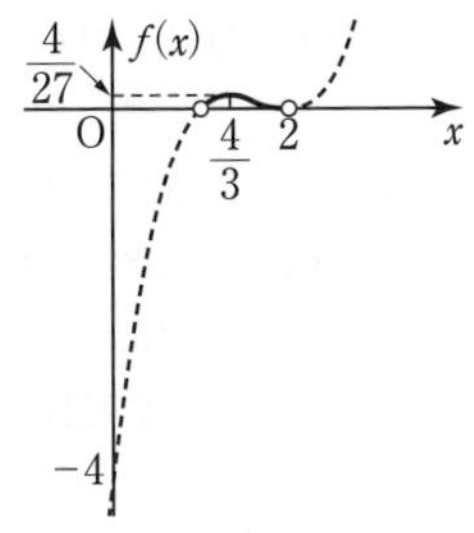

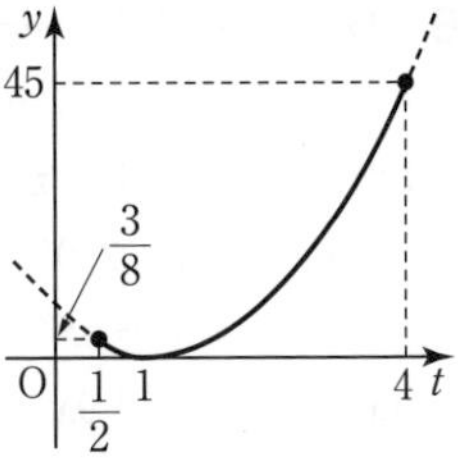

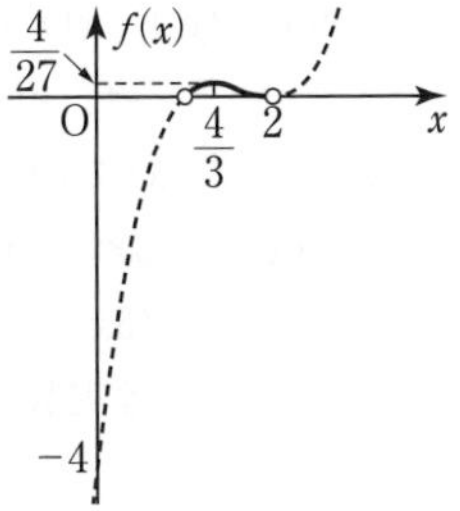

378 $2x+y=6$ より　$y=6-2x$

$y \geqq 0$ より　$6-2x \geqq 0$ であるから　$x \leqq 3$

⬅ $y \geqq 0$ より，x の値が制限される。

また，$x \geqq 0$ であるから　$0 \leqq x \leqq 3$

$$xy^2=x(6-2x)^2$$
$$=4(x^3-6x^2+9x)$$

⬅ y を消去して，x のみの式にする。

$f(x)=x^3-6x^2+9x$ とおくと

⬅（　）内を $f(x)$ とおいて，$f(x)$ のとりうる値の範囲を調べる。

$$f'(x)=3x^2-12x+9$$
$$=3(x-1)(x-3)$$

$f'(x)=0$ とすると　$x=1,\ 3$

よって，$0 \leqq x \leqq 3$ における $f(x)$ の増減表は次のようになる。

x	0	$\cdots$	1	$\cdots$	3
$f'(x)$		$+$	0	$-$	0
$f(x)$	0	↗	4	↘	0

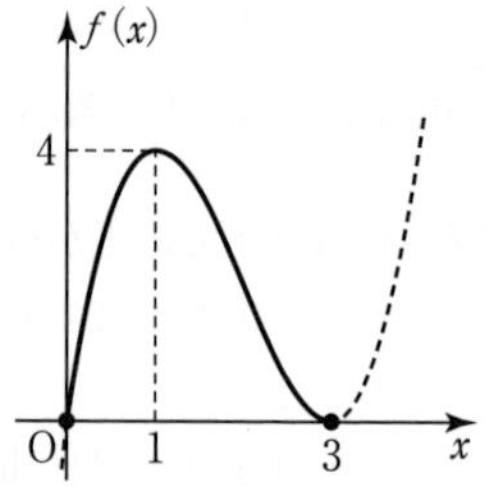

これより　$0 \leqq f(x) \leqq 4$

ゆえに　　**$0 \leqq xy^2 \leqq 16$**

⬅ $xy^2=4f(x)$

379 $x^2+2y^2=1$ より　$2y^2=1-x^2$

これを代入すると

⬅ x，y の 2 変数を y を消去して，x だけの変数にする。

$$x(x+2y^2)=x(x+1-x^2)$$
$$=-x^3+x^2+x$$

$f(x)=-x^3+x^2+x$とおくと

$$f'(x)=-3x^2+2x+1$$
$$=-(3x+1)(x-1)$$

ここで，x，y は実数なので

$$y^2=\frac{1}{2}(1-x^2) \geqq 0 \text{ より}\quad -1 \leqq x \leqq 1$$

⬅ y の実数条件（$y^2 \geqq 0$）から x の変域をおさえる。

よって，$-1 \leqq x \leqq 1$ における $f(x)$ の増減表は次のようになる。

x	-1	$\cdots$	$-\frac{1}{3}$	$\cdots$	1
$f'(x)$		$-$	0	$+$	0
$f(x)$	1	↘	$-\frac{5}{27}$	↗	1

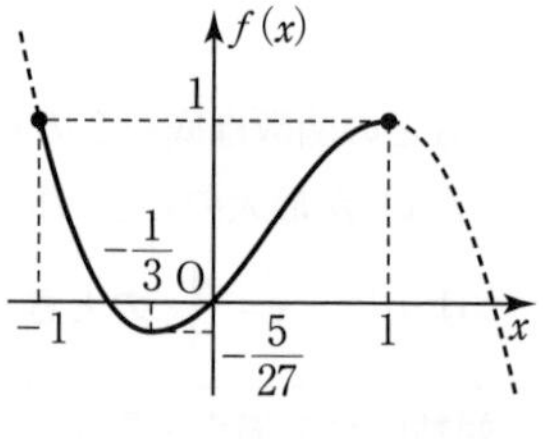

増減表より，$f(x)$ は

$x=1,\ -1$ で 最大値 1

$x=-\dfrac{1}{3}$ で　最小値 $-\dfrac{5}{27}$ をとる。

$x=1,\ -1$ のとき　$y=0$

$x=-\dfrac{1}{3}$ のとき　$y=\pm\dfrac{2}{3}$

ゆえに

$x=\pm1,\ y=0$ のとき　最大値 1

$x=-\dfrac{1}{3},\ y=\pm\dfrac{2}{3}$ のとき　最小値 $-\dfrac{5}{27}$

文字を減らして１つの変数の関数にする

380 (1)　$y=\sin^3 x+\cos^3 x$

$=(\sin x+\cos x)^3-3\sin x\cos x(\sin x+\cos x)$

⬅ $a^3+b^3=(a+b)^3-3ab(a+b)$ の対称式変形で　$a=\sin x,\ b=\cos x$ とおいたものである。

$\sin x+\cos x=t$　の両辺を 2 乗して

$\sin^2 x+2\sin x\cos x+\cos^2 x=t^2$

$2\sin x\cos x=t^2-1$

⬅ $\sin^2 x+\cos^2 x=1$

よって　$\sin x\cos x=\dfrac{t^2-1}{2}$

これを代入すると

$y=t^3-3\cdot\dfrac{t^2-1}{2}\cdot t$

$=-\dfrac{1}{2}t^3+\dfrac{3}{2}t$

(別)(解)　$y=\sin^3 x+\cos^3 x$

$=(\sin x+\cos x)(\sin^2 x-\sin x\cos x+\cos^2 x)$

$=t\left(1-\dfrac{t^2-1}{2}\right)$

$=-\dfrac{1}{2}t^3+\dfrac{3}{2}t$

⬅ $a^3+b^3=(a+b)(a^2-ab+b^2)$ の因数分解を利用してもよい。

(2)　$t=\sin x+\cos x$

$=\sqrt{2}\sin\left(x+\dfrac{\pi}{4}\right)$

三角関数の合成

$a\sin\theta+b\cos\theta$
$=\sqrt{a^2+b^2}\sin(\theta+\alpha)$

$0\leqq x\leqq\pi$ より　$\dfrac{\pi}{4}\leqq x+\dfrac{\pi}{4}\leqq\dfrac{5}{4}\pi$

であるから　$-\dfrac{\sqrt{2}}{2}\leqq\sin\left(x+\dfrac{\pi}{4}\right)\leqq1$

⬅

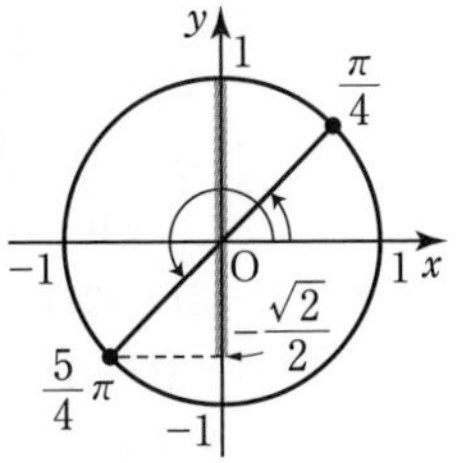

よって　$-1\leqq\sqrt{2}\sin\left(x+\dfrac{\pi}{4}\right)\leqq\sqrt{2}$

ゆえに　$-1\leqq t\leqq\sqrt{2}$

(3)　$y=-\dfrac{1}{2}t^3+\dfrac{3}{2}t$ より

$$y'=-\frac{3}{2}t^2+\frac{3}{2}=-\frac{3}{2}(t+1)(t-1)$$

よって，$-1 \leqq t \leqq \sqrt{2}$ における増減表は次のようになる。

t	-1	$\cdots$	1	$\cdots$	$\sqrt{2}$
y'		$+$	0	$-$	
y	-1	$\nearrow$	1	$\searrow$	$\dfrac{\sqrt{2}}{2}$

これより

$t=1$ すなわち $\sqrt{2}\sin\left(x+\dfrac{\pi}{4}\right)=1$ より

$\sin\left(x+\dfrac{\pi}{4}\right)=\dfrac{1}{\sqrt{2}}$ であるから

$x=0,\ \dfrac{\pi}{2}$ のとき　最大値 1

$t=-1$ すなわち $\sqrt{2}\sin\left(x+\dfrac{\pi}{4}\right)=-1$ より

$\sin\left(x+\dfrac{\pi}{4}\right)=-\dfrac{1}{\sqrt{2}}$ であるから

$x=\pi$ のとき　最小値 -1

381　点 P と直線 AB との距離を d とすると，△ABP の面積が最小となるのは，d が最小のときであるから，d の増減について考える。

⬅ AB を底辺とみると，AB の長さは一定であるから，高さ d が最小となるときである。

直線 AB の方程式は

$$y+2=\frac{4+2}{5-3}(x-3) \text{ より}$$

$$3x-y-11=0$$

⬅ 2 点 $(x_1,\ y_1)$，$(x_2,\ y_2)$ を通る直線の方程式

$$y-y_1=\frac{y_2-y_1}{x_2-x_1}(x-x_1)$$

点 $\mathrm{P}(t,\ t^3+1)$ $(t \geqq 0)$ とおくと，d は

$$d=\frac{|3t-(t^3+1)-11|}{\sqrt{3^2+(-1)^2}}$$

$$=\frac{|-t^3+3t-12|}{\sqrt{10}}=\frac{|t^3-3t+12|}{\sqrt{10}}$$

⬅ 点 $(x_1,\ y_1)$ と直線 $ax+by+c=0$ との距離 d は

$$d=\frac{|ax_1+by_1+c|}{\sqrt{a^2+b^2}}$$

⬅ $|-a|=|a|$

$f(t)=t^3-3t+12$ $(t \geqq 0)$ とおくと

$$f'(t)=3t^2-3=3(t+1)(t-1)$$

⬅ d の分子の｜　｜の中を $f(t)$ とおいて調べる。

$f'(t)=0$ とすると　$t=1,\ -1$

よって，$t \geqq 0$ における増減表は次のようになる。

t	0	$\cdots$	1	$\cdots$
$f'(t)$		$-$	0	$+$
$f(t)$	12	↘	10	↗

これより，$t \geqq 0$ において，$f(t)$ は

$t=1$ のとき　最小値 10 をとる。

ここで，d が最小となるのは，

$f(t)$ が最小となるときである。

よって，△ABP の面積が最小となるのは

$t=1$ のときで，点 P の座標は **P(1, 2)**

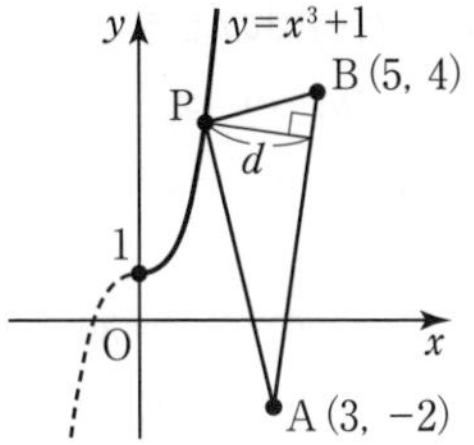

382 (1)　AB$=r$，OB$=h$ であるから

$\boldsymbol{V=2\pi r^2 h}$

← 直円柱の体積
(底面積)×(高さ)
$=\pi r^2 \times 2h$

(2)　△OAB は直角三角形

であるから，三平方の定理

より

$r^2+h^2=3^2$

$r^2=9-h^2$

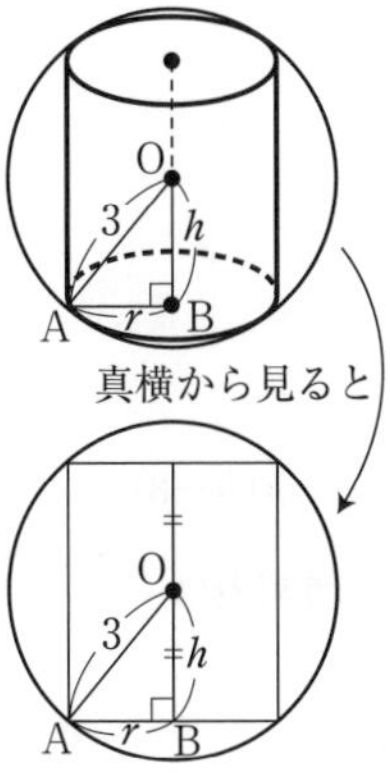

よって

$V=2\pi(9-h^2)h$

← V を h の関数で表す。

また，$r^2>0$ より

← $r>0$ より $r^2>0$

$9-h^2>0$

$h^2-9<0$

よって　$-3<h<3$

これと $h>0$ より　$0<h<3$

← 定義域に注意
円柱の高さが $2h$ であるから
$0<2h<6$ より $0<h<3$
と求めてもよい。

このとき

$V=-2\pi(h^3-9h)$

$V'=-2\pi(3h^2-9)$

$=-6\pi(h+\sqrt{3})(h-\sqrt{3})$

よって，$0<h<3$ において増減表をかくと，次のようになる。

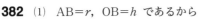

h	0	$\cdots$	$\sqrt{3}$	$\cdots$	3
V'		$+$	0	$-$	
V		↗	$12\sqrt{3}\pi$	↘	

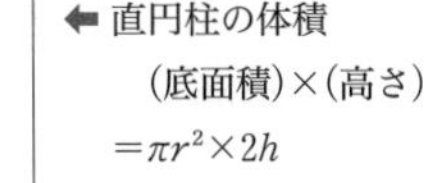

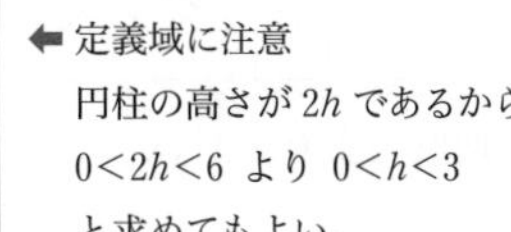

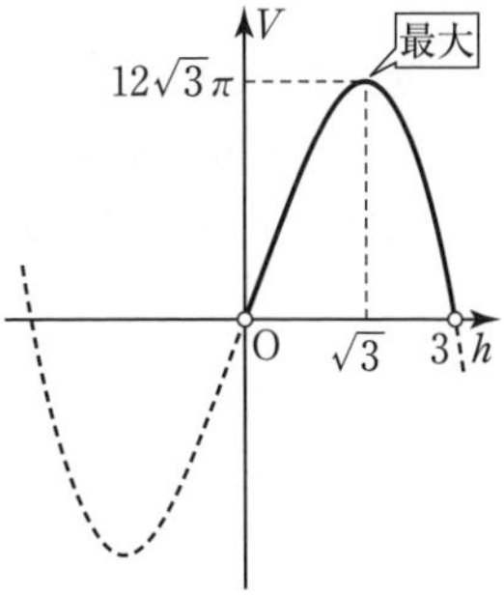

ゆえに，体積 V の最大値は $\boldsymbol{12\sqrt{3}\pi}$

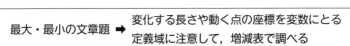

最大・最小の文章題 ➡	変化する長さや動く点の座標を変数にとる 定義域に注意して，増減表で調べる

383 右の図のように，

点 $(h,\ r)$ は，

円 $(x-6)^2+y^2=36$ 上

にあるから

$(h-6)^2+r^2=36$ …①

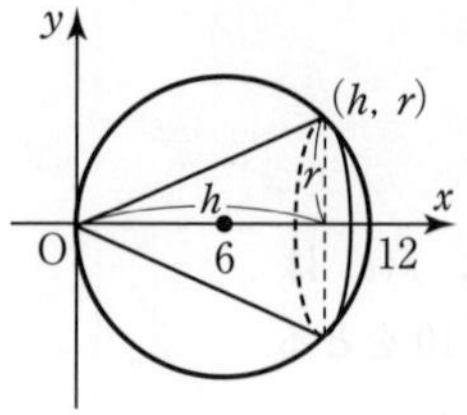

← 三平方の定理から

$(h-6)^2+r^2=36$ でもよい。

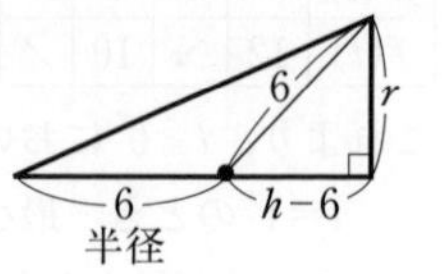

また　$0<h<12$

直円錐の体積を V とすると

$$V=\frac{1}{3}\cdot\pi r^2\cdot h=\frac{1}{3}\pi h\cdot r^2$$

← $V=$(底面積)×(高さ)÷3

底面は半径が r の円

ここで，①より

$r^2=36-(h-6)^2$ …②

これを代入すると

$$V=\frac{1}{3}\pi h\{36-(h-6)^2\}$$

$$=\frac{1}{3}\pi h(-h^2+12h)$$

$$=-\frac{\pi}{3}(h^3-12h^2)$$

← h，r の 2 変数を h だけの変数にする。

$$V'=-\frac{\pi}{3}(3h^2-24h)=-\pi h(h-8)$$

よって，$0<h<12$ における増減表は

次のようになる。

h	0	…	8	…	12
V'		$+$	0	$-$	
V		↗	$\frac{256}{3}\pi$	↘	

← $0<h<12$ なので，増減表では $h=0$，12 のときの V の値はかかなくてもよいが，グラフをかく場合は，$h=0$ のとき $V=0$，$h=12$ のとき　$V=0$ と求めておくとよい。

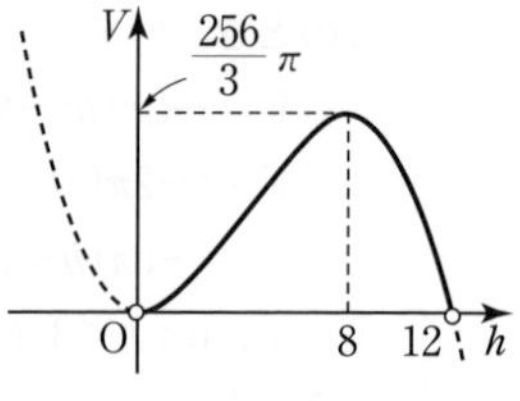

増減表より，V は

$h=8$ のとき　最大値 $\frac{256}{3}\pi$

をとる。このとき，②より

$r^2=36-(8-6)^2=32$

これと $r>0$ より　**$r=4\sqrt{2}$**

384 次の図のように，辺 BC の中点を H，
底辺の長さを $2x$，高さを y，
等しい辺の長さを z とおく。
3 辺の長さの和が 2 であるから

$2x+2z=2$ より

$z=1-x$

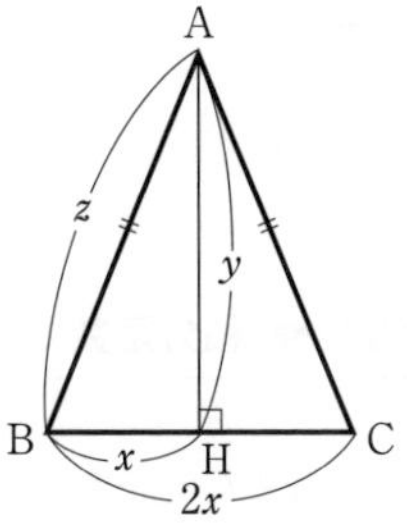

△ABH において

$x^2+y^2=z^2$

← 三平方の定理

であるから

$$\begin{aligned} y^2 &= z^2-x^2 \\ &= (1-x)^2-x^2 \\ &= 1-2x \end{aligned}$$

← $z=1-x$ を代入して x のみで表す。

$y>0$ より　$y=\sqrt{1-2x}$

x の値の範囲は

$x>0$，$z=1-x>0$，$y=\sqrt{1-2x}>0$ より

$0<x<\dfrac{1}{2}$

← 辺の長さ，高さが正であることから，x の値の範囲を求める。

このとき，面積 S は

$$\begin{aligned} S &= \frac{1}{2}\cdot 2x\cdot y = xy \\ &= x\sqrt{1-2x} \end{aligned}$$

← $y=\sqrt{1-2x}$ を代入する。

S が最大となるのは，S^2 が最大となるときである。

← $S=x\sqrt{1-2x}$ の微分は学んでいない(数Ⅲ)ので，S を 2 乗して，$\sqrt{\ \ }$ をなくして考える。

$S^2=x^2(1-2x)=f(x)$ とおくと

$f(x)=-2x^3+x^2$

$f'(x)=-6x^2+2x=-2x(3x-1)$

よって，$0<x<\dfrac{1}{2}$ における $f(x)$ の増減表は

次のようになる。

x	0	$\cdots$	$\frac{1}{3}$	$\cdots$	$\frac{1}{2}$
$f'(x)$		$+$	0	$-$	
$f(x)$		↗	$\frac{1}{27}$	↘	

増減表より，$f(x)$ は

$x=\dfrac{1}{3}$ のとき　最大値 $\dfrac{1}{27}$ をとる。

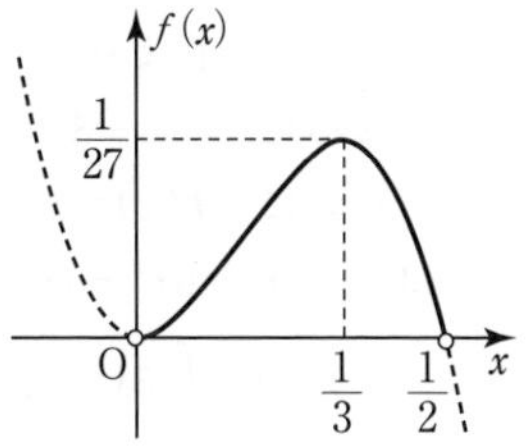

よって，面積 S の最大値は $\sqrt{\dfrac{1}{27}}=\dfrac{\sqrt{3}}{9}$

385 (1) $\int 4x\,dx=4\cdot\frac{1}{2}x^2+C=\boldsymbol{2x^2+C}$

(2) $\int 9x^2dx=9\cdot\frac{1}{3}x^3+C=\boldsymbol{3x^3+C}$

(3) $\int 8x^3dx=8\cdot\frac{1}{4}x^4+C=\boldsymbol{2x^4+C}$

(4) $\int dx=\int 1dx=\int x^0dx=\boldsymbol{x+C}$

注意 今後, とくに断らない限り, 不定積分における C は積分定数を表すものとする。

x^n の不定積分

n が 0 以上の整数のとき

$\int x^n\,dx=\frac{1}{n+1}x^{n+1}+C$

(C は積分定数)

不定積分では ➡ 積分定数 C を忘れないように

386 (1) $\int(2x+1)dx=2\cdot\frac{1}{2}x^2+x+C=\boldsymbol{x^2+x+C}$

(2) $\int(3x^2+4x+2)dx=\boldsymbol{x^3+2x^2+2x+C}$

(3) $\int(-x^2+3x+2)dx=\boldsymbol{-\frac{1}{3}x^3+\frac{3}{2}x^2+2x+C}$

(4) $\int(x-x^2)dx=\frac{1}{2}x^2-\frac{1}{3}x^3+C$

$=\boldsymbol{-\frac{1}{3}x^3+\frac{1}{2}x^2+C}$

(5) $\int(3x+2)(3x-2)dx=\int(9x^2-4)dx$

$=\boldsymbol{3x^3-4x+C}$

⇐ 展開してから積分する。

(6) $\int(2x-3)^2dx=\int(4x^2-12x+9)dx$

$=\boldsymbol{\frac{4}{3}x^3-6x^2+9x+C}$

⇐ 展開してから積分する。

積の形の積分は ➡ 展開してから積分する

387 (1) $f'(x)=2x-3$ より

$f(x)=\int f'(x)dx$

$=\int(2x-3)dx=x^2-3x+C$

$f(-1)=1$ より $(-1)^2-3(-1)+C=1$

よって $C=-3$

ゆえに $\boldsymbol{f(x)=x^2-3x-3}$

$f'(x)=2x-3$

⇐ $f(x)\ \underset{積分}{\overset{微分}{\rightleftarrows}}\ 2x-3$

$f(x)=\int(2x-3)dx$

⇐ 不定積分なので $+C$ を必ずつける。

(2) $f'(x)=6x^2+ax+1$ より

$f(x)=\int(6x^2+ax+1)dx=2x^3+\frac{1}{2}ax^2+x+C$

$f(1)=-1$ より　$2\cdot1^3+\frac{1}{2}a\cdot1^2+1+C=-1$

よって　$C=-4-\frac{1}{2}a$

ゆえに　$\boldsymbol{f(x)=2x^3+\frac{1}{2}ax^2+x-4-\frac{1}{2}a}$

$$f'(x)=g(x) \iff f(x)=\int g(x)\,dx$$

388 曲線 $y=f(x)$ 上の点 $(x,\ y)$ における接線の傾きは $f'(x)$ であるから

$$f'(x)=-6x^2+2$$

よって　$f(x)=\int(-6x^2+2)dx=-2x^3+2x+C$

曲線 $y=f(x)$ は点 $(2,\ -3)$ を通るから

$f(2)=-2\cdot2^3+2\cdot2+C=-3$　より　$C=9$

よって　$\boldsymbol{f(x)=-2x^3+2x+9}$

曲線 $y=f(x)$ 上の点 $(x,\ y)$ における接線の傾きは $f'(x)$ で表される

389 (1) $\int(3x^2-2tx+3t^2)dx$

$=3\cdot\frac{1}{3}x^3-2t\cdot\frac{1}{2}x^2+3t^2\cdot x+C$

$=\boldsymbol{x^3-tx^2+3t^2x+C}$

← 積分変数は x（x についての積分）なので，t は定数と考える。

(2) $\int(ax+1)(bx+1)dx$

$=\int\{abx^2+(a+b)x+1\}dx$

$=\boldsymbol{\frac{1}{3}abx^3+\frac{1}{2}(a+b)x^2+x+C}$

← x についての積分なので，a，b は定数と考える。

(3) $\int(t+2b)(t-b)dt=\int(t^2+bt-2b^2)dt$

$=\boldsymbol{\frac{1}{3}t^3+\frac{1}{2}bt^2-2b^2t+C}$

← t についての積分なので，b は定数と考える。

(4) $\int(6x^2y^2+8xy+2)dy$

$=6x^2\cdot\frac{1}{3}y^3+8x\cdot\frac{1}{2}y^2+2y+C$

$=\boldsymbol{2x^2y^3+4xy^2+2y+C}$

← y についての積分なので，x は定数と考える。

390 $f(x)=ax^2+bx+c\ (a \neq 0)$ とおく。

← $f(x)$ は 2 次関数。

$F(x)=\int(ax^2+bx+c)dx$

$=\frac{1}{3}ax^3+\frac{1}{2}bx^2+cx+C$ （C は積分定数）

$F(x)=xf(x)+2x^3-4x^2$ より

$\frac{1}{3}ax^3+\frac{1}{2}bx^2+cx+C$

$=x(ax^2+bx+c)+2x^3-4x^2$

$=(a+2)x^3+(b-4)x^2+cx$

これが x についての恒等式であるから

$\frac{1}{3}a=a+2,\ \frac{1}{2}b=b-4,\ C=0$

← 両辺の各項の係数を比較する。

これより　$a=-3,\ b=8$ （$a \neq 0$ を満たす。）

このとき　$f(x)=-3x^2+8x+c$

また　$f(0)=1$　であるから　$f(0)=c=1$

← c は $f(0)=1$ の条件から決定する。

よって　$\boldsymbol{f(x)=-3x^2+8x+1}$

391 (1) $f'(x)=(3x+4)(2-x)$ より

$f(x)=\int f'(x)dx$

$=\int(3x+4)(2-x)dx$

$=\int(-3x^2+2x+8)dx$

$=-x^3+x^2+8x+C$

$f(x)$ は 3 次関数で 3 次の係数が負であるから

← $f'(x)=0$ のとき $x=-\frac{4}{3},\ 2$

x	$\cdots$	$-\frac{4}{3}$	$\cdots$	2	$\cdots$
$f'(x)$	$-$	0	$+$	0	$-$
$f(x)$	↘	極小	↗	極大	↘

$x=2$ のとき極大値をとる。

$f(2)=0$ であるから

$-8+4+16+C=0$　より　$C=-12$

よって　$\boldsymbol{f(x)=-x^3+x^2+8x-12}$

(2) $f'(x)=3x^2+6x+2$ より

$f(x)=\int(3x^2+6x+2)dx$

$=x^3+3x^2+2x+C$

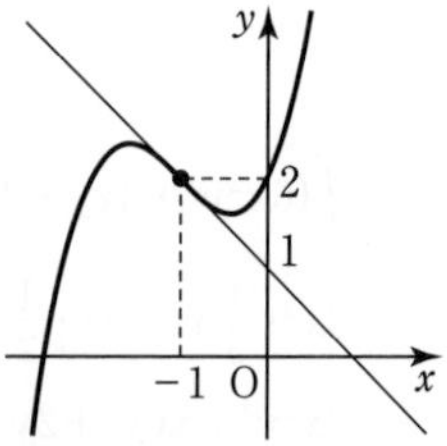

$y=f(x)$ と直線 $y=-x+1$ の接点を $(t,\ f(t))$ とすると

$f'(t)=-1$より　$3t^2+6t+2=-1$　…①

← 接線の傾きが -1

$f(t)=-t+1$より　$t^3+3t^2+2t+C=-t+1$　…②

← 接点の y 座標も一致する。

①を解くと

$t^2+2t+1=0$

$(t+1)^2=0$ より　$t=-1$

これを②に代入して

$(-1)^3+3(-1)^2+2(-1)+C=-(-1)+1$ より

$C=2$

よって　$f(x)=x^3+3x^2+2x+2$

> $f'(x)=g(x) \iff f(x)=\int g(x)\,dx$
>
> $y=f(x)$ と $y=mx+n$ が点 $(t,\ f(t))$ で接する ➡ $f'(t)=m,\ f(t)=mt+n$

392 (1) $\int_{-2}^{1}(6x-5)dx=\left[3x^2-5x\right]_{-2}^{1}$

$=(3-5)-(12+10)=-24$

⬅ $\left[F(x)\right]_{-2}^{1}=F(1)-F(-2)$ を忠実に計算する。

別解　$\left[3x^2-5x\right]_{-2}^{1}=3\{1^2-(-2)^2\}-5\{1-(-2)\}$

$=3\times(-3)-5\times3=-24$

と項ごとに計算してもよい。

(2) $\int_{-1}^{0}(x^2-x)dx=\left[\frac{1}{3}x^3-\frac{1}{2}x^2\right]_{-1}^{0}$

$=0-\left(-\frac{1}{3}-\frac{1}{2}\right)=\frac{5}{6}$

(3) $\int_{0}^{2}(3t^2-4t+2)dt=\left[t^3-2t^2+2t\right]_{0}^{2}$

$=(8-8+4)-0=4$

⬅ t で積分する。

(4) $\int_{-1}^{2}(t-3)^2dt=\int_{-1}^{2}(t^2-6t+9)dt$

⬅ 展開してから積分する。

$=\left[\frac{1}{3}t^3-3t^2+9t\right]_{-1}^{2}$

$=\left(\frac{8}{3}-12+18\right)-\left(-\frac{1}{3}-3-9\right)$

$=\frac{9}{3}+18=21$

(5) $\int_{2}^{3}(3x+1)(x+1)dx$

⬅ 展開してから積分する。

$=\int_{2}^{3}(3x^2+4x+1)dx=\left[x^3+2x^2+x\right]_{2}^{3}$

$=(27+18+3)-(8+8+2)=30$

(6) $\int_{-1}^{2}(4x^3+9x^2-8x-2)dx$

$=\left[x^4+3x^3-4x^2-2x\right]_{-1}^{2}$

$=(16+24-16-4)-(1-3-4+2)=24$

393 (1) $\displaystyle\int_{-2}^{1}(3x^2-2x+1)dx+\int_{-2}^{1}(-2x^2+2x+3)dx$

$\displaystyle=\int_{-2}^{1}\{(3x^2-2x+1)+(-2x^2+2x+3)\}dx$

$\displaystyle=\int_{-2}^{1}(x^2+4)dx=\left[\frac{1}{3}x^3+4x\right]_{-2}^{1}$

$\displaystyle=\left(\frac{1}{3}+4\right)-\left(-\frac{8}{3}-8\right)=\frac{9}{3}+12=\mathbf{15}$

⬅ $\displaystyle\int_a^b f(x)dx\pm\int_a^b g(x)dx$
$\displaystyle=\int_a^b\{f(x)\pm g(x)\}dx$
(複号同順)

(2) $\displaystyle\int_0^1(x^2+3x-1)dx+\int_1^2(x^2+3x-1)dx$

$\displaystyle=\int_0^2(x^2+3x-1)dx$

$\displaystyle=\left[\frac{1}{3}x^3+\frac{3}{2}x^2-x\right]_0^2=\left(\frac{8}{3}+6-2\right)-0=\mathbf{\frac{20}{3}}$

⬅ $\displaystyle\int_a^b f(x)dx+\int_b^c f(x)dx$
$\displaystyle=\int_a^c f(x)dx$

(3) $\displaystyle\int_1^3(3x+1)(2x-1)dx+\int_3^1(6x-1)(x+1)dx$

$\displaystyle=\int_1^3(3x+1)(2x-1)dx-\int_1^3(6x-1)(x+1)dx$

$\displaystyle=\int_1^3\{(6x^2-x-1)-(6x^2+5x-1)\}dx$

$\displaystyle=\int_1^3(-6x)dx=\left[-3x^2\right]_1^3$

$=(-27)-(-3)=\mathbf{-24}$

⬅ $\displaystyle\int_b^a f(x)dx=-\int_a^b f(x)dx$

(4) $\displaystyle\int_{-3}^{-1}(x+1)(1-2x)dx+\int_2^{-1}(x+1)(2x-1)dx$

$\displaystyle=\int_{-3}^{-1}(x+1)(1-2x)dx+\int_{-1}^{2}(x+1)(1-2x)dx$

$\displaystyle=\int_{-3}^{2}(x+1)(1-2x)dx=\int_{-3}^{2}(-2x^2-x+1)dx$

$\displaystyle=\left[-\frac{2}{3}x^3-\frac{1}{2}x^2+x\right]_{-3}^{2}$

$\displaystyle=\left(-\frac{16}{3}-2+2\right)-\left(18-\frac{9}{2}-3\right)$

$\displaystyle=-\frac{16}{3}+\frac{9}{2}-15=\frac{-32+27-90}{6}=\mathbf{-\frac{95}{6}}$

⬅ 同じ分母どうし，整数どうしをまずまとめたほうが計算しやすい。

定積分の計算は，式の形を見て，計算を楽にする工夫も大事である

394 $f(x)=ax+b$ と条件より

$\displaystyle\int_0^1 f(x)dx=\int_0^1(ax+b)dx=\left[\frac{a}{2}x^2+bx\right]_0^1$

$\displaystyle=\frac{a}{2}+b=1$

よって　$a+2b=2$　…①

$$\int_0^1 f(x-1)\,dx=\int_0^1\{a(x-1)+b\}\,dx$$
$$=\int_0^1\{ax-(a-b)\}\,dx$$
$$=\left[\frac{a}{2}x^2-(a-b)x\right]_0^1=\frac{a}{2}-(a-b)$$
$$=-\frac{a}{2}+b=0$$

⬅ $f(x)=ax+b$
$f(x-1)=a(x-1)+b$
x を $x-1$ として代入する。

よって　$a-2b=0$　…②

①＋②より　$2a=2$　すなわち　$a=1$

①に代入して　$b=\dfrac{1}{2}$

ゆえに　$\boldsymbol{a=1,\ b=\dfrac{1}{2}}$

395 $f(x)=ax^2+bx+c$ より　$f'(x)=2ax+b$

$f(1)=6$ であるから　$a+b+c=6$　…①

$f'(-1)=-4$ であるから　$-2a+b=-4$　…②

$\displaystyle\int_{-1}^2 f(x)\,dx=9$ であるから　$\displaystyle\int_{-1}^2 (ax^2+bx+c)\,dx=9$

$\left[\dfrac{1}{3}ax^3+\dfrac{1}{2}bx^2+cx\right]_{-1}^2=9$ より　$3a+\dfrac{3}{2}b+3c=9$

よって，$2a+b+2c=6$　…③

①，②，③を解いて

$\boldsymbol{a=5,\ b=6,\ c=-5}$

⬅ ①×2−③より　$b=6$
②に代入して　$a=5$
①に代入して　$c=-5$

396 1次関数を $f(x)=ax+b$ $(a\neq 0)$ とおく。

⬅ $f(x)$ は1次関数。

$\displaystyle\int_0^2 f(x)\,dx=1$　であるから　$\displaystyle\int_0^2 (ax+b)\,dx=1$

$$\left[\frac{1}{2}ax^2+bx\right]_0^2=2a+2b=1 \quad \cdots①$$

$\displaystyle\int_0^2 xf(x)\,dx=0$ であるから　$\displaystyle\int_0^2 (ax^2+bx)\,dx=0$

$$\left[\frac{1}{3}ax^3+\frac{1}{2}bx^2\right]_0^2=\frac{8}{3}a+2b=0$$

よって　$4a+3b=0$　…②

①×2−②より　$b=2$

①に代入して　$a=-\dfrac{3}{2}$（$a\neq 0$ を満たす）

よって　$\boldsymbol{f(x)=-\dfrac{3}{2}x+2}$

397 $f(x)=ax^2+bx+c\ (a \neq 0)$ とおくと，条件より

$\int_0^1 f(x)dx=-\frac{1}{6}$ であるから

$$\int_0^1 (ax^2+bx+c)dx=\left[\frac{1}{3}ax^3+\frac{1}{2}bx^2+cx\right]_0^1$$

$$=\frac{1}{3}a+\frac{1}{2}b+c=-\frac{1}{6}$$

よって　$2a+3b+6c=-1$　…①

$\int_{-1}^1 xf(x)dx=2$ であるから

$$\int_{-1}^1 (ax^3+bx^2+cx)dx=\left[\frac{1}{4}ax^4+\frac{1}{3}bx^3+\frac{1}{2}cx^2\right]_{-1}^1$$

$$=\left(\frac{1}{4}a+\frac{1}{3}b+\frac{1}{2}c\right)-\left(\frac{1}{4}a-\frac{1}{3}b+\frac{1}{2}c\right)$$

$$=\frac{2}{3}b=2$$

よって　$b=3$　…②

$\int_{-1}^2 x^2 f'(x)dx=-6$ であるから

$f'(x)=2ax+b$ より

$$\int_{-1}^2 x^2(2ax+b)dx=\int_{-1}^2 (2ax^3+bx^2)dx$$

$$=\left[\frac{1}{2}ax^4+\frac{1}{3}bx^3\right]_{-1}^2=\left(8a+\frac{8}{3}b\right)-\left(\frac{1}{2}a-\frac{1}{3}b\right)$$

$$=\frac{15}{2}a+3b=-6$$

よって　$5a+2b=-4$　…③

②を③に代入して　$a=-2$　($a \neq 0$ を満たす)

①に代入して　$c=-1$

ゆえに　$\boldsymbol{f(x)=-2x^2+3x-1}$

398 (1) $\int_{-1}^1 (x^4+x^2+1)dx=\left[\frac{1}{5}x^5+\frac{1}{3}x^3+x\right]_{-1}^1$

$$=\left(\frac{1}{5}+\frac{1}{3}+1\right)-\left(-\frac{1}{5}-\frac{1}{3}-1\right)$$

$$=2\cdot\frac{3+5+15}{15}=\boldsymbol{\frac{46}{15}}$$

(2) $\int_{-2}^2 (x^5+x^3+x)dx=\left[\frac{1}{6}x^6+\frac{1}{4}x^4+\frac{1}{2}x^2\right]_{-2}^2$

$$=\left(\frac{2^6}{6}+\frac{2^4}{4}+\frac{2^2}{2}\right)-\left(\frac{2^6}{6}+\frac{2^4}{4}+\frac{2^2}{2}\right)=\boldsymbol{0}$$

別解　偶関数，奇関数の定積分の性質を利用する。

(1)　x^4，x^2，1 は偶関数であるから

$$\int_{-1}^{1}(x^4+x^2+1)dx=2\int_{0}^{1}(x^4+x^2+1)dx$$
$$=2\left[\frac{1}{5}x^5+\frac{1}{3}x^3+x\right]_0^1$$
$$=2\left(\frac{1}{5}+\frac{1}{3}+1\right)=\mathbf{\frac{46}{15}}$$

(2)　x^5，x^3，x は奇関数であるから

$$\int_{-2}^{2}(x^5+x^3+x)dx=\mathbf{0}$$

偶関数・奇関数の定積分

・n が偶数のとき

$$\int_{-a}^{a}x^n\,dx=2\int_0^a x^n\,dx$$

・n が奇数のとき

$$\int_{-a}^{a}x^n\,dx=0$$

⬅ $(-a)^{2m-1}=-a^{2m-1}$
$(-a)^{2m}=a^{2m}$
であるから
$a^{2m-1}-(-a)^{2m-1}=2a^{2m-1}$
$a^{2m}-(-a)^{2m}=0$

399　(1)　$f(x)=3x^2+x-\int_0^1 f(t)dt$ において

$\int_0^1 f(t)dt=k$ (定数)　とおくと

$$f(x)=3x^2+x-k$$

よって

$$k=\int_0^1(3t^2+t-k)dt$$
$$=\left[t^3+\frac{1}{2}t^2-kt\right]_0^1=\frac{3}{2}-k$$

ゆえに　$2k=\frac{3}{2}$　より　$k=\frac{3}{4}$

したがって　$\boldsymbol{f(x)=3x^2+x-\frac{3}{4}}$

⬅ $f(x)=3x^2+x-k$ のとき
$f(t)=3t^2+t-k$
関数の文字が x から t に変わる。
(注意)
文字が x から t になっても関数としての意味は同じである。

(2)　$f(x)=2x+\int_0^2 tf(t)dt+1$ において

$\int_0^2 tf(t)dt=k$ (定数)　とおくと

$$f(x)=2x+k+1$$

よって

$$k=\int_0^2(2t^2+kt+t)dt$$
$$=\left[\frac{2}{3}t^3+\frac{1}{2}kt^2+\frac{1}{2}t^2\right]_0^2=2k+\frac{22}{3}$$

よって　$-k=\frac{22}{3}$　より　$k=-\frac{22}{3}$

ゆえに　$\boldsymbol{f(x)=2x-\frac{19}{3}}$

a，b が定数のとき，$\int_a^b f(t)\,dt$ を含む関数 ➡ $\int_a^b f(t)\,dt=k$ (定数) とおく

400 (1) $\displaystyle\int_{-1}^{x} f(t)\,dt=2x^2-3x-a$ において

両辺を x で微分すると　$\boldsymbol{f(x)=4x-3}$

等式に $x=-1$ を代入すると

$$\int_{-1}^{-1} f(t)\,dt=2+3-a \quad より \quad 5-a=0$$

よって　$\boldsymbol{a=5}$

(2) $\displaystyle\int_{a}^{x} f(t)\,dt=x^2-3x+a$ において

両辺を x で微分すると　$\boldsymbol{f(x)=2x-3}$

等式に $x=a$ を代入すると

$$\int_{a}^{a} f(t)\,dt=a^2-3a+a \quad より \quad a(a-2)=0$$

よって　$\boldsymbol{a=0,\ 2}$

微分と積分の関係

$$\frac{d}{dx}\int_{a}^{x} f(t)\,dt=f(x)$$

$$\frac{d}{dx}\int_{a}^{x} f(t)\,dt=f(x)$$

上端の変数で微分する

⬅ $\displaystyle\int_{a}^{a} f(t)\,dt=0$

上端は，積分区間を 0 にするように下端と同じ値を代入する。

> $\displaystyle\int_{a}^{x} f(t)\,dt$ では ➡ $\displaystyle\frac{d}{dx}\int_{a}^{x} f(t)\,dt=f(x)$，$\displaystyle\int_{a}^{a} f(t)\,dt=0$ を利用する

401 (1) $\displaystyle f(x)=\int_{1}^{x}(t-1)(t-3)\,dt$ より

両辺を x で微分すると

$$f'(x)=(x-1)(x-3)$$

よって，増減表は次のようになる。

x	$\cdots$	1	$\cdots$	3	$\cdots$
$f'(x)$	$+$	0	$-$	0	$+$
$f(x)$	↗	極大	↘	極小	↗

$x=1$ のとき極大値

$$f(1)=\int_{1}^{1}(t-1)(t-3)\,dt=\boldsymbol{0}$$

$x=3$ のとき極小値

$$f(3)=\int_{1}^{3}(t-1)(t-3)\,dt$$

$$=\int_{1}^{3}(t^2-4t+3)\,dt$$

$$=\left[\frac{1}{3}t^3-2t^2+3t\right]_1^3=\boldsymbol{-\frac{4}{3}}$$

(2) $\displaystyle f(x)=x^2+\int_{0}^{x}(t^2-3t)\,dt$ より

両辺を x で微分すると

$$f'(x)=2x+x^2-3x=x(x-1)$$

よって，増減表は次のようになる。

⬅ $\displaystyle\frac{d}{dx}\int_{a}^{x} f(t)\,dt=f(x)$ より

$$f'(x)=\frac{d}{dx}\int_{1}^{x}(t-1)(t-3)\,dt$$

$$=(x-1)(x-3)$$

⬅ 1 を代入

$$\int_{1}^{x}(t-1)(t-3)\,dt$$

公式は $\displaystyle\int_{a}^{a} f(t)\,dt=0$

⬅ $\displaystyle\frac{d}{dx}\int_{0}^{x}(t^2-3t)\,dt=x^2-3x$

x	$\cdots$	0	$\cdots$	1	$\cdots$
$f'(x)$	$+$	0	$-$	0	$+$
$f(x)$	↗	極大	↘	極小	↗

$x=0$ のとき極大値

$$f(0)=0+\int_0^0(t^2-3t)dt=\mathbf{0}$$

⬅ $\int_a^a f(t)\,dt=0$

$x=1$ のとき極小値

$$f(1)=1+\int_0^1(t^2-3t)dt$$

$$=1+\left[\frac{1}{3}t^3-\frac{3}{2}t^2\right]_0^1=-\mathbf{\frac{1}{6}}$$

402 (1) $f(x)=\int_{-1}^x(t+1)(t-2)\,dt$ より

両辺を x で微分すると　$f'(x)=(x+1)(x-2)$

⬅ $\dfrac{d}{dx}\int_{-1}^x(t+1)(t-2)\,dt=(x+1)(x-2)$

$-1\leqq x\leqq 3$ における増減表は次のようになる。

x	-1	$\cdots$	2	$\cdots$	3
$f'(x)$	0	$-$	0	$+$	
$f(x)$		↘	極小	↗	

$$f(-1)=\int_{-1}^{-1}(t+1)(t-2)\,dt=0$$

⬅ $\int_a^a f(t)\,dt=0$

$$f(3)=\int_{-1}^3(t^2-t-2)\,dt=\left[\frac{1}{3}t^3-\frac{1}{2}t^2-2t\right]_{-1}^3$$

$$=\left(9-\frac{9}{2}-6\right)-\left(-\frac{1}{3}-\frac{1}{2}+2\right)$$

$$=\frac{1}{3}-4+1=-\frac{8}{3}$$

よって　**$x=-1$ のとき　最大値 0**

(2) $f(x)=\int_3^x(-t^2+t+6)\,dt$ より

両辺を x で微分すると

$$f'(x)=-x^2+x+6=-(x+2)(x-3)$$

⬅ $\dfrac{d}{dx}\int_3^x(-t^2+t+6)\,dt=-x^2+x+6$

$-1\leqq x\leqq 3$ における増減表は次のようになる。

x	-1	$\cdots$	3
$f'(x)$		$+$	0
$f(x)$		↗	

⬅ $-1\leqq x\leqq 3$ において，つねに増加する。

$$f(3)=\int_3^3(-t^2+t+6)\,dt=0$$

よって　**$x=3$ のとき　最大値 0**

403 (1) $f(x)=x^2-x+\int_0^1 tf'(t)\,dt$ において

$\int_0^1 tf'(t)\,dt=k$ (定数) …① とおくと

$f(x)=x^2-x+k$ と表せる。

両辺を x で微分すると $f'(x)=2x-1$

これを①に代入して

$$k=\int_0^1 tf'(t)dt=\int_0^1 t(2t-1)\,dt=\int_0^1 (2t^2-t)\,dt$$

$$=\left[\frac{2}{3}t^3-\frac{1}{2}t^2\right]_0^1=\frac{1}{6}$$

よって $\boldsymbol{f(x)=x^2-x+\frac{1}{6}}$

(2) $f(x)=3x+2+\int_0^1 xf(t)\,dt$

$$=3x+2+x\int_0^1 f(t)\,dt$$

⬅ dt であるから，x は定数とみる。

$\int_0^1 f(t)\,dt=k$ (定数) …① とおくと

⬅ $\int_0^1 xf(t)\,dt=k$ とおくのは誤り。

$f(x)=3x+2+kx=(3+k)x+2$

これを①に代入して

$$k=\int_0^1 \{(3+k)t+2\}\,dt=\left[\frac{1}{2}(3+k)t^2+2t\right]_0^1$$

$$=\frac{1}{2}(3+k)+2$$

よって $k=\frac{1}{2}(3+k)+2$ より $k=7$

ゆえに $\boldsymbol{f(x)=10x+2}$

404 (1) $f(x)=x^2-2x\int_0^1 f(t)\,dt+\int_0^2 f(t)\,dt$ において

$\int_0^1 f(t)\,dt=A$ (定数) …①

$\int_0^2 f(t)\,dt=B$ (定数) …②

⬅ $\int_0^1 f(t)\,dt$ と $\int_0^2 f(t)\,dt$ は積分区間が異なるから，別々の定数 A，B でおく。

とおくと $f(x)=x^2-2Ax+B$ …③

③を①に代入すると

$$A=\int_0^1 (t^2-2At+B)\,dt$$

$$=\left[\frac{1}{3}t^3-At^2+Bt\right]_0^1=\frac{1}{3}-A+B$$

よって $2A-B=\frac{1}{3}$ …④

③を②に代入すると

$$B=\int_0^2 (t^2-2At+B)\,dt$$

$$=\left[\frac{1}{3}t^3-At^2+Bt\right]_0^2=\frac{8}{3}-4A+2B$$

よって　$4A-B=\frac{8}{3}$　…⑤

④，⑤を解いて　$A=\frac{7}{6}$，$B=2$

ゆえに　$\boldsymbol{f(x)=x^2-\frac{7}{3}x+2}$

(2)　$f(x)=12x^2+\int_0^1 (x-t)f(t)\,dt$

$$=12x^2+x\int_0^1 f(t)\,dt-\int_0^1 tf(t)\,dt$$

において

$$\int_0^1 f(t)\,dt=A\ (定数)\quad\cdots①$$

$$\int_0^1 tf(t)\,dt=B\ (定数)\quad\cdots②$$

とおくと　$f(x)=12x^2+Ax-B$　…③

③を①に代入すると

$$A=\int_0^1 (12t^2+At-B)\,dt$$

$$=\left[4t^3+\frac{1}{2}At^2-Bt\right]_0^1=4+\frac{1}{2}A-B$$

よって　$A+2B=8$　…④

③を②に代入すると

$$B=\int_0^1 t(12t^2+At-B)\,dt$$

$$=\left[3t^4+\frac{1}{3}At^3-\frac{1}{2}Bt^2\right]_0^1$$

$$=3+\frac{1}{3}A-\frac{1}{2}B$$

よって　$2A-9B=-18$　…⑤

④，⑤を解いて　$A=\frac{36}{13}$，$B=\frac{34}{13}$

ゆえに　$\boldsymbol{f(x)=12x^2+\frac{36}{13}x-\frac{34}{13}}$

⬅ $\int_0^1 (x-t)f(t)\,dt=A$
とおくのは誤り。
$(x-t)f(t)=xf(t)-tf(t)$
と展開すると

$$\int_0^1 (x-t)f(t)dt$$
$$=\int_0^1 xf(t)dt-\int_0^1 tf(t)dt$$
$$=x\int_0^1 f(t)dt-\int_0^1 tf(t)dt$$

↑ t についての積分なので x は定数扱いで，外に出せる。

⬅ $A=4+\frac{1}{2}A-B$

$\frac{1}{2}A+B=4$

$A+2B=8$

⬅ $B=3+\frac{1}{3}A-\frac{1}{2}B$

$\frac{1}{3}A-\frac{3}{2}B=-3$

$2A-9B=-18$

⬅ ④×2−⑤より　$13B=34$

よって　$B=\frac{34}{13}$

$A=-2B+8=-\frac{68}{13}+8=\frac{36}{13}$

405 $\int_1^x \{2f(t)-g(t)\}\,dt=3x^2-3x+a$ …①

$\int_1^x \{f(t)+2g(t)\}\,dt=5x^3-x^2+x+b$ …②

①，②の等式の両辺をそれぞれ x で微分すると

$2f(x)-g(x)=6x-3$ …③

$f(x)+2g(x)=15x^2-2x+1$ …④

⬅ $\frac{d}{dx}\int_1^x \{2f(t)-g(t)\}\,dt=2f(x)-g(x)$
t を x にして

③×2＋④より　$5f(x)=15x^2+10x-5$

⬅ ③，④より $g(x)$ を消去する。

④×2−③より　$5g(x)=30x^2-10x+5$

⬅ ③，④より $f(x)$ を消去する。

よって

$\boldsymbol{f(x)=3x^2+2x-1,\ g(x)=6x^2-2x+1}$

次に，①，②で $x=1$ とおくと

$0=3-3+a,\ 0=5-1+1+b$

よって　$\boldsymbol{a=0,\ b=-5}$

⬅ 1を代入 $\int_1^x \{2f(t)-g(t)\}\,dt$
$\int_a^a f(x)\,dx=0$ を利用する。

406 $f(x)=\int_0^x (t^2-2t)\,dt$ において

両辺を x で微分すると　$f'(x)=x^2-2x=x(x-2)$

⬅ $\frac{d}{dx}\int_0^x (t^2-2t)\,dt=x^2-2x$

$-2\leqq x\leqq 3$ における増減表は次のようになる。

x	-2	…	0	…	2	…	3
$f'(x)$		＋	0	−	0	＋	
$f(x)$		↗	極大	↘	極小	↗	0

$f(x)=\int_0^x (t^2-2t)\,dt=\left[\frac{1}{3}t^3-t^2\right]_0^x=\frac{1}{3}x^3-x^2$ より

$f(-2)=-\frac{20}{3},\ f(0)=0,\ f(2)=-\frac{4}{3},\ f(3)=0$

よって　$\boldsymbol{x=0,\ 3}$ のとき　**最大値 0**

$\boldsymbol{x=-2}$ のとき　**最小値** $\boldsymbol{-\frac{20}{3}}$

区間のある最大・最小 ➡ 極大値・極小値・区間の端点の値を調べる

407 $f(x)$は2次関数なので

$f(x)=ax^2+bx+c\ (a\neq 0)$ とおく。

ここで，$f(0)=1$ であるから　$c=1$

また，$g(x)$ は任意の1次関数であるから

$g(x)=px+q\ (p\neq 0)$

とおくと

⬅「任意の1次関数 $g(x)=px+q$ について成り立つ。」
は，p，q についての恒等式と考える。

$$f(x)g(x)=(ax^2+bx+1)(px+q)$$
$$=p(ax^3+bx^2+x)+q(ax^2+bx+1)$$

⬅「$Ap+Bq=0$ の形に変形」するので　$(\ \ )(px+q)$
$=(\ \ )\cdot xp+(\ \ )q$
のように展開する。

ここで，$\int_0^1 f(x)g(x)=0$ であるから

$$\int_0^1 \{p(ax^3+bx^2+x)+q(ax^2+bx+1)\}\,dx$$
$$=p\left[\frac{1}{4}ax^4+\frac{1}{3}bx^3+\frac{1}{2}x^2\right]_0^1$$
$$+q\left[\frac{1}{3}ax^3+\frac{1}{2}bx^2+x\right]_0^1=0$$

すなわち　$p\left(\frac{1}{4}a+\frac{1}{3}b+\frac{1}{2}\right)+q\left(\frac{1}{3}a+\frac{1}{2}b+1\right)=0$

⬅任意の1次関数 $g(x)$ なので，p，q について整理する。

これが，任意の実数 p，q について成り立つから

$$\frac{1}{4}a+\frac{1}{3}b+\frac{1}{2}=0,\quad \frac{1}{3}a+\frac{1}{2}b+1=0$$

⬅p，q についての恒等式

これより　$\begin{cases} 3a+4b=-6 & \cdots① \\ 2a+3b=-6 & \cdots② \end{cases}$

⬅①×3−②×4 より
$9a+12b=-18$ …①×3
$-)\ 8a+12b=-24$ …②×4
$a\qquad=6$
①に代入して $b=-6$

①，②を解いて　$a=6$，$b=-6$　（$a\neq 0$ を満たす）

よって　$\boldsymbol{f(x)=6x^2-6x+1}$

408　$f(a)=\int_0^1 (x^2+ax+a^2)\,dx=\left[\frac{1}{3}x^3+\frac{a}{2}x^2+a^2x\right]_0^1$

$$=a^2+\frac{1}{2}a+\frac{1}{3}=\left(a^2+\frac{1}{2}a+\frac{1}{16}\right)-\frac{1}{16}+\frac{1}{3}$$
$$=\left(a+\frac{1}{4}\right)^2+\frac{13}{48}$$

⬅定積分の値は a の2次関数として考える。

よって　$\boldsymbol{a=-\frac{1}{4}}$ **のとき　最小値** $\boldsymbol{\frac{13}{48}}$

409　$f(a)=\int_a^{a+1} (x-1)^2\,dx=\int_a^{a+1} (x^2-2x+1)\,dx$

$$=\left[\frac{1}{3}x^3-x^2+x\right]_a^{a+1}$$
$$=\frac{1}{3}(a+1)^3-(a+1)^2+(a+1)-\left(\frac{1}{3}a^3-a^2+a\right)$$
$$=a^2-a+\frac{1}{3}=a^2-a+\left(\frac{1}{2}\right)^2-\left(\frac{1}{2}\right)^2+\frac{1}{3}$$
$$=\left(a-\frac{1}{2}\right)^2-\frac{1}{4}+\frac{1}{3}=\left(a-\frac{1}{2}\right)^2+\frac{1}{12}$$

よって　$\boldsymbol{a=\frac{1}{2}}$ **のとき　最小値** $\boldsymbol{\frac{1}{12}}$

410 (1) $I=\int_{-1}^{1}(ax^2+bx+1)^2\,dx$

$$=\int_{-1}^{1}(a^2x^4+b^2x^2+1+2abx^3+2bx+2ax^2)\,dx$$

⬅ $(p+q+r)^2$
$=p^2+q^2+r^2+2pq+2qr+2rp$

$$=2\int_{0}^{1}\{a^2x^4+(2a+b^2)x^2+1\}\,dx$$

⬅ $\int_{-1}^{1}x^3dx=0,\int_{-1}^{1}xdx=0$ を利用

$$=2\left[\frac{1}{5}a^2x^5+\frac{1}{3}(2a+b^2)x^3+x\right]_0^1$$

$$=2\left\{\frac{1}{5}a^2+\frac{1}{3}(2a+b^2)+1\right\}$$

$$=\boldsymbol{\frac{2}{5}a^2+\frac{4}{3}a+\frac{2}{3}b^2+2}$$

$\int_{-a}^{a}x^n\,dx$ の定積分

n が偶数のとき
$$\int_{-a}^{a}x^n\,dx=2\int_0^a x^n\,dx$$
n が奇数のとき
$$\int_{-a}^{a}x^n\,dx=0$$

(2) $I=\frac{2}{5}a^2+\frac{4}{3}a+\frac{2}{3}b^2+2$

$$=\frac{2}{5}\left(a^2+\frac{10}{3}a\right)+\frac{2}{3}b^2+2$$

$$=\frac{2}{5}\left\{\left(a+\frac{5}{3}\right)^2-\frac{25}{9}\right\}+\frac{2}{3}b^2+2$$

$$=\frac{2}{5}\left(a+\frac{5}{3}\right)^2+\frac{2}{3}b^2+\frac{8}{9}$$

よって　**$a=-\frac{5}{3}$，$b=0$ のとき　最小値 $\frac{8}{9}$**

411 (1) $\int_{-1}^{2}(x^2-x-2)\,dx$

$$=\int_{-1}^{2}(x+1)(x-2)\,dx$$

$$=-\frac{1}{6}\{2-(-1)\}^3=\boldsymbol{-\frac{9}{2}}$$

定積分の公式

$$\int_{\alpha}^{\beta}(x-\alpha)(x-\beta)\,dx$$
$$=-\frac{1}{6}(\beta-\alpha)^3$$

(2) $\int_{-\frac{3}{2}}^{1}(2x^2+x-3)\,dx$

$$=\int_{-\frac{3}{2}}^{1}(2x+3)(x-1)\,dx$$

$$=2\int_{-\frac{3}{2}}^{1}\left(x+\frac{3}{2}\right)(x-1)\,dx$$

⬅ $2x+3=2\left(x+\frac{3}{2}\right)$ とし，
$\int_{\alpha}^{\beta}(x-\alpha)(x-\beta)dx$
x の係数は 1
の形に変形する。

$$=2\times\left\{-\frac{1}{6}\left(1+\frac{3}{2}\right)^3\right\}=\boldsymbol{-\frac{125}{24}}$$

(3) $\int_{1-\sqrt{2}}^{1+\sqrt{2}}(x^2-2x-1)\,dx$

$$=\int_{1-\sqrt{2}}^{1+\sqrt{2}}\{x-(1-\sqrt{2})\}\{x-(1+\sqrt{2})\}\,dx$$

⬅ $x^2-2x-1=0$ の解は
$x=1\pm\sqrt{2}$

$$=-\frac{1}{6}\{(1+\sqrt{2})-(1-\sqrt{2})\}^3=\boldsymbol{-\frac{8\sqrt{2}}{3}}$$

(4) $\displaystyle\int_{\frac{1-\sqrt{10}}{3}}^{\frac{1+\sqrt{10}}{3}}(3x^2-2x-3)\,dx$

$$=\int_{\frac{1-\sqrt{10}}{3}}^{\frac{1+\sqrt{10}}{3}}3\left(x-\frac{1-\sqrt{10}}{3}\right)\left(x-\frac{1+\sqrt{10}}{3}\right)dx$$

$$=3\times\left\{-\frac{1}{6}\left(\frac{1+\sqrt{10}}{3}-\frac{1-\sqrt{10}}{3}\right)^3\right\}$$

$$=-\frac{1}{2}\times\left(\frac{2\sqrt{10}}{3}\right)^3=-\frac{1}{2}\times\frac{80\sqrt{10}}{27}=-\mathbf{\frac{40\sqrt{10}}{27}}$$

← $3x^2-2x-3=0$ の解は

$x=\dfrac{1\pm\sqrt{10}}{3}$

← $ax^2+bx+c=0$ の 2 つの解を

α, β とすると

ax^2+bx+c

$=a(x-\alpha)(x-\beta)$

↑ 忘れない

412 $\displaystyle\int_0^2 xf(x)\,dx \geqq \int_0^1\{f(x)\}^2dx+3$ より

$$\int_0^2 x(3x+a)\,dx \geqq \int_0^1(3x+a)^2dx+3$$

ここで

$$\int_0^2 x(3x+a)\,dx=\int_0^2(3x^2+ax)\,dx=\left[x^3+\frac{1}{2}ax^2\right]_0^2$$

$$=8+2a$$

$$\int_0^1(3x+a)^2dx=\int_0^1(9x^2+6ax+a^2)\,dx$$

$$=\left[3x^3+3ax^2+a^2x\right]_0^1$$

$$=3+3a+a^2$$

よって　$8+2a\geqq 3+3a+a^2+3$

$a^2+a-2\leqq 0$

$(a+2)(a-1)\leqq 0$

ゆえに　$\boldsymbol{-2\leqq a\leqq 1}$

413 $\displaystyle\int_0^1\{f(x)\}^2dx-\left\{\int_0^1 f(x)\,dx\right\}^2$

$$=\int_0^1(ax+b)^2dx-\left\{\int_0^1(ax+b)\,dx\right\}^2$$

$$=\int_0^1(a^2x^2+2abx+b^2)\,dx-\left\{\left[\frac{a}{2}x^2+bx\right]_0^1\right\}^2$$

$$=\left[\frac{a^2}{3}x^3+abx^2+b^2x\right]_0^1-\left(\frac{a}{2}+b\right)^2$$

$$=\left(\frac{a^2}{3}+ab+b^2\right)-\left(\frac{a^2}{4}+ab+b^2\right)=\frac{a^2}{12}\geqq 0$$

よって　$\displaystyle\int_0^1\{f(x)\}^2dx-\left\{\int_0^1 f(x)\,dx\right\}^2\geqq 0$

ゆえに　$\displaystyle\int_0^1\{f(x)\}^2dx\geqq\left\{\int_0^1 f(x)\,dx\right\}^2$　終

また，**等号が成立するのは $\boldsymbol{a=0}$ のときである。**

不等式の証明

$P>Q \iff P - Q >0$

(大きい方)　(小さい方)

← x についての積分であるから，a，b は定数として扱う。

← 等号成立は $\dfrac{a^2}{12}=0$ より $a=0$

414 (1) 放物線と x 軸の共有点の x 座標は

$-3x^2+6x=0$ を解いて

$3x(x-2)=0$

よって，$x=0,\ 2$

求める面積は

$$S=\int_0^2(-3x^2+6x)\,dx=\Big[-x^3+3x^2\Big]_0^2=\mathbf{4}$$

(2) 放物線と x 軸の共有点の x 座標は

$x^2+x-2=0$ を解いて

$(x+2)(x-1)=0$

よって　$x=-2,\ 1$

求める面積は

$$S=-\int_{-2}^1(x^2+x-2)\,dx$$

$$=-\left[\frac{1}{3}x^3+\frac{1}{2}x^2-2x\right]_{-2}^1$$

$$=-\left(\frac{1}{3}+\frac{1}{2}-2\right)+\left(-\frac{8}{3}+2+4\right)=\boldsymbol{\frac{9}{2}}$$

(3) 放物線と x 軸の共有点の x 座標は

$x^2-4x+3=0$ を解いて

$(x-1)(x-3)=0$

よって　$x=1,\ 3$

求める面積は

$$S=\int_0^1(x^2-4x+3)\,dx-\int_1^3(x^2-4x+3)\,dx$$

$$=\left[\frac{1}{3}x^3-2x^2+3x\right]_0^1+\left[-\frac{1}{3}x^3+2x^2-3x\right]_1^3$$

$$=\left(\frac{1}{3}-2+3\right)+(-9+18-9)-\left(-\frac{1}{3}+2-3\right)$$

$$=\boldsymbol{\frac{8}{3}}$$

$f(x)\geqq 0$ のときの面積

$S=\int_a^b f(x)\,dx$

$f(x)\leqq 0$ のときの面積

$S=-\int_a^b f(x)\,dx$

⬅ x 軸は直線 $y=0$ でもあるので $f(x)\leqq 0$ であるときの面積は $\int_a^b\{0-f(x)\}\,dx=-\int_a^b f(x)\,dx$ と考えてもよい。

⬅ $f(x)\geqq 0$ の部分の面積と $f(x)\leqq 0$ の部分の面積の和

415 (1) 求める面積は，右の図より

$$S=\int_1^3 x^2\,dx=\left[\frac{1}{3}x^3\right]_1^3$$

$$=\frac{27}{3}-\frac{1}{3}=\boldsymbol{\frac{26}{3}}$$

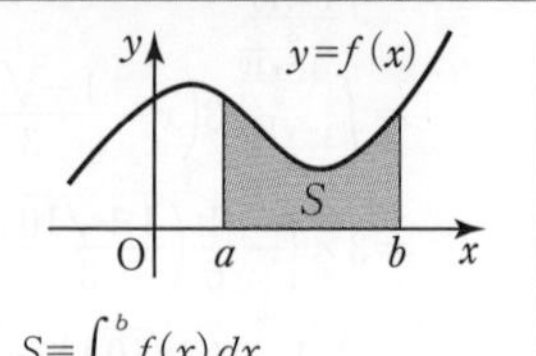

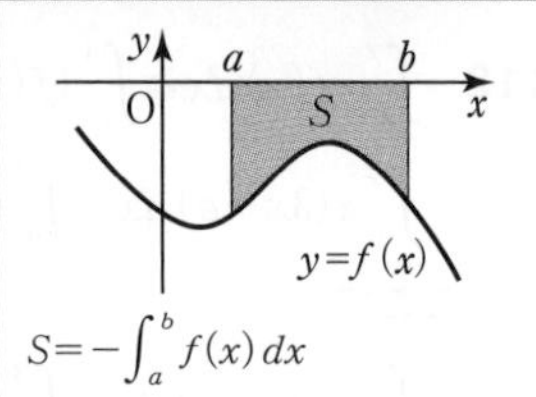

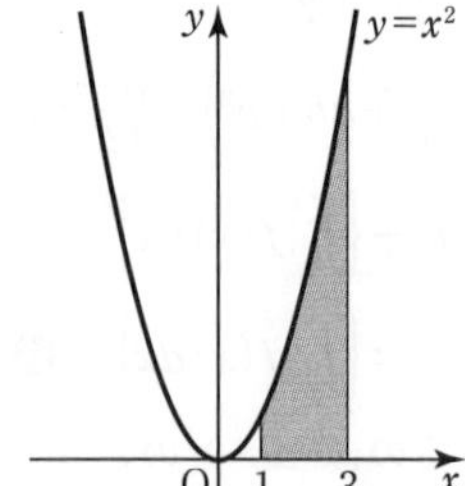

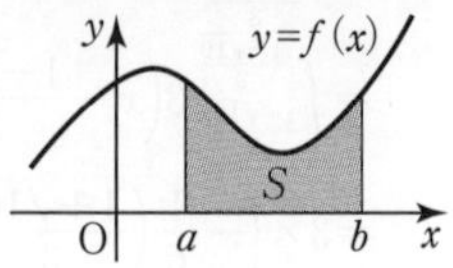

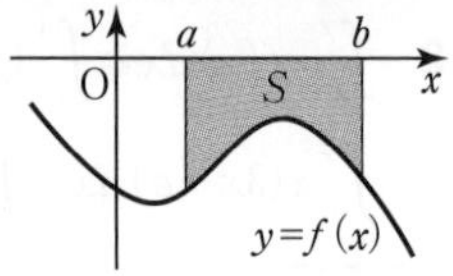

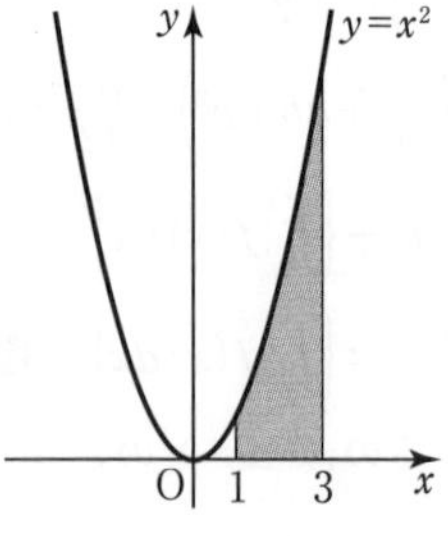

(2)　求める面積は，右の図より

$$S=\int_{-1}^{1}\{-(-x^2-2)\}\,dx$$

$$=\left[\frac{1}{3}x^3+2x\right]_{-1}^{1}$$

$$=\left(\frac{1}{3}+2\right)-\left(-\frac{1}{3}-2\right)$$

$$=\mathbf{\frac{14}{3}}$$

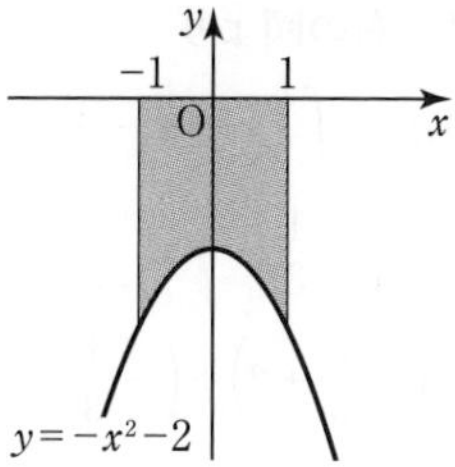

⬅ 図形の対称性から $S=2\int_{0}^{1}(x^2+2)\,dx$ として計算してもよい。

(3)　放物線と x 軸の共有点の x 座標は

$x^2+2x-3=0$ を解いて　　$(x+3)(x-1)=0$

よって，$x=1,\ -3$

求める面積は，右の図より

$$S=-\int_{-3}^{1}(x^2+2x-3)\,dx$$

$$=-\left[\frac{1}{3}x^3+x^2-3x\right]_{-3}^{1}$$

$$=-\left\{\left(\frac{1}{3}+1-3\right)-(-9+9+9)\right\}=\mathbf{\frac{32}{3}}$$

同じ式が現れる

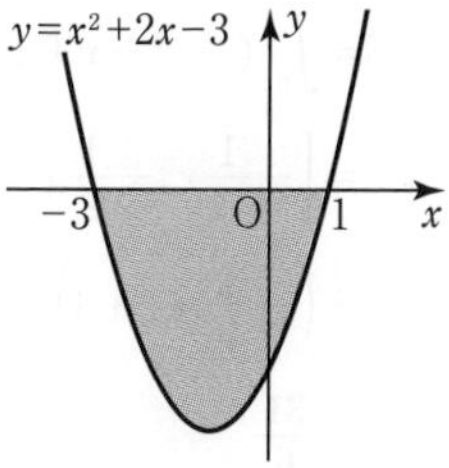

別解

$$S=-\int_{-3}^{1}(x^2+2x-3)\,dx=-\int_{-3}^{1}(x+3)(x-1)\,dx$$

$$=\frac{1}{6}\{1-(-3)\}^3=\mathbf{\frac{32}{3}}$$

積分の公式

$$-\int_{\alpha}^{\beta}(x-\alpha)(x-\beta)\,dx=\frac{(\beta-\alpha)^3}{6}$$

(4)　放物線と x 軸の共有点の x 座標は

$-x^2+x+2=0$ を解いて　　$(x+1)(x-2)=0$

よって，$x=2,\ -1$

求める面積は，右の図より

$$S=\int_{-1}^{2}(-x^2+x+2)\,dx$$

$$=\left[-\frac{1}{3}x^3+\frac{1}{2}x^2+2x\right]_{-1}^{2}$$

$$=\left(-\frac{8}{3}+2+4\right)-\left(\frac{1}{3}+\frac{1}{2}-2\right)=\mathbf{\frac{9}{2}}$$

同じ式が現れる

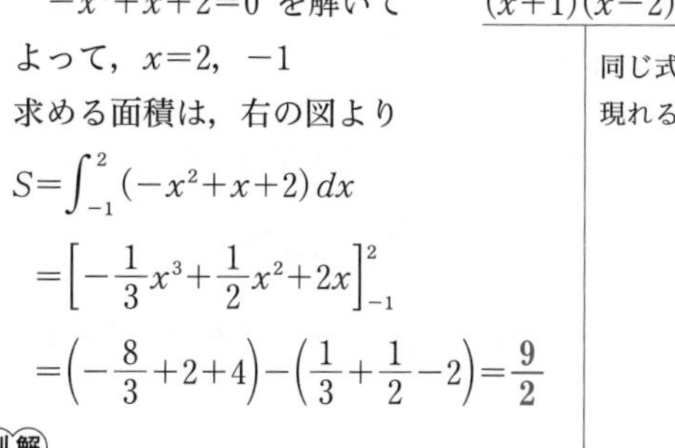

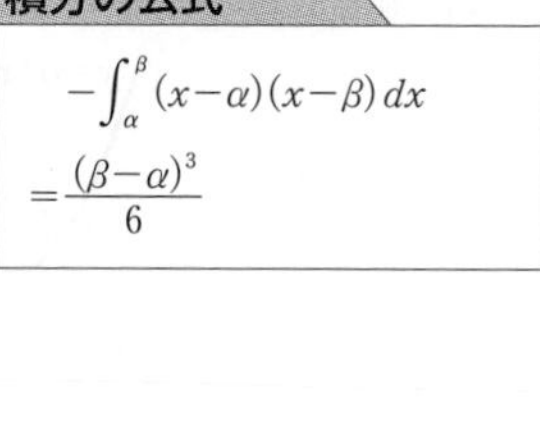

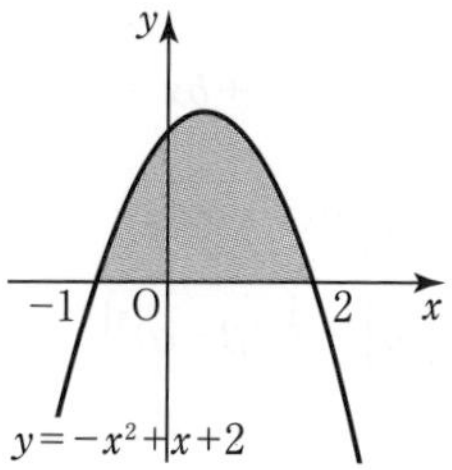

別解

$$S=\int_{-1}^{2}(-x^2+x+2)\,dx=-\int_{-1}^{2}(x+1)(x-2)\,dx$$

$$=\frac{1}{6}\{2-(-1)\}^3=\mathbf{\frac{9}{2}}$$

416 (1) 求める面積は，右の図より

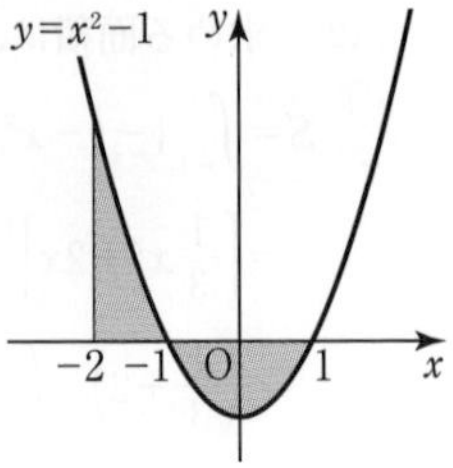

$$S=\int_{-2}^{-1}(x^2-1)\,dx+\int_{-1}^{1}\{-(x^2-1)\}\,dx$$

$$=\left[\frac{1}{3}x^3-x\right]_{-2}^{-1}+\left[-\frac{1}{3}x^3+x\right]_{-1}^{1}$$

$$=\left(-\frac{1}{3}+1\right)-\left(-\frac{8}{3}+2\right)+\left(-\frac{1}{3}+1\right)-\left(\frac{1}{3}-1\right)$$

$$=\frac{8}{3}$$

(2) 求める面積は，右の図より

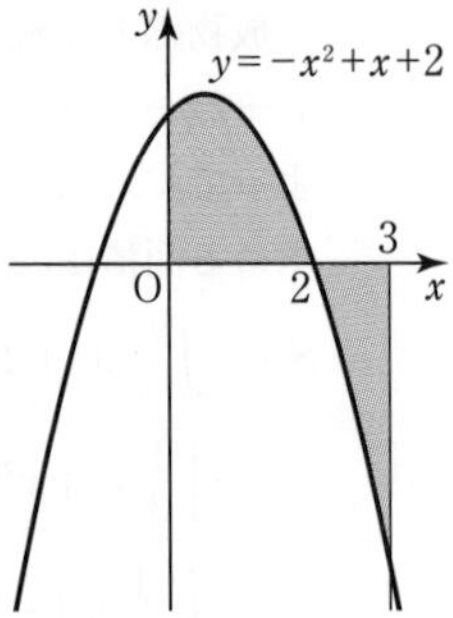

$$S=\int_{0}^{2}(-x^2+x+2)\,dx+\int_{2}^{3}\{-(-x^2+x+2)\}\,dx$$

$$=\left[-\frac{1}{3}x^3+\frac{1}{2}x^2+2x\right]_{0}^{2}+\left[\frac{1}{3}x^3-\frac{1}{2}x^2-2x\right]_{2}^{3}$$

$$=\left(-\frac{8}{3}+2+4\right)+\left(9-\frac{9}{2}-6\right)-\left(\frac{8}{3}-2-4\right)$$

$$=\frac{31}{6}$$

放物線と直線，あるいは 2 つの放物線で囲まれた図形の面積 S

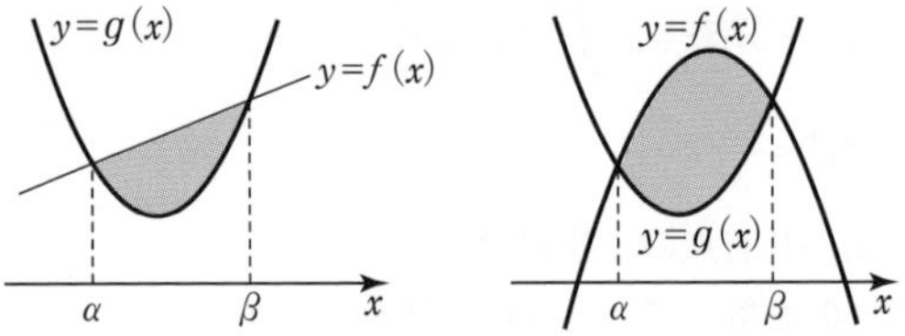

$S=\int_{\alpha}^{\beta}\{f(x)-g(x)\}\,dx$ …… 上から下を引く

$=\int_{\alpha}^{\beta}(ax^2+bx+c)\,dx$ …… 2 次式 $ax^2+bx+c=0$ の解が α，β

$=\int_{\alpha}^{\beta}a(x-\alpha)(x-\beta)\,dx$ …… x^2 の係数でくくって，因数分解

$=a\left\{-\frac{1}{6}(\beta-\alpha)^3\right\}$ ……$\int_{\alpha}^{\beta}(x-\alpha)(x-\beta)\,dx=-\frac{1}{6}(\beta-\alpha)^3$ を利用するのが便利

417 (1) 放物線と直線の共有点の x 座標は

$x^2+1=-x+3$ を解いて

$(x+2)(x-1)=0$

よって　$x=1$，-2

求める面積は

$$S=\int_{-2}^{1}\{(-x+3)-(x^2+1)\}\,dx$$

$$=\int_{-2}^{1}(-x^2-x+2)\,dx$$

$$=\left[-\frac{1}{3}x^3-\frac{1}{2}x^2+2x\right]_{-2}^{1}$$

$$=\left(-\frac{1}{3}-\frac{1}{2}+2\right)-\left(\frac{8}{3}-2-4\right)$$

$$=\mathbf{\frac{9}{2}}$$

別解

$$S=-\int_{-2}^{1}(x+2)(x-1)\,dx=\frac{1}{6}\{1-(-2)\}^3=\frac{9}{2}$$

(2) 放物線と直線の共有点の x 座標は

$-2x^2-x+3=2x+1$ を解いて

$(x+2)(2x-1)=0$

よって　$x=-2,\ \frac{1}{2}$

求める面積は

$$S=\int_{-2}^{\frac{1}{2}}\{(-2x^2-x+3)-(2x+1)\}\,dx$$

$$=\int_{-2}^{\frac{1}{2}}(-2x^2-3x+2)\,dx$$

$$=\left[-\frac{2}{3}x^3-\frac{3}{2}x^2+2x\right]_{-2}^{\frac{1}{2}}$$

$$=\left(-\frac{1}{12}-\frac{3}{8}+1\right)-\left(\frac{16}{3}-6-4\right)$$

$$=\frac{13}{24}+\frac{14}{3}=\mathbf{\frac{125}{24}}$$

別解

$$S=\int_{-2}^{\frac{1}{2}}(-2x^2-3x+2)\,dx$$

$$=-2\int_{-2}^{\frac{1}{2}}(x+2)\left(x-\frac{1}{2}\right)dx$$

$$=2\cdot\frac{1}{6}\left\{\frac{1}{2}-(-2)\right\}^3$$

$$=\frac{1}{3}\cdot\left(\frac{5}{2}\right)^3=\frac{125}{24}$$

定積分の公式

$$\int_{\alpha}^{\beta}(x-\alpha)(x-\beta)\,dx$$
$$=-\frac{1}{6}(\beta-\alpha)^3$$

(3)　放物線と直線の共有点の x 座標は

$x^2-3=-1$ を解いて

$x^2=2$　よって　$x=\pm\sqrt{2}$

求める面積は

$$S=\int_{-\sqrt{2}}^{\sqrt{2}}\{-1-(x^2-3)\}\,dx$$

$$=\left[-\frac{1}{3}x^3+2x\right]_{-\sqrt{2}}^{\sqrt{2}}$$

$$=\left(-\frac{2\sqrt{2}}{3}+2\sqrt{2}\right)-\left(\frac{2\sqrt{2}}{3}-2\sqrt{2}\right)=\frac{8\sqrt{2}}{3}$$

別解

$$S=\int_{-\sqrt{2}}^{\sqrt{2}}(-x^2+2)\,dx$$

$$=-\int_{-\sqrt{2}}^{\sqrt{2}}(x+\sqrt{2})(x-\sqrt{2})\,dx$$

$$=\frac{1}{6}\{\sqrt{2}-(-\sqrt{2})\}^3=\frac{8\sqrt{2}}{3}$$

418　(1)　放物線と直線の共有点の x 座標は

$x^2-x+2=x+5$ を解いて

$$(x+1)(x-3)=0$$

よって　$x=-1,\ 3$

求める面積は，右の図より

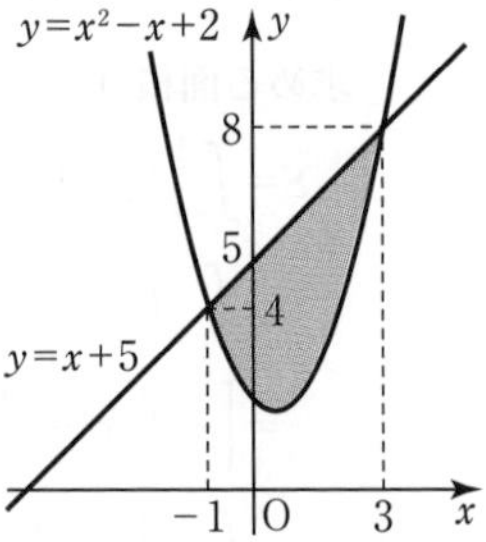

$$S=\int_{-1}^{3}\{(x+5)-(x^2-x+2)\}\,dx$$

$$=-\int_{-1}^{3}(x+1)(x-3)\,dx$$

$$=\frac{1}{6}\{3-(-1)\}^3=\frac{32}{3}$$

(2)　放物線と直線の共有点の x 座標は

$-2x^2+x+8=3x-4$ を解いて

$$(x+3)(x-2)=0$$

よって　$x=-3,\ 2$

求める面積は，右の図より

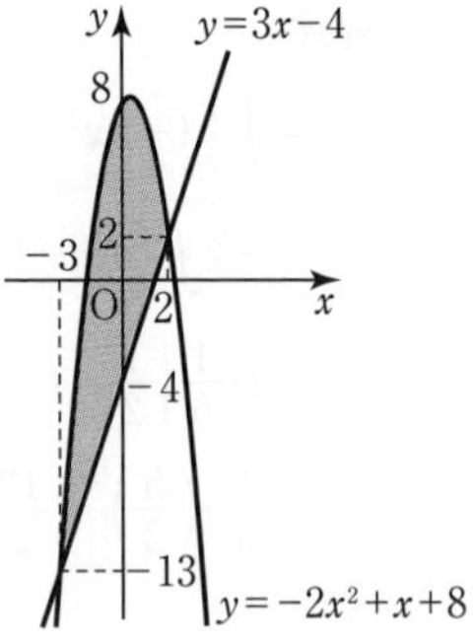

$$S=\int_{-3}^{2}\{(-2x^2+x+8)-(3x-4)\}\,dx$$

$$=-2\int_{-3}^{2}(x+3)(x-2)\,dx$$

$$=\frac{2}{6}\{2-(-3)\}^3=\frac{125}{3}$$

(3) 放物線と直線の共有点の x 座標は

$\frac{1}{2}x^2-1=-\frac{1}{2}x$ を解いて

$(x+2)(x-1)=0$

よって　$x=-2,\ 1$

求める面積は，右の図より

$$S=\int_{-2}^{1}\left\{-\frac{1}{2}x-\left(\frac{1}{2}x^2-1\right)\right\}dx$$

$$=-\frac{1}{2}\int_{-2}^{1}(x+2)(x-1)\,dx$$

$$=\frac{1}{2}\cdot\frac{1}{6}\{1-(-2)\}^3=\boldsymbol{\frac{9}{4}}$$

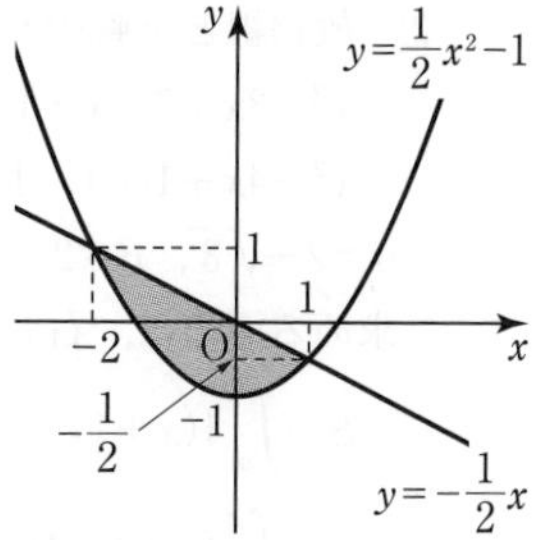

(4) 放物線と直線の共有点の x 座標は

$-x^2+6x+1=-3x+15$ を解いて

$(x-2)(x-7)=0$

よって　$x=2,\ 7$

求める面積は，右の図より

$$S=\int_{2}^{7}\{(-x^2+6x+1)-(-3x+15)\}\,dx$$

$$=-\int_{2}^{7}(x-2)(x-7)\,dx$$

$$=\frac{1}{6}(7-2)^3=\boldsymbol{\frac{125}{6}}$$

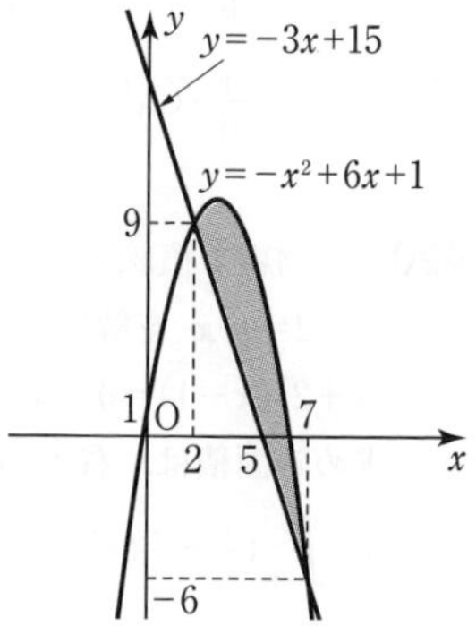

419 (1) 放物線と x 軸の共有点の x 座標は

$x^2-2x-5=0$　を解いて $x=1\pm\sqrt{6}$

ここで，$\alpha=1-\sqrt{6}$，$\beta=1+\sqrt{6}$ とおくと

求める面積は，右の図より

$$S=\int_{\alpha}^{\beta}\{-(x^2-2x-5)\}\,dx$$

$$=-\int_{\alpha}^{\beta}(x-\alpha)(x-\beta)\,dx$$

$$=\frac{1}{6}(\beta-\alpha)^3=\frac{1}{6}\{(1+\sqrt{6})-(1-\sqrt{6})\}^3$$

$$=\frac{1}{6}\cdot(2\sqrt{6})^3=\boldsymbol{8\sqrt{6}}$$

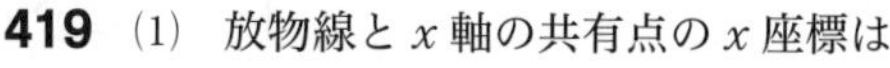

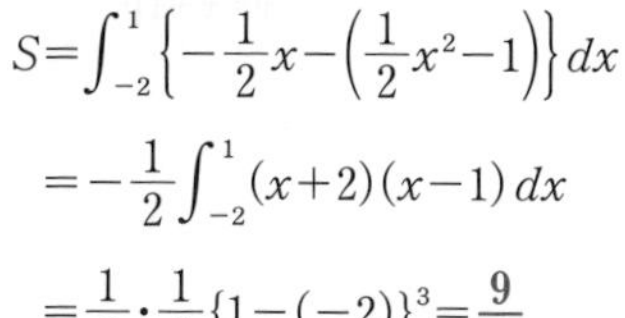

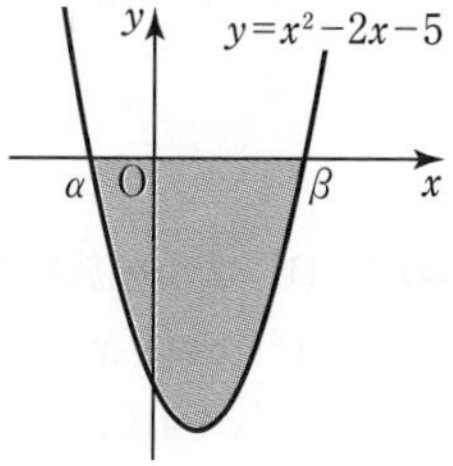

(参考)

α，β とおかずに

$$S=-\int_{1-\sqrt{6}}^{1+\sqrt{6}}\{x-(1-\sqrt{6})\}\{x-(1+\sqrt{6})\}\,dx$$

と解いてもよい。

(2)　放物線と x 軸の共有点の x 座標は

$x^2-3x+2=x+1$　を解いて

$x^2-4x+1=0$　よって，$x=2\pm\sqrt{3}$

$\alpha=2-\sqrt{3}$，$\beta=2+\sqrt{3}$　とおくと

求める面積は，右の図より

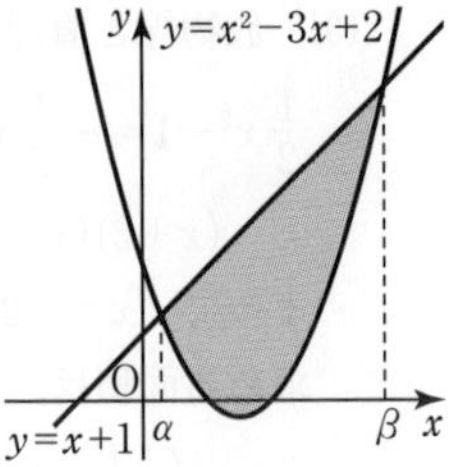

$$S=\int_{\alpha}^{\beta}\{(x+1)-(x^2-3x+2)\}\,dx$$

$$=\int_{\alpha}^{\beta}(-x^2+4x-1)\,dx$$

$$=-\int_{\alpha}^{\beta}(x-\alpha)(x-\beta)\,dx$$

$$=\frac{1}{6}(\beta-\alpha)^3=\frac{1}{6}\{(2+\sqrt{3})-(2-\sqrt{3})\}^3$$

$$=\frac{1}{6}\cdot(2\sqrt{3})^3=4\sqrt{3}$$

420　放物線と直線の共有点の x 座標は

$x^2-2=-x$ を解いて

$(x+2)(x-1)=0$　よって　$x=-2,\ 1$

求める面積は，右の図より

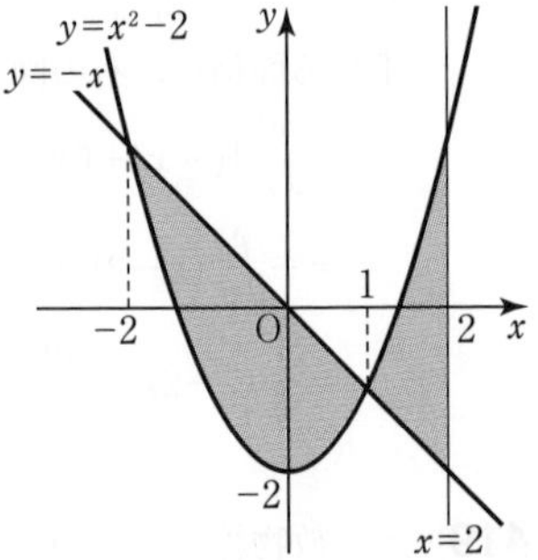

$$S=\int_{-2}^{1}\{-x-(x^2-2)\}\,dx+\int_{1}^{2}\{(x^2-2)-(-x)\}\,dx$$

$$=\left[-\frac{1}{3}x^3-\frac{1}{2}x^2+2x\right]_{-2}^{1}+\left[\frac{1}{3}x^3+\frac{1}{2}x^2-2x\right]_{1}^{2}$$

$$=\left(-\frac{1}{3}-\frac{1}{2}+2\right)-\left(\frac{8}{3}-2-4\right)$$

$$+\left(\frac{8}{3}+2-4\right)-\left(\frac{1}{3}+\frac{1}{2}-2\right)=\frac{19}{3}$$

421　(1)　2 つの放物線の共有点の x 座標は

$x^2-6=-x^2-4x+10$　を解いて

$(x+4)(x-2)=0$　よって，$x=-4,\ 2$

求める面積は

$$S=\int_{-4}^{2}\{(-x^2-4x+10)-(x^2-6)\}\,dx$$

$$=\int_{-4}^{2}(-2x^2-4x+16)\,dx$$

$$=\left[-\frac{2}{3}x^3-2x^2+16x\right]_{-4}^{2}$$

$$=\left(-\frac{16}{3}-8+32\right)-\left(\frac{128}{3}-32-64\right)=72$$

別解

$$S=-2\int_{-4}^{2}(x+4)(x-2)\,dx$$

$$=2\cdot\frac{1}{6}\{2-(-4)\}^3=72$$

(2)　2 つの放物線の共有点の x 座標は

$-3x^2+9x=-\dfrac{1}{2}x^2+4x$　を解いて

$5x^2-10x=0$　より　$x(x-2)=0$

よって　$x=0,\ 2$

求める面積は

$$S=\int_0^2\left\{(-3x^2+9x)-\left(-\frac{1}{2}x^2+4x\right)\right\}dx$$

$$=\int_0^2\left(-\frac{5}{2}x^2+5x\right)dx$$

$$=\left[-\frac{5}{6}x^3+\frac{5}{2}x^2\right]_0^2$$

$$=\left(-\frac{20}{3}+10\right)=\frac{10}{3}$$

別解

$$S=-\frac{5}{2}\int_0^2 x(x-2)\,dx=\frac{5}{2}\cdot\frac{1}{6}(2-0)^3=\frac{10}{3}$$

(3)　2 つの放物線の共有点の x 座標は

$x^2+x-3=-x^2+x+5$　を解いて

$x^2=4$

よって　$x=\pm2$

求める面積は

$$S=\int_{-2}^{2}\{(-x^2+x+5)-(x^2+x-3)\}\,dx$$

$$+\int_{2}^{3}\{(x^2+x-3)-(-x^2+x+5)\}\,dx$$

$$=\int_{-2}^{2}(-2x^2+8)\,dx+\int_{2}^{3}(2x^2-8)\,dx$$

$$=\left[-\frac{2}{3}x^3+8x\right]_{-2}^{2}+\left[\frac{2}{3}x^3-8x\right]_{2}^{3}$$

$$=\left(-\frac{16}{3}+16\right)-\left(\frac{16}{3}-16\right)$$

$$+(18-24)-\left(\frac{16}{3}-16\right)$$

$$=26$$

← $-2\int_{-2}^{2}(x+2)(x-2)\,dx$
$=2\cdot\dfrac{1}{6}\{2-(-2)\}^3=\dfrac{64}{3}$
と計算してもよい。

422 (1) 2つの放物線の共有点の x 座標は

$x^2=-x^2+2x+4$ を解いて　　$(x+1)(x-2)=0$

よって　$x=2,\ -1$

求める面積は，右の図より

$$S=\int_{-1}^{2}\{-x^2+2x+4\}-x^2\}\,dx$$

$$=\int_{-1}^{2}(-2x^2+2x+4)\,dx$$

$$=\left[-\frac{2}{3}x^3+x^2+4x\right]_{-1}^{2}$$

$$=\left(-\frac{16}{3}+4+8\right)-\left(\frac{2}{3}+1-4\right)=9$$

同じ式が現れる

別解

$$S=\int_{-1}^{2}(-2x^2+2x+4)\,dx=-2\int_{-1}^{2}(x+1)(x-2)\,dx$$

$$=2\cdot\frac{1}{6}\{2-(-1)\}^3=9$$

(2) 2つの放物線の共有点の x 座標は

$x^2+x-2=-x^2+3x+2$ を解いて

$x^2-x-2=0$　より　　$(x+1)(x-2)=0$

よって　$x=-1,\ 2$

求める面積は，右の図より

$$S=\int_{-1}^{2}\{(-x^2+3x+2)-(x^2+x-2)\}\,dx$$

$$=\int_{-1}^{2}(-2x^2+2x+4)\,dx$$

$$=\left[-\frac{2}{3}x^3+x^2+4x\right]_{-1}^{2}$$

$$=\left(-\frac{16}{3}+4+8\right)-\left(\frac{2}{3}+1-4\right)=9$$

別解　$\displaystyle\int_{-1}^{2}(-2x^2+2x+4)\,dx$

$$=\int_{-1}^{2}\{-2(x^2-x-2)\}\,dx$$

$$=-2\int_{-1}^{2}(x+1)(x-2)\,dx$$　　同じ式が現れる

↑ x^2の係数でくくる

$$=-2\times\left[-\frac{1}{6}\{2-(-1)\}^3\right]=9$$

2曲線間の面積

$f(x)\geqq g(x)$ のとき

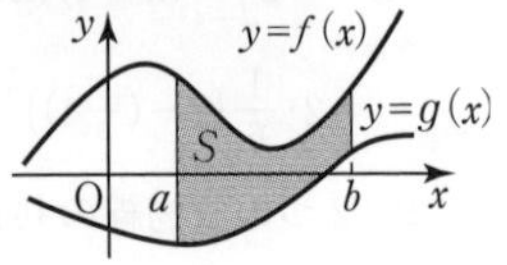

$$S=\int_a^b\{f(x)-g(x)\}\,dx$$

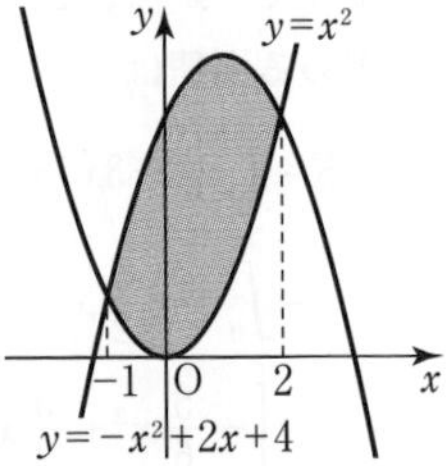

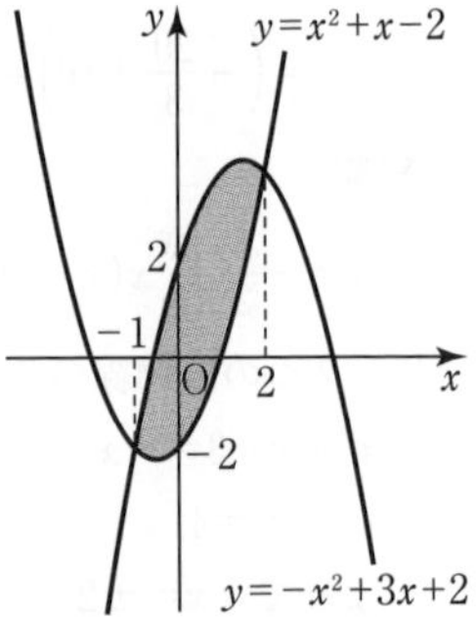

(3)　2つの放物線の共有点の x 座標は

$2x^2-4x+1=x^2-x-1$ を解いて

$x^2-3x+2=0$　より　$(x-1)(x-2)=0$

よって　$x=1,\ 2$

求める面積は，右の図より

同じ式が現れる

$$\int_1^2\{(x^2-x-1)-(2x^2-4x+1)\}\,dx$$

$$=\int_1^2(-x^2+3x-2)\,dx$$

$$=\left[-\frac{1}{3}x^3+\frac{3}{2}x^2-2x\right]_1^2$$

$$=\left(-\frac{8}{3}+6-4\right)-\left(-\frac{1}{3}+\frac{3}{2}-2\right)=\mathbf{\frac{1}{6}}$$

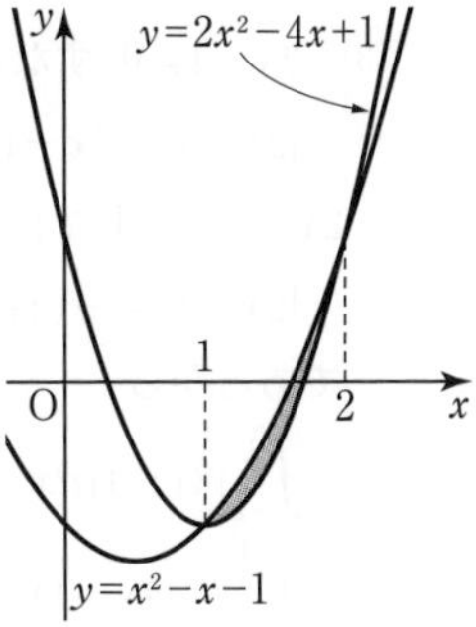

別解

$$\int_1^2(-x^2+3x-2)\,dx$$

$$=\int_1^2\{-(x^2-3x+2)\}\,dx=-\int_1^2(x-1)(x-2)\,dx$$

$$=\frac{1}{6}(2-1)^3=\mathbf{\frac{1}{6}}$$

> 2曲線で囲まれた図形の面積
> ➡ グラフをかいて，$f(x)\geqq g(x)$ のとき $\displaystyle\int_a^b\{f(x)-g(x)\}\,dx$

423　(1)　$x\geqq 0$ のとき $|2x|=2x$

$x\leqq 0$ のとき $|2x|=-2x$

であるから

$$\int_{-1}^3|2x|\,dx=\int_{-1}^0(-2x)\,dx+\int_0^3 2x\,dx$$

$$=\left[-x^2\right]_{-1}^0+\left[x^2\right]_0^3$$

$$=1+9=\mathbf{10}$$

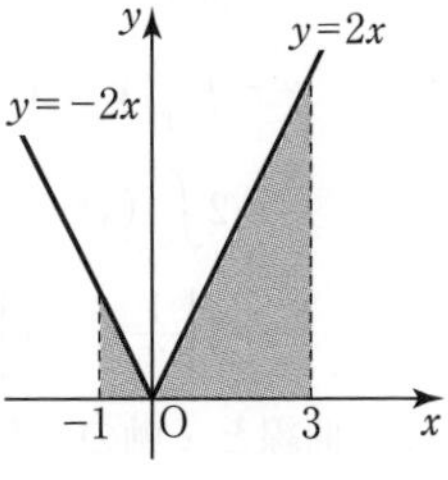

(2)　$x\geqq 1$ のとき $|x-1|=x-1$

$x\leqq 1$ のとき $|x-1|=-(x-1)$

であるから

$$\int_0^3|x-1|\,dx=\int_0^1(-x+1)\,dx+\int_1^3(x-1)\,dx$$

$$=\left[-\frac{1}{2}x^2+x\right]_0^1+\left[\frac{1}{2}x^2-x\right]_1^3$$

$$=\left(-\frac{1}{2}+1\right)+\left(\frac{9}{2}-3\right)-\left(\frac{1}{2}-1\right)$$

$$=\mathbf{\frac{5}{2}}$$

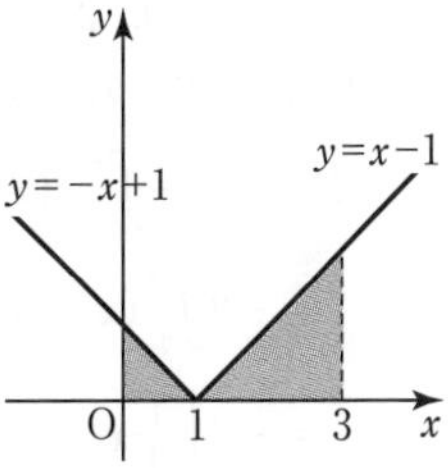

(3) $2x-1 \geqq 0$ すなわち $x \geqq \dfrac{1}{2}$ のとき

$|2x-1| = 2x-1$

$2x-1 \leqq 0$ すなわち $x \leqq \dfrac{1}{2}$ のとき

$|2x-1| = -(2x-1)$

であるから

$$\int_{-1}^{1} |2x-1|\,dx$$

$$= \int_{-1}^{\frac{1}{2}} (-2x+1)\,dx + \int_{\frac{1}{2}}^{1} (2x-1)\,dx$$

$$= \Big[-x^2+x\Big]_{-1}^{\frac{1}{2}} + \Big[x^2-x\Big]_{\frac{1}{2}}^{1}$$

$$= \left(-\frac{1}{4}+\frac{1}{2}\right) - (-1-1) + (1-1) - \left(\frac{1}{4}-\frac{1}{2}\right) = \frac{5}{2}$$

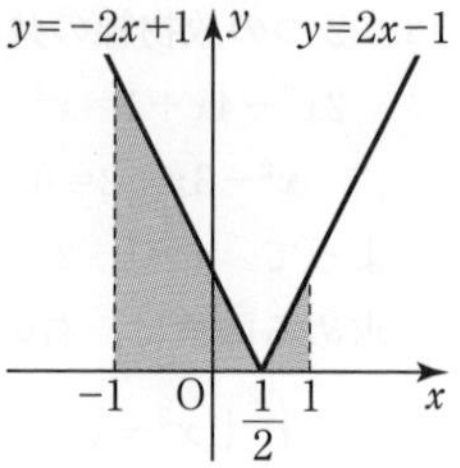

絶対値を含む関数の定積分

➡ グラフをかいて積分区間とそれに対応する関数を調べる

424 (1) 曲線と x 軸の共有点の x 座標は

$(x+1)^2(x-1)=0$ を解いて

$x=-1,\ 1$

求める面積は

$$S = -\int_{-1}^{1} (x+1)^2(x-1)\,dx$$

$$= -\int_{-1}^{1} (x^3+x^2-x-1)\,dx$$

$$= -2\int_{0}^{1} (x^2-1)\,dx$$

$$= -2\left[\frac{1}{3}x^3 - x\right]_0^1 = \frac{4}{3}$$

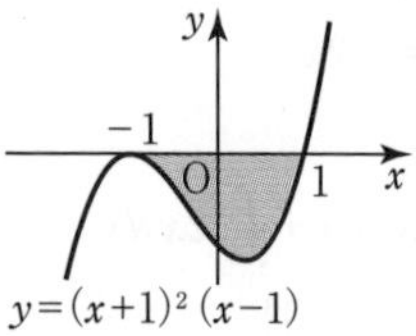

⬅ 曲線 $y=(x+1)^2(x-1)$ は $x=-1$ で x 軸と接し，$x=1$ で x 軸と交わる。

$\displaystyle\int_{-a}^{a} x^n\,dx$ の定積分

n が偶数のとき

$$\int_{-a}^{a} x^n\,dx = 2\int_{0}^{a} x^n\,dx$$

n が奇数のとき

$$\int_{-a}^{a} x^n\,dx = 0$$

(2) 曲線と x 軸の共有点の x 座標は

$x(x+2)(x-2)=0$ を解いて

$x=-2,\ 0,\ 2$

図形は原点に対して対称であるから

$$S = 2\times\left\{-\int_{0}^{2} x(x+2)(x-2)\,dx\right\}$$

$$= -2\int_{0}^{2} (x^3-4x)\,dx$$

$$= -2\left[\frac{1}{4}x^4 - 2x^2\right]_0^2$$

$$= 8$$

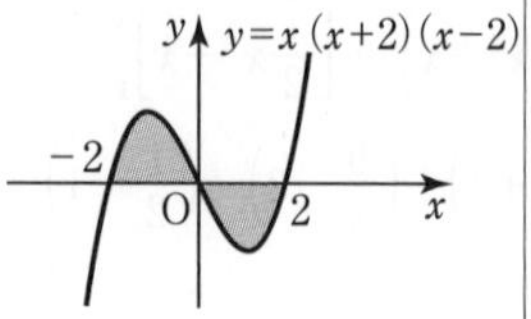

⬅ 曲線 $y=x(x+2)(x-2)$ は $x=-2,\ 0,\ 2$ で x 軸と交わる。

⬅ 3 次関数の一般的な概形

x^3 の係数が正　x^3 の係数が負

425 (1) 2曲線の共有点の x 座標は

$x^3+x^2-x=x^2$ を解いて

$$x(x^2-1)=0$$

$$x(x+1)(x-1)=0$$

よって　$x=-1,\ 0,\ 1$

求める面積は

$$\int_{-1}^{0}\{(x^3+x^2-x)-x^2\}\,dx$$

$$+\int_{0}^{1}\{x^2-(x^3+x^2-x)\}\,dx$$

$$=\int_{-1}^{0}(x^3-x)\,dx+\int_{0}^{1}(-x^3+x)\,dx$$

$$=\left[\frac{1}{4}x^4-\frac{1}{2}x^2\right]_{-1}^{0}+\left[-\frac{1}{4}x^4+\frac{1}{2}x^2\right]_{0}^{1}$$

$$=-\left(\frac{1}{4}-\frac{1}{2}\right)+\left(-\frac{1}{4}+\frac{1}{2}\right)=\frac{1}{2}$$

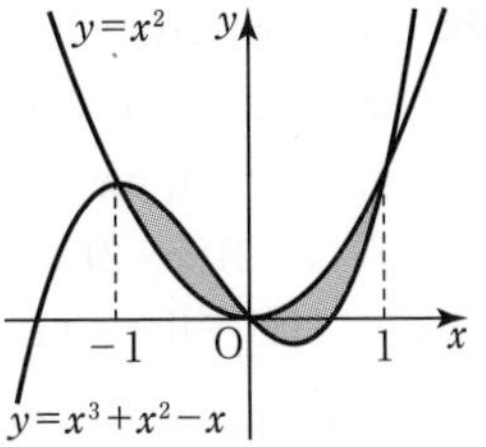

〈このグラフのかき方〉

① $y=x^2$ のグラフをかく

② この曲線上に $x=-1,\ 0,\ 1$ に対応する3つの点をとる

③ この3つの点を通るように x^3 の係数が正なので の形のグラフをかく

(2) 2曲線の共有点の x 座標は

$-x^3+3x^2-2=x^2-x$ を解いて

$$x^3-2x^2-x+2=0$$

$$x^2(x-2)-(x-2)=0$$

$$(x+1)(x-1)(x-2)=0$$

よって　$x=-1,\ 1,\ 2$

求める面積は

$$\int_{-1}^{1}\{(x^2-x)-(-x^3+3x^2-2)\}\,dx$$

$$+\int_{1}^{2}\{(-x^3+3x^2-2)-(x^2-x)\}\,dx$$

$$=\int_{-1}^{1}(x^3-2x^2-x+2)\,dx$$

$$+\int_{1}^{2}(-x^3+2x^2+x-2)\,dx$$

$$=-4\int_{0}^{1}(x^2-1)\,dx+\int_{1}^{2}(-x^3+2x^2+x-2)\,dx$$

$$=-4\left[\frac{1}{3}x^3-x\right]_{0}^{1}+\left[-\frac{1}{4}x^4+\frac{2}{3}x^3+\frac{1}{2}x^2-2x\right]_{1}^{2}$$

$$=-4\left(\frac{1}{3}-1\right)+\left(-4+\frac{16}{3}+2-4\right)-\left(-\frac{1}{4}+\frac{2}{3}+\frac{1}{2}-2\right)$$

$$=\frac{37}{12}$$

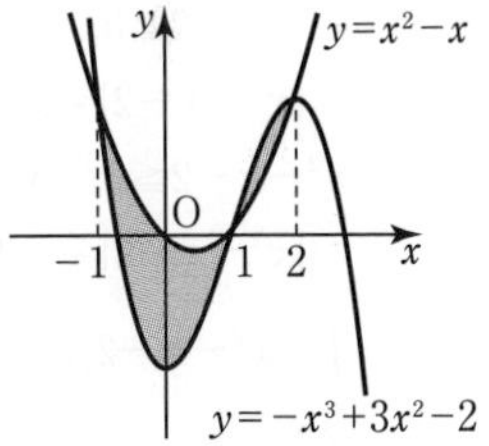

〈このグラフのかき方〉

$y=x^2-x=x(x-1)$ より

x 軸の0，1で交わる放物線をかく。以下(1)と同様。

⬅ $\int_{-1}^{1}(x^3-2x^2-x+2)\,dx$

$=2\int_{0}^{1}(-2x^2+2)\,dx$

$=-4\int_{0}^{1}(x^2-1)\,dx$

曲線や直線で囲まれた図形の面積 ➡ まず交点の x 座標を求める

426 (1) $(x+2)(x-2) \geqq 0$，すなわち

$x \leqq -2$，$2 \leqq x$ のとき

$|x^2-4|=x^2-4$

$(x+2)(x-2) \leqq 0$，すなわち $-2 \leqq x \leqq 2$ のとき

$|x^2-4|=-(x^2-4)$ であるから

$$\int_1^3 |(x+2)(x-2)|\,dx$$

$$=\int_1^3 |x^2-4|\,dx$$

$$=\int_1^2 \{-(x^2-4)\}\,dx+\int_2^3 (x^2-4)\,dx$$

$$=\left[-\frac{1}{3}x^3+4x\right]_1^2+\left[\frac{1}{3}x^3-4x\right]_2^3$$

$$=-\frac{1}{3}(8-1)+4(2-1)+\frac{1}{3}(27-8)-4(3-2)$$

$$=\mathbf{4}$$

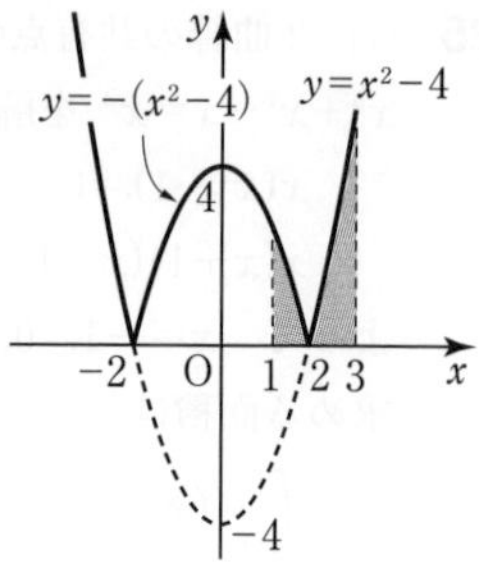

(2) $x^2-x-2 \geqq 0$，すなわち $x \leqq -1$，$2 \leqq x$ のとき

$|x^2-x-2|=x^2-x-2$

$x^2-x-2 \leqq 0$，すなわち $-1 \leqq x \leqq 2$ のとき

$|x^2-x-2|=-(x^2-x-2)$ であるから

$$\int_0^3 |x^2-x-2|\,dx$$

$$=\int_0^2 \{-(x^2-x-2)\}\,dx+\int_2^3 (x^2-x-2)\,dx$$

$$=\left[-\frac{1}{3}x^3+\frac{1}{2}x^2+2x\right]_0^2+\left[\frac{1}{3}x^3-\frac{1}{2}x^2-2x\right]_2^3$$

$$=\left(-\frac{8}{3}+2+4\right)$$

$$+\frac{1}{3}(27-8)-\frac{1}{2}(9-4)-2(3-2)$$

$$=\mathbf{\frac{31}{6}}$$

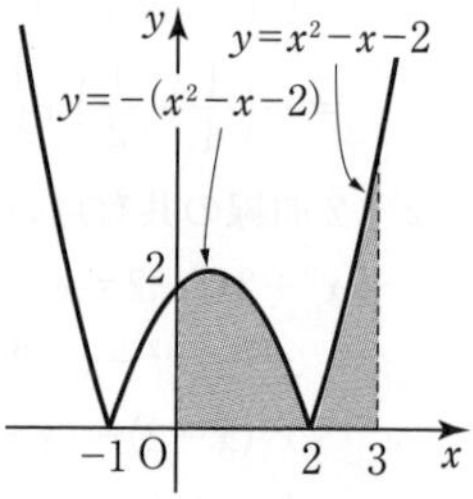

$y=|x^2-x-2|$ のグラフは，
$y=x^2-x-2=(x+1)(x-2)$ の
グラフの x 軸の下側の部分を折り
返すようにしてかくこともできる。

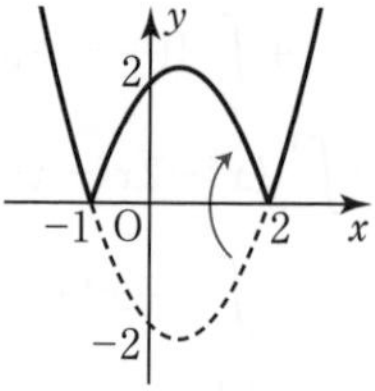

427 (1) 曲線と直線で囲まれた図形は，右の図のようになる。

共有点の x 座標は

$x^2-1=3$ を解いて

$x^2=4$

よって $x=\pm 2$

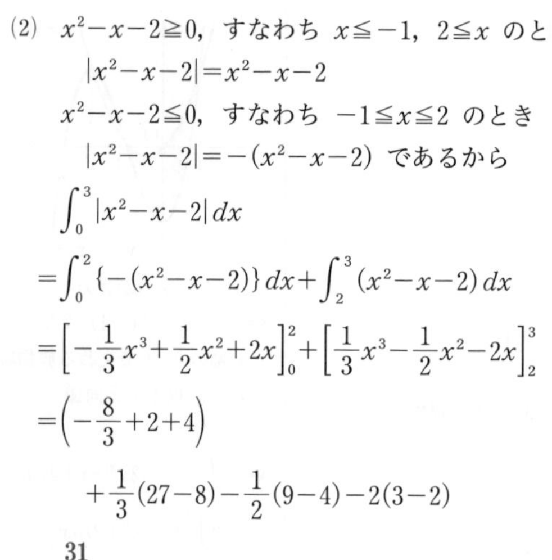

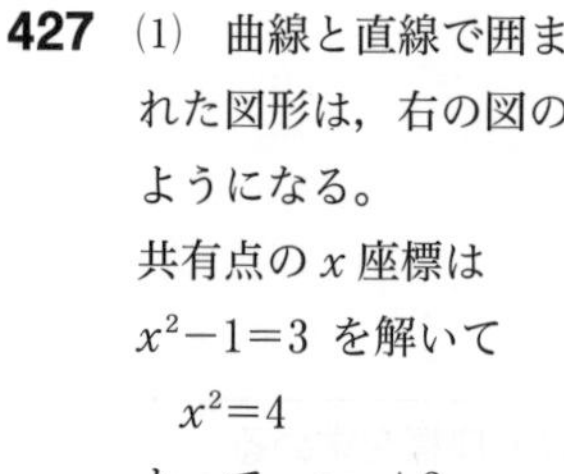

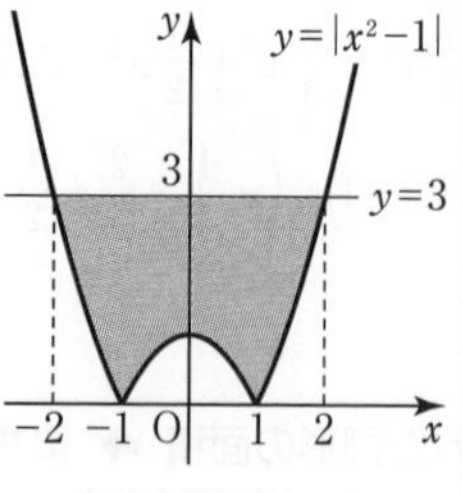

求める面積は

$$\frac{S}{2}=\int_0^1\{3-(-x^2+1)\}\,dx+\int_1^2\{3-(x^2-1)\}\,dx$$

$$=\left[\frac{1}{3}x^3+2x\right]_0^1+\left[-\frac{1}{3}x^3+4x\right]_1^2$$

$$=\left(\frac{1}{3}+2\right)+\left(-\frac{8}{3}+8\right)-\left(-\frac{1}{3}+4\right)=4$$

ゆえに，$S=8$

← 図形は y 軸に関して対称であるから $0\leqq x\leqq 2$ における面積 $\frac{S}{2}$ を求めて，2倍すればよい。

別解

$$S=\int_{-2}^2\{3-(x^2-1)\}\,dx-2\int_{-1}^1\{-(x^2-1)\}\,dx$$

$$=-\int_{-2}^2(x+2)(x-2)\,dx+2\int_{-1}^1(x+1)(x-1)\,dx$$

$$=\frac{1}{6}\{2-(-2)\}^3-2\cdot\frac{1}{6}\{1-(-1)\}^3$$

$$=\frac{32}{3}-\frac{8}{3}=8$$

← 全体から斜線部分を引く

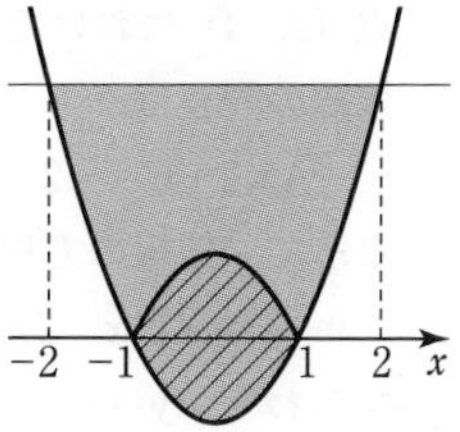

(2) 曲線と直線で囲まれた図形は，右の図のようになる。

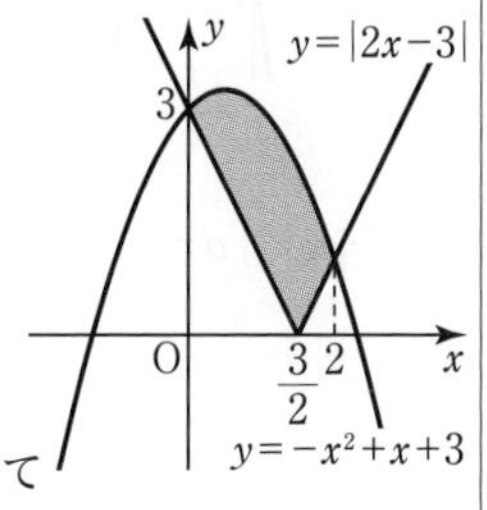

共有点の x 座標は

$x\geqq\frac{3}{2}$ の範囲で

$-x^2+x+3=2x-3$ を解いて

$(x+3)(x-2)=0$　よって　$x=2$

$x<\frac{3}{2}$ の範囲で

$-x^2+x+3=-2x+3$ を解いて

$x(x-3)=0$　よって　$x=0$

求める面積は

$$S=\int_0^{\frac{3}{2}}\{(-x^2+x+3)-(-2x+3)\}\,dx$$

$$+\int_{\frac{3}{2}}^2\{(-x^2+x+3)-(2x-3)\}\,dx$$

$$=\int_0^{\frac{3}{2}}(-x^2+3x)\,dx+\int_{\frac{3}{2}}^2(-x^2-x+6)\,dx$$

$$=\left[-\frac{1}{3}x^3+\frac{3}{2}x^2\right]_0^{\frac{3}{2}}+\left[-\frac{1}{3}x^3-\frac{1}{2}x^2+6x\right]_{\frac{3}{2}}^2$$

$$=\left(-\frac{9}{8}+\frac{27}{8}\right)+\left(-\frac{8}{3}-2+12\right)-\left(-\frac{9}{8}-\frac{9}{8}+9\right)$$

$$=\boldsymbol{\frac{17}{6}}$$

別解

$$S=\int_0^2(-x^2+x+3)\,dx-\left(\frac{1}{2}\cdot\frac{3}{2}\cdot3+\frac{1}{2}\cdot\frac{1}{2}\cdot1\right)$$

$$=\left[-\frac{1}{3}x^3+\frac{1}{2}x^2+3x\right]_0^2-\frac{5}{2}$$

$$=\left(-\frac{8}{3}+2+6\right)-\frac{5}{2}=\mathbf{\frac{17}{6}}$$

⬅全体から斜線部分を引く。

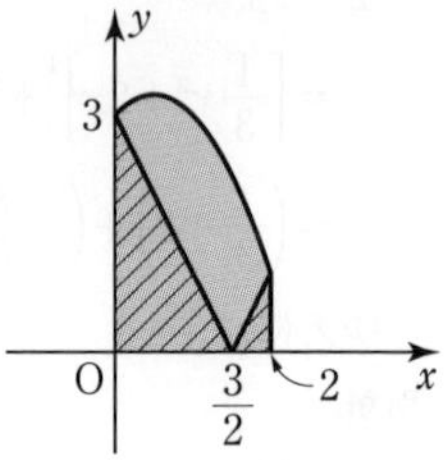

428 (1) $y'=-4x+6$ より，
点 $(2,\ 4)$ における
接線の傾きは

$-4\times2+6=-2$

よって，接線の方程式は

$y-4=-2(x-2)$

すなわち　$y=-2x+8$

右の図より，
求める面積 S は

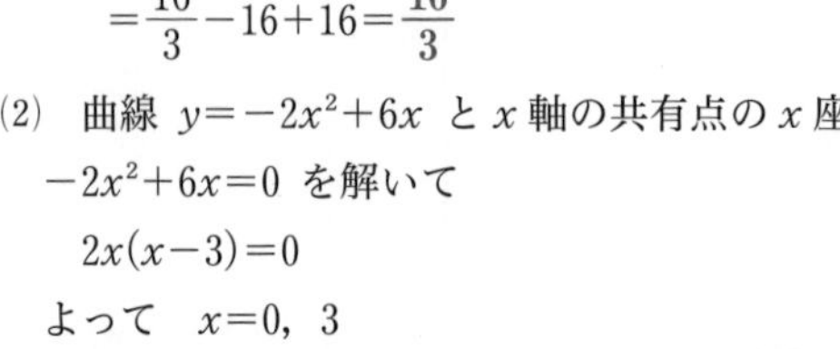

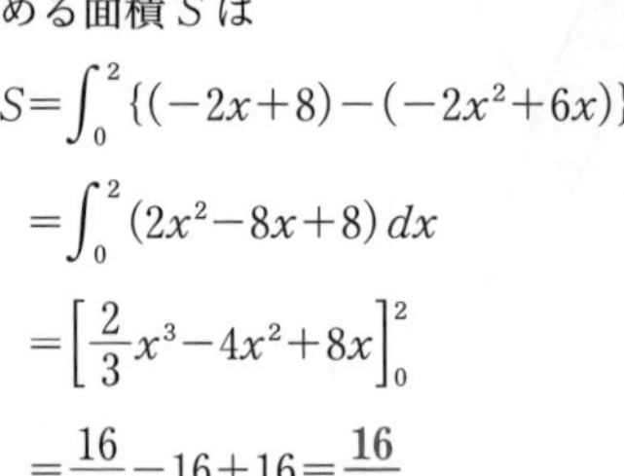

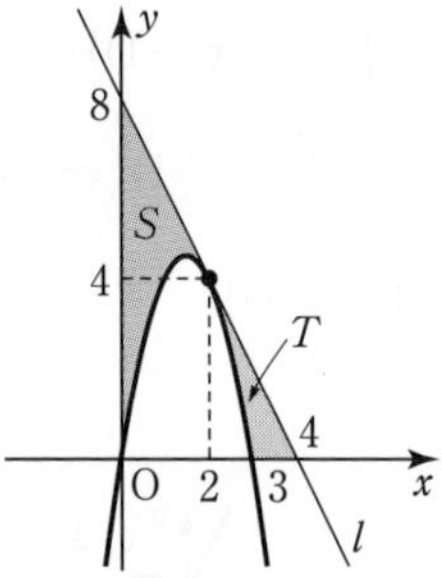

$$S=\int_0^2\{(-2x+8)-(-2x^2+6x)\}\,dx$$

$$=\int_0^2(2x^2-8x+8)\,dx$$

$$=\left[\frac{2}{3}x^3-4x^2+8x\right]_0^2$$

$$=\frac{16}{3}-16+16=\mathbf{\frac{16}{3}}$$

(2) 曲線 $y=-2x^2+6x$ と x 軸の共有点の x 座標は
$-2x^2+6x=0$ を解いて

$2x(x-3)=0$

よって　$x=0,\ 3$

接線 l と x 軸の共有点の x 座標は
$-2x+8=0$ を解いて

$x=4$

右上の図より，求める面積 T は

$$T=\int_2^3\{(-2x+8)-(-2x^2+6x)\}\,dx$$
$$+\int_3^4(-2x+8)\,dx$$
$$=\int_2^3(2x^2-8x+8)\,dx+\int_3^4(-2x+8)\,dx$$
$$=\left[\frac{2}{3}x^3-4x^2+8x\right]_2^3+\left[-x^2+8x\right]_3^4$$
$$=(18-36+24)-\left(\frac{16}{3}-16+16\right)$$
$$+(-16+32)-(-9+24)=\frac{5}{3}$$

← $x\leqq3$ と $3\leqq x$ で下側の関数が異なる。

別解 $T=\frac{1}{2}\cdot2\cdot4-\int_2^3(-2x^2+6x)\,dx$
$$=4-\left[-\frac{2}{3}x^3+3x^2\right]_2^3$$
$$=4-\left\{(-18+27)-\left(-\frac{16}{3}+12\right)\right\}$$
$$=4-\frac{7}{3}=\frac{5}{3}$$

←

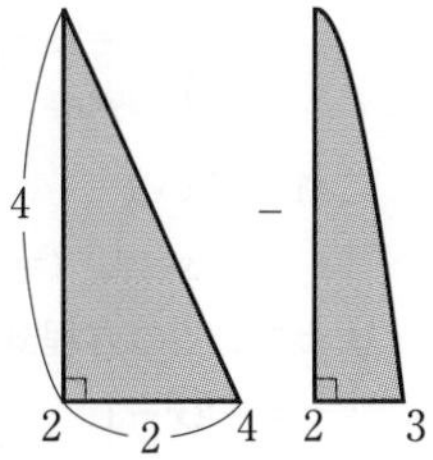

429 $y'=2x+1$ より,

点 $(1,\ 3)$, $(-1,\ 1)$ における接線の傾きは

$y'=3,\ y'=-1$

であるから, 接線の方程式はそれぞれ

$y-3=3(x-1)$ より $y=3x$

$y-1=-1\cdot\{x-(-1)\}$ より $y=-x$

2 つの接線の交点の x 座標は

$3x=-x$ より $x=0$

← 積分区間を分ける大事な点

よって, 右の図より, 求める面積は

$$\int_{-1}^0\{(x^2+x+1)-(-x)\}\,dx$$
$$+\int_0^1\{(x^2+x+1)-3x\}\,dx$$
$$=\int_{-1}^0(x^2+2x+1)\,dx+\int_0^1(x^2-2x+1)\,dx$$
$$=\left[\frac{1}{3}x^3+x^2+x\right]_{-1}^0+\left[\frac{1}{3}x^3-x^2+x\right]_0^1$$
$$=-\left(-\frac{1}{3}+1-1\right)+\left(\frac{1}{3}-1+1\right)=\frac{2}{3}$$

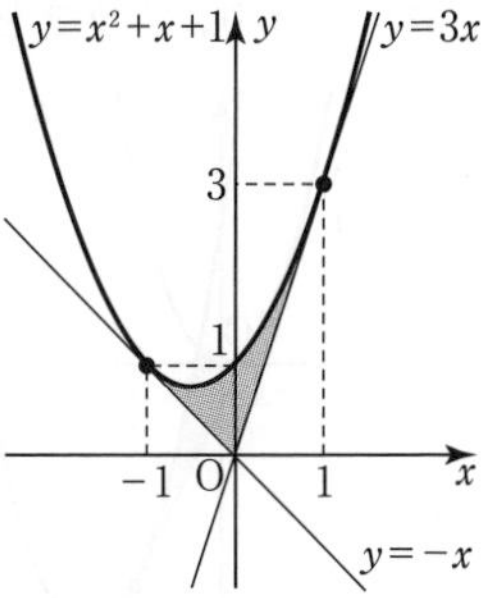

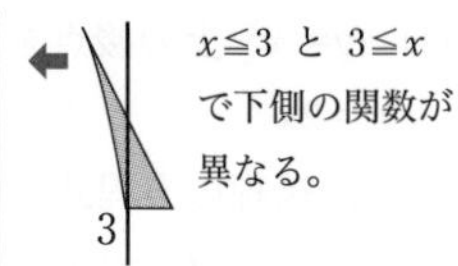

430 (1) $y=x^2$ 上の接点を $(t,\ t^2)$ とすると，

$y'=2x$

より，接線の方程式は

$$y-t^2=2t(x-t)$$

$$y=2tx-t^2 \quad \cdots①$$

$y=x^2-6x+3$ 上の接点を $(s,\ s^2-6s+3)$

とすると，$y'=2x-6$ より接線の方程式は

$$y-(s^2-6s+3)=(2s-6)(x-s)$$

$$y=(2s-6)x-s^2+3 \quad \cdots②$$

①，②が同じ l の方程式である条件は

$$\begin{cases} 2t=2s-6 \\ -t^2=-s^2+3 \end{cases}$$

これを解いて

$$s=2,\ t=-1$$

よって，l の方程式は

$\boldsymbol{y=-2x-1}$

別解 〈①以降〉

①が $y=x^2-6x+3$ に接するから

$$x^2-6x+3=2tx-t^2 \quad \cdots②$$

の判別式 D が $D=0$ となる。

$$② \iff x^2-2(3+t)x+t^2+3=0$$

$$\frac{D}{4}=(3+t)^2-(t^2+3)=0$$

整理すると　$6t+6=0$

よって　$t=-1$

①に代入して

$\boldsymbol{y=-2x-1}$

(2) (1)より，グラフをかくと，次のようになる。

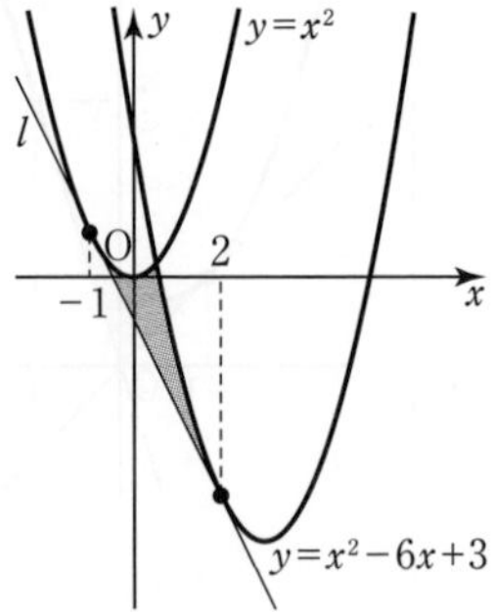

⬅ $y'=2x$ より
接線の傾きは $2t$

⬅ $y'=2x-6$ より
接線の傾きは $2s-6$

⬅ $t=s-3$ を $s^2-t^2=3$ に代入
$s^2-(s-3)^2=3$
$6s-9=3$ より $s=2,\ t=-1$

⬅ $t=-1$ を①に代入するか，または，$s=2$ を②に代入する。

別解

(1)は次のように解いてもよい。

接線の方程式を

$y=mx+n$ とおく。

$$\begin{cases} x^2=mx+n & \cdots① \\ x^2-6x+3=mx+n & \cdots② \end{cases}$$

として，①，②の（判別式）$=0$ より

$$\begin{cases} m^2+4n=0 \\ m^2+12m+4n+24=0 \end{cases}$$

これより　$m=-2,\ n=-1$

よって　$\boldsymbol{y=-2x-1}$

$y=x^2$ と $y=x^2-6x+3$ の交点の x 座標は

$$x^2=x^2-6x+3 \text{ より } \quad x=\frac{1}{2}$$

よって，求める面積は，上の図より

$$S=\int_{-1}^{\frac{1}{2}}\{x^2-(-2x-1)\}\,dx$$

$$+\int_{\frac{1}{2}}^{2}\{(x^2-6x+3)-(-2x-1)\}\,dx$$

$$=\int_{-1}^{\frac{1}{2}}(x^2+2x+1)\,dx+\int_{\frac{1}{2}}^{2}(x^2-4x+4)\,dx$$

$$=\left[\frac{1}{3}x^3+x^2+x\right]_{-1}^{\frac{1}{2}}+\left[\frac{1}{3}x^3-2x^2+4x\right]_{\frac{1}{2}}^{2}$$

$$=\left(\frac{1}{24}+\frac{1}{4}+\frac{1}{2}\right)-\left(-\frac{1}{3}+1-1\right)$$

$$+\left(\frac{8}{3}-8+8\right)-\left(\frac{1}{24}-\frac{1}{2}+2\right)=\frac{9}{4}$$

2曲線 $y=f(x)$，$y=g(x)$ の共通接線

➡ 接点を別々に $(t,\ f(t))$，$(s,\ g(s))$ として，接線の方程式を作って比較する

431 (1) $y=x^3-6x$

$y'=3x^2-6$

接線の傾きは $x=1$ のとき

$y'=-3$

よって，接線の方程式は

$y-(-5)=-3(x-1)$

すなわち　$\boldsymbol{y=-3x-2}$

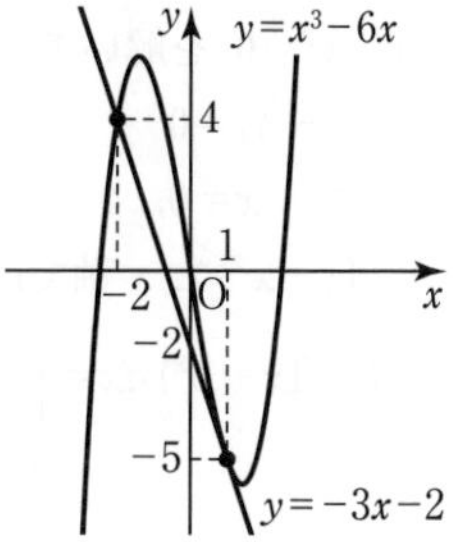

(2) 接線と曲線の共有点の x 座標は

$x^3-6x=-3x-2$　を解いて

$x^3-3x+2=0$

$(x-1)^2(x+2)=0$

⬅ $x=1$ で接しているから，$x=1$ を重解にもつ。すなわち $(x-1)^2(x+◯)=0$ と因数分解できる。

ゆえに　$x=1,\ -2$

よって，求める面積は

$$S=\int_{-2}^{1}\{(x^3-6x)-(-3x-2)\}dx$$

$$=\int_{-2}^{1}(x^3-3x+2)dx$$

$$=\left[\frac{1}{4}x^4-\frac{3}{2}x^2+2x\right]_{-2}^{1}$$

$$=\left(\frac{1}{4}-\frac{3}{2}+2\right)-(4-6-4)=\frac{27}{4}$$

432 曲線 $y=x^2-ax$ と直線 $y=x$ の共有点の x 座標は

$x^2-ax=x$ を解いて

$x\{x-(a+1)\}=0$

よって $x=0,\ a+1$

囲まれた図形の面積は，右の図より

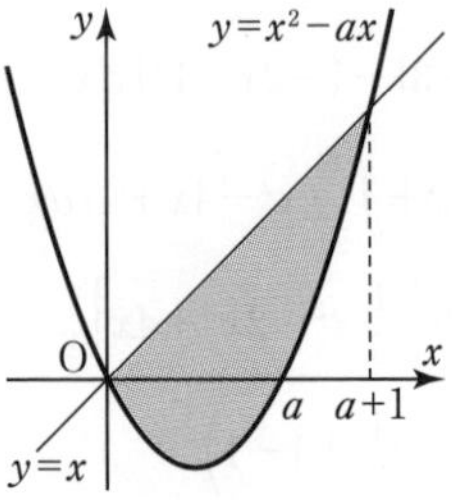

定積分の公式

$$\int_{\alpha}^{\beta}(x-\alpha)(x-\beta)\,dx=-\frac{1}{6}(\beta-\alpha)^3$$

$$\int_0^{a+1}\{x-(x^2-ax)\}\,dx$$

$$=-\int_0^{a+1}x\{x-(a+1)\}\,dx$$

← 問題文より $a>0$

$$=\frac{1}{6}(a+1)^3=36$$

← $-\left\{-\frac{1}{6}(a+1-0)^3\right\}$

よって $(a+1)^3=6^3$

a は実数より $a+1=6$

よって **$a=5$** ($a>0$ を満たす)

433 放物線と x 軸の共有点の x 座標は

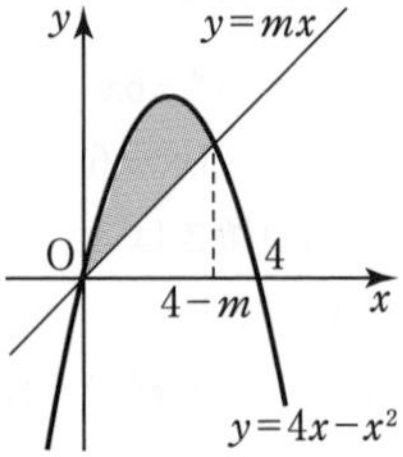

$4x-x^2=0$ を解いて

$x(x-4)=0$

よって $x=0,\ 4$

$y=4x-x^2$ と x 軸で囲まれた図形の面積は

$$\int_0^4(4x-x^2)\,dx=\left[2x^2-\frac{1}{3}x^3\right]_0^4$$

$$=\frac{32}{3}$$

$y=4x-x^2$ と直線 $y=mx$ の共有点の x 座標は

$4x-x^2=mx$ を解いて

$x(x+m-4)=0$

よって $x=0,\ 4-m$

題意より $0<4-m<4$ であるから

$0<m<4$

$y=4x-x^2$ と直線 $y=mx$ で囲まれた図形の面積は

$$\int_0^{4-m}(4x-x^2-mx)\,dx$$

$$=-\int_0^{4-m}x(x+m-4)\,dx$$

$$=\frac{1}{6}(4-m)^3$$

よって　$\frac{1}{6}(4-m)^3=\frac{1}{2}\times\frac{32}{3}$

$(4-m)^3=32$

m は実数より　$4-m=\sqrt[3]{32}$

ゆえに　$m=4-2\sqrt[3]{4}$ （$0<m<4$ を満たす）

← $\sqrt[3]{32}=\sqrt[3]{2^3\cdot4}$
$=\sqrt[3]{2^3}\cdot\sqrt[3]{4}$
$=2\sqrt[3]{4}$

434 $y=x(x-6)$ と x 軸で囲まれた図形の面積は

$$\int_0^6\{-x(x-6)\}\,dx=\left[-\frac{1}{3}x^3+3x^2\right]_0^6=36$$

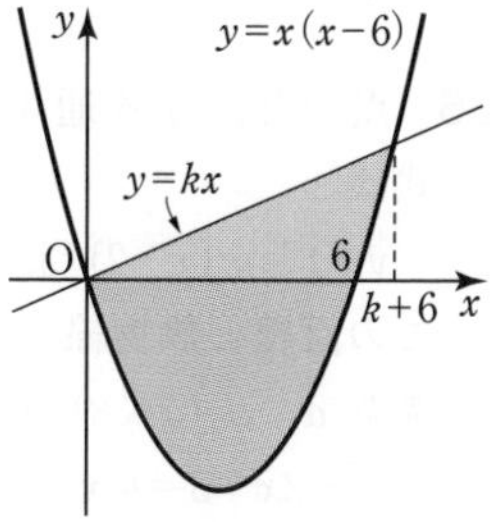

$y=x(x-6)$ と直線 $y=kx$ の共有点の x 座標は

$x^2-6x=kx$　を解いて

$x(x-6-k)=0$

よって　$x=0,\ k+6$

$y=x(x-6)$ と直線 $y=kx$ で囲まれた図形の面積は

$$\int_0^{k+6}(kx-x^2+6x)\,dx=-\int_0^{k+6}x(x-6-k)\,dx$$

$$=\frac{1}{6}(k+6)^3$$

← $-\left\{-\frac{1}{6}(k+6-0)^3\right\}$

よって　$\frac{1}{6}(k+6)^3=2\times36$

$(k+6)^3=432$

k は実数より　$k+6=\sqrt[3]{432}$

ゆえに　$k=6\sqrt[3]{2}-6$ （$k>0$ を満たす）

← $\sqrt[3]{432}=\sqrt[3]{6^3\cdot2}$
$=\sqrt[3]{6^3}\cdot\sqrt[3]{2}$
$=6\sqrt[3]{2}$

435 (1) l と C の共有点の x 座標は

$mx=2x^2$　を解いて

$x(2x-m)=0$

よって　$x=0,\ \frac{m}{2}$

← 問題文より $m<0$

$$S_1=\int_{\frac{m}{2}}^0(mx-2x^2)\,dx$$

$$=\int_{\frac{m}{2}}^0-x(2x-m)\,dx$$

$$=-2\int_{\frac{m}{2}}^0x\left(x-\frac{m}{2}\right)dx$$

$$=-2\left\{-\frac{1}{6}\left(0-\frac{m}{2}\right)^3\right\}=-\frac{m^3}{24}$$

$$S_2=\int_0^1(2x^2-mx)\,dx=\left[\frac{2}{3}x^3-\frac{1}{2}mx^2\right]_0^1$$

$$=\frac{2}{3}-\frac{1}{2}m$$

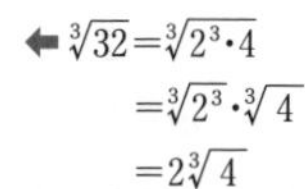

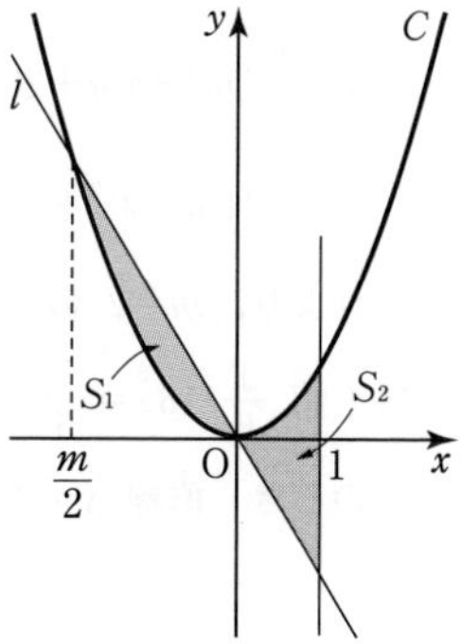

(2) (1)より $-\frac{m^3}{24}=\frac{2}{3}-\frac{1}{2}m$

$m^3-12m+16=0$

$(m-2)(m^2+2m-8)=0$

$(m-2)^2(m+4)=0$

$m<0$ より **$m=-4$**

⬅ 因数定理で解く。
$m=2$ のとき (与式)$=0$

436 点 A(2, 1) を通り，傾きが m である直線の方程式は

$y-1=m(x-2)$ より $y=mx-2m+1$

この直線と放物線 $y=x^2-2x-3$ の共有点の x 座標を α, β $(\alpha<\beta)$ とすると，α, β は

$x^2-2x-3=mx-2m+1$

すなわち

$x^2-(m+2)x+2m-4=0$

の解である。

よって，面積 S は

$$S=\int_\alpha^\beta\{(mx-2m+1)-(x^2-2x-3)\}\,dx$$

$$=-\int_\alpha^\beta\{x^2-(m+2)x+2m-4\}\,dx$$

$$=-\int_\alpha^\beta(x-\alpha)(x-\beta)\,dx=\frac{1}{6}(\beta-\alpha)^3$$

ここで，解と係数の関係より

$\alpha+\beta=m+2$, $\alpha\beta=2m-4$

であるから

$(\beta-\alpha)^2=(\alpha+\beta)^2-4\alpha\beta$

$=(m+2)^2-4(2m-4)=m^2-4m+20$

$S=\frac{1}{6}(\beta-\alpha)^3=\frac{1}{6}\{(\beta-\alpha)^2\}^{\frac{3}{2}}$ に代入して

$$S=\frac{1}{6}(m^2-4m+20)^{\frac{3}{2}}$$

$$=\frac{1}{6}\{(m-2)^2+16\}^{\frac{3}{2}}$$

これより，$m=2$ のとき

最小値 $\frac{1}{6}\cdot16^{\frac{3}{2}}=\frac{1}{6}(4^2)^{\frac{3}{2}}=\frac{32}{3}$

このとき 直線 **$y=2x-3$**

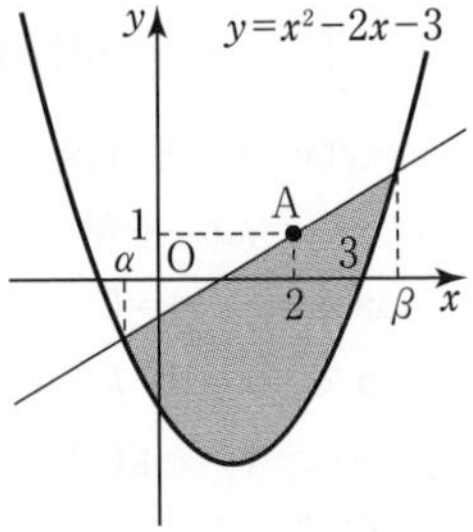

別解 方程式を解いて

$x=\frac{2+m\pm\sqrt{m^2-4m+20}}{2}$

より $\beta-\alpha=\sqrt{m^2-4m+20}$

$S=\frac{1}{6}(\beta-\alpha)^3$

$=\frac{1}{6}(m^2-4m+20)^{\frac{3}{2}}$

としてもよい。

解と係数の関係

2 次方程式 $ax^2+bx+c=0$ の 2 解を α, β とする

$\Longrightarrow$ $\alpha+\beta=-\frac{b}{a}$, $\alpha\beta=\frac{c}{a}$

⬅ $\frac{1}{6}\cdot4^3=\frac{2\cdot4\cdot4}{3}$ より

437 点Pは，直線 $y=2x$ 上の点であるから $\mathrm{P}(p,\ 2p)$ とおく。

$$y=x^2+4 \text{ より } \quad y'=2x$$

接点を $(t,\ t^2+4)$とおくと，接線の方程式は

$$y-(t^2+4)=2t(x-t)$$

$$y=2tx-t^2+4$$

これが点 $\mathrm{P}(p,\ 2p)$ を通るから

$$2p=2tp-t^2+4$$

よって　$t^2-2pt+2p-4=0$

この2次方程式の異なる2つの実数解を α，β $(\alpha<\beta)$ とおくと，解と係数の関係より

$$\alpha+\beta=2p,\quad \alpha\beta=2p-4 \quad \cdots①$$

また，2点 $\mathrm{A}(\alpha,\ \alpha^2+4)$，$\mathrm{B}(\beta,\ \beta^2+4)$ であるから，直線ABの方程式は

$$y-(\alpha^2+4)=\frac{\beta^2-\alpha^2}{\beta-\alpha}(x-\alpha) \text{ より}$$

$$y=(\alpha+\beta)x-\alpha\beta+4$$

したがって

$$S=\int_\alpha^\beta \{(\alpha+\beta)x-\alpha\beta+4-(x^2+4)\}\,dx$$

$$=-\int_\alpha^\beta \{x^2-(\alpha+\beta)x+\alpha\beta\}\,dx$$

$$=-\int_\alpha^\beta (x-\alpha)(x-\beta)\,dx=\frac{1}{6}(\beta-\alpha)^3$$

$$=\frac{1}{6}\{(\alpha+\beta)^2-4\alpha\beta\}^{\frac{3}{2}}$$

①を代入して

$$S=\frac{1}{6}\{(2p)^2-4(2p-4)\}^{\frac{3}{2}}$$

$$=\frac{1}{6}(4p^2-8p+16)^{\frac{3}{2}}=\frac{1}{6}\{4(p-1)^2+12\}^{\frac{3}{2}}$$

これより，$p=1$ のとき

最小値 $\frac{1}{6}\cdot 12^{\frac{3}{2}}=\frac{1}{6}\cdot 12\sqrt{12}=2\sqrt{3}$

このとき　$\mathbf{P(1,\ 2)}$

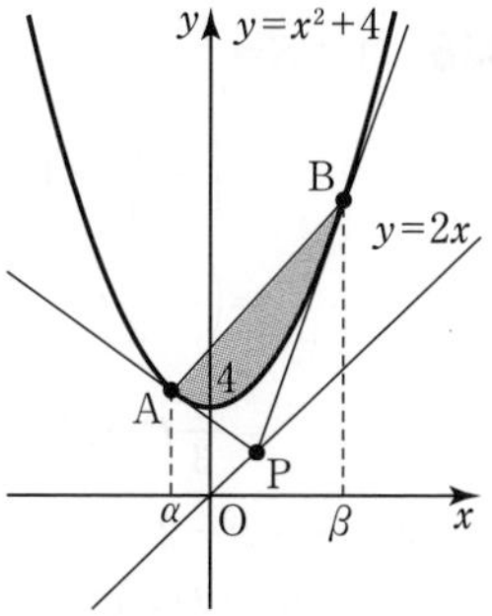

⬅ $t=p\pm\sqrt{p^2-2p+4}$
と解を求めて計算するのは
手間が大きいため
$\alpha=p-\sqrt{p^2-2p+4}$
$\beta=p+\sqrt{p^2+2p+4}$
として計算を進めるのがよい。

⬅ 傾き $\frac{(\beta^2+4)-(\alpha^2+4)}{\beta-\alpha}$
$=\frac{(\beta+\alpha)(\beta-\alpha)}{\beta-\alpha}=\beta+\alpha$

⬅ **436** のように解と係数の関係が使えるように，あらかじめ変形しておくとよい。

438 (1) $S=\int_0^t\{-(x^2-tx)\}\,dx+\int_t^2(x^2-tx)\,dx$

$=\left[-\frac{1}{3}x^3+\frac{1}{2}tx^2\right]_0^t+\left[\frac{1}{3}x^3-\frac{1}{2}tx^2\right]_t^2$

$=\left(-\frac{1}{3}t^3+\frac{1}{2}t^3\right)+\left(\frac{8}{3}-2t\right)-\left(\frac{1}{3}t^3-\frac{1}{2}t^3\right)$

$=\boldsymbol{\frac{1}{3}t^3-2t+\frac{8}{3}}$

⬅ $x^2-tx=0$ より　$x(x-t)=0$
$y=x^2-tx$ と x 軸の交点の
x 座標は，0，t
さらに $0<t<2$

(2) $S'=t^2-2=(t+\sqrt{2})(t-\sqrt{2})$

$S'=0$ となるのは，$0<t<2$ で　$t=\sqrt{2}$

よって　増減表は次のようになる。

t	0	$\cdots$	$\sqrt{2}$	$\cdots$	2
S'		$-$	0	$+$	
S		↘	極小	↗	

$t=\sqrt{2}$ のとき　$S=\frac{2\sqrt{2}}{3}-2\sqrt{2}+\frac{8}{3}$

$=-\frac{4\sqrt{2}}{3}+\frac{8}{3}=\frac{8-4\sqrt{2}}{3}$

よって

$t=\sqrt{2}$ のとき　最小値 $\frac{8-4\sqrt{2}}{3}$

439 (1) $y=x(x-2)$ と x 軸との共有点の x 座標は

$x(x-2)=0$ を解いて　$x=0,\ 2$

(i) $a+1<2$　すなわち　$0\leqq a<1$ のとき

(i)

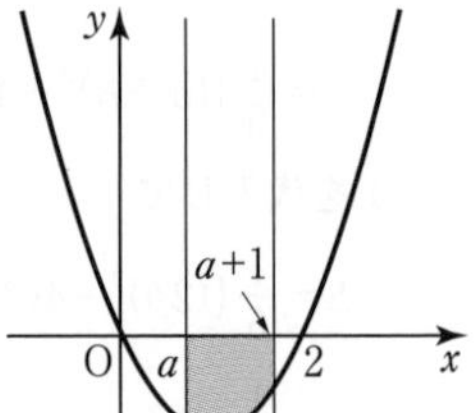

$S=-\int_a^{a+1}x(x-2)\,dx$

$=-\int_a^{a+1}(x^2-2x)\,dx$

$=-\left[\frac{1}{3}x^3-x^2\right]_a^{a+1}$

$=-\left\{\frac{1}{3}(a+1)^3-(a+1)^2\right\}+\left(\frac{1}{3}a^3-a^2\right)$

$=-\left\{\frac{1}{3}(a^3+3a^2+3a+1)-(a^2+2a+1)\right\}$

$\quad+\left(\frac{1}{3}a^3-a^2\right)$

$=-\frac{1}{3}a^3-a^2-a-\frac{1}{3}+a^2+2a+1+\frac{1}{3}a^3-a^2$

$=-a^2+a+\frac{2}{3}$

(ii)　$1 \leqq a \leqq 2$ のとき

$$S=-\int_a^2 x(x-2)\,dx+\int_2^{a+1} x(x-2)\,dx$$

$$=-\int_a^2 (x^2-2x)\,dx+\int_2^{a+1} (x^2-2x)\,dx$$

$$=-\left[\frac{1}{3}x^3-x^2\right]_a^2+\left[\frac{1}{3}x^3-x^2\right]_2^{a+1}$$

$$=-\left(\frac{8}{3}-4\right)+\left(\frac{1}{3}a^3-a^2\right)$$

$$+\left\{\frac{1}{3}(a+1)^3-(a+1)^2\right\}-\left(\frac{8}{3}-4\right)$$

$$=-\frac{8}{3}+4+\frac{1}{3}a^3-a^2+\frac{1}{3}a^3+a^2+a+\frac{1}{3}$$

$$-a^2-2a-1-\frac{8}{3}+4$$

$$=\frac{2}{3}a^3-a^2-a+2$$

(ii)

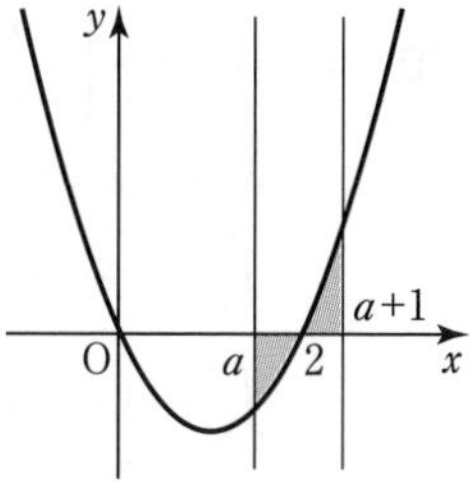

(i), (ii)より

$0 \leqq a < 1$ のとき　$S=-a^2+a+\frac{2}{3}$

$1 \leqq a \leqq 2$ のとき　$S=\frac{2}{3}a^3-a^2-a+2$

(2)　(1)より

$0 \leqq a < 1$ のとき　$S=-\left(a-\frac{1}{2}\right)^2+\frac{11}{12}$

$1 \leqq a \leqq 2$ のとき　$S'=2a^2-2a-1$　より

$1 \leqq a \leqq 2$ で $S'=0$ とすると

$2a^2-2a-1=0$　より　$a=\frac{1+\sqrt{3}}{2}$

よって，$0 \leqq a \leqq 2$ における増減表は，次のようになる。

a	0	…	$\frac{1}{2}$	…	1	…	$\frac{1+\sqrt{3}}{2}$	…	2
S'		+	0	−		−	0	+	
S	$\frac{2}{3}$	↗	$\frac{11}{12}$	↘	$\frac{2}{3}$	↘	極小 かつ 最小	↗	$\frac{4}{3}$

ゆえに

$a=2$ で最大，$a=\frac{1+\sqrt{3}}{2}$ で最小となる。

440 (1) $|x-2|=\begin{cases} x-2 & (x \geqq 2) \\ -(x-2) & (x \leqq 2) \end{cases}$

(i) $0<a<2$ のとき

(i)

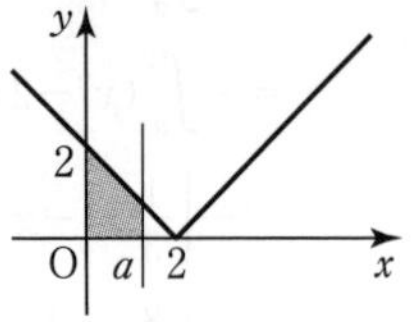

$$\int_0^a |x-2|\,dx$$

$$=\int_0^a \{-(x-2)\}\,dx$$

$$=-\left[\frac{1}{2}x^2-2x\right]_0^a$$

$$=-\frac{1}{2}a^2+2a$$

(ii) $a \geqq 2$ のとき

(ii)

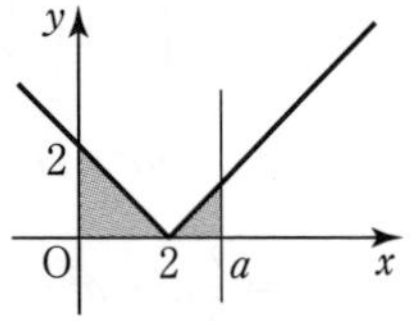

$$\int_0^a |x-2|\,dx$$

$$=\int_0^2 \{-(x-2)\}\,dx+\int_2^a (x-2)\,dx$$

$$=-\left[\frac{1}{2}x^2-2x\right]_0^2+\left[\frac{1}{2}x^2-2x\right]_2^a$$

$$=-(2-4)+\left(\frac{1}{2}a^2-2a\right)-(2-4)$$

$$=\frac{1}{2}a^2-2a+4$$

$y=|x-2|$ のグラフは
$y=x-2$ のグラフをかいて
x 軸より下側の部分を折り返してもよい。

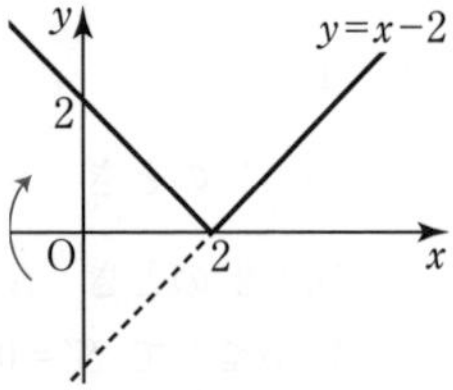

(i), (ii)より

$0<a<2$ のとき　$-\dfrac{1}{2}a^2+2a$

$a \geqq 2$ のとき　$\dfrac{1}{2}a^2-2a+4$

(2) $|x^2-4x|=\begin{cases} x^2-4x & (x \leqq 0,\ 4 \leqq x) \\ -(x^2-4x) & (0 \leqq x \leqq 4) \end{cases}$

⬅ $x^2-4x=x(x-4)$

(i) $0<a<4$ のとき

(i)

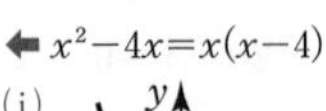

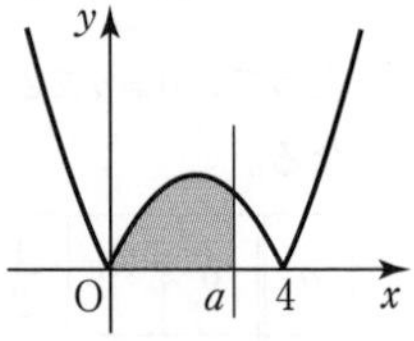

$$\int_0^a |x^2-4x|\,dx$$

$$=\int_0^a \{-(x^2-4x)\}\,dx$$

$$=-\left[\frac{1}{3}x^3-2x^2\right]_0^a$$

$$=-\frac{1}{3}a^3+2a^2$$

(ii)　$a \geqq 4$ のとき

$$\int_0^a |x^2-4x|\,dx$$

$$=\int_0^4 \{-(x^2-4x)\}\,dx+\int_4^a (x^2-4x)\,dx$$

$$=-\left[\frac{1}{3}x^3-2x^2\right]_0^4+\left[\frac{1}{3}x^3-2x^2\right]_4^a$$

$$=-\left(\frac{64}{3}-32\right)+\left(\frac{1}{3}a^3-2a^2\right)-\left(\frac{64}{3}-32\right)$$

$$=\frac{1}{3}a^3-2a^2+\frac{64}{3}$$

(i), (ii)より

$0<a<4$ のとき　$-\frac{1}{3}a^3+2a^2$

$a \geqq 4$のとき　$\frac{1}{3}a^3-2a^2+\frac{64}{3}$

(ii)

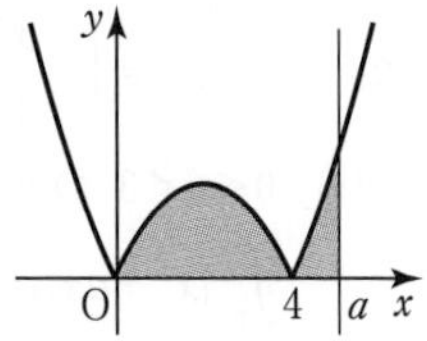

$y=|x^2-4x|$ のグラフは
$y=x^2-4x$ のグラフをかいて
x 軸より下側の部分を折り返してもよい。

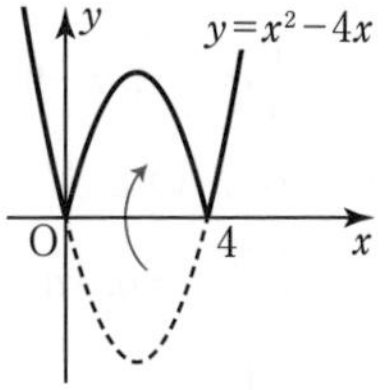

441　(1)　$|x-a|=\begin{cases} x-a & (x \geqq a) \\ -(x-a) & (x \leqq a) \end{cases}$

⬅ a が積分区間 $0 \leqq x \leqq 1$ の中か外かで場合分け。

(i)　$0<a<1$ のとき

$$\int_0^1 |x-a|\,dx$$

$$=\int_0^a \{-(x-a)\}\,dx+\int_a^1 (x-a)\,dx$$

$$=-\left[\frac{1}{2}x^2-ax\right]_0^a+\left[\frac{1}{2}x^2-ax\right]_a^1$$

$$=-\left(\frac{1}{2}a^2-a^2\right)+\left(\frac{1}{2}-a\right)-\left(\frac{1}{2}a^2-a^2\right)$$

$$=a^2-a+\frac{1}{2}$$

(i)

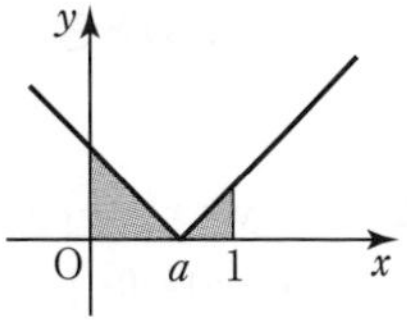

(ii)　$a \geqq 1$ のとき

$$\int_0^1 |x-a|\,dx=\int_0^1 \{-(x-a)\}\,dx$$

$$=-\left[\frac{1}{2}x^2-ax\right]_0^1=-\left(\frac{1}{2}-a\right)=a-\frac{1}{2}$$

(ii)

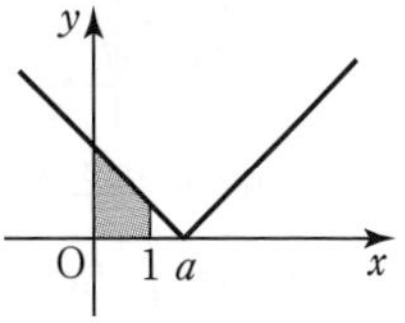

(i), (ii)より

$0<a<1$ のとき　$a^2-a+\frac{1}{2}$

$a \geqq 1$ のとき　$a-\frac{1}{2}$

(2)　$|x^2-ax|=\begin{cases} x^2-ax & (x\leqq 0,\ a\leqq x) \\ -(x^2-ax) & (0\leqq x\leqq a) \end{cases}$

⬅ $|x^2-ax|=|x(x-a)|$

(i)　$0<a<3$ のとき

$\int_0^3 |x^2-ax|\,dx$

$=\int_0^a \{-(x^2-ax)\}\,dx+\int_a^3 (x^2-ax)\,dx$

$=-\left[\frac{1}{3}x^3-\frac{1}{2}ax^2\right]_0^a+\left[\frac{1}{3}x^3-\frac{1}{2}ax^2\right]_a^3$

$=-\left(\frac{1}{3}a^3-\frac{1}{2}a^3\right)+\left(9-\frac{9}{2}a\right)-\left(\frac{1}{3}a^3-\frac{1}{2}a^3\right)$

$=\frac{1}{3}a^3-\frac{9}{2}a+9$

⬅ a が積分区間 $0\leqq x\leqq 3$ の中か外かで場合分け。

(i)

(ii)　$a\geqq 3$ のとき

$\int_0^3 |x^2-ax|\,dx=\int_0^3 \{-(x^2-ax)\}\,dx$

$=-\left[\frac{1}{3}x^3-\frac{1}{2}ax^2\right]_0^3=-\left(9-\frac{9}{2}a\right)=\frac{9}{2}a-9$

(ii)

(i), (ii)より

$0<a<3$ のとき　$\frac{1}{3}a^3-\frac{9}{2}a+9$

$a\geqq 3$ のとき　$\frac{9}{2}a-9$

442　(1)　$y=x(x-a)$ と x 軸の共有点の x 座標は $x(x-a)=0$ より　$x=0,\ a$ であるから $y=|x(x-a)|$ のグラフは下の図のようになる。

$a\leqq 0$ のとき

$a>0$ のとき

(i)　$a<0$ のとき

$f(a)=\int_0^1 (x^2-ax)\,dx$

$=\left[\frac{1}{3}x^3-\frac{1}{2}ax^2\right]_0^1$

$=\frac{1}{3}-\frac{1}{2}a$

(i)　$a<0$

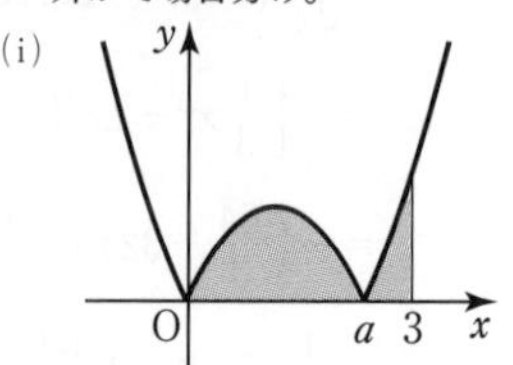

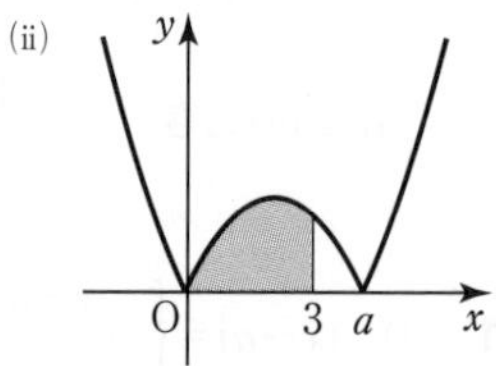

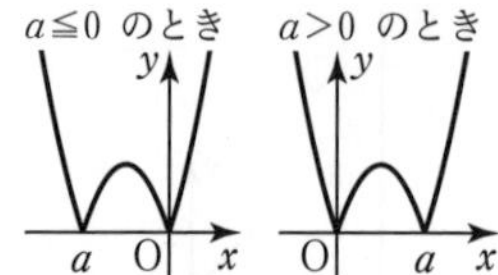

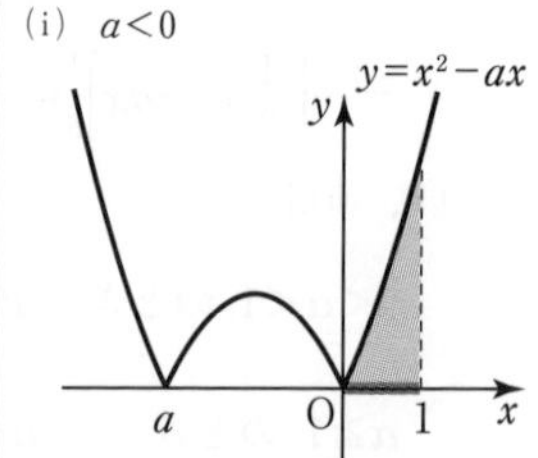

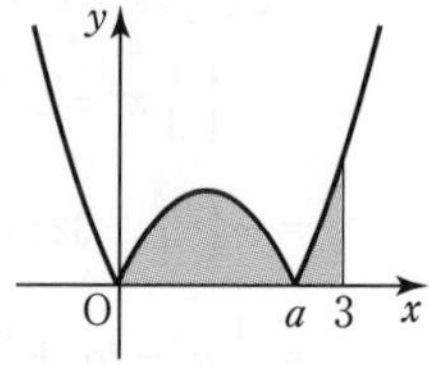

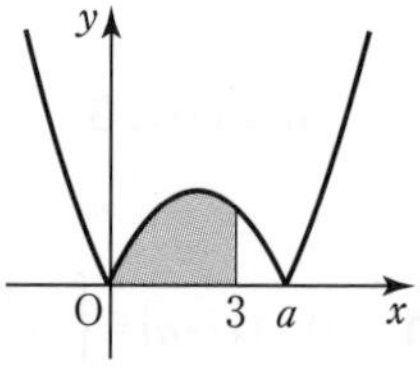

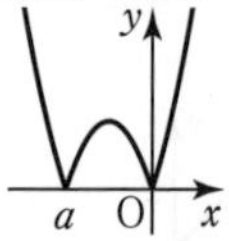

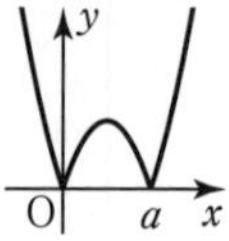

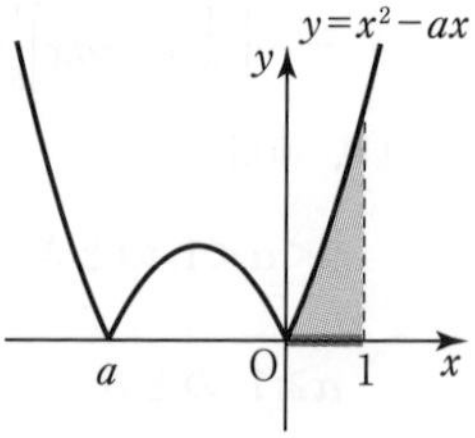

(ii)　$0 \leqq a \leqq 1$ のとき

$$f(a)=\int_0^a(-x^2+ax)\,dx+\int_a^1(x^2-ax)\,dx$$

$$=\left[-\frac{1}{3}x^3+\frac{1}{2}ax^2\right]_0^a+\left[\frac{1}{3}x^3-\frac{1}{2}ax^2\right]_a^1$$

$$=\left(-\frac{1}{3}a^3+\frac{1}{2}a^3\right)+\left(\frac{1}{3}-\frac{1}{2}a\right)-\left(\frac{1}{3}a^3-\frac{1}{2}a^3\right)$$

$$=\frac{1}{3}a^3-\frac{1}{2}a+\frac{1}{3}$$

(ii)　$0 \leqq a \leqq 1$

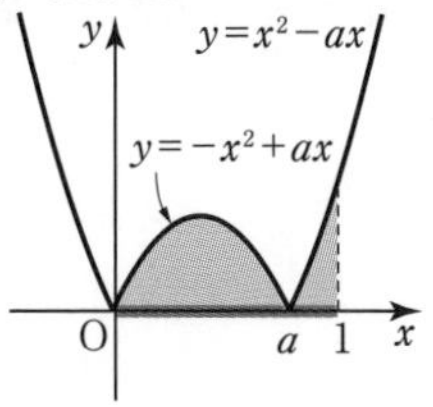

(iii)　$a>1$ のとき

$$f(a)=\int_0^1(-x^2+ax)\,dx$$

$$=\left[-\frac{1}{3}x^3+\frac{1}{2}ax^2\right]_0^1=-\frac{1}{3}+\frac{1}{2}a$$

(iii)　$a>1$

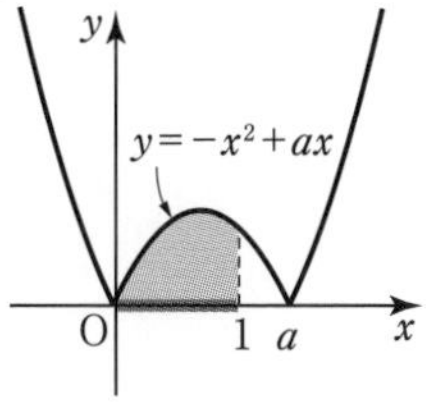

(i), (ii), (iii)より

$a<0$ のとき　$f(a)=\frac{1}{3}-\frac{1}{2}a$

$0 \leqq a \leqq 1$ のとき　$f(a)=\frac{1}{3}a^3-\frac{1}{2}a+\frac{1}{3}$

$a>1$ のとき　$f(a)=-\frac{1}{3}+\frac{1}{2}a$

(2)　(1)より

$f(a)=\frac{1}{3}a^3-\frac{1}{2}a+\frac{1}{3}$　$(0 \leqq a \leqq 1)$ について

$$f'(a)=a^2-\frac{1}{2}=\left(a+\frac{\sqrt{2}}{2}\right)\left(a-\frac{\sqrt{2}}{2}\right)$$

よって，増減表とグラフは次のようになる。

a	0	$\cdots$	$\frac{\sqrt{2}}{2}$	$\cdots$	1
$f'(a)$		$-$	0	$+$	
$f(a)$	$\frac{1}{3}$	↘	$\frac{2-\sqrt{2}}{6}$	↗	$\frac{1}{6}$

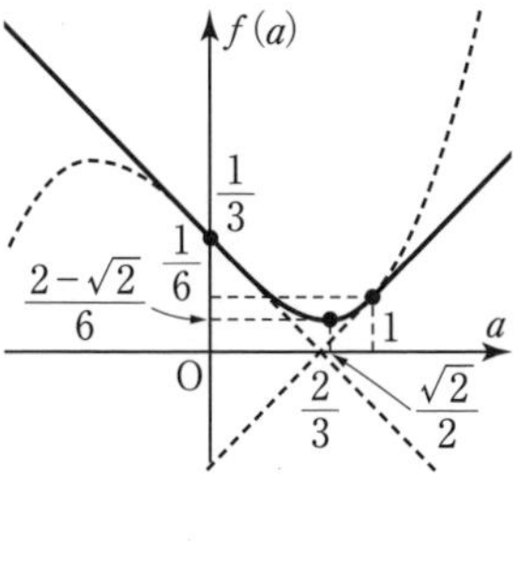

(3)　(2)のグラフより

$a=\frac{\sqrt{2}}{2}$ のとき　最小値 $\frac{2-\sqrt{2}}{6}$

⬅ $a<0$ と $a>1$ においては，直線のグラフになる。

数学II　復習問題

1　$\left(x^2+x+\dfrac{1}{x}\right)^6$ の展開式の一般項は

$$\frac{6!}{p!q!r!}(x^2)^p\cdot x^q\cdot\left(\frac{1}{x}\right)^r=\frac{6!}{p!q!r!}x^{2p+q-r}$$

← 係数と文字は分けておく。

ただし　$p+q+r=6$（$p\geqq0$，$q\geqq0$，$r\geqq0$）

$2p+q-r=3$ のとき，これは x^3 の項を表すから，

$r=2p+q-3$ を $p+q+r=6$ に代入して

$p+q+(2p+q-3)=6$　から　$3p+2q=9$

したがって　$(p,\ q,\ r)=(1,\ 3,\ 2),\ (3,\ 0,\ 3)$

よって，求める係数は

$$\frac{6!}{1!3!2!}+\frac{6!}{3!0!3!}=60+20=\mathbf{80}$$

2　2 乗して $3-4i$ になる複素数を $z=a+bi$（a，b は実数）とおく。

$z^2=(a+bi)^2=3-4i$

$a^2-b^2+2abi=3-4i$

a^2-b^2，$2ab$ は実数であるから

$a^2-b^2=3$　…①，　$2ab=-4$　…②

← ①，②の連立方程式を解く。

②より $a\neq0$ であるから　$b=-\dfrac{2}{a}$　…③

①に代入して　$a^2-\left(-\dfrac{2}{a}\right)^2=3$

$$a^2-\frac{4}{a^2}=3$$

$$a^4-3a^2-4=0$$

$$(a^2+1)(a^2-4)=0$$

$$(a^2+1)(a+2)(a-2)=0$$

a は実数であるから　$a=\pm2$

③に代入すると，$a=2$　のとき $b=-1$

$a=-2$ のとき $b=1$

ゆえに　$\boldsymbol{z=2-i,\ -2+i}$

3　$(1+2i)x^2+(1+5i)x-3(2+i)=0$

$(x^2+x-6)+(2x^2+5x-3)i=0$

x^2+x-6，$2x^2+5x-3$ は実数であるから

$x^2+x-6=0$　かつ　$2x^2+5x-3=0$

複素数の相等

a，b，c，d が実数のとき

$a+bi=c+di \iff a=c,\ b=d$

$a+bi=0 \iff a=b=0$

$x^2+x-6=0$ を解くと

$(x-2)(x+3)=0$

よって　$x=2,\ -3$　…①

$2x^2+5x-3=0$ を解くと

$(2x-1)(x+3)=0$

よって　$x=\dfrac{1}{2},\ -3$　…②

①，②を同時に満たすのは　$\boldsymbol{x=-3}$

4 (1)　$P(x)$ を $(x-1)^2$ で割ったときの商を $Q_1(x)$ とおくと

$P(x)=(x-1)^2Q_1(x)+2x-1$

よって，$x-1$ で割った余りは

$P(1)=2\cdot1-1=\boldsymbol{1}$

(2)　$P(x)$ を $(x+2)(x-1)$ で割ったときの商を $Q_2(x)$，余りを $ax+b$ とおくと

$P(x)=(x+2)(x-1)Q_2(x)+ax+b$

⬅2 次式で割った余りは，$ax+b$ とおく。

(1)より　　$P(1)=a+b=1$　　…①

条件より　$P(-2)=-2a+b=4$　…②

⬅$P(x)$ を $x+2$ で割ると 4 余る。

①，②を解いて　$a=-1,\ b=2$

よって，求める余りは　$\boldsymbol{-x+2}$

(3)　$P(x)$ を $(x-1)^2(x+2)$ で割ったときの商を $Q_3(x)$，余りを ax^2+bx+c とおくと

$P(x)=(x-1)^2(x+2)Q_3(x)+ax^2+bx+c$　…③

⬅3 次式で割った余りは，ax^2+bx+c とおく。

であるから，$P(x)$ を $(x-1)^2$ で割った余りは ax^2+bx+c を $(x-1)^2$ で割った余りに等しい。

⬅$P(x)$ を $(x-1)^2$ で割ると $2x-1$ 余る。

よって，ax^2+bx+c を $(x-1)^2$ すなわち x^2-2x+1 で割ると，余りは

$(2a+b)x-a+c=2x-1$

$$
\begin{array}{r}
(x-1)^2 \qquad\qquad\qquad\qquad \\
\| \qquad\qquad\qquad\qquad\quad\ \ a \qquad\quad \\
x^2-2x+1 \overline{\big)\, ax^2+\ \ bx+c} \\
\underline{ax^2-2ax+a} \\
(2a+b)x-a+c
\end{array}
$$

両辺の係数を比較して

$2a+b=2,\ -a+c=-1$　…④

また，$P(-2)=4$ であるから，③より

$P(-2)=4a-2b+c=4$　…⑤

⬅$P(x)$ を $x+2$ で割ると 4 余る。

④，⑤を解いて $a=1,\ b=0,\ c=0$

よって，求める余りは　$\boldsymbol{x^2}$

(別解)　$P(x)=(x-1)^2(x+2)Q_3(x)+ax^2+bx+c$ とおくと

$P(x)$ を $(x-1)^2$ で割った余りが

$2x-1$ であるから

$$ax^2+bx+c=a(x-1)^2+2x-1$$

と表せる。

よって

$$P(x)=(x-1)^2(x+2)Q_3(x)+a(x-1)^2+2x-1$$

また，$P(x)$ を $x+2$ で割った余りが

4 であるから

$$P(-2)=9a-4-1=4 \quad より \quad a=1$$

よって，求める余りは　$1\cdot(x-1)^2+2x-1=\boldsymbol{x^2}$

⬅ $(x-1)^2(x+2)Q_3(x)$ は $(x-1)^2$ で割り切れるから，ax^2+bx+c を $(x-1)^2$ で割った余りが $2x-1$ である。

5　x^{99} を x^2-1 で割ったときの商を $Q(x)$，

余りを $ax+b$ とおくと

$$x^{99}=(x^2-1)Q(x)+ax+b$$

$$x^{99}=(x+1)(x-1)Q(x)+ax+b$$

$x=1$ のとき

$$1^{99}=a\cdot1+b \quad より \quad 1=a+b \quad \cdots①$$

$x=-1$ のとき

$$(-1)^{99}=a\cdot(-1)+b \quad より \quad -1=-a+b \quad \cdots②$$

①，②を解くと　$a=1$，$b=0$

よって，求める余りは　$\boldsymbol{x}$

⬅ 割る式 x^2-1 が 0 になるように，両辺に $x=1$，-1 を代入する。

6　$x^2+(k-1)x+1=0$ の判別式を D_1，

$x^2+kx+k=0$ の判別式を D_2

とすると

$$D_1=(k-1)^2-4$$
$$=k^2-2k-3$$
$$=(k+1)(k-3)<0$$

よって　$-1<k<3$　$\cdots①$

$$D_2=k^2-4k$$
$$=k(k-4)<0$$

よって　$0<k<4$　$\cdots②$

(1)　ともに虚数解をもつので，

①と②をともに満たす範囲であるから

$\boldsymbol{0<k<3}$

(2)　少なくとも一方が虚数解をもつので，

①または②の範囲であるから　$\boldsymbol{-1<k<4}$

判別式 D

$ax^2+bx+c=0$ について，

$D=b^2-4ac$ とすると

$D>0$ … 異なる 2 つの実数解

$D=0$ … 1 つの実数解(重解)

$D<0$ … 異なる 2 つの虚数解

⬅ 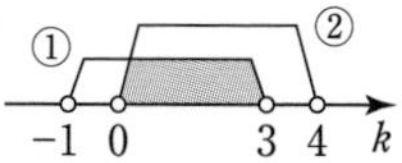

⬅ 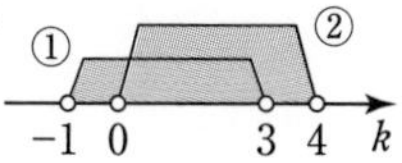

7 $x=\dfrac{1+\sqrt{3}i}{2}$ より

$2x-1=\sqrt{3}i$

両辺を 2 乗して

$4x^2-4x+1=-3$

$4x^2-4x+4=0$

$x^2-x+1=0$ …①

← $x=\dfrac{1+\sqrt{3}i}{2}$ を直接代入せずに，変形して扱いやすい形にしてから代入する。

(1) ①より

$x^2+x+1=(x^2-x+1)+2x$

$=0+2x=\mathbf{1+\sqrt{3}i}$

← ①を代入できるように変形する。

(2) ①より

$x^4-x^3+x^2-x+1=x^2(x^2-x+1)-x+1$

$=x^2\cdot 0-x+1$

$=-x+1$

$=-\dfrac{1+\sqrt{3}i}{2}+1$

$=\mathbf{\dfrac{1-\sqrt{3}i}{2}}$

← ①を代入できるように変形する。

8 (1) $\omega^3=1$，$\omega^2+\omega+1=0$ より

$\omega^{200}+\omega^{100}+1$

$=(\omega^3)^{66}\cdot\omega^2+(\omega^3)^{33}\cdot\omega+1$

$=\omega^2+\omega+1=\mathbf{0}$

ωの性質

$x^3=1$ の虚数解の 1 つを ω とすると，$x^3=1$ の解は 1，ω，ω^2 であり，

$\omega^3=1$，$\omega^2+\omega+1=0$

が成り立つ。

(2) $\omega^2+\omega+1=0$ の両辺を ω で割ると

$\omega+1+\dfrac{1}{\omega}=0$

$1+\dfrac{1}{\omega}=-\omega$

よって $\left(1+\dfrac{1}{\omega}\right)^3=(-\omega)^3=-\omega^3=\mathbf{-1}$

← $\omega^3=1$

(3) $\dfrac{3}{\omega+2}-\dfrac{1}{\omega+1}=\dfrac{3(\omega+1)-(\omega+2)}{(\omega+2)(\omega+1)}$

$=\dfrac{2\omega+1}{\omega^2+3\omega+2}$

$=\dfrac{2\omega+1}{(-\omega-1)+3\omega+2}$

$=\dfrac{2\omega+1}{2\omega+1}=\mathbf{1}$

← $\omega^2+\omega+1=0$ より $\omega^2=-\omega-1$

9 (1) (左辺)－(右辺)

$=(a^2+b^2)(x^2+y^2)-(ax+by)^2$

$=a^2x^2+a^2y^2+b^2x^2+b^2y^2-(a^2x^2+2abxy+b^2y^2)$

$=a^2y^2-2abxy+b^2x^2$

$=(ay-bx)^2\geqq 0$

よって　$(a^2+b^2)(x^2+y^2)\geqq(ax+by)^2$

が成り立つ。

等号成立は $ax=by$ のとき 終

(2) (左辺)－(右辺)

$=(a^2+b^2+c^2)(x^2+y^2+z^2)-(ax+by+cz)^2$

$=a^2x^2+a^2y^2+a^2z^2+b^2x^2+b^2y^2+b^2z^2$

$\quad+c^2x^2+c^2y^2+c^2z^2$

$\quad-(a^2x^2+b^2y^2+c^2z^2+2abxy+2bcyz+2cazx)$

$=(a^2y^2-2abxy+b^2x^2)+(b^2z^2-2bcyz+c^2y^2)$

$\quad+(c^2x^2-2cazx+a^2z^2)$

$=(ay-bx)^2+(bz-cy)^2+(cx-az)^2\geqq 0$

よって

$(a^2+b^2+c^2)(x^2+y^2+z^2)\geqq(ax+by+cz)^2$

が成り立つ。

等号成立は

$ay=bx$ かつ $bz=cy$ かつ $cx=az$ のとき 終

10 (1) **解法 A**

$x+y=3$ より　$y=3-x$

これを $xy=-4$ に代入すると　$x(3-x)=-4$

整理すると

$x^2-3x-4=0$　すなわち　$(x+1)(x-4)=0$

よって　$x=-1,\ 4$

$x=-1$ のとき $y=4$

$x=4$ のとき $y=-1$

ゆえに　$(x,\ y)=(-1,\ 4),\ (4,\ -1)$

解法 B

$x+y=3,\ xy=-4$ より，x と y は

2 次方程式 $t^2-3t-4=0$ の解である。

これを解くと $t=-1,\ 4$

よって　$(x,\ y)=(-1,\ 4),\ (4,\ -1)$

2 数の和・積と 2 次方程式

2 数 $p,\ q$ を解にもつ 2 次方程式

$x^2-(p+q)x+pq=0$

2 数の和　2 数の積

(2) **解法 A**

$x+y=2$ より　$y=2-x$

これを $x^2+xy+y^2=-2$ に代入すると

$$x^2+x(2-x)+(2-x)^2=-2$$

$$x^2+2x-x^2+4-4x+x^2=-2$$

整理すると　$x^2-2x+6=0$

よって　$x=-(-1)\pm\sqrt{(-1)^2-6}=1\pm\sqrt{5}\,i$

$x=1+\sqrt{5}\,i$ のとき

$$y=2-(1+\sqrt{5}\,i)=1-\sqrt{5}\,i$$

$x=1-\sqrt{5}\,i$ のとき

$$y=2-(1-\sqrt{5}\,i)=1+\sqrt{5}\,i$$

ゆえに　$(x,\ y)=(1+\sqrt{5}\,i,\ 1-\sqrt{5}\,i)$,
$(1-\sqrt{5}\,i,\ 1+\sqrt{5}\,i)$

解法 B

$x^2+xy+y^2=-2$　…①　とおく。

また，$x+y=2$ の両辺を 2 乗して

$$x^2+2xy+y^2=4 \quad \cdots ②$$

②−①より　$xy=6$

$$\begin{array}{rl} & x^2+2xy+y^2=4 \\ -) & x^2+\ \ xy+y^2=-2 \\ \hline & xy\qquad\quad =6 \end{array}$$

$x+y=2$，$xy=6$ より，x と y は

2 次方程式 $t^2-2t+6=0$ の解である。

これを解くと $t=1\pm\sqrt{5}\,i$

よって　$(x,\ y)=(1+\sqrt{5}\,i,\ 1-\sqrt{5}\,i)$,
$(1-\sqrt{5}\,i,\ 1+\sqrt{5}\,i)$

11

$$(x+y)\left(\frac{1}{x}+\frac{4}{y}\right)=\frac{4x}{y}+\frac{y}{x}+5$$

ここで，$x>0$，$y>0$ より　$\dfrac{4x}{y}>0$，$\dfrac{y}{x}>0$

であるから，相加平均と相乗平均の関係より

$$\frac{4x}{y}+\frac{y}{x}\geqq 2\sqrt{\frac{4x}{y}\cdot\frac{y}{x}}=4$$

よって

$$\frac{4x}{y}+\frac{y}{x}+5\geqq 4+5$$

すなわち

$$(x+y)\left(\frac{1}{x}+\frac{4}{y}\right)\geqq 9$$

等号成立は $\dfrac{4x}{y}=\dfrac{y}{x}$，$x>0$，$y>0$ より

$y=2x$ のとき

ゆえに，$(x+y)\left(\dfrac{1}{x}+\dfrac{4}{y}\right)$ は

$y=2x$ のとき**最小値 9**

← $4x^2=y^2$ より
$4x^2-y^2=0$
$(2x+y)(2x-y)=0$
$x>0$，$y>0$ より　$2x+y>0$
よって　$2x-y=0$
ゆえに　$y=2x$

12 (1)　直線 AB の傾きは

$$\frac{5-(-3)}{3-(-1)}=\frac{8}{4}=2$$

よって，求める方程式は

$y=2(x+1)-3$

すなわち　$\boldsymbol{y=2x-1}$

← 2 点 $(x_1,\ y_1)$，$(x_2,\ y_2)$ を通る直線の方程式は

$$y-y_1=\frac{y_2-y_1}{x_2-x_1}(x-x_1)$$

(2)　点 C の x 座標は

$$\frac{-3\times(-1)+2\times 3}{2-3}=-9$$

点 C の y 座標は

$$\frac{-3\times(-3)+2\times 5}{2-3}=-19$$

よって　**C(−9，−19)**

外分点

$m:n$ の外分点

$$\left(\frac{-nx_1+mx_2}{m-n},\ \frac{-ny_1+my_2}{m-n}\right)$$

← AB の方程式 $y=2x-1$ に $x=-9$ を代入して y を求めてもよい。

(3)　点 C は線分 AB を 2：3 に外分する点であるから，下の図のようになる。

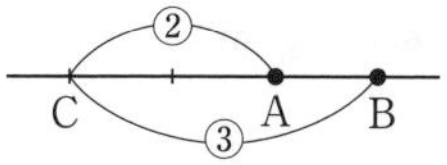

よって，点 B は線分 CA を **3：1 に外分する点**

13

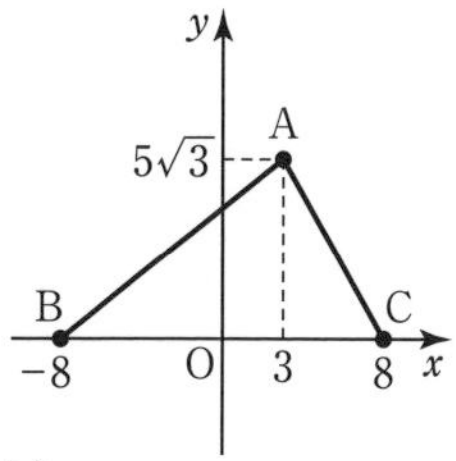

〔重心〕

3 点 $(3,\ 5\sqrt{3})$，$(-8,\ 0)$，$(8,\ 0)$ を頂点とする三角形の重心は

$$\left(\frac{3-8+8}{3},\ \frac{5\sqrt{3}}{3}\right)\ より\ \left(1,\ \frac{5\sqrt{3}}{3}\right)$$

三角形の重心

$A(x_1,\ y_1)$，$B(x_2,\ y_2)$，$C(x_3,\ y_3)$ のとき，
△ABC の重心の座標は

$$\left(\frac{x_1+x_2+x_3}{3},\ \frac{y_1+y_2+y_3}{3}\right)$$

〔外心〕

辺ACと辺BCの垂直二等分線の交点を求める。

ACの中点は

$\left(\dfrac{3+8}{2},\ \dfrac{5\sqrt{3}}{2}\right)$ より $\left(\dfrac{11}{2},\ \dfrac{5\sqrt{3}}{2}\right)$

ACの傾きは　$\dfrac{-5\sqrt{3}}{8-3}=-\sqrt{3}$

よって，線分ACの垂直二等分線は

$y-\dfrac{5\sqrt{3}}{2}=\dfrac{1}{\sqrt{3}}\left(x-\dfrac{11}{2}\right)$　より

$y=\dfrac{1}{\sqrt{3}}x+\dfrac{2\sqrt{3}}{3}$　…①

また，線分BCの垂直二等分線は　$x=0$　…②

①，②の交点は　$\left(0,\ \dfrac{2\sqrt{3}}{3}\right)$

よって　外心は $\left(0,\ \dfrac{2\sqrt{3}}{3}\right)$

⬅ 三角形の外心は，3辺の垂直二等分線の交点であり，外接円の中心である。

別解

3点A，B，Cを通る円の方程式を，

$x^2+y^2+lx+my+n=0$ とおく。

⬅ 外接円の方程式を求める。

点Aを通るので

$3l+5\sqrt{3}m+n=-84$　…①

⬅ A$(3,\ 5\sqrt{3})$

点Bを通るので

$-8l+n=-64$　…②

⬅ B$(-8,\ 0)$

点Cを通るので

$8l+n=-64$　…③

⬅ C$(8,\ 0)$

②，③を解いて　$n=-64,\ l=0$

①へ代入すると　$5\sqrt{3}m-64=-84$

よって　$m=\dfrac{-20}{5\sqrt{3}}=-\dfrac{4\sqrt{3}}{3}$

ゆえに，外接円の方程式は

$x^2+y^2-\dfrac{4\sqrt{3}}{3}y-64=0$

$x^2+\left(y-\dfrac{2\sqrt{3}}{3}\right)^2=\dfrac{196}{3}$

外心はこの円の中心であるから　$\left(0,\ \dfrac{2\sqrt{3}}{3}\right)$

〔内心〕

辺 BC と内接円の接点を D とおく。

また，内接円の半径を r とする。

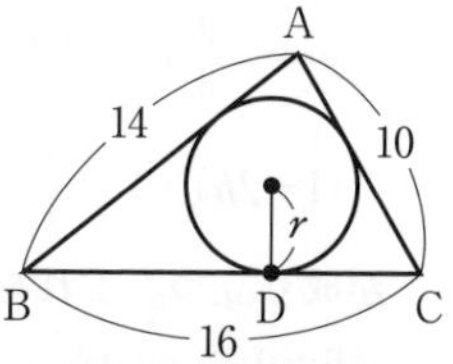

AB，BC，CA の長さは

$AB=\sqrt{(3+8)^2+(5\sqrt{3})^2}=14$

$BC=16$

$CA=\sqrt{(3-8)^2+(5\sqrt{3})^2}=10$

内接円と三角形の面積

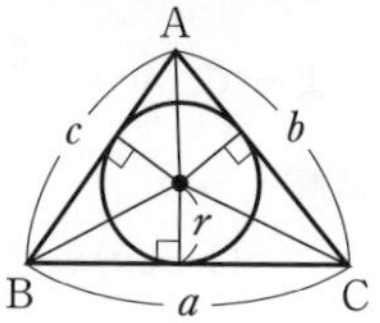

3 辺の長さが a，b，c の三角形の内接円の半径を r，三角形の面積を S とすると

$S=\frac{1}{2}r(a+b+c)$

(△ABC の面積)$=\frac{1}{2}\times16\times5\sqrt{3}=40\sqrt{3}$ より

$\frac{1}{2}r(14+16+10)=40\sqrt{3}$

よって　$r=2\sqrt{3}$

また，$CD=t$ とおくと

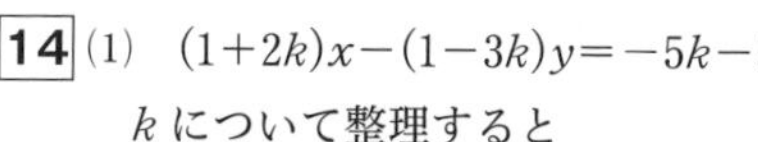

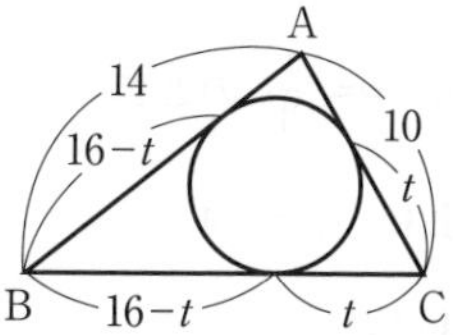

$10-t=14-(16-t)$

より　$t=6$

ゆえに，D の x 座標は　2

⬅ C(8, 0) より，D は (2, 0)

したがって，内心は　**$(2,\ 2\sqrt{3})$**

〔垂心〕

B から AC に引いた垂線の傾きは　$\frac{1}{\sqrt{3}}$

⬅ 垂心は，三角形の各頂点から，それぞれの対辺に引いた垂線の交点である。

よって，垂線の方程式は

$y=\frac{1}{\sqrt{3}}(x+8)$　…①

A から BC に引いた垂線は　$x=3$　…②

①，②より　$y=\frac{1}{\sqrt{3}}(3+8)=\frac{11\sqrt{3}}{3}$

ゆえに，垂心は　**$\left(3,\ \frac{11\sqrt{3}}{3}\right)$**

14 (1)　$(1+2k)x-(1-3k)y=-5k-5$

k について整理すると

$(2x+3y+5)k+(x-y+5)=0$

⬅ k の値に関係なく成り立つ
$\Longrightarrow$ k の恒等式

k の恒等式と考えると

$\begin{cases}2x+3y+5=0 & \cdots① \\ x-y+5=0 & \cdots②\end{cases}$

①，②を解いて　$x=-4$，$y=1$

よって，求める定点は　**$(-4,\ 1)$**

⬅ ①−②×2 より

$$\begin{array}{rll} & 2x+3y+5\ =0 & \cdots① \\ -) & 2x-2y+10=0 & \cdots②\times2 \\ \hline & 5y-5\ =0 & \end{array}$$

よって　$y=1$

②に代入して　$x=-4$

(2)　$y=-\frac{2}{3}x$ と平行になると仮定すると

$$(1+2k)\times1-\frac{2}{3}\times\{-(1-3k)\}=0$$

が成り立つ。これを整理すると

$5=0$

となり，矛盾する。

よって，$y=-\frac{2}{3}x$ と平行になることはない。終

別解

$(1+2k)x-(1-3k)y=-5k-5$　…①

(i)　$1-3k=0$　すなわち　$k=\frac{1}{3}$ のとき

①は，$\frac{5}{3}x=-\frac{20}{3}$　より　$x=-4$

となるから，平行ではない。

(ii)　$1-3k\neq0$　すなわち　$k\neq\frac{1}{3}$ のとき

①は，$y=\frac{1+2k}{1-3k}x+\frac{5k+5}{1-3k}$

となり，この式が表す直線が，直線 $y=-\frac{2}{3}x$

と平行になると仮定すると

$$\frac{1+2k}{1-3k}=-\frac{2}{3}$$

$$-3-6k=2-6k$$

よって　$-3=2$　となり，矛盾する。

よって，$y=-\frac{2}{3}x$ と平行になることはない。終

2直線の平行

$l_1: ax+by+c=0$
$l_2: a'x+b'y+c'=0$
$l_1 /\!/ l_2 \iff ab'-a'b=0$

15 (1)　$x^2+y^2-2ax+4ay-2y+4a+5=0$ より

$$(x-a)^2-a^2+\{y+(2a-1)\}^2-(2a-1)^2+4a+5=0$$

$$(x-a)^2+\{y+(2a-1)\}^2=5a^2-8a-4$$

これが円を表すとき

$$5a^2-8a-4>0$$

$$(5a+2)(a-2)>0$$

よって　$a<-\frac{2}{5},\ 2<a$

⬅ $(x-a)^2+(y-b)^2=k$ は
$k>0$ のとき　半径 $\sqrt{k}$ の円
$k=0$ のとき　1点 $(a,\ b)$
$k<0$ のとき　図形を表さない

(2) 円の中心を $(x,\ y)$ とおく。

(1)より，中心は $(a,\ -2a+1)$ であるから

$$\begin{cases} x=a & \cdots ① \\ y=-2a+1 & \cdots ② \end{cases}$$

①，②より　$y=-2x+1$

また，x のとりうる範囲は，(1)より

$$x<-\frac{2}{5},\ 2<x$$

よって，円の中心の軌跡は，

直線 $\boldsymbol{y=-2x+1}$ $\left(\boldsymbol{x<-\frac{2}{5},\ 2<x}\right)$

⬅ a を消去して，x，y の関係式を導く。

16 $x^2+y^2-6x+2y-3=0$ より

$(x-3)^2+(y+1)^2=13$

これは，中心 $(3,\ -1)$，半径 $\sqrt{13}$ の円を表す。

中心と $(5,\ 2)$ を通る直線の傾きは

$$\frac{2-(-1)}{5-3}=\frac{3}{2}$$

この直線と接線は垂直であるから，

接線の傾きは　$-\frac{2}{3}$

よって，求める接線は，傾き $-\frac{2}{3}$ で

点 $(5,\ 2)$ を通る直線であるから，その方程式は

$$y-2=-\frac{2}{3}(x-5)\quad \text{すなわち}\quad \boldsymbol{y=-\frac{2}{3}x+\frac{16}{3}}$$

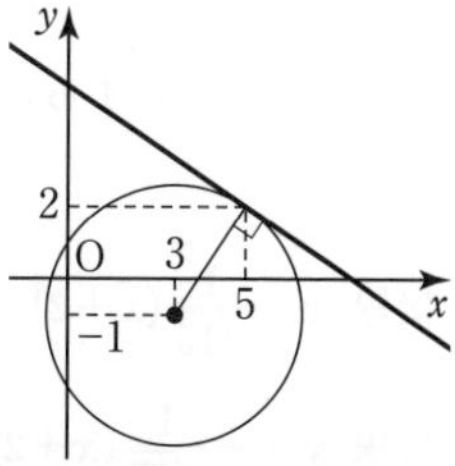

2直線の垂直

$l_1:y=mx+n$
$l_2:y=m'x+n'$
$l_1\perp l_2 \iff mm'=-1$

17 $x^2+y^2-4x+3=0$ より　$(x-2)^2+y^2=1$

この方程式は，中心 $(2,\ 0)$，半径1の円を表す。

点 $(-2,\ 0)$ を通る直線は 実数 k を用いて

$y=k(x+2)$　すなわち　$kx-y+2k=0$

と表せる。

この直線が円に接するとき，円の中心 $(2,\ 0)$ と

この直線の距離が1になるから

$$\frac{|k\times 2-0+2k|}{\sqrt{k^2+(-1)^2}}=1\quad \text{すなわち}\quad |4k|=\sqrt{k^2+1}$$

両辺を2乗して整理すると　$k=\pm\frac{1}{\sqrt{15}}$

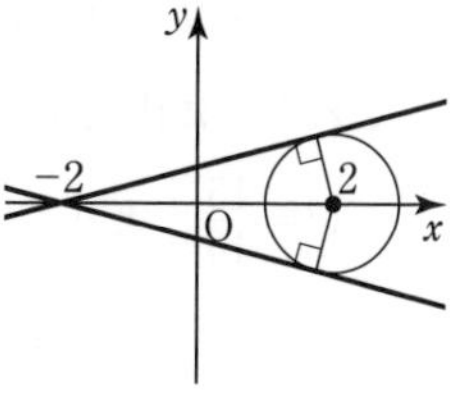

次に，接点を求める。

$$\begin{cases} x^2+y^2-4x+3=0 & \cdots① \\ y=\pm\dfrac{1}{\sqrt{15}}(x+2) & \cdots② \end{cases}$$

①，②の共有点が接点である。

②を①に代入すると

$$x^2+\frac{1}{15}(x+2)^2-4x+3=0$$

$$16x^2-56x+49=0$$

$$(4x-7)^2=0$$

よって　$x=\dfrac{7}{4}$

これを②に代入すると　$y=\pm\dfrac{1}{\sqrt{15}}\times\dfrac{15}{4}=\pm\dfrac{\sqrt{15}}{4}$

よって

接線 $y=\dfrac{1}{\sqrt{15}}(x+2)$ のとき，接点 $\left(\dfrac{7}{4},\ \dfrac{\sqrt{15}}{4}\right)$

接線 $y=-\dfrac{1}{\sqrt{15}}(x+2)$ のとき，接点 $\left(\dfrac{7}{4},\ -\dfrac{\sqrt{15}}{4}\right)$

別解 1

点 $(-2,\ 0)$，$(2,\ 0)$ を A，C，接点を B とおくと，

△ABC は，∠B＝90° の直角三角形である。

よって，点 B は AC を直径とする円上にある。

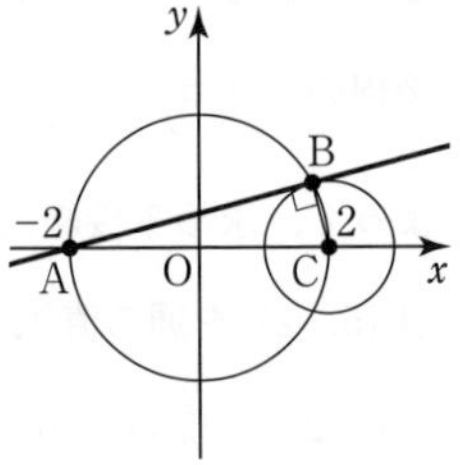

$$\begin{cases} x^2+y^2-4x+3=0 & \cdots① \\ x^2+y^2=4 & \cdots② \end{cases}$$

①，②の共有点が点 B(接点)である。

②−①より　$4x-3=4$　　よって　$x=\dfrac{7}{4}$

これを②に代入すると

$$y^2=\frac{15}{16}\quad より\quad y=\pm\frac{\sqrt{15}}{4}$$

よって，接点 B は $\left(\dfrac{7}{4},\ \dfrac{\sqrt{15}}{4}\right)$，$\left(\dfrac{7}{4},\ -\dfrac{\sqrt{15}}{4}\right)$

点 A，B を通る直線が接線であるから，方程式は

$$y=\frac{\left(\pm\dfrac{\sqrt{15}}{4}\right)-0}{\dfrac{7}{4}-(-2)}(x+2)$$

すなわち　**$y=\pm\dfrac{1}{\sqrt{15}}(x+2)$**

別解 2

△ABC において，∠B=90° より

$AB=\sqrt{16-1}=\sqrt{15}$

よって，B は，A を中心とした半径 $\sqrt{15}$ の円上にあるから

$$\begin{cases} x^2+y^2-4x+3=0 & \cdots① \\ (x+2)^2+y^2=15 & \cdots② \end{cases}$$

①，②の共有点が点 B である。

(以下 別解 1 と同様)

18 2 直線の交点を $P(X,\ Y)$ とすると，

点 P は 2 直線 $y=ax$，$x+ay=2$ 上にあるから

$$\begin{cases} Y=aX & \cdots① \\ X+aY=2 & \cdots② \end{cases}$$

⬅ a を消去して，X，Y の方程式を求める。

(i) $X=0$ のとき

①より　$Y=0$

②より　$aY=2$

この 2 つを満たす a の値はないから，

交点 P の x 座標が 0 になることはない。

(ii) $X\neq 0$ のとき

①より　$a=\dfrac{Y}{X}$

これを②に代入して　$X+\dfrac{Y}{X}\times Y=2$

よって　$(X-1)^2+Y^2=1$　($X=0$ は除く)

(i)，(ii)より，点 P の軌跡は

中心 (1，0)，半径 1 の円。ただし，(0，0) は除く。

19 (1) ある実数 m に対して，直線 l が点 (1，1) を通ると仮定する。

(1，1) を $y=mx-m^2$ に代入して整理すると

$m^2-m+1=0$

よって　$m=\dfrac{1\pm\sqrt{3}\,i}{2}$

これは，m が実数であることに矛盾する。

ゆえに，どんな m の値に対しても，

l は点 (1，1) を通らない。 終

数II 復習問題

(2) l が通る点 $(X,\ Y)$ は

$$Y=mX-m^2$$

を満たすから

$$m^2-Xm+Y=0$$

を成り立たせる実数 m が存在する。

判別式を D とすると

← m についての 2 次方程式とみる。

$$D \geqq 0$$

$$D=X^2-4Y \geqq 0$$

より　$Y \leqq \dfrac{1}{4}X^2$

よって，この点は

$$y \leqq \frac{1}{4}x^2$$

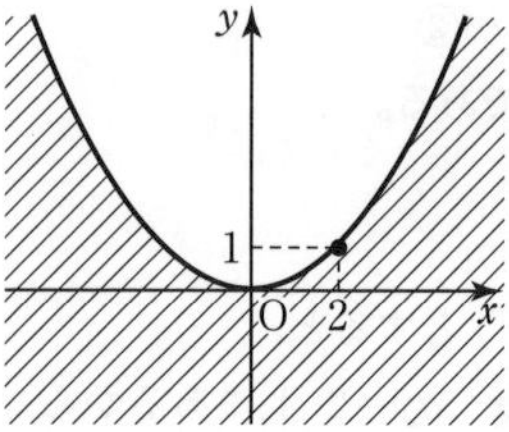

を満たすから，求める領域は上の図の斜線部分で，境界線を含む。

20 解法 A

中心が直線 $y=x+4$ 上にあるから

その座標は $(t,\ t+4)$ と表せる。

この中心から $(-2,\ 1)$ までの距離と，

中心から $(6,\ 5)$ までの距離は等しいから

← 円の中心から円上の 2 点までの距離

$$(t+2)^2+(t+4-1)^2=(t-6)^2+(t+4-5)^2$$

整理すると

$$2t^2+10t+13=2t^2-14t+37$$

よって　$t=1$

ゆえに，中心は　$(1,\ 5)$

また，半径は　$\sqrt{(1+2)^2+(5-1)^2}=5$

← 中心から $(-2,\ 1)$ までの距離

以上より，求める円の方程式は

$$\boldsymbol{(x-1)^2+(y-5)^2=25}$$

解法 B

2 点 $(-2,\ 1)$，$(6,\ 5)$ を結ぶ線分の垂直二等分線を求める。

← 垂直二等分線は
2 点から等距離にある点の集合

2 点 $(-2,\ 1)$，$(6,\ 5)$ を通る直線の傾きは

$$\frac{5-1}{6-(-2)}=\frac{1}{2}$$

よって，垂直二等分線の傾きは　-2

また，2 点の中点は

$\left(\dfrac{-2+6}{2},\ \dfrac{1+5}{2}\right)$ より $(2,\ 3)$

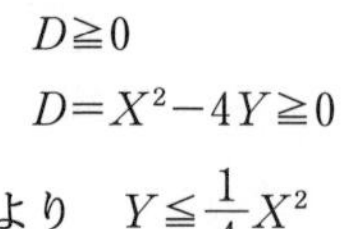

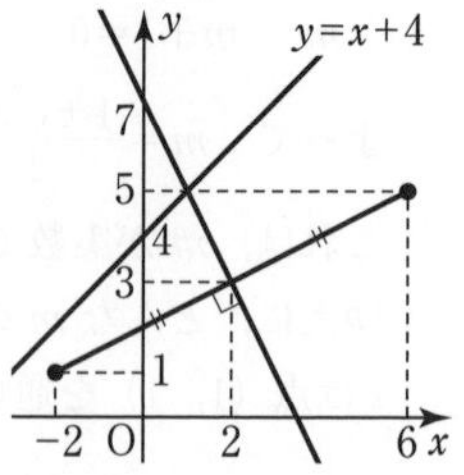

ゆえに，垂直二等分線は

$y-3=-2(x-2)$　より　$y=-2x+7$

← 点 $(2,\ 3)$ を通る傾き -2 の直線

したがって，円の中心は直線 $y=-2x+7$ 上にある。

これと条件より

$\begin{cases} y=-2x+7 \\ y=x+4 \end{cases}$ の交点が円の中心である。

これを解くと　$x=1,\ y=5$

また，半径は　$\sqrt{(1+2)^2+(5-1)^2}=5$

← 中心から $(-2,\ 1)$ までの距離

以上より，求める円の方程式は

$\boldsymbol{(x-1)^2+(y-5)^2=25}$

21 (1)　食品Pを $100x$ g，食品Qを $100y$ g 食べるとすると

$x \geqq 0,\ y \geqq 0$

また，条件1より

$4x+y \geqq 1.6$

$2x+3y \geqq 1.8$

これらを満たす領域は右の図の斜線部分で，境界線を含む。

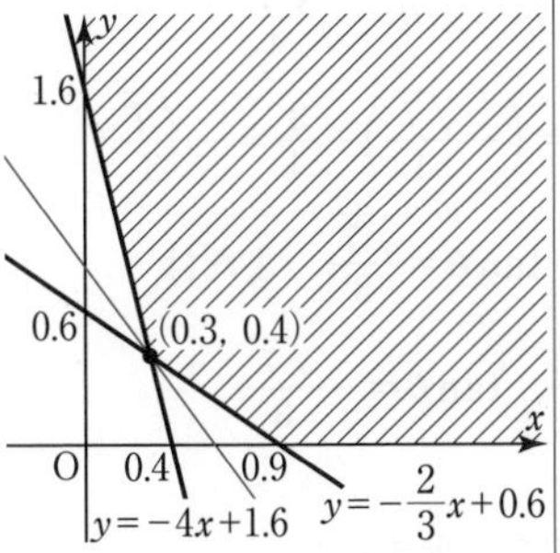

ここで，条件2を考える。

P $100x$ g と Q $100y$ g の購入費用は $40x+30y$ (円)

であるから　$40x+30y=k$　とおく。

変形すると　$y=-\dfrac{4}{3}x+\dfrac{k}{30}$

この直線と上の領域が共有点をもつ範囲で k が最小となるのは，$(0.3,\ 0.4)$ を通るとき。

← 直線の傾きに注目する。

$-4<-\dfrac{4}{3}<-\dfrac{2}{3}$

よって，**Pを30g，Qを40g食べればよい。**

(2)　P $100x$ g，Q $100y$ g の購入費用は $40x+ay$ (円)

であるから，$40x+ay=k$ とおくと，$a>0$ より

$y=-\dfrac{40}{a}x+\dfrac{k}{a}$ と変形できる。

Qだけを食べるとき　$x=0$

← Pは食べない。

よって，この直線と上の領域が $(0,\ 1.6)$ で接するときを考える。

傾きに注目して　$-\dfrac{40}{a} \leqq -4$

よって　$\boldsymbol{0<a \leqq 10}$

22 $\sin^2\theta+\cos^2\theta=1$ から

$$\sin^2\theta=1-\cos^2\theta=1-\left(\frac{3}{4}\right)^2=\frac{7}{16}$$

ここで，$\cos\theta>0$ であるから，

θ は第 1 象限または第 4 象限の角である。

← $\cos\theta$ の正負

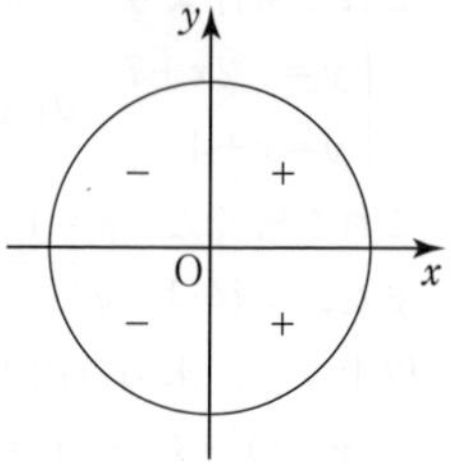

(i) θ が第 1 象限の角のとき

$\sin\theta>0$ であるから $\sin\theta=\dfrac{\sqrt{7}}{4}$

よって $\tan\theta=\dfrac{\sin\theta}{\cos\theta}=\dfrac{\sqrt{7}}{4}\div\dfrac{3}{4}=\dfrac{\sqrt{7}}{3}$

(ii) θ が第 4 象限の角のとき

$\sin\theta<0$ であるから $\sin\theta=-\dfrac{\sqrt{7}}{4}$

よって $\tan\theta=\dfrac{\sin\theta}{\cos\theta}=\left(-\dfrac{\sqrt{7}}{4}\right)\div\dfrac{3}{4}=-\dfrac{\sqrt{7}}{3}$

ゆえに $\boldsymbol{\sin\theta=\dfrac{\sqrt{7}}{4}}$，$\boldsymbol{\tan\theta=\dfrac{\sqrt{7}}{3}}$ または

$\boldsymbol{\sin\theta=-\dfrac{\sqrt{7}}{4}}$，$\boldsymbol{\tan\theta=-\dfrac{\sqrt{7}}{3}}$

23 $\sin\theta-\cos\theta=a$ の両辺を 2 乗すると

$$\sin^2\theta-2\sin\theta\cos\theta+\cos^2\theta=a^2$$

よって $1-2\sin\theta\cos\theta=a^2$

← $\sin^2\theta+\cos^2\theta=1$

ゆえに $\sin\theta\cos\theta=\boldsymbol{-\dfrac{a^2-1}{2}}$

← $\dfrac{1-a^2}{2}$ でもよい。

$\sin^3\theta-\cos^3\theta$

$=(\sin\theta-\cos\theta)(\sin^2\theta+\sin\theta\cos\theta+\cos^2\theta)$

$=(\sin\theta-\cos\theta)(1+\sin\theta\cos\theta)$

$=a\times\left(1-\dfrac{a^2-1}{2}\right)$

$=a\times\dfrac{2-(a^2-1)}{2}=\boldsymbol{-\dfrac{a^3-3a}{2}}$

← $a^3-b^3=(a-b)(a^2+ab+b^2)$

← $\dfrac{3a-a^3}{2}$ でもよい。

24 $y=2\sin(a\theta-b)=2\sin a\left(\theta-\dfrac{b}{a}\right)$ より

このグラフは，$y=2\sin a\theta$ のグラフを θ 軸方向に

$\dfrac{b}{a}+2n\pi$ （n は整数）だけ平行移動したもの。

よって，値域は $-2\leqq y\leqq 2$，周期は $\dfrac{2\pi}{a}$

また，与えられた図より

最大値は A，最小値は B，

周期は $2\left(\frac{\pi}{2}-\frac{\pi}{6}\right)=\frac{2}{3}\pi$

θ 軸方向に $\frac{\pi}{6}$ だけ平行移動したもの。

よって　$\boldsymbol{A=2,\ B=-2,\ C=\frac{\pi}{6}+\frac{2}{3}\pi=\frac{5}{6}\pi}$

$\frac{2\pi}{a}=\frac{2}{3}\pi$　より　$\boldsymbol{a=3}$

$\frac{b}{a}=\frac{\pi}{6}+2n\pi$ にこれを代入して　$b=\frac{\pi}{2}+6n\pi$

$0<b<2\pi$　より　$\boldsymbol{b=\frac{\pi}{2}}$

25 (1)

$\boldsymbol{\theta=\frac{4}{3}\pi,\ \frac{5}{3}\pi}$

(2)

$\boldsymbol{\theta=\frac{\pi}{6},\ \frac{7}{6}\pi}$

(3)

$\boldsymbol{0\leqq\theta\leqq\frac{2}{3}\pi,\ \frac{4}{3}\pi\leqq\theta<2\pi}$

(4)

$\boldsymbol{\frac{\pi}{2}<\theta<\frac{3}{4}\pi,\ \frac{3}{2}\pi<\theta<\frac{7}{4}\pi}$

(5)　$0\leqq\theta<2\pi$ より　$\frac{\pi}{6}\leqq2\theta+\frac{\pi}{6}<\frac{25}{6}\pi$

この範囲で $\cos\left(2\theta+\frac{\pi}{6}\right)=\frac{\sqrt{2}}{2}$ を解くと

$2\theta+\frac{\pi}{6}=\frac{\pi}{4},\ \frac{7}{4}\pi,\ \frac{9}{4}\pi,\ \frac{15}{4}\pi$

よって　$2\theta=\frac{\pi}{12},\ \frac{19}{12}\pi,\ \frac{25}{12}\pi,\ \frac{43}{12}\pi$

ゆえに　$\boldsymbol{\theta=\frac{\pi}{24},\ \frac{19}{24}\pi,\ \frac{25}{24}\pi,\ \frac{43}{24}\pi}$

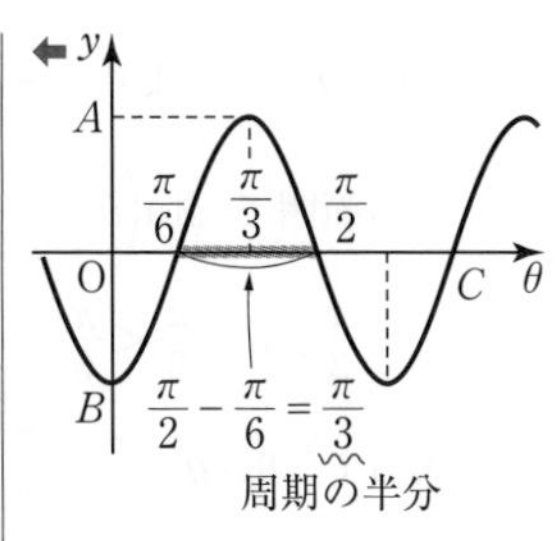

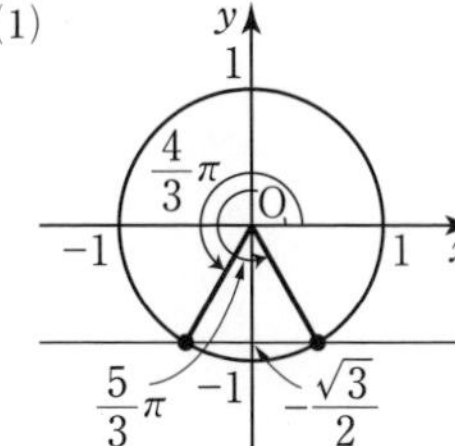

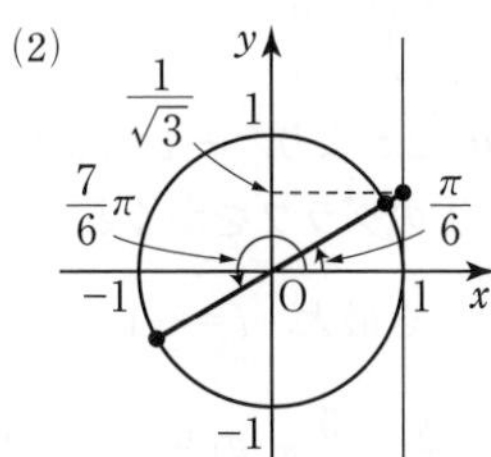

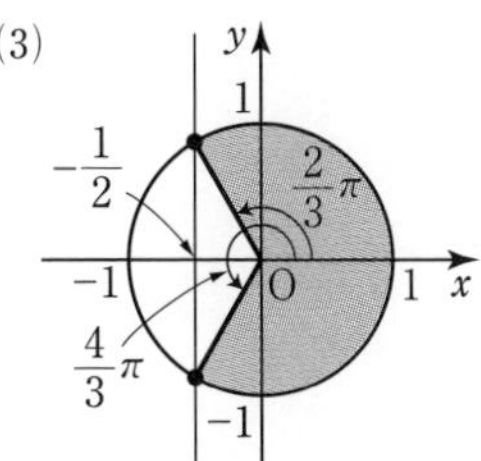

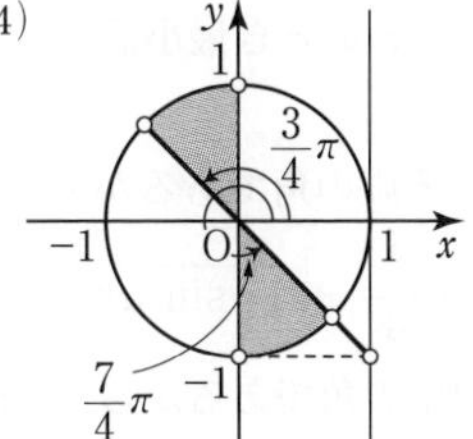

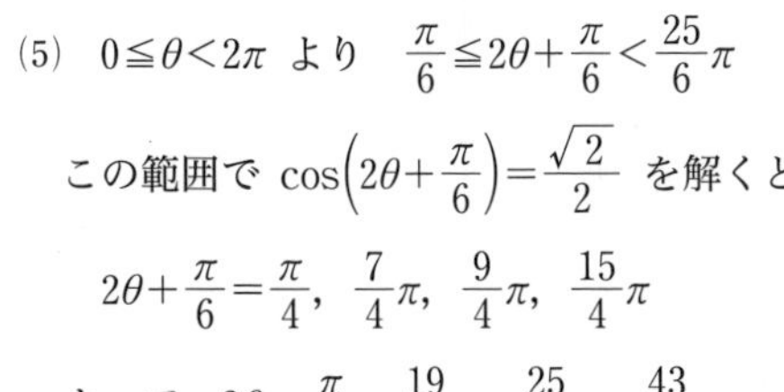

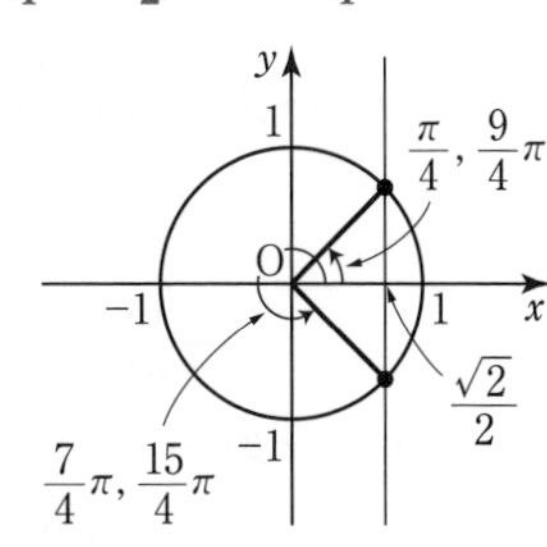

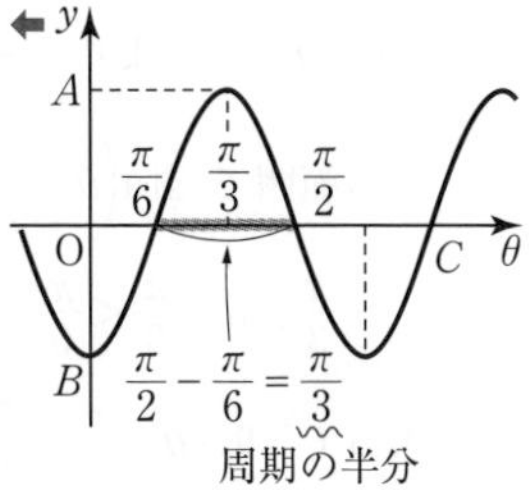

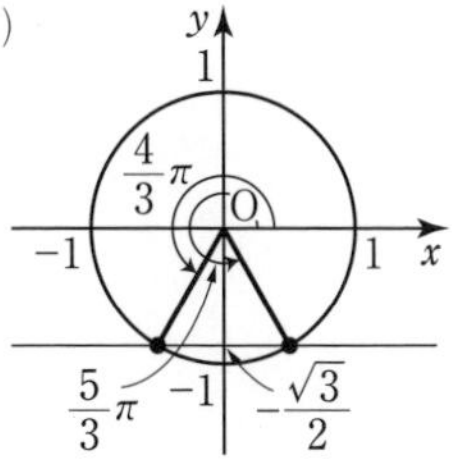

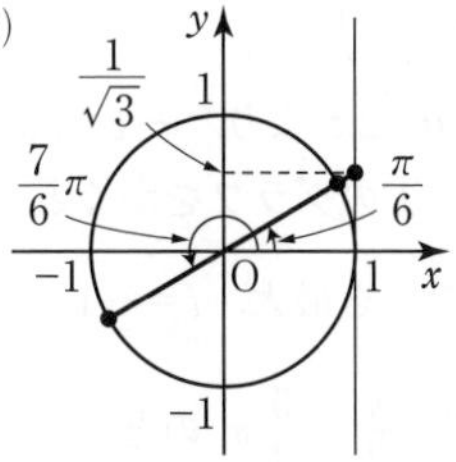

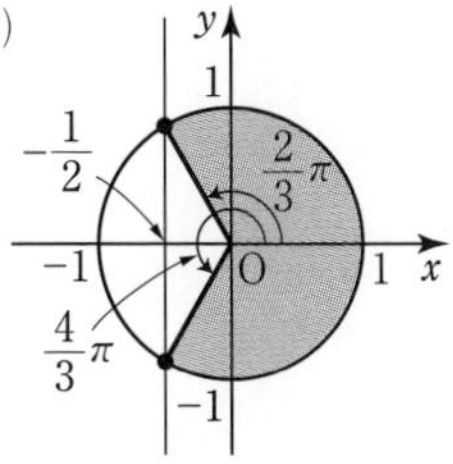

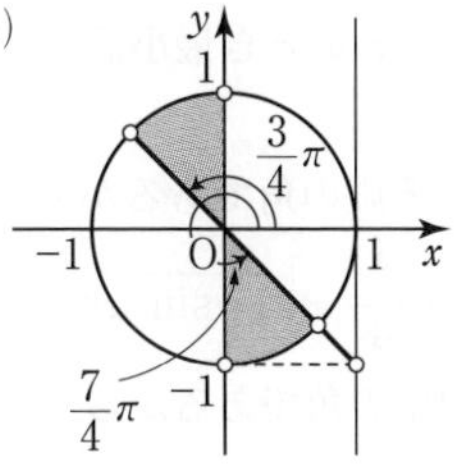

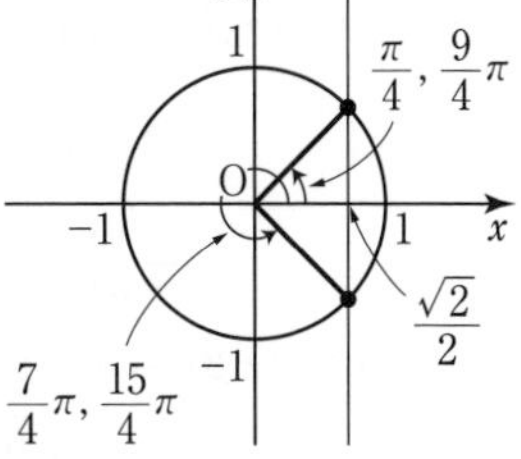

(6) $0 \leqq \theta < 2\pi$ より $-\dfrac{\pi}{3} \leqq \theta - \dfrac{\pi}{3} < \dfrac{5}{3}\pi$

この範囲で $\sin\left(\theta - \dfrac{\pi}{3}\right) < \dfrac{1}{2}$ を解くと

$-\dfrac{\pi}{3} \leqq \theta - \dfrac{\pi}{3} < \dfrac{\pi}{6}$, $\dfrac{5}{6}\pi < \theta - \dfrac{\pi}{3} < \dfrac{5}{3}\pi$

よって $0 \leqq \theta < \dfrac{\pi}{2}$, $\dfrac{7}{6}\pi < \theta < 2\pi$

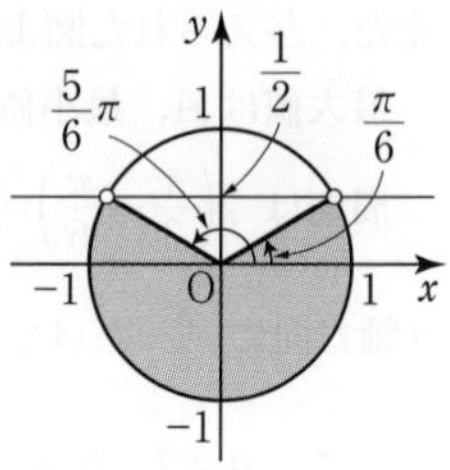

26 $y = \sin^2\theta + \cos\theta + 1$

$= (1 - \cos^2\theta) + \cos\theta + 1$

$= -\cos^2\theta + \cos\theta + 2$

$\cos\theta = t$ とおくと,

$y = -t^2 + t + 2$

$= -\left(t - \dfrac{1}{2}\right)^2 + \dfrac{9}{4}$ …①

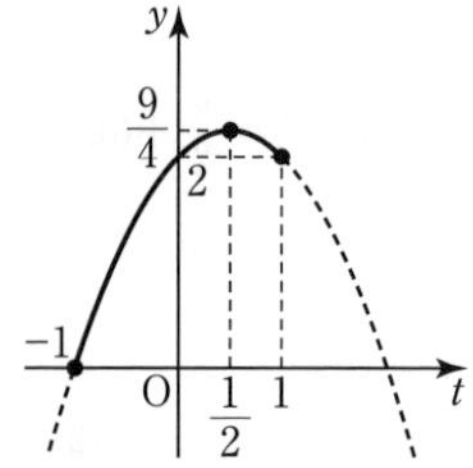

← $\sin^2\theta = 1 - \cos^2\theta$ を代入して $\cos\theta$ だけの式にする。

また, $0 \leqq \theta < 2\pi$ より $-1 \leqq t \leqq 1$ …②

②の範囲で①のグラフをかくと, 上の図より

$t = \dfrac{1}{2}$ のとき最大, $t = -1$ のとき最小となる。

よって $\theta = \dfrac{\pi}{3}$, $\dfrac{5}{3}\pi$ のとき **最大値** $\dfrac{9}{4}$

$\theta = \pi$ のとき**最小値** 0

27 α は第 3 象限の角であるから $\cos\alpha < 0$

よって $\cos\alpha = -\sqrt{1 - \sin^2\alpha} = -\sqrt{1 - \left(-\dfrac{5}{7}\right)^2} = -\dfrac{2\sqrt{6}}{7}$

β は第 4 象限の角であるから $\sin\beta < 0$

よって $\sin\beta = -\sqrt{1 - \cos^2\beta} = -\sqrt{1 - \left(\dfrac{1}{5}\right)^2} = -\dfrac{2\sqrt{6}}{5}$

ゆえに

$\sin(\alpha + \beta) = \sin\alpha\cos\beta + \cos\alpha\sin\beta$

$= -\dfrac{5}{7} \cdot \dfrac{1}{5} + \left(-\dfrac{2\sqrt{6}}{7}\right) \cdot \left(-\dfrac{2\sqrt{6}}{5}\right)$

$= \mathbf{\dfrac{19}{35}}$

$\cos(\alpha + \beta) = \cos\alpha\cos\beta - \sin\alpha\sin\beta$

$= -\dfrac{2\sqrt{6}}{7} \cdot \dfrac{1}{5} - \left(-\dfrac{5}{7}\right) \cdot \left(-\dfrac{2\sqrt{6}}{5}\right)$

$= -\mathbf{\dfrac{12\sqrt{6}}{35}}$

$$\tan(\alpha+\beta)=\frac{\sin(\alpha+\beta)}{\cos(\alpha+\beta)}$$
$$=\frac{19}{35}\div\left(-\frac{12\sqrt{6}}{35}\right)=-\frac{19\sqrt{6}}{72}$$

28 $\cos A<0$ より，$\dfrac{\pi}{2}<A<\pi$ であるから $\sin A>0$

よって　$\sin A=\sqrt{1-\cos^2 A}=\sqrt{1-\left(-\dfrac{\sqrt{3}}{3}\right)^2}=\dfrac{\sqrt{6}}{3}$

また，$0<B<\dfrac{\pi}{2}$ であるから　$\cos B>0$

よって　$\cos B=\sqrt{1-\sin^2 B}=\sqrt{1-\left(\dfrac{1}{3}\right)^2}=\dfrac{2\sqrt{2}}{3}$

ゆえに　$\sin C=\sin\{\pi-(A+B)\}$

⬅ $A+B+C=\pi$

$=\sin(A+B)$

⬅ $\sin(\pi-\theta)=\sin\theta$

$=\sin A\cos B+\cos A\sin B$

$=\dfrac{\sqrt{6}}{3}\cdot\dfrac{2\sqrt{2}}{3}+\left(-\dfrac{\sqrt{3}}{3}\right)\cdot\dfrac{1}{3}=\dfrac{\sqrt{3}}{3}$

したがって，正弦定理より

$$\frac{AC}{\sin B}=\frac{AB}{\sin C}$$

$$AB=\frac{AC}{\sin B}\times\sin C$$

$$=\sqrt{6}\div\frac{1}{3}\times\frac{\sqrt{3}}{3}=3\sqrt{2}$$

29 (1)　$\sin 2\theta=\sqrt{3}\cos\theta$ を変形して

⬅ $\sin 2\theta=2\sin\theta\cos\theta$

$2\sin\theta\cos\theta=\sqrt{3}\cos\theta$

$\cos\theta(2\sin\theta-\sqrt{3})=0$

よって　$\cos\theta=0$　または　$\sin\theta=\dfrac{\sqrt{3}}{2}$

$0\leqq\theta<2\pi$　より　$\theta=\dfrac{\pi}{3},\ \dfrac{\pi}{2},\ \dfrac{2}{3}\pi,\ \dfrac{3}{2}\pi$

(2)　$\cos 2\theta+\cos\theta<0$ を変形して

⬅ $\cos 2\theta=2\cos^2\theta-1$

$2\cos^2\theta+\cos\theta-1<0$

$(2\cos\theta-1)(\cos\theta+1)<0$

よって　$-1<\cos\theta<\dfrac{1}{2}$

$0\leqq\theta<2\pi$　より　$\dfrac{\pi}{3}<\theta<\pi,\ \pi<\theta<\dfrac{5}{3}\pi$

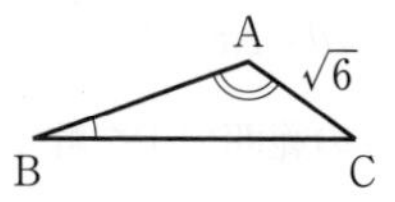

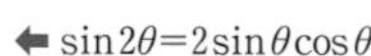

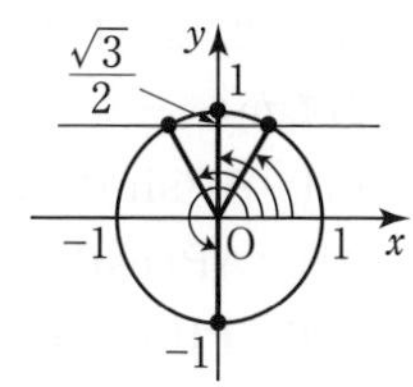

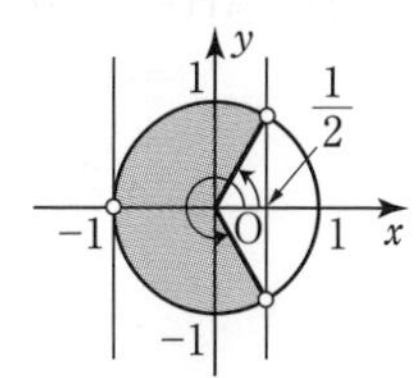

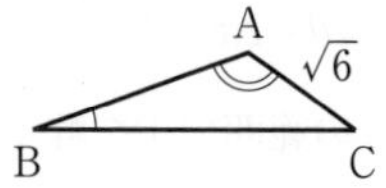

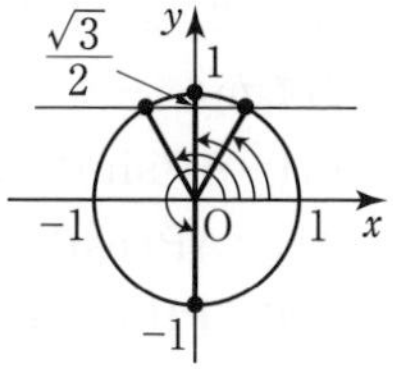

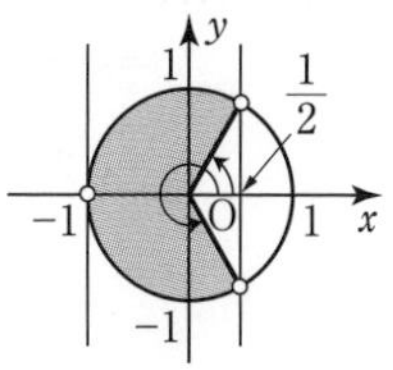

(3) $\sqrt{3}\sin\theta+\cos\theta=\sqrt{3}$ を変形して

$$2\sin\left(\theta+\frac{\pi}{6}\right)=\sqrt{3}$$

← $a\sin\theta+b\cos\theta$
$=\sqrt{a^2+b^2}\sin(\theta+\alpha)$

← 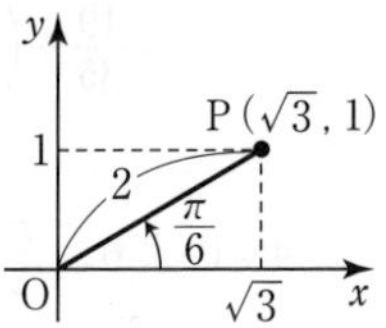

すなわち　$\sin\left(\theta+\dfrac{\pi}{6}\right)=\dfrac{\sqrt{3}}{2}$　…①

$0\leqq\theta<2\pi$　より　$\dfrac{\pi}{6}\leqq\theta+\dfrac{\pi}{6}<\dfrac{13}{6}\pi$　…②

②の範囲で①を解くと

$$\theta+\frac{\pi}{6}=\frac{\pi}{3},\ \frac{2}{3}\pi$$

よって　$\boldsymbol{\theta=\dfrac{\pi}{6},\ \dfrac{\pi}{2}}$

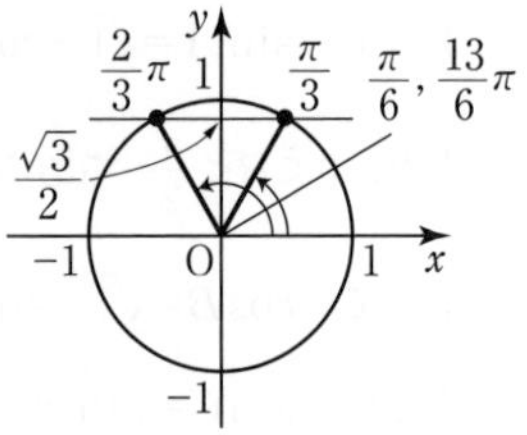

(4) $\sin\theta-\cos\theta<1$ を変形して

$$\sqrt{2}\sin\left(\theta-\frac{\pi}{4}\right)<1$$

← 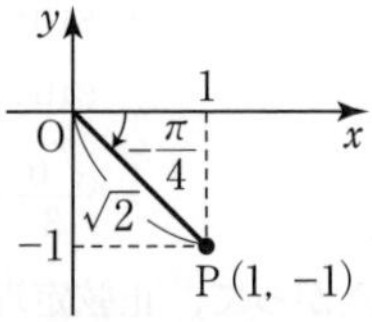

すなわち　$\sin\left(\theta-\dfrac{\pi}{4}\right)<\dfrac{1}{\sqrt{2}}$　…①

$0\leqq\theta<2\pi$　より　$-\dfrac{\pi}{4}\leqq\theta-\dfrac{\pi}{4}<\dfrac{7}{4}\pi$　…②

②の範囲で①を解くと

$$-\frac{\pi}{4}\leqq\theta-\frac{\pi}{4}<\frac{\pi}{4},\quad \frac{3}{4}\pi<\theta-\frac{\pi}{4}<\frac{7}{4}\pi$$

よって　$\boldsymbol{0\leqq\theta<\dfrac{\pi}{2},\ \pi<\theta<2\pi}$

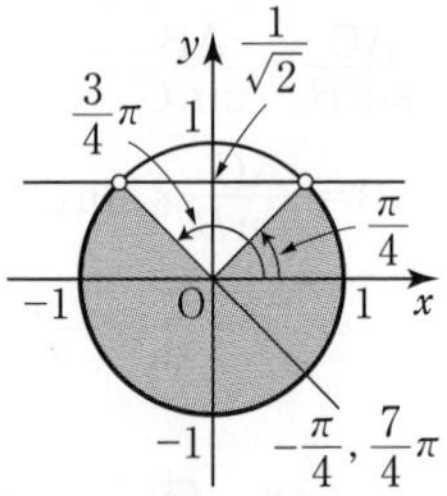

30 (1) AB$=2$, $\angle$APB$=90^\circ$　より　AP$=2\cos\theta$ であるから

← ABが直径であるから
$\angle$APB$=90^\circ$

$$\text{PH}=\text{AP}\sin\theta=2\sin\theta\cos\theta$$
$$\text{AH}=\text{AP}\cos\theta=2\cos^2\theta$$

よって　$\boldsymbol{\text{PH}+\text{AH}=2\sin\theta\cos\theta+2\cos^2\theta}$

(2) (1)より

$$\begin{aligned}\text{PH}+\text{AH}&=2\sin\theta\cos\theta+2\cos^2\theta\\&=\sin2\theta+\cos2\theta+1\\&=\sqrt{2}\sin\left(2\theta+\frac{\pi}{4}\right)+1\end{aligned}$$

← $\cos2\theta=2\cos^2\theta-1$ より
$2\cos^2\theta=\cos2\theta+1$

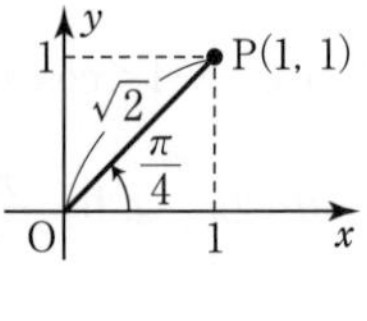

$0<\theta<\frac{\pi}{2}$ であるから　$\frac{\pi}{4}<2\theta+\frac{\pi}{4}<\frac{5}{4}\pi$ より

$$-\frac{1}{\sqrt{2}}<\sin\left(2\theta+\frac{\pi}{4}\right)\leqq 1$$

$$-1<\sqrt{2}\sin\left(2\theta+\frac{\pi}{4}\right)\leqq\sqrt{2}$$

各辺に1を加えて

$$0<\sqrt{2}\sin\left(2\theta+\frac{\pi}{4}\right)+1\leqq\sqrt{2}+1$$

よって　$2\theta+\frac{\pi}{4}=\frac{\pi}{2}$　すなわち

$\theta=\frac{\pi}{8}$ のとき　最大値 $\sqrt{2}+1$

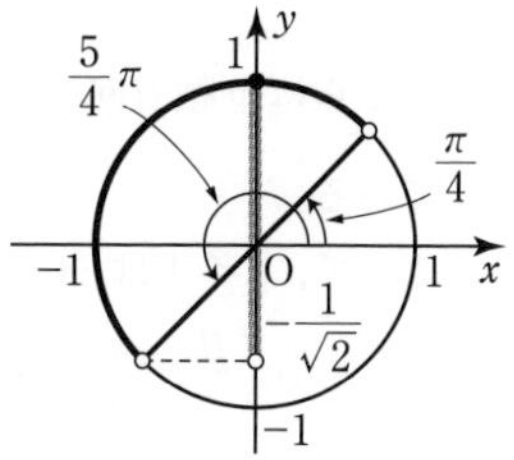

31　$\sqrt{3}\sin\theta-\cos\theta=a$ を変形すると

$2\sin\left(\theta-\frac{\pi}{6}\right)=a$　…①

①の解の個数は，$y=2\sin\left(\theta-\frac{\pi}{6}\right)$ と $y=a$ の

グラフの共有点の個数に等しい。

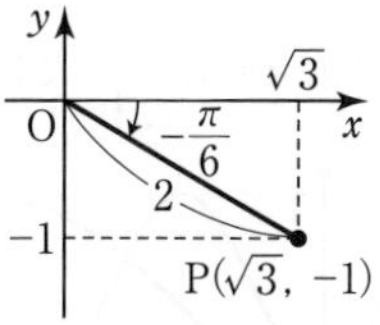

← $f(x)=g(x)$ の解の個数は $y=f(x)$ と $y=g(x)$ のグラフの共有点の個数に等しい。

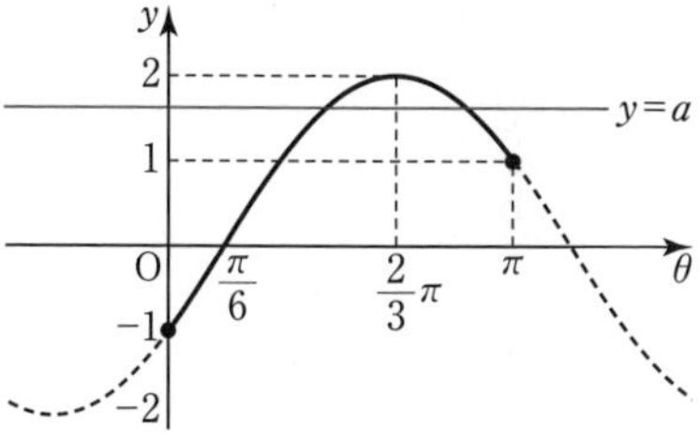

← $y=2\sin\left(\theta-\frac{\pi}{6}\right)$ は $y=2\sin\theta$ のグラフを θ 軸方向に $\frac{\pi}{6}$ だけ平行移動したものである。

グラフより，共有点が2個となるのは　**$1\leqq a<2$**

(別解)　$\sqrt{3}\sin\theta-\cos\theta=a$ を変形すると

$2\sin\left(\theta-\frac{\pi}{6}\right)=a$　より　$\sin\left(\theta-\frac{\pi}{6}\right)=\frac{a}{2}$　…①

$0\leqq\theta\leqq\pi$ より　$-\frac{\pi}{6}\leqq\theta-\frac{\pi}{6}\leqq\frac{5}{6}\pi$　…②

右の図より，②の範囲で①が異なる2つの解をもつとき

$$\frac{1}{2}\leqq\frac{a}{2}<1$$

よって　**$1\leqq a<2$**

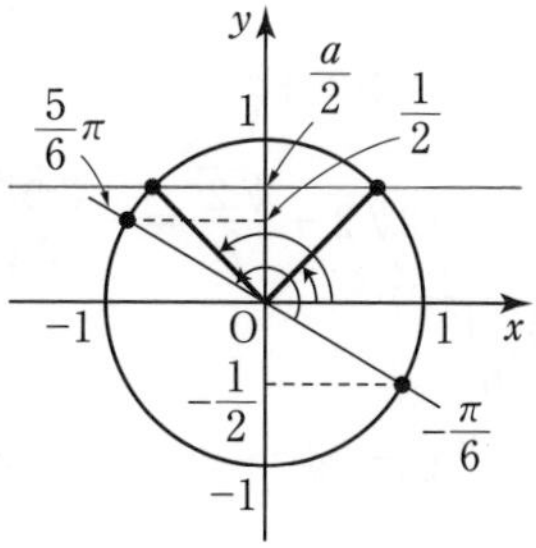

← 単位円の円周上の点で，$-\frac{\pi}{6}\leqq x\leqq\frac{5}{6}\pi$ の範囲で y 座標が $\frac{a}{2}$ となる点が2個あればよい。

32 $y=\sin^2\theta=\dfrac{1-\cos 2\theta}{2}=-\dfrac{1}{2}\cos 2\theta+\dfrac{1}{2}$

← $\sin^2\dfrac{\alpha}{2}=\dfrac{1-\cos\alpha}{2}$ （$\alpha=2\theta$ とおく）

よって，[ア] は ④

このグラフは，$y=\cos 2\theta$ のグラフを

y 軸方向に $-\dfrac{1}{2}$ 倍し，

さらに y 軸方向に $\dfrac{1}{2}$ だけ平行移動したものである。

← 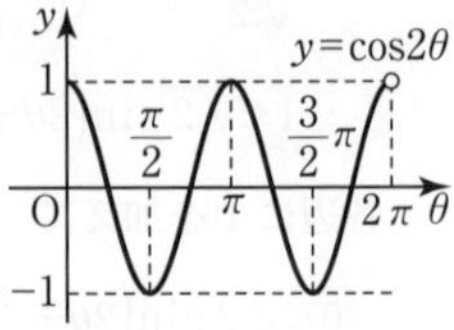

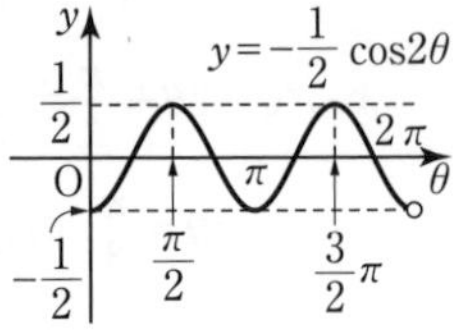

よって，[イ] は ④

$y=\sin\left(\dfrac{\theta}{2}-\dfrac{\pi}{8}\right)=\sin\dfrac{1}{2}\left(\theta-\dfrac{\pi}{4}\right)$

より，このグラフは $y=\sin\dfrac{\theta}{2}$ のグラフを

θ 軸方向に $\dfrac{\pi}{4}$ だけ平行移動したものである。

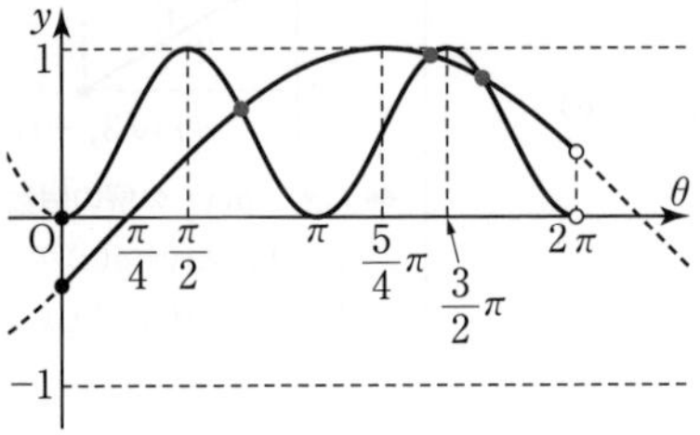

上の図より，$y=\sin\left(\dfrac{\theta}{2}-\dfrac{\pi}{8}\right)$ のグラフと

$y=\sin^2\theta$ のグラフとの共有点は 3 個ある。

よって，[ウ] は 3

これより，方程式

$\sin^2\theta=\sin\left(\dfrac{\theta}{2}-\dfrac{\pi}{8}\right)$ $(0\leqq\theta<2\pi)$

の解の個数は 3 個である。

よって，[エ] は 3

33 (1) $\sqrt[3]{2}+\sqrt[3]{-16}+\sqrt[3]{\dfrac{1}{4}}=\sqrt[3]{2}-\sqrt[3]{2\cdot 2^3}+\sqrt[3]{\dfrac{2}{2^3}}$

$=\sqrt[3]{2}-2\sqrt[3]{2}+\dfrac{\sqrt[3]{2}}{2}=-\dfrac{\sqrt[3]{2}}{2}$

← $\sqrt[n]{ab}=\sqrt[n]{a}\sqrt[n]{b}$，$\sqrt[n]{\dfrac{a}{b}}=\dfrac{\sqrt[n]{a}}{\sqrt[n]{b}}$，$\sqrt[n]{a^n}=a$

(2) $\sqrt[4]{6}\div\sqrt[4]{8}\times\sqrt[4]{12}=\sqrt[4]{\dfrac{6\times 12}{8}}$

$=\sqrt[4]{9}=\sqrt[4]{3^2}=\sqrt{3}$

← $\sqrt[np]{a^{mp}}=\sqrt[n]{a^m}$

(3) $\sqrt{2}\times\sqrt[3]{16}\div\sqrt[6]{32}=\sqrt{2}\times\sqrt[3]{2^4}\div\sqrt[6]{2^5}$

$=2^{\frac{1}{2}}\times 2^{\frac{4}{3}}\div 2^{\frac{5}{6}}$

$=2^{\frac{1}{2}+\frac{4}{3}-\frac{5}{6}}=2^1=2$

← $\sqrt[n]{a^m}=a^{\frac{m}{n}}$

← $a^r\times a^s=a^{r+s}$, $a^r\div a^s=a^{r-s}$

(4) $\log_4 0.1-\log_4\frac{12}{5}+\frac{1}{4}\log_4\frac{81}{16}$

$=\log_4\left\{0.1\div\frac{12}{5}\times\left(\frac{81}{16}\right)^{\frac{1}{4}}\right\}$

$=\log_4\left\{\frac{1}{10}\times\frac{5}{12}\times\left(\frac{3^4}{2^4}\right)^{\frac{1}{4}}\right\}$

$=\log_4\frac{1}{16}=\log_4 4^{-2}=-2$

← $\log_a M+\log_a N=\log_a MN$,
$\log_a M-\log_a N=\log_a\frac{M}{N}$

← $\log_a a^p=p$

(5) $\log_{25}\frac{1}{\sqrt{5}}=\log_{25}\frac{1}{5^{\frac{1}{2}}}=\log_{25}5^{-\frac{1}{2}}=-\frac{1}{2}\log_{25}5$

$=-\frac{1}{2}\cdot\frac{\log_5 5}{\log_5 25}=-\frac{1}{2}\cdot\frac{1}{2}=-\frac{1}{4}$

← a, b, c が正の数, $a\neq 1$, $c\neq 1$ のとき
$\log_a b=\frac{\log_c b}{\log_c a}$

(6) $\log_2 9\times\log_5\frac{1}{8}\div\log_{25}27$

$=\log_2 9\times\frac{\log_2\frac{1}{8}}{\log_2 5}\div\frac{\log_2 27}{\log_2 25}$

$=\log_2 3^2\times\frac{\log_2 2^{-3}}{\log_2 5}\div\frac{\log_2 3^3}{\log_2 5^2}$

$=2\log_2 3\times\frac{-3}{\log_2 5}\times\frac{2\log_2 5}{3\log_2 3}=-4$

34 $(1.5\times 10^{11})\div(3.0\times 10^8)=0.5\times 10^3$

$=500$（秒）

← $(1.5\div 3.0)\times(10^{11}\div 10^8)$

35 (1) $\frac{1}{2}=2^{-1}$

$\sqrt{2}=2^{\frac{1}{2}}$

$\sqrt[3]{\frac{1}{16}}=\sqrt[3]{\frac{1}{2^4}}=\sqrt[3]{2^{-4}}=2^{-\frac{4}{3}}$

$\sqrt[5]{4}=\sqrt[5]{2^2}=2^{\frac{2}{5}}$

← $\frac{1}{a^n}=a^{-n}$

← $\sqrt{a}=\sqrt[2]{a}=a^{\frac{1}{2}}$

← $\sqrt[n]{a^m}=a^{\frac{m}{n}}$

← 底を 2 にそろえる。

指数を比較すると　$-\frac{4}{3}<-1<\frac{2}{5}<\frac{1}{2}$

底 2 は 1 より大きいから

$2^{-\frac{4}{3}}<2^{-1}<2^{\frac{2}{5}}<2^{\frac{1}{2}}$

← $a>1$ のとき
$u<v \Longrightarrow a^u<a^v$

すなわち　$\sqrt[3]{\frac{1}{16}}<\frac{1}{2}<\sqrt[5]{4}<\sqrt{2}$

(2)　$0=\log_2 1$

$$\log_{\frac{1}{4}}5=\frac{\log_2 5}{\log_2 \frac{1}{4}}=\frac{\log_2 5}{-2}=\log_2 5^{-\frac{1}{2}}=\log_2 \frac{1}{\sqrt{5}}$$

$$\log_4 5=\frac{\log_2 5}{\log_2 4}=\frac{\log_2 5}{2}=\log_2 5^{\frac{1}{2}}=\log_2 \sqrt{5}$$

$$\log_8 10=\frac{\log_2 10}{\log_2 8}=\frac{\log_2 10}{3}=\log_2 10^{\frac{1}{3}}=\log_2 \sqrt[3]{10}$$

真数を比較すると

$$\frac{1}{\sqrt{5}}<1<\sqrt[3]{10}<\sqrt{5}$$

底 2 は 1 より大きいから

$$\log_2 \frac{1}{\sqrt{5}}<\log_2 1<\log_2 \sqrt[3]{10}<\log_2 \sqrt{5}$$

すなわち　$\boldsymbol{\log_{\frac{1}{4}}5<0<\log_8 10<\log_4 5}$

⬅ 底を 2 にそろえる。

底の変換公式

a, b, c が正の数で，
$a\neq 1$, $c\neq 1$ のとき
$$\log_a b=\frac{\log_c b}{\log_c a}$$

⬅ $(\sqrt{5})^6=5^3=125$,
$(\sqrt[3]{10})^6=10^2=100$ より
$(\sqrt{5})^6>(\sqrt[3]{10})^6$

⬅ $a>1$ のとき
$0<u<v \Longrightarrow \log_a u<\log_a v$

36 (1)　$3^x=t$ とおくと　$t>0$ であり

$9^x=(3^2)^x=(3^x)^2$, $3^{x+1}=3\cdot 3^x$ であるから

$t^2-3t+2=0$

$(t-1)(t-2)=0$

よって　$t=1, 2$ ($t>0$ を満たす)

$3^x=1$　から　$x=0$

$3^x=2$　から　$x=\log_3 2$

ゆえに　$\boldsymbol{x=0, \log_3 2}$

⬅ $(a^r)^s=a^{rs}=(a^s)^r$
$a^{r+s}=a^r\times a^s$

⬅ $a^p=M \Longleftrightarrow p=\log_a M$

(2)　$2^x=t$ とおくと　$t>0$ であり

$2^{2x+1}=2^{2x}\cdot 2=2\cdot(2^x)^2$ であるから

$2t^2-9t+4>0$

$(t-4)(2t-1)>0$

よって　$t<\frac{1}{2}$, $4<t$

ここで，$t>0$ であるから

$0<t<\frac{1}{2}$, $4<t$

すなわち　$0<2^x<\frac{1}{2}$, $4<2^x$

底 2 は 1 より大きいから

$\boldsymbol{x<-1, 2<x}$

⬅ $a^{r+s}=a^r\times a^s$
$(a^r)^s=a^{rs}=(a^s)^r$

(3) 真数は正であるから　$x>0$ かつ $x^3>0$

⬅ 真数条件

よって　$x>0$　…①

このとき　$(\log_4 x)^2=3\log_{16}x$

ここで　$\log_{16}x=\dfrac{\log_4 x}{\log_4 16}=\dfrac{\log_4 x}{2}$　であるから

⬅ a, b, c が正の数で $a\neq1$, $c\neq1$ のとき $\log_a b=\dfrac{\log_c b}{\log_c a}$

$$(\log_4 x)^2=\frac{3\log_4 x}{2}$$

$$2(\log_4 x)^2-3\log_4 x=0$$

$$\log_4 x(2\log_4 x-3)=0$$

$$\log_4 x=0 \text{ または } \log_4 x=\frac{3}{2}$$

ゆえに　$\boldsymbol{x=1,\ 8}$　(①を満たす)

⬅ $4^0=1$, $4^{\frac{3}{2}}=8$

(4) 真数は正であるから　$x>0$ かつ $4-x>0$

⬅ 真数条件

よって　$0<x<4$　…①

このとき　$\log_{\frac{1}{2}}x^2\geqq\log_{\frac{1}{2}}(4-x)-\log_{\frac{1}{2}}\left(\dfrac{1}{2}\right)$

⬅ $1=\log_{\frac{1}{2}}\left(\dfrac{1}{2}\right)$

$$\log_{\frac{1}{2}}x^2\geqq\log_{\frac{1}{2}}2(4-x)$$

底 $\dfrac{1}{2}$ は1より小さいから　$x^2\leqq2(4-x)$

⬅ $0<a<1$ のとき $\log_a u<\log_a v \Longrightarrow 0<v<u$

ゆえに　$x^2+2x-8\leqq0$

$$(x-2)(x+4)\leqq0$$

したがって　$-4\leqq x\leqq2$　…②

①, ②より　$\boldsymbol{0<x\leqq2}$

37 (1) $2^x=X$, $2^y=Y$ $(X>0,\ Y>0)$ とおくと

$$\begin{cases} X+2Y=17 & \cdots① \\ XY=8 & \cdots② \end{cases}$$

⬅ $2^{y+1}=2^y\cdot2^1=2Y$

⬅ $2^{x+y}=2^x\cdot2^y=XY$

①, ②より　$(-2Y+17)Y=8$

⬅ ①より $X=-2Y+17$ これを②に代入。

$$2Y^2-17Y+8=0$$

$$(Y-8)(2Y-1)=0$$

よって　$Y=8,\ \dfrac{1}{2}$　($Y>0$ を満たす)

②より　$Y=8$ のとき　$X=1$

$Y=\dfrac{1}{2}$ のとき　$X=16$

ゆえに　$2^x=1$, $2^y=8$　から　$x=0$, $y=3$

$2^x=16$, $2^y=\dfrac{1}{2}$　から　$x=4$, $y=-1$

したがって　$\boldsymbol{(x,\ y)=(0,\ 3),\ (4,\ -1)}$

(2) $\log_4 x+\log_4 2y=2$ より，真数は正であるから

$x>0$，$y>0$

← 対数方程式では，まず真数が正であることを押さえる。

このとき $\log_4 2xy=2$ すなわち $2xy=4^2$

よって $xy=8$ …①

$27^x=9^{y-1}$ から $3^{3x}=3^{2(y-1)}$

指数を比較して $3x=2(y-1)$ …②

①，②から x を消去すると

$2(y-1)y=24$

← ①×3 より $3xy=24$
②を代入 $2(y-1)y=24$

$y^2-y-12=0$

$(y+3)(y-4)=0$ から $y=-3$，4

$y>0$ であるから $y=4$

①から $x=2$ （$x>0$ を満たす）

よって $x=2$，$y=4$

38 (1) $2x-y=4$ より $y=2x-4$ であるから

$z=2^x-2^y=2^x-2^{2x-4}$

← $2^{2x-4}=2^{2x}\cdot 2^{-4}=\dfrac{1}{16}(2^x)^2$

ここで $2^x=t$ とおくと $t>0$ …①

$$z=t-\frac{1}{16}t^2=-\frac{1}{16}(t-8)^2+4$$

①の範囲において，z は $t=8$ で最大値 4 をとる。

$2^x=8$ から $x=3$，このとき $y=2$

よって $x=3$，$y=2$ のとき 最大値 4

(2) $y=\left(\log_3\dfrac{x}{3}\right)\left(\log_3\dfrac{27}{x}\right)$

$=(\log_3 x-\log_3 3)(\log_3 27-\log_3 x)$

$=(\log_3 x-1)(3-\log_3 x)$

← $\log_a\dfrac{M}{N}=\log_a M-\log_a N$

$\log_3 x=t$ とおくと

$1\leqq x\leqq 81$ より $0\leqq t\leqq 4$ …①

← 底 3 は 1 より大きいから
$\log_3 1\leqq\log_3 x\leqq\log_3 81$

このとき $y=(t-1)(3-t)$

$=-t^2+4t-3=-(t-2)^2+1$

①の範囲において，y は

$t=2$ で最大値 1，$t=0$，4 で最小値 -3 をとる。

$t=2$ すなわち $\log_3 x=2$ のとき $x=9$

$t=0$ すなわち $\log_3 x=0$ のとき $x=1$

$t=4$ すなわち $\log_3 x=4$ のとき $x=81$

よって $x=9$ のとき 最大値 1

$x=1$，81 のとき 最小値 -3

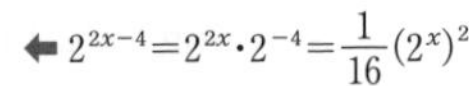

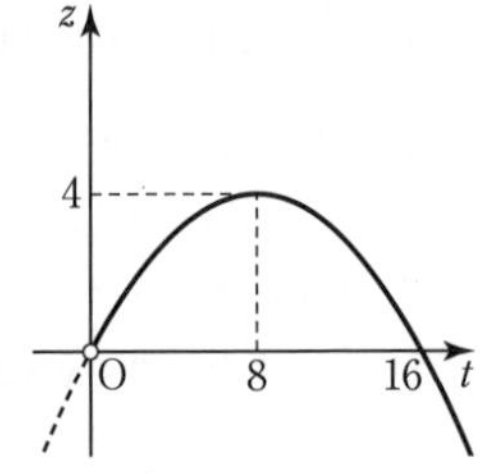

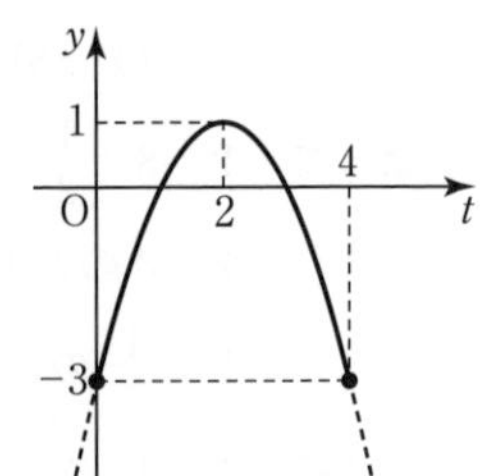

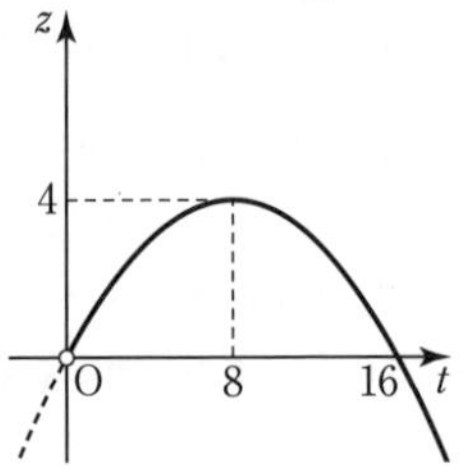

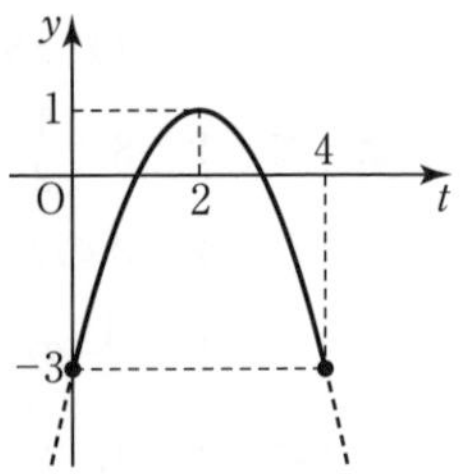

39 (1) $\log_{10}2.5^{30}=\log_{10}\left(\dfrac{10}{2^2}\right)^{30}$

$=30(\log_{10}10-2\log_{10}2)$

$=30(1-2\times0.3010)=11.94$

よって　$11<\log_{10}2.5^{30}<12$　であるから

$10^{11}<2.5^{30}<10^{12}$

ゆえに，2.5^{30} の整数部分は **12 桁**

⬅ 2.5^{30} の常用対数をとる。

⬅ $\log_{10}2.5^{30}=11.94$

$\iff 2.5^{30}=10^{11.94}$

⬅ $10^{n-1}\leqq A<10^n$

$\iff$ A の整数部分は n 桁

(2) 0.3^n を小数で表したとき，小数第 10 位にはじめて 0 でない数字が現れるから

$10^{-10}\leqq0.3^n<10^{-9}$

各辺の常用対数をとると

$\log_{10}10^{-10}\leqq\log_{10}0.3^n<\log_{10}10^{-9}$

$-10\leqq n\log_{10}0.3<-9$

ここで　$\log_{10}0.3=\log_{10}3-\log_{10}10$

$=0.4771-1=-0.5229$

よって　$-10\leqq-0.5229n<-9$ から

$\dfrac{9}{0.5229}<n\leqq\dfrac{10}{0.5229}$

ゆえに　$17.2\cdots<n\leqq19.1\cdots$

したがって，求める自然数 n は　$\boldsymbol{n=18,\ 19}$

⬅ $10^{-n}\leqq A<10^{-n+1}$

$\iff$ A は小数第 n 位にはじめて 0 でない数字が現れる

⬅ $\log_{10}0.3=\log_{10}\dfrac{3}{10}$

$=\log_{10}3-\log_{10}10$

40 3^n は最高位の数字が 9 で 11 桁の数であるから

$9\times10^{10}\leqq3^n<10^{11}$

各辺の常用対数をとると

$\log_{10}(9\times10^{10})\leqq\log_{10}3^n<\log_{10}10^{11}$

$2\log_{10}3+10\leqq n\log_{10}3<11$

$2\times0.4771+10\leqq0.4771n<11$

よって　$22.9\cdots\leqq n<23.05\cdots$

ゆえに，求める自然数 n は　$\boldsymbol{n=23}$

⬅ $9\underbrace{0\cdots\cdots0}_{10\text{個}}\leqq3^n<1\underbrace{0\cdots\cdots0}_{11\text{個}}$

41 (1) $2^x=t$ とおくと，$t>0$ であり，①は

$t^2-6t-16=0$

$(t+2)(t-8)=0$　から　$t=-2,\ 8$

$t>0$ であるから　$t=8$　すなわち　$2^x=8$

よって　$\boldsymbol{x=3}$

⬅ $4^x=(2^2)^x=2^{2x}=(2^x)^2=t^2$

$2^{x+1}=2^x\cdot2=2t$

(2) $2^x=t$ とおくと，$t>0$ であり，①は

$t^2-6t+a=0$ …②

ここで，すべての実数 x と正の実数 t は1対1に対応する。

よって，x の方程式①が異なる2つの実数解をもつとき，t の2次方程式②が異なる2つの正の解 α，β をもつ。

②の判別式を D とすると

$\dfrac{D}{4}=9-a>0$ より　$a<9$　…③

$\alpha+\beta=6$ より

$\alpha+\beta>0$ はつねに成り立つ。

$\alpha\beta=a$ より

$\alpha\beta=a>0$　…④

③，④の共通範囲を求めて　**$0<a<9$**

別解　$f(t)=t^2-6t+a$

$=(t-3)^2+a-9$

とおくと，$y=f(t)$ の軸は $t=3$ であるから，グラフが右のようになればよい。

よって，$\dfrac{D}{4}=9-a>0$ より　$a<9$　…⑤

$f(0)=a>0$　…⑥

⑤，⑥の共通範囲を求めて　**$0<a<9$**

⬅

⬅ 2次方程式が異なる2つの正の解 α，β をもつ

$\iff \begin{cases} 判別式\ D>0 \\ \alpha+\beta>0 \\ \alpha\beta>0 \end{cases}$

⬅ $ax^2+bx+c=0$ の2つの解を α，β とすると

$\alpha+\beta=-\dfrac{b}{a}$

$\alpha\beta=\dfrac{c}{a}$

42　底 x は1以外の正の数であるから

$0<x<1$，$1<x$

真数 y は正であるから

$y>0$

このとき　$\log_x y<\log_x x$

(i) $0<x<1$ のとき

底 x は1より小さいから　$y>x$

(ii) $1<x$ のとき

底 x は1より大きいから　$y<x$

よって　$\begin{cases} 0<x<1 \\ y>x \end{cases}$　または　$\begin{cases} 1<x \\ 0<y<x \end{cases}$

対数 $\log_a M$

$\log_a M$ について
底 $a \Longrightarrow 0<a<1$，$1<a$
真数 $M \Longrightarrow M>0$

⬅ 底 x が1より小さいか，大きいかで場合分け

⬅ $0<a<1$ のとき

$\log_a u<\log_a v \Longrightarrow 0<v<u$

⬅ $a>1$ のとき

$\log_a u<\log_a v \Longrightarrow 0<u<v$

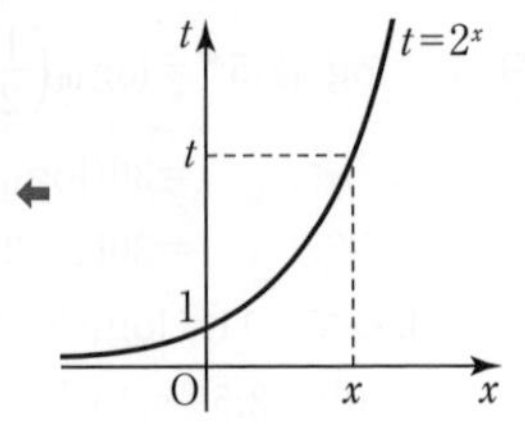

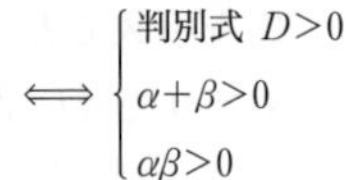

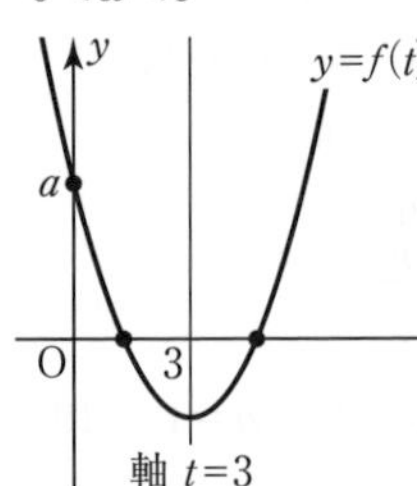

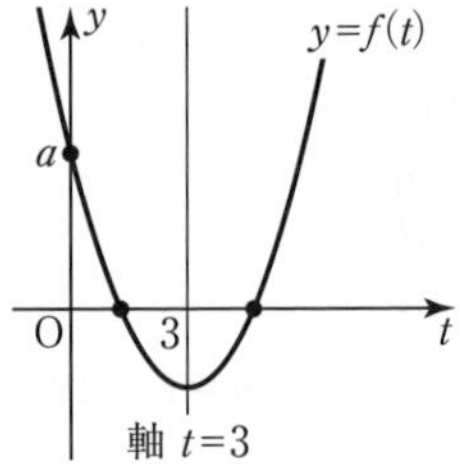

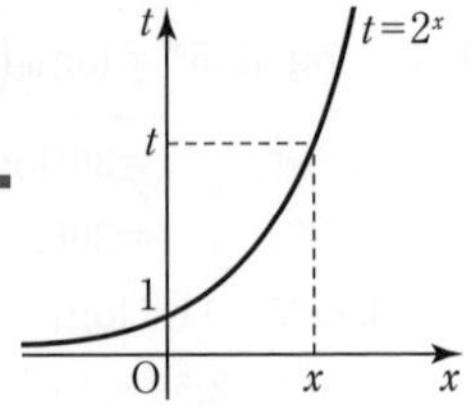

ゆえに，点 $P(x,\ y)$ の存在する範囲は下の図の斜線部分である。ただし，境界線は含まない。

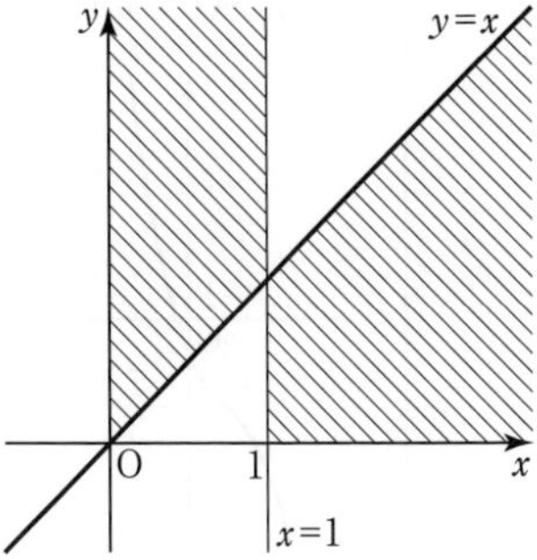

43 (1) $y=(x-1)(x^2+x+1)=x^3-1$　より

$\boldsymbol{y'=3x^3}$

(2) $y=(1+x)(1-x)(1+2x)=(1-x^2)(1+2x)$

$=-2x^3-x^2+2x+1$　より

$\boldsymbol{y'=-6x^2-2x+2}$

44 $y=\dfrac{1}{3}x^3+x^2+2x-1$　より　$y'=x^2+2x+2$

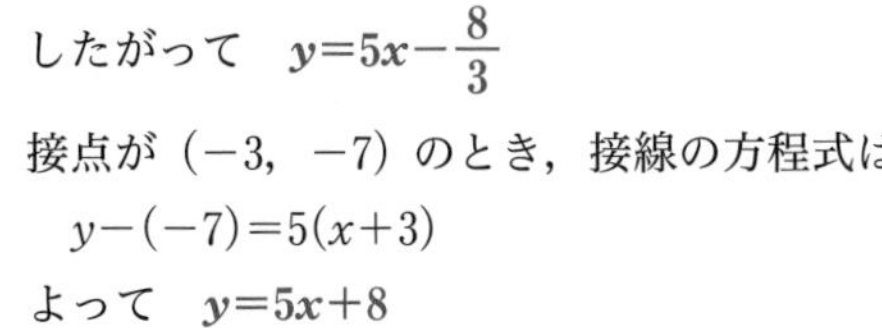

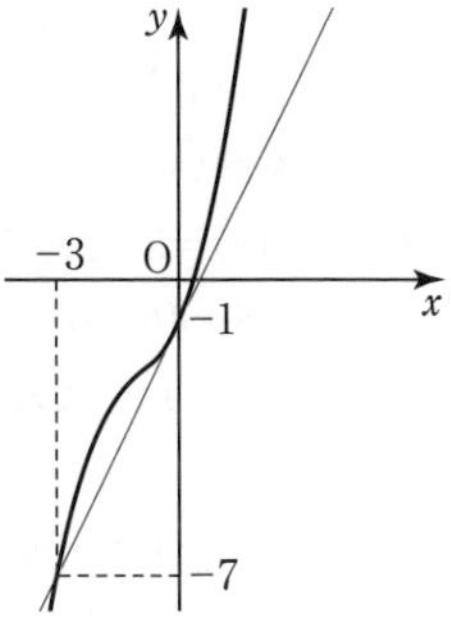

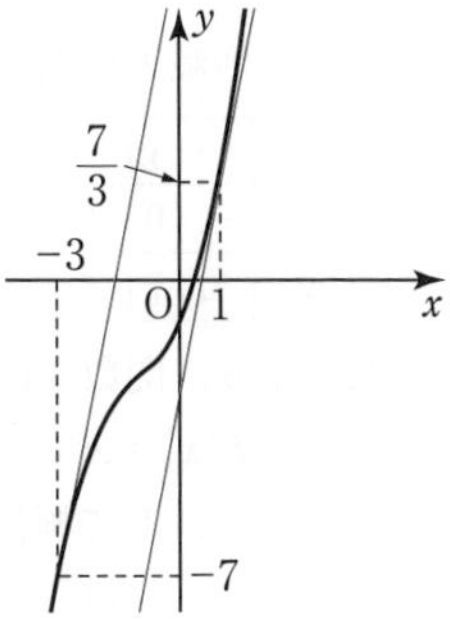

(1) y 軸との交点は $(0,\ -1)$

$x=0$ のとき $y'=2$ であるから，接線の方程式は

$\boldsymbol{y=2x-1}$

(2) 傾きが 5 であるから

$y'=x^2+2x+2=5$　より

$x^2+2x-3=0$

$(x-1)(x+3)=0$

したがって　$x=1,\ -3$

ゆえに，接点は $\left(1,\ \dfrac{7}{3}\right)$，$(-3,\ -7)$ である。

接点が $\left(1,\ \dfrac{7}{3}\right)$ のとき，接線の方程式は

$y-\dfrac{7}{3}=5(x-1)$

したがって　$\boldsymbol{y=5x-\dfrac{8}{3}}$

接点が $(-3,\ -7)$ のとき，接線の方程式は

$y-(-7)=5(x+3)$

よって　$\boldsymbol{y=5x+8}$

(3)　$y'=x^2+2x+2$

$=(x+1)^2+1$

y' が最小となるのは $x=-1$ のときである。

このとき，接点は $\left(-1,\ -\dfrac{7}{3}\right)$ であるから，

接線の方程式は

$$y-\left(-\frac{7}{3}\right)=1\cdot(x+1)$$

よって　$\boldsymbol{y=x-\dfrac{4}{3}}$

⬅ $y'=x^2+2x+2$
は 2 次関数であるから
平方完成して最小値を求める。

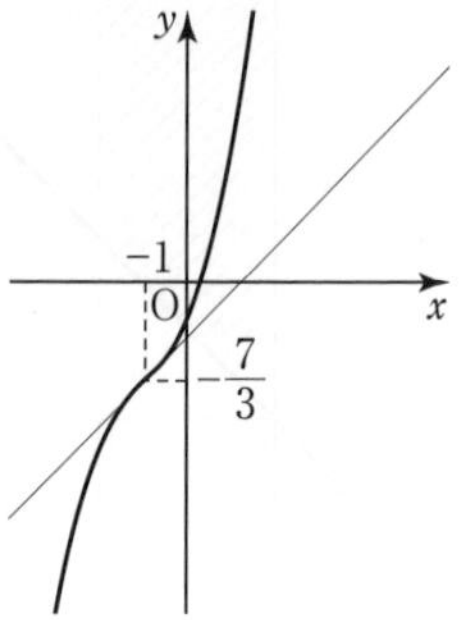

45　$f(x)=x^3+bx^2+cx+d$ とおくと

$f'(x)=3x^2+2bx+c$

$x=1,\ 3$ で極値をもつから

$f'(1)=3+2b+c=0$ より　$2b+c=-3$　…①

$f'(3)=27+6b+c=0$ より　$6b+c=-27$　…②

①，②を解いて　$b=-6,\ c=9$

また，$f(2)=5$ であるから

$f(2)=8+4b+2c+d=5$

$b=-6,\ c=9$ を代入して　$d=3$

このとき

$f(x)=x^3-6x^2+9x+3$　…③

$f'(x)=3x^2-12x+9$

よって，増減表は次のようになる。

x	…	1	…	3	…
$f'(x)$	−	0	+	0	−
$f(x)$	↘	7	↗	3	↘

増減表より，関数③は $x=1,\ 3$ で極値をもつ。

ゆえに　$\boldsymbol{f(x)=x^3-6x^2+9x+3}$

⬅ $x=\alpha$ で $f(x)$ が極値をもつ
⇓
$f'(\alpha)=0$

(別解)　$x=1,\ 3$ で極値をもつから

$f'(x)=k(x-1)(x-3)$ とおける。

両辺を積分すると

$$f(x)=\int k(x-1)(x-3)dx$$

$$=k\int(x^2-4x+3)dx$$

$$=k\left(\frac{1}{3}x^3-2x^2+3x\right)+C$$

x^3 の係数は 1 であるから $k=3$

よって，$f(x)=x^3-6x^2+9x+C$

$f(2)=5$ より $C=3$

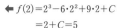

⬅ $f(2)=2^3-6\cdot2^2+9\cdot2+C$
$=2+C=5$

ゆえに　$\boldsymbol{f(x)=x^3-6x^2+9x+3}$

46 (1)　$x^3-6x^2+9x+1=m$ として

$f(x)=x^3-6x^2+9x+1$ とおく。

$f'(x)=3x^2-12x+9=3(x-1)(x-3)$

$f'(x)=0$ とすると　$x=1,\ 3$

増減表とグラフは，次のようになる。

x	$\cdots$	1	$\cdots$	3	$\cdots$
$f'(x)$	$+$	0	$-$	0	$+$
$f(x)$	↗	5	↘	1	↗

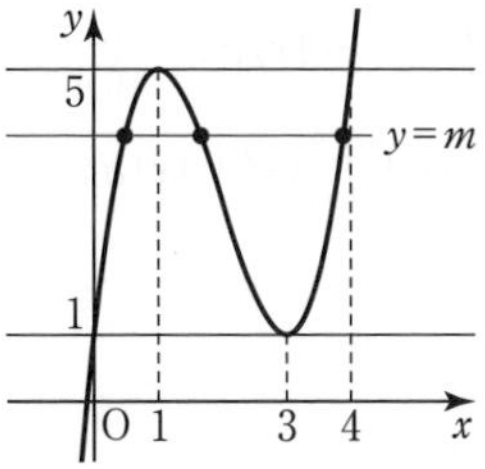

方程式の実数解の個数は，$y=f(x)$ のグラフと直線 $y=m$ との共有点の個数と一致するから，

3 個の共有点をもつのは　$\boldsymbol{1<m<5}$

(2)　$f(x)=5$ となる x の値は

$x^3-6x^2+9x+1=5$

$x^3-6x^2+9x-4=0$

$(x-1)^2(x-4)=0$

より $x=1,\ 4$

グラフより，α，β，γ のとりうる値の範囲は

$\boldsymbol{0<\alpha<1,\ 1<\beta<3,\ 3<\gamma<4}$

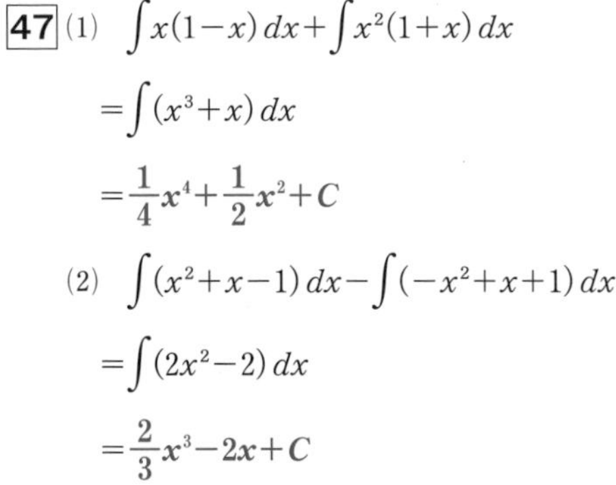

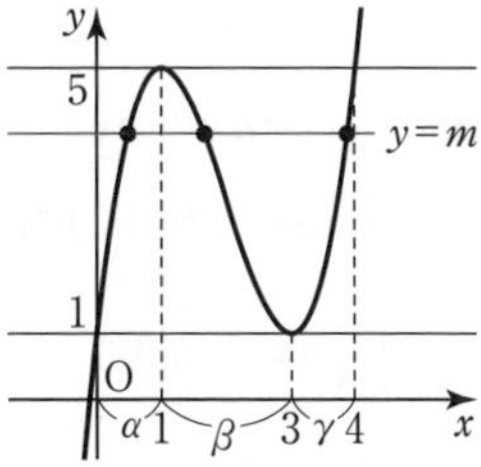

47 (1)　$\int x(1-x)\,dx+\int x^2(1+x)\,dx$

$=\int (x^3+x)\,dx$

$=\boldsymbol{\frac{1}{4}x^4+\frac{1}{2}x^2+C}$

(2)　$\int (x^2+x-1)\,dx-\int(-x^2+x+1)\,dx$

$=\int (2x^2-2)\,dx$

$=\boldsymbol{\frac{2}{3}x^3-2x+C}$

48 (1) $\int_{-2}^{0}(x-1)^2dx+\int_{0}^{1}(1-x)^2dx$

$=\int_{-2}^{1}(x-1)^2dx$

$=\int_{-2}^{1}(x^2-2x+1)\,dx$

$=\left[\frac{1}{3}x^3-x^2+x\right]_{-2}^{1}$

$=\left(\frac{1}{3}-1+1\right)-\left(-\frac{8}{3}-4-2\right)$

$=\frac{1}{3}-\left(-\frac{26}{3}\right)=\mathbf{9}$

(2) $\int_{-1}^{2}(x^2+4x-2)\,dx+\int_{2}^{3}(x^2+4x)\,dx$

$=\int_{-1}^{2}(x^2+4x)\,dx-2\int_{-1}^{2}dx+\int_{2}^{3}(x^2+4x)\,dx$

$=\int_{-1}^{3}(x^2+4x)\,dx-2\int_{-1}^{2}dx$

$=\left[\frac{1}{3}x^3+2x^2\right]_{-1}^{3}-2\Big[x\Big]_{-1}^{2}$

$=(9+18)-\left(-\frac{1}{3}+2\right)-2\{2-(-1)\}$

$=27-\frac{5}{3}-6=\mathbf{\frac{58}{3}}$

49 $f(x)=ax^2+bx+c\quad(a\neq0)$ とおくと，条件より

⬅ $f(x)$ は 2 次関数

$\int_{0}^{1}(ax^2+bx+c)dx=3$

$\left[\frac{1}{3}ax^3+\frac{1}{2}bx^2+cx\right]_{0}^{1}=3$

$\frac{1}{3}a+\frac{1}{2}b+c=3$

よって　$2a+3b+6c=18$　…①

$f'(x)=2ax+b$ であるから

$\int_{0}^{1}x(2ax+b)dx=5$

$\int_{0}^{1}(2ax^2+bx)dx=5$

$\left[\frac{2}{3}ax^3+\frac{1}{2}bx^2\right]_{0}^{1}=5$

$\frac{2}{3}a+\frac{1}{2}b=5$

よって　$4a+3b=30$　　…②

$$\int_0^1 x(ax^2+bx+c)dx=2$$

$$\int_0^1 (ax^3+bx^2+cx)dx=2$$

$$\left[\frac{1}{4}ax^4+\frac{1}{3}bx^3+\frac{1}{2}cx^2\right]_0^1=2$$

$$\frac{1}{4}a+\frac{1}{3}b+\frac{1}{2}c=2$$

よって　$3a+4b+6c=24$　…③

③−①より　$a+b=6$　…④

②，④より　$a=12$，$b=-6$　（$a\neq 0$ を満たす）

③に代入して　$c=2$

ゆえに　$\boldsymbol{f(x)=12x^2-6x+2}$

50　$\int_a^x f(t)dt=x^2+kx-6$　の両辺を x で微分すると

⬅ $\frac{d}{dx}\int_a^x f(t)dt=f(x)$

$f(x)=2x+k$

$f(-1)=3$ より　$f(-1)=2\cdot(-1)+k=3$

よって　$\boldsymbol{k=5}$

$x=a$ とおくと

$\int_a^a f(t)dt=0$　より　$a^2+5a-6=0$

⬅ $\int_a^a f(t)dt=0$

$(a-1)(a+6)=0$

よって　$\boldsymbol{a=1,\ -6}$

51 (1)　$x^2-1=x^3-x$ を解くと

$x^3-x^2-x+1=0$

$(x-1)^2(x+1)=0$

より　$x=1$，-1

$x_1<x_2$ より　$\boldsymbol{x_1=-1,\ x_2=1}$

(2)　求める面積は

$$S=\int_{-1}^1\{(x^3-x)-(x^2-1)\}dx$$

$$=\int_{-1}^1(x^3-x^2-x+1)dx$$

$$=\left[\frac{1}{4}x^4-\frac{1}{3}x^3-\frac{1}{2}x^2+x\right]_{-1}^1$$

$$=\left(\frac{1}{4}-\frac{1}{3}-\frac{1}{2}+1\right)-\left(\frac{1}{4}+\frac{1}{3}-\frac{1}{2}-1\right)$$

$$=\frac{4}{3}$$

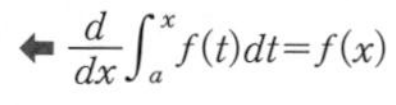

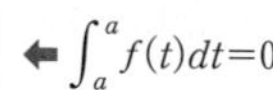

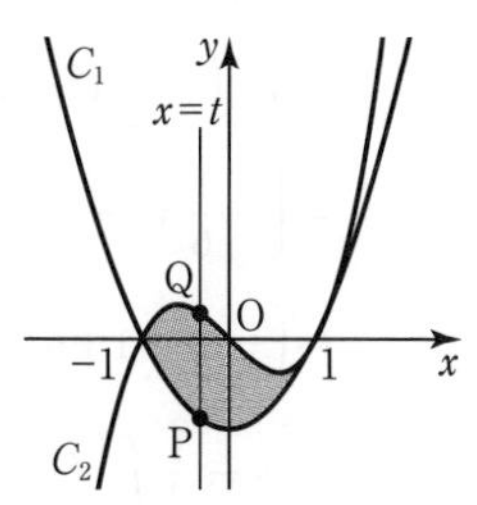

(3) $PQ=(t^3-t)-(t^2-1)=t^3-t^2-t+1$

$PQ=g(t)=t^3-t^2-t+1$ とおくと

$g'(t)=3t^2-2t-1=(t-1)(3t+1)$

$g'(t)=0$ とすると　$t=1,\ -\dfrac{1}{3}$

よって,$-1<t<1$ における増減表は次のようになる。

t	-1	$\cdots$	$-\frac{1}{3}$	$\cdots$	1
$g'(t)$		$+$	0	$-$	
$g(t)$		↗	極大	↘	

ゆえに，PQ の長さの最大値は $g\left(-\dfrac{1}{3}\right)=\dfrac{32}{27}$

52　$y=\dfrac{1}{2}x^2$　より　$y'=x$

(1) $x=2$ のとき，$y'=2$ であるから

接線に垂直な直線の傾きは $-\dfrac{1}{2}$　← 垂直条件 $m\cdot m'=-1$

よって，求める直線 l の方程式は

$y-2=-\dfrac{1}{2}(x-2)$　より　$\boldsymbol{y=-\dfrac{1}{2}x+3}$

(2) 放物線と直線 l の共有点は

$\dfrac{1}{2}x^2=-\dfrac{1}{2}x+3$ を解いて

$x^2+x-6=0$

$(x-2)(x+3)=0$

よって　$x=2,\ -3$

求める図形の面積は

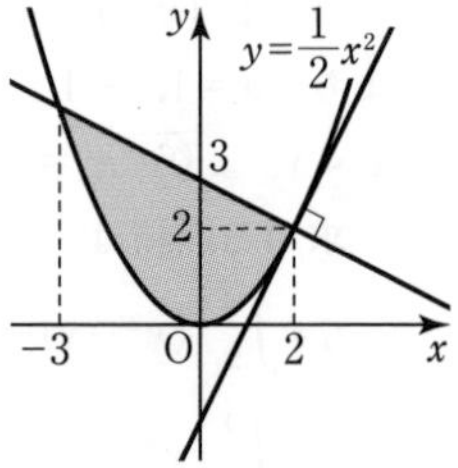

$$S=\int_{-3}^{2}\left\{\left(-\frac{1}{2}x+3\right)-\frac{1}{2}x^2\right\}dx$$

$$=\int_{-3}^{2}\left(-\frac{1}{2}x^2-\frac{1}{2}x+3\right)dx$$

$$=\left[-\frac{1}{6}x^3-\frac{1}{4}x^2+3x\right]_{-3}^{2}$$

$$=\left(-\frac{4}{3}-1+6\right)-\left(\frac{9}{2}-\frac{9}{4}-9\right)=\mathbf{\frac{125}{12}}$$

別解　$S=-\dfrac{1}{2}\displaystyle\int_{-3}^{2}(x+3)(x-2)dx$

$$=\frac{1}{2}\cdot\frac{1}{6}\{2-(-3)\}^3=\mathbf{\frac{125}{12}}$$

53　曲線 $y=x^2+1$ 上の点を $(t,\ t^2+1)$ とすると，
$y'=2x$ より，接線の方程式は

$y-(t^2+1)=2t(x-t)$　より　$y=2tx-t^2+1$

← $y'=2x$ より
接線の傾きは $2t$

直線 $y=2tx-t^2+1$ と曲線 $y=x^2$ の交点の
x 座標は　$2tx-t^2+1=x^2$　であるから
$x^2-2tx+t^2-1=0$ の解である。

← $\dfrac{D}{4}=t^2-(t^2-1)=1>0$ となり，
つねに異なる 2 つの実数解をもつ。

解の公式より　$x=t\pm\sqrt{t^2-(t^2-1)}=t\pm1$
求める面積は

$$S=\int_{t-1}^{t+1}\{(2tx-t^2+1)-x^2\}\,dx$$
$$=-\int_{t-1}^{t+1}(x^2-2tx+t^2-1)\,dx$$
$$=-\int_{t-1}^{t+1}\{x-(t-1)\}\{x-(t+1)\}\,dx$$
$$=\frac{1}{6}\{(t+1)-(t-1)\}^3=\frac{2^3}{6}=\frac{4}{3}$$

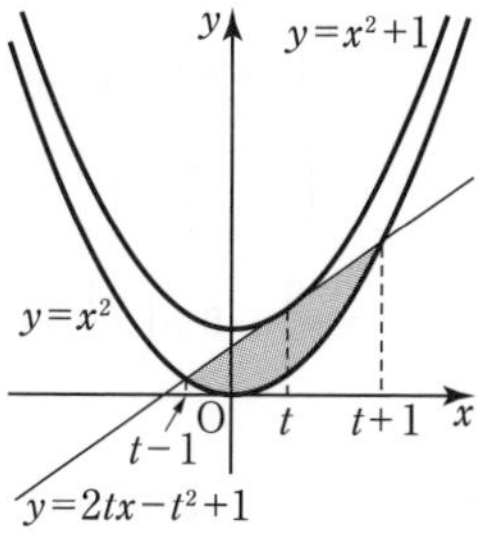

よって，面積は，接点に関係なくつねに $\dfrac{4}{3}$ となる。㊦

別解　$x^2-2tx+t^2-1=0$ の解を α，β とすると

← この問題は，$x=t\pm1$ のように $\sqrt{}$ がはずれたが，$\sqrt{}$ がはずれずに残る場合などはこの別解が有効である。

$$S=\int_{\alpha}^{\beta}\{(2tx-t^2+1)-x^2\}\,dx$$
$$=-\int_{\alpha}^{\beta}(x^2-2tx+t^2-1)\,dx$$
$$=-\int_{\alpha}^{\beta}(x-\alpha)(x-\beta)\,dx=\frac{1}{6}(\beta-\alpha)^3$$

解と係数の関係より

$\alpha+\beta=2t$，$\alpha\beta=t^2-1$　であるから

$$(\beta-\alpha)^2=(\alpha+\beta)^2-4\alpha\beta$$
$$=(2t)^2-4(t^2-1)=4$$

← $(\beta-\alpha)^2=\beta^2-2\alpha\beta+\alpha^2$
$=(\alpha^2+2\alpha\beta+\beta^2)-4\alpha\beta$
$=(\alpha+\beta)^2-4\alpha\beta$

よって　$S=\dfrac{1}{6}\{(\beta-\alpha)^2\}^{\frac{3}{2}}=\dfrac{1}{6}\cdot4^{\frac{3}{2}}=\dfrac{4}{3}$

← $4^{\frac{3}{2}}=(2^2)^{\frac{3}{2}}=2^3=8$

ゆえに，面積は，接点に関係なくつねに $\dfrac{4}{3}$ となる。㊦

54　接点を $(t,\ t^2-3t+7)$ とおくと，
$y'=2x-3$ より，接線の方程式は

$y-(t^2-3t+7)=(2t-3)(x-t)$　より

$y=(2t-3)x-t^2+7$

これが，点 $\mathrm{A}(2,\ 1)$ を通るから

$1=(2t-3)\cdot2-t^2+7$

← $t^2-4t=0$ より　$t(t-4)=0$

整理して　$t(t-4)=0$　　よって　$t=0,\ 4$

これより，接線の方程式は

$t=0$ のとき　$y=-3x+7$

$t=4$ のとき　$y=5x-9$

よって，求める面積は

$$S=\int_0^2\{(x^2-3x+7)-(-3x+7)\}dx$$

$$+\int_2^4\{(x^2-3x+7)-(5x-9)\}dx$$

$$=\int_0^2 x^2dx+\int_2^4(x^2-8x+16)dx$$

$$=\left[\frac{1}{3}x^3\right]_0^2+\left[\frac{1}{3}x^3-4x^2+16x\right]_2^4$$

$$=\frac{8}{3}-0+\left(\frac{64}{3}-64+64\right)-\left(\frac{8}{3}-16+32\right)=\mathbf{\frac{16}{3}}$$

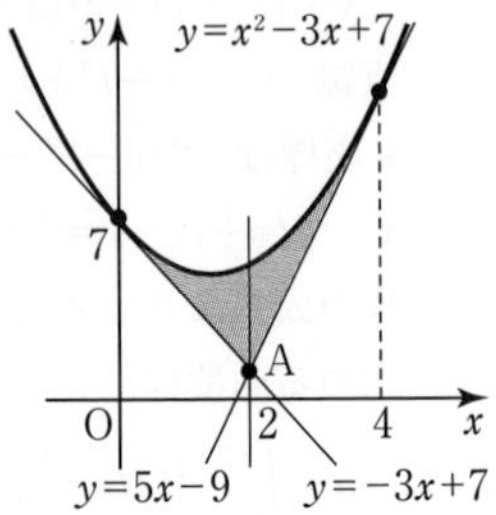

55 (1)　$c=0$，$d=0$ のとき　$y=ax^3+bx^2$

よって　$y'=3ax^2+2bx=3ax\left(x+\frac{2b}{3a}\right)$

$y'=0$ とすると　$x=0$，$-\frac{2b}{3a}$

$a>0$，$b>0$ より

$-\frac{3b}{3a}<0$

よって，増減表は右のようになり，

x	$\cdots$	$-\frac{2b}{3a}$	$\cdots$	0	$\cdots$
y'	$+$	0	$-$	0	$+$
y	↗	極大	↘	極小	↗

グラフは原点を通るから，適するグラフは ㋐

(2)　$y=ax^3+bx^2+cx+d$ より

$y'=3ax^2+2bx+c$

$y'=0$ として，判別式を D とすると

$\frac{D}{4}=b^2-3ac\leqq 0$ であり，$a>0$ であるから

$y'\geqq 0$ となり，グラフは増加関数になる。

← $y'=3a\left(x+\frac{b}{3a}\right)^2-\frac{b^2-3ac}{3a}$ と変形してもよい。

また，y' は $x=-\frac{b}{3a}<0$ で最小値をとるから，

適するグラフは ㋒

(3)　$y'=3ax^2+2bx+c=0$ の異なる 2 つの実数解を α，β とすると，解と係数の関係から

← 極大値，極小値をもつから $y'=0$ は異なる 2 つの実数解をもつ。

$$\alpha+\beta=-\frac{2b}{3a}<0,\quad \alpha\beta=\frac{c}{3a}>0$$

よって，極値をとる x の値はともに負であるから，

適するグラフは ㋔

← $\alpha+\beta<0$，$\alpha\beta>0$ $\iff$ $\alpha<0$，$\beta<0$